社科文献  学术文库

文史哲研究系列

现代西方伦理学史

HISTORY OF MODERN WESTERN ETHICS （VOL.2）

（下卷）

万俊人 著

 社会科学文献出版社
SOCIAL SCIENCES ACADEMIC PRESS (CHINA)

目 录

·上 卷·

导 论 …………………………………………………………………… 0003

第一部分　现代西方伦理学的历史形成

第一章　德国唯意志论伦理学 ………………………………… 0053

　第一节　唯意志论的产生与流传 ………………………… 0053

　第二节　叔本华的生命意志伦理学 ……………………… 0055

　第三节　尼采的强力意志伦理学 ………………………… 0076

第二章　英国进化论伦理学 …………………………………… 0099

　第一节　进化论伦理学的基本概况 ……………………… 0099

第二节　斯宾塞的进化论伦理学 ………………………… 0103

第三节　赫胥黎的进化论伦理学 ………………………… 0136

第三章　法国生命伦理学 ……………………………………… 0148

第一节　生命伦理学的形成与特征 ……………………… 0148

第二节　居友的生命活力伦理学 ………………………… 0153

第三节　柏格森的生命伦理学 …………………………… 0191

第四章　英国新黑格尔主义伦理学 ………………………… 0211

第一节　新黑格尔主义概要 ……………………………… 0211

第二节　格林的伦理学 …………………………………… 0219

第三节　布拉德雷的伦理学 ……………………………… 0244

第二部分　现代西方伦理学的发展（一）

——元伦理学

第五章　直觉主义伦理学 ……………………………………… 0279

第一节　直觉主义伦理学的形成 ………………………… 0279

第二节　摩尔的价值论直觉主义 ………………………… 0282

第三节　普里查德的义务论直觉主义 …………………… 0302

第四节　罗斯的温和义务论直觉主义 …………………… 0313

第六章　情感主义伦理学的形成

——罗素和维特根斯坦 ………………………… 0331

第一节　情感主义伦理学的哲学背景 …………………… 0331

　第二节　罗素的道德情感论 ……………………………………… 0339

　第三节　维特根斯坦的绝对情感主义 …………………………… 0360

第七章　情感主义伦理学的发展

　——维也纳学派和艾耶尔 ………………………………………… 0377

　第一节　石里克及其《伦理学问题》 …………………………… 0377

　第二节　卡尔纳普的极端情感论 ………………………………… 0403

　第三节　艾耶尔的温和情感论 …………………………………… 0408

第八章　情感主义伦理学的总结

　——史蒂文森 ……………………………………………………… 0422

　第一节　史蒂文森与情感主义伦理学 …………………………… 0422

　第二节　伦理学中的分歧与一致 ………………………………… 0424

　第三节　伦理语词的分析 ………………………………………… 0435

　第四节　伦理学分析方法种种 …………………………………… 0442

　第五节　史蒂文森伦理学的评价 ………………………………… 0450

第九章　语言逻辑分析伦理学 …………………………………… 0455

　第一节　图尔闵关于道德判断理由的分析 ……………………… 0456

　第二节　黑尔的"普遍规定主义" ……………………………… 0473

第三部分　现代西方伦理学的发展（二）

——人本主义伦理学

第十章　现象学价值伦理学 …………………………………… 0505

第一节　价值伦理学溯源 ……………………………………… 0507

第二节　胡塞尔现象学的主体价值论 ………………………… 0517

第三节　舍勒的现象学人学价值论 …………………………… 0536

第四节　哈特曼的价值现象学 ………………………………… 0560

第十一章　存在主义伦理学 …………………………………… 0592

第一节　存在主义伦理学的滥觞与雏形 ……………………… 0593

第二节　海德格尔的“原始伦理学” ………………………… 0609

第三节　萨特的自由主体伦理学 ……………………………… 0635

第四节　存在主义伦理学的初步评价 ………………………… 0663

·下　卷·

第十二章　精神分析伦理学 …………………………………… 0671

第一节　伦理学视境中的精神分析学派 ……………………… 0671

第二节　弗洛伊德的人格分析伦理学 ………………………… 0677

第三节　弗罗姆的人道主义伦理学 …………………………… 0704

第四节　从弗洛伊德到弗罗姆：一个初步的比较 …………… 0739

第十三章　美国实用主义伦理学 ……………………………… 0745

第一节　实用主义道德哲学的生长 …………………………… 0746

第二节　詹姆斯实用主义道德观 ……………………………… 0753

第三节　杜威的道德工具主义 ………………………………… 0776

第四部分　现代西方伦理学的发展（三）
——现代宗教伦理学

第十四章　人格主义伦理学 ………………………………… 0825

第一节　关于人格主义 ……………………………………… 0825

第二节　鲍恩的完整人格伦理学 ………………………… 0828

第三节　弗留耶林的创造性人格伦理学 ………………… 0848

第四节　布莱特曼的价值人格伦理学 …………………… 0857

第五节　霍金的自我人格伦理学 ………………………… 0879

第十五章　新托马斯主义伦理学

　　——马里坦 ………………………………………… 0906

第一节　新托马斯主义伦理学的源与流 ………………… 0906

第二节　马里坦伦理学的预制：存在形而上学 ………… 0915

第三节　个体理论与人格理论 …………………………… 0927

第四节　完整的人道主义 ………………………………… 0942

第五节　马里坦伦理学的基本评价 ……………………… 0964

第十六章　新正教派伦理学 ………………………………… 0971

第一节　新正教伦理学概观 ……………………………… 0971

第二节　巴尔特的神正伦理观 …………………………… 0973

第三节　尼布尔的基督教应用伦理学 …………………… 0988

第五部分　西方伦理学的当代发展

第十七章　弗莱彻尔的境遇伦理学 ………………………… 1033

第一节　境遇伦理学与"新道德运动" ……………………… 1033

第二节　弗莱彻尔的境遇伦理学 …………………………… 1036

第三节　评价与结论：兼及道德相对主义 ………………… 1057

第十八章　当代心理学伦理的嬗变

　　——斯金纳与马斯洛 ……………………………………… 1063

第一节　心理学伦理的最新发展格局 ……………………… 1063

第二节　斯金纳的行为技术伦理 …………………………… 1065

第三节　马斯洛的自我实现伦理学 ………………………… 1093

第十九章　新功利主义伦理学 ……………………………… 1128

第一节　新功利主义的传统背景与形成 …………………… 1128

第二节　斯马特的行为功利主义 …………………………… 1131

第三节　布兰特的多元论规则功利主义 …………………… 1141

第二十章　当代美国政治伦理学

　　——罗尔斯与诺齐克 ……………………………………… 1158

第一节　当代政治伦理学发展的基本背景 ………………… 1159

第二节　罗尔斯的正义论 …………………………………… 1166

第三节　诺齐克的人权论 …………………………………… 1213

第四节　正义与人权：两种模式的比较 …………………… 1240

参考文献 ……………………………………………………… 1247

跋 ……………………………………………………………… 1261

下 卷

第十二章

精神分析伦理学

以弗洛伊德为旗手的现代精神分析家族，对人的心理、人格和行为等问题进行了独特的微观探讨，为人类道德（尤其是个体道德）的深入研究做出重要贡献，在现代西方伦理学发展史上占有特殊一席。

第一节　伦理学视境中的精神分析学派

一　精神分析运动概观

"精神分析"（psychoanalysis）源于19世纪末，脱胎于当时的神经病理学、生理学、病原学（aetiology）等学科理论与临床经验。它的产生与其创始人弗洛伊德是分不开的，因之人们常常在一种不太严格的学术意义上把"精神分析"与"弗洛伊德主义"（Freudism）相提并论。

在心理学的发展史上，弗洛伊德像冯特（Wilhelm Wundt, 1832～1920）一样有着划时代的贡献。冯特因最先将经验科学的方法引入心理学研究，使之挣脱了形而上思辨的脐带，成为现代实验心理学的创始人。弗洛伊德则首先通过神经病理学、生理学和病原学等专业学科的狭道闯入了人类个体心理的内在世界，使心理学进一步超出一般心理学的原理和实验而直接切入个体心理深层。无怪乎有人把弗洛伊德和马克思、爱因斯坦视为现代犹太民族的三位伟人，甚至把他同牛顿、达尔文、马克思相提并论，视之为影响和塑造人类世界观的历史性人物。①

弗洛伊德探索性地提出了精神分析学说的基本理论原理，并为这派学说的成长和壮大奠定了基础。因此，国外学术界一般把他作为该派经典时期的代表，而将他以后的精神分析学说称为"新弗洛伊德主义"或"新弗洛伊德学派"。但对这种"经典"与"新派"之分的界定也有不同。一种观点认为，精神分析学的经典时期还应包括弗洛伊德最早的追随者阿德勒（Alfred Adler，1870～1932）和荣格（Carl Gustav Jung，1875～1961）等。另一种观点则鉴于阿德勒和荣格先后于1911年和1915年脱离弗洛伊德所创立的"国际精神分析学会"并另立门户这一事实而将他们归入新派之列。且弗洛伊德本人也曾把精神分析学的历史划分为他"孤军奋战"（1895/1896年至1906/1907年）与他的学生和合作者们做出贡献两个时期。② 对此，我主张将精神分析学的历史运动分为经典、新派和当代三个时期，其中新派时期又可分为若干阶段。

严格说来，经典时期应以弗洛伊德本人为代表，但其间也包括阿德勒和荣格早期以及兰克（Otto Rank）、琼斯（E. Jones）等的一些理论贡献。应当明确的是：（1）必须确认弗洛伊德本人作为精神分析学派创始人的地位；（2）阿德勒和荣格在该派的发展史上所充当的

---

① 参见〔美〕阿尔温·托夫勒著《预测与前提——托夫勒未来对话录》，粟旺等译，国际文化出版公司，1984。
② 〔奥〕S. 弗洛伊德：《弗洛伊德自传》，张霁明、卓如飞译，辽宁人民出版社，1986，第74～75页。

角色是双重的。一方面，他们早期的研究基本与弗洛伊德的学说一致，而且在某些方面丰富了后者的理论。如阿德勒的《生理缺陷及其心理补偿研究》（*A Study of Organic Inferiority and Its Psychological Compensation*）（1907 年）一书就曾被弗洛伊德称为对"自我心理学"的一大贡献。同时，他们为弗洛伊德的学说传播也做出了突出贡献，诚如美国著名精神分析学者霍尔所指出的："在第一次世界大战以前的岁月里，他们是弗洛伊德的主要追随者，并且帮助把心理分析学变成为一个世界性的潮流。"[①] 因此，在叛离弗洛伊德以前，他们的角色是"追随者"和"传播者"，他们的学说是经典时期精神分析学的组成部分。另一方面，他们后来的观点又与弗洛伊德的正统观点相忤逆，乃至相互颉颃。众所周知，1910 年在纽伦堡成立的"国际精神分析协会"是精神分析作为一个国际性学术流派出现的组织标志。[②] 在此期间，荣格和阿德勒都担任了重要工作。由于他们对弗洛伊德泛性论思想的异议和其他因素，阿德勒于 1911 年宣布退出该协会，另立"自由心理分析研究学会"（Society For Free Psychological Research），自树"个体心理学"（individual psychology）旗帜。后又在他定居美国的第二年（1935 年）创办了《国际个体心理学学刊》（*International Journal of Individual Psychology*）。而荣格则在 1915 年脱离国际心理学协会，另立"分析心理学"（analytical psychology）门户。所以，他们俩后来所充当的是"叛逆者"的角色，所提出的观点

---

① 〔美〕C. S. 霍尔：《弗洛伊德心理学入门》，陈维正译，商务印书馆，1985，第10 页。

② 有人认为应以 1908 年复活节在萨尔茨堡召开的第一次精神分析讨论会为标志。此见解不确，因为此会议还只是一次预备性会议〔由布罗拉（Bleuler，1857~1939）提议〕。虽然出版了专业刊物《精神分析和精神病理学研究年鉴》，但毕竟未曾有过正式的确认，也未曾宣布成立协会。而 1910 年的第二次会议〔由弗伦茨（Fereczi）提议〕，则基本完成了这些学术程序。该会议在弗洛伊德的亲自提议下，由荣格担任了第一任协会主席，并正式出版了会刊《精神分析中央学报》（*Central Journal For Psycho-Analysis*）（由阿德勒和斯特克尔负责）。参见上书，第 64~68 页。

超出了弗洛伊德学说的基础框架，构成了现代精神分析学的新型分支。从这一意义上说，自然可以将他们归于新派之列。

但是，他们的标新立异仍是有限的。他们反对弗洛伊德的泛性论主张，但并不否定其精神分析的基本方法论原则和全部理论原理。阿德勒对个体的心理分析和荣格对"情结理论""集体无意识""人格类型学"的分析等并未超出弗洛伊德对个人心理本能、情结、无意识和人格结构理论的基本框架。这与后来的哈特曼（H. Hartman）、霍妮（K. Horney，1885~1952）、马尔库塞（H. Marcuse）、弗罗姆（E. Fromm）、沙利文（H. S. Sulivan，1892~1949）等把精神分析延伸到道德伦理、社会人际关系和社会文化（文明）乃至社会政治经济结构分析等广阔领域不同，更不及当代的精神分析学者以精神分析为方法深入语言批判（拉康，J. Lacan）、信息工程（彼特福隆，Peterfreund）等新学科领域所取得的崭新的理论成就。因之，我认为，与其纠缠于阿德勒和荣格与弗洛伊德之间的学术界限争论，不如把他们视为精神分析由经典时期转向新派时期的过渡性人物更为切实。①

由此，我们可以较为严格地把新精神分析学派限定在20世纪30年代至60年代。这期间，由于第二次世界大战的爆发和弗洛伊德本人的逝世，精神分析学的重心已开始由欧洲大陆移到美国，并逐渐与文化学、人类学和社会学等学科结合起来，形成了新弗洛伊德主义思潮。其中较突出的有沙利文的"人际关系说"、霍妮的"基本焦虑说"、卡丁纳（Kardiner，1891~1981）的"文化心理学"、弗罗姆的"人道主义心理学"，以及艾里克森（Erikson，1902~1994）的"自我心理学"，等等。这些新型心理学说不仅从精神分析学内部来修改弗洛伊德的某些观点（如阿德勒和荣格那样），而且从外围和多学科

---

① 车文博先生所持之见近似。参见车文博《新弗洛伊德主义述评》，载《光明日报》1989年6月12日。

交叉或边缘学科（inter-disciplines）的方面来修正和扩展"经典"。可以说，新派时期是精神分析学发展的全盛时期。

20 世纪 60 年代开始，精神分析进入了发展的新时代。一方面它日益明显地趋向自我心理研究，并作为心理医疗的新技术而不断被应用于日常生活。这种实际操作程序的深化使其更加大众化。另一方面它也被引入马克思主义，出现了所谓"精神分析学的马克思主义"。如弗罗姆、马尔库塞、拉康等。它的思想核心是把马克思的社会宏观分析与弗洛伊德等的微观分析结合起来。20 世纪 70 年代以来，一些学者在对弗洛伊德的学说展开"元心理学"（meta-psychology）或"深度心理学"（deep-psychology）批判的同时，还尝试从哲学、人学、伦理学的层次重构心理学分析理论，甚至把它与现代信息论等前沿科学成果结合起来。如查诺夫斯基（G. Chrzanowski）的《从人际理论看精神分析》（1977 年）、彼特福隆的《信息系统与精神分析学》（1971 年）等。这些最新成果代表了精神分析学发展的前沿状态，也是它从新派时期超向"后精神分析"（the post-psycho-analysis）时期的标志。迄今为止，精神分析学在欧美及世界各地仍方兴未艾。

二　精神分析的伦理学贡献

大致说，精神分析是一个现代心理学流派，但这并不意味着它的理论及其影响或贡献仅限于心理学范畴。相反，由于它研究对象的人学性质，以及它对人类个体的道德心理、情感、行为乃至人性、人格和人的品质与价值等问题的独特探索，使其理论涉及哲学、伦理学、美学和文学艺术、人类学、社会学等诸多领域，更兼大批精神分析学家对人的道德现象的深入探讨（其中以弗洛伊德、阿德勒、荣格、弗罗姆等尤为突出），遂使它兼备心理学、伦理学、美学和哲学等多重品格，成为这些学科所不能忽视的一派。

就伦理学而言，精神分析学派的主要贡献表现为以下十个方面：

（1）关于人性之自然生理—心理基础的见解；（2）关于个人的人格结构及其生成机制；（3）关于主体道德行为的内在动机；（4）关于人际关系的道德内涵及其形成的心理机制；（5）关于家庭伦理的自然基础和文化基础；（6）关于人类道德的原始起源；（7）关于人的道德与社会文明（文化）的相互作用；（8）关于道德生活与人的心理生长的对向关系；（9）关于个体生成与集体形成之历史中的道德发生与发展；（10）关于现代社会文明条件下的道德或价值生成现象的心理学解剖。在这十个方面，精神分析以其特有的思维方式和经验材料证明极大地拓展了人们观察和思考人类道德现象的视域，但同时又由于其思维方式的偏向造成一些新伦理学问题。这种双重性质的理论效应是精神分析在现代科学综合发展格局下向伦理学提出的外部挑战，其基本意义在于：它的成就对现代伦理学的发展产生了一种必然而又富于刺激性的外部压力。

在精神分析的理论框架中，人性这一古老的问题被纳入个体的生理—心理结构的分析之中。这种解释突破了传统人性论关于人的自然本性的平面解释。它对个体人格结构的心理学分析弥补了传统伦理学中人格理论的欠缺，对于个体道德的深入研究也极富启发。关于行为动机，是伦理学中亘古常论的问题。但从亚里士多德到康德、黑格尔，从现代诸多人本主义伦理学派到元伦理学，显然都不及精神分析学派的研究来得具体、深刻和富有可观察可证实性。弗洛伊德对梦、无意识和神经症的个例分析，弗罗姆的品格学，等等，均是这方面的代表。沙利文的"人际关系说"和弗罗姆的爱的理论，对人际间道德关系形成的心理机制提出了内在关系说的新见解，丰富了伦理学关于道德或价值关系的解释。弗洛伊德关于父女或母子自然关系的心理探测以及弗罗姆对家庭人伦关系之于儿童心理、人格和道德观念的成长之影响的探讨，虽有牵强臆测的成分，但亦不乏对家庭伦理问题的新见（如血缘人伦的道德表现、家庭道德教育等）。弗洛伊德后期对原始宗教禁忌和图腾崇拜的研究，以及许多精神分析学者对儿童道德心理的发生学探讨（如皮亚杰），尽管还不是对人类道德起源问题的专门研究，却为这类研究提供了新的理论视角和丰富珍贵的经验材料。至于人类道德与社会文明的关系、人类道德生活与其心理发展的关系、个人与集体的关系和现代文明条件下的人的道德问题等，更是从弗洛伊德到马尔库塞、弗罗姆等绝大多数精神分析学家执着思索的主题。弗洛伊德关于文明对人的心理之压抑状况的分析，弗罗姆关于健全社会与健全人格的分析和构想等，都是围绕这一主题的展开，从而显示了该派富于社会批判和现实批判的伦理力量与理想精神。

第二节 弗洛伊德的人格分析伦理学

一 作为人心探幽者的弗洛伊德

人类已经创造了许多值得纪念的时代，同时也孕育了无数划时代的人物。在 19 世纪、20 世纪之交，弗洛伊德以其对现代心理学的巨大贡献和他所创立的精神分析学派而载入现代人类文化思想史册。

这位现代杰出的奥地利籍精神病理学家和精神分析学家，以他非凡的勇气和智慧在心理学这片土壤上探测出又一块隐秘的绿洲，将普通心理学拓展到人类心灵分析的深层，为我们揭示出全新的人心或精神世界。西格蒙德·弗洛伊德（Sigmund Freud，1856～1939）诞生于摩拉维的弗莱堡（为原捷克斯洛伐克的一个小镇）的一个犹太人家庭。他的家族原居德国科隆附近的莱茵河畔，后因 14 世纪或 15 世纪德国对犹太民族的迫害而逃至德属奥地利，在他 4 岁时全家来到了世界音乐名城——奥地利维也纳定居，他本人也开始在这里接受其全部教育。弗洛伊德从小天资过人，中学时代曾创造过"连续七年为全班第一名"的纪录，"几乎从不用参加班里的考试"①。17 岁时，他以优异的成绩考入维也纳大学，专攻医学，三年后在 19 世纪著名生理学家布吕克（Ernst Brücke，1819～1892）门下当助理研究员，1881 年获医学博士。毕业后因经济原因听从布吕克的建议开设私人诊所。1885 年经布吕克推荐赴巴黎著名神经病学家夏尔科（Jean Charcot）门下深造一年，深得其催眠实验的精义，开始注意"暗示"对治疗精神病的作用，并转向用心理动力学研究精神病和心理症。同时开始与著名生理学家布劳伊尔（Joseph Breur，1842～1925）密切合作，1895 年两人合著《歇斯底里研究》。此后由于意见龃龉，最终分手，从此开始自己的独创性研究。

　　1899 年弗洛伊德独立完成自己第一部划时代著作《释梦》（一译《梦的解析》），1900 年正式发表。该书被视为"新世纪的吉祥开端"之标志。② 随之，他新见迭出，相继发表了《日常生活的心理病理学》（1904 年）、《性学三论》（1905 年）、《精神分析引论》（1910 年）等著作，建立了精神分析学的基本理论体系，构成了他早期学说的框架。第一次世界大战前后，弗洛伊德进一步从临床试验性心理研究转入对社会文化、人格、人性等问题的理论研究，先后发表了《图腾与禁忌》（1912～1913 年）、《超越快乐原则》（1920 年）、《集体心理学与个体心理学》（1921 年）、《自我与本我》（1923 年）（一译《自我与伊底》）、《自传》（1925 年）、《文明及其不满》（1930 年）、《精神分析引论新编》（1933 年）和《精神分析大纲》（1938 年）等著述，并培养了大批弟子。晚年的弗洛伊德因身体欠安，耳目不聪，又兼德国法西斯反犹太主义的高压，使他心境渐忧。1938 年，他不得不拖着残弱之躯携家逃往英国伦敦，次年便客逝他乡。

① 〔奥〕S. 弗洛伊德：《弗洛伊德自传》，张霁明、卓如飞译，辽宁人民出版社，1986，第 3 页。
② 〔美〕C. S. 霍尔：《弗洛伊德心理学入门》，陈维正译，商务印书馆，1985，第 9 页。

弗洛伊德像一颗智慧之星在第二次世界大战前夕陨落了，仿佛不忍目睹即将爆发的又一次人类战火和灾难。但他的学说却如同一道闪电撕裂了长期笼罩在人类心理世界上的云幔，使这一心灵幽处的奥秘得以显露。然而，正如纳尔逊所指出的："如果有谁仅仅把弗洛伊德看成是一位心理学家，那么，很难说他了解了弗洛伊德一半的人品。"① 确实，弗洛伊德的划时代地位绝不仅仅表现在他富有创造性的精神分析研究成就上，还表现在他勇敢地涉足人类心理活动的禁区，探讨了人心、人性、人情和人格以及社会文化、道德、宗教等一系列问题，对人类各种正常的与不正常的、合理的与不合理的、善良的与恶劣的心理品性和社会性格做出了独到的解释。因之为我们医治人类心灵的种种痼疾和社会心理病症提供了一份初步的诊断书，尽管我们无法期待他的诊断准确无误，更不能指望他提供一份医治的良方。但即令仅仅从探诊和发现的意义上，他的贡献也足以使我们把他视为一位人心的探幽者，而不仅仅是心理学家。

二　梦——人性深层的曝光

按照弗洛伊德本人的见解，精神分析的主要成果或突破表现在两个方面：第一，它突破了人类传统的理性成见，揭示了人的心理过程的潜意识或无意识现象，为人的非理性本能争得了地盘；第二，它突破了人类传统道德和美学的成见，发现了人类情感和行为更为经常和隐秘的内在心理动机，从而对人格的形成和人类文化的发展给予了新的解释。他说："精神分析有两个信条最足以触怒全人类：其一是它和他们的理性成见相反；其二则是和他们的道德的或美育的成见相冲突。"② 这两个信条也就是精神分析的两个基本命题：（1）"心理过程

---

① 转引自〔奥〕弗洛伊德《论创造力与无意识》，孙恺祥译，中国展望出版社，1986，第10页。

② 〔奥〕S. 弗洛伊德：《精神分析引论》，高觉敷译，商务印书馆，1986，第8～9页。

主要是潜意识的"；（2）"性冲动，广义的和狭义的，都是神经病和精神病的重要起因，这是前人所没有意识到的。更有甚者，我们认为这些性冲动，对人类心灵最高文化的、艺术的和社会的成就作出了最大的贡献"①。

对上述两个命题的最初论证就是释梦，它是揭开人的无意识或潜意识之谜的入口。人的心理世界由意识、前意识和无意识共同构成。意识是人类心理现象的表层或显层；前意识和无意识才是其深层，因而更为基本。心理表层如同人清醒时的自观，一目了然；心理深层则有如黑夜迷梦，令人茫然失据。从两个层次的天壤之别中，我们可以找到人之醒与眠的差异，进而可以探视到人的心理本相。

梦，是心理本相的显现场，是人性深层的曝光。它为我们打开了另一个陌生的心理活动领域。弗洛伊德认为，千百年来，人们把梦当作一种无关生活意义的现象而忽略不论，殊不知恰恰是在梦中，隐藏着我们能够解开人类心理之谜的金钥匙。什么是梦？"梦，并不是空穴来风，它不是毫无意义的，不是荒谬的，也不是一部分意识的昏睡，而只有少部分是乍睡早醒的产物。它完全是有意义的精神现象。实际上，是一种愿望的达成（wish-fullfilment）。它可以算作是一种清醒状态精神活动的延续。"② 这是弗洛伊德诸多定义中最典型的一种，它的实质内涵有二：第一，梦是一种有意义的精神现象；第二，梦的意义在于表达梦者最真切的心理愿望。梦形成于睡眠过程，由于它处于睡眠和心理刺激的剩余反应之间，它又是"醒的生活"的折射，是"介乎睡眠和苏醒之间的一种情境"③。梦的基本特征表现为四个方面："（1）梦的功用在于保护睡眠；（2）梦由两种互相冲突的倾向而

---

① 〔奥〕S. 弗洛伊德：《精神分析引论》，高觉敷译，商务印书馆，1986，第 8~9 页。
② 〔奥〕S. 弗洛伊德：《梦的解析》，赖其万、符传孝译，台湾志文出版社，1973，第 55 页。
③ 同①，第 61 页。

起，一要睡眠，而另一倾向要满足某种心理刺激；（3）梦为富有意义的心理动作；（4）梦有两个主要特性，即愿望的满足和幻觉的经验。"①

但是，梦并不总是直接表达人的愿望，在梦的表象与其实质内容之间往往有着复杂的中介过程。所谓梦的表象即构成梦的基本元素形式，弗洛伊德称之为"显梦"，而其实质则为梦的"隐意"或"隐念"。梦常充当着多重角色：或表达什么；或检查什么；或象征什么；这便是梦的"化装"。释梦就是透过这些形式和表现，即通过显梦去揭示其实质或隐意。这就要求我们先得弄清楚显梦与隐意之间的关系。弗洛伊德认为，这种关系大抵可归为四种：（1）以部分代替全体；（2）暗喻；（3）象征；（4）意象。② 即是说，梦的隐意或在于部分地表达心理实在，或以暗喻表示之，或以象征（梦的动作、符号）表示之，或形成某种心理意象。这种把隐念化作梦的动作的过程就是"梦的工作"（dream-work），它是一个使"隐梦变为显梦的过程"。反过来说，"由显梦回溯到隐念的历程"就是"释梦工作"③。

梦的工作能产生多种效果或成就。第一，梦产生压缩作用（condensation），即以简缩的形式表达复杂的隐念。其压缩方式有三：或完全消除隐念成分，或只允许某一隐念进入显梦，或使某些同质性的隐念在显梦中合为一体。第二，梦形成移置作用（displacement），即以隐念元素取代或置换另一些隐念元素。其方式有二：或使某一隐念元素不以自身显现，而以另一些似乎无关的元素来代替；或是将某些不重要的元素置于重要元素之上，使本来的隐念更为突出。第三，"将思想变为视像"（visual images），即用幻觉的形式表达某种心理意识和观念。第四，润饰作用（secondary elaboration），即对梦的产品进

---

① 〔奥〕S. 弗洛伊德：《精神分析引论》，高觉敷译，商务印书馆，1986，第 97 页。
② 同上书，第 128～129 页。
③ 同上书，第 129 页。

行重新排列，使其原有的构成秩序变得交错杂乱。梦的工作的这些效果使释梦殊为复杂。做梦如同囚徒的放风，使人最本真的欲望暂时摆脱外在的压抑而获得自由表达的机会。梦是心理经验的剩余和延续反应。当人在睡眠中进入梦乡，他白天或以前所经历的东西不仅会重现于梦中，而且是以更真实本色的形式显现它们所隐含的本义，这便是对心理压抑的暂时解脱。

心理压抑源自外部，反映着人的本性欲望与外界生活要求之间的冲突。被压抑的东西之所以受到压抑就在于它们与生活环境相矛盾。压抑的本质是对人的基本本能的压制，即对自然人性的压抑。弗洛伊德认为，人最基本、最顽强的本能欲望产生于人性的基本能量。这种能量被他称为"力比多"（libido），是人身上固有的一种追求快乐和满足的原始性爱力量，是一股永远奔涌不息的激流，奔突于人的"心理丛"中。它总想冲决各种伦理道德的堤围，显现自己的本相。由于社会文化特别是道德伦理的禁忌，它只能以隐藏的方式在梦中寻找发泄的机会。因此，与其说力比多是一股生命本原的激流，不如说是一股在文化道德的硬壳底下奔突的生命潜流。在他看来，唯有这种原欲冲动才是人和人性的真相。当"我们每晚睡着的时候，就像脱衣服一样，脱去了辛苦赢来的道德观念，只是在第二天早上才又把它拾起来"①。换言之，在弗洛伊德的视野里，现实的人都是被迫披着文化道德外衣的"假面人"，唯梦中的人才真实。所以他固执地认为，力比多代表着生命的本原和本相。那种以为人性本善或天然有道德倾向的传统观念只不过是对人性的一种美化，是人类把自己理想化的一厢情愿和虚假光环。实际上，人类"整个的心理活动似乎都是在下决心去求取快乐而避免痛苦，而且自动地受唯乐原则的调节"②。

---

① 〔奥〕弗洛伊德：《论创造力与无意识》，孙恺祥译，中国展望出版社，1986，第218页。
② 〔奥〕S. 弗洛伊德：《精神分析引论》，高觉敷译，商务印书馆，1986，第285页。

趋乐避苦才是人性之本。心理分析和经验调查都证明："人性最根本的东西是基本本能，基本本能存在于任何人身上，其目的是满足某些基本需要"，"这些基本本能无所谓'好'与'坏'"。人们总以为人性天然本善，然而事实都不幸与这种期待相反，"都证明人性本善的信仰只是那样一些不幸错觉的一种，人类原希望由这些错觉达到命运的美化或改善，但实际上却导致灾难"①。精神分析的释梦理论，就是对传统人性本善的观念作无情的证伪，以对人性的本相做出深层的揭示和确证。按照这一科学的宗旨，人们不可能接受传统人性观，也不可能自觉认可传统文化和道德的客观要求，特别是传统性道德的戒律。这是释梦学说的根本成果。故此，弗洛伊德把梦的学说称为人性的真正还原学说，认为它是全部精神分析学说的第一创举和基石。他结论性地写道："从好几个观点看来，我们都应当先注意梦的学说，因为这个学说在精神分析史内占一特殊的地位，标志着一个转折点。有了梦的学说，然后精神分析才由心理治疗进展为人性深度的心理学。梦的学说始终是精神分析所特有而为其他科学所绝对没有的东西，是从民俗及神话的领域内夺回来的新园地。"②

三　性与爱——生命的情结

当弗洛伊德说释梦使心理学从医学治疗的经验层次达到了人性深层解释的时候，他的本意是，透过梦的伪装，我们看到了性本能才是实际支配个人生活舞台的幕后主角，现实的人及其行为不过是站在前面表演的双簧角色。所以，他不仅反对传统的道德观念，而且反对传统医学和心理学理论，认为性是支配人的心理活动和导致精神病症的终极原因。一切心理的情感、反应、举止和反常现象都可以诉诸性本

---

① 〔奥〕弗洛伊德：《论创造力与无意识》，孙恺祥译，中国展望出版社，1986，第212～213页。
② 〔奥〕S. 弗洛伊德：《精神分析引论新编》，高觉敷译，商务印书馆，1987，第3页。

能的终极解释。他说："精神分析的理论早已给了我们一个普遍的真理，即在心理症中那些转变和被替换了的本能欲望都是源自性。……事实上，心理症的特质在性方面的因素比在社会的本能元素更占优势。"① 而一切社会文化、宗教、哲学、艺术等都是人的性本能之升华。②

性或性欲是人的最基本的本能之一，它不单指性器官的刺激和运作，也包括身体其他部位产生的性刺激和乐欲。从生理—心理的角度看，人的性感区分为口唇、肛门和性器官三大区域。口唇主要产生吸吮和吐出的快感，婴儿吸吮乳汁和恋人间的亲吻均属此类。肛门区产生排泄的运作快感，它消除了人的紧张。但最集中和最重要的是性器官区，它包括抚摸、操作等方式引起的性器官兴奋和快感。性生殖器的发育成熟与人生命的成长相应，男性与女性生殖器所产生的性欲内容和具体过程又各有不同。生殖器成熟之前，男性的性爱以母亲为对象，具有乱伦的倾向，对父亲则产生排斥乃至敌视心理。这种要求占有母亲和排斥父亲的心理情结就是"俄狄浦斯情结"（Oedipus Complex）③。处于这一情结中的男性（青少年男孩）置身两股逆向激流的冲击之中。一方面他无法摆脱对母亲的爱恋；另一方面又为敌视父亲而感到不安，担心恋母会招致其父的惩罚，阉割其生殖器，这种

---

① 〔奥〕S. 弗洛伊德：《图腾与禁忌》，杨庸一译，台湾志文出版社，1975，第94页。

② 〔奥〕S. 弗洛伊德：《性学三论》，见弗洛伊德《爱情心理学》，林克明译，作家出版社，1986，第59页等。

③ Oedipus Complex 概念源自古希腊神话。Oedipus 是底比斯王拉伊俄斯和伊俄卡斯忒的儿子，因神曾预言他将弑父娶母，出生后便被其父遗弃山崖。后为一牧人救起，由科任托斯王波吕玻斯收养。长大后，他想逃避弑父娶母这一天命，出外流浪。不期在途中为争道而无意中杀死自己的亲生父亲。来到底比斯后，由于他猜出了"司芬克斯"（Sphinx）之谜，即人之谜，而被底比斯人拥为新王，并娶前王之妻（也就是他亲生母亲）伊俄卡斯忒为皇后，生有四个子女。后全城邦瘟疫流行，人们诉求神谕，所得到的答复是：必须除掉杀死前王的罪人才能消灾。俄狄浦斯究其原因，才知他自己已经弑父娶母。伊俄卡斯忒知情后自缢身亡。俄狄浦斯也在悲悔之中刺瞎双眼，流浪而死。据此典故，Oedipus Complex 又可译为"恋母情结"。

心理即所谓"阉割焦虑"（castration anxiety）。由此，他便从敌视父亲转向放弃恋母，力图与父亲保持一致，这便是"求同作用"或"自居作用"（identification）。这一情结主要表现在 5 岁左右的男孩身上，因阉割恐惧而压抑，其性欲进入蛰伏期，至 12 岁左右逐渐复苏，进入青春紧张期，直到人格成熟稳定。

女性生殖器的生长大体与男性近似。她最初的性恋对象一是自己的身体，即自恋（narcissism）；二是父恋。自恋使她常顾影自怜；父恋使她厌恶同性的母亲，这叫作"恋父情结"或"伊勒克特拉情结"（Electra Complex）①。父恋使她逐渐明白自己的生理结构，知道自己缺少男性特有的生殖器官，因之渐生所谓"阴茎妒忌"（penis envy）和"阉割情结"（castration complex）。女性生殖器的发育亦有初期、压抑、复苏和成熟诸阶段。

口唇、肛门和性器官三个发展时期或区域共同构成人格形成前的性本能发展阶段，也称为"前生殖期"（pregenital period）。这一时期主要是人的婴童阶段，其性本能的基本特征是原发性自恋（primary narcissism）和恋父恋母。到少年阶段，性本能进入"生殖期"（genital period），继而发展到成年人的性成熟发展时期。成人的性本能发展主要表现在性爱或爱情上。性是基本的，性爱（eros）是性本能派生的产物。因之，"爱情是建筑在直接的性冲动和其目的受压制的性冲动同时存在的基础之上的，而对象则将主体的一部分自恋性自我力比多引向它自身"②。性是爱的真理。因而对爱情现象的解释必须首先基于性本能。从心理学上讲，人类两性之恋始于人对两性分异的完全自觉，它是人步入青春期，意识到两性差异和性选择之后所必定

---

① Electra Complex，亦源出古希腊神话。Electra 为古希腊神名，因她爱恋自己的父亲而出名，故有"恋父情结"之译，与"恋母情结"相对应。

② 〔奥〕S. 弗洛伊德：《集体心理学和自我的分析》，见弗洛伊德《弗洛伊德后期著作选》，林尘等译，上海译文出版社，1986，第 154 页。

产生的心理现象。① 但是，幼儿的性欲自潜伏期开始便实际影响其人格的发展。个人在孩提时代所受的文化压抑和教育（以家庭为主），逐渐编织了重重阻挠性本能自发发泄的网络，使他在漫长的发泄与反发泄之对抗中历尽磨炼，最终使原始的性本能皈依于社会文化本能，自发性本能皈依于规范性本能。弗洛伊德说，人的"规范性本能于某一特定方向的力量主要奠基于孩提时代，必须借助教育之助，牺牲错乱的性冲动，才能完成"②。

然而，性本能的这种文化改变是以压抑人性的自然倾向为代价的。弗洛伊德认为，社会文明或文化均建立在压抑性本能并使之转移既定目标的基础上。性压抑是各种心理病症的主要根源，也是人格变态和性禁欲主义产生的心理根源。性变态和人格变态使人的性爱行为往往夹杂着侵略性和征服欲，进而出现虐待狂或受虐狂的反人性情形。文化对人的性欲和性爱的压抑或规范并不是自然合理的，因为，"文化要求生活在同一社会里的人在性生活行为上都得遵守同样的行为方式，原是不公平的——这种行为规范，有的人天性适合，遵守起来毫无困难，有的人在精神上却要付出很大的牺牲；不过，事实上由于道德戒律常被漠视，这种不公平的情形倒也不很严重"③。所以，"我们不可能拥护传统的性道德，……我们不难证明人世间的所谓道德律所要求的牺牲，常常超出它本身的价值；所谓道德的行为既不免于虚伪，也难免于呆板"④，弗洛伊德尤其批判了基督教的性道德，认为它是一种十足的苦行僧式的禁欲主义与变态利己主义的混合。因为它一方面贬低性爱，另一方面却又拼命拔高爱情的精神价值，以极端逆反的形式来追求性爱。

---

① 弗洛伊德说："男女性特征的截然分化始自青春期……"见弗洛伊德《爱情心理学》，林克明译，作家出版社，1986，第106页。
② 同上。
③ 同上书，第174页。
④ 〔奥〕S. 弗洛伊德：《精神分析引论》，高觉敷译，商务印书馆，1986，第350页。

如此看来，弗洛伊德堪称一位极端泛性论者和反文化论者了。但问题并不如此简单。从根本上说，弗洛伊德确实是泛性论者。他不仅把性本能视作一切心理现象的本原，而且也把它视作一切文化现象的动因，一切文化创造都是人类性本能力量转化和升华的结果。"这样涓涓不绝的性本能拥有一个明显的特色，便是当它受阻时……能够转移其目标而无损其程度，因而为'文化'带来巨大的能源。这样地脱离原生的目标，凭着强弱不一的心理联系，攀缘附会于其他事物的能力，便叫作升华作用（sublimation）。"[①] 文化压抑性本能，使性本能改变目标，这是弗洛伊德对文化的诘难。[②] 但他又认为性本能也创造了文化，仿佛从米开朗基罗的雕塑和贝多芬的音乐中，我们看到或听到的不是人类天才的智慧和灵感，而是生命之性本能的升华，这又是他对性与文化之关系的反面认可。因之我们似乎又不能以泛性论或反文化主义来简单地指责弗洛伊德。

四　本自·自我·超我——人格心理分析

在弗洛伊德的全部伦理思想中，占据中心地位的是其人格理论。这一理论是他临近晚年提出来的，其意在于修缮他早期关于无意识和本能理论中的泛性主义片面性，同时将精神分析从心理学扩展到社会文化和伦理的宏观领域，以期建立一种元心理学理论体系。比较一下，在弗洛伊德的早期思想中，占核心地位的概念是梦、无意识和性本能，而晚期理论中，无意识等概念已不再突出，取而代之的是本我等概念。在早期，他用以描述人的心理状态的基本思路是梦或无意

---

① 弗洛伊德说："男女性特征的截然分化始自青春期……"见弗洛伊德《爱情心理学》，林克明译，作家出版社，1986，第170页。

② 从这一点来看，我们可以发现弗洛伊德与18世纪法国思想家卢梭之间的相似性：从自然主义人性论出发，走向反文化主义的结论。

识→性→本能。① 其中，"无意识""前意识""意识"三个概念又是他分析人的精神世界结构的三个基本层面；至后期，弗洛伊德更多地集中于对心理人格的动态分析，"本我"（Id）、"自我"（Ego）、"超我"（Super-ego）代替了上述三个概念而成为这种分析的基本支撑点。这些前后的变化，正是弗洛伊德从狭隘的心理世界步入整个人的精神（人格）世界的标志。

弗洛伊德认为，人的心灵包含三个基本领域：本我、自我和超我。本我是人的潜意识的代名词，又称"伊底"。据弗洛伊德本人说，"伊底"一词是他受一位名叫格洛德克（G. Groddeck）的心理学家的提示，从尼采那里借用而来的。② 伊底或本我是人格的基层领域。它如同"一大锅沸腾汹涌的兴奋"，激荡不已，本能是它精力的源泉；"无组织无统一意志"是它存在的本质；无时间观念是它存在的特征；追求本能满足和快乐感受是它唯一的目的。③ 因此，本我"不知道价值、善恶和道德"，只知唯乐是图。"唯乐原则"（the pleasure-principle）是它遵循的唯一原则。所以，它表现的人格部分完全是纯情绪的、冲动的、非理性的。儿童是这种人格形象的典型。但本我又是人格的基础，它是人基本的心理实在，是人格心理过程中的"原发过程"。这一过程构成的心理世界为整个心理活动提供了最基本的"心理能"。然则，本我的运动因原发心理的无序和非理性而显得极不确定，它易于发泄而不受其所选择和发泄对象的属性限制。因而它或放荡不羁，或遭受外界毁灭性打击，以至于成为心理症和人格精神痛苦的渊薮。这就需要更高人格的维护和照料，人格第二层次——自我便应运而生。

---

① 在弗洛伊德这里，"本能"不仅包括性本能，也包括生本能、死本能等。关于生死本能，限于篇幅，未及论述，当容另篇。

② 参见〔奥〕S. 弗洛伊德《精神分析引论新编》，高觉敷译，商务印书馆，1987，第56页。

③ 同上书，第57~58页。

所谓自我，是每一个人都具有的"一个心理过程的连贯组织"①。它既是本我的一部分，又超出了本我的范畴。就前者而论，两者都属于自我我向的心理世界；就后一方面而言，自我又超出本我，处于本我与外界之间以保护本我。自我与外界的关系"尤其是自我的特点，自我以外界消息供给伊底，从而挽救了它，不然，假若伊底力求满足其本能而完全不顾强大的外力，便难免于灭亡了"。自我"依据唯实原则（the reality-principle），……自我为了伊底的利益控制它的运动的通路，并在欲望及动作之间插入思想的缓和因素，并利用记忆中储存的经验，从而推翻了唯乐原则，而代之以唯实原则。……唯实原则则保证较满意的安全和成功"②。可见，自我是人格心理的继发过程，它由心理发展到知觉，然后进至记忆、思维、语言和行动。通过这些活动方式，自我一方面给本我提供必要的外界信息，使之免于盲动；另一方面又调整和保护本我的冲动，使之在免于灭顶之灾的前提下获得满足。所以，心理的继发过程既是思想与理智的过程，也是使本我的心理图影成为现实的过程，它决定了自我的主要功能是将人格之内在心理与外在现实结合起来。因之，自我又是人格构成中的"行政机构"，执行着指导、调节的职能。唯实原则是其活动的基本方针，但它"并不是要放弃最终获得愉快的目的，而是要求和实行暂缓实现这种满足，要求暂时放弃许多实现这种满足的可能性，暂时容忍不愉快的存在，以此作为通向获得愉快的漫长而曲折的道路的一个中间步骤"③。因而，唯实原则是理智的、求实的和谨慎的人格表现，其人格形象是心理趋于成熟的青年。

① 〔奥〕S. 弗洛伊德：《自我与本我》，见《弗洛伊德后期著作选》，林尘等译，上海译文出版社，1986，第196页。
② 〔奥〕S. 弗洛伊德：《精神分析引论新编》，高觉敷译，商务印书馆，1987，第59页。
③ 〔奥〕S. 弗洛伊德：《超越唯乐原则》，见《弗洛伊德后期著作选》，林尘等译，上海译文出版社，1986，第6页。

　　然而，自我终究还是本我的一部分。虽然"自我代表理性和审慎，……伊底则代表不驯服的激情"①，但从心理动力学的观点来看，自我仍是软弱的。因为它的心理能量依赖于本我的供给，其选择或精力发泄（cathexis）也依本我的要求。故而，自我又依赖于本我，它的首要任务就是为本我服务。因此，自我并不是独立而有力的，真正能与本我抗衡并最终超脱于本我的只有超我。

　　超我是人性和人格中高级的道德层次。"从本能控制的观点来看，从道德的观点来说，可以说本我是完全非道德的；自我力求是道德的；超我能成为超道德的……"② 因此，弗洛伊德常把超我当作道德良心的代名词。他说："超我是一切道德限制的代表，是追求完美的冲动或人类生活较高尚行动的主体。"③ 从心理学上讲，超我是一种心理的超越过程，其基本内容是人格的"自我理想与良心"；其基本作用是"限制或禁止"；其基本表现形式是理性与道德；而其所趋向的目标既非个人内在心理世界，也非人的内外统一的现实世界，而是非个人性的外在超越的理想世界。因而它所遵循的基本原则是"理想原则"（the ideal-principle）。由于超我的非个人特性，它的人格形象就不只是某单个个体（以富于传统和道德的老年人为代表），而且也表现在人际关系和特定社会的道德文化中。因为超我的存在，人格结构中产生了道德构成，人类生活中产生了道德律，文化氛围中的个人产生了"自豪"与"羞耻"的特殊道德心理以及利他主义与自我牺牲的道德情感。然而，弗洛伊德认为，超我不仅具有积极肯定的文化性质，也具有内在否定的心理性质。从文化道德上看，超我是积极而有价值的；从个人心理上看，它又是消

---

① 〔奥〕S. 弗洛伊德：《精神分析引论新编》，高觉敷译，商务印书馆，1987，第60页。

② 〔奥〕S. 弗洛伊德：《自我与本我》，见《弗洛伊德后期著作选》，林尘等译，上海译文出版社，1986，第204页。

③ 〔奥〕S. 弗洛伊德：《精神分析导论新编》，高觉敷译，商务印书馆，1987，第52页。

极的、反个人的。它的控制与禁止功能压制着本我的自然要求，控制着自我的运行方向，这就是超我取得自身文化道德价值的必然的人格代价。

弗洛伊德认为，人格各层次结构的特性、表现、形式和内容等诸方面的差异，形成了不同人格层面的特征。同时，它们又不是相互分离的，相反，有着复杂的关联。从这种相互关联中，我们可以洞察到人格系统的整体运行机制及其丰富多样性。

首先是本我与自我的关系。它包括以下几个方面。其一，本我是人格的基础，自我是人格实现的现实功能机构。其二，本我为自我提供心理能量，自我为本我的目的服务，对其进行检验和调节（方向、强度等）。因此，本我是原发的、盲目的和非理性的；自我是继发的、自觉的、有目的性的和理智的。其三，自我与本我的对立是相对的，趋同是绝对的。自我对本我的控制并不意味绝对压制或消灭本我，而只是使其更合理、更现实些。最终自我还得执行本我的意图，适应本我的要求。对此，弗洛伊德以马与骑手的关系来比喻之："自我和伊底的关系或可比拟为骑手与马的关系。马供给运动的能力，骑手则操有规定目的地及指导运动以达到目的地的权力。但……常见有较欠理想的情景，……骑手策励其马，反而必须依据马所要去的方向跑。"① 正由于此，人类必须有科学的心理调节手段以防止本我的盲目和放荡不羁，而精神分析便是"一种使自我能够逐渐征服本我的工具"②。

其次是超我与本我的关系。弗洛伊德认为这一关系需从两方面来理解。其一方面是两者的对立性，它表现为：（1）超我控制和压迫本

① 〔奥〕S. 弗洛伊德：《精神分析引论新编》，高觉敷译，商务印书馆，1987，第60页。
② 〔奥〕S. 弗洛伊德：《自我与本我》，见《弗洛伊德后期著作选》，林尘等译，上海译文出版社，1986，第206页。

我，这种压制是绝对的、严酷的，这与自我对本我的相对控制和调节有着不同的性质，它使本我自抑、自罚，从根本上改变初衷，由此产生道德性焦虑。（2）本我对超我的反控制、反压迫，这种反控制、反压迫是本能性焦虑或神经焦虑产生的根源。（3）本我对超我的反操纵，这种反操纵不同于反压迫，它是借助于超我的极端性而发泄本能要求的特殊情形。例如，极度的道德热情常常由超理性发展到非理性甚至反理性的地步，结果便与本我的非理性冲动殊途同归，使本我的本能冲动获得发泄的特殊渠道。法西斯式的愚忠即是一例。法西斯主义是借助于一种极端超个人的道德热情（民族主义）而形成的，而它的形成又为人的本我之"攻击性""掠夺性"本能开辟了恣意狂泄的渠道。超我与本我关系的另一方面是两者的同一性。它具体表现为：（1）两者都是非理性的，本我反理性，而超我则超理性。（2）两者都是人格之自我实现的歪曲，本我盲目自发，而超我却又流于理想（甚至于幻想）和不自然；前者反现实，后者又超现实；均有悖于人格的自我实现要求。

最后是本我、自我和超我三者的关系。弗洛伊德认为，三者均是人格系统中的子系统，它们各自独立，又相互沟通，共同构成人格发展的动态组织。其基本联系可概述为四点。其一，整个人格系统的能量是守恒的，其中某一子系统的能量增大，则其他两个子系统的能量必定减弱。用弗洛伊德的话说，如果一个人有坚强的自我，则其本我和超我就趋于虚弱；若本我顽强，则表明他自我和超我的能力较弱；反之，若超我较强，则其本我与自我就必定被压抑得很深。由此，我们可以看到合理调配人格结构内部各子系统能量的重要性。人格系统调配失衡，则意味着人格发展的畸形。其二，一个人的本质和行动取决于心理能量在人格系统中的分布状态。人性的本质在于强化人格中的自我个性，而社会文化和道德的本质则在于强化人格中的超我和利他倾向。所以，在弗洛伊德这里，人性与文化、个性与道德是相互排斥的。其三，在人格系统中，自我与超我有着共同的目的——控制本我，但其程度、方式和性质各有不同。另一方面，这两个子系统都缺乏自身的原动力，必须凭借于本我以获得心理能或内驱力（driving-forces）。故而本我也凭借它强大的能量对自我和超我实施强大的反控作用。即是说，本我的能量发泄是单向的，只有发泄；而自我和超我的能量发泄则是双向的，它们既有发泄（借助于本我之能量），又有反发泄（anti-cathexis）（以抵制本我的反控力）。反能量发泄使人格遭受挫折，其中由于外部物质匮乏或被剥夺而使本我的能量发泄受挫，称为外部挫折；而由于外部挫折所引起的心理症则为人格之内部挫折。外部挫折为因，内部挫折是果。能量的发泄与反发泄之间，若前者大于后者，表明人格心理能的冲击力大于阻力，于是便产生行动和意识；反之，则表明阻力大于冲击力，只产生压抑和思想与行动的迟缓。在道德上，这种抗衡表现为本我的内驱力与自我、超我的约束力之间的对抗。自我与本我直接抗衡，而超我却往往借助外在社会文化和道德并通过自我而与本我相抗。人格中各子系统间的抗衡常常起伏不定，却又能达于微妙的平衡状态。所以，人的行为动机与结果的偶然性极大，对之做出评价也极为复杂。其四，在整个人格大系统中，自我处于一个特殊的地位：它既要应付本我的冲动，又得听候超我的命令；既要观照检验内在心理和欲望的趋向、强度，又要审察外在境况的诸种可能性。这就是弗洛伊德所说的一仆侍三主："可怜的自我，其所处的境况更苦。它须侍候三个残酷的主人，且尽量调和此三人的主张和要求。这些要求常相互分歧，有时更相互冲突。……此三个暴君为谁呢？一即外界，一即超我，一即伊底。我们若观察自我同时努力满足或顺从此三者，便不禁要将自我化作人生，而以之为独立的存在体。它感到三面被围，遭受三种危险的威胁，抵不住压迫了，因而导致焦虑。自我既然有来自知觉系统的经验，它就要准备代表外界的要求，但它同时又要当伊底的忠仆，与伊底和善，……它要调解伊底和现实，有时只得以前意识的理由掩饰伊底之潜意识的命令，弥缝伊底和现实之间的冲突，且当伊底坚不肯屈的时候，也以外交家的巧妙方法，表示其对于现实的关切。另一方面，它的一举一动复为严厉的超我所监视，超我规定了行为的常模，……假使不照着这些常模做，它便惩罚自我，使它产生紧张的情绪，表现为自卑及罪恶之感。……由此，我们可以了解为什么我们常常不禁深叹生活的艰苦。自我当被迫自认软弱时，便将发生焦虑：对外界而有现实的焦虑，对超我而有常规的焦虑，对伊底的激情努力而有神经症的焦虑"①。这就是弗洛伊德关于人格结构关系的具体总结，其中，自我被确认为现实人生的化身，它如同一个矛盾的调解者，却又是各种人格内在矛盾的集散地。下面是弗洛伊德的精神人格构造关系（见图 12 - 1）。

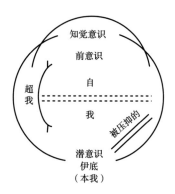

图 12 - 1　精神人格构造关系

简明起见，我们可以将弗洛伊德的人格结构理论综合为一个表（见表 12 - 1）。

---

① 〔奥〕S. 弗洛伊德：《精神分析引论新编》，高觉敷译，商务印书馆，1987，第 60 ~ 61 页。

表12-1　弗洛伊德的人格结构理论

构成内容＼特征项目＼层次	心理运行	表现方式	功能（或工作）	对象范围	基本原则	心理效应	价值效应	命令表达	心理机制	人格形象	其他补充
本我（Id）	①原发过程 ②单向性能量发泄	①自发潜意识 ②纯情绪冲动 ③非理性能欲望 ④臆断思想	人格基础：①能量或精力 ②内驱	个人内在心理世界	唯乐原则	心理或神经焦虑	①直接满足 ②快乐主义 ③自发利己	①"随便" ②"随心所欲"	自恋	儿童	①人性:人的自然本性 ②比较:精神分析与行为主义 ③精神:自然主义
自我（Ego）	①继发过程 ②双向性能量发泄	①知觉 ②记忆 ③语言 ④理性思维和行动	人格"行政机构"：①调节与约束 ②现实性检验	个人内在心理世界与外在客观世界的结合（现实世界）	唯实原则	现实或自我焦虑	①间接满足 ②现实利益 ③合理利己	①"等一等" ②"从实际出发"	防御机制：（综合与整合）压抑,文饰投射,反向作用,固置,倒退作用……	青年	①一仆侍三主（外界、本我、超我） ②人生代表 ③精神:现实主义
超我（Superego）	①超越过程 ②双向性能量发泄	①超理性 ②良心 ③幻想性预断 ④利他行为	人格升华：①压抑禁止本我冲动 ②命令自我代行其职	纯外在超越世界（理想世界）	理想原则	道德或超我焦虑	①道德心理（自豪羞耻） ②道德感或义务感（利他牺牲与自我牺牲）	①"不准" ②"美德重于真理"	认同机制：父母权威,社会文化,道德良心,社会典范或英雄……	理想个人（父母或老人）非个人性的文化与道德化身	①两种极端可能:超理性与反理性 ②比较:心理学与宗教伦理学或宗教 ③精神:理想主义

五　文明与道德——人格的文化观照

如果说，人格结构理论是弗洛伊德伦理思想的核心内容，那么，从人的微观心理世界走向人的宏观社会文化世界，从而把精神分析这一新的思维方法运用于社会文化道德领域，则是他的另一个学术目标。

1912～1913年，弗洛伊德完成了他的文化心理学代表作《图腾与禁忌》。随后又于1930年发表了《文明及其不满》，对现代文明（文化）进行了独特的精神分析学解释，其中包含他对道德问题的文化观照。他认为，所谓"'文明'，只不过是意指人类对自然之防卫及人际关系之调整所积累而成的结果、制度等的总和"[1]。因此，文明首先表现为人类自身需要的文化成果。远古时代（例如大洋洲远古的风俗中），原始文化最初表现为图腾（totem）与禁忌（taboo）。[2] 图腾是原始宗教礼仪的象征。图腾系统往往是一种普遍化了的原始宗教和社会制度。因此，它既是原始宗教的滥觞，也是维护原始社会的基本制度形式。禁忌是图腾力量的具体显示，它以各种不同的形式表达原始社会对人们行为的具体规定，其内涵常带有"神圣的""超乎寻常的""危险的""不法的"等价值意义。因此，它常随文化的更替而传递，具有权威性力量，甚至被不断组织化、程式化而成为一种遗传性的个人或社会心理特质。所以，禁忌常被视为原始道德的象征。

弗洛伊德指出，人类文明的产生和发展有三个主要特征或收获。（1）它是人类共同生活得以进化的力量，也是公正观念产生的基础。文明使"团体的力量"得以形成并逐步代替"个体的力量"，这是文

---

[1] 〔奥〕S.弗洛伊德：《图腾与禁忌》，杨庸一译，台湾志文出版社，1975，第11页。

[2] "图腾"和"禁忌"两词最初是由西方人类考古学者发明的。据考证，"图腾"一词最早是由英国人 J. Long 在考察北美洲印第安人的礼仪活动时发现的，最初写作"Totem"，后泛指原始礼仪和宗教的一般形式。"禁忌"亦译为"塔布"（taboo），源出近同于"图腾"一词，但它的含义不同，泛指原始风俗、习惯和道德的一般禁令性规定或形式。

明形成的决定性一步。而由于团体与个体及两者力量的关系，自然产生了维护团体的法律和伦理，这首先就是公正的要求。公正表达非个人的意见，没有公正，团体或人类共同生活就不可能。（2）文明的产生使人类的本能得以升华。在弗洛伊德看来，本能特别是性爱本能是人类发展的根本动力。"性爱与必然性"是"人类文明的父母"①。一如德国诗人、哲学家席勒所云："饥饿和性爱乃推动世界的动力"。人的性爱本能的升华是构成人类一切精神文化的源泉，它使科学的、艺术的、宗教的和道德的意识形态成为可能。（3）文明的发展产生了"文化挫折"，这种挫折源自人本能的不满。本能欲壑无底，满足永远是暂时的、相对的。因而人类生活中永远充满着欲求和不满，这就是文化的挫折，它"支配着人类之间社会关系的大部分领域"②。文明的发展过程就是这种挫折不断延伸又不断缓解的过程，而它的目的就是不断解除这种挫折。

因此，在弗洛伊德看来，整个人类文明中的基本矛盾就是性欲（爱）与文化的矛盾。③一方面，每个人都先天具有其不可根除的自我本能，性爱是其核心；另一方面，人的性爱欲望又永远无法满足，即令暂时的满足也受到社会文化和道德的压抑。从根本上说，"文明乃是一个为性爱服务的过程，它的目的是将各个人类个体、各家庭，然后是各民族和各国家结合成一个伟大的联合体，即人类的联合体"。④但人的欲望又常与文明的这种目的相对。人的侵略性、占有欲和唯乐利己倾向总是对文明的否定；反过来，文明也总以其超个人的

---

① S. Freud, *Civilization and Its Discontents*, English trans. by J. Riviere (London: W. W. Norton & Co., 1963), p. 38.

② Ibid., p. 34.

③ H. 马尔库塞敏锐地看到了弗洛伊德的这一主题思想，用其马克思主义观点进行了尝试性的再探讨，其理论成果便是他的《爱欲与文明》。

④ S. Freud, *Civilization and Its Discontents*, English trans. by J. Riviere (London: W. W. Norton & Co., 1963), p. 59.

力量来否定个体的欲望本能。于是，便必然地产生了人性与文明、个人与集体（社会）、欲望与禁止、利己与利他等一系列矛盾。从心理学上看，这种矛盾也是一种本我、自我与超我的冲突。所以说，超我的属性也是文明的本质属性，或者说，文明只是一种扩大了的超我而已。这就是文化上的超我论，基督教伦理——"爱别人如同爱自己"——最典型的文化超我论。

但从人的本性或本质上看，文化超我论是不可能的。每个人的生活最终要受唯乐原则的支配。本我和性欲使人利己，文明和社会使人脱离自我中心而转向利他。事实上，文明本身也就是个人放弃自我要求转向利他（升华）的产物。于是乎，文明本身也处于一种永久矛盾之中：它以其强制力量使个人转向超我，又因人的本性使然而永远难以绝对成功。人类文明史就是这种矛盾的斗争史，其间充满进步，也充满不适。这就给伦理学带来了种种难题："这种不适（ill-luck）——这就是说外部的挫折——极大地强化着超我中的良心力量"，同时，超我和良心的力量又使个人不适，成为不幸的牺牲者。① 所以，伦理学的中心主题就是解释人在文明中的不适，使文明与人性的矛盾获得相对平衡。

依弗洛伊德所见，伦理学与社会本身不同，因为社会不管人的行为动机如何，只问行为及其效果是否符合文明的信条，而伦理学毕竟要顾及人的行为动机，也因之不得不关注人性本身。但从终极价值意义上讲，伦理学的基本价值取向是社会的，而不是个人的；是超我利他的、约束性的，而不是本我利己的、放纵性的。它的重要使命之一，就是努力使个人增加"文化适应本能"，即"把自我中心的冲动变成社会本能的自我能力"②。

---

① S. Freud, *Civilization and Its Discontents*, English trans. by J. Riviere (London: W. W. Norton & Co., 1963), pp. 63 – 64.

② 〔奥〕弗洛伊德：《论创造力与无意识》，孙恺祥译，中国展望出版社，1986，第214页。

道德是培养人的文化适应本能的基本方式之一，它的实质就是教人放弃自我、转向利他。良心是道德培养的主要成果之一。在原始禁忌中，"早已暗示出'良心'的本质和来源了"[1]。什么是良心？弗洛伊德说："以语言证据来说，它是和一个人的'最确实自觉'有关。事实上，在某些语言里，'良心'和'自觉'这两个词语很难加以区别。""良心是我们对某些特殊欲望由拒绝而产生的一种内在知觉"[2]。从人类整体而论，这种自觉最初源于个人"对社会生活的恐惧"[3]，起源于对文化传统的敬畏和承诺。由于社会文化的要求、禁忌和评价作用，使每个人都不可避免地产生对社会价值权威或文化权威的恐惧。趋之则善，违之则恶。这种罪恶感逐渐使个人形成克己奉他的自觉意识，这就是良心。而就个人生活史而论，良心最早起源于对父母权威的恐惧和在家庭教育、传统约束等背景下出现的心理挫折以及由此产生的自卑感和负疚感。所以，良心的形成与人格心理的逐步生长是相互关联的，只是随着心理年龄的增长，外在的社会文化传统之限制和权威逐渐取代了父母权威和家庭教育的职能，人的罪感意识不断扩张，从而形成了一般伦理学意义上的良心观念。

然而，在个人的道德感和良心形成的过程中，对外在权威的恐惧始终是给人造成这种焦虑的根源。按弗洛伊德所言，人的焦虑大致可分为三种：源自外界而滋生的客观文化焦虑或现实性焦虑；由客观文化的外部焦虑内化而成的（或曰源自超我的）道德焦虑，以及由外在压抑所导致的（或曰源自本我冲动挫折的）神经性焦虑。现实性焦虑具有创伤性和后天经验性特征；道德焦虑具有强烈的罪恶感与羞耻感

---

① 〔奥〕S. 弗洛伊德：《图腾与禁忌》，杨庸一译，台湾志文出版社，1975，第 88 页。
② 同上书，第 88 页。
③ 〔美〕弗洛伊德：《论创造力与无意识》，孙恺祥译，中国展望出版社，1986，第211 页。

（或自卑感）特征；而神经性焦虑则具有游离性（freefloating）、恐惧症（phobia）或恐慌症（panic）特征。

通过对人类文明与道德关系的心理—文化探讨，弗洛伊德进一步拓展了他对伦理问题的心理学探究方式和范围。他运用其特有的精神分析学方法，不仅分析了人性、人格和人的道德意识、情感和行为等主观道德现象，而且进一步跨出了人格心理分析的内在微观视域，把探视和分析的目光投向了较为广阔的社会文化，特别是作为心理—文化现象的道德之发生发展，以及道德与人的心理生成、道德与社会文化传统等重要的客观伦理问题。尽管他分析的方法仍然是从精神分析的基本原则（如人性、本能、性爱等基本理论原则）出发的，但他的新的尝试，毕竟为人们开辟了一个了解社会道德文化和道德心理的新途径。况且，弗洛伊德关于道德之原始起源、良心生成之心理机制等重大伦理问题的独特见解，对于我们深化人类道德起源的研究等都富于启发性。诚然，他在所做的文化心理分析中的性本能至上和把性爱与文化道德对立起来等观点，也同他的无意识理论、人性理论和人格结构理论一样，最终并没有超出非理性的泛性主义樊篱，这是必须注意的。

六　弗洛伊德的道德遗产

弗洛伊德曾经写下这样一段耐人寻味的话："精神分析学曾多次被指责忽视了人性高级的、道德的、超个人方面。这种指责无论在历史上还是在方法上都是不公正的。首先，因为从一开始我们就把怂恿压抑的功能归于自我中的道德和美的趋势；其次，这种指责是对一种认识的总的否定，这种认识认为精神的研究不能像哲学体系一样产生一个完整的、现成的理论结构，而必须通过对正常和反常现象进行分析的解剖来寻找逐步通向理解复杂心理现象的道路。只要我们关心心理生活中被压抑的东西的研究，我们就完全没有必要担心找不到人的高级方面的东西。"① 这段话不啻弗洛伊德本人的一种学术声明，它表明弗洛伊德精神分析学理论所追求的学术目标并不只是人的内在心理现象的狭隘解释，同样也是为了追求人生高尚的价值意义和对这种价值意义的科学解释。其与众不同就在于：它再也不是从某种哲学伦理学理论的预制出发，在抽象的或哲学的思维层面上来建构一种道德理论；或是凭借某一科学发现来证明或提出一套新的伦理观念（如进化论者那样）。相反，它是基于人的心理分析这一新科学方法，从人的心理现象或心理实在经验中，剖析人性和人的意识、情感与行为，从而从侧面乃至反面来检验已有的道德理论，发现对人类道德现象的新解释。

这种尝试无疑是崭新、艰巨而复杂的。虽然它既不可能是完全成功的，也不可能是毫无价值的，但它确确实实为人类科学伦理学的建立提供了一笔珍贵的理论财富（好的或是不好的）。

首先，弗洛伊德的精神分析伦理学从方法上拓展了伦理学研究的视野。心理学是近代科学发展的新成果。把心理学的方法引入伦理学领域较早始于英国功利主义伦理学家密尔。② 密尔曾经是近代著名伦理学家和心理学家，他提出过著名的联想心理学理论，并将其运用于伦理学研究之中，以心理联想理论来解释道德情感和行为中的利他现象。但是，密尔的尝试并不是革命性的。这一方面是他所提出的联想心理理论本身的局限所致，因为这种心理学理论在根本上仍只是近代经验主义哲学的产儿，并不具备全新的方法论意义。而它在伦理学中的应用也还限于对既定道德理论（具体说就是功利主义）补充新的证据这一表层革新范畴。另一方面，密尔本人也因此方法的局限而未能提出新的伦理学说，因之对尔后的伦理学发展影响不大。反观弗洛伊

---

① 〔奥〕S. 弗洛伊德：《自我与本我》，见弗洛伊德《弗洛伊德后期著作选》，林尘等译，上海译文出版社，1986，第 184 页。

② 参见王润生《西方功利主义伦理学》，中国社会科学出版社，1986。

德的心理分析伦理学，恰恰是在这两个方面产生了重大飞跃。精神分析作为一种新的心理学理论本身是划时代的，它的诞生标志着现代心理学的新发展，而它注重人格心理深层分析的方法，不仅首次揭开了人类潜意识层次的心理奥秘，为心理学本身洞开了一个全新的世界，而且对现代其他人文科学产生了巨大冲击，特别是对作为一门人生应用科学（所谓"实践理性"）的伦理学，提出了直接的方法论挑战：传统的伦理学方法被证明是不全面的，因为它无法解释人性深层的东西，无法说明意识行为之外的种种道德心理、情感和行为现象（如无意识行为等）。这些挑战显然向伦理学展示了一片未曾开垦的领域：道德心理学、人格结构论、道德感情的内容、人性，如此等等，都不能不说是对伦理学提出的新课题，而它的理论又首先表现为方法论上的革新要求。

其次，弗洛伊德的精神分析伦理学不仅在方法上具有挑战意义，而且在具体内容上丰富了伦理学的理论内涵。这一点我们已经从前面的论述中看得很清楚了。他关于人性的心理层次分析，关于性爱本能与道德的关系的分析，尤其是他关于人格多层结构及各人格层面之相互关系的分析，等等，都是发前人之所未发。尽管其间充斥着谬误，但却不乏许多新颖独到的见解。这些对于我们充实和深化伦理学的理论内涵无疑是有积极参考价值的。事实上，弗洛伊德给我们提供了许多为其他现代西方伦理学派（如存在主义、实用主义，乃至更早一些的唯意志论和生命伦理学等）所不能提供的新东西。他关于人格生成及其与社会文化道德的关系的见解和关于人类道德与文明的见解，都是我们达到对人类道德问题的微观与宏观之综合理解的有价值的尝试。在某种意义上说，弗洛伊德确乎是为我们打开了一个新的人的微观世界，而这对我们的伦理学来说正是亟待深入开垦的处女地。

最后，弗洛伊德的伦理学在现代西方伦理学发展中产生了深远的影响。显然，弗洛伊德的伦理学是一个以人格结构分析为中心的理论体系，他在方法和经验材料（心理学、生理学、病理学等多方面的临床分析和医学科学材料）上的独特创造与占有，决定了他的伦理思想在现代西方伦理学史上具有特殊的地位。虽然人们把他的伦理学与存在主义等流派的伦理学同归于现代非理性主义之列，却有着不可同日而语的差异：他的理论和方法是科学性的、实验的、具体分析的，而不是哲学的、形而上的和纯理论的或逻辑的。正是由于这些特征，使其思想对尔后许多伦理学家产生了极大的影响。我们看到，不仅在精神分析学内部，而且现代西方其他伦理学流派或伦理学理论（如弗罗姆、道德心理学）乃至西方马克思主义者（如马尔库塞）的伦理思想，均有受他影响的印记。

弗洛伊德的伦理学是独特的、开创性的，因而它既给我们留下了值得借鉴的有益遗产，也留下了值得反省的理论教训，这些教训也是它难以避免的理论失败。它突出地表现在其理论的狭隘的泛性主义和反文化主义倾向上。与一般人不同，弗洛伊德所遵循的是一种褊狭的否定性思维原则。他首先把人的性和性爱本能与无意识或潜意识心理抬高到至上唯一的绝对地位，并以此为唯一的标准来度量一切、分析解释一切，因而固执地把人性与文化和道德、本我与超我、个人与社会对立起来，扬此抑彼，至于极端，最终走上了卢梭式的自然主义伦理学老路，以致有过之而无不及。同时，他以性来解释道德、文化乃至一切，不仅暴露出其理论方法的狭隘性和片面性，也使他最终无法获得公允合理的理论结论。因此，弗洛伊德的整个伦理思想从根本上说是不科学的，他给人类留下的道德遗产也是一份既沉重又耐人寻味的理论遗产。尔后，以弗罗姆为代表的精神分析家族也为此付出了巨大努力，才在一定程度上克服了他的这些缺陷，使精神分析伦理学有了较为健康的发展和较为圆通的理论建构。

第三节　弗罗姆的人道主义伦理学

弗罗姆是少数几位对弗洛伊德和整个现代精神分析学派的伦理思想做出过重大理论贡献并发展其理论的思想家之一。他的主要功绩在于，由于他同时看到了弗洛伊德精神分析学的基本精神和致命缺陷——对人的科学的执着追求与偏执于人的"微观世界"的狭隘性，并且同时看到了马克思理论的崇高目标与"不幸忽略"——在宏观上对"人在人道主义意义上的解放"之世俗分析与关切和对人的"微观世界"的忽视，因而立志把马克思和弗洛伊德综合起来，即把人的宏观与微观综合起来，创立一种现代科学的人道主义体系和人道主义伦理学。① 这一学术使命成为弗罗姆终生不渝的追求，也因此使他成为现代西方最著名的新人道主义伦理学家之一，并同时被纳入"西方马克思主义"和"精神分析学派"两个不同学术流派的行列。②

一　人的呼唤：弗罗姆的学术人生

埃里希·弗罗姆（Erich Fromm，1900～1980）是20世纪西方最杰出的社会心理学家和人道主义伦理学家，其生平和著述堪称20世纪前80年历史风云的见证与写照。他于1900年3月29日出生在德国法兰克福的一个正统的犹太教家庭，是其双亲的独生子。他的家庭和

---

① 详见〔美〕E. 弗洛姆《在幻想锁链的彼岸》，张燕译，湖南人民出版社，1986，第8页。另参见 E. 弗洛姆《弗洛伊德的使命》，尚新建译，生活·读书·新知三联书店，1986；E. Fromm, *Marx's Concept of Man*(New York: Ungar, 1961)；E. 弗罗姆：《逃避自由》，陈学明译，工人出版社，1987。

② 弗罗姆既是现代美国"新精神分析学派的领袖"，也是法兰克福学派著名的代表人物之一。因此，他常被当作西方马克思主义的主要代表人物，同时也被当作现代精神分析学派的中坚人物。这种双重学术身份在萨特（晚期）等人身上也出现过，只是在弗罗姆这里表现得更为一贯和彻底，因而带来了我们确定其伦理学流派的困难。这一学术背景是需要特别注意的。

犹太人出身一开始便给他的人生涂上了一层凝重的悲剧色彩。由于其父"性情急躁、喜怒无常"，而其母又"情绪低落、郁郁寡欢"，使他幼年时代便成了"一个孤独的孩子"。魏玛时代之后德国纳粹上台，又使他这个犹太家庭充满恐惧，不得不移居美国（1934 年），1940 年加入美国国籍。

弗罗姆在故乡度过青少年时代，中小学时一直成绩优良，大学期间开始有意识地阅读大量马克思、巴霍芬、斯宾诺莎、弗洛伊德的著作。1922 年，年仅 22 岁的他便荣获德国海德堡大学的博士学位。随后两年又登上慕尼黑大学的讲坛。1928～1931 年，他曾在德国精神分析学会柏林研究院从事心理学研究，并在 1930 年成为一名独立开业的心理分析医生。这前后他担任过法兰克福精神分析研究所和社会学所的讲师。1934 年移居美国后，他先在芝加哥大学工作，为该校心理分析学院的建立做出了奠基性贡献，同时开始在美国普及精神分析学说，着手在美国创建精神分析机构。1940～1941 年，他出任哥伦比亚大学讲师，随后到美国精神分析研究所工作，并同时兼任几所大学或地区性心理学研究机构的研究员。1949～1950 年，他先后担任过耶鲁、纽海文、康涅狄格等大学的讲师。1949 年受聘为墨西哥国立大学的精神分析教授，至 1956 年退休。1957 年他又转入密歇根州立大学担任教授，不久成为美国国家科学院研究员。由于弗罗姆的学术贡献，他被誉为现代美国"新精神分析学派"的领袖和创始者之一。1980 年 3 月 18 日，弗罗姆在瑞士莫拉尔图（Muralto）逝世。

作为一位心理学家，弗罗姆远不同于弗洛伊德只局限于个体心理发展的研究。他认为，心理学是一门人的"灵魂科学"，是人类早期形成的自我认识的继续。因此，它的最高宗旨应该是科学地揭示人的奥秘，为人们正确认识自我，认识自我的心理、情感和行为提供正确的理论指南。唯有这样，它才能成为一门真正的"人的科学"（the science of man），才能体现人类最崇高的人道主义精神。为此，弗罗姆把人的问题当作毕生的学术课题。他欣赏弗洛伊德首次大胆地揭开了人的心理之谜，为人类贡献了一种心理动力学理论；他更赞许马克思对人的问题所做的宏观社会与经济的"世俗分析和批判"，以及他对人道主义意义上人的解放的深刻关怀。同时，弗罗姆把他的心理学研究始终作为一种通向人的科学认识的路径和基础。他曾亲自到墨西哥山村考察，也曾邀请和组织过医学家、哲学家、人类学家和社会学家等各学科人士会诊人的性格形成问题。无论他的心理学，还是他的哲学、伦理学，都汇集于人这一焦点。他甚至认为，心理学和伦理学原本都是人学的同宗，只是到了近代才分离开来，而他的目的之一，就是使它们重新携手于人道主义的旗帜之下。从他毕生的作品中，我们都不难清晰地看出这一基本线索。因此，我们有理由说，认识人、解剖人、关注人、呼唤人是弗罗姆的全部学术理想，也是他的全部人生。

弗罗姆著作颇丰，主要代表作有：《逃避自由》（1941 年）（第二年以《自由的恐惧》为题在伦敦出版）、《自为的人》（1947 年）（又译为《为自己的人》或《人为自己》）[①]、《精神分析与宗教》（1950年）、《健全社会》（1955 年）、《爱的艺术》（1956 年）、《弗洛伊德的使命》（1959 年）、《在幻想锁链的彼岸》（1962 年）、《人心：及其为善为恶的天赋》（1965 年）、《你将像神一样存在》（1967 年）、《希望的革命：趋向一种人性化的技术》（1968 年）、《人的毁灭性剖析》（1975 年）、《拥有还是存在》（1976 年）、《论不从及其它论文》（1982 年）等。这些作品既是其心理学、哲学代表作，也是其伦理学代表作，这是由弗罗姆的学术本质和风格所决定的。

---

① 此书英文原名为"Man for Himself"，直译"为自己的人"或"人为自己"未尝不可，但洞其全书真义却殊为不当，易引起利己或为己之偏解。弗罗姆此书的宗旨是把人作为道德主体来审视其品格和道德。我有此观，故在移译本书时，取"自为的人"为名，恐较契合原作者初衷。本著凡引此书，均引自拙译。

二　人的自由与自由的逃避

自古以来，绝大多数中外伦理学家几乎都把人、人性和人的本质问题作为其伦理学理论的当然起点，弗罗姆也不例外。不同的是，作为以心理学为研究重心的思想家，他既以其理性主义传统精神而区别于弗洛伊德等大多数精神分析学者，使其心理学和伦理学的理论超出了非理性的或纯心理主义的栅栏，又以其独特的社会心理学或精神分析的方法而不同于传统理性主义者，使其伦理学更具有坚实的心理科学的实证基础。而当他同样把人和人性问题作为其心理—伦理学出发点的时候，他又以其对马克思社会历史文化和经济的宏观视境（perspective）的运用而超出弗洛伊德，同时也以其弗洛伊德式的微观视境而"补充"马克思，从而形成了他对人、人性等问题的独特解释。

人是什么？弗洛伊德曾告诉我们，人即是一种心理欲望的存在，一种自由的理性存在，或者说，"自由是人的存在的特征"[①]。但人的自由并非一种哲学本体的规定，而是人在生物和文化双重意义上的存在与发展标志，它的意义"取决于人们把自身作为一个独立和分离的存在物加以认识和理解的程度"[②]。在史前状态，人与自然浑然一体，既无所谓人的存在，也无所谓人的历史。只有"当人从自然界同一的状态中脱离出来，认识到自己是一个与周围的自然界和他人有别的整体之时，人类的社会史就开始了"，也才有人从自然母体和他人关系中突现出来的"个体化"（individualisation）意义。人的个体化过程有两种历史意义：一是文化学上人类历史的意义，即表示人类整体与自然之原始关联的破裂，从而开始形成人类自身的发展史。二是生物

---

① 〔德〕埃里希·弗罗姆：《逃避自由》，陈学明译，工人出版社，1987，第39页。
② 同上书，第39页。

学上个人生命史的意义，即个人与母体之自然联系的中断，从而形成了他的诞生和生长的生命历程。但后一种意义是复杂的。一个人挣脱母腹的脐带之时，既有了自己的生命，又一时难以独立生存，在相当长的时间内还必须依附于母体的滋哺。

人的个体化过程揭示了人类历史和个人生命史的意义本源，同时也产生了双重的历史后果：一方面是人独立存在的确立和自我力量的增长；另一方面是人的孤独感的产生。弗罗姆写道："一方面……由个人的意志和理性指导的一种组织的结构发展起来了。假如我们把这种组织的协调的人格整体称为自我（self），那么，我们就能够说，日益发展的个体化过程的一方面就是自我力量（self-strength）的增长。"而"另一方面就是日益增长的孤独。……当一个人已经成为一个个体时，他就孑然一身；面对着一个危险和极强大的世界"①。这就是个体化所带来的人的存在的"两分性"：在他获得自由独立存在的同时，又不得不失去存在的依附，陷入存在的孤独。在弗罗姆看来，这是人作为生物存在的"孤弱性"，而"正是这种人的孤弱性成了人类赖以发展的基础"，因为它使人的独立成为必然，从而促使人不得不去寻求自身的独立发展。也就是说，"人类在生物学上的弱点，是人类文化产生的条件"②。

于是，人的这种个体化的"突现"（emerge from），使用他所特有的"自我意识、理性和想象破坏了具有动物存在特征的那种'和谐'"③。他来自自然，又超拔于自然，从而使他带有"一种崭新的特质"，这便是他的人性。弗罗姆说："人是所有动物中最为绝望的动物，但这种生物缺陷本身却是给予他力量的基础，是引起他特殊的人的特

---

① 〔德〕埃里希·弗罗姆：《逃避自由》，陈学明译，工人出版社，1987，第46~47页。
② 同上书，第51页。
③ E. Fromm, *The Sane Society* (London: Routledge Kegan – Paul, 1956), pp. 23 – 24.

性发展的首要原因。"① 这种人性既不是一种自然的或心理的本能特性（弗洛伊德），也不是一种社会客观经济条件强加的性质（马克思），而是人类生存和发展过程中的文化特性，它是积极的和人所创造的。故尔，我们可以说："人的本性、情欲和忧虑都是一种文化的产物"②，"人主要是一种社会存在物"。从这个意义上看，马克思关于人性的见解比弗洛伊德的观点更接近真理，只是我们在强调人的"社会定向"或文化特性的首要意义的同时，也承认人所无法全部消除的"生物学定向"或自然特性，马克思忽略了这一点，至少许多"僵化的"马克思主义者不承认这一点。弗罗姆进而指出，即令人的社会文化特性也不是一成不变的。传统的人道主义者或机械唯物论者往往看不到人对社会文化的能动作用。事实上，"人性并非完全被动地适应着文化本身"，"人并不是一张可任意文化书写其文本（texts）的白纸，他是一个充满能量并以特殊方式构成的实体"。③

然而，人的个体化虽然使人赢得了自由的存在和发展，但又使他面临着自然与文化的双重关系。人的自然存在与历史文化存在的两分性，同时也决定了或预示着人对自身之自由存在的两种可能的态度或心理定向，即对自由的追求与对自由的恐惧或逃避。面对自然，人勇敢地挣脱了自然世界的脐带，一如亚当和夏娃在违抗上帝之"不可偷吃智慧之果"的命令后获得了第一次真正人的自由那样，人也以其对自然必然性的抗争而独立出来。同样，人在自身的社会文化中也自由创造着自己的世界，因而也创造着他自身新的自由。但是，无论怎样，人都难以免于这样一种境况：面对他自己创造的文明世界和人的世界，他既想完全摆脱自我的原始依附性和从属性，又不能不承受这

① 〔美〕埃里希·弗罗姆：《自为的人——伦理学的心理探究》，万俊人译，国际文化出版公司，1988，第34页。
② 〔德〕埃里希·弗罗姆：《逃避自由》，陈学明译，工人出版社，1987，第25页。
③ 〔美〕埃里希·弗罗姆：《自为的人——伦理学的心理探究》，万俊人译，国际文化出版公司，1988，第19页。

种摆脱所招致的孤独感，不能不永远面对人人的关系世界和人与文化的关系。这就带来了我们对人的自由特性的新的理解，即在一种新自由的关系中，人如何求得他在历史和文化关系中的个人自由？

弗罗姆指出，迄今为止的人类历史表明，人对自由的认识和追求经历了一个漫长曲折的过程。中世纪前期被人们视为人的自由的黑暗时代，不存在真实的个人，因之也谈不上真正的个人自由。这确乎是一个非人性的时代。但另一方面，中世纪城市经济的稳定化和浓厚的宗教感情又对人们起到了某种统合作用，使每一个人都生活于一定的宗教圈子内，免除了个人的孤独和不安全感。只是到晚期文艺复兴时代，才开始有了真正的个人和人的自由。这时候的意大利人是"从封建社会的襁褓中诞生出来的现代欧洲人中的老大哥，是第一个'个人'"[1]。随之，由于欧洲资本主义的兴起，使人的自由又获得了新的历史内涵。弗罗姆认为，从一方面看，"资本主义解放了个人，它使人摆脱了大锅饭制度的统治，……人的命运掌握在自己手中，尽管在他面前充满了艰险，但成功之神也在等待着他，只要他努力，就会成功，就会在经济上获得独立"[2]。这是早期资本主义给个人带来的政治解放和经济解放。但从另一方面看，资本主义条件下的个人自由却又存在着一种"模棱两可"的意义。一边是"个人解脱了经济和政治纽带的束缚，他通过在新的制度中积极和独立地发挥作用，获得了积极的自由"；而另一边却是"他所摆脱的这些纽带正是过去常常给予他安全感和相与感的那些纽带，……世界已变得无边无际，而同时又有威胁性。……他受到了强大的超人力量、资本和市场的威胁。随之所有人都变成了他潜在的竞争对手，他同他人的关系成了一种钩心斗角、尔虞我诈的关系。他自由了，但这也意味着：他是孤独的，他被

---

① 〔德〕埃里希·弗罗姆：《逃避自由》，陈学明译，工人出版社，1987，第65页。文艺复兴最早始于意大利，故弗罗姆有此评说。

② 同上书，第86页。

隔离了，他受到了来自各方面的威胁，……也已经失去了与人及宇宙的统一感，于是他被一种无可救药、一无所有的感觉所笼罩。天堂永远地失去了，个人孤苦伶仃地活着，孤零零地面对这个世界，就像一个陌生人被抛入一个漫无边际和危险的世界一样。新的自由不可避免地带来了深深的不安全、无力量、怀疑、孤独和忧虑感"①。这种描述竟与克尔凯郭尔和萨特的自由观何其相似乃尔！

然而，弗罗姆毕竟不是克尔凯郭尔，不是萨特。他不仅描述了资本主义文明下人的自由之两重性，还用自己独特的心理学方法进一步剖析了现代资本主义文明下，人对自由的两种不同的态度及其心理特征和根源。在他看来，现代资本主义文明不但加剧了人的自由与孤独相伴的矛盾感，而且使人卷入了新的矛盾之中。在现代资本主义文明中，个人的表面自由增加了，但实质上个人也变得越来越非人化和不自由了。社会如同一架巨大的机器，在资本和利润追求的驱动下自发转动，个人则成了"实现经济目的的工具"②。这一状况铸造了现代人对自由的特殊心理结构，即在追求自由的同时，又在恐惧和逃避着自由。自由的发展带来了空前严重的社会历史后果：人或被迫做出抉择，积极地创造、生产和爱；或如临深渊，逃避自由及其选择与责任。这就是逃避自由的心理情结，它反映出现代人对自由的两种态度和逃避自由的心理机制："一、向'积极的自由'方面发展，通过爱和工作使自己自发地与世界联系起来，……在不放弃自我尊严和独立性的前提下实现自己、自然、他人三者之间的融合；二、向后倒退，放弃自由……"③弗罗姆指出，第二种态度是逃避的态度，它的心理特点是：第一，强制法；第二，放弃个人的个性和完整性。第一种态度是积极追求的态度，它的要求是创造性、理性和爱。但是，积极的

---

① 〔德〕埃里希·弗罗姆：《逃避自由》，陈学明译，工人出版社，1987，第86~87页。
② 同上书，第150页。
③ 同上书，第186页。

追求自由并不是主观盲目的行动或态度，而是根植于健全人格和生产型品格之中的理性行为。理性使个人认识到自由之于生命存在的价值和意义，认识到自我与他人和世界的统一性，从而自觉地以爱和创造去实现自由的价值。所以说"自由并不意味着摆脱一切引导性原则。它意味着按照人的存在结构之规律而生长的自由（自律的限制）。它意味着服从支配最理想的人的发展的规律"①。

通过对人的自由这一问题的综合解释，弗罗姆实质上是从自然生物、心理和社会历史文化多重角度回答了人和人性这一根本问题。他认为，人从根本上说是一种自由的存在物，自由是人的本质特性。而对人性的解释构成了他所谓新人道主义伦理学体系的奠基石。因为在他看来，人性观是任何伦理学体系得以建立的前提，历史上，"伟大的人道主义伦理思想传统"都是建立在这样一个前提之下的，"即为了认识什么对人是善的或恶的，人们不得不认识人自身的本性"②。"我们可以在人性本身发现伦理行为规范的渊源，而道德规范是建立在人的固有特性之上的。"③ 于是乎，弗罗姆便沿着这条人道主义传统的思路展开了他的伦理学。

三　品格学

"品格学"④（characterology）是弗罗姆整个伦理学和心理学体系中的核心范畴和主体部分，其之于弗罗姆如同人格理论之于弗洛伊

---

① E. Fromm, *To Have Or ToBe*? (New York: Harper, 1976), p. 85.
② 〔美〕埃里希·弗罗姆：《自为的人——伦理学的心理探究》，万俊人译，国际文化出版公司，1988，第 4 页。
③ 同上书，第 5 页。
④ "品格学"（characterology）是弗罗姆伦理学中的一个核心范畴。国内有人译为"性格学"，有误。理由有二：其一，从弗罗姆的用意来看，它源出"品格"（character）一词，实指人们后天文化中所形成的品质、特质，虽有心理学意味，但更含有伦理学意味；其二，在英文中，"性格学"一词为 ethology，如将 characterology 也译为"性格学"，易引起混乱。

德。在弗罗姆看来，伦理学是一门生活艺术的"应用科学"，它的建立和发展"依赖于作为理论科学的心理学"。在某种意义上，如果把伦理学视为人类自我认识的一种实践应用，那么，心理学就是人类自我认识最基本的组成部分，因而伦理学与心理学是（且历史上就曾经是）不可分离的。在现代，弗洛伊德是第一个用新的心理学方法揭示和理解人的"总体人格"，并具体解释人类道德现象的思想家。他对人格层次结构及其特征和关系的心理学发现，为我们创造科学的人的伦理学探索了新的途径。但不幸的是，他的发现还只是"私人性的"，而不是心理—文化结构意义上的。即是说，他的发现只是主观心理的、微观的，而非主观—客观的、微观心理—宏观文化的综合完整发现。要建立科学的人道主义伦理学，就必须超出弗洛伊德，不仅看到人格本身的心理结构，还必须了解人格或人的品格之心理的和文化的、个人的和社会历史的多重含义与动态发展。

人格，是个人独立存在的表征。"人格的无限多样性本身就是人的存在特征"①。每个人的人格都是独一无二的，它的基本构成包括人天赋的自然气质和在后天文化中生成的品质。但气质（dispositions）本身没有独立的人格意义，只有品格才构成了解人格和人的道德问题的基础。因为每个人的气质都是"构成性的和不可改变的"（如古希腊名医希波克拉底将人的气质分为暴躁、乐观、忧郁和冷漠四大固定类型），而每个人的品格"在本质上说是由个人的经验，特别是早期生活经验形成的"，它可以随人的知识和生活经验的改变而发生改变。② 弗罗姆说："气质上的不同没有伦理学意义，而品格上的不同却构成了真正的伦理学问题，它们表现出一个个体在生活艺术中获得成

---

① 〔美〕埃里希·弗罗姆：《自为的人——伦理学的心理探究》，万俊人译，国际文化出版公司，1988，第44页。
② 同上书，第45页。

功的程度。"① 所以，对人的品格的塑造和判断，也就是一种伦理价值的塑造和判断。从这个意义上说，品格"既是伦理学的对象，也是人的伦理发展目标"②。由此可见，品格之于伦理学是何等重要！弗罗姆正是基于这一认识，提出了他的品格学理论。

他认为，人们长期以来对品格的解释存在两种极端的误解。以荣格为首的本能主义（instinctiveism）心理学家把品格混同于气质，进而把"价值上的区别诉诸气质上的区别"。而以威尔逊、斯金纳等为代表的行为主义（behavourism）心理学家则把品格与行为等同起来，因之把变化的品格特性视作某种人的现实实在。同时，弗罗姆还特别批评了弗洛伊德的品格理论，认为他的品格理论带有明显的性本能主义倾向，而他与弗洛伊德的分歧就在于："我不是在各种类型的力比多组织中来看品格的基本基础，而是在个人与世界的特殊形式的关系性中来看它。"③ 这种特殊形式的关系性表现为两个方面：一是人通过各种事物而活动并与之同化，他视之为"同化的过程"；二是人与他人及自身的联系，他称之为"社会化过程"。就后一方面而言，弗罗姆认肯了沙利文注重人际关系，甚至把精神分析称为"对个人间关系的研究"的观点。但他强调指出，无论是人与物的同化过程，还是人与人的社会化过程，都是"开放性的"，而不是不可改变的本能冲动。

从上述两个方面出发，弗罗姆对品格的内涵做了明确的界定。他说："品格可以定义为这样一种（相对持久的）形式，通过这种形式，人的能量得以在同化和社会化的过程中流通。"④ 换言之，品格是人通过其与物的同化与他人的社会化关系性过程而创造自身、实现自

---

① 〔美〕埃里希·弗罗姆：《自为的人——伦理学的心理探究》，万俊人译，国际文化出版公司，1988，第44页。
② 同上书，第47页。
③ 同上书，第50页。
④ 同上书，第51页。

身，并在这种过程中逐步确立起来的稳定形式。由于人的品格受制于不同的社会文化环境，因而品格概念并不单是个体性的，也含有某种普遍的社会共同性。因之，品格既包括"个体品格"，也包括"社会品格"①。个体品格的形成个体独特的气质构成与他早期特殊的生活经验和文化环境共同作用的结果。它包括三个基本因素：（1）个人气质构成的自然前提；（2）早期所处社会文化环境的影响；（3）家庭文化的影响，即父母人格形象和儿时教养的内容与方式。此外，人的信念（如宗教态度）也是个体品格形成的重要因素之一。有时候，弗罗姆甚至把宗教态度说成个体品格的一个方面。② 至于社会品格的形成则要复杂得多。弗罗姆反对诉诸"单一的因果原因"（如经济结构）来解释社会品格，主张"通过理解社会学因素和意识形态因素的相互作用才能理解社会品格的起源"③。他具体解释说："生产方式依次决定着某一既定社会里的各种社会关系。它决定着生活方式和生活实践。然而，宗教的、政治的和哲学的观念也不是纯粹次要的投射系统。当它们根植于社会品格之中时，它们也依次决定着社会品格，并使之系统化和稳定化。"④

而且，社会的政治—经济结构和文化—意识结构不仅决定着社会品格，也决定着或"铸造着"个人品格。反过来，正如社会品格对社会政治—经济结构和文化—意识结构具有积极的能动作用一样，个体品格也对此有着积极的反作用。人的品格是"人的第二本性"⑤。一俟它形成和稳定，便以各种形式作用于社会生活诸方面。所以说：

---

① 〔美〕埃里希·弗罗姆：《自为的人——伦理学的心理探究》，万俊人译，国际文化出版公司，1988，第 52 页。另参见 E. Fromm, *The Sane Society* (London: Routledge Kegan – Paul, 1956), pp. 78 – 79。

② E. Fromm, *To Have Or To Be?* (New York: Harper, 1978), p. 135.

③ E. Fromm, *The Sane Society* (London: Routledge Kegan – Paul, 1956), pp. 78 – 79.

④ Ibid., pp. 80 – 81.

⑤ E. Fromm, *The Anatomy of Human Destructiveness* (New York: Fawcett Crest, 1975), p. 26.

"人的本性也反过来铸造着人生活于其中的各种社会条件。"① 弗罗姆认为，从社会品格和个人品格与社会经济文化结构的相互作用中，我们才能理解品格的功能和社会意义。就个体品格而言，它既具其特殊能动性，也有其普遍性。个体品格独特唯一，互不相同；另一方面，它的保持须以它和社会品格的相容性为前提，否则，它就会受到社会的排斥。正是各个体品格间的共通性使构成社会品格成为可能。所谓社会品格，即是"一个社会阶层或文化的大多数成员共有的品格因素"，"它是为一种既定文化的大多数人所共有的品格结构的核心，这种既定文化表明着通过社会模式和文化模式所形成的品格程度"。② 就社会品格而言，它更具稳定性。"只要社会和文化的客观条件保持稳定，社会品格就具有一种占支配地位的稳定化功能。"③ 19 世纪资本主义自由发展的社会条件铸造了以竞争、剥削、探索（冒险）、贮藏（积累）和个人主义为核心的社会品格，一直是支配这一时期人们心理、情感和道德与行为的社会内在力量。20 世纪西方的社会经济与文化则铸造了一种以"接受型和市场型定向"为本质特征的社会品格，也因此成为 20 世纪西方社会的支配力量。历史表明，社会品格之于特定的社会结构，往往有一种共生互动的关系。要改变一种既定的社会品格，必须同时改变相应的社会结构；反过来，在改变后者的同时也必须同时改变前者。所以，弗罗姆形象地把社会品格比喻为"社会黏合剂"，若它与社会结构相适应，它就具有统一和凝聚的作用；反之，它就会变成社会的"炸药"，延滞或破坏社会的整合和进步。

从形式上，我们可以将品格划分为个体的与社会的两大类，但从内容上则可具体地划分出多种品格类型。这就是弗罗姆的品格类型图

① E. Fromm, *The Sane Society* (London: Routledge Kegan – Paul, 1956), p. 81.

② 〔美〕埃里希·弗罗姆：《自为的人——伦理学的心理探究》，万俊人译，国际文化出版公司，1988，第52页。

③ E. Fromm, *The Sane Society* (London: Routledge Kegan – Paul, 1956), p. 81.

式理论。

弗罗姆将品格划分为"生产性定向"（the productive orientation）和"非生产性定向"（the non-productive orientation）两大类。"非生产性定向"又包括"接受型定向"（the receptive orientation）、"剥削型定向"（the exploitative orientation）、"贮藏型定向"（the hoarding orientation）和"市场型定向"（the marketing orientation）四种，它们各有其不同的特征和道德意味。

具有接受型品格定向的人以为，所有善的来源都是外在的，他的物质、情感、爱、知识和快乐都从身外接受而来。他的爱不过是一种消极地被爱，而不是主动地去爱；他的思维只是一种被动地接受，而不是创造。他崇尚身外的救世主和施舍者，只知说"是"，从不说"不"。因此，他惯于顺从、害怕孤独，怯于承担任何责任。这种品格定向的人往往有其特有的情态，他总"双唇常开，仿佛处于持续地等待进食的状态"[①]。总之，他缺乏进取精神，偏执于依赖心理，向往仁慈主义道德的恩泽和施舍。

对于剥削型品格定向的人来说则有所不同。他认为，一切善的来源都是外在的，但他不接受馈赠，而想用其力量和计谋去巧取豪夺。在爱情上他则惯于强夺，中意于有魅力的对象，而不喜欢温顺依附者；他虽没有独立的思维和理性，却善于剽窃他人的成果，不论是抄袭照搬，还是拾人牙慧，他的座右铭是"偷来的果子最甜"。这种人的情态特征是"紧咬双唇"；其道德信念是与人为恶、怀疑、犬儒主义、忌妒和占有，即损人利己。

具有贮藏型品格定向的人却不求于外，只重安全和积蓄。他爱好闭关自守，厌恶新鲜事物；多愁善感而沉湎往昔。他的情态往往是双

[①] 〔美〕埃里希·弗罗姆：《自为的人——伦理学的心理探究》，万俊人译，国际文化出版公司，1988，第55页。

手紧握；他的生活箴言是"太阳底下无新事"。这种人的感情心态是崇尚迂腐和清规戒律，在心理上常患有"洁癖"。而他的道德观念则是一种"特别的正义感"——"我的即是我的，而你的即是你的"，人与人之间毫不相干。他们最高的价值追求就是不思变动只求宁静的"秩序与安全"。

市场型品格定向是现代人的基本特征，它是现代资本主义商品社会的产物。现代商品经济的结构和机制导致了人格、价值观念的商品化和市场化。弗罗姆定义："市场的价值是交换价值而非使用价值，它导致了类似的关于人尤其是关于人自己的价值概念。我把以作为商品的人自身和作为交换价值的人的价值经验为基础的品格定向称为市场型定向。"① 这种品格定向的表现形式是"人格市场"或"人格商品"。在人格市场上，人的"价值原则"与商品市场上的货物估价原则并无二致。人格市场上出卖的是人格，人格的价值只是它的交换价值，而非其使用价值。因而人格出卖的情况如何，虽与人格因素（品格、才能、意志、理智等）有关，但最主要的是这些人格因素能否适应人格市场上的需要。一位颇有才能的秘书会因其人格因素不合时宜而无人问津，反之，一位时髦但并无才干的工程师也许会卖得出去。显然，人格的价值并不在于人格主体本身的成就，而在于市场上他方的需求，在于其人格具有的可接受的"吸引力"。正由于此，现代人才拼命追逐时髦。电影明星成了理想的人格模式，代表着最具魅力、最时髦的人格类型。他们使妙龄少女趋之若鹜，青春少年竞相模仿。于是，他们便慢慢失去了自我判断和评价的能力，丧失了自尊和独立。他们的自我感不再是"我即是我所是"，而是"我即是你所欲求的我"。换言之，人的自我同一感仅仅由其"所能扮演的全部角色所

---

① 〔美〕埃里希·弗罗姆：《自为的人——伦理学的心理探究》，万俊人译，国际文化出版公司，1988，第59页。

构成"①，如同易卜生戏剧中的人物皮尔·盖恩特（一译"比尔·金特"）那样，让名声、地位、成功等东西湮没了自己的真实自我，最终发现自己不过是一个洋葱头，当人们一层层将其剥开时竟找不到它的内核。在弗罗姆看来，具有市场型品格定向的人不仅缺乏真实的自我感，而且他们的道德和价值观念也成了非人性的。他们把人人间的关系视为一种商品市场上的价格交换关系，表面上的平等不过是"可相互交换"的同义语。他们的思想和感情也为市场行情所支配，思想蜕化成一种讲究人格出卖技能的"理智"或"人格术"，甚至"知识本身已成为一种商品"。人格在市场上似乎绝对自由，但实质上却只是一种外在角色、外在特性的伪装而已。

总之，四种非生产性的品格定向代表着人的品格的否定方面。它们虽互有差异，但实际上常混淆在一起。一般而论，若某一品格定向占支配性地位，则代表着人的整体品格的本质方面，而这种占支配性地位的品格定向在很大程度上又取决于一个人的生活经验及其所处的社会文化的特殊作用。也就是说，从人的品格定向中我们同样可以窥测到他生活于其中的社会文化特性。从接受型品格定向中，我们可以发现当今那种懒惰文化精神的特征；从以"我取我需"为至理的剥削型品格定向中，我们又不难找到 19 世纪那些强盗式贵族文化和掠夺性文化的特性；而在市场型品格定向中，我们就容易发现现代资本主义文明的本质了。

与非生产性品格定向相反，生产性品格定向则具有如下特征：（1）人格的充分发展既是人发展的目的，同时也是人道主义伦理学的理想。② 所谓生产性也就是创造性；③ （2）生产性是人人具有的生活

① 〔美〕埃里希·弗罗姆：《自为的人——伦理学的心理探究》，万俊人译，国际文化出版公司，1988，第 63 页。
② 同上书，第 72 页。
③ 同上书，第 73 页。

态度，也是一种积极的人生活动；（3）它往往与人的自发性和理性相联系，而非生产性品格定向则往往与屈从性和非理性相联系；（4）它与真诚的爱相联系（待后详述）。

弗罗姆进一步指出，无论何种类型的品格都在一定社会实践的过程中反映人与人之间的人格关系。其主要形式有三，即爱、共生关系和退缩的毁灭性关系。① 生产性品格定向表现着人与人之间的爱，反映出人们在创造性活动中结成的自我与外部世界的亲密性关系。非生产性品格定向则表现出共生的关系和退缩的毁灭性关系。共生性关系主要体现在接受型和剥削型两种非生产性品格定向中，其表现形式有二：一是被动的共生性关系，受虐狂即这种关系的典型形式，它的实质是"企图通过使自身依附于另一个人来消灭人的个体自我、逃避自由和寻求安全"。② 接受型品格以消极依赖达到这种目的；剥削型品格则以否定性和主动的依赖（即剥削他人）来达到这种目的。二是主动形式的共生性关系，它主要表现在虐待狂的行动中，其本质是"完全支配一个没有力量的人"，它越是与人的毁灭性混杂一起，就越表现得残忍。③ 非生产性品格表现出来的第二种关系形式是"一种距离性的、退缩的和毁灭的关系"④。贮藏型与市场型品格定向是其具体表现，距离性或退缩性是其被动形式，它通过对他人的冷漠感来补偿自我膨胀的感情需要；毁灭性是其主动形式，它是"产生于畏惧被他人消灭的一种消灭他人的冲动"⑤。这种冲动的目的比虐待狂更危险、更残忍，因为它是以毁灭生命能量的行动而表现出来的一种自我生命丧失的反证。概而论之，各种定向以及它们之间的"亲缘关系"可陈列

---

① 〔美〕埃里希·弗罗姆：《自为的人——伦理学的心理探究》，万俊人译，国际文化出版公司，1988，第93～95页。
② 同上书，第94页。
③ 同上书，第94页。
④ 同上书，第95页。
⑤ 同上书，第95页。

如次①：

 Ⅰ. 非生产性定向

 a）接受型……受虐狂的
  （接受）　（忠诚）　⎫共生

 b）剥削型……虐待狂的
  （拿取）　（权力）

 c）贮藏型……毁灭性的
  （保存）　（自恃）　⎫退缩

 d）市场型……冷漠的
  （交换）　（公平）

 Ⅱ. 生产性定向

 a）工作……

 b）爱

 c）理性

若对非生产性品格定向的四种类型作具体的心理学描述，又可得下述图式②：

接受型定向（接受）

肯定的方面	否定的方面
缄默的…………………………冷淡的	
耐心的…………………………漠然的	
谨慎的…………………………焦虑的	
坚定的、顽强的………………顽固的	
沉着的…………………………懒惰的	
重压之下镇定自若的……………惰性的	

---

① 〔美〕埃里希·弗罗姆：《自为的人——伦理学的心理探究》，万俊人译，国际文化出版公司，1988，第96页。

② 同上书，第99～101页。

有条理的……………………………迂腐的

讲究方法的…………………………自寻烦恼的

诚实的………………………………占有性的

市场型定向（交换）

肯定的方面　　　　　　　　　**否定的方面**

有目的性的…………………………机会主义的

能改变的……………………………不一贯的

有朝气的……………………………幼稚的

朝前看的……………………………没有未来或过去的

心灵开放的…………………………无原则的、无价值的

社会的………………………………不能孤独的

试验性的……………………………无目的的

非教条的……………………………相对主义的

有效的………………………………过火的

精心的………………………………无策略的

理智的………………………………唯理智论的

能适应的……………………………不分青红皂白的

忍耐的………………………………笨拙的

大方的………………………………铺张浪费的

从上述图式中，弗罗姆进而分析指出：（1）不仅各非生产性定向内部相互混杂，而且也存在生产性与非生产性品格定向之间的混杂；（2）每一个人的品格结构中的生产性定向或非生产性定向各自的分量，改变和决定着各种非生产性定向的性质；[①]（3）个人品格结构的

---

① 〔美〕埃里希·弗罗姆：《自为的人——伦理学的心理探究》，万俊人译，国际文化出版公司，1988，第98页。

性质由占支配性地位的品格定向类型所决定；（4）各非生产性品格定向都有肯定与否定两个方面。每个人的品格定向不可能是单一的、独立的，非生产性也是人们品格定向中的正常现象。一个人在实际生活中要生存发展，就不单要自我生产、创造，也需要接受、索取、变换和保存。问题的关键在于人们对这些生活方式和关系的态度，以及这种态度的本质是积极的，还是消极的。

很显然，弗罗姆的品格学是一个十分庞大的心理—伦理综合系统，它占据着弗罗姆整个学说（包括其伦理学）的中心和枢纽地位。通过品格学，弗罗姆为其人道主义伦理学构造了一个缜密而具体的基座。它从自由人性观出发，进一步从"人自关系"和"人格心理结构"与"社会文化结构"的关系中，揭示了人的品格形成、结构、类型、功能及其性质等一系列重大问题，从心理学和伦理学的交叉视角描述了人的品格所蕴含的复杂的社会文化和道德意义，从而为其人道主义伦理学的建构做出了别具一格的设计和展示。诚然，弗罗姆的品格学在方法上有着弗洛伊德人格结构理论的影响痕迹（如关于品格形成的自然生理和心理机制及家庭关系作用的见解等）；他对各品格定向的具体描述图式也多少带有亚里士多德的德性描述图式的痕迹，具有某种形式化和程式化色彩。但是，弗罗姆的方法是独特的，其陈述形式也是创造性的。他以其对社会文化之于个人心理品格的巨大作用以及两者互动作用的辩证分析而超于弗洛伊德的狭隘性本能主义，其间不乏他对马克思历史唯物主义观点的有益吸收（如社会政治经济结构对个人品格心理之发展的客观制约）。同时，也以其强烈的现实主义批判精神而显示出他的理论力量和学术责任感。他对西方近代文明特别是现代资本主义条件下人的品格性质的剖析，显示了他作为一名现代马克思主义者的特点，虽然这种批判更多的是伦理的、道德的，但他关于改变人的品格必须同时改变社会的政治经济结构的结论无疑具有社会批判性质。而他对品格类型的具体描述图式也并不是亚里士多德的三分图式（即过与不及、中庸三分）的简单模仿，而是一种运用精神分析和文化观照所获得的人格心理类型分析图，对于如何认识和分析现代文明条件下人的心理、性格和道德品质的形成与特征等，都极有启发价值。无论其科学性和真实性程度如何，都是值得重视的。

四　人道主义伦理学与权力主义伦理学

在现代西方伦理学史上，许多伦理思想家在考察和分析历史上不同类型的道德和伦理学的同时，提出了自己的道德类型学和对伦理学理论类型的选择。众所周知，西方古典伦理学中历来有所谓"义务论"和"目的论"（价值论）伦理学之分。迨至现代，法国生命伦理学家居友曾提出"生命生殖伦理学"与"义务制裁伦理学"之分，柏格森也提出过两类道德和两类社会（即开放的与封闭的）之分。德国唯意志论者尼采更彻底地提出过所谓"主人道德"或"英雄道德"与"奴隶道德"或"群氓道德"的对峙。稍后，维也纳学派的创始人石里克也把人类已有的道德区分为义务型和价值型两类，由此将历史上的伦理学理论划分为"义务论伦理学"和"自我实现伦理学"；此外，新黑格尔主义伦理学派也有过类似的思想。[①] 这一思路也延续到了弗罗姆这里，他从其人道主义伦理学的基本原则出发，提出了"人道主义伦理学"（Humanistic Ethics）与"权力主义伦理学"（Authoritarian Ethics）[②] 两种类型的区分和对立，并从两者的对比中，确证人道主义伦理学的合理性。

他认为，所谓权力主义伦理学即是以某种权力来规定道德善恶标准并依此来制定行为规范和道德原则的伦理理论。[③] 相反，在人道主

---

① 详见本书上卷有关章节的具体论述。

② Authoritarian Ethics 亦译为"权威主义伦理学"。

③ 〔美〕埃里希·弗罗姆：《自为的人——伦理学的心理探究》，万俊人译，国际文化出版公司，1988，第7页。

义伦理学中，人本身既是规范的制订者，也是规范的主体；既是规范形成的渊源或调节力量，也是它们的对象①。对前者的解释，首先依赖于我们对"权力"这一概念的理解。弗罗姆指出，"权力"有两种：一种是非理性的权力，它的本质是对人民的绝对支配；它的基础是人格的不平等，即权力者对被支配者的价值优势。另一种是合乎理性的权力，它的本质是依靠其合理的"权能"来履行其职，当权者与被支配者没有人格和价值上的差异，而只有社会角色的不同，其关系本质不是支配与被支配，而是管理与被管理。由此，我们至少可以通过形式的与实质的（内容的）两方面标准，把这两种不同性质的伦理学区分开来。

在形式上，权力主义伦理学否认人认识和选择善恶的能力，把一切道德权利都归于当权者，"规范的制订者总是一种超越个体的权力。这样一种体系不是建立在理性和知识的基础上，而是建立在对权力的敬畏和主体的软弱与依赖性感情的基础之上"②。从内容上看，权力主义伦理学不是以人的利益为目的，而是以剥削和支配为目的，按照当权者自身的利益来制定善恶标准和行为原则。质言之，权力即是目的，被支配者是绝对的手段。因此便有"顺从是主要的美德，而不从则是主要的罪恶"③ 之规定。与之相对，人道主义伦理学在形式上看是建立在以下原则之上的："唯有人本身才能决定美德与罪恶的标准，而且不存在超越于人之上的权力"。从内容上看，"它建立在这样一种原则之上：即对于人来说是善的即为'善'，而有害于人的即为'恶'；伦理价值的唯一标准是人的福利"④。以人为本位是人道主义伦理学的基本原则，它的根本实质是以人的利益为目的，而爱、理性、团结和自觉自律的义务则是其基本规范。

---

① 〔美〕埃里希·弗罗姆：《自为的人——伦理学的心理探究》，万俊人译，国际文化出版公司，1988，第 7 页。
② 同上书，第 8 页。
③ 同上书，第 9 页。
④ 同上书，第 10 页。

人道主义伦理学与权力主义伦理学在上述基本理论特征上的对立，导致了它们在一系列重大伦理学问题上的对峙。

首先，这种对峙表现在对"自爱"与"自私"等范畴的理解上。弗罗姆认为，长期以来，人们总习惯于把克服自私利己当作伦理学的基本目的，同时又对"自私"和"利己"这些概念模糊不清，所谓"利己"和"自私"实际上已混同于"自爱"或"自顾"，因而导致对自爱的偏见。从加尔文、路德到康德都犯有这种错误。这种做法的直接理论后果是把自爱与他爱（即利己与利他）截然对立起来。它的实际后果是使人们常在观念上把自爱混同于自私，以至于把它也视为万恶之源，但在行动上却又不折不扣地践行着一种利己道德。于是，我们面临的是这样一些问题：现代人的自私与自爱之实质究竟是什么？两者是否可以同一？弗罗姆尖锐地指出，现代人的自私并不是自爱，而是一种狭隘的非生产性行为。实质上，自私也并不同于自爱，前者以一己为目的，自私的人"只能在获取中感到快乐，而不能在给予中感到快乐"。因此，自私的人在根本上是不懂得爱，也不能去爱的。自私只是一种自爱失败的症候，而自爱是一种爱，它是人类之爱的应有之义，如同他爱一样。弗罗姆说："如果把我的邻人作一个人来爱是一种美德的话，那么，爱我自己也一定是一种美德——而不是一种恶——因为我也是一个人。决不存在任何不包括我自己的人的概念。"① 因此，"他爱与己爱不是二者必居其一的选择。相反，一种对自己的爱的态度也将在所有能够爱他人的人身上出现。从原则上说，爱在'客体'与人所关注的自己的自我之间的联系这一范围内乃是无法分割的。"② 这是人道主义伦理学的基本观点之一。权力主义伦理学的错误恰恰就在于：它一方面机械地把自爱混同于自私利己，从而要

---

① 〔美〕埃里希·弗罗姆：《自为的人——伦理学的心理探究》，万俊人译，国际文化出版公司，1988，第112页。
② 同上书，第113页。

求绝大多数被支配者放弃自爱，只追求对外在权力和当权者的爱；另一方面，它又是极端自私的，因为它把除当权者以外的所有他人都只当作手段，唯自己才是目的，而且也因为其狭隘的自爱观念导致自爱本身意义的堕落。现代西方文化的失败很大程度上并不是个人主义的失败，而是权力主义伦理学的这种狭隘利己主义的失败。

如果说，对自爱与自私的不同理解是两种伦理学对立的标志之一的话，那么，对良心这一伦理学重要范畴的不同规定则是两者的又一分野。弗罗姆指出，历代伦理思想家对良心范畴的论述最为丰富。苏格拉底曾以其坚贞实践了他的良心；西塞罗和塞涅卡曾把良心称为"控制或捍卫我们行为"的内在声音；中世纪哲人把良心看作"上帝灌输到人身上的理性法则，近代康德则把良心与义务感相提并论……"这一切都还未触及良心的深层底蕴。唯现代的尼采"看到了真正的良心根植于自我的肯定，根植于'对人的自我说是'的能力之中"[①]。这才是良心的本质。弗罗姆界定："良心是我们自身的呼唤"。但在这一问题上同样存在着两种不同的呼唤、两种不同的良心。

权力主义的良心是"一种内在化的外在权力，父母、国家或在一种文化中所发生的不论什么权力的声音"[②]。这就是弗洛伊德所描述的"超我"[③]。权力主义的良心有三个特点。（1）它表明人自身与权力的关系已经成为一种内在化的外在关系。而且，它也是"一种比对外在权力的恐惧更为有效的行为调节器；因为人们可以逃避后者，却无法逃避自身，因此也无法逃避已经成为人自身之一部分的内在化的权力"[④]。（2）由于这种良心的内容是从各种权力的要求与禁忌中演化

---

① 〔美〕埃里希·弗罗姆：《自为的人——伦理学的心理探究》，万俊人译，国际文化出版公司，1988，第 125 页。

② 同上书，第 126 页。

③ E. Fromm, *The Sane Society* (London: Routledge Kegan – Paul, 1956), p. 4.

④ 〔美〕埃里希·弗罗姆：《自为的人——伦理学的心理探究》，万俊人译，国际文化出版公司，1988，第 126 页。

而来，因而它比外在权力本身更易于使人感到恐惧和有罪。对外在权力的恐惧只是对被惩罚的恐惧，这种惩罚表明自己仍未被掌权者抛弃，而对内在化权力（权力主义良心）的恐惧则使被惩罚感进一步变为有罪感和被抛弃感，因之形成人们更深刻的罪感良心，一如《圣经》中该隐的故事那样。① （3）产生这种良心的人必定具有权力主义的品格定向。进而，弗罗姆认为，权力主义的良心有两种形式，一是"权力主义的罪恶良心"，它是"力量、独立性、生产性和自豪感的结果"。二是"权力主义的美德良心"，它本身以屈从为前提。两者的实质都是对权威力量的服从或内在化。从某种意义上说，多数人的良心都具有这种性质。它是由人的儿时生活经验和社会文化作用共同培养起来的。

依弗罗姆所见，人在儿时便形成了一种"家长情结"：年幼的他既想挣脱父母赋予自己的义务，成为独立自主的自己，又因为自己难以满足父母的"期待"而感到有罪。这种建立在家长情结之心理基础上的父母良心就是一种不公开的或"隐秘的"道德权力。由于父母形象和象征的道德意义不同，对儿童所起的作用亦不一样。父亲的形象往往是公正和智慧的象征，因而"父式的良心"告诉孩子们"应该做什么"或"不应该做什么"；它寄托着父亲向往实现自身未能实现的愿望。母亲的形象往往象征着爱，因而"母式的良心"是要求孩子们无限地去爱，其道德力量比父式良心软弱得多。② 然而，父母式的良心都是一种道德权力的内在化。随着儿童心理的逐步成长，这种权力也在其心中内在化、固定化。在此情形下，"我们已经成为了我们自己的父亲和母亲，而且我们也成为了我们自己的孩子"③。

---

① 《圣经》中记载，该隐曾杀死其弟，本应受上帝惩罚，但上帝却置之不理，该隐便感到自己被上帝抛弃了。这种抛弃在他看来比受惩罚更痛苦。这一例子被弗罗姆用来说明权力主义良心的特点，颇有意味。

② E. Fromm, *The Sane Society* (London: Routledge Kegan – Paul, 1956), pp. 47 – 48.

③ Ibid., p. 47.

进而是社会文化的影响。它的主要形式是国家法律、政治特权以及类似性质的社会和文化力量。在现代社会里，最令人深思的是一种"社会匿名权力"，它无形而有力地影响和制约着人的内在良心感的形成，如社会舆论、风尚、名誉地位等。在此情形中，人逐步将外在的权力、权威内化为自己行为的指南，自我随之消失，这便是独立的自我人格的失调。

与权力主义的良心相反，"人道主义的良心不是一种我们急于去迎合而又害怕惹怒权力的内在化声音，它是我们自己的声音，它出现在每一个人的身上，并独立于外在的制裁和赞赏之外"①。这一根本特征决定了它只"是我们的总体人格对其合理功能或功能失调的反应；它不是对这样或那样的能力之功能的一种反应，而是对构成我们的人的存在和我们的个体存在之能力的总体性反应"②。因此，"它是呼唤我们返回我们自身、返回我们的人性的声音"③。也唯有它才体现了"良心"的本义。弗罗姆首先从词源学考证中论证这一点。他得出：从词源学意义上看，"良心"（conscience）一词源出拉丁文"conscientia"，其词根"con"为研究、学习、思考之意；词尾"scientia"则为知识、道德之意；两者合而为一即为研究知识、学习道理的意思。用中国哲学范畴来表示，即为"致知"。因为在古希腊时代，知识、真理或智慧（真）与美德（善）归宗同义，故而，致知者乃"致良心"是也。④ 由此可以推出，人道主义的良心是人所具有的一种"人自身之内的知识"⑤。它包括自我认识、自我判断和自我的内在感情。从现代

---

① 〔美〕埃里希·弗罗姆：《自为的人——伦理学的心理探究》，万俊人译，国际文化出版公司，1988，第138页。

② 同上书，第138~139页。

③ E. Fromm, *The Sane Society* (London: Routledge Kegan - Paul, 1956), p. 4.

④ 参见〔美〕埃里希·弗罗姆：《自为的人——伦理学的心理探究》，万俊人译，国际文化出版公司，1988，第139页。

⑤ 同上书，第139页。

意义上说，它既是一种人的自我知识，也是一种自觉的内在行动。弗罗姆指出，这种良心与人道主义伦理学以爱、理性和自由创造为核心的基本宗旨是一致的。如果说爱是对人的各种潜能、关怀、尊重和受人爱的肯定态度的话，那么，"人道主义的良心就恰恰可以称之为我们关怀我们自己的爱的声音"①。

弗罗姆指出，认识到人道主义的良心本质并不难，难的是学会聆听并理解人的良心之声。要做到这一点，首先必须"听到"我们自己，必须在嘈杂的生活之声中始终清醒地认识到自我的存在和本性。现代人已经为周围世界的嘈杂声——舆论、各种观念传播、市场叫卖等喋喋不休、震耳欲聋的声音所湮没。其次，在现代文明里，真正人的良心之声过于脆弱。这不单是因为外面世界的嘈杂，而且也因为，良心并非对人自身的一种对话，而是一种间接的心声传递。如果缺乏对自我生命的真诚热情和追求，就很难听到良心之声。然而，只要人活着，无论良心之声多么微弱，它也不会因人的充耳不闻而自行泯灭。现代人对良心的漠视和回避并不能真正逃脱良心的自省和呼喊。从心理学上讲，人们可以有意识地成功避开良心的呼喊，但任何人都无法越过这样一个特殊的阶段：当人进入睡眠或无意识状态时，他的良心就会复苏。良心的悲剧就在于，当人听到它的呼声时已无法行动，而在他能够行动时却又常听不到良心的呼声。②

最后，弗罗姆从人的信念和道德力量两方面阐述了人道主义伦理学与权力主义伦理学的不同。他分析指出，缺乏信念已成为现代人生活异化的一大特征。人们或对信念模糊不清，或干脆就没有人生信念。倘若说15、16世纪人们把摒弃宗教信仰当作精神解放的标志确有历史进步意义的话，那么，现代人的信仰缺乏"却是一种深刻的混

① 参见〔美〕埃里希·弗罗姆：《自为的人——伦理学的心理探究》，万俊人译，国际文化出版公司，1988，第139页。
② 同上书，第144页。

乱与绝望的表现"①。在弗罗姆看来，信念是人生不可或缺的精神支柱。信念本身是"一种个人的基本态度和一种品格特性"②，而"没有信念，人会软弱无能、毫无希望，而且会对其存在的实质本身惶恐不安"③。质言之，人类不能无信念地存在。

接着，弗罗姆从词源学考察入手指出了两种伦理学之信念概念的不同性质。他指出，"信念"表征着对人生价值和理想的坚定性。在《旧约》中，"信念"（emunah）一词表示坚定之义。正是人对自我人生的这种坚定态度（信念），使他具有了怀疑一切的能力。然而，在人道主义伦理学看来，人生信念是建立在对人生的理性认识之上的，因而，基于它而产生的怀疑也是理性的。相反，权力主义伦理学关于人生信仰的观点却是非理性的，其怀疑也同样具有非理性特征。理性的怀疑是人的力量和理性的显示，它依赖于人自身的人生经验和能力；而非理性的怀疑则是一种"冷漠的态度"，它基于对权力的屈从和对自我的麻木。在此意义上，非理性的怀疑无异于宗教式的信仰。同样，理性的信念是建立在"生产性的理智活动与情感活动基础上的坚定的执信"④。它本身也是创造性理性思维中的一个重要组成部分，而非理性的信念只是"对某人或某物的狂热的执信"，是对权力或权威的盲目信奉。此外，在人的关系领域，理性的信念是友谊和爱的一种不可缺少的性质，对另一个人有信念，也就是"对他的基本态度和他的人格核心的可依赖性与不可改变性的确定无疑"⑤。而非理性的信念表现在人的关系上则只是盲目的信奉或无端的冷漠，而不是人格的信赖。

---

① 参见〔美〕埃里希·弗罗姆：《自为的人——伦理学的心理探究》，万俊人译，国际文化出版公司，1988，第 174 页。
② 同上书，第 175 页。
③ 同上书，第 174 页。
④ 同上书，第 180 页。
⑤ 同上书，第 181 页。

与人的信念相关的是人的道德力量。对此，人道主义伦理学认为，人能够认善恶，并具有实现其自我善性潜能的力量。而与之相反的伦理学则认为，人天性为恶，他自身无法除恶求善，必须有某种人以外的力量来帮助或指使他趋善避恶。这些外在的力量或是上帝，或是权力，或是类似的外在力量。在这一点上，弗罗姆认为，权力主义伦理学是反人道、非人性的，但它同时又是极端的，因为它在否定广大人民的道德力量的同时，把这种力量诉诸某个人或少数人（当权者）。

从两种伦理学的对比分析中，弗罗姆深入地批判了权力主义伦理学，并结合现代西方文明社会里的各种异化现象，指出了这种伦理学的反人道性质。从而，为他力举人道主义伦理学的旗帜进行了有力的辩护。与此同时，弗罗姆在对比式的具体分析中，实际上已经阐明了人道主义伦理学的根本特征和它在一系列具体伦理学问题上的基本观点，也在纵向的历史比较中，陈述了人道主义伦理学之于历史上种种道德理论的优越性和进步性。应该说，弗罗姆的努力是值得注意的。他的分析阐释既充满了现实的批判精神，也充满了严肃的理论反省精神，更充满着破旧立新式的人道主义理想精神。他批评西方的道德现实，从而揭穿了所谓权力主义伦理学的社会与文化心理基础以及它的实际危害；同时，他剖析权力主义伦理学的否定本质，又以此反过来批评西方社会的现实。这种理论批判与现实批判的相互结合，构成了弗罗姆作为现代西方社会"解剖者"的特殊学术风格，反映出他受马克思影响的深刻程度。更重要的是为他正面确证其人道主义伦理学打下了坚实的基础。

我们看到，弗罗姆的两种伦理观与其自由人性观和品格学的精神是一脉相承的。从人对自由的两种不同的态度（追求与逃避）→两种品格类型的划分（生产性的与非生产性的）→两种伦理学的对立，反映出弗罗姆伦理学的基本主题和倾向，这就是：在分析非自由或逃避

（恐惧）自由的特性及其心理与文化基础的同时，确认人的自由存在和自由价值；在剖析人的非生产性品格及其心理和文化机制以及现实表现的同时，确认人的生产性品格定向的积极价值与伦理意义；最后，在全面批判权力主义伦理学的基础上，重建和高扬人道主义伦理学。可见，在弗罗姆的伦理学中，这种否定与肯定、批判与确认、破与立的两分性思维不但是十分明显的，而且是相互连贯、层层递进的。对人的自由存在本性的预制，实际上也预制了他对人的品格分析的理论基点，对自由的追求无疑是人的生产性品格定向形成的基础，而逃避或恐惧自由的态度必然预制人的品格定向的非生产性和非创造性。进而言之，对人的自由和品格定向的心理—伦理之综合分析，也正是为弗罗姆两种伦理观所预备的理论前提。逃避自由的态度和非生产性品格决定了权力主义伦理学的反科学、反人道的基本性质，而追求自由和生产性品格恰恰是人道主义伦理学的本质和真理所在。于是，弗罗姆的伦理学主题终于实现了：从人出发，以人为本，在心理学理论的科学基础上重新建立新型的人道主义伦理学，从而在伦理学领域实现"马克思人"的宏观与"弗洛伊德人"的微观的创造性综合和统一。

五　爱的艺术

关于爱的理性是弗罗姆人道主义伦理学体系中极富特色的一部分，也是其伦理学体系在具体道德生活领域里的实际延续。

在弗罗姆这里，爱是一个贯穿始终的中心概念之一。他认为，爱不是一种只发生在异性间的纯愉悦性情感，而是一个广泛的伦理范畴，或者具体地说，它是一门融知识、力量、责任、关系、感情于一体的人生艺术。因此，关于爱的研究，在某种意义上也就是对整个人道主义伦理学的实践应用研究。作为一门人生艺术，爱是每一个人都必须认真思考的生活问题。要把握这门艺术，人们就必须做到：（1）精通爱的理论；（2）善于实践；（3）把它作为生活中最重要的艺术和"最高的旨趣"①。围绕这三点，弗罗姆建构了一整套"爱的艺术"理论。

首先是爱的理论。弗罗姆指出："任何爱的理论都必须以一种关于人和人类存在的理论为研究起点"②。如前所述，人是自然界的一部分，他的独立意味着与自然的分离，而且永远不可能重返原有的与自然和谐一体的状态，如同被逐出伊甸园的亚当和夏娃一样。于是，人类便不得不直面这样一个问题："怎样克服分离，怎样实现结合，怎样超越个人的自身生活，并找回和谐?"③ 也就是说怎样克服人自分离后的孤独？唯一的出路是转向人类自身寻找新的结合与和谐，而爱便是这唯一的出路。早在原始社会，人类已通过狂欢式的原始礼仪和群交，体验到了人人间的融合。奴隶社会里，城邦国家的形成使"遵从群体的融合"成为人人融合关系的主导方式。此后，人类又找到了上帝，大家同享作为上帝儿女的亲近和欢乐。只是到了现代，这种平等已经被改变。"今天的平等与其说意味着'同一'，不如说意味着'一样'。"④ 个人都丧失了"我性"（I-ness）而成为"机器人"，人与人的融合也不可能有真实的意义。

因此，我们需要有一种新的融合方式。这就是通过创造性活动以达到人与自然的统一，通过爱达到人与人的融合。爱是人"身心中最为强劲最为有力地奋争着的欲望。它是最基本的情感，是维系人类、民族、家庭和社会生存的力量"⑤。爱既不是"共生性融合"，也不是从属性屈从，而是"在保存人的完整性、人的个性条件下的融合"。"爱是人的一种主动能力，一种突破把人和其同伴分离开来的围墙的

---

① 参见〔美〕埃利希·弗洛姆《爱的艺术》，孙依依译，工人出版社，1986，第 6 ~ 7 页。
② 同上书，第 11 页。
③ 同上书，第 13 页。
④ 同上书，第 17 页。
⑤ 同上书，第 20 页。

能力，一种使人和他人相联合的能力；爱使他克服了孤独和分离的感觉，但也允许他成为他自己，允许他保持他的完整。在爱中，矛盾出现了：两个人变成一个，而又仍然是两个。"① 这即表明，爱的本质特征是主动性的爱。弗罗姆概述为："爱主要是给予，而不是接受"②，是主动地"去爱"（to love），而不是"被爱"（to be loved）。

首先，爱的实现有四个基本要素或曰四个基本原则，即关心、责任、尊重和知识。"关心"（care）为爱的第一要素。爱本身就是对人的关心，即"对我们所爱的生命和人或物成长的主动关注"。第二是责任。责任不同于义务，它不是外部强加于人的，"真正的责任是一种完全自愿的行动；是我对另一个人的需要——表达的或未表达的——的反应。有责任感意味着有能力并准备'反应'"③。第三是尊重。尊重不是敬畏，它的本义是"注视"（拉丁文 respicere，英译 regard），也就是把所爱的人看作"他所是"的样子。这就要求我们尊重人的个性和完整人格。要尊重他人必须先认识他人，这便有第四，即知识。知识是爱产生的前提，"没有认识就不能尊重；没有认识的引导，关心和责任将是盲目的"④。反过来，尊重、关心和责任也可促进爱的知识的增长。因此，爱的四个要素或原则是相互联系的。

其次是爱的实际类型。有了爱的理论，便可进入爱的实践世界。在这个世界里，爱有着不同的类型和联系。弗罗姆认为，人类的诸种爱中，父母与子女间的爱有着特别的意义，它是人类最基本的爱。父爱是智慧、力量；"母爱就是温暖，母爱就是食物，母爱就是满足和安全的欣慰状态"⑤。而子女的爱则有一个发展过程。婴儿的爱是单纯

---

① 〔美〕埃利希·弗洛姆：《爱的艺术》，孙依依译，工人出版社，1986，第22页。
② 同上书，第23页。
③ 同上书，第28页。
④ 〔美〕埃里希·弗罗姆：《自为的人——伦理学的心理探究》，万俊人译，国际文化出版公司，1988，第88页。在英语中，knowledge 含有"知识"和"认识"多义。
⑤ 〔美〕埃利希·弗洛姆：《爱的艺术》，孙依依译，工人出版社，1986，第36页。

的被爱，他的原则是："我爱因为我被爱"。成人的爱是去爱，其原则为"我被爱因为我爱"。对于不成熟的人来说，"我爱你因为我需要你"；而对于成熟的人而言，"我需要你因为我爱你"①。除了人在儿时不成熟的爱之外，爱实际上可分为五种。（1）胞爱（brotherly love）。胞爱是其他爱之基础，它的广义是《圣经》里所说的"爱你的邻人如爱你自己"。（2）母爱（mother love）。所谓母爱，"是对孩子生命和需要的无条件肯定"②。它包括两个方面，一是保护其成长，二是引导其生活，我们可以用"奶"和"蜜"两字来表征这两方面的含义。如果说胞爱的基础是平等的，那么，母爱的基础则是不平等的，一方是给予，甚至是无条件给予；另一方是单纯地接受。（3）性爱（sexual love）。性爱"是对完全结合的渴望，对只和一个人融合的渴望，它的本质是排他性的，而不是普遍的；这种爱也许是最有欺骗性的爱的形式"③。首先，性爱以性欲为基础，是异性间的性结合；其次，性爱是排他的、对向的。最后，性爱具有特殊的意志和责任意义。（4）自爱（self-love）。自爱不是自私，而是对作为人的自身的爱。它的基础是人格的独立。（5）上帝之爱（love for God）。这是人类诸爱中具有最为复杂和深远的历史文化意味的爱。它有一种先验的价值前提，即无论以何种宗教形式表达，上帝都是至高无上的。所以对上帝的爱一方面是不平等的爱，另一方面又代表着人对最高、最完美价值或理想的渴求。

从人类学角度来说，人类的爱与人类自身的发展相适应。人类发展经历了一个自然→母亲中心→父亲中心→人类社会的过程，故而，人类之爱最初是从原始图腾物的爱开始，转向对人格神的崇拜和爱，后者又先从母性神的爱开始，转向对父性（雄性）神的爱，再转向对

---

① 〔美〕埃利希·弗洛姆：《爱的艺术》，孙依依译，工人出版社，1986，第38页。
② 同上书，第45页。
③ 同上书，第48页。

人自身的爱（前四种爱），最后转向对上帝的爱。这说明，人类之爱的能力和内容与社会历史文化的结构递演密切相关。

最后是爱的现实和实践。由上可见，爱同样受着特定历史文化的影响。在当代西方社会现实中，政治经济结构和文化心理结构的畸形状态，使"现代人与他自己、与他的同伴、与自己异化了"。人人关系成了机械人的关系；世界成了一个满足现代人巨大欲望的"大乳房"，人人都是"吸吮者"，消费成了现代人的主要心理定向。于是，人与人之间的爱也就成了一种交易买卖关系，成了人格出卖与人格剥夺的关系。真诚的爱不复存在，相互交往失去了关心、责任和尊重的"亲密性"，有的只是"人格部件"和"人性商品"的互换。婚姻成了肮脏的买卖，性结合成了贪婪的欲望发泄和满足，双亲关系紧张紊乱。一切都在倒退，甚至已退回到原始偶像崇拜的状态。现代人的资本崇拜和商品崇拜比之于原始人的图腾崇拜，其狂热性有过之而无不及。因此，当今时代重建爱的关系、重新探索爱的艺术，是迫不及待的大事。

依弗罗姆之见，任何一门艺术的实践都需有一定的要求。首先是规矩（disciplines）；其次是集中注意力；再次是耐心；最后是投以充分的关注，即重视所学的艺术，对之有真诚的献身精神。就爱的艺术而言，除达到上述要求之外，还必须具备以下特殊条件。第一，克服人的自恋。这是一个人能够去爱他人的主要条件。弗罗姆说："就爱的艺术之实践的讨论而言，这意味着：爱依赖于相对的无自恋，它需要发展谦卑、客观性和理性。人的整个生命必须为此而努力。"[①] 第二，爱的信念。有爱的信念才有爱的力量和理想。爱的信念主要是对他人的信任，而对人类的信念则是这种信任的最高境界。树立爱的信念也需要勇气，因为它包含着对人类的一种责任、一种承诺。弗罗姆

---

① 〔美〕埃利希·弗洛姆：《爱的艺术》，孙依依译，工人出版社，1986，第106～107页。

写道："爱意味着在没有任何担保的情况下把自己承诺出去，把自己完全地给予出去，希望着我们的爱将在所有爱的人身上产生出爱。爱是一种信念的行为，任何少有信念的人，也很少会有爱。"第三，对爱的积极态度，亦即爱的能动性。爱是一种主体行为，是人的生命力量和成熟心理与人格的展示。因此，它首先需要的是主动，主动地关心，积极地承诺，一言以蔽之，就是主动地去爱。否则，就不可能成为爱的主体，而只能是爱的奴隶。这是建立在人学基础上爱的艺术的最显著特征，也是其首要条件。

爱的理论要素（原则）→爱的实际类型→爱的实践，构成了弗罗姆爱的艺术的大致理论框架。如前所述，这一系统也是其人道主义伦理学的组成部分，甚至可以说是其归宿。我们谈过，弗罗姆的整个伦理学充满着人道主义的理想精神，他批判现实，强调理性，最终的落脚点只是一个"人"字。与传统人道主义伦理学不同的是，弗罗姆的现实批判不但是一种社会现实的批判，如近代人文主义者和启蒙思想家那样，也是一种社会政治经济结构和文化心理结构的综合分析和批判；他对理性的强调也非抽象的哲学理性，如康德的纯粹理性批判那样，而是对一种以人的心理科学为理论基础的知识论的强调。因此，这两方面的独特性，决定了他的人道主义伦理学更富于批判的全面性和现代科学性特点，也因此决定了他对人的认识、分析和期待更为深刻和深远，也更富于理想精神。爱的艺术正是这种人学理想的集中体现。

弗罗姆的爱论，显然不同于历史上的一些传统观点。首先，它有了现代心理学的理论基础，这使得它在很大程度上避免了传统爱论的抽象化和空洞形式化弊病（如宗教伦理的爱论），使爱的理论有较丰富的文化心理内涵。其次，它具有较为完整或系统的理论构成，从理论到实践、从心理生理分析到社会历史文化分析、从爱的类型分析到人类爱的历史发展和个人爱的人格生成过程，基本上涉猎了爱的各个方面。可以说，弗罗姆的爱论是西方伦理学发展史上爱论的一次重大发展。最后，也必须指出，弗罗姆的爱论虽然不乏精辟和独到之处，但它同样给人以一种过于道德理想化的遗憾。尤其是，他把爱推至极端，视为人生的最高价值目标和人道主义伦理学的归宿，这不免使我们想到 18 世纪德国唯物主义哲学家费尔巴哈的"爱的哲学"，也因此想到马克思对费尔巴哈这种"爱的哲学"的深刻批判。从这一点来看，弗罗姆的爱论不仅流于理想化，而且削弱了他人道主义伦理学所含有的积极的社会批判力量。

第四节　从弗洛伊德到弗罗姆：
一个初步的比较

从弗洛伊德到弗罗姆，我们大致可以对现代精神分析伦理学派的思想脉络有一个初步的把握和基本估价。

首先，比较一下弗洛伊德和弗罗姆的伦理思想可以得出，他们的相同或相似点在于：

（1）以心理学作为伦理学的理论基础，以精神分析作为伦理学的基本理论方法。在弗洛伊德看来，只有首先建立起"人性的深度心理学"，才能真正认识人类道德现象的内在奥秘。精神分析对人的内在心理的揭示非但不会忽略甚至损害人类的高级方面，而且还会深化人类对自我本性和行为中高尚东西的认识。而在弗罗姆看来，心理学与伦理学原本就是不可分割的，它们的分离只是到了近代才产生。心理学不仅为伦理学的探询"开辟了一片新天地"，而且是伦理学得以科学化的理论基础，因为"心理学不仅必定揭穿伪伦理学判断，而且可以超越这一点而成为建立客观有效的行为规范的基础"[①]。因此，两位

[①] 〔美〕埃里希·弗罗姆：《自为的人——伦理学的心理探究》，万俊人译，国际文化出版公司，1988，第29页。

思想家都执着于以精神分析的方法来分析和解释人的道德现象（心理的、情感的、行动的、个体的、家庭的和社会文化的），使其伦理学具有突出的内在主体人格分析的特点（如弗洛伊德的人格理论和弗罗姆的品格学），也构成了精神分析伦理学的一大特征：道德心理主义。

（2）两位思想家均偏重乃至集中于对个体的心理—伦理分析，或者说都注重个人主体内在特性的微观分析。这一点构成了精神分析伦理学的又一重要特征：道德个体中心论或主体内在论。这具体表现在三个方面，第一，开创并强调对个人无意识心理的内在分析领域。弗洛伊德关于梦和无意识的分析，弗罗姆对个人无意识状态下的心理活动与成长的分析，等等，都体现了这一点。表面看来，这种分析似乎与伦理学牵涉不大，但这两位思想家恰恰是以这种心理分析作为其伦理思想的基点的，因此是不能忽略的。第二，以个人人格或品格的心理—伦理分析为轴心展开其道德理论，体现出鲜明的个体主体性伦理学特色。第三，把个体作为其伦理学的最后落脚点，认为伦理学的最终目的就是健康人格和品格的培养与实现。弗洛伊德把精神分析的伦理学价值视为通达健康人格理想、根治畸形心理和人格的根本路径，而弗罗姆虽然在强调建立人的健全品格的同时，也提出了建立健全社会的道德、政治理想，但其心理学和伦理学的重心仍然只是通过爱与理性而实现个人理想。

（3）两位思想家都遵循着一条从个人心理人格到社会文化心理分析的逻辑演进程序，不同在于，他们各自的具体方式和所达到的程度有所差别。这一点，我姑且概括为精神分析伦理学的文化心理学特征。就此而论，弗洛伊德的方式是泛心理主义的，他后期对人格及原始文化和道德的分析，虽力图超出早期思想中狭隘的泛性论局限，但从根本上说，他并没有达到这一理论境界，性、本能、原欲（本我）仍然是他分析社会历史文化和道德现象的试蕊。而弗罗姆则有所不同，他的方式更近于一种泛文化主义，也就是说，由于他对弗洛伊德泛性论缺陷的充分意识，从一开始便有意识地以马克思的社会宏观理论来限制和修缮弗洛伊德的理论，在进行心理分析的同时，始终贯穿着一种社会文化和政治经济的分析。从他早期的伦理学代表作《自为的人》到他晚年的《拥有还是存在?》等作品中都可以看出这一点。因而，他所达到的层次远较弗洛伊德深入和彻底。他借马克思的理论以超越弗洛伊德，同时又想借弗洛伊德的学说以超越马克思。应该说，弗罗姆在很大程度上实现了他的前一愿望，但未必实现了后一个超越的愿望。

也许，正由于弗罗姆的上述学术自觉和努力，形成了他与弗洛伊德的理论分歧和差异。

（1）虽然两位思想家都将心理学作为伦理学的理论基础，并同样把精神分析作为其伦理学的基本研究方法，但两者方法的具体运用和展开是殊为不同的。比较而论，弗洛伊德的分析方法更近于纯心理学的、微观的，其具体展开更多的集中于个人无意识和前意识或性本能区域；而弗罗姆的分析方法则较为广阔，更近于一种文化心理的宏观与微观相结合的综合方法，因之其具体展开也更多地集中于个人的意识或文化心理区域。这一点，也是弗罗姆研究马克思的理论结果，也因此使他既是现代精神分析学派中的重要一员，又在现代西方马克思主义阵营里占有重要一席。

（2）由上所述，弗洛伊德的道德理论主要是理论揭露性的，而弗罗姆的伦理学则带有强烈的社会现实性和批判性。前者全神贯注于揭露人格心理的内在本相，从心理学理论上进行诊断和医治，但并不注重对人格心理所形成的外围文化情景的社会批判，显示出一位纯正的心理学家的学术风格。而后者却不然，他关心的不只是人格心理本相的"是然"状态如何，而且更重要的是关心人格心理在社会文化现实中的表现，以及它何以如此、应当如何等社会现实问题，因而他的心理学本身就负有伦理的价值承诺，也更具有一种积极的社会批判力量和伦理价值意义，尽管他的批判仍带有浓厚的道德伦理色彩而缺乏马克思主义所具有的彻底的历史批判性和社会革命性。

（3）弗洛伊德的理论带有明显的泛性主义或泛本能主义（弗罗姆语）色彩，而这一缺陷正是弗罗姆力图克服和超越的。因此，性、性爱或性本能在弗洛伊德的心理学和伦理学中如同上帝，决定和支配着其他一切问题的解释，而在弗罗姆这里，占支配地位的范畴则是人的品格和文化，即令其爱论也没有赋予性或性爱以十分显赫的地位，而只是诸种类型的一种而已。而且爱的最高目标也不是性欲本能的满足，而是人类之爱的实现。

（4）由于弗洛伊德视性、性爱和本能高于一切，因之滑入了卢梭式的老路，使其伦理学理论具有强烈的自然主义和反文化主义的倾向，对人的自然本能的维护导致了对社会文化的否定。尽管弗罗姆同样对现代文明和科学技术展开了尖刻的批判，但他的批判是历史性的、相对的。从总体上讲，他的伦理学更亲近于文化主义而疏离于自然主义。他批判的是现代西方社会的畸形文明和这种文明所带来的人的异化现象，但他并不是一般地否定社会文化和文明。相反，他在探索建立健全的人的品格的同时，也执着地探索建立一个与之适应的健全社会模式，甚至提出了这一社会模式的初步设想。①

（5）弗洛伊德的伦理学充斥着一种道德失败和人生悲观主义情绪。他认为，人永远无法摆脱本能原力的支配，他的行动永远处于一

————————

① 在《健全社会》一书中，弗罗姆谈道："与这种精神健康的目的相应的社会是什么？一个健全社会的结构又是怎样的？首先，在这个社会里，任何人都不是另一个人的目的的手段，而永远毫无例外的是他自身的目的；……在这里，人是中心，一切经济的和政治的活动都从属于他成长的目的。……在这个社会里，……根据人的良心而作的行动被视为一种基本的和必要的品质，……个体关心社会的事情，以便让它们成为个人的事情；而他与他的同类的关系、与他在私人领域的各种关系是不可分割的。……健全的社会将促进人的团结，……促进每一个人在其工作中的生产性活动，刺激理性的展开，使人能够以集体的艺术和礼仪来表达他内在的需要。" E. Fromm, *The Sane Society* (London: Routledge Kegan – Paul, 1956), p. 276.

种本能冲动与外在文化压抑的冲突之中，或此或彼，终有一损。因而，人生充满痛苦，永负心理痼疾，道德的栅栏总会受到人的本能原欲的冲击，也不可能绝对可靠地拴住原欲的烈马。因而，道德终归失败，人生永无宁日。而实质上，人的死本能才是人生的内在本质，生本能的冲动只能是相对的、暂时的。与之相反，弗罗姆一方面认肯人的道德冲突的事实，并对现代西方文明之于人性的压抑提出了强烈的抗议和批判，另一方面，他的伦理学又充满着理想主义精神，对人类的发展和未来始终抱有乐观态度，尤其是对知识、理性和爱充满信心，认为人类的理性力量最终将能创造一切，只要执握理性和爱的双桨，并抱有坚定不移的"人的信念"，人类真正的人道主义道德和生活必将实现，最终能到达理想的远岸。

（6）在一定范围内来看，弗洛伊德的伦理学是非理性的。他本人也是一个非理性主义者。而弗罗姆更钟情于传统人道主义的理性精神。他是一位现代理性主义者，他的伦理学也带有理性主义的色彩，而以其理性和文化分析的方式最大限度地淡化了因精神心理分析所产生的非理性或情绪性色彩。这似乎是一个矛盾，然而却是事实！我们看到，弗罗姆虽然注重人的心理分析和无意识因素，但他从没有忘记以理性和知识来做最后的鉴定。例如，他对良心和尊重的词源学考证；他关于生产性品格定向之基本要素或条件的分析；他关于爱的理论分析；等等。这都充分反映出这一特征。

从两位思想家的道德理论之异同的比较分析中，我们不难看出现代精神分析伦理学流派的发展变化轨迹。这就是：从一种纯心理学的道德个体的内在主观分析，逐渐扩及对道德个体的心理—伦理和社会政治经济结构—文化心理结构的综述合性分析；从道德现象的心理学解释发展到道德现象的文化伦理批判。应当首先肯定，由弗洛伊德开创的精神分析，第一次揭开了个体研究的新领域，使人类自我认识的触须第一次伸展到人的无意识心理深层，这对于我们认识人的深层心理活动，并由此跨入人性、人格和品格等主体内在世界提供了一把钥匙。这一发现无疑为人类道德现象，特别是个体道德现象的研究开辟了新的途径。但是，在弗洛伊德这里，道德问题尚限于心理学的分析范围，也就是说，他所关注的中心还不是人的价值问题，而是作为心理存在的人的精神活动和心理人格问题，道德问题还只是心理分析的副产品而已。随着精神分析学的不断发展和深入，特别是随着它日益深入地涉足于人的精神的其他方面，心理分析所展示的道德意味日渐丰富，心理学与伦理学的相互重叠面越来越大。除了阿德勒对个体心理的深入开掘和荣格关于集体无意识的专门探讨之外，沙利文对人际关系的心理学分析、霍妮等对人的道德心理生长机制的分析等，都显示出对道德问题的日益强烈的关注。至弗罗姆，精神分析真正开始直接进入伦理学王国，心理学与伦理学的现代联盟真正建立起来了，纯心理学的分析逐渐变成了一种特殊的精神价值分析。所以，弗罗姆把他的第一部著作称为"伦理学的心理学探讨"①，开始了用心理学方式建构伦理学体系的新尝试，并明确宣称："心理学与伦理学分离还只是最近的事"，"对人的本性的理解和对他的生活价值与规范的理解是相互依赖的"②。可以说，弗罗姆的这一断言既反映了他本人的学术意向，也反映了整个现代精神分析学在伦理学方面的发展方向。

---

① 其为弗罗姆第二部代表作《自为的人》的副标题。
② 〔美〕埃里希·弗罗姆：《自为的人——伦理学的心理探究》，万俊人译，国际文化出版公司，1988，第2页。

第十三章

美国实用主义伦理学

如同美国在现代西方世界政治、经济和文化的发展进程中所占据的地位越来越显赫一样，美国本土的道德文化观念也越来越成为现代西方伦理学发展图景中最重要的组成部分。作为一个年轻的国家，美国的伦理学及其哲学、文学、艺术、音乐和宗教等文化观念形态，真正以独立的姿态加入西方文化阵营，还只是近百年来的事情。它具有的特殊生成发展史，也使得其伦理学形态具有奇特的生长过程。一方面，它历史地受惠于欧洲，特别是英国道德哲学"乳汁"的哺育，以至于连美国学者也承认"美国是英国的产物"①。另一方面，它所处的特殊环境（自然的和文化的），又使其民族文化（包括道德文化）随着它现代化政治、经济的独立和发展而逐步形成特属于它自身的文化传统形态。② 实用主义便是美国文化脱胎于欧洲文化母体之后所创

---

① 〔美〕H. S. 康马杰：《美国精神》，南木等译，光明日报出版社，1988，第 4 页。

② 学术界有人提出"文化传统"与"传统文化"是两个内涵不同的概念，但其不同内涵何在，迄今仍语焉不详。笔者以为，前者是指某一民族或社会在长期的生存发展历史中所逐步形成并确定下来的一种内在文化精神，而后者则泛指一切历史性的文化遗产或积累，包括物性的、观念常识性的等。基于此一认识，我在此使用了"文化传统形态"这一概念。

生出来的一种具有鲜明美国特征的哲学和伦理学，它构成了整个美国文化和"美国精神"的内核。

对于美国人来说，这种以"有用即真理"为基本原理的实用主义和工具主义，是"唯一可以称之为他们的哲学"①。实用主义伦理学之于现代美国，犹如理性主义之于近代德国，经验功利主义之于英国，佛教之于印度，儒学之于古代中国。但问题还在于，实用主义伦理学远非一种狭隘的民族道德观念，它的重要性反映在它之于美国民族的主导性文化价值地位和对西方世界的外部影响两个方面。当实用主义在美利坚文化舞台上站稳脚跟并日益扩散其影响的时候，它也在遥远的意大利、英国、法国乃至东方的中国、日本找到了自己的知音。② 就此而论，已足以使我们把它视为一种具有广泛国际意义的伦理思潮而纳入整个现代西方伦理学发展历史的整体构成之内。

第一节　实用主义道德哲学的生长

一　"美国本土哲学"的诞生：实用主义

鉴于实用主义特有的历史命运，和它在新生美国民族现代历史中所扮演的特殊角色，我们有必要在深入实用主义伦理学理论王国之前，先对其作为一股哲学文化思潮的形成做一个大致的了解。

哲学是时代精神的精华，也是一个成熟民族的内在文明尺度。19世纪法国著名的政治哲学家、美国政治研究权威托克维尔（Tocqueville，1805～1859）在谈到近代美国文化状况时曾经感叹，美

---

① 〔美〕H. S. 康马杰：《美国精神》，南木等译，光明日报出版社，1988，第10页。
② 例如，20世纪前叶意大利哲学家乔范尼·帕皮尼（Giovanni Papini，1881～1956），英国的席勒，中国的胡适、吴稚晖等都是著名的实用主义者。

国是"世界上最少研究哲学的国家"①。这自然是对一个正处于成熟文化前夜的民族所发出的深刻喟叹。但是，迨至 19 世纪末叶，这一状况开始改观了。随着美国南北战争的结束，国家的统一安定，一个以广大欧洲移民为主体所组成的新生国家，在美洲荒地上迅速崛起。由于它的主体是一批又一批挟带着欧洲近代文化气息并充满着开发梦想的欧洲移民，由于这块近乎原始的蛮土所提供的天然可开放性和无羁性环境，② 这一年轻的近代国家能够在短期内达到超常的发展水准。经过外战（如美国与英国、西班牙、墨西哥入侵者的战争）和内战（如"南北战争"），以及短暂的自然灾难之后，美国公民们以其空前的创造力和开拓精神，迅速建立起近代资本主义国家。到 19 世纪 90 年代，美国的政治、经济和文化相继跨过一道历史的分界线：国家民主政治制度初步建立并逐步巩固下来；经济上由"一个农业的美国"已变成了现代的"工业国家"；随之而来的便是文化观念上的新的转型。诚如康马杰所指出的那样："到 19 世纪末叶，人们所熟悉的那种模式已完全改观，……变化本身既是量变又是质变。……美国人不仅要适应突然发生而且随处可见的经济和社会变化，而且在他们国家的经历中第一次面临着哲学观念上的挑战。他们对物质环境的变化是习惯的，对于世界观的崩溃却没有精神准备。他们不仅要使经济适应新技术的发展，使他们的社会适应新的生活方式——这方面的任务他们是熟悉的——而且要在政治和道德方面符合新的科学和哲学原理。"③

---

① 〔美〕H. S. 康马杰：《美国精神》，南木等译，光明日报出版社，1988。
② 在 15、16 世纪欧洲移民开始踏上这片土地之前，它几乎是一片非文明的荒原。这种自然环境一方面给"新来者"（The New Comers）提供了天然的开发试验场；另一方面正是由于它没有西欧和东方这样的漫长的封建社会过程，以及由此形成的政治、经济、文化之既定构架，因而也没有既定社会文化的限制，为而后的开放敞开了自由发展的前景。
③ 〔美〕H. S. 康马杰：《美国精神》，南木等译，光明日报出版社，1988，第 64～65 页。着重点系引者所加。

那么，处于世纪之交的美国需要什么样的新哲学、新伦理呢？17、18 世纪以降，美国的旧移民们从欧洲大陆带去了资本、探险和开拓精神，同时也带去了欧洲传统的古典哲学和伦理价值观念：清教式的基督精神；理性主义和经验主义的生活方法原则；理性主义的人生哲学；构成了这个由不同民族组成的杂交式新型国家所承袭的宗教和哲学传统。但是，尽管他们有着新的生活经验，尽管他们所面临的全新生活环境与文化需求，都曾迫使他们对这些传统做出了很大程度的"美国化"改造，却毕竟尚未创造出真正地道的"美国精神"和美国哲学。正是在即将告别 19 世纪步入全新工业文明的历史性时刻，这种美国式的精神和哲学终于开始从欧洲文化母体中躁动，传统欧洲的经验主义和理性主义在这片急剧变化的土地上受到了挑战。如果我们粗略地审视一下罗伊斯（Josiah Royce，1855～1916）与詹姆斯之间的哲学差异，就不难看到美国 19 世纪末叶到 20 世纪伊始这几十年间"本土哲学"孕育并诞生的真实情景。

罗伊斯是美国现代哲学大厦的奠基者，他的创造与其说是为独立的美国本土哲学设置蓝图，毋宁说是为建立这座新哲学大厦鸣锣开道，营造一种合宜的哲学学术氛围。这位被美国人称为"严肃的""学究式的"哲学家，虽然是从美国落后的西部走来，却沉浸于豪华精美的德国式哲学传统，从康德、黑格尔、歌德、席勒这些伟大的思想大师那里尽情地吸吮着理性哲学的乳汁，最终奉献给天性实际的美国人一座只能观赏而无法享受的思辨哲学宫殿。因此，他也就难逃为美国大众冷落的不幸命运。讲究实际的美国人清楚，皇宫虽美，却毕竟只能为少数权贵所逗留。有趣的是，詹姆斯这位久居都市、远游过欧洲诸国大都的绅士，反而敏感地洞察到了 19 世纪美国人的这种普遍心理。他远遁德国古典哲学的深高莫测，执着地贴身于现代美国沸腾着现实创造热情和商业热浪的土地，终于创造出了一种"美国本土哲学"，这就是实用主义。詹姆斯使美国"首次脱掉了一种进口意识形态的印记"，因而被誉为美国"哲学的爱国者"①。

培里如是说："罗伊斯在其经验上更像美国人，在其哲学上又更像欧洲人；而詹姆斯则在其经验上更像欧洲人，在哲学上更像美国人。"② 这是一种多么奇妙的差异对比，其间恰好透视出美国哲学文化开始走向独立成熟的历史内涵：传统依附与新的创造、"进口"哲学与"本土哲学"、充满德国色彩的理性主义与适应美国现实生活的实用主义；……在这一特殊的历史时刻，一切既是如此的交错混溶，又如此的鲜明迥异。历史的结果是：实用主义最终取代了欧洲理性哲学而占据了美国哲学的宝座。这种胜利与其说是不同哲学体系之间的理论竞争淘汰，不如说是美国现代社会生活对哲学的特殊要求和时代选择。还是康马杰一语道破真谛："实用主义战胜了与之竞争的各种哲学体系，这倒不是由于实用主义具有优越的逻辑性，而是由于它的优越的现实性和实用性……"③

二　实用主义的生长与特征

詹姆斯实用主义哲学的确立，标志着美国本土哲学开始进入独立发展的新时期，至 20 世纪 30 年代，经詹姆斯、杜威等的不懈努力，实用主义达到鼎盛时期，被称为美国哲学的"黄金时代"。

然而，实用主义不仅仅是美国社会的政治、经济和文化的特殊产物，同时也是 19 世纪末到 20 世纪初西方科学和哲学（特别是进化论和实证主义）影响的产物。众所周知，在这一时期，人类最突出的科学成就之一是达尔文的进化论。它以丰富的经验观察材料和实验证实，第一次形象而科学地揭示了自然生长和人类自身形成发展的历程，使近代自然科学的经验方法得到了新的拓展，并揭示出相对的社

---

① R. B. Perry, *In the Spirit of William James*, Greenwood, 1979, p. 25.
② Ibid., p. 23.
③ 〔美〕H. S. 康马杰：《美国精神》，南木等译，光明日报出版社，1988，第602页。

会学方法的重大实践意义。作为这一科学成就的直接哲学反映，便是以斯宾塞、孔德等为代表的实证主义哲学的形成，它从哲学原理、方法论和道德价值等重大方面将英国经验主义哲学和传统功利主义伦理学推进了一大步。进化论和实证主义成为美国实用主义哲学的重要理论养分，它们和美国自身的社会文化现实一起培育了实用主义这一美国式的哲学新品种。

历史地看，美国实用主义的形成与发展可以大致地分为两个时期：创始时期与发展时期。

按詹姆斯的说法，实用主义是由皮尔斯（Charles Sanders Peirce, 1839~1914）最早提出的。① 1878 年 1 月，皮尔斯在《通俗哲学月刊》上发表《怎样使我们的观念清晰?》一文，首先提出了实用主义的意义学说。他主张："为了确定一个理智上的概念的意义，人们应当考虑一下从哪个概念的真理性中必然会产生什么样的实际结果，这些结果就构成了该概念的全部意义。"② 从这种实用主义意义论或真理观出发，皮尔斯提出了以"假设、动作、实验"三要素为基准的"确定意义的基本原则"，亦被学术界称为"皮尔斯原则"。这一原则的提出，实际上预制了美国实用主义哲学的基本出发点和认识论基础，标志着美国实用主义哲学观开始形成。

如果说皮尔斯首次从一般理论或逻辑上提出了实用主义哲学的根本原则，那么，詹姆斯则是最早将这一新型哲学原则系统理论化，并从理论王国推向社会实际生活，从而使之在美国大众化、社会化的第一功臣。从 1898 年在加利福尼亚大学作"哲学概念与实际效果"的著名演讲开始，詹姆斯花费了大量精力来阐释、完善和宣传实用主义新哲学，公开把自己的哲学称为实用主义。1907 年，詹姆

---

① 参见〔美〕威廉·詹姆士：《实用主义》，陈羽伦等译，商务印书馆，1979，第 26 页。
② M. R. Cohen（ed.），*Chance, Love and Logic*（New York: Harcourt Peirce, C. 1956），p. 45.

斯多年学术成果之集成的论文集《实用主义》出版，宣告了美国实用主义正式登上西方哲学文化舞台。从皮尔斯到詹姆斯是实用主义的创始时期。

此后，以杜威为杰出代表的大批实用主义者继承和发扬了这一哲学理论。杜威堪称美国实用主义的集大成者。他卓杰的贡献表现在：他不仅极大地丰富和发展了实用主义哲学理论本身，而且：（1）依据这一哲学原理，提出了系统的实用主义的教育哲学、社会哲学、政治学、伦理学和价值论，成为美国历史上理论最为丰富和系统的一代宗师；（2）以其过人的理论修养和社会活动能力，使实用主义哲学走向其他人文科学和社会科学，从哲学理论走向社会生活现实，从美国走向世界。为此，杜威被美国人民称为"创立了第一和唯一真正的美国哲学体系的哲学家"①，是"哲学家们的哲学家""美国人的顾问、导师和良心""美国天才的最深刻、最完美的表现"②。

作为美国"本土哲学"的实用主义究竟是怎样的一种哲学？"实用主义"（pragmatism）这一概念源出于古希腊文"πραγμα"，指行动、行为、做和从事（undertaking）等意思。从詹姆斯、杜威等的基本解释中来看，它是一种以个人的具体行为经验为基础的意义或价值哲学，一种"经验主义的态度"③。其基本特征表现如下。（1）求实主义（practicalism）哲学观。实用主义继承和发展了英国近代经验主义哲学传统，但它不是一般地重复经验论原则，而是进一步将经验范畴具体化为个人、个人行动（或活动）及其境况的实效、权宜、方便等结果分析。它鄙视古典形而上学和抽象思辨的哲学世界观，主张一切从"实利""可行""效用"出发，来考虑一切与人生和社会相关

① 转引自〔捷克〕约·林哈尔特《美国实用主义》，载〔美〕杜威《哲学的改造》，商务印书馆，1958，第116页。

② 原载《纽约时报》，转引自候鸿勋、郑涌编《西方著名哲学家评传（第八卷）》"杜威"篇，山东人民出版社，1985，第385~386页。

③ 〔美〕威廉·詹姆士：《实用主义》，陈羽伦等译，商务印书馆，1979，第29页。

的对象、活动、关系。因此，除了研究有益于人生目的之实现的思想、观念、欲望、心理和情感之外，哲学并无任何别的意义。为此，实用主义也被称为"工具主义"（instrumentalism）或生活的"权宜哲学"。（2）真理（意义）多元论和相对论。"有用即真理"是实用主义的至理名言。"用"者，即检验真理的标准。任何事物都具有多重意义和可欲求的价值，因而其真理意义不是唯一的、绝对的，而是多元的、相对的。一切为我所用，一切偶然不定。哲学的崇高不在于"确定性的寻求"，而在于从不确定性中寻求多种可能性的真理和价值，为人们提供丰富的可能性机会和创造性余地。因之，实用主义鼓励冒险探索，力图展示不定的未来可能性前景，反对既定的原则和先验绝对的预设，反对因循守旧，故步自封。（3）个人主义价值观。实用主义哲学反对一切"整体性"和权威主义，崇尚"宇宙的不完整性"和事物的"特殊化"。意义存在于实效，价值在于个人创造。它立足于个人的行动和经验，把每一个人都视为生活的主角而不是一幕幻想剧中的配角。换言之，社会只是个人"表演"的舞台，且舞台本身并不是中心，它的意义只在于使个人的表演臻于充分和完善。所以，它偏爱个体、具体、特殊、创造、尊严、独立思考和自主行动，厌恶一般、抽象、普遍、权威、屈从、依赖性和被动感。（4）行动主义实践观。实用主义突出人的行动（acting）、创造（making）和干（doing）的现在进行时态，强调过程、手段、条件、不断的实验和实践，不偏爱静止的目的、终结、暂时的结论和理论。换句话说，它所追求的哲学角色是动态的、实际的、不断变化的，而不是静止的、虚幻的和永恒的。永恒只可信仰，不可亲身经验。遥远的东西可望而不可即，重要的是不断地实践和求索。行动就是一切。（5）民主主义的政治观。实用主义始终自诩为充满"人道主义精神"和"民主主义政治抱负"的新哲学。它将实用主义哲学推广到社会、政治、文化、教育、科学、宗教等各个领域，宣称以平等、民主、公平为己任。但是，由于它偏执于"民主是社会的和政治的民主，而不是经济上的民主"① 这一自相矛盾的美国式民主观念，因而也难免带有其狭隘性和局限性。

上述五个方面的基本特征，决定了美国实用主义的理论矛盾和实际作用方式，也预制了它所包含的伦理学观念的基本特质与发展方向。从根本上说，它更像是一种实践哲学或道德价值哲学，而较少纯正哲学的色彩。因为它的本旨不是寻求逻辑、体系和形而上的世界观本身，而是着眼于为现代美国人提供一种行动的指南和生活教导。因此，它的理论本色是实践的而不是逻辑的，是价值的而不是本体论式的，是具体实用的而不是体系化的，是道德情感的而不是宇宙理性的。确认了这一点，我们才能具体认识实用主义哲学家所倡导的伦理学本义。

第二节　詹姆斯实用主义道德观

一　实用主义家族中的柏拉图

一些研究家们把皮尔斯、詹姆斯和杜威三位现代美国哲学的领袖人物形象地比喻为实用主义"神圣家族"中的苏格拉底、柏拉图和亚里士多德。在一种纯类比意义上说，这一比喻是恰当的。皮尔斯对逻辑概念的实用明晰性追求确乎堪与苏格拉底的智慧之学媲美；詹姆斯对实用主义哲学的系统建构虽不及柏拉图的气度辉煌，但亦不乏独创一家的理论气概；而杜威对实用主义哲学的系统发展和多学科多方面的具体运用又颇有亚里士多德这位古希腊"百科全书式学者"的理论风范。

威廉·詹姆斯（William James，1842~1910）出生于美国纽约市的一个神学大家庭。其父亨利·詹姆斯是一位小有名气的伦理学家和

---

① 〔美〕H. S. 康马杰：《美国精神》，南木等译，光明日报出版社，1988，第16页。

宗教哲学家，性格仁慈而深沉，对詹姆斯青少年时代影响很大。詹姆斯先在纽约上学，后随全家游历欧洲。他先后在法国布伦和瑞士日内瓦等城市就学。由于他身体状况一直不佳，学习兴趣常变化不居，加之家庭迁居频繁，其在校教育一直不太正常。1860年，他们全家从欧洲返回美国罗德岛新港，初学绘画未竟。次年在哈佛大学劳伦斯理学院攻读化学和比较解剖学，后转入医学院学医，亦时续时辍。1867年，他赴德国就学于赫尔姆霍茨、伯纳尔·冯特等门下，攻读当时流行的心理学和哲学，特别钟情于查理斯·雷诺维叶（Charles Renouvier）的伦理学著作，如雷诺维叶的《道德科学》等。[①] 因为身体状况太差，精神沮丧之极，只得返回美国。1869年，詹姆斯获哈佛大学医学博士，随后在家养病，直到1871年，他才开始参加麻省剑桥由皮尔斯等组织的"形而上学俱乐部"，涉入哲学和心理学腹地。1872年，他受聘于哈佛大学任生理学讲师，1876年升任副教授，继而转授心理学。他力图把传统的作为"心灵科学"的心理学转变为一门实验性科学，并培养了美国最早的一批心理学博士，如斯坦勒·霍尔（Stanley Hall）等。1878年，詹姆斯与吉本丝结婚，身体状况好转，学术研究功力大增。1890年他完成并出版两卷本《心理学原理》，提出了现代心理学机能主义的基本观点，同时创办了美国第一座实验心理学实验室，发起组织成立了美国的心灵研究学会。此后，詹姆斯开始把兴趣转向宗教，并在19世纪80年代末开始讲授伦理学和宗教，发表了一系列的演讲和论文。随后又陆续出版《信仰的意志和通俗哲学文集》（1897年）、《人的不朽》（1898年）、《同教师们谈心理学和同学生们谈人生理想》（1899年）、《宗教经验的多样性》（1902年）等著作。

---

① 威廉·詹姆斯曾经于1872年11月2日就此书专门给雷诺维叶写信谈自己的感想。W. James, *The Selected Letters of W. James* (Boston: David R. Godine, "Nonparell Books", 1980), p. 89.

随后，詹姆斯又由宗教转向哲学。早在 1880 年，他已改任哲学副教授，五年后升任哈佛大学教授，直到 1907 年退休。1898 年，他在加利福尼亚大学发表《哲学概念与实际效果》的著名演讲，重新确认皮尔斯在 1878 年提出的实用主义意义理论。此后几年间，他先后在牛津、斯坦福等多所大学讲课并发表文章，阐述了实用主义哲学概要。1907 年发表《实用主义：某些旧思想方法的新名称》文集，随即因英国新黑格尔主义者布格德雷对此书的强烈反诘，又发表《真理的定义——〈实用主义〉续篇》等文而与之展开论战，于是有《彻底的经验主义论文集》（1912 年）一书出版。詹姆斯的哲学伦理学代表作除上述作品外，还有《信仰意志》（1897 年）、《哲学和心理学论文集》（1908 年）、《多元的宇宙》（1909 年）和《几个哲学问题》（1911 年）等。1910 年 8 月 26 日，詹姆斯在新罕布什尔州病逝，走完了他病忧重重而又探索不止的人生旅途。

二　作为哲学方法的实用主义

作为实用主义哲学的真正奠基者，詹姆斯终生为之奋斗的是为新生美国资本主义社会提供一种全新的哲学世界观，它的突破口是哲学方法论，它的哲学形态是实用主义，而它的伦理学后果是建立在实用主义哲学基础上的价值理论。因此，首先弄清其哲学本旨是我们研究其道德理论的当然前提。

何为实用主义（pragmatism）？詹姆斯解释如下：“‘实用主义’这个名词是从希腊语的一个名词‘πραγμα’派生出来的，意思是行动。‘实践’（practice）和‘实践的’（practical）这两个词就是从这个词来的。”① 行动是实用主义哲学的根本意义，也是人类思想、观念和心理意识的“唯一意义”。这一崭新的哲学首先是作为一种革命性

---

① 〔美〕威廉·詹姆士：《实用主义》，陈羽伦等译，商务印书馆，1979，第 26 页。

的哲学方法由皮尔斯提出来的。它与近代欧洲的传统理性主义哲学方法相左，又与传统经验主义哲学一脉相连。就前一方面而论，"它避开了抽象与不适当之处，避免了字面解决问题、不好的验前理由、固定的原则与封闭的体系，以及妄想出来的绝对与原始等等。它趋向于具体与恰当、趋向于事实、行动与权力"①。这即是说，实用主义摒弃了抽象思维的方法和虚幻空洞的超经验封闭体系构造，全力转向经验、事实和行动。它随经验的变化而展开，开放地面对眼前的事实和现象。就后一方面而论，它也并不是一种理论重构，而是对传统经验论哲学取向的发展和继续，因之也保持了它与传统经验论哲学相一致的哲学特征。詹姆斯说："在注重特殊事实方面，实用主义与唯名主义是一致的；在注重实践方面，它和功利主义是一致的；在鄙弃一切字面的解决、无用的问题和形而上学的抽象方面，它与实证主义是一致的。"②唯名主义即中世纪唯名论哲学，它与唯实论相反，强调具体殊相事物之于上帝（普遍观念）的相对独立意义。功利主义是英国18、19世纪盛行的伦理哲学，它注重的不是康德—黑格尔式的理性原则和行为动机，而是人们行动的具体实际和效果。而实证主义则是19世纪兴起的反形而上学传统的科学主义哲学思潮。詹姆斯以这三个派别来印证实用主义的本质特征，恰恰是为了突出其经验具体、实际效应和反对抽象理性的基本立场。

所以，与其说实用主义是一种哲学理论更新的产物，不如说是改装经验传统的一种哲学方法。这种哲学方法的本质在于确立一种适应于美国国情的哲学态度。它"不是去看最先的事物、原则、'范畴'和假定是必需的东西，而是去看最后的事物、收获、效果和事实"③。在詹姆斯看来，哲学本身并不创造什么，诚如人们常说的哲学"烤不

---

① 〔美〕威廉·詹姆士：《实用主义》，陈羽伦等译，商务印书馆，1979，第29页。
② 同上书，第30页。
③ 同上书，第31页。

出面包"。理性主义哲学家们恰恰不懂这一真理，误以为可以用哲学的理性游戏去构造一个观念的世界。然而，这种观念的世界于人生无益，也不会产生任何实际价值。哲学的本性只在于给人们提供一种方法，一种生活指南，使他们在实际生活中获取所需的东西。从这个意义上说，杜威和席勒（F. C. S. Schiller）把哲学视为"工具"的观点才是对哲学的真实理解。

但是，詹姆斯突出哲学的方法论意义和实用性质，强调其实际态度的本质，并不意味着他苟同于唯物主义的见解。相反，他认为，实用主义对实际经验的偏重并不是简单地唯"物"或轻"心"，而是对他所认为的唯物主义的科学超脱。因为后者的唯物无异于一种自然的哲学态度，而他们主张的实用主义是一种"彻底的经验主义"，它"虽然忠于事实，但它并不像普通经验主义那样在工作中带有唯物主义的偏见"[①]。它所重视的经验是人本主义的，具体地说，就是从人性的当下经验（心理的、情感的、意志的和理智的）出发来确立真理和价值。因之，詹姆斯又把他的实用主义称为一种"真正的人本主义"。其人本主义意义就在于：它坚信真理并不等于实在的观念本身，而毋宁是人关于实在的某种信念。真理必定含有某种"人的因素"。用席勒的话说就是，"在某种程度上我们的真理也是人为的结果"。实在的世界无外乎我们所经验的世界，而我们的经验既是个别具体的，也就必定是一种"有限的经验"。"一切真理都以有限经验为根据"[②]。"有限经验"的产生由我们的"感觉流""意识流"所构造，它的实质是对我们心理感觉和兴趣（利益）的特殊反映，归根到底"得凭我们各人的利益来决定"。詹姆斯如是说："因此，我们对实在的怎样说法，全看我们怎样给它配景。实在的实在，由它自己；实在是什么，

---

① 〔美〕威廉·詹姆士：《实用主义》，陈羽伦等译，商务印书馆，1979，第40页。
② 同上书，第133页。

却凭取景；而取景如何，则随我们。实在的感觉部分和关系部分全是哑的，它们根本不能为自己说话，而要我们代它们说话。"① 从"实在"到"取景"，再到"我们"，揭示了实用主义哲学的人本主义深蕴，这就是：一切哲学的真理都得最终诉诸"有限经验"的主体——个人。于是，从实用主义的方法论启示中，我们便可以走出抽象逻辑思维的栅栏，直入其内涵和指向的现实价值意味，这便是詹姆斯哲学的中心主题开拓——实用主义价值观。

三 价值真理论

詹姆斯指出，实用主义哲学的意义首先在于它作为一种哲学的方法，其次在于它揭示了"真理的发生学意义"。我们业已指出，实用主义的方法论意义不在其形而上学的或抽象逻辑的方面，而在于经验的或实际效用的方面。因此，它的真理观也不是指真理所含的与实在相符的意义，而是它之于人的具体满足或利益的肯定意义。故詹姆斯把"实际的效果"与"现实的真理"当作一码事，认为"实用主义方法的意义不过是：真理必须具有实际的效果"②。实用主义并不关心"存在判断"，只注意"事实判断"、结果判断和"价值命题"③。换言之，它不关心事物的本性，只注意事物之于个人的实际意义。所以，实用主义的真理观首先而且根本上是一种价值观。真理从属于价值，或者说真理的标准从属于价值的标准。詹姆斯明确提出："真理是善的一种，而不是如平常所设想的那样与善有所区别、与善相对等的一个范畴。凡在信仰上证明本身是善的，并且因为某些明确的和可指定的理由也是善的东西，我们就管它叫作真的。你们一定承认，要是真

---

① 〔美〕威廉·詹姆士：《实用主义》，陈羽伦等译，商务印书馆，1979，第125~126页。

② 同上书，第188页。

③ W. James, *The Varieties of Religious Experiences: A Study in Human Nature* (New York: Longmans Green & Co., 1929), p. 4.

观念对人生没有好处，或者真观念是肯定无益的，而假观念却是唯一有用的；那么，认为真理是神圣的和宝贵的，认为追求真理是人生的责任等等这些流行的看法是永远不会成长起来或成为信条的。"① 又说："对于实用主义来说，除了与具体的客观实在相符合的一切以外，还会有什么别的真理呢？"② 这里的所谓"客观实在"，即具体实际的效用。

使真理从属于价值（而不是统一于价值），又把价值归结为效用，这就是詹姆斯对实用主义的核心命题"有用即真理"的基本预制。它具体包括以下几个论证步骤。第一，以实用或实效确证真理的意义，或者说把实用作为检验真理的唯一标准。詹姆斯说："真观念是我们所能类化、能使之生效、能确定、能核实的；而假的观念就不能。这就是掌握真观念时我们所产生的实际差别，因此，这就是'真理'的意义。"③ 第二，把真理进而归结为有益于人的经验行动的"价值引导"。詹姆斯认为，真理的最一般意义在于，它能引导人们追求价值，真理"意味着有价值的引导作用"④。人们通常喜欢用是否与实在"相符"来决定观念和思想的真假，但"相符"是什么意思呢？我们知道，任何真理都必须与人的直接经验相联系着，人们对某一真理的认肯首先是基于它能否有益于经验行动，能否给人们行动以启示和指导。因此，"广义上说，所谓与实在'相符合'只能意味着我们被一直引导到实在，或到实在的周围，或到与实在发生实际的接触，因而处理实在或处理与它相关的事物比与实在不相符合时要更好一些……"⑤ 这意思是说，人们对真理的"符合"判断不是习惯上的哲学认识论意义上的反映与对象之同一性，而是指真理引导判断走向较

---

① 〔美〕威廉·詹姆士：《实用主义》，陈羽伦等译，商务印书馆，1979，第42页。
② 同上书，第44页。
③ 同上书，第103页。
④ 同上书，第105页。
⑤ 同上书，第109页。

好的或较有效用的实在经验之可能与否。所以，詹姆斯在谈到实用主义对"绝对"意义的理解时说："照实用主义的观点去解释这个'绝对'，这也就是它的兑现价值。"① 第三，由真理即有用，到真理即有益于获得实际价值的推理，最后的结论只能是：如同整个实用主义哲学本身不过是一种人生哲学方法一样，真理也只是关于人的观念、思想和行动的"方便方法"而已。詹姆斯如是说："简言之，'真的'不过是有关我们的思想的一种方便方法，正如'对的'不过是有关我们的行动的一种方便方法一样。"② 倘若人们要问真理与价值的异同，詹姆斯的答案是：它们的不同只在于真理有关思想，价值则有关行动；而它们的相同则在于都具有一种"方便方法"的性质。这种方法性质的最终基础是价值，故而真理终可归为价值，即所谓"真理也是一种善"。

唯真理具有价值意义，才使它成为人们追求的目标。真理所负载的价值意味，赋予人们追求真理的必然性和道德伦理要求。詹姆斯把这种要求称为"责任"。他写道："真理所要求的和人担负的责任，与健康、富裕所要求的和使人担负的责任一样。所有这些要求都是有条件的；我们所获得的具体利益，就是我们把追求真理叫作责任的意思。就真理而言，不真的信念归根结底会起有害的作用，犹如真的信念会起有益的作用一样。抽象地说来，'真'的性质可以说是越来越绝对的宝贵，'不真'的性质是越来越绝对的可恶：无条件地，一个可以叫作好的，一个可以叫作坏的。无可异议，我们必须想真的，我们必须避开假的。"③ 真理即有用、有效，追求真理即追求善的价值。从这一角度来看，追求真理就不只是一种观念的把戏或单纯的精神需求，而且更是一种关涉人们切身利益的实践行动。因而，追求真理本

---

① 〔美〕威廉·詹姆士：《实用主义》，陈羽伦等译，商务印书馆，1979，第41页。
② 同上书，第114页。
③ 同上书，第118页。

身就具有实际的伦理责任意味。这种实际的意味规定了真理之追求行为具有道德责任和人生价值的必然意蕴。人追求真理同时就是追求自我利益的完善。

　　然而，按照实用主义的观点，人是充满差异的特殊的和有限的经验存在，每一个人都拥有其特殊的经验和利益，因而所获得的满足、获得满足的方式都会千差万别。个人的差异性及其特殊经验的有限性，既决定了绝对主义真理观的不可能性，也决定了人类道德生活的无限多样性和相对性。因此，詹姆斯认为，实用主义的真理观只能是相对主义的，而它所基于的价值观则是多元论的。从这个意义上讲，伦理学永远不可能达到绝对永恒的境界，它只能是相对的、开放的和不断改变着的。即令是宗教也不可能穷尽一切，上帝不过是最具广泛性的经验者而已。所以，詹姆斯不仅把实用主义称为"人本主义的实用主义"，而且也称为"多元论的实用主义"。他明确地说："实用主义显然是站在多元论一边的"①。但它所追求的，"既不是单纯的多样性，也不是单纯的统一性，而是全体性"②。因为，"按照多元的实用主义，真理是从一切有限经验里生长起来的。它们都彼此依托；但它们所构成的整体，如果有这样的整体的话，却无所托。一切真理都以有限经验为依据；而有限经验都是无所凭借的。除了经验之流本身之外，绝没有旁的东西能保证产生真理；经验之流只能靠它内在的希望和潜力来得到拯救。"③ 以个人有限经验为真理的依据，也就是以个人具体当下的满足体验为根据。因为每一个人在具体时刻所体验到的真理，"总是在该时刻他所感到最满意的"④。但是，这必然会产生一个价值的整体评价的矛盾：如何证明当下的具体经验是最令人满意的

---

① 〔美〕威廉·詹姆士：《实用主义》，陈羽伦等译，商务印书馆，1979，第84页。
② 同上书，第68页。
③ 同上书，第133页。
④ 同上书，第206页。

呢？如果仅局限于此时此刻的个人经验，就难保真理和价值的不完整性。

面对这一矛盾，詹姆斯在主张价值多元论和以"有限经验"为真理之基础的同时，提出了"完整性"概念，并把实用主义叫作一种"多元论的一元论"。这意思是说，实用主义在重视个人当下之有限经验的同时，也关注人的经验的完整性，关注其过程和最后效果。这也就是把现实真理与"最后证实的真理"、现实的满足与最后的满足、经验的全过程和最终结果都纳入实用主义真理观和价值观的视域之内。

不难看出，詹姆斯的价值真理论与其实用主义的方法论见解是相互一致的。实用、有效、有利和满足不仅是其哲学的方法论基础，也是其真理观的基础和价值观取向。价值高于一切，真理从属于最后的价值验证。这显然是对近代英法经验主义和唯物主义伦理学传统的认同。具有新意的是，詹姆斯或明或暗地将近代英国功利主义伦理学的方法运用于对真理和价值的重新论证之中，从个体有限经验之流来探讨真理的发生学意义，又把真理的检验标准诉诸"利益和效用"，以致最终把真理也当作一种善。这种做法不仅带有柏格森生命伦理学影响的痕迹——把道德价值奠基于个人生命之流，而且也是功利主义伦理学原则的美国翻版。尤其是他关于"最后满足"和"最后结果"的所谓"全体性"真理标准与价值标准，更是功利主义伦理学关于"最大多数人的最大幸福"原则和"当下利益与长远利益"相结合原则的现代美国化。然而，詹姆斯毕竟不是柏格森，也不是功利论者。他自有其独特的理论方式。从彻底经验主义立场出发，他从个人有限经验的相对性与差异性中，得出了价值真理多元论的观点，摒弃了传统理性主义伦理学长期持有的那种"绝对目的论的一元论"梦想；又从实在真理与现实真理的同一性中，坚持了彻底经验主义真理观，把真理的意义与标准统统归结到实际经验效果上来，并由此看到了真与善的最终同一性意义。这其间无疑有其合理因素，尽管带有狭隘的实利主义色彩。

四　自由意志论

詹姆斯在其重要伦理学论文《道德哲学家与道德生活》一文中谈道："在伦理学中，有三个问题必须分开，让我们分别把它们叫作心理学问题、形而上学问题和决疑论问题（casuistic question）。心理学问题寻求我们道德观念和判断的历史起源；形而上学问题探询'善'、'恶'和'义务'这些词的意义何在；决疑论问题则探询各种善恶的衡量尺度，人们认识到这种尺度，以致哲学家可以设置真正的人类义务的秩序。"① 从心理学意义上讲，人类的一切道德观念和道德判断都发源于人的感觉和心理意识。世界是我们人的世界，一切真理都具有"人为的意义"。道德比其他东西更依赖于人的内在本性和生活经验。因之，"我们切莫把这个世界视为一架机器，以为它的最后目的便是使任何外在的善成为真的；相反，我们必须把它视为一种深化着善恶在其内在本性所是者的神学意志的发明。自然所关心的不是行善或行恶，而是对善的知识。人生是一次食用知识之树的果实的长宴"②。即是说，对人类道德意义之始源的探索并不能诉诸外在自然界，而必须诉诸人自身。人类的善恶是其内在超越本性之所在，即"神学意志的发明"。因此，在伦理学中才有所谓形而上学问题的发生、才有人类对善恶和义务等特殊道德概念意义的探询和沉思。

然而，在詹姆斯看来，人类道德问题最根本的仍是一个"决疑论问题"。因为，道德不关乎"存在问题"，而只关乎"什么是善"和"什么可能是善"的问题。我们对这些问题的回答无法求助于纯粹的

---

① W. James, *The Will to Believe* (New York: Longmans Green & Co., 1923), p. 185.

② Ibid., p. 165.

经验科学，只能求助于我们自己的心灵和意志。"完全拥有道德信念或不拥有它们的问题是由我们的意志所决定的"①。道德的根本问题就是我们的自由意志问题。这一特性决定了伦理学与心理学的密切关系，同时也决定了它和心理学一样永远不能"从抽象的原则推演出一切，而必须等待时机，准备日复一日地修正其各种结论"②。进而言之，任何伦理学都只能是相对的、经验性的。绝对伦理学只能是理性主义者的梦想。事实上，由于人们生活经验和境遇的特殊性和有限性，以及人的心理意志的不确定性，在人类生活和行动中，"不存在任何绝对的恶，也不存在任何非道德的善，而最高的伦理生活……在任何时代都在于打破那些业已对实际生活过于狭隘的规则"③。这就是实用主义伦理学的基本立场。

由此出发，实用主义伦理学必须是立足于其哲学方法和真理观之上的伦理学。也就是说，它只能是一种相对主义的、人本学的和多元论的伦理学。如果我们确认自由意志问题是解释伦理学中决疑论问题的关键，那么，我们同样也需要既反对理性主义的抽象原则论，也要超脱"普遍唯物主义"的机械决定论。就前者而言，人们往往习惯于把伦理当作"一部功与过的法典"，也就是当作一部抽象评价原则或规范的体系。这是令人质疑的，因为凡原则都是既定的、固定不变的，人的道德生活却是经验的、不断改变着的。他们的心理、感觉、意识、观念和行动都是在特殊境况下发生的，任何完全固定不变的道德原则都不可能完全适合于对这些特殊道德现象的解释。就后一方面而论，传统的决定论绝对抹杀了人类的伦理问题本身。依据决定论的解释，永远也无法说明人们行为的价值意义和责任意义。

于是，我们不得不再一次折回到一个古老的伦理学两难上来，这

---

① W. James, *The Will to Believe* (New York: Longmans Green & Co., 1923), pp. 22 – 23.

② Ibid., pp. 208 – 209.

③ Ibid., p. 209.

就是：自由意志或非决定论与因果规律或决定论之间的两难问题。"自由意志论者说，如果我们的行为是预先就决定了的，如果我们只能传递整个过去的推动力，我们又有什么可以得到表扬或受到指责的呢？我们不是主要当事人而只是代理人，那末，哪里还有什么可贵的归咎与责任可言呢？"[①] 与此相对，"决定论者反驳说，如果我们有了自由意志，哪里还有什么归咎与责任呢？如果'自由'的行为是一个完全新的东西，它不从我——以前的我而来，而是凭空而来，……那末我——以前的我又怎能负责呢？我怎样才能有一个永久的稳定性格长久得足以接受褒贬呢？人生好像一串珠子，内部的必然的线给荒谬的非决定论抽掉了，就散落下来成为一颗一颗不相联的珠子"[②]。决定论无法解释人的道德责任之源，自由意志论亦复如此。问题的真正答案何在？

对此，詹姆斯提出了自己的解释。他认为，传统的决定论必须抛弃，但这并不意味着必然导向纯粹的任意主观性。相反，我们可以选择一种新的决定论来解决难题。他把传统的决定论叫作"硬性决定论"（hard determinism），而他的新决定论则是一种"软性决定论"（soft determinism），亦即一种具有实用主义新意的自由意志论。其与"硬性决定论"的根本区别在于，它不再囿于"命定、意志约束、必然"一类概念，而是着眼于未来崭新事物的创造和机会或可能性选择。[③] 所以，从根本上说，实用主义伦理学是站在非决定论或自由意志论一边的。"自由意志的实用主义意义，就是意味着世界有新的事物，在其最深刻的本质方面和表面现象上，人们有希望将来不会完全一样地重复过去或模仿过去。"[④] 如果说确实存在某种必然性的话，那

---

① 〔美〕威廉·詹姆士：《实用主义》，陈羽伦等译，商务印书馆，1979，第63页。着重点系引者所加。

② 同上书，第63页。

③ W. James, *The Will to Believe* (New York: Longmans Green & Co., 1923), p. 149.

④ 〔美〕威廉·詹姆士：《实用主义》，陈羽伦等译，商务印书馆，1979，第64页。

么，"自由就是唯一能被理解的必然性，而最高的约束与真正的自由是同一的"[1]。由此，我们可以从下列陈述对比中看出非决定论与决定论之间的区别和对立[2]：

决定论	非决定论
一元论	多元论
必然性	可能性（偶然性、机会）
悲观主义	乐观主义
宿命论	自由意志
总体性	个体性
合理性	情感或感受性

上述区分与詹姆斯的整个哲学伦理学精神是一致的。他反对决定论，因此也反对价值一元论和价值总体主义，反对道德理性主义；而他主张非决定论，也就必然会偏向价值多元论，强调个体价值和个人的情感与意志自由。在詹姆斯看来，实用主义的自由意志论所揭示的，不是简单的主观任意性，而是每个人面前展现的一片具有无限可能或机会的未来世界。它是一个充满新奇变化和偶然的世界。在这个世界里，每个人都可以获得充分的机会，进行多元的价值选择和创造。世界日新月异，选择千姿百态。选择是自由意志的本质。所谓选择，即各种可能或假设之间的挑选。詹姆斯说："让我把两种假设之间的决定称之为一种选择（option）。"[3] 人的选择本身具有多种形式，至少可以分为："1. 活的或死的；2. 强迫的或可避免的；3. 重大的或琐碎的"。但是，只有"当一种选择是强迫的、活的和重大的时"，它才是"一种真正的选择"[4]。所谓"活的选择"，是指某种具有现实

---

[1] W. James, *The Will to Believe* (New York: Longmans Green & Co., 1923), p. 149.

[2] Ibid., p. 178.

[3] Ibid., p. 3.

[4] Ibid.

可能性的选择。例如，若某人选择去做一个虔诚的基督教徒，则其选择可称之为一种活的选择。因为他可以通过树立虔诚的宗教信仰和自我的磨砺而实现这一选择。但假如他想选择成为耶稣或穆罕默德，则其选择只能是一种死的选择。因为他选择的是一种业已逝去了的不可能性，无论他如何努力，他也无法成为耶稣或穆罕默德本人。所谓强迫性的选择，是指必须如此或非此即彼式的抉择，它是"基于一种完全的逻辑选言判断"之上的两难选择。在这里，"不存在不选择的可能性"，是"一种强迫形式的选择"①。比如，某人面临的一种是否带伞出门的选择，就不能是一种强迫性选择，因为他可以通过不出门而不必做出上述选择。如果某人面临着一种或爱或恨的选择，也只是非强迫性的选择，因为他还有第三种可能，即冷漠的选择。但是，假如我说，"你或者真的接受我的理论，或者没有它而自行其是"，那就是一种强迫性选择了，因为你非此即彼，无法回避。最后，所谓"重大的选择"，即是指对于人生具有重大意义的选择，它不是可有可无的。例如，请你加入北极探险队，或请你参加世界杯足球赛，你的选择就可能是非常重大的。因为这些机会很可能是你人生中舍此无二的机会。它远比那种走路时考虑是先迈左脚还是先迈右脚一类的琐碎小事富有价值意义。

总之，选择形式多样，亦真亦假。假选择可以回避，真选择则不能，它具有某种"非得如此"的力量。对于真的选择，任何人都无法袖手旁观或束之高阁。"在合法的意义上，我们的激情本性不仅可以，而且必须决定各种主张之间的一种选择，……因为在此环境下，说'不作决定'，'让这个问题悬而不决'，这说法本身便是一种激情性决定，——正如决定是与否一样——而且，它也伴随着同样的丧失真

---

① W. James, *The Will to Believe* (New York: Longmans Green & Co., 1923), p. 3.

理的危险。"① 这就是自由意志论所隐含的"必然性"。它不是一种客观的、僵硬的外在因果必然性，而是一种主体的内在意志的必然性，或者干脆说是一种自由的必然性。

意志意味着自由，自由意味着非决定的可能和未来。故而，在某种意义上说，自由就是机会的同义语。詹姆斯说："非决定论的未来意志恰恰就意味着机会"②。而"机会意味着多元论，而不是任何其他什么"③。因此，他强调指出，实用主义自由意志论所指向的不是过去，而是现在和将来；不是既定事实，而是未定可能；不是封闭的规则，而是开放的社会。他认为，"机会"一词最能反映实用主义自由观的本质特征：它不像传统非决定论或唯意志论那样，满足于自由的形而上学的理论沉思，也不只是限于行动主体自身的责任承诺来规定其自由特性，而是从人的意志自由中，进一步向人们揭示出未来生活的可能前景和价值创造意义，它的根本指向，只在引导人们去树立信念、大胆开拓、创造进取。因之，詹姆斯鼓励人们："别害怕生活。相信生活是值得生存的，相信你的信念将帮助你创造这一事实。"④ 人类是世界的真正主人。世界永远是对我们开放着的一片待开垦的取之不竭的价值原野。一切都有赖于我们自己把握机会、创造机会、创造自身。就每一个人来说，"我们拿到的是一块大理石，而雕成石像的是我们自己"⑤。詹姆斯还抨击了悲观主义的宿命论人生哲学，认为它是人类不幸染上的一种心理痼疾和宗教痼疾，它的根源是传统决定论使人们心灵软化、怯懦，无所作为。实用主义自由意志论恰恰是要为人类根治这一心病，使大家都从软弱的悲观主义心绪中振作起来，面对生活，面对世界，去探索、去冒险、去进取、去开拓，创造新的生

---

① W. James, *The Will to Believe* (New York: Longmans Green & Co., 1923), p. 11.
② Ibid., p. 158.
③ Ibid., p. 178.
④ Ibid., p. 62. 着重点系引者所加。
⑤ 〔美〕威廉·詹姆士：《实用主义》，陈羽伦等译，商务印书馆，1979，第126页。

活、新的价值。诚如美国纽约大学哲学教授 A. 埃德尔（A. Edel）所说的那样："詹姆斯的全部伦理学似乎都是想武装这种个人去面对这种最后的战斗"①。

这就是詹姆斯自由意志论的独特之处：它不仅仅在理论形式上不同于传统的自由意志理论——它不单单是为了证明道德责任的主体意义，而是扩及整个人生价值领域，从现实生活的角度，紧紧把握 19 世纪末至 20 世纪初叶美国资本主义初期现实脉搏的律动，以自由意志理论作为鼓励人们开拓探索、竞争新生和发展的理论根据，及时地满足了当时美国社会文化心理和政治经济状况的迫切需要。因此，他的自由意志论不只是理论的、道德的，更多的是现实的美国社会化的和文化价值学的。著名詹姆斯哲学的研究者卡伦就曾经谈道："詹姆斯私人的经验和在美洲荒野上建设家园的欧洲人的公共经验非常一致，以至于前者的陈述成了后者的冒险精神的一种恰如其分的符号、格言、夸耀和完备的代理者。……每一个人都肯定个人的独立和天赋性，肯定个人在其信念、其所处范围，按照自己的方式、通过自己的努力、冒着在这个变化着的世界中不断进行生存斗争所存在的危险……去取得成功或优胜的自由。"② 正是基于对美国文化心理需要的深刻认识和对个人自由创造与冒险开拓之"机会"的推崇，致使詹姆斯从个人自由主义道德观进而走向了个人英雄主义道德观。

詹姆斯认为，实用主义自由意志论强调多元、偶然和个体创造，也就是强调伦理学对个体差异性领域的研究。人的差异既构成了个人的独特唯一性，也构成了社会联系的"纽带"。社会共同生活的内容并不是由个人之间的同一性构成的。相反，正是每个人的特殊差异性

---

① A. Edel, "On the Moral Philosophy of W. James," in F. Cody (ed.), *The Philosophy of W. James* (New York: Hamburg Co., 1973), p. 258.

② R. Karen (ed.), *The Selected Philosophical Writings of W. James* (New York: Greenwood Co., 1925), pp. 33–34. 着重点系引者所加。

才构成了活生生的社会生活，以及使这种生活之流得以永动不息的潜在动力。人的差异意味着人格力量的大小，伟人和天才从差异中脱颖而出。虽然每个人都拥有其生长的可能性沃土，但人与环境的关系对于每一个人却有着不同的意义。有的人并非每时每刻都能自由地生长，而有的人又可能比其他人生长得更快一些。这些人构成了社会进步的前驱，他们"必须作为构成社会进化的变化着的一个因素而得到承认"。詹姆斯认为，社会的进步是两种因素相互作用的结果。其一是个人尤其是天才和伟人的作用，他们的首创性构成了人类文明进步的伟大力量。其二是社会环境，它对个人产生各种影响和制约。总体说来，"这两个因素对于变化来说都是本质性的。团体若无个人的冲动，则停滞不前；个人的冲动若无团体的同情则会消亡"①。社会或团体之于个人，如同土壤、阳光和雨露，个人好比种子。每个人都可以在社会这片土地上找到生长点，但每粒种子的生长却有慢快寡硕之别。在社会环境与伟人之间，前者既可助长后者，也可能窒息后者，它对于后者具有选择性和制约性。而后者同样既可以催化前者，亦可滞碍前者，他对于前者具有刺激性和适应性。天才和伟人的顺利成长，一赖其自身的力量，二赖其之于社会环境（时代、文化和团体等）的"可接受性"。但根本说来，伟人和天才更值得珍重。人创造了社会，伟人是社会进步的动力。詹姆斯把伟人和天才比作社会发展的"酵母"。他写道："各社会的种种突变，世代更迭的突变，主要是直接或间接地由于这样一些个人的行动或榜样的作用，他们的天才是如此地适应于时代的可接受性，或者说，他们的偶然的权威地位是如此地富于批判性，以至于他们成了酵母，成了运动的首创者，成了先例或时髦的标兵，成了腐败的中心或其他个人的消灭者，由于他们自由地发挥了他们的天赋，他们的天赋可能已经把社会导向了另一个

---

① W. James, *The Will to Believe* (New York: Longmans Green & Co., 1923), p. 232.

方向。"① 简言之，伟人的特征在于其独创进取的先进性，他们的作用既可能使他们成为人类价值的楷模，成为社会发展方向的确定者和引领者，也可能使他们成为社会进退的焦点。

詹姆斯的这一见解无疑是其自由意志论的必然逻辑推论：以个人为中心，把一切道德价值和责任都诉诸个人的内在主体意志，也就难免走入道德英雄主义的老路。排除社会历史的客观条件及其整体制约作用，实际上也就排除了道德价值的整体性和人民性。在詹姆斯开放和偶然（机会）的价值构想中，这种自由意志的个体必定在差异中竞争，也必定在竞争中产生新的价值地位的不平等。这是现代西方自尼采、柏格森以来的人本主义伦理学观念中一种共同的逻辑推演和基本价值倾向。从一般意义上说，强调个人之间的价值创造和竞争，乃至人们在实际价值创造或自我价值实现之程度上的差异，并无不合理之处。由于每个人自身自然条件和社会文化境遇各不相同，这种差异也是客观存在和可容允的。况且，少数道德先进分子的积极作用和先进性也是社会所赞许和提倡的。问题是，詹姆斯把这种个人的价值差异抬高到一个不恰当的地步，以人所实现的价值差异来量度人自身人格价值的高低，并以此作为社会文明进步的主动力，使人类社会历史和道德价值观念史成了少数天才的创造史，甚至认为少数伟人或英雄可以决定社会历史发展的方向。这显然是"英雄创造历史""英雄创造价值"的错误结论，在本质上与尼采的所谓"英雄道德"或"主人道德"、柏格森的"开放道德"具有相似的极端个人主义倾向。

五　宗教与道德

宗教与道德的关系问题是詹姆斯伦理思想的一个重要方面。从其个人生活史和思想发展史中，我们发现有着两个不同的，甚至是相互

---

① 　W. James, *The Will to Believe* (New York: Longmans Green & Co., 1923) , p. 227.

矛盾的詹姆斯：一个是作为彻底经验主义者的实用主义哲学家；一个是浸淫家庭文化传统的富于虔诚信仰的宗教徒。换言之，一个是以其羸弱之躯负荷着与其教育经验格格不入的具有强烈现实主义精神的詹姆斯；另一个则是伫立于这种现实主义哲学幕后沉思着无限悠远之神殿与超越人生之境界的詹姆斯。矛盾！然而又如此和谐地统一于詹姆斯的学术人生。

解开这亦真亦幻之谜的关键，仍在于通解詹姆斯整个哲学和伦理学的基本精神。如前备述，詹姆斯力主实用主义哲学方法，主张真理和价值多元论，主张自由意志和非决定论。因此，詹姆斯的伦理学在本质上是主观相对主义的。詹姆斯指出，在绝对的意义上，不可能存在伦理学，因为道德不可能达于绝对真理，而只能达于具体的道德生活经验。他写道："任何伦理哲学在这一术语的老式的绝对意义上都是不可能的。"① 伦理学必须基于事实，执守于人的具体经验行为和主观心理情感，而这一切都只是"有限的经验"现象。另一方面，伦理学又面对着一个人的价值（意义）的世界，面对着人类精神和心灵现象的领域。这一领域具有无限和绝对的一面，因而具有某种理想信念的统一性和绝对性需要。这便是人类形而上沉思和宗教神学信仰得以产生并独特占有的领域。

因此，伦理学不是最终的。它还必须倚赖于绝对的形而上学和宗教神学信仰。詹姆斯说："为什么具体的伦理学无法是最终的？所有原因中最主要的原因是，它们不得不等待形而上学的信念和神学的信念。……真正的伦理关系存在于一个纯粹的人的世界。"② 伦理学若想寻求对人类精神生活世界或"精神判断"领域的最终解释，就不能不超出自身有限的具体道德生活范围而诉诸宗教信仰。"这是为什么在

---

① W. James, *The Will to Believe* (New York: Longmans Green & Co., 1923), p. 208.
② Ibid., p. 210.

一个没有上帝的纯人的世界上，诉诸我们的道德能力终究缺少最大的刺激力的缘故之所在。诚然，即使在这样一个世界上，生活也是一场真正的伦理交响乐；但它只是在一种可怜的八音度范围内演奏的，而无限的价值范围仍未开放。"① 所以詹姆斯的最后结论便是："伦理哲学家寻求的稳定而统一的道德宇宙，只有在存在一位神圣而拥有包含一切要求的思想者的世界里才是完全可能的。"② 这就是上帝或宗教之于道德的绝对必要性。在这一点上，詹姆斯认可并承袭了康德伦理学的一个著名假设，即上帝、灵魂、不朽的预先假定，是伦理学得以最终确立的三个绝对条件；反过来说，人类宗教观念也是通过道德经验和道德意识而产生和达到的。于是，在道德与宗教之间便产生了一系列直接或间接的必然关联。

首先，从价值理想的意义上看，宗教与道德之不同在于后者是相对的、现实的、多元的，前者则是绝对的、理想的、一元的。两者间的相同在于，它们都指向价值理想，引导人们追求和实现比实在经验更高的价值目标。在这一点上，宗教更具理想性，对人类精神不可或缺。因为宗教表征着绝对，是"一种安全的保证，一种和平的性情，而在与他人的关系中，则是一种爱之情感的优势"③。上帝代表着一种希望，一种人类精神的鼓舞力量。"'有没有上帝'就等于说'有没有希望'"④。但这绝不是说宗教就因此而高于道德。詹姆斯虽然曾深受其父亲的宗教思想影响，但他反对其父亲的宗教信条。在老詹姆斯看来，道德是多元论的，宗教是一元论的，因此宗教高于道德。而詹姆斯则以为，一切都必须从人本主义的立场出发，宗教亦复如此。他反对用宗教寂静主义来排斥道德的做法，认为无论宗教如何崇高，也

---

① W. James, *The Will to Believe* (New York: Longmans Green & Co., 1923), p. 212.

② Ibid., pp. 213 –214.

③ W. James, *The Varieties of Religious Experiences: A Study in Human Nature* (New York: Longmans Green & Co., 1929), p. 486.

④ 〔美〕威廉·詹姆士：《实用主义》，陈羽伦等译，商务印书馆，1979，第158页。

必须最终服从于人类的事业，特别是人类的精神生活，它的根本作用也同道德一样是帮助人们建立一种健全的人格和生活态度。从这一意义来说，宗教不仅不在道德之上，而且还应服从于道德。因为道德比宗教更贴近人们的生活，道德的作用也是宗教所无法包办的。

其次，詹姆斯认为，宗教和道德虽有形式的差异，但两者同样都必须满足并服务于人的需要。同样，两者也都建立在人类的生活经验基础上，或者说，都是人类活生生的经验之一部分。詹姆斯反对那种老式的宗教教条主义，认为宗教若脱离了人类生活经验的基础，就会变成"刻板的俗套"（fossil conventionalism）。与老詹姆斯和传统宗教伦理学不同，詹姆斯强调的不是作为绝对至上的决定论者的上帝神学，而是人的宗教经验、情感、信仰的实用意义。他还坚决否认上帝预定一切的传统假定。因为在他看来，上帝也不是无限完善的，相反，上帝也受到某种限制，因之它也不能决定和裁决一切。① 他说："即使有个上帝，但他的工作已经完成，……这个上帝又有什么价值呢？"② 这意思是说，上帝的存在只能代表已经完成的可能性，而不能代表一切，这就是上帝本身的限制所在。另一方面，认肯上帝预定一切与提倡实用主义强调个性创造和意志自由的伦理价值观是相矛盾的。因为前一命题意味着不存在任何未定的可能或机会，因而也就窒息了个人的独创性和开拓进取精神。故而，在詹姆斯这里，上帝的存在和力量只能存在于它可以令人满意、满足和有用的实际意义，在于宗教具有一种信念鼓舞力量。因为宗教信念可以使我们对生活充满完善的理想或对完美价值实现的希望，并以此促使我们不断地追求、创造，以最终获得自救。在此意义上，宗教的意义与其说在于人们的信仰和服从，不如说在于它具有某种帮助人们改善自我的

① Cf. W. James, *Plural Cosmos* (New York: Longmans Green & Co., 1912), p. 311.
② 〔美〕威廉·詹姆士：《实用主义》，陈羽伦等译，商务印书馆，1979，第52页。

精神理想力量。这就是宗教之"改善主义"（meliorism）的可取价值。正是在这一点上，宗教的改善主义与道德的引导力量一样，都是满足人追求完善的需要和情感，鼓舞人们去创造进取，实现自身的最大价值。

最后，詹姆斯认为，宗教与道德的关系还表现在它们的人类意义都必须服从人类经验的检验。"实验法庭"是检验它是否对人类生活有用或有效的基本尺度。但是，道德的有用性或有效性能得到较为直接的验证和衡量，而宗教的有用性或有效性却较为间接和复杂一些。宗教之于人的有用或有效意义在于它适应了人类追求某种统一而永恒的精神秩序或精神宇宙的内在情感需要。宗教能以其特有的魅力给予人们一种热情、一种精神，使人们在人生中热情洋溢、充满理想、满怀信心地进取向上，乃至可以培育人们的英雄主义理想。同时，宗教还可以使人们得到某种心理感情上的慰藉，获得"道德的休假日"。詹姆斯如此写道："任何宗教的见解都能给我们精神上的休假日。宗教不但在我们奋斗的时刻给予鼓舞，它也占有了我们的愉快、无忧无虑、充满信心的时刻，并证明它们是理所当然的。"[1]

可见，詹姆斯的宗教信仰理论和其道德理论一样，都是与其实用主义哲学一脉相承的。无论是探究人类的自由意志和价值行为的道德，还是满足人类精神追求之需求的崇高宗教信仰，不管它们的形式多么不同，本质上都得服务于同一个目标，这就是服务于人的实际需要和利益；同时也都得服从同样的标准，即实用与否，方便与否。有用即真理，有利即有价值，有效即人类之永恒信仰。总之，在詹姆斯的哲学和伦理学中，有用、有利、有效既是真理和价值的本原，也是真理和价值的唯一标准。一言以蔽之，没有逻辑，也无所谓原则，更不需要形而上学的抽象观念，实用就是一切。这就是"詹姆斯的精

---

① 〔美〕威廉·詹姆士：《实用主义》，陈羽伦等译，商务印书馆，1979，第58页。

神"，也是其伦理学的主题，当然也是一种美国精神的理论表达。实用主义后学 R. 培里说，詹姆斯用"方便"取代了原则，用"实效"代替了逻辑推理，用"工具"取代了目的，他使"复杂简单化了"，因之也使实用主义哲学真正"美国化了"①。这一评说谅必也可以作为我们对詹姆斯全部哲学和伦理学的基本估价。

第三节　杜威的道德工具主义

如果说詹姆斯是美国"本土哲学"和实用主义文化价值观系统的奠基者，因而被誉为第一位使美国从意识形态进口国首次成为具有实用主义这一独特文化哲学的"哲学爱国者"，那么，杜威则是实用主义哲学的集大成者，也是首次使这一美国本土哲学从理论走向实践、从美国走向世界，因之使美国从意识形态的进口国一跃成为"出口国"的头号功臣。因此，杜威的哲学和伦理学无可争议地构成了美国实用主义哲学运动乃至现代西方哲学和伦理学中最重要的篇章。

一　美国人民的顾问、导师和良心

约翰·杜威（John Dewey，1859～1952）被美国学术界和民众广泛拥戴为迄今为止美国的头号哲学家和思想巨擘。他 1859 年 10 月 20 日出生在美国佛蒙特州伯灵顿的一个中产阶级家庭。从小受其农民出身的父亲影响，勤于家务和实际劳动，对学习兴趣寡然。据说，如果不是其母亲的耐心劝导和督促，他甚至不想读书。但杜威天资聪慧敏思，1875 年他考入佛蒙特大学后，对生物特别是当时影响巨大的生物进化论，以及哲学、心理学、政治经济学等课程兴趣笃厚，这对他日后的思想发展有较大影响。大学毕业后，杜威在亲戚的帮助下到宾夕

---

①　R. B. Perry, *In the Spirit of William James*(New York: Greenwood Co., 1979), p. 38.

法尼亚州的一所中学任教，两年后回家乡的学校执教。这期间他阅读了不少西方古典哲学名著，受到他大学时代的哲学老师托莱（H. A. P. Torrey）的指点。当时，由美国新黑格尔主义哲学圣路易学派领袖哈利斯创办的《思辨哲学杂志》对杜威产生了强烈的吸引力，以至于他由此做出了投身哲学事业的重大抉择。他曾在此间撰写了他的第一篇哲学论文《唯物主义的形而上学假定》，并将其寄给哈利斯，请他鉴定自己是否可以从事哲学研究。哈利斯对他给予了很高的评价，将其处女作发表在 1882 年四月号的《思辨哲学杂志》上，从此，杜威踏上了哲学研究的征途。

由于托莱和哈利斯的鼓励，杜威于 1882 年借钱进入著名的约翰·霍普金斯大学研究生院深造哲学。两年后即以《康德的心理学》获得哲学博士学位。他亲身聆听过实用主义哲学创始人皮尔斯的讲课，又直接受到密执安大学哲学系教授莫利斯（G. S. Morris）的影响和赏识，毕业后便接替莫利斯的位置，在霍普金斯大学给本科生讲授哲学。不久，莫利斯又帮助他进入密执安大学任哲学讲师，在这里结识了他的第一任夫人爱丽丝·齐普曼（Alice Chipman）。这期间，他曾赴明尼苏达大学执教一年，但很快因其恩师莫利斯辞世而返回密执安大学接替哲学系主任职务，一直到 1894 年止，任教达 10 年之久。这 10 年是杜威的哲学探索时期，一方面他深受德国思辨哲学和新黑格尔主义的影响，另一方面又受英国进化论和皮尔斯实用哲学的影响。但从此期间他所发表的《伦理学批判理论纲要》（1891 年）、《伦理学研究》（1894 年）等著述来看，他总的倾向还是新黑格尔主义的，其研究重心是伦理学、心理学和教育问题。

1894 年，杜威受聘于芝加哥大学哲学系，随后长期任系主任，开始了他哲学教研的第二个 10 年。这是他开始独立创造的 10 年，其哲学倾向逐步转向实用主义。他领导的著名的"芝加哥学派"是 20 世纪伊始美国最重要的实用主义哲学流派之一，被称为"工具主义学派"。该派还有塔夫茨、米德、A. 摩尔、昂格尔等人。他们共同撰写的《逻辑理论研究》被杜威称为工具主义学派的"第一个宣言"①。与此同时，杜威还同其爱妻一道在 1896 年创办了著名的"实验学校"（亦称"杜威学校"），将其实用工具主义哲学具体贯彻于教育实践，提出了著名的"从干中学""教育就是生活，而不是生活的准备"等教育学方针，并撰写了大量教育学方面的著述。由此，杜威不仅赢得了自己在哲学界的独立地位，而且奠定了他作为现代著名教育家的地位。

1904 年，杜威因与校长意见不合而离开芝加哥，次年转到哥伦比亚大学执教，直到 1929 年退休。这是杜威大显身手的盛期，也是整个美国实用主义哲学如日中天的时期。他先后任美国哲学协会主席（1905～1906 年）、美国大学教授协会的创始人和首任主席（1915 年），美国教师联盟的创始人之一。在哲学研究方面，杜威不仅出版了大量哲学著作，而且将其哲学理论广泛运用到社会、政治、伦理、心理、文学、宗教等诸多领域，使其哲学影响与日俱增。1919 年，杜威开始了一系列国际性学术旅行，传播实用主义。该年初在日本东京帝国大学作系列演讲（后汇编成《哲学的改造》一书于 1920 年出版）。同年 5 月 1 日，他来到中国，目睹了伟大的五四运动，并由其中国弟子胡适陪同，先后在北京、南京、上海、杭州、武汉、广州和长沙等地作系列学术演讲，使实用主义在 20 世纪 20～40 年代在中国风行一时。此外，他还访问了土耳其、墨西哥、苏联等国。在这 25 年里，他先后发表了 20 余部著作和几百篇论文。可以说，这一时期是杜威走上美国哲学圣坛顶峰并使实用主义成为国际性重大哲学思潮的时期。他的哲学本旨当然还是实用主义的，但

---

① J. Dewey, "The Development of American Pragmatism," *Philosophy in the 20th. Century* (New York, 1947), p. 465.

它已经是一种超出纯哲学范围而成为美国文化和社会诸意识形态之基础的实用主义观念，是一种从理论殿堂走向社会实践并深入美国民众生活之中的人生哲学，是一种超出国界而成为重大国际流派的哲学思潮。

随后，杜威开始了自己离职后的自由生活。除了不时地发表学术见解之外，他主要从事实用主义的推广、传播工作，并担任许多名誉职务。1932 年，他出任全美教师协会名誉主席；1938 年任美国哲学协会名誉主席；1937~1938 年任国际调查莫斯科审判托洛茨基案件委员会主席。他一生先后在国内外 13 所大学或学院接受名誉学位，多次接受外国政府和首脑的授勋。1952 年 6 月 1 日，这位年近 93 岁高龄的哲学大师病逝。就在他逝世前夕，他还被选为纽约州自由党名誉主席。杜威一生博学广识，著作等身。他总共发表著作 30 多部，论文近千篇。其中最重要的伦理学代表作均集中于 20 世纪前 50 年，主要有：《科学的道德研究之逻辑条件》（1903 年）、《伦理学》（1908年，与塔夫茨合作）、《教育中的道德原则》（1909 年）、《哲学的改造》（1920 年）、《人的本性与行为》（1922 年）、《确定性的寻求》（1929 年）、《个人主义，旧的与新的》（1930 年）、《评价理论》（1939 年）、《人的问题》（1946 年），等等。此外，还有他为一些百科全书、辞典或杂志专刊撰写的大量伦理学词条、论文和专稿。如果说在杜威活着的时候，他已经获得了美国学术界和社会的普遍认可的话，那么，他的逝世给美国学术界和美国文化社会所留下的空白，才使人们真正意识到美国哲学的黄金时代也随着他的生命而来而去，留下的空白似乎已成了一片难以逾越的空地，因而使他备受美国人民的怀念和仰慕。他被视作"美国哲学中最杰出的人物"，是"哲学家们的哲学家"和"伟大的古希腊哲学家中最后的一个"。他的思想被称为"美国哲学和社会文化的里程碑"，而他的学术和人生被誉为"体现了美国人的理想"之典范，以至于使他的形象连同他的精神一起深入美国人的心灵和生活，成为"美国人民的顾问、导师和良心"①。可见，这位思想家对于美国社会和人民的价值观念与行为方式的影响是多么深远和广泛。

二　工具主义哲学观

杜威被认为是"创立了第一和唯一真正的美国哲学体系的哲学家"②。我以为，这一评价是基于下述意义而言的：杜威是美国实用主义哲学运动的总结者和传播者，正是他完成了皮尔斯—詹姆斯—他自身的实用主义哲学发展的三部曲，使这一美国本土哲学最终得以完善和扩展。这表明，杜威的哲学在根本上是美国实用主义的继续。

首先，他坚持并发展了实用主义哲学的反对形而上学、注重实证和经验等方法传统，为实用主义确立了一个坚定的"经验自然主义"的哲学认识论基础。他认为，传统哲学总是难以超脱心物二元论，因而难以摆脱精神、心灵和理性与物质、实体和感性两极间的矛盾。在他看来，哲学的根基既不在于纯粹的物质，也不在于纯粹的精神，而在于人与自然、人的本性与社会文化环境的相互作用及其经验过程，亦即人的行为或活动过程。哲学的任务就在于探索这一过程的真理和价值。只有立足于人的经验活动，才能最终摆脱传统哲学的二元论困境，走向经验的统一性。

其次，同詹姆斯一样，杜威认为哲学在本质上是一种方法论探求，而不是对自在本体或理性原则的寻求。换言之，哲学不是也不可能寻找到绝对的"确定性"，它只可能为人们提供某些生活和行为的方针。因此，哲学的根本特性是方法的、工具的或手段的、条件假设

---

① 1949 年，美国总统杜鲁门曾亲自出席杜威 90 岁生日大宴，其时《纽约时报》发表了庆祝社论，报道了美国各界对杜威多方面的评价。参见 P. A. Schipp（ed.），*Philosophy of J. Dewey*（Illinois: Northwestern University Press, 1939）。

② 转引自〔捷克〕约·林哈尔特《美国实用主义》，载〔美〕杜威《哲学的改造》，许崇清译，商务印书馆，1958，第 116 页。

性的。哲学的真理就在于实用或有效。他说："如果观念、意义、概念、学说和体系，对于一定的环境的主动改造，或对于某种特殊的困苦和纷扰的排除确是一种工具的东西，它的效能和价值就会系于这个工作的成功与否。如果它们成功了，它们就是可靠、健全、有效、好的、真的。"① 这一见解与詹姆斯的"有用即真理"的哲学真理观如出一辙。不同的是，杜威更进一步地把这种实用哲学原则具体化为可操作的工具主义理论，给它赋予了具体的操作技术内涵。

杜威忠实地接受了皮尔斯的"怀疑—信念"的探索问题法和詹姆斯的"实效证实"理论，并依其工具主义的基本主张，提出了著名的"思想五步法"。他指出，思维的过程可在逻辑意义上分为五个步骤："1. 感到困难；2. 困难的所在及其规定；3. 可能的解决方法之暗示；4. 由对暗示之含义的推理所作的发挥；5. 进一步进行观察和实验，以便接受或否定它，即作出信任与不信任的结论。"② 杜威的门徒，中国最大的实用主义者胡适曾对这位导师的五步法作了通俗的表述："大胆的假设，小心的求证。"显然，杜威的这种思想方法是其工具主义哲学方法的具体化。它强调的是感觉、经验或实验、事实证实，是人的经验与意识的过程性、偶然性和不确定性。这是杜威不同于詹姆斯的新的理论发展之一，也是学术界将其哲学称为"实验主义"（experimentalism）和"工具主义"（instrumentalism）的主要原因。

实验意味着反复，意味着不断检验。检验的标准只能是经验事实本身的有效或实用之性质，有用与否决定着思想、观念或概念的真假是非。因此，人的经验满足和利益是第一位的，哲学和一切观念系统都是从属于这一最终目的的工具或手段，是通达目的的桥梁。

这一思想反映了杜威全部哲学的实质，其核心就是使哲学充当人

---

① 〔美〕杜威:《哲学的改造》，许崇清译，商务印书馆，1958，第84页。

② J. Dewey, *How We Think* (Boston – New York – Chicago: Dover Publishers, 1910) , p. 72.

们有效生活的工具。应当承认，这一思想在一定程度上揭示了人类思维和观念的价值本质。在某种意义上说，哲学和一切人类观念最终都是人为的和为人的。但问题在于，杜威把这一特性狭隘地工具化和实利化了。他实际上否认了人类观念中相对确定的原则的存在，否认了真理的绝对性一面，因而，当他将这一观点带入社会历史和道德伦理等具体实践领域时，就难免陷入社会历史的统一性与多样性、价值一元论与多元论，以及道德目的论与道德工具论等理论矛盾之中。了解这一点，是我们具体研究其伦理学的哲学前提。

三　伦理学及其特殊问题

何为伦理学？杜威认为，伦理学是一门关乎价值行为的科学，也就是关乎正当与不当、善与恶之行为的研究和评价。他说："伦理学是对我们关于行为的判断做一种系统的说明，在此范围内，人们是从正当或错误、善与恶的立场来评价行为的。"[1] 行为即生活，道德行为也就是人们的道德生活。它表现为两个方面的特征。其一，"它是一种有目的的生活"或目的性行为，"意味着思想和感情、理想和动机、评价和选择"，也包括人的道德理想和精神信念。这是人的道德行为或生活的内在方面，需借助心理学方法来加以研究。其二，是道德行为或生活的外在方面，亦即"它与自然，特别是与人类社会的各种关系"。换一种方式说，道德行为包括"是然"（what）与"如何"（how）两个方面：前者指（a）人的理想、知识、自由、权利和较高级的精神生活；（b）以公正、同情、仁慈的感情尊重他人的存在。后者指（a）对客观评价标准的认识与适应；（b）自觉的义务感和对法则的尊重、对善的真诚之爱等。[2] 总而言之，"道德生活是由个人存在

---

[1]　J. Dewey and J. H. Tufts, *Ethics* (New York: Henry – Holt Co., 1908), p. 1.
[2]　Ibid., p. 8.

和社会存在的种种需要所引起或所激发起来的"①。这表明伦理学必须研究人的道德行为或生活的内与外、主观与客观、个人与社会两个方面，并从这两方面的相互作用过程中，寻求其价值意义的解释与评价，并确立这种价值评价的基础与标准。

伦理学所涉及的对象和范围决定了它的研究不能不求诸多种科学。但它不等于各科学的总和，它有其自身的"特殊问题"和研究方法。其特殊问题源自人的道德经验生活和行为，以及它们与外部环境的作用过程。因之其研究方法也必然是内与外、主观与客观的统一。"它不得不研究由这些外部条件所决定或改变着这些外部条件的内在过程，和由这种内在目的所决定或影响着这种内在生活的外部行为或制度。"② 从内在方面讲，伦理学须借助于心理学，但后者只能借以研究人的"选择和目的"，而伦理学则还需研究"为他人的各种权利所影响的选择，并以这种标准将它判断为正当的或错误的"。从外在的方面说，伦理学又需凭借经济学、社会学和法学等社会科学的合作，但它并不止于对客观外在条件或影响的描述，还必须对它们之于人的行为的影响及价值后果做出判断。

杜威指出，道德是研究行为的。人的行为是一个复杂的过程。道德行为是人的行为中的特殊类型，它构成人类道德生活的基本内容。所谓道德行为，"可以定义为由各种价值观念或价值所唤起的活动，在这些活动中，人们所关注的价值相互间是如此的不相容，以至于要求人们在做出一种公开的行动之前要进行考虑和选择"③。因此，道德的行为是一种负有价值目的和价值选择的行为。这就要求我们对它的研究不能只停留在一般的心理意识或动机的层次，而必须追溯它的价值本原。依杜威所见，这种本原不是别的，正是人的自我本性或者说

---

①　J. Dewey and J. H. Tufts, *Ethics* (New York: Henry – Holt Co., 1908), p. 2.

②　Ibid., pp. 2 – 3.

③　Ibid., p. 209.

是人的本性的自我实现。因此，伦理学研究行为首先必须研究人的本性与行为的关系。在《人的本性与行为》一书中，杜威指出，人的本性是我们解释人的行为动机和目的的基本出发点。所以，道德最先关切的是人的本性问题，道德也是"所有科学中最人道化的"。因为"它最接近人的本性……因为它直接关注人的本性"①。

人的本性不是某种神学的或形而上学的抽象概念，它仍然表现于人的行为和活动之中。行为复杂多样，无论就其动机，还是就其结果，抑或从其发生过程来看，行为都可以区分为多种层次和类型。一般而论，它至少可以分为三个层次："（1）源于本能和基本需要的行为。（2）由各种社会标准调节的，并且是为着多少有意识地包含着社会福利之目的的行为。（3）由一种既是理性的又是社会的标准所调节的行为，它受到检查和批判，即良心的层次。"② 后两个层次具有明显的伦理意义，第三个层次尤其如此。严格意义上的道德行为也就是具有理性基础和价值选择、调节、检查或判断的行为。"实际上唯有慎思了的行为，即具有反省性选择的行为，才是与众不同的道德行为，因为只有这时候才有所谓较好与较坏的问题。"③ 但是，"较理性的行为和较具社会性的行为是道德之不可缺少的条件，却并非全部"④。这就是说，伦理学的研究绝不可能只限于道德行为。

人的行为是一种活动的过程。人生经验也不是既定的事实状态，而是不断变化着的具体经验。因之，人的道德行为和道德本身也只能是一个不断生长的过程。杜威把这一过程大致地分为：（1）本能与习惯行为；（2）有意识的和有所选择的、以目的与理性加以重构的行为；（3）有意识引向"更高程序的自我组织：品格"的行为。伦理

① J. Dewey, *Human Nature and Conduct*(New York: Henry – Hole Co., 1922), p. 295.

② J. Dewey and J. H. Tufts, *Ethics* (New York: Henry – Holt Co., 1908), p. 38.

③ J. Dewey, *Human Nature and Conduct*(New York: Henry – Hole Co., 1922), p. 279.

④ J. Dewey and J. H. Tufts, *Ethics* (New York: Henry – Holt Co., 1908), p. 12.

学必须注意到行为发展的不同阶段和层次，以把握其生长过程的全部，否则，就无法揭示人类道德生长的完整内涵。

四　道德情境与行为选择

明确伦理学的研究对象和特殊问题，就能进一步了解伦理学自身的特性，了解人类道德行为的实际操作机制（动机、选择、发动、过程、关联、结果等）和道德判断或价值评价内容。这是杜威工具主义伦理学的具体展开。

在杜威看来，迄今为止的道德哲学都处于亟待改造的开放状态，因为它同整个哲学一样受制于传统二元论思维方式的影响。如果说物质与精神、主观与客观、意识与经验一类的分裂是传统二元论哲学的恶果，那么，所谓物质的、机械的、科学的与道德的和理想的东西当中所存的裂缝就是"现在压迫着人类的最大的二元论"①。这种二元论直接预制了伦理学中关于目的价值与手段价值、内在价值与外在价值，乃至行为动机与行为结果之二元论疑难。要解决这些伦理学的二元对峙的分立，如同解决哲学中的二元论矛盾一样，必须诉诸人、"人的本性的科学"，必须诉诸对人的行为和生活经验的动态的统一性解释。

作为研究道德行为的科学，伦理学的主要职能如下。第一，使道德的研究像自然科学那样具有科学性。这就必须使伦理学对行为的认识、评价、判断和证明也成为实验性的或可实证的。第二，研究行为的"道德情景"和具体条件等因素。第三，确立道德判断的程序和价值标准。第四，超越狭隘的动机论（义务论）或结果论（目的论），为人们的"道德生长"提供不断变化适用的价值指导，而不是制定某

---

① 〔美〕杜威：《哲学的改造》，许崇清译，商务印书馆，1958，第93页。

种亘古不变的原则或法规。① 这四个方面相互联系，共同构成伦理学研究的基本内容。

如前备述，道德行为包含着主观内在（目的、意识和意志）和客观外在（社会、情景、文化和制度）两方面，它是由价值观念或情感所引起并能做出价值判断和评价的行为。这表明，意志或目的与选择是道德行为最基本的特征。意志、目的使行为具有价值意义（不同于一般意愿性行为），而选择则表明道德行为所具有的价值意义的多样性。正是由于道德行为蕴涵多种目的并因之具有多种不同价值，甚至陷入多种目的的冲突或价值冲突之中，才使得道德行为具有必然的选择性、责任性和可判断性或可评价性。因此，在伦理学中，我们遇到了自然科学有过的类似情境，产生了同样的方法论需求：由于人的各种意愿和目的相互抵牾，构成了一种价值选择的疑难境况，因之产生了在此境况中做出选择的必要，也有依此境况做出各种假设、观察、推理、判断、实验、证实等复杂的方法运用程序的必要。伦理学只是为解决上述道德疑难问题提供方法做出实验和判断，以使人们做出正确的价值选择。这里，人是唯一的最终目的（如果说确有某种最终目的的话）。人的本性的满足和实现，或用功利主义伦理学的术语说，人的幸福或福利才是目的，在此意义上，伦理学本身如同哲学和其他科学一样，都只是人为的和为人的工具。

依此看来，伦理学对人的行为的研究应该这样展开：首先，它必须基于行为发生的"道德情景"来判定行为的道德性质。杜威说："行为总是特殊的、具体的、个别的、单独的。因而，对于所应做的行为的判断也必然是特殊的。"② 道德行为是一种特殊的实践活动，人的实践活动总是"涉及个体化的和独一无二的境况，这些境况是永远

---

① 〔美〕杜威：《哲学的改造》，许崇清译，商务印书馆，1958，第 94~95 页。
② 同上书，第 89~90 页。

无法准确复制的，因之对于它们任何完全的确定都不可能，而且一切活动都包含变化"①。换言之，"实践的领域是变化的领域，而变化总是偶然的"②。由于作为行为主体的人都处于各自的特殊主体状态和客观环境之中，遂使每一个人的道德行为都发生于不同的道德境况之中。道德境况反证了道德行为本身的特殊性，而形成了千差万别的行为发生过程和结果。这实际上也宣告了抽象道德原则的破产。

因此又有：道德情景和行为的不确定性或特殊性，决定了道德研究的方法不能是抽象的或逻辑的，相反，它必须是具体经验的。杜威说："道德不是行为的目录，也不是规则的汇集，像药方或食谱那样备用的。道德的需要是对于考察和筹划的特殊方法的需要：所谓观察的方法是用以勘定困难和不幸，筹划的方法是用以做成方案作为处置困难和不幸的假设。个别化了的道德情境各有其无可交换的善和原理，而其伦理的实用主义的含义则在于使学说不偏重一般概念而注意发展有效的考察方法的问题。"③ 用经验观察的方法研究人的道德活动现象，才能免于从抽象原则出发的蒙蔽，发现其间差异、变化和个性特点，从而对具体道德行为做出具体的评判，为行为者提供具体实用的可操作性的引导。

最后，杜威也反对机械目的论和功利主义伦理学的效果论。他认为，道德情景和行为虽是特殊的经验事实，但它们不是既定不变的事实，而是不断生长变化的偶然性过程。因此，实用主义伦理学拒绝任何因果必然性和普遍目的论，强调道德行为的偶然变化和条件性。杜威指出，传统伦理学将道德行为价值区分为内在目的善和外在手段善，并固执于"目的证明手段正当"的信条，这是错误的。殊不知，绝对的目的根本就不存在，道德价值领域里的一切都只有相对的意

---

① J. Dewey, *The Quest for Certainty* (New York, 1929), p. 6.

② Ibid., p. 19.

③ 〔美〕杜威:《哲学的改造》，许崇清译，商务印书馆，1958，第 91 页。

义。此一目的乃彼一目的之手段，而彼一手段相对于此一目的实现之
必要性而言亦具有目的的性质。故而，目的与手段不可分离，更不能
二元化。真理在于：伦理学只能从行为过程中了解到目的一手段的连
续统一和相互变换。依此，对道德行为的价值判断或评价也就既不能
据于先验绝对的目的假设，也不能简单地诉诸其最后可见的结果。杜
威写道："生长、改善和进步的历程较之静止的收获和结果更为重
要。……目的已不复为将要到达的终点或界限。它是改变现存情势的
活动历程。生活的目标并不在于已被定为最后决胜点的'完全'而在
于成全、培养、进修的永远历程……只有生长自身才是道德的'目
的'。"① 不唯静而唯动；不唯结果而唯过程，实际上也就是不唯理论
和体系而唯实践和行动，使所谓目的价值和手段价值统合于行动的过
程价值。因此，杜威的道德理论指向既不是康德式的主观内在的动
机、精神、理想，也不是功利论者的客观外在的效果、功利和事实，
而是把伦理学的重心从行为发生整体的两端（即作为发生之始的动机
和发生之末的结果）移向行为整体的全过程。其实际意义则在于突出
道德的行为创造和不断开拓的价值意义。这一点不单表现出现代美国
社会条件下道德文化的鲜明个性特征，而且也表现出杜威伦理学强烈
的行动主义理论色彩。理解这一点，是我们深化对其道德工具主义立
场的认识，并由此进一步探讨其道德基本原则理论、评价理论、道德
教育理论和自由文化观的重要条件。

五　个人与社会：新个人主义

　　个人与社会的关系是一个基本的价值关系问题。在杜威诸多著述
中，这一问题反复被谈到，并在对个人主义与集体主义的关系进行系

---

① 〔美〕杜威：《哲学的改造》，许崇清译，商务印书馆，1958，第95页。着重点系引
者所加。

统考察的基础上，提出了他的所谓"新个人主义"理论。

杜威认为，对个人与社会的价值关系大致有三种基本观点："社会必须为个人而存在；或个人必须遵奉社会为他所设定的各种目的和生活方法；或社会和个人是相关的有机的，社会需要个人的效用和从属，而同时亦需要为服务于个人而存在。"① 概而言之，这三种观点也就是个人主义、社会集体主义和个人与社会有机关联的观点。历史地看，前两种观点一直是人类道德观念中两种相互对立冲突的方面，它们形成了西方伦理学史上两种基本对抗的道德观。在古代，希伯来人的道德与古希腊的道德就出现了这种对峙的倾向。希伯来人更侧重民族整体，他们将民族与上帝的关系放在第一位，然后才是个人与上帝的关系；与之相对，古希腊人很早就意识到了道德人格的一面，较强调个人的人格完善（心灵与肉体的统一）。② 迨至近代，逐渐形成了伦理学上个人主义学派与集体主义学派的长期对峙。一般说来，"个人主义学派的公式是……政治制度和标准的道德目的是个体的、与他相一致的，而不是其他个体自由的个体之最大可能的自由"③。而集体主义学派的公式则是"使部分的善服从于整体的善"④。后一学派的典型是柏拉图、康德、黑格尔，前一学派的代表是边沁等功利主义者。

杜威主张的似乎是第三种观点。他指出："正因为社会是个人所组成的，个人和结合个人的共同关系似乎就必须是同等重要的。没有强而有力的个人，构成社会的绳索纽结就没有东西可以牵缠得住。离开了相互间的共同关系，个人就彼此隔离而凋残零落，或相互敌对而损害个人的发展。"⑤ 这就是说，个人和个人间的共同关系同等重要，

---

① 〔美〕杜威：《哲学的改造》，许崇清译，商务印书馆，1958，第101页。
② J. Dewey and J. H. Tufts, *Ethics* (New York: Henry – Holt Co., 1908), p. 111.
③ Ibid., p. 483.
④ Ibid., p. 484.
⑤ 〔美〕杜威：《哲学的改造》，许崇清译，商务印书馆，1958，第101页。

不可或缺。共同关系的作用就在于使个人间达到相互合作和社会性。但是，杜威最终以为，即令是共同关系也只能是工具性的，它的建立和服务目的只是个人的发展。

依杜威所见，"个人"并非指一物而言，而是一个浑括的名词，代表那些在共同生活影响下产生和固定的各种各样的人性的特殊反应、习惯、气质和能力。而"社会"也是类似的，"它包括人们由合群而共同享受经验和建立共同利益与目的的一切方式，如流氓群、强盗帮、徒党、社团、职工组织、股份公司、村落、国际、同盟等"①。很显然，杜威对"个人"和"社会"两个概念所采取的界定方式并不统一。前者是社会哲学的方式，后者却更近似社会学的方式。对此我们姑且存疑。但从其定义本身也可以看出，他的"社会"概念只有工具性、条件性的外在从属意味，带有消极被动的特征。因为它只是一种组织形式的名词，而不具备任何实体存在的意义。因之，与独立存在的个人相比，只具备作为条件的重要意义，并没有实质上的同等意义。故而，杜威认为，"社会"意即人的合作、结合、协同或共同分享，也就是"使经验、观念、情绪、价值得以相互传授，而彼此间共同的结合的进程"②。这一过程的最终目的仍旧只是个人的善。他写道："社会意即结合，即在共同的交往和行动里结合在一起，以便更好地实现因共同参与而扩大和强固的经验形式。因此，有多少因相互关联、相互传布而增加的善；就有多少结合。"③ 又说："交往、共享、协同参与是道德的法则和目的的普遍化的唯一途径……普遍化就是社会化，就是共享善的人们的范围和分布区域的扩大。"④ 在此，杜威的观点的确不同于西方传统伦理学史上的个人主义。他承认了人的

① 〔美〕杜威：《哲学的改造》，许崇清译，商务印书馆，1958，第 107 页。
② 同上书，第 111 页。
③ 同上书，第 110 页。
④ 同上书，第 111 页。

社会性和普遍目的的客观存在，承认了社会和普遍化之于道德和人类目的的必要意义。这是他的独创所在。

但是，杜威并没有因此而转向集体主义学派，而是主张一种"新个人主义"。何为"新个人主义"？让我们先看杜威自己的解释：所谓"新个人主义"，是指与社会革新相连的个人的"首创性""发明力""进取心"等现代个人价值精神。它既不同于单纯的"经济个人主义"，也不等于"政治上的个人主义"或"宗教的个人主义"，而是一种价值哲学意义上的个人主义。新个人主义与传统个人主义的不同在于，它非但不排斥社会的必要，而且与我们对社会积极意义的认肯相一致。问题是，与新个人主义相适应的社会不再是人们通常所理解的那种超个人的实体性的优先价值存在，而只能是一种作为个人创造之条件的处于开放和改变之中的共同经验进程。唯有这样的社会才能为个人的自由创造提供充分的条件和机会。社会和社会的活动越开放、越丰富，给个人以自由创造的机会就越多，个人才能的发展就越快，其价值实现就越大、越高。① 所以，新个人主义既是一种道德价值观，也是一种民主的社会理想。正因为如此，杜威始终小心翼翼地回避走传统个人主义或极端集体主义的两个极端。这一方面表现了他在个人与社会关系问题上较为温和的个人主义立场和较广泛的思考方式；另一方面也表明他并没有真正放弃个人主义这一西方和美国近代以来的根本价值观念，不同的只是他对个人主义的解释更为圆通，也更具有社会文化色彩和现代特点。

六　价值与评价理论

杜威的伦理学在根本上属于价值目的论类型。因此，价值问题也就成为其伦理学的一个重要组成部分。特别是在他学术生涯的中后

---

① J. Dewey and J. H. Tufts, *Ethics* (New York: Henry – Holt Co., 1908), p. 430.

期，杜威越来越清楚地表明，"价值和估价问题近来已是突出在前列的问题"，并预言："在未来的若干时期中，这里（指价值问题——引者注）提出的挑战将使它成为中心的论点。"① 基于这一意识，杜威对价值问题做了较为深入的探讨，形成了他完备的价值学说。

杜威根据 20 世纪初元伦理学在价值问题上提出的新挑战，从"价值"的词性和词义之语言学辨析入手，来阐释其价值理论。他首先指出，人们对"价值"概念的使用通常有三种用法，即动词用法、名词用法和形容词用法。② "价值"作动词使用，表示"去评价"或"做出评价"；作名词使用，表示某种东西的意义，即表示某种有价值的东西；作形容词使用，则侧重于"表示一种在特定的条件之下附属于某一事物的特性或性质，而这一事物是在它被评价之先独立存在的"③。所以，"价值"一词的名词用法和形容词用法又是相近的，前者表示"某种有价值的东西"（something valuable），后者表示某种有价值的性质，其语言表达形式为"某种东西是有价值的"（something is valuable）。但是，人们对这两种用法一直存在着带根本性的争执，使两者间产生了一种重大区别：其名词用法所表示的是某种独立存在的价值实体，而其形容词用法则是表示事物的价值属性。于是，在这种差别中，便隐含了两个截然不同的价值规定：一个是自在价值的先验规定，另一个是价值属性的经验性规定。而且，这种差异直接预制了人们对所谓内在价值与外在价值、目的与手段等一系列问题的看法大相径庭。

比较而言，"价值"一词的动词用法是一种动态性的用法，它表示的是一种评价行动。在其动词用法与名词用法之间也一直存在争

---

① 〔美〕杜威：《人的问题》，傅统先、邱椿译，上海人民出版社，1965，第6页。
② J. Dewey, *Theory of Valuation* (Chicago: Chicago University Press, 1972), p. 4. 〔美〕杜威：《人的问题》，傅统先、邱椿译，上海人民出版社，1965，第229页等。
③ 〔美〕杜威：《人的问题》，傅统先、邱椿译，上海人民出版社，1965，第229页。

议。争议的根本问题是：这两种用法究竟哪一种意义是最基本的？如果我们承认"价值"的名词用法是指称某种自在的价值实体，那么，其动词用法就只能是派生的。因为"做出评价"只是对价值实存物的一种对象性理解或把握。反过来，如果价值的动词性用法更基本，那么，作为名词使用的"价值"就没有指称某种超经验活动之外的自在的价值意义，而毋宁只是指称实际的有价值的东西而已。在这种意义上，价值的名词性使用与动词使用是相互联系的，而不是相互分离的。更具体地说，"价值"的名词用法和动词用法实际上反映了对所谓"事实—价值"表达命题的理解。若将两者分离，则意味着事实表达与价值表达的分离，反之则不然。在杜威看来，这两种用法实际上不是分离的，正如事实或科学的命题与价值或评价的命题并没有截然的界限一样。只是到了现代，才有人把这两方面分离开来，将前者归于某种非人类（non-human）现象，将后者归于人的情感状态。而实际上，当我们在评价命题的意义上使用"价值"一词的时候，虽然看到它们所包含的"人格参照"（personal reference）特性，但在实际的日常谈话中，却产生着双重意义和双重用法。一方面，评价或价值表示"珍贵""贵重""珍重"等；另一方面，它也表示一种"比较活动"，属于一种经验活动范畴。既然如此，评价命题也是经验性的，"人格参照"或人类的行为（哪怕是情感性的）也并不构成把它设置为一种科学命题的任何障碍，因为它和后者一样也是可观察、可通过经验加以证实的。

因此，在对"价值"一词进行语言学分析之后，杜威对价值命题做了如下三点结论性概述："（1）有一些命题不仅仅是关于已经发生（如关于已在过去发生的估价、欲望和利益）的事实之评价命题，而且也是描述和界定某些如美、合适或在一种明确的现存关系中恰当之类的事情；这些命题是普遍化的，因为它构成了恰当使用物质的各种规则。（2）我们所论的现存关系乃是手段—目的的关系或手段—结果的关系。（3）在其普遍化形式上，这些命题可能有赖于经过科学证明了的经验命题，而它们本身也能够为与那些意向结果相比较的实际已获结果的观察所检验。"① 解释一下，第一点结论意指评价或价值命题不仅是已有经验事实的评价命题，而且也是现存价值关系的描述性命题，它具有普遍化和规范性特征。第二点结论是指现存的价值关系是手段—目的关系，它规定了价值命题中手段与目的的不可分离性。第三点结论是指评价命题同样要具有经验事实的基础，并可以为实际经验证实。显而易见，杜威关于价值命题的主张与 20 世纪初英美盛行的元伦理学特别是情感主义伦理学的观点是直接对立的。② 这种对立实质上反映了现代西方伦理学中自然主义与非自然主义两种倾向的对立。

所以，杜威在价值问题上对非自然主义的基本观点做了批判性分析，在批判中提出了自己的自然主义价值观。这主要表现在两个重大问题上：（1）关于道德价值关系的认识；（2）关于价值判断或价值命题的理论特性。

第一个问题实际也就是关于内在善与外在善或目的善与手段善的关系问题。杜威认为，在伦理学中，人为地设置所谓内在善与外在善，并把目的与手段概念分离开来的习惯已根深蒂固。这种错误的做法表现为三个方面：（1）假定内在目的价值具有某种独立的存在，并以目的证明手段的正当性，因而低估手段和条件工具的价值；（2）人为地将人的利益或欲望划分为低下的、盲目的、短视的和高贵的、明智的、长远的，从而为两种价值（善）的划分提供论证；（3）模糊地使用一些诸如"固有的""内在的""当下的"一类的定性词，以至于"把这些术语所指称的东西解释为超出任何其他事物之外的因而

---

① J. Dewey, *Theory of Valuation* (Chicago: Chicago University Press, 1972), p. 24.
② 参见本书上卷第二部分第六、七、八章。

也是绝对的东西"①。杜威指出，把内在价值与外在价值分裂开来的做法是荒谬的，而抬高前者贬低后者的做法更是荒唐之极。首先，目的与手段本来就是相辅相成、不可分割的。目的是人们的利益和行为指向，但它只有纳入"手段—目的"的价值关联之中才有意义。手段本是"关系性的、中介化了的或中介的，因为它们是一种现存境况与将它们的使用所实现的境况之间的一种交互中介"②。事实上不存在任何超手段关系之外的自在目的，正如不存在任何非关系性的手段一样。只有与手段相联系并通过手段，目的才有其真实意义。

与传统伦理学相反，杜威依其工具主义道德观的基本立场，突出强调了工具或手段的价值。他认为，任何价值都必须具有实际的可操作性，必须纳入各种经验条件的相互作用过程中来考察。否则，就没有任何意义。目的不过是在与手段或工具条件的相互作用中形成并确立起来的。他说："一种目的就像科学分析中的任何其他事情的发生一样，不过是使其实现的各种条件的相互作用而已。……在此程度上，它是按照这些可操作的条件而形成的。"③ 这实质上是说，不仅目的的实现有赖于手段，而且它的形成和确立亦复如此。手段之于目的的关系不是消极被动的，而是积极主动的。在某种意义上甚至可以说，手段决定了目的，手段证明着目的。因而从现实实践的意义来看，手段比目的更重要。

其次，目的价值与人的欲望和利益直接相联，但对后者必须做经验的分析，目的价值必须有经验的基础。这再次证明目的离不开手段，自在目的并不存在。反过来说，手段价值在某种关系或活动过程的意义上也是目的价值的构成部分。真理在于，不是"目的证明手段正当"，而是恰恰相反。手段的实际运作才能证明目的的现实性。只

---

① J. Dewey, *Theory of Valuation* (Chicago: Chicago University Press, 1972), p. 27.

② Ibid., p. 28.

③ Ibid., p. 29. 着重点系引者所加。

有当手段进入目的的现实化过程之中时，目的才能是真实的目的，否则只能是幻想或空洞的意向。所以杜威又说："在各种命题中，作为手段来估价的东西（行动和事物）必然要进入决定着目的价值的欲望和利益。"① 对手段价值的评价，也就是关于实现价值目的之条件的评价。进而言之，"关于价值的判断即是关于条件的判断"②。

最后，从手段—目的关系之连续过程来看，手段与目的只是相对的，它们可以相互转化。手段不仅自身具有中介性和关系性特征，而且也把目的本身中介化了。前面谈到，人的行为的道德价值既不是体现在其最后的结果上，也不是由其最初的动机所决定的，而只能体现在行动的过程之中。道德价值的本质就在于人的道德创造和生长。这就告诉我们不可能存在某种超经验过程的最后目的，一切价值只能存在于行动的过程之中，正如在事物的运动中并不存在什么最终的结果，第一结果同时也是新的原因一样。总之，"所发生的一切都不是最终的"，"一切所发生的事件都只是一种连续发展着的事件之流的一部分"。"如果我们将这一原则用来处理与之不同的人类现象，则必然得出这样的结论：目的与手段之间的区分乃是暂时的、关系性的。在这种联系中，每一种作为为目的服务的必须付诸实施的手段，都是一种欲望的对象和一种在见目的，而实际实现的目的既是未来目的的一种手段，也是一种以前所作评价的检验标准。"③ 和事物运动过程中原因与结果的关系总是不断变换的一样，在人类的价值经验或活动过程中，"已实现的目的乃是更远的存在发生的一种条件"，而现在作为手段的东西曾经也被作为目的而被追求，由此构成了道德价值关系领域里不断变换的手段—目的之连续过程。于是，杜威提出了两点结论：

---

① J. Dewey, *Theory of Valuation* (Chicago: Chicago University Press, 1972), p. 42.

② J. Dewey, *The Quest for Certainty*(New York, 1929), p. 265.

③ J. Dewey, *Theory of Valuation* (Chicago: Chicago University Press, 1972), p. 3. 另参见 J. Dewey, *Human Nature and Conduct* (New York: Henry – Holt Co. 1922), p. 34。

（1）任何目的都不能为评价理论提供绝对永恒的价值标准，后者必须依据实际的价值经验并随其变化而不断改变；（2）既然目的不具备绝对的分离存在或优越特性，那么，对目的的评价也必须纳入手段—目的之关系与变化的过程。又，既然手段、工具或条件的实际可操作性或运作过程规定了对目的的评价，那么，一旦人们将某种目的习惯地标准化了之后，他们在实际中所面临的最重要的和唯一的问题，就"只是实现这些目的的最佳手段问题"①。故而，杜威强调手段的价值，强调手段或工具的实际操作过程。这也是他强调道德之工具性质的又一个理论原因。

　　第二个问题是关于价值判断或命题的理论特性问题。具体地说，就是价值判断或命题是不是科学的问题？它与事实命题或科学判断究竟是异质对立的，还是异形同一的？对此，杜威宣称："概括起来我们可以把各种关于道德判断与科学判断之间的逻辑分裂的陈述归为关于两个二律背反的断言。一个是在共相与个体之间的分隔；另一个是理智的与实际的东西之间的分隔。而这两个二律背反最后又归结成为一个二律背反：科学的陈述论及一般的条件（generic conditions）和关系，而这种一般的条件与关系又是做出完全和客观陈述的；伦理判断则论及个别行动（individual act），而这种个别行动从它本身的性质来看，就是超出任何客观陈述的。这种分隔的概括是：科学判断是具有普遍性的，因而仅仅是带有假设性的，所以不能涉及行动；而道德判断是绝对的，因而是个别化了的，所以它与行动有关。……科学判断是陈述条件与条件之间的联系；道德判断是无条件地要求实现一个理想。"② 显然，杜威所指正是以卡尔纳普、维特根斯坦等为代表的现代情感派的观点。这种观点的要害是把道德（价值）判断与科学（事

---

① J. Dewey, *Theory of Valuation* (Chicago: Chicago University Press, 1972), p. 43.
② 〔美〕杜威：《人的问题》，傅统先、邱椿译，上海人民出版社，1965，第176页。

实）判断截然对立起来，认为前者是主观个体的、情感的、理想的、非认知的和绝对超验的；后者则是客观普遍的、逻辑化的、经验事实的、认知的和相对经验的。[1] 从而以逻辑的标准划分并确认了所谓道德与科学、价值与事实、道德主义与科学主义的对立。

对此，杜威当然不能苟同。他指出，所谓科学是"一种系统化了的知识的体系"[2]。科学和科学判断的基本特征固然在于其所具有的经验可证实性和逻辑普遍性。但是，科学和科学判断同样也涉及个别的经验事实和人的具体行动，因之"科学判断具有伦理判断所具有的一切逻辑特点"[3]。所谓科学的和逻辑的东西与价值的和实践行为的东西之间也并不存在本质的对立，差别只在于两者的具体对象和理论构成形式。而且从人类的根本意义来说，科学与道德等一切人类知识，都具有实用工具性。科学的功能在于给人们提供可靠的客观知识，以指导他们控制或调节人与自然世界的相互作用过程或经验实践。"正因为科学是控制我们与经验事物世界的积极关系的一种方式，所以伦理经验特别需要有这种调节。而所谓'实践的'，我的意思是指在经验中受调节的变化"[4]。所以，从科学对于伦理的关系和意义而论，两者不但相容，而且有着共同的逻辑特点和实用工具特性。科学提供知识，提供道德生活的控制与调节手段。伦理学需要科学，这是由人类实践对理性的需求所决定的。

同时，从伦理学本身来看，伦理价值判断并不构成对科学事实判断的背离。它同时也是一种客观知识和经验事实的普遍判断。杜威说："伦理判断是一种判断，它表现着在被判断的情境和判断动作中的性格和性向之间的一种绝对交互决定的情况。任何特殊的道德判断

---

① 详见本书上卷第二部分第七、八章。
② 〔美〕杜威：《人的问题》，傅统先、邱椿译，上海人民出版社，1965，第 172 页。
③ 同上书，第 176 页。
④ 同上书，第 182 页。

都必然在它本身以内反映一切一般的道德判断所具有的本质特征。不管任何特殊的伦理经验的材料是多么突出或多么独特，他至于是一种伦理经验；而且既然是一种伦理经验，那么对它的考虑和解释就必然要服从于那些包括在判断动作以内的条件。"[①] 又说："伦理判断的目的……就是要把判断动作本身构成一个复杂的客观内容。"[②] 所以，伦理判断并不完全是个人主观的，也不是纯粹理论目的性的。与科学判断相同，它既要涉及"条件"，也要涉及一般客观的经验内容及其普遍本质。因而，它不仅与科学判断具有相容的一面，而且从实际作用或影响来看，它毋宁是科学判断的特殊具体化或在人类实践领域的继续。杜威如是说："道德科学的准则是科学判断的道德。……事实上，物理和生物科学之进展已经深刻地影响着道德问题，因而影响着判断乃至影响着道德价值。"[③] 科学是人类活动的一部分，道德是科学影响下人类价值活动的具体反映，二者无法分离。

总而言之，杜威认为，价值或评价问题是直接关系到伦理学自身建构的重大问题。因此，他在批判分析现代情感派元伦理学理论的基础上，投入了较大精力深入系统地分析了"价值"的词义用法及伦理学意味，提出了关于价值、价值关系、评价及评价命题的特性，以及价值判断与科学判断（命题）之关系的新解释，从而形成了自己较完备的工具主义的价值理论。他将自己的价值理论概括为如下几点，兹转述如下，亦作为一个小结。

（1）价值和价值表达是关于人的实践行为的，但"这种表达的真命题是可能的"。

（2）价值评价"是经验意义上可以观察的行为模式"。

---

① 〔美〕杜威：《人的问题》，傅统先、邱椿译，上海人民出版社，1965，第191～192页。着重点系引者所加。
② 同上书，第190页。
③ 同上书，第200页。

（3）价值目的与价值手段是统一不可分割的中介化的和关系性的，它们共处于价值实践的经验过程之中。由于人的行为的不确定性和环境的多样性变化，价值和价值关系及其评价都不可能是绝对不变的。目的与手段都只能在人的价值实践过程中才能得到解释。无论何种价值虽然都有赖于人格的介入，但它的内容和判断同科学判断有着同样的经验基础和逻辑特点（控制与调节）。

（4）价值与人的欲望利益相关。

（5）当我们从手段—目的的连续关系中来考察时，就会发现手段与目的和原因与结果一样都是关系性的、相对的、可以互相变换的。对目的的评价有赖于对手段之操作实践的评价，而对手段的评价又依赖于对价值行为之经验效果的观察。于是便有：第一，一般评价问题和特殊情形中的评价问题一样，都是关于相互维持着手段—目的关系的诸事物的评价；第二，唯有根据实现目的的手段才能决定目的；第三，欲望和利益本身都必须作为在它们与外部条件或环境条件的相互作用中的手段来加以评价。"作为不同于已作为实现了的结果之目的，可见之目的本身是作为方向性手段来发挥作用的，或者用日常语言来说，可见之目的是作为计划来发挥作用的。欲望、利益和环境条件作为手段即是行动的样式……"①

杜威认为，"上述结论并不构成一种完全的评价理论。然而，它们都陈述了这样一种理论所必须满足的条件"②。换言之，上述结论可以作为一种价值理论得以成立的基本条件或因素，而这种评价理论也就是杜威孜孜以求的实用工具主义的价值哲学。

七 人性、道德和教育

杜威不仅是现代美国乃至西方一位重要的哲学家和伦理学家，而

---

① J. Dewey, *Theory of Valuation* (Chicago: Chicago University Press, 1972), p. 53.
② Ibid.

且是杰出的教育家。他的教育学直接植根于他的实用主义哲学和工具主义伦理学，构成了他伦理学的一个有机组成部分。

依前所述，杜威把伦理学视作研究人的行为的科学。而人的行为研究最终必须归诸人和人的本性，必须从人的本性与外部环境的相互作用中寻求解释。伦理学依据于"人的本性的科学"（The Science of Human Nature），因为它的实质目标就是寻求控制和调节人的行为的合理方式。人的行为首先受制于人的本性发展，因而对人的行为的控制和调节也就是且首先是对人的本性的调控或引导。故而，"道德在很大程度上就是研究控制人的本性"①。所谓控制人的本性，即是改变或疏导它，使之与社会文化环境的相互作用更为协调、更为理智。这种控制疏导的基本方式之一就是教育。

人的本性如同一块天然的材料，自然本能和欲望是其基本元素。道德和教育的作用是雕塑这块天然材料，使人在社会文化环境中脱出自然状态而趋向较高的文明状态。但这涉及一个基本前提：人的本性能否改变？怎样改变？杜威认为，人的本性确有某些难以改变的倾向，主要是人的本能。但本能不是人的本性的全部，从根本上说，人的本性总是在与外部环境的相互作用过程中不断改变着。正是这种可变性，才使道德成为必要，使教育成为可能。"如果人性是不变的，那末，就根本不要教育了，一切教育的努力都注定要失败了。因为教育的意义本身就在于改变人性以形成那些异于朴质的人性的思维、情感、欲望和信仰的新方式。"② 人的本性可变，才有道德的需要和可能；而道德对人的本性的控制方式主要是教育。在此意义上，教育的方向、基础和意义都系于道德的要求。教育与道德相互同一，或者说"道德即是教育"，这是杜威提出的一个著名命题。他写道："道德意

① J. Dewey, *Human Nature and Conduct*(New York: Henry‒Holt Co. 1922), p. 6. 着重点系引者所加。
② 〔美〕杜威：《人的问题》，傅统先、邱椿译，上海人民出版社，1965，第155页。

味着行为意义的增长，至少它意味着这样一种意义的扩展：这种意义是对诸种条件观察的结果，也是行为的结果。它的全部是不断增长着的。……在道德这个词最宽泛的意义上说，道德即是教育。"①

道德与教育的本质同一，决定了教育与道德有着同等的重要性。具体地说，教育是道德作用得以发挥的基本方式。教育是一个实践运作的过程，也有其特殊的操作程序。杜威认为，教育的职能运作与人性和行为的构成、生长是相应的。一般而论，除了本能之外，人的本性还包括人的情感、意志、理智、信念、习惯等。人的行为也一般地表现为从动机到结果的经验过程，它受到上述诸种人的本性因素的影响。教育的职能是通过控制、疏导、调节乃至改变这些因素来改变人性，促进人的道德能力的生长。行动的动机不是纯本能的，而是在与外部环境的作用中改变着的某种"习惯的一种构成要素或某一气质之因素的冲动"。动机本身的意义可能较为简单，但它在行动中的位置却并不是纯粹的起点或初始，而是相互中介化的，因之也不断变化。某种意义上，道德本身也可以视作一种"从特殊环境中的冲动表现上发现更新和革新任务的努力"②。这种努力是一种无终结的冲动，它附带着行为主体的情感和欲望，同时也受其理智、信仰和外在风俗习惯的影响，并不断地强化或升华。因此，行为动机和人在自我本性与环境之相互作用过程中所形成的习惯、品格等相互联系。

杜威认为，正如道德行为的整体必须在道德境况中才能得到具体的理解一样，对其每一构成要素的理解也需如此。教育以知识开导人的智力，使人较好地认识社会环境的多种可能性和自我的能力，从而引导他以最佳手段来实现最佳行为效果。"一种真正的人的教育

① J. Dewey, *Human Nature and Conduct* (New York: Henry – Holt Co. 1922), p. 280.
② Ibid., p. 169.

就在于按照社会境况的种种可能性和必然性给天生自发的活动以一种理智的指导"①。理智或曰科学知识是道德行为操作的基础，也是教育的基础和内容。理智或知识不单使人认识境况，做出明智的判断和慎重的选择，而且还可帮助人认识并预期将来。生活中，人们往往凭借某些既定的习惯、原则或规范来指导行动和生活，但生活不能单靠习惯和原则，更需要知识，以洞穿现实，预见未来，从而才可能突破既定习惯和原则，进行新的创造。"事实上，发生变化的和不可预期的境况就是对创造新原则的一种挑战。"② 这恰好证明了教育作用的伟大。教育与道德一样，最终都是人性生长或人的价值目的之实现的伟大工具。正是基于对教育的这种崇高认识，杜威一生不遗余力地为教育呐喊，乃至投入大量的精力和财力去进行开发新教育的艰苦尝试。

八 自由、民主和文化

关于自由、民主和文化的观点，是杜威思想中的重要组成部分，也是其伦理学的一种社会文化和政治学的延伸。

在杜威的视野里，道德问题不仅是个人的行为价值问题，而且是一个社会文化和社会政治问题。从人的本性与社会环境之相互作用来考察人的道德价值问题的必要性，实际已经表明伦理学不仅要研究人性与道德的关系，而且也要研究人的本性与社会文化和政治等因素的相互作用问题。人性与自由、个人自由与社会民主以及自由与文化的关系，恰恰构成了这种必须研究的主要方面。

什么是自由？杜威认为，自由是人性的本质，对自由的追求构成了人性发展的根本动力。"大体上或总体而言，所谓自由具体地化为

---

① J. Dewey, *Human Nature and Conduct* (New York: Henry - Holt Co. 1922), p. 96. 着重点系引者所加。

② Ibid., pp. 239 - 240.

许多特殊而具体的以特殊方式而行动的动力。这些能力被冠之以权利的名称。"① 从道德意义上看，自由是基于特殊行动主体并由其发出的一种摆脱约束、自由发展的创造性能力，但它同时也意味着一种社会的允许。所以，"任何权利在其本身内部都包含着活动的个体方面与社会方面的统一"②。于是，自由便有着两种不同的意义：一种是外在的意义。在此意义上自由是否定性的和形式的，意味着摆脱他人的控制和奴役，表示自由的主体所必须具备的内在条件和能力。③ 另一种是内在的意义。在此意义上自由主要指个人的"自由意志"。杜威明确指出，"自由意志"包括三个重要因素：（1）它包括行动有效性和执行计划的能力，没有限制性和挫折性的障碍；（2）它也包括改变计划、改变行为方针、经验各种新奇事物的能力；（3）它指称着欲望和选择的能力是各种事件中的因素。④

然而，我们不能把自由仅仅限制在内在的领域。正如伦理学不可能完全与政治学、经济学分离开来一样，自由也不可能与社会和他人无涉。"自由总是一个社会问题，而不是一个个人问题。因为任何人所实际享有的自由依赖于现存的权力或自由的分配情况，而这种分配情况就是实际上在法律上和政治上的社会安排——而且当前特别重要的是在经济上的安排。"⑤ 应当肯定，在这里，杜威确实道出了自由问题的本质方面。人的自由不可避免地受到其社会政治和经济条件的制约，因而，自由问题根本上是一个具体的社会问题。杜威认为，自由与社会的关系最主要地表现为社会秩序和社会责任与个人自由行动的关系。社会的秩序和结构越透明开放，个人便越自由；而个人越自由，其责任就越大。因此，对人的自由问题的探究，首先得依据于对

---

① J. Dewey and J. H. Tufts, *Ethics* (New York: Henry – Holt Co., 1908), p. 440.

② Ibid.

③ Ibid., p. 438.

④ J. Dewey, *Human Nature and Conduct* (New York: Henry – Holt Co. 1922), pp. 303 – 304.

⑤ 〔美〕杜威：《人的问题》，傅统先、邱椿译，上海人民出版社，1965，第90~91页。

社会基础和条件的理解。

在杜威看来，要使人的自由得到充分实现，必须建立与自由观念相适应的理想社会条件，这就是建立民主的社会制度。他指出，在西方传统中，"民主主义原来的观念和理想是把平等和自由两者结合起来当作是相互关联的理想"。法国大革命时期，人们又加上了博爱，构成了近代人文主义观念的基本内容。这种人道主义思想是建立在人性论基础之上的，人的自由及其赖以实现的民主观念同样也是建立在人性基础之上的。历史上，人性观大致经历了三个阶段，杜威将其称为人性三幕："第一幕是：一种片面强调人性的简单化——利用人性来促进和说明新的政治运动。第二幕乃是对与人性有关的理论和实际的一种反动——所根据的理由是：它是道德上和社会上无政府状态的先驱，是人赖以有机地结合起来的团结遭到瓦解的原因。现在正在演出的第三幕是：恢复人性与民主的联系在道德上的重要性。"[①] 杜威所说的第一幕是文艺复兴至法国启蒙运动时期的人性论，是作为当时资产阶级政治革命的理论先导而出现的。所谓第二幕是19世纪西方无政府主义思潮所主张的人性论。而他所力图在20世纪美国恢复的则是一种与民主社会相统一的人性论。依他所见，科学的人性观是民主的基础，正如它是自由和道德价值的基础一样。或者说，人性、道德、自由和民主在杜威这里是统一的观念体系。所以，当他谈到民主主义时，便做出了这样的结论："归根到底，民主主义的问题是个人尊严与价值的道德问题。通过互相尊重、互相容忍、授受关系、总结经验等，民主主义到底还是唯一的方法，使人们能够成功地进行我们全体都牵涉在内（不管愿意与否）的实验，人类最伟大的实验——在这共同生活的实验中，每人的生活，在最深刻的意义上是有利的，对

---

① 〔美〕杜威：《自由与文化》，傅统先译，商务印书馆，1964，第78~79页。

自己有利，同时复有助于他人的个性之培养。"①

那么，究竟什么是民主？对此，杜威在不同的著述中给予了不尽相同的解释。在《自由与文化》一书中，他把民主说成一种信仰、方法和生活方式。作为一种信仰，民主就是对普遍人道主义的实现所抱的坚定信念。② 作为一种方法，就是人的言论、交流理解的自由形式。③ 这两个方面的综合，便是作为一种生活方式的民主。他说："民主是一种生活方式。但我们还要明白：它是一种个人的生活方式，这种生活方式为个人的行为提供了道德的标准。"④ 而在一篇题为《作为一种道德理想的民主》的专论中，杜威又把民主当作一种生活方式和"道德理想"，认为它是一种"不仅受对普遍人性之信念的控制，而且也为对人类的理智判断和行动能力——假如提供了合适的条件的话——之信念的控制的人格生活方式"；或者说，"民主是由一种对人性之各种可能性的实践信念（working faith）所控制的生活方式"⑤。对人性的信念是民主的基础，因此，人性化也是民主社会的本质。同时，民主的人格性又使其成为一种"道德理想"或"道德事业"⑥。为此，杜威不赞成把民主仅当作一种纯外在的社会制度形式，更注重其人性价值。这就是他之所以把民主和自由同样视为一种人类道德理想的内在缘由。

民主的目标或理想只能用民主的方法来实现。杜威认为，所谓民主的方法，即是一种以"解放人性力量"为标准的多元开放的方法、实验性的可操作的方法和自由创造的方法。这种方法虽有赖于科学和

---

① 〔美〕杜威：《人的问题》，傅统先、邱椿译，上海人民出版社，1965，第32～33页。
② 〔美〕杜威：《自由与文化》，傅统先译，商务印书馆，1964，第94页。
③ 同上书，第96～97页。
④ 同上书，第98页。
⑤ I. Edman (ed.), *John Dewey: His Contribution to the American Tradition* (Indianapolis: Bobbs – Merrill Co., 1955), p. 311.
⑥ Ibid., pp. 313 – 314.

技术，但它在根本上不是技术的，而是道德的和价值的，美国的民主传统就是如此。因为它把人性解放和个人价值放在社会的首位。这显然是对美国以个人主义价值观为核心的民主的真实概括。

自由与民主基于人性，代表着人或主体的方面。与之相对的便是代表社会或客观的文化方面。关于文化，杜威自有其独到的见解。他说："我们是用'文化'一词来概括这个包括一切人类交往和共同生活的各种条件的复合体的。"① 又解释道："文化是各种风俗习惯的一个复合体，它有维护它自己的趋向。"② 这就是说，文化即指社会的政治、经济、宗教、道德、习惯等社会客观因素的综合。在杜威看来，每一个民族或国家都有其独特的文化。每一种文化又都有它自身的样式和作用方式。有多元的或多样性和开放的文化，也有一元封闭的文化；有较进步的先进的文化，也有较落后的文化。但无论文化的样式如何，也无论其作用怎样，它都必然作用于人性发展的过程，必须按人性发展的要求改造发展自身。文化的作用是一个复杂的社会过程。在"文化"这一复合体中，最内在的是道德和共同价值观念。它决定着社会和个人的发展方向。杜威得出结论："道德因素乃是所谓文化这些社会力量的复合体中的一个内在部分。……有一点是肯定的；人类对某一些事物总比另一些事物更为珍视，……而且如果有一群人想要组成一个可以就其含义而言称之为社团的这样一个东西，那就必须有为他们所共同珍视的价值。没有这种共同珍视的价值，任何所谓社会团体、阶级、人民、国家都将分离而成为彼此机械地强迫地结合在一起的一些分子。"③ 在这里，杜威把道德这一文化的内核视为社会的共同价值，并把它作为联系社会或国家内部的精神纽带或内在黏合剂，表明了他对道德之于文化的深刻意义的高度重视。从纯理论意义

① 〔美〕杜威：《自由与文化》，傅统先译，商务印书馆，1964，第6页。
② 同上书，第15页。
③ 同上书，第9~10页。着重点系引者所加。

和终极价值目标上说，杜威的这一见解是合理的。人类社会的发展必然是以某种价值目标为基本方向的。一个国家、一个阶级、一个民族和一个社会总有其发展的内在统一的价值方向或理想精神，这就是社会、阶级或国家、民族内部共同的价值观念之所系。没有这一前提，社会、国家或民族就不可能获得统一和发展，失去共同的价值精神，社会团体就会分崩离析。因此，从终极意义上说，一个社会或国家民族的价值目标（理想）应当是一元的或统一的，这并不排斥每个人实现和追求价值目标过程的多层次性和追求方式的多样性。在价值目标与价值实现之间永远存在着价值一元论和价值多元论的辩证理解。①诚然，杜威的见解并没有告诉我们这一切，也带有一定的时代局限。但他对共同价值的认肯（即令是相对的、有限制的），的确包含着一定的合理因素，这同样应当予以正视。

九　杜威伦理学的评价

综上所述，杜威的伦理学是一个十分庞大的理论体系。作为美国哲学和价值观念体系的设计者和完成者，杜威的伦理学不仅全面地反映了现代美国文化的本质方面，而且也完成了美国伦理文化的具体构造。因而，从一定意义上说，了解了杜威的伦理学，也就把握了现代美国道德文化的基本特征。

首先，杜威从理论上完成了实用主义伦理学的逻辑体系和实践要求。如前所述，皮尔斯是美国实用主义的发明者，但他还只是提出问题与设想，尚未完成这一理论的逻辑建构。詹姆斯从哲学上重构了这一新型哲学的设想，从哲学方法论、真理观和价值观诸方法将这一"主义"具体化了。然而，詹姆斯的成就仍是有限的。只是到了杜威，实用主义才真正获得了全面的发展：他坚持了皮尔斯、詹姆斯奠定的

---

①　万俊人：《论价值一元论与价值多元论》，《哲学研究》1990 年第 2 期。

哲学立场，大大提升了实用主义哲学的方法论意义，并使其扩展到伦理学、教育学、文化和社会政治哲学等方面，从而使实用主义由一种理论学说变成了一种统辖美国现代文化系统各方面的基本精神。他从工具主义的角度给实用主义以新的更具体的解释，赋予实际操作的普遍意义，从而使它更大众化、通俗化，加之教育的中介，使实用主义完成了从理论深入社会实际的转移，产生了广泛的社会实际影响。他还以其艰难的传播宣传和独特多样的理论补充，使美国化的实用主义进一步国际化，从美国本土走向世界。无怪乎人们把詹姆斯说成使美国由意识形态"进口国"转变为拥有真正本土哲学的爱国英雄，而把杜威说成使美国由意识形态"独立国"进一步发展成"出口国"，因之享有"哲学爱国者"的美名。

其次，杜威不仅完善了实用主义伦理学理论本身，而且捍卫了这一学说的基本原则。就前一方面而论，他以工具主义道德观充实了詹姆斯不甚完整的实用主义伦理思想体系，特别是他关于人性与道德、关于个人主义的新解释、关于价值和价值关系理论等，大大深化了詹姆斯已有的原则性观点。就后者而论，他又坚定地保持了彻底经验主义的哲学立场和自然主义伦理学立场，对非自然主义的价值理论（元伦理学中的情感派）进行了详细的批判分析，对价值问题提出了颇为周详的理论论证，形成了较系统的价值理论。甚至他对手段价值与目的价值之关系的看法、关于人性之社会倾向、人性可变与教育文化等问题的看法，都一定程度上揭示了问题的本质方面，含有合理的因素。这些都显示出他的伦理学较詹姆斯和他同时代其他实用主义者的伦理学（如培里、胡克、莫利斯等）具有更为成熟、更为周详或全面的理论特点。

最后，杜威的伦理学除上述特点之外，还有以下两个方面的特征。（1）调和性。杜威的伦理学是一个多重色彩的理论大拼盘：它承詹姆斯和西方古典人本主义伦理传统，以人性论为理论出发点，并大量吸收了近代唯物主义特别是法国启蒙思想家关于人性与教育、人性与德育的基本思想，建立了自己的人本伦理学和教育理论。它一定程度上批判地利用了现代元伦理学的语言分析方法，使其价值理论更富现代逻辑色彩，因而在理论形式上远远超过了詹姆斯的价值理论。它沿袭了从柏拉图、亚里士多德到英国功利主义的西方政治伦理学传统，大大突破了纯哲学伦理的圈子，使伦理学与教育学、政治学和文化学相互渗透和交融，显示出强烈的社会现实感和实践干预意图。这也是杜威伦理学之所以能产生广泛影响和他本人被誉为"实用主义家族中的亚里士多德"之重要原因。此外，杜威的伦理学既有科学主义的成分，也有自然主义的本色；既有现实实利主义的色彩，又含有一种超现实的理想精神；既保持了个人主义的基本立场，又一定程度地肯定了社会或共同价值的必要性；既有自由的呼吁，又有对民主和秩序的警示；既坚持多元开放进取的价值取向，又承认统一和谐和稳定的积极意义；……总之，千秋并举，左右兼容，表现出十足的调和风格。（2）实用性。这里所说的"实用性"不是就理论内容而言，而是就理论形式上所说的。与詹姆斯相比，杜威更少学究气，更注重理论的通俗化和实际操作性。因此，他的伦理学较为大众化、生活化。他似乎不尚抽象，更关注自己理论的实际效应，因之特别强调道德理论的实际可操作性。这一点在其教育理论和实践活动中表现得尤为突出。所谓"从干中学"，不单是杜威的基本教育方针之表述，同时也反映出他对其道德理论的实际应用效果的一种关切和期待。这显然是一种实用主义理论态度的表现。

然而，杜威的伦理学在根本上并未脱离美国实用主义的正轨，因此也就不能免于这种伦理学说的本质特征和局限，这便是狭隘的实利主义、道德工具主义和个人主义。诚然，我们不能再像20世纪60年代那样用"帝国主义哲学"这一定性分析简单地评价其伦理学，但是，杜威乃至整个美国实用主义伦理学的阶级属性和时代属性也是我们必须看到的。19 世纪美国资本主义的特殊发展环境，制约着杜威伦理学的基本思路：广大中产阶级的政治经济需要和价值期望，美国新生资本主义的特殊要求，都使其伦理价值观染上了浓厚的实利习气，强调现实的经验效益而轻视历史传统与理想价值，强调手段的价值而忽视目的的价值；强调个人自我的权利而轻视社会整体的义务制约性与价值实存性等，都反映出其伦理学基本的实用主义特质。当然，这并不是说我们因此而否认杜威伦理学主实利、功效和个人创造等观点中的某些合理因素（如强调行为过程，反对抽象价值观，反对忽略人性和个人价值等），正如毛泽东所说的，我们也主张"革命的功利主义"，主张动机与效果的辩证统一。但是，这并不像杜威所主张的那样，以手段排斥目的，以过程和效果排斥动机，甚至把伦理道德本身纯粹工具化，两者之间的根本分歧也就在于此。

实用主义伦理学是现代美国的伦理学，它孕育和生长于美国社会的政治、经济和文化土壤，从 18、19 世纪美国文化和国民心理中吸取营养，也最终贡献于它所赖以生长的土地和培育它的人们。它也天然地受到英国近代经验主义特别是 18 ~ 19 世纪功利主义伦理学的滋养，但它脱胎于斯又超越于斯。它不再只追求可见的物利，也不再只盯住行动完结后的结果。它追求的价值是一种处于永恒运动和变化之中的价值，因而它崇尚新奇、偶然、创造和进取，甚至是冒险。这与大英帝国的那种沉溺于功名利禄、一时享乐和过于守财敛财的贵族绅士们的道德风范不尽相同，与之相比，它更能反映美国大陆 19 世纪那些"新来者"（the new comers）乐于探险开拓和冒险的价值追求。可以说，它是地道的美国式的道德，或者说是现代资本主义道德的美国化。

第四部分

现代西方伦理学的发展（三）

——现代宗教伦理学

在现代西方伦理学的发展时期，宗教伦理学是与元伦理学和人本主义伦理学平行发展的第三条主脉。这三股思潮相互并行，也时有交汇，共同构成了 20 世纪前 60 年西方伦理学发展的主体。

宗教原本是人类道德的原始渊源之一。西方伦理一直有着深远的宗教文化传统。按中外学术界较为流行的看法，西方伦理学有两个原始的文化母体：一个是古希腊世俗文化，另一个是希伯来宗教文化。历史上，虽然希伯来宗教文化直到公元 4 世纪古罗马帝国时代才开始逐步占据西方文化的主导地位，但早在公元前 5 世纪左右，它便开始渗透于西方文化的发展之中。而自公元 5 世纪至 15 世纪前后的 1000 余年里，基督教文化一直作为西方社会的政治、文化、道德和艺术的主脉而存在着，在这漫长的岁月里，西方伦理学甚至主要只是作为宗教文化的一种附庸而存在着。迨至 17 世纪英国资产阶级革命前后，西方伦理学才随着文艺复兴运动的最终胜利和整个西方社会结构的根本性改变而脱出宗教的栅栏，从神学的殿堂走向世俗的生活世界，并在复兴"古典文化"的外衣下，逐步孕育形成了近代道德文化形态，再现了世俗精神生活的本质。

近代文明的浪潮，几乎湮没了宗教伦理自身。以近代经验主义和理性主义为代表的西方伦理学占据了历史大舞台，并以其先进的理论和革命性的观念成为近代西方资产阶级革命的道德旗帜和近代资本主义文明进步的精神动力之一。然而，西方宗教伦理从来也没有在历史的舞台上真正销声匿迹。她不仅作为西方资本主义诞生初期的伦理助产婆而为这一新生的社会运动提供了内在价值精神的刺激，① 而且，

---

① 此论依据于现代西方著名社会学家马克斯·韦伯关于近代前夕"新教伦理"作为西方资本主义发展之内在精神原力的积极评价。韦伯认为，宗教伦理特别是经过宗教改革运动而产生的新教伦理，非但不是西方资本主义发展的障碍，反而堪称其内在的重要促动因素之一。如它的"禁欲""节俭""上帝之理想"等观念，对资本主义原始积累时期产生过巨大的引导和推动作用。韦氏此论，精辟独到，已为不少学者所认同。详见〔德〕M. 韦伯《新教伦理与资本主义精神》，于晓、陈维纲等译，三联书店，1987。

她暂时的隐栖并没有让她放弃自身的文化角色。问题只在于，在近代文明的社会、政治、经济和文化结构取代中世纪封建社会之后，她失去了原有的特殊社会条件，因而必须重新寻求自身立足生长的土壤。这即是说，在新的社会条件下，宗教伦理和整个宗教系统都必须实行自身的改革，以适应新的社会形势，这是人类文化发展之历史规律所产生的必然性要求。事实上，自马丁·路德、加尔文开始，西方宗教就已经意识到自身所面临的历史命运，并开始进行宗教改革。仅仅几个世纪后，宗教伦理学便重新跃上了历史的前台，开始再一次扮演西方伦理文化的重要角色。

这种历史的反复说明了什么？其内在原因何在？答案是复杂的。但最基本的答案是：现代西方文明的重新呼唤和宗教伦理以自身的更新对这一时代呼唤所做出的能动反应。

众所周知，西方近代资本主义的兴起是以摧毁封建社会的政治、经济和文化结构为历史前提的。这种社会形态的变更必然伴随着社会意识形态的变更，作为西欧中世纪封建社会政治和文化精神支柱的宗教神学伦理当然也在淘滤之列。因此，在资产阶级革命时期，宗教伦理学和整个神学文化一起受到了猛烈的冲刷，几近崩溃。但是，人类文化发展史的复杂性就在于：作为社会意识形态的道德观念往往表现出巨大的柔韧性和惰性。恩格斯就曾经把道德视为最具惰性的文化因素之一。这种柔韧性和惰性使得宗教伦理作为一种特殊的价值观念传统仍在西方近代文明的氛围中顽强地生存着、传递着。这一方面表现出宗教伦理固有的精神特性和功能之于人们生活深远而巨大的渗透力；另一方面，也反映出西方资本主义文明并没有真正根绝宗教和宗教伦理继续生存的社会文化条件和心理基础。而且，随着西方资本主义由自由时代向垄断时代的递演，这些条件和基础不仅没有削弱，反而不断加强。这就是西方现代文明的固有矛盾留给宗教伦理得以"再生"的余地，对此，我们可以从以下几个方面来看。

首先，西方资本主义现代发展产生的社会矛盾，使宗教伦理获得重新发展的外部条件。时迄 19 世纪中叶，随着资产阶级在政治上的独立和经济上的胜利，它原有的作为历史进步阶级的先进性和革命性逐渐消退，取而代之的是经济上的垄断、政治上的保守和文化道德上的消极颓废。旧的社会矛盾解决后，新的矛盾产生了：无产阶级与资产阶级的政治对立和经济利益冲突；由这种基本阶级矛盾所激发的各种民族矛盾；以及与之相伴的先进思想与保守思想的矛盾，特别是欧洲工人运动和马克思主义的广泛传播，给占统治地位的资产阶级以巨大的震撼。而 19 世纪末不断爆发的民族战争，尤其是 20 世纪前半叶相继爆发的两次世界大战，标志着西方社会系列矛盾的总爆发，给西方文明世界以巨大的震动，给人们的生活和心理带来了灾难性创伤。这一切无疑暴露了西方文明的非文明本质。战争、失业、动乱、不安等造成了西方文明严重的社会心理病，广大民众忧心忡忡，精神紧张、情绪失衡。这不仅使西方社会的现代发展本身举步艰难、沉浮不定，而且它所内含的社会政治需求、社会文化和价值观念的需要，以及人们自身心理深层的需要，都远远超出了西方世俗文化和道德观念所能满足的程度。因此，社会再一次转向了宗教，把它视作一剂根治"西方社会病"的古老良方，而处于重重负荷和痛苦焦虑之中的广大民众则情不自禁地把宗教当成了消除精神病源的解毒剂。诚如国际伦理学会领导成员之一约翰·纳坦逊所说的："在这些令人不安、恐惧而可怕的日子里，由于面临原子战争的威胁，千百万人不知转向何处，相信谁，因此就转向了宗教。因为宗教允诺给人以内心世界、拯救和永恒的生活。所以我们的时代是伟大的宗教复兴时代，就很少令人惊奇了。"①

---

① J. Natanson, "Why American Believe?", *American Religions* (Oxford: Oxford University Press, 1957) , p. 167.

人们看到，在法国巴黎公社起义后不到 8 年时间，教皇利奥十三世便敏锐地看到了重振宗教的时机已经出现，即于 1879 年颁布了通谕《永恒之父》（*Aeterni Patris*），宣布重振托马斯·阿奎那的神学哲学。随之，各种神学中心纷纷出现，沉默多时的各种宗教伦理思潮也随之先后登场。人格主义、新托马斯主义、新正教伦理，以及与其他世俗哲学伦理学合流的形形色色的宗教伦理学派纷纷出现，这中间，有存在主义神学伦理（马塞尔、雅斯贝尔斯、马丁·布伯、蒂利希、怀尔德、巴雷特等）、境遇伦理学（弗莱彻尔等）尤其突出。

其次，现代科学技术对西方社会的双重影响，也为宗教和宗教伦理学的复兴留下了空隙。科学，曾经以其巨大的理性（精神）力量和物质（财富）创造力，为近代西方文明的新生提供了丰厚的乳汁和内驱力。以哥白尼、伽利略、布鲁诺为杰出代表的近代科学的播火者，曾以他们卓越的发现给中世纪宗教神学揭开了厄运的偈语。近代科学的成就空前旷古，它把人们原来倾注在上帝和天国的无限热望、感情和信念，顷刻间吸引到了理性、科学和知识的伟大力量上来。如果说，资产阶级政治革命摧毁了教会对世俗社会的神权支配，资本主义新生的生产方式剥夺了宗教占支配性地位的封建经济基础，那么，近代科学则是新生资产阶级获得这些革命力量的主要源泉之一，它与近代人道主义思想相互汇涌，一起冲刷并最终摧垮了封建宗教的精神支柱：神道主义的哲学和伦理价值观。科学是文明之母，也是现代文明条件下撰写历史的真正主体。任何忽视科学及其伟力的人或做法，都是反文明、反历史的。

事实上，在西方近代时期，唯一真正能够替代宗教而成为人们价值观念导向和精神信念之基础的，只有也恰恰是人道主义和科学理性精神。在某种意义上，我们甚至可以说，科学成了近代文明人的"新宗教"。由于科学所创造的巨大奇迹给他们以现实经验的证明，使人们对科学力量、知识和理性的崇拜，达到了近乎确信不疑的地步。这是近代科学的创造性成就产生的必然效应。历史证明，随着封建生产方式的终结，科学技术极大地解放了社会生产力。西欧各主要资本主义国家先后凭借科学技术这一现代生产力杠杆，迅速撞开了物质财富和资源宝库的大门。物质文明如同奔涌的地火喷薄而出，滚滚不息，它驱动西方率先跨入了现代文明的门槛。在这一现实面前，科学以其伟大的力量和创造性价值无可争议地赢得了人们的信仰和崇拜。

然而，人们最初并没有意识到，这种对科学理性的信仰终究也要经受历史的严酷考验。在人类社会尚处不完善的状态下，科学这一新的崇拜对象本身的发展也不能不带有不完善性，它有着其特殊的两面性：一方面，它为社会创造了丰富的财富和巨大的进步，极大地解放了生产者本身的劳动。科学成为现代文明进步的主要动力和标志，也是人的解放的巨大力量之一。另一方面，它的"非人性"和异化力量又不断增大，使人在获得体能和智力解放的同时，又落入新的束缚之中。劳动者成了手段，而机器却成了人格化的目的。这就是科学技术带来的新的社会文明病和对人的异化后果。而且，随着现代西方文明中社会矛盾的加深，科学的异化力量越显突出，其负面效应也不断增大。这主要表现在三个方面：

（1）科学技术的军事化，使人们在感受其创造性价值的同时，也看到了它巨大的破坏性和毁灭性。两次世界大战的残酷事实使人类认识到，科学绝不仅仅是创造财富解放自身创造力的积极手段或方式，也是破坏财富、毁灭自身的残忍工具。一旦它为法西斯反动社会力量所利用，其给予人类文明的威胁和破坏远远要比它给人类文明所带来的价值创造更令人触目惊心。当美国向日本广岛投下第一颗原子弹时，人们所看到的，绝不只是第二次世界大战最后结束的信号和反法西斯最后胜利的巨响，同时也感受到了那两团迅速升腾扩展的蘑菇云所夹带的不祥与恐惧。自20世纪50年代末叶开始的核武器竞赛与核战争的威胁，始终把死亡与恐惧悬挂于人类的头顶。这一事实最为典型而具体地表明了科学技术所产生的反人道负效应的一面。

（2）科学技术的高度发展满足了人们不断增长的物质生活需求，但是，它却无法满足人们不断丰富的精神生活的内在需要。而且，由于它所滋生的唯科学主义观念，使西方社会产生了各种"技术崇拜"的不正常现象，导致人们对自身和人的精神生活的关切。所以，一些西方思想家也明智地指出，现代科学给西方带来的是一个物质的社会、消费的社会，而不是人性化、人道化的文明社会。或者说，科学技术虽然能够极大地保证西方物质文明的进步，但却不能必然地保证其精神文明的同步发展。

（3）科学技术的高度发展不单带来了军事化和唯科技化的倾向，而且也带来了一系列社会问题乃至全球性问题：现代化工业对生态环境的严重污染和破坏，对人类生存环境的消极影响（如温室效应、噪音、娱乐、广告、消费方式等）。这些消极影响加剧着人们对生存和发展前景的焦虑、担忧，影响到人们心理的健全发展。

总之，科学技术的现代化给西方文明带来的影响是多方面的，人们在饱尝它产生的巨大文明成果的同时，也不得不吞下它所带来的种种苦果。这一状况日益促使人们认识到，科学并不是万能的，更不具备天然自在的神圣性。它对人类文明的破坏，对人类精神生活的冷漠和无能，以及对人类生存环境的消极影响等，构成了现代科学本身之于人本身的负价值。因此，在西方社会里，人们一方面逐渐失去了最初对科学抱有的那种确信和狂热，另一方面又重新开始寻找新的寄托。恢复宗教信仰，以求从宗教特别是宗教伦理中找到某些现代科学所不能提供的东西，便是这一心态变化的主要表现。对和平宁静的向往、对精神世界的渴望，对正义、仁爱和永恒价值的追求等，都促使人们将其生命热情的关注点和信仰对象重新转移到宗教上来。

最后，现代西方社会的许多病态表现，为宗教伦理的现代"再生"提供了适宜的外部环境和契机。在现代西方文明中，物质文明的高度发展总伴随着精神文明特别是道德的相对贫困。从某种意义上说，现代西方的物质文明与精神文明发展之间的二律背反主要地表现为文明与道德的背离。一方面是科技、财富、商品的繁荣；另一方面却又存在着人性、精神和道德的贫困与蜕化。"福利社会""商品社会"伴随的是"人格商品化、市场化"（弗罗姆语）；消费社会的形成使道德也成为一种"消费道德""市场道德""买卖道德"；人际关系疏远了，自然亲近为冷漠隔离所代替，淳朴真诚的爱常常沦落为一种赤裸裸的金钱交易。失业、贩毒吸毒、不安全感、淫乱和性疾、心理病症、自杀等一系列现代文明病，使西方道德价值观念受到严重挑战。在近代人道主义基础上建立起来的道德价值观念系统已难以应付这一挑战，现代西方伦理学家纷纷发出"道德失败""道德危机"的呼吁。这一状况无疑给宗教伦理学以东山再起的良机，也正是适应了世俗伦理学无力解决现代西方道德疑难问题的社会急需，现代宗教伦理学才纷纷应运而生。西方民众也正是在对世俗道德说教的无能深感失望的同时，喊出了"回到宗教！""回到教堂！"的口号。人们看到，在现代西方伦理学史上，存在主义、实用主义、精神分析等伦理学派也曾有所作为，甚至还吸引过大批西方民众特别是青年群体的热情和信仰。然而，它们从来就没有真正彻底地征服过西方广大民众，人们对它们投入的热情也终归有限，最终大多折回到宗教伦理的信仰上来。这就是为什么在西方教堂的钟声和诗诵总比其他世俗伦理说教更为动听、更能引起回应和共鸣、更能感动人心的原因所在。

然则，现代宗教伦理学的复兴并不是上述几个方面的外在条件影响的消极结果，它同时也是宗教及其伦理自身现代化改革的结果。这就是我们所说的现代西方社会对宗教的呼唤和现代宗教对这一呼唤的能动反应。

宗教是人类文化和精神生活的特殊产物。为了自身的生存和发展，宗教就必须适应人类自身的需要。从终极意义上说，宗教永远具有"人为的""为人的"本性。现代宗教伦理学的能动适应主要表现为它自身内部的"现代化"过程。这主要有以下几个方面。

第一，加速世俗化的改革过程，使宗教伦理学直接深入社会现实生活之中，以适应社会实际的需要。应该指出，自文艺复兴时代的宗教改革开始，西方宗教便已开始其世俗化改革，宗教神学在其对世俗社会的支配权威受到冲击后，一些明智的宗教改革家（如马丁·路德、加尔文等）便意识到宗教与世俗社会的支配与被支配关系将要发生改变，因而主张以世俗化的宗教伦理来改造传统的教条化、程式化的神学伦理。19世纪中叶，由于西方社会的各种矛盾空前激化，社会动乱和不安加深，宗教内部的世俗化进程加快。首先是加快宗教的世俗化研究和教育程序的革新，兴办各种神学研究中心和教育中心（如意大利罗马的国际神学研究中心，比利时卢汶大学的国际神学研究中心等）。其次是强化对世俗的社会问题特别是道德问题的关注，在批判社会文明的现实病态现象的同时，加强宗教伦理的宣传和参与，以弥补西方精神文化的缺陷。再次是改革教会组织形式和活动方式，以吸引更多的普通民众走进教堂，亲近宗教。

第二，现代宗教改革的重要方面是调和宗教神学与西方近代文化价值观念的矛盾，亦即调和神道与人道之间的矛盾，使其人道化或人格化。从文艺复兴到启蒙时代的几百年间，神道与人道、神性与人性曾经是相互抗衡的两种文化价值观念系统。人道主义的胜利，迫使宗教神学伦理逐渐认同并接受其价值主张。但这一过程并非简单的同化，而是以把宗教人道化、把人道主义神圣化、宗教化为基本特征的逐步融合过程。在现代宗教伦理中，我们不难看出，对传统的"爱""公正""仁慈""信仰"等宗教伦理概念的解释，无论是在内容上，还是在形式上，都已不同于中世纪的教条式注解，而是充满现代文化精神和生活气息的解释。有些激进的神学家甚至把对宗教教义的解释也人性化。他们把上帝解释为人格化的存在，或拟人化为一种最高的价值本体，把耶稣解释为人性化理想化的人，而不再是神，如此等等，使现代宗教伦理表现出浓厚的人性色彩和人间生活气息，极大地强化了它对民众的吸引力和感召力。

第三，调和宗教与科学的矛盾，强化宗教伦理学对现代文明条件下社会生活的干预或参与能力。科学曾经是宗教的死敌和掘墓者。与科学对抗所招致的灭顶之灾逐渐使宗教认肯了这样一个确定不移的事实：在现代文明条件下，科学不仅已经成为一种社会发展的基本动力，而且也成为人们生活方式、思维方式和行为方式的基础。坚持与科学抗衡只能导致宗教自身的灭亡。因此，自19世纪以来，西方宗教不断改变和调整自己的立场，从反理性、反科学到容忍和接受科学，直至赞美理性和科学。一方面，它努力宣扬和论证宗教与科学的相容性，使宗教现代化、科学化，以消除人们对宗教之反理性、反科学的消极印象。罗马教皇约翰·保罗二世甚至还号召神职人员"钻研"科学，组织神学家与科学家一起研究科学与宗教信仰的互容关系及其可能性，以至于在1980年，教皇还亲自为300多年前受到教会迫害的伟大科学家伽利略平反昭雪。① 另一方面，它又抓住现代科学技术给人类生活和文明带来的消极影响，来论证科学自身的局限，从而为宗教信仰找到存在的一席之地。这是现代宗教伦理学的重要特征之一。

第四，现代宗教伦理针对现代西方社会所出现的各种道德危机，不断强化人类精神生活的意义，并以其特有的宗教理想主义精神，来解释和批判现实的社会道德问题，提出以新的宗教伦理来根治西方道德病的主张。因此，各种教会组织不断兴办宗教学校、慈善组织和其他形式的文化教育组织，兴办各种文化出版机构和学术刊物，参与世俗问题的研讨，以建立新的信仰道德和理想社会。这些具体的可操作

---

① 参见《光明日报》1980年11月14日"新闻"版。

性措施和现代宗教伦理观念相互结合，对现代西方文化和道德产生了较大影响。

第五，现代西方宗教还积极参与西方社会的政治生活，用宗教的方式解析现代西方社会的矛盾，提出了各种政治理想和道德理想。特别是一些宗教思想家结合现代西方民主、人权、自由等政治道德观念，提出了各种新政治、新社会、新道德的原则。20世纪五六十年代，在西欧和美国便出现过"革命神学""希望神学""政治神学"等著名主张，对西方社会的政治生活产生了一定的影响，也加强了宗教伦理学对世俗社会的渗透范围与深度。

总而言之，现代西方宗教伦理学的现代化改革集中表现出世俗化、人道化、科学化和理性化等基本特征，这种改革是它得以复兴的基本内因，也构成了它的基本理论特点。在本部分中，我们将集中探讨一下自19世纪末叶到20世纪中后期欧美的几个主要宗教伦理学流派，它们是：人格主义；新托马斯主义；新正教伦理。

第十四章

人格主义伦理学

第一节　关于人格主义

人格主义是现代西方宗教伦理学家族中的重要成员之一。它的特点在于，与其他宗教学派不同，它不是简单地沿袭某一传统宗教哲学和伦理学而展开其伦理学说，而是撷取"人格"这一富有现代人学意味的新概念，建立了一整套既具宗教本色又有强烈人本主义色彩的新型宗教伦理学。尽管人格主义伦理学在理论和实践影响上都不及新托马斯主义，但它的理论却有其独特的建构和意义，以至于它至今仍能获得较强的生长。

所谓人格主义，是指从 19 世纪末在美国及西欧一些国家兴起的一种以人格为哲学本体和伦理价值本体，以宗教有神论为基本思想立场，以主观唯心主义为方法论原则的一种现代宗教伦理哲学。从其学术立场来看，它是一种现代化了的神学理论；从其理论倾向上看，它是一种有神论的人本主义或人学；而从总体风格上看，它更具备一种伦理学或价值人学的特征。

"人格主义"（personalism）一词源出于名词"人格"（person，或译"个人"）。英文中的"person"或"personality"的拉丁文原型为"persona"，是古希腊人用以指称古代人所用的一种面具的名词，意指具有不同特征的"个人"或"个性"，后引申为个人特有的"人格"。由于在古希腊时代，个人特性的表征具有一种"灵—肉"一体的综合意味（所谓"高尚的灵魂寓于健壮的体魄之中"），所以"persona"一词不单单指个人的外部特征，也指由其内在精神方面的差异而形成的个性、气质、品格等。随着语言文化的演进，"persona"越来越多地意指人的内在精神品格，尤其是道德品格。总之，这一概念的原始文化意蕴表明，人格更多的是一个伦理学范畴，因之，人格主义也具有鲜明的道德哲学色彩。

作为一个成熟的伦理学派，人格主义略早于（或至少同时于）新托马斯主义。与后者不同，人格主义不是在西方教会组织的直接指导或干预下产生的，毋宁说它是19世纪末叶西方宗教思潮复活运动中一股自发形成的神学伦理学流派。它最早形成于19世纪晚期的美国。波士顿大学教授鲍恩被公认为人格主义的创始人，他不仅较为系统地建立了人格主义的基本理论，而且培养了大批人格主义学派的中坚人物。据记载，鲍恩并不是最早使用"人格主义"这一概念的思想家。最早的使用者是法国新康德主义和新批判主义学派的首领雷诺维叶。19世纪60年代，惠特曼（Walt Whitman）和阿尔科特（Bronson Alcott）等也在哲学中使用过"人格主义"这一概念，与鲍恩同时代的另一位美国哲学家科尔金斯（Mary Whiton Calkins）也在其之前使用过这一概念。但他们都没有创立一哲学体系，更没有开创一个学派。直到鲍恩，作为一种哲学和伦理学体系的人格主义才初具雏形，并逐步在鲍恩的门下形成一个学派。1908年，鲍恩发表了他的总结性代表作《人格主义》，此书是人格主义最早的经典，被视为人格主义学派正式诞生的宣言和标志。因此，中外许多学者也把鲍恩称为人格主义的第一代及其唯一代表。

从 20 世纪 20 年代起至 50 年代，人格主义进入发展的第二阶段。第二代人格主义者甚多，活动区域也日见扩大，大致又可以分为三支。一支是鲍恩的嫡系弟子，他们是努德森（Albert Cornelins Knudson，1873～1953）、弗留耶林（Rallph Tyler Flewelling，1871～1960）、布莱特曼（Edgar Shefeild Brightman，1884～1953）。努德森毕业于波士顿大学鲍恩门下，担任过波士顿大学神学院院长，其基本思想与鲍恩接近，主要著作有《人格主义哲学》（1927 年）、《关于上帝的学说》（1930 年）、《宗教经验的正确性》（1937 年）等。弗留耶林和布莱特曼是鲍恩门下较为出色的弟子，思想上有所创新，我们将另作专节探讨。第二支是以美国哈佛大学教授霍金为代表的绝对人格主义，其思想与鲍恩及其门徒有所区别。第三支是法国哲学家穆尼埃（Emmanuel Mounier，1905～1950）为代表的法国人格主义。1932 年，他们创办了一本宣传人格主义的刊物《精神》，次年又建立了一个人格主义的学术组织 "精神之友协会"。穆尼埃的主要著作有：《人格主义革命和共同体》（1934 年）、《人格主义的宣言》（1936 年）、《存在主义概论》（1946 年）、《人格主义》（1949 年）等。

自 20 世纪 50 年代晚期开始，人格主义进入第三期发展。第三代人格主义的主要代表人物有美籍德国人沃克梅斯特（William Henry Werkmeister，1901～1993），他曾在多所美国大学执教，1958 年至 1966 年主编过《人格主义者》杂志，主要著作有《科学哲学》（1940 年）、《知识的基础和结构》（1948 年）、《价值理论概要》（1959 年）、《伦理学理论种种》（1961 年）、《人及其价值》（1967 年）、《价值理论的历史系列》（1970 年）等。还有美籍意大利人伯托西（Pefer Anthony Berttoci，1910），他是布莱特曼的学生，人格主义第三代嫡传，1946 年在波士顿大学执教，1953 年起继布莱特曼任该校鲍恩哲学讲座的第二任讲座教授，直到 1957 年止。伯托西的主要著作有《英国近期思想中的有神经验论据》（1938 年）、《宗教哲学导论》（1951 年）、《自由意志、责任与恩典》（1957 年）、《人格与善》（1963 年）（与 R. M. 米兰德合著）、《人格的上帝》（1970 年）等。此外，伯托西的师弟贝克（Robert Nelson Beck，1924～1980）也是人格主义的第三代传人，他曾在克拉克大学执教，其学术特点是致力于把人格主义推广到社会哲学、政治学和法哲学等多个领域，主要作品有《美国特性的意义》（1956 年）、《哲学概论》（1961 年）、《美国的观念》（1963 年）、《社会哲学手册》（1967 年）、《伦理选择》（1970 年）等。1971 年他还主持创办了《唯心主义研究》杂志。

从鲍恩→布莱特曼等→伯托西等，人格主义经历了三个学术时代，逐渐成为现代美国和西方哲学中的重要流派之一。在这一发展史中，鲍恩无疑占据着领袖的地位。事实上，从他到布莱特曼等第二代，人格主义的理论业已获得完备的发展。第三代人格主义者的主要贡献虽然也有理论上的，但更多是实际的，特别是对人格主义基本思想的宣传和推广。

第二节　鲍恩的完整人格伦理学

一　生平与著作

波登·帕克尔·鲍恩（Borden Parker Bowne，1847～1910），1847 年出生于美国新泽西州的一个清教徒家庭，家境平常。童年时代，鲍恩主要靠自学求知。后进入纽约大学学习神学，对唯心论哲学特别是罗伊斯的绝对唯心主义哲学有着强烈的兴趣。1871 年鲍恩大学毕业后留校执教，两年后开始担任纽约监理会派一所教堂的牧师，同时开始其宗教哲学的研究活动。此期，正值进化论思想尤其是斯宾塞的实证主义进化论哲学在美国盛行之时，这与鲍恩的哲学兴趣格格不入。因之，他写下了《赫尔伯特·斯宾塞的哲学》一书，对其实证哲学给予了批判。1874 年，鲍恩来到唯心主义哲学的故乡德国求学，投于哥廷根大学著名宗教唯心主义生命哲学和价值哲学家洛采（Rudolf Hermann Lotze，1817～1881）门下，深得其义。同时，鲍恩也受到康德哲学的影响。回国后，他先在母校执教过语言学等课程。1878 年，他受聘于波士顿大学，从事哲学教学并兼任该校哲学系主任，一直到逝世为止。

波士顿大学 20 多年的哲学教研工作，似乎是鲍恩后半生的全部生活内容。除偶尔出访或讲学旅行之外，他基本上没有离开过波士顿大学，这使人想起哲学大师康德在德国寇尼斯堡的学术生涯。鲍恩是一位宗教色彩极为浓厚的哲学家，其学术教研与他的牧师神职工作常常交织在一起。他著述不甚丰厚，但大多是奠基性经典名作。其主要著述有：《有神论研究》（1879 年）、《形而上学》（1882 年）、《有神论的哲学》（1887 年）、《伦理学原理》（1892 年）、《思想和认识的理论》（1897 年）、《上帝的内在性》（1905 年）、《人格主义》（1908 年）等。后四种是其伦理学的代表作，《人格主义》是他晚年写就的总结性著作，集中表述了人格主义哲学、伦理学和宗教观的基本理论。

除著书立说之外，鲍恩最大的功绩是培养了大批人格主义哲学门徒。在美国，除霍金等少数人之外，几乎所有的人格主义者都与他有师承关系。弗留耶林、布莱特曼等更堪称鲍恩的得意弟子，他们也为宣扬鲍恩的人格主义新哲学、新伦理做出了重大贡献，并在许多方面丰富发展了这派哲学理论，在伦理学上尤见突出。

二 人格世界观

如前所述，现代宗教伦理学家的一个共同特点是，他们的伦理学都是建立在一种具有神学性质的哲学世界观基础之上的。也就是说，他们从不回避哲学本体论问题，也不拒斥道德形而上学。所以，他们不同于现代经验主义或逻辑实证主义的伦理学派。同样，他们也不同于现代一般人本主义伦理学派，而是采用了较接近于古典唯心主义哲学的传统方式，既追求伦理的人学本体，又主张人与理性的统一，并力图把它与正统宗教神学糅合起来，为伦理学创造一种理性化神学或神学化理性哲学的形而上本体论前提。鲍恩的伦理学同样遵循这一思路。

鲍恩认为，人类一切已有的哲学大抵可以分为人格主义的和非人格主义的两种类型。历史上哲学发展中的差异或对立并不在所谓唯心与唯物之间，而在人格与非人格之间。非人格主义类型既包括唯物主义和唯物主义的形而上学（如孔德、斯宾塞），也包括非人格的唯心主义和唯心主义的形而上学（如黑格尔）。在鲍恩看来，"哲学总是一种对经验给予说明的企图，或者说，它是一个人看待事物的方式"①。因此，哲学在根本上是以个人或人格为基本出发点的。非人格主义哲学的错误就在于，它们不是从人格出发，而是从非人格的因果关系或抽象原则出发，来说明人类生活经验：看待世界的一切。实证主义或唯物主义的形而上学只是把表面的时空现象领域亦即对外部世界的认识作为研究的本体，因而只注意可见的"图像性世界"，而看不到"不可见的非图像性的世界"，最终都只能是"纯粹的幻觉和错误"②，其所能达到的也只是一种非人格的自然主义解释。鲍恩说："生活和心灵、道德和社会能够在自然主义的基础上做出解释吗？……空间和时间的现象世界不能解释任何问题，相反它本身就是问题。对任何事物的真正说明必然在力量的世界（the world of power）中来寻求，而除非我们培养了包括理智和目的的力量，否则我们就完全不能够解释这个世界。这些非图像性的理解、概念，诸如实体、原

---

① B. P. Bowne, *Personalism*(London: Sampson, Low, Marsto, 1908) , p. 4.

② B. P. Bowne, *Metaphysics* (London: Sampson, Low, Marsto, 1898) , p. 316.

因、统一、同一等，是一切空间性直觉所不能达到的，甚至当我们采取非人格主义时，这些概念还会从思想中消失。"① 这就是非人格主义的哲学失败。

与之不同，"非人格主义的另一种形式是通过抽象的谬误而产生的"。它认为，抽象的原则存在于"一切人格的或其他的存在背后，是这些存在的先决条件和源泉，并构成了一组真实的第一原理，而一切明确具体的实在都得通过某种逻辑过程和蕴涵关系而从这些第一原理中推导出来。这是一种唯心主义的非人格主义"②。这种哲学虽不是用外在物的世界来解释人格内在世界，但却以抽象原则和逻辑取代了具体的人格世界，同样否认了个人人格作为世界存在之基础的地位，排除了存在和观念中的"人格意蕴"，致使"心灵本身成为一种非人格观念的作用"③，因而也不能成立。

鲍恩指出，历史上，人们对这种哲学中的非人格化倾向尚缺乏充分的认识和批判，只是到了布拉德雷这里才出现了这种批判意识。布拉德雷在其《表象与实在》一书中提出了"对非人格主义的一种反驳"，他意识到非人格化哲学的困境，认为"只有把问题提高到人格的层次才能消除这些困难"。但是，即令是布拉德雷也未完成哲学人格化的转向，④ 人格主义哲学正是对这一历史使命的承诺。

依鲍恩所见，哲学是人看待和解释世界或生活经验的一般方式，而我们所看到的世界具有双重的性质，即表面可见的图像性和内在不可见的非图像性，世界因之而分为"现象世界"与"人格世界"，前者是表象，后者才是实在和本质。了解人格是了解人格世界亦即了解世界本质的关键。人格不是一种属性，而是一种最基本的和最终的存

---

① B. P. Bowne, *Personalism* (London: Sampson, Lous, Marsto, 1908), pp. 235 – 236.
② Ibid., pp. 218 – 219.
③ Ibid., p. 253.
④ Ibid., p. 260.

在事实。鲍恩指出："人格永远不能解释为一种产物或一种混合物，而只能作为一种事实来体验。它必须是可能的，因为它是作为一种现实的存在而给定的……这种自觉的存在乃是真正最终的事实。"① 从人格存在这一终极事实出发，是人格主义的哲学世界观，依此看来，我们的世界"不是一个机械的和僵死的世界，而是一个人格的、道德的和宗教的生活世界，在这样一个世界中，我们有可能看到光明、富于梦想、能够形成各种理想并生活于对这些理想的渴望之中……"②，换言之，人格世界是一个充满人性理想、人类目的和力量的价值世界。在这个世界中，人是真正的目的，一切其他的物质有机存在都只是"表现和显现内在生活的一种工具"③。注意：鲍恩在批评非人格化哲学时，常常指责它们看不到物质的或现象的世界背后有一个"力量的世界""目的世界"，其意图在于指出一切非人格哲学世界观的反人格价值后果，力图把这种颠倒了的世界观重新颠倒过来。这种"颠倒"的实质即是一种价值转换，也就是以人格的目的性价值来代替非人格的目的性价值，把后者仅仅视作前者的手段、工具和从属性存在。无论是因果性解释，还是原则观念或逻辑性解释，都必须且永远只能从人格开始。

由此，鲍恩进一步确定了人格主义哲学的基本任务和基础。他指出，在确定了人格世界的基本地位后，"我们趋向经验之人格解释的第一步就在于洞见到：我们从一开始就处于一个人格的世界中，而哲学之首先的、最终的和唯一的任务是解释这个人格生活和关系的世界。任何其他观点都只能导向使人步入歧途的抽象与失常，思想史充满着这种抽象和失常"④。显然，人格和人格关系已被鲍恩规定为哲学

---

① B. P. Bowne, *Personalism* (London: Sampson, Lous, Marsto, 1908), pp. 264 - 265.
② Ibid., p. 302.
③ Ibid., pp. 268 - 269.
④ Ibid., p. 53.

的最高本体。这一本体论预制，规定人格主义哲学的基本立场，鲍恩将其概括为三个基本方面，并把它们视作人格主义哲学的"共同基础"。"首先是诸人格的共在。我们所生活于其中的正是一种人格的和社会的世界，一切沉思都必须从这里开始……其次，存在一种对所有人都有效的并约束着所有人的理性规律。这是任何精神团体的最高条件。第三，存在着一个共同经验——实际的或可能的——世界，在这个世界里，我们通过相互理解而相会，而伟大的生活事业也在其中继续。"①

解释一下，鲍恩所说的三个基本方面实际是指：（1）以人格存在和人格关系为哲学基点。（2）人格关系世界须有调节和制约每一个人的"理性规律"。所谓"理性规律"即是构成"精神团体"的最高条件。换句话说，共同的精神团体必须有共同的价值目标和规范。（3）共同的人格存在和关系世界是人们共同存在的基础，也是人类共同理想精神展开的场所。因此，对人格世界的认知问题，不只是对主体人格的个别认识，而且也是对人格的普遍认识，即从"主我"（I）认识到"宾我"（me），从"宾我"中认识到"宾我们"（us）。在人格的关系世界里，认识的基本区别是"宾我"与"非宾我"之分，进而是"宾我们"与"非宾我们"的认识之分。也只有这样，才能在人格的世界中进一步发现一种内在的宇宙秩序，使哲学指向宗教，达到与宗教的合一。

鲍恩指出，正如我们的世界是一个人格的、道德的、宗教的统一性世界一样，我们的哲学、宗教和道德指向也同样是一致的。人格是一种基本存在事实，"宗教也是人类经验的一种事实"。基于人格的哲学首先是为了解释人格的存在和关系，而作为人类经验事实的宗教，

---

① B. P. Bowne, *Personalism*(London: Sampson, Lous, Marsto, 1908), pp. 20 – 21.

也"首先导向了一种人格的存在概念"①。不同在于，哲学更注重现实具体的人格，宗教则更关注理想普遍的人格。上帝即是最高人格的化身。因此，宗教和哲学、宗教和道德或伦理学有着共同一致的指向：这就是内在人格的、目的的和理想的价值指向。鲍恩认为，宗教决不能忽视理性与人格，否则，就不能达到与哲学和伦理学的共融。他抱怨历史上宗教与伦理的长期分异，主张以人格理想作为两者调和的基础，以求得宗教理想与伦理理想的统一。他意味深长地说："宗教的发展方向必须是：它不仅要确认一种最高的理性，而且也要确认一种最高的正当性。事实上，人类在把伦理理想与宗教理想统一起来的过程中，一直都是令人痛苦的缓慢，而历史地看，一直都存在着一种伟大的宗教理想，或者是非伦理的，或者是非道德的，宗教和伦理这两种因素始终没有达到有生命的统一。"②

很显然，鲍恩之所以提出以人格为中心，其目的不单是想用理性来调和宗教神学与哲学的矛盾，使上帝成为最高的理性存在。同时也是想赋予宗教或上帝以人格化的价值存在特性，使宗教与伦理达到统一，从而使宗教具有本体论和价值论、形而上学和生活实践价值的双重特性。因此，鲍恩的哲学人格世界观既是哲学的，也是宗教神学的，具有明显的宗教人道化或上帝人格化与人格神圣化的现代宗教特征。这种双重特性的人格世界观，是鲍恩人格主义伦理学的哲学基础。

三 完整人格伦理

依据鲍恩的人格世界观，人格不仅是一切存在的基础和哲学研究的本体，也是一切价值和价值关系的基础，因而也是伦理学的研究本体。

---

① B. P. Bowne, *Personalism*(London: Sampson, Lous, Marsto, 1908) , p. 292.

② Ibid., p. 295.

鲍恩指出，伦理学所涉及的领地是人的道德生活，"道德生活是精神生活的同义语"，所以，伦理学既是具体的，也是内在性的。道德生活并不始于抽象原则，"而是从特殊的认识行动开始的"①。这意味着伦理学的研究可以或者应当采取这样几个方向：第一，"研究道德观念和实际法典的起源与发展"，这包括个体道德的和社会历史发展的两个方面；第二，"在道德观念的产物中研究有关心理学的能力、良心的本性、欲望与意志的关系以及理性与情感的关系"；第三，"在道德观念自身中研究我们的道德观念，力求展示它们的主张和意蕴"，这种研究可以使我们建立"伦理学的形而上学"；第四，将已获得的道德理论应用于一种具体行为法典的建设之中；第五，研究人与行为理想的关系、人的本性中实现这种理想的障碍，以及使人与这种理想和谐一致的方式与手段。这一研究方向使基督教与道德生活总联系在一起并由此得到发展。② 鲍恩所指的这五个研究方向，实际上也就是他对伦理学基本内容构成的看法。这一内容包括：道德观念和规范的起源、发展；道德心理学；道德形而上学；道德理论应用；道德理想。根据这一设置，鲍恩批判地考察了历史上几种主要的伦理学类型。

他认为，历史上的诸种伦理学大致可以分为两类：一类是所谓"义务伦理学"；另一类是所谓"善物伦理学"（the goods ethics）。按照施莱尔马赫（Schleiermacher）的说法，善、义务和美德是三个最基本的道德概念。善物伦理学以善为基本概念，义务伦理学以义务为核心概念。但从总体上说，这两种伦理学都有缺陷。前者只注重行为效果等外在经验，忽略了道德人格的内在力量和作用；后者又只注重动机、直觉或抽象原则，看不到美德的实际价值意义。鲍恩说："善物伦理学常常表现出一种忽视主观结果和把正当行为视为无外在危害的

---

① B. P. Bowne, *The Principles of Ethics* (American Library; Harper Brothers Publishers, 1892), p. 1.

② Ibid., p. 4.

行为之倾向。作为一种目的的道德人格被忽略了，而完全外在于人格的消极快乐和对象则被视为唯一的生活之善。……美德被人们以其市场价值来加以衡量。而义务伦理学则以宣告美德没有任何价值来对此表示愤怒。两种主张都同样荒谬。"①

在鲍恩看来，正确的结论是把善、正当和美德三者看作三个相互联系的因素，看作统一之道德生活的不可或缺的因素，三者都是通过主体人格的"自由精神活动"获得道德意义的，于此，所谓善物伦理学和义务伦理学便可达于和谐，并在一种人格伦理学中达到统合。自由人格伦理学超越了传统的善物伦理学和义务伦理学，它"使义务法则与幸福法则和谐一致，并使之在生活中达到统一。道德的与自然的不再是相互排斥的王国，而是在道德的形式下，道德的即是自然的。自由的作用不是去改变我们本性的法则或给它们以一种新的结果，相反，自由的作用是自由地、充满爱心地因而也是有道德地去实现被笼罩在我们本性中的那些善和理想"。② 这就是说，自由人格伦理学的特征在于，它是以主体人格为本体、以人格的自由创造或人性理想的自由实现为根本目标的道德生活理论。但是，鲍恩指出，人格伦理学对自由的强调并不是停留在把意志自由作为"道德判断的唯一主体"之传统主张上的，而毋宁是针对伦理责任或功过而言。作为一种完整的伦理学说，人格伦理学的本体是"完整的人"（whole man）和人的"完整生活领域"。他总结道："一种完整的伦理学必须考虑到完整的人和完整的生活领域。伦理学中所要考虑的既包括存在（being），行动（doing），或者说，它甚至包括远不止于行动的东西。"③

将人的存在和行动都纳入伦理学的视境，是鲍恩对其完整的人格

---

① B. P. Bowne, *The Principles of Ethics* (American Library; Harper Brothers Publishers, 1892), p. 37.

② Ibid., p. 39.

③ Ibid., p. 42. 着重点系引者所加。

伦理学的基本规定。它包含着鲍恩人格伦理学所特有的一种深远的理论背景和动机，即他力图超越近代西方世俗伦理学囿于人的道德生活之外的经验方面（效果）或内在经验方面（动机）的狭隘性，以完整的人或人格作为伦理学的一般本体，即跨出道德行为这一传统伦理视域的边界而涉足人的一般存在，以便由人之"是然"（to be）洞彻其"应然"（ought to be）；进而由人之"可能是然"洞彻人之"将来实然"之理想的人性实现过程。同时，又深入人的存在本身，以从其现实有限与可能无限的矛盾裂隙中，探出一片上帝驻足的遥远而纯净的神圣天空，为其人格伦理学的神圣宗教使命，或者说为其宗教的人性化伦理使命，埋下伏笔。

由此，鲍恩便按照他的完整人格伦理的基本设置，对善、正当、美德三个基本道德概念做了新的解释。

首先，鲍恩指出，所谓善绝不是一种纯外在的经验快乐或效益的同义语。尽管我们不能对"善"做出穷尽无遗的定义，但从理论形式上，它至少包括"实际的善"（the actual good）和"理想的善"（the ideal good）两种，而且，它与美德和人性的实现是密切相联系的。理想的善是人性的可能性目标，现实的善则是实现着的人性化美德。所以，善的获得并不只是某种行为的完成或快乐的获得，它首先包含着"个体生活的完善"。然而，它同时也应包含"社会关系完善"。因为对每一个人来说，"这种善只有在团体的共同工作之中并通过这种共同工作才是可以实现的"，在此意义上说，"善主要是以一种社会形式而存在着。因此，美德本身在很大程度上采取了为共同善而工作的形式，而无私则常常被阐述为主要的美德，如果说不是唯一的美德的话"①。针对功利主义者和斯宾塞等对善的狭隘解释，鲍恩指出，道德

---

① B. P. Bowne, *The Principles of Ethics* (American Library; Harper Brothers Publishers, 1892), p. 69.

的善和美德固然与人对幸福的追求相关，但幸福并不等于物质快乐的获得。幸福只有"虚假"与"真实"之别，没有多少的量化标准（如边沁所以为的那样）。即令是人们行动的目的也"不是所有的幸福，而是正常的幸福——不是所有的善，而是真正的善"。要发现真正的善，我们就不能全然指望经验的外在观察，而必须返归于主体的道德人格和"道德洞见"上来。①况且，所谓幸福和善也不单是个人生活的事情，而且也是人的社会生活和共同生活的事情。

鲍恩对功利主义伦理学的这种批判实质，还不只是针对其个人主义价值取向的，更主要的是针对其非人格主义和自然主义实质的。所以，当他强调"共同善"的重要性时，他的真正目的仍在于突出完整人格和人性的实现。他认为："真正伦理的是实现共同善，但这种善的内容却必须根据一种先天的人的价值与尊严的理想来决定"②。如此一来，"正常的人的可能性实现便是唯一的人的善的概念"③。换句话说，在鲍恩伦理学的视境中，真正的善本体既不是康德式的纯内在性的"善良意志"，也不是功利论者纯外在的快乐和幸福，而是植根于人性之内的人格价值及其实现。有时候鲍恩也把个人自身内的"正当意志"视为善的主要因素，甚至是"最高的、最好的和唯一神圣的东西"④。但他所谓的"正当意志"并不同于康德的"善良意志"，"正当"的限定也不是动机或意向之类，而是有其人格或个人生活经验基础的道德化人格力量。所以他又说："这些在我们的本性中被预先笼罩的善，唯有当自由的个人在其价值、义务中看到它们，并忠诚地使自己献身于它们的实现时，才能成为道德的善。以这一方式，自然的善获得了善良意志的道德形式，而善良意志则获得了一种有价值的使

---

① B. P. Bowne, *The Principles of Ethics* (American Library; Harper Brothers Publishers, 1892) , p. 96.

② Ibid., p. 97.

③ Ibid., p. 69. 着重点系引者所加。

④ Ibid., p. 72.

命和内容。结果是道德化的人性或一种道德化的社会中的道德化人类个人，对我们来说，这就是可能的最高的善。"①

人的本性和生活是多方面的，因之人的道德化过程也不是单一的。人通过生活和行动来实现其人性的道德化，而人的行动又具有着不同的目的，受着不同法则的支配，所以，善之实现也有不同的方式和方面。鲍恩写道："人的本性本身是多方面的，生活有多重源泉。我们的行动作为一个整体拥有两个目的，即确保外在幸福和幸运与获得内在的价值和和平。"② 就前一个目的而言，人的成功有赖于自然、社会和心理等多种法则（或规律）的作用，有赖于人的知识、技艺、智慧和经验等多种因素。就第二个目的而言，更多地依赖于人的意志、人对生活的理想和态度等内在主体条件。道德善就在于使两者统一起来，两者的统一才能体现"完整的人"的人格和价值。在现实中，这两个目的常常相互分离，这不仅导致了完整人格和人格价值的分裂，而且也招致人的"尘世生活""道德生活""宗教生活"的分离，进而使"尘世生活"沦入"恶性状态"，使人格扭曲、道德沦丧、宗教败坏，这就是现代文明的主要价值病，也是它需要道德和宗教医治的证明。传统的世俗伦理除了能加深这种分离外无所作为，唯完整的人格伦理学才能承担这一现实使命。

四　人格伦理学的基本原则和结论

通过对传统伦理学的批判，鲍恩确定了人格伦理学的合理地位。在此前提下，他进一步具体提出了人格伦理学的基本原则和结论。

鲍恩指出，历史与现实都已证明，仅仅囿于外在的行为善，已无法解决真正的伦理问题。伦理学的本质是一种精神人格的理论探求。

---

① B. P. Bowne, *The Principles of Ethics* (American Library; Harper Brothers Publishers, 1892), p. 70. 着重点系引者所加。

② Ibid., p. 13.

在此意义上我们甚至可以把人格伦理学称为"主体伦理学"（subjective ethics），其基本特征是：它"不是建立在一种客观效果的考虑之基础上，而是建立在道德主体自身的本性和洞见之基础上"的道德法则或规律，"是作为道德主体强加给自身的规律而存在的"①。所谓"规律"，即道德的基本法则或原则。人格伦理学作为这样一种"主体伦理学"，具有以下几个基本的"道德律"或道德原则。

（1）"对于道德存在之正常的相互作用来说，善良意志的规律是唯一普遍的规律。"② 注意！鲍恩在这里所说的"善良意志的规律"，是针对"道德存在"的相互关系而言的，并非针对人的道德生活或人格整体而论。按他的具体解释，善良意志对于人们的道德义务或义务感仍是必要的、普遍的。每个人的具体义务有其特殊本性和环境基础，如夫妻义务、家庭义务、市民义务等，但就义务之一般意义来说，善良意志是最普遍的基础。

（2）爱的规律是唯一基本的道德律。"爱的规律对于所有正常社会行动来说，是唯一严格的普遍规律。对于人类来说，它也是唯一的社会规律。"③ 即是说，依人格伦理学的规定，鉴于共同善的基础和人格的价值理想，爱必须成为支配人们行动的普遍规律。这是共同理想对每一个人的普遍要求，也是对社会的普遍要求，因而也可以把爱的规律称为一种"完善的义务律"。

（3）自尊的法则，即"我尊重他人的个性，我也必须尊重我自己的人生"④。鲍恩强调，自尊的法则或规律是人性理想体现在对人格和个人自身之内在主体要求上的道德律。善良意志指导着人们的一般义务关系行为，共同的善是伦理学的基本目的，它要求人们都必须用

---

① B. P. Bowne, *The Principles of Ethics* (American Library; Harper Brothers Publishers, 1892), p. 98.
② Ibid., p. 107.
③ Ibid., p. 111.
④ Ibid., p. 113.

爱来指导自己的行动。但这些规律"尚未穷尽个人的伦理学",因为"道德理想不仅在个人的社会关系中约束个体,而且也在其自重的思想与活动中约束他"①。这就是说,道德法则不仅要调节社会关系中个人对他人的行为关系和态度,而且也要调节他自己对自我的态度,自尊即是人格伦理学对个人自我调节的基本道德要求。

从根本上说,道德不只是社会性的,而且更多的是个人的或人格的。无论是哪一种道德律或道德原则,最终所表现的都是一种"人性的理想"。鲍恩认为,我们可以从不同角度概括出上述三条基本的道德规律,但归根结底都可以把它们归入人性理想这一最深刻的人格基础上来。人性理想是道德的终极基础,善良意志和爱之规律则是其"含义"。个人是道德的主体,也是道德理想的主体。要认识个人道德行为和生活的本质,首先要认识其人格存在。人本身是一种理想的存在,因而他(她)不是既定的,而是发展变化着的,人的本性复杂多变,人性的实现因之也只能是一种可能性的不断实现。"我们只能逐渐地成为我们自己"②。这种理想的基础是我们的人格;其方向服从于人的价值和尊严之最高要求;而它的内容则包含两个基本方面:"其一是一个人应当成为什么的概念;其二是他应当做什么的概念。"③ 前者关乎人的道德存在理想,人们对这种理想的追求原则应当是"逐渐成为你自己",其基本要求是"不仅要尊敬他人,也要尊敬自己"。后者关乎人的道德行为的理想,其基本要求是爱和善良意志。

依鲍恩所见,"在道德上,存在比行动更深刻"(being is deeper than doing)④。因而,对人的道德存在的判断也比对人的意志和行动的判断更为深刻和重要。只要我们深入追问各种人的道德意志和行为

---

① B. P. Bowne, *The Principles of Ethics* (American Library; Harper Brothers Publishers, 1892), p. 113.

② Ibid., p. 117. 着重点系引者所加。

③ Ibid., pp. 122 – 123.

④ Ibid., p. 114.

现象的本质，就会从行为追溯到行为者，从道德生活追溯到人的人格存在本身，从而发现各种道德现象的"人格源泉"。也就是说，人格或个人是一切道德价值的基础。他说："道德的个人是道德体系中各种价值的单位（unit），而且除非他本身拥有一种绝对的价值，否则，任何这种个人的团体都无法拥有任何价值。道德人格的价值绝对不在于任何可超于它之外的东西，而只能在它自身。善个人自身便是一种目的。他（她）是唯一无条件的目的。该目的是这样一种目的，只有与它相联系，所有其他的目的才在人类秩序中获得它们的主要意义，它们的全部神圣性都归于这样一种目的。"① 个人是绝对至上的目的，人格是一切价值的基础，这是对康德"人是目的"之经典命题的一种人格主义的现代转述，代表了鲍恩人格伦理学的基本价值取向。由此我们可以明白，鲍恩强调共同善的道德意义并不是从目的价值上说的，而只是从工具或手段价值上说的。把人当作目的，把社会当作手段，这已是西方伦理价值观念系统的基本传统和理论思维定向之一，鲍恩的观点不过是较为委婉而已。

把个人或人格作为最高价值本体和目的，必然使鲍恩得出这样的结论，即"对自我的义务必须在伦理学中处于第一位"②。虽然无须"进一步把对自我的义务与对他人的义务区别对待"，而且"既为社会服务，也为他自己服务"③ 是个人使命的普遍形式，但是，"任何人都不会或不能像对自己那样对他人负责。每一个人都必须成为他自己的道德对象，成为一种具有至上重要性的对象；因为他不仅仅是特殊的个人，甲或乙，他也是人类理想的承担者，人类理想的实现特别依赖于他自身。以自我非意识的特有神秘性，个人使自身成为他自己

---

① B. P. Bowne, *The Principles of Ethics* (American Library; Harper Brothers Publishers, 1892), pp. 208 – 209.

② Ibid., p. 209.

③ Ibid., p. 210.

的对象成为可能；在任何其他地方，他都不像他对个人这样负责……
这是对自我之义务的最重要的方面"①。显然，鲍恩是从其"主体伦理
学"的基本理论中推出"自我义务"这一结论的。这种观点在论证方
式上不同于西方传统的个人主义或利己主义，它不是从人性自私或人性
恶的先验假设中得出人先天利己、个人至上的结论，而是从人的道德主
体特性这一前提中推出自我义务至上的。人的道德主体性表现在：
（1）他是人类价值和理想的"承当者"；（2）"唯有它才能使自我对象
化。"前一个方面使人具有人性存在或道德存在的高贵价值；后一个方
面又使它获得道德行为和责任之主体的尊严，成为自由精神的体现者。

　　鲍恩指出，用历史的眼光看，人是一个"逐步道德化"的存在。
无论是在肉体上，还是在精神或道德上，人类的生长都是从"潜在
性"开始的。或者干脆说，人一开始无外乎一种可能性，它并非既定
的人性者，而是一位"人性的候选人"。它不是天生的理性存在和道
德存在，而是一位"理性的候选人"和"道德的候选人"②。所以，
人和人性始终是发展着的。人的发展包括三个主要因素。第一是本能和
激情的发展，这是我们步入生活的开始，"并为较高的道德和合理的活
动铺平道路"。第二是"自由精神的理性活动和道德活动的充实"，这
是人的发展之较高层次，它说明，人正在真正成为他自己，创造和完善
他自己，当然也要控制和调节他自己，使他从自然的或本能的存在层次
"提升到理性的和精神的层次"。第三是人的发展中的消极因素，这就
是指人在自由精神活动中，不仅可能使人性升华和完善，也有可能使其
堕落。自由的误用会导致自私意志的恣意妄为，以致破坏真正的人的发
展。③　故此，鲍恩提醒人们，人类在自由发展的道路上，不仅要充分

①　B. P. Bowne, *The Principles of Ethics* (American Library; Harper Brothers Publishers, 1892), p. 209.

②　Ibid., pp. 124 – 125.

③　Ibid., p. 126.

发挥其自由精神，而且也要注意使之合理和正当，使自我的意志臻于正当和善良，并在自我创造中注意共同善的价值实现，从而使人性的理想得到真正健康的发展，这才是人格伦理学的基本出发点。

五 伦理与宗教的联盟

宗教与伦理的关系是现代神学伦理学家所面临的一大课题，它直接关系到宗教存在以及宗教之于人类精神生活的必要性和可能性这一根本问题。鲍恩显然充分地意识到了这一点。他指出，自卢克莱修甚至更早的古典时代起，宗教与道德的关系问题便业已产生，宗教之于人类生活的必要性开始受到了挑战。一方面，人们承认伦理学"依赖于某种超其自身之外的东西"，宗教应有其超越存在的地盘，而且主张"没有宗教，道德就会从地球上消失"。另一方面，一些人则以为"伦理学是一门自足的科学"，它无须倚靠宗教的支撑。甚至有人指出，"道德本性的堕落和瘫痪是宗教导致的结果"。一方面，"良心的声音被说成是上帝的声音"，"道德律被说成是上帝意志的表达"；另一方面，宗教又被视为道德沦丧的根源。① 于是，伦理（学）与宗教的关系问题便成了一个长期悬而难决的疑问。

答案究竟何在？鲍恩指出，无论人们的见解如何纷纭殊异，在现实生活中，伦理学通常总是与宗教结成联盟。问题只在于，这种联盟是必要的？还是虚妄的？鲍恩的答案当然是前者。他写道："在实际生活中，伦理学与宗教强烈地相互影响着，而人则是两者的主体和源泉。降低宗教概念也常常降低道德概念和道德实践，这一历史事实与关于道德和宗教之本质关系的问题完全无关。同样也与基督教是否有所贡献于道德科学这一问题毫无关系。"② 这就是说，伦理学与宗教的

---

① B. P. Bowne, *The Principles of Ethics* (American Library; Harper Brothers Publishers, 1892), p. 188.

② Ibid., p. 189.

相互联盟是既有的事实，问题不在于宗教之于道德的作用性质究竟如何，而在于认识两者相互关系这一客观事实。

鲍恩认为，要理解上述问题，可以从两个方面着手：首先，从伦理学的外部关系来看，伦理学与宗教的联盟是必然的。在鲍恩看来，伦理学包含着两种不同的构成因素，即"一般道德原则和规定这些原则之应用的理想概念"①。前一种因素包括"正当义务""善良意志""爱"等，它们依赖于人们的道德知识和理性，无须伦理学以外的东西支撑。后一种因素包括"价值""理想"等内容，涉及人们的生活和行动，涉及人们的生活理想。对此，伦理学本身并不能提供充分的解释。因为人生理想和价值行为是一种内在目的性和精神性理想行为，它们直接依赖于人们对生活意义的理想和对命运前途的信念。进而，这种人生观念还不得不涉及人的世界观。这些是伦理学本身所无法包容的，必须诉诸宗教。鲍恩如是说："当然，我们可以在形式上只对现在可见的生活负责，但这种负责（conscientiousness）只是道德活动的外壳，而且在很大程度上还是消极性的。然而，作为积极行动的人需要某种要去履行的使命，需要某种要去实现的有价值的目的；而这些都必须依赖于我们关于生活意义和命运的概念。它们的实现可能性也依赖于某种超于我们自身之外的东西，最终则依赖于宇宙的本质结构和意义。因此，我们为我们自己和他人所设想的目的，必然包含在我们的宗教概念和思辨概念之中。"②

人是有限的存在，"生活短促而乏味"。如果没有宗教的神圣启示，人就不可能洞穿可见的存在，只能是囿于短促的现实人生。在此情况下，人们虽然可能成就某些零碎而有限的美德和价值，但终究难

---

① B. P. Bowne, *The Principles of Ethics* (American Library; Harper Brothers Publishers, 1892), p. 190.

② Ibid., pp. 194–195.

以看到人生崇高的目的和意义，甚至会因此而陷入悲观主义。鲍恩以为，悲观主义并不只是生活痛苦的心灵反映，更根本的是由于人的心灵"远离了宗教信仰"，因而囿于有限现实而无以洞穿和超越。只有当人们从有限存在洞入无限存在，进而发现生活的至上目的和理想价值时，他才能真正实现其道德理想和人性完善。反过来说，真正的宗教也必须是人的宗教，而不是非人格主义的宗教。唯其如此，宗教才能真正给人提供伟大而崇高的人生理想和目标，并使人保持对这一理想的坚定信念。因此，人格化是宗教和伦理学得以结成牢固联盟的基础，"人是两者的主体和源泉"。

从伦理学内部看，它也需要宗教。鲍恩指出，伦理学自身内部存在着一种难以克服的困难。在伦理学中，人总受到两种规律的支配，这就是"形式的道德律和［实质的］幸福律。两者是相互平行的，在很大程度上也是同一的，但它们也常常具有一种明显的视差（parallax）"①。在此情况下，人常处于两种规律的矛盾作用之中，也就是处于追求美德与追求幸福之间的冲突之中。要解决这一矛盾，使人脱出福、德冲突的旋涡，就必须强化道德，特别是道德义务感。使人们懂得，一方面，"奉献于共同善是道德生活的重要条件，甚至也是社会存在的条件"②；另一方面，人格和人性是一种内在精神的理想实现，人的价值和尊严不仅仅在于某种实在的物质获得，更重要的是理想完善的追求。道德原则和道德义务不单是一种心理学或社会学意义上的东西，更重要的是一种神圣理想和意志的表现。而宗教，更具体地说基督教正是在这一关键处显示了它伟大的力量。"基督教已经极大地澄清了我们关于上帝、生活和死亡的概念。因而它也使道德原则得到了巨大的扩展，使义务感得到了加强。它也确认了一种人的起

---

① B. P. Bowne, *The Principles of Ethics* (American Library; Harper Brothers Publishers, 1892), p. 196.

② Ibid., p. 199.

源和尊严，这种起源和尊严给人以一种不可让渡的神圣性。通过宗教律令的理解，它使所有的人都成了一个共同父亲的孩子，成了永恒生活的继承人……道德律不仅仅是我们身上的一种心理学事实，而且也是一种既不能违抗也不能嘲笑的神圣意志的表现。因之，它的胜利是安全可靠的。这样，宇宙和宇宙之内与宇宙之外的上帝就站在正当性一面。基督教也建立了一种超越的人格理想，这种理想既是照耀我们所有道德眼光的中天光芒，也是我们主要的精神灵感……最后，我们被告知，上帝的名字和本性便是爱，我们生活于他的怀抱，在他身上推进和拥有我们的存在，而他则正在使一切朝向一种无限之善的结果迈进。"① 这就是鲍恩对宗教之于伦理学之必要性的总结。其本义在于：（1）基督教强化了道德（原则与义务）；（2）它建立了超越的人格理想，使人类道德的视线伸向无限而神圣的理想目标；（3）它的爱之本性与作为"唯一严格而普遍的行为规律"的爱的道德律是和谐一致的。

因此，鲍恩得出结论，无论我们强调客观伦理学，还是强调主观伦理学，都无法建立完善的人类伦理学体系，只有当我们把伦理学纳入宗教，或使两者在人格主义基础上结成坚实的联盟之后，这一理想才可企及。而所谓人格主义伦理学正是这种努力唯一有希望的尝试，其合理性就在于它既使人类伦理神圣化，又使宗教人格化，因而使人类道德生活的现实与理想、外在与内在、有限与无限获得了最终统一。至此，我们可以完全了解鲍恩的完整人格伦理学之全部真谛了，从设置人格世界观这一前提预制开始，到人格伦理学的具体内容构造，最终确立的是一种以统合宗教与伦理为目的的神圣化人格伦理或伦理化人格化的宗教神学，这才是鲍恩开创的人格主义伦理学的核心

---

① B. P. Bowne, *The Principles of Ethics* (American Library; Harper Brothers Publishers, 1892) , pp. 201 – 202.

精神。它开辟了现代宗教伦理学发展中的一个崭新方向，沿着这一方向，西方伦理学界又迎来了人格主义宗教伦理学浩浩荡荡的一列新军。

第三节　弗留耶林的创造性人格伦理学

拉尔夫·泰勒·弗留耶林（Ralph Tyler Flewelling，1871～1960）是美国人格主义第二代中著名的代表人物之一。他曾与布莱特曼一起就学于鲍恩门下，继承和发展了鲍恩的基本思想。在伦理学上，他基本接受了鲍恩关于宗教、人格和自由价值精神等主要学说，同时进一步用人格主义哲学和伦理学分析现代西方文明和文化的发展状况，提出了创造性人格伦理学的主张，使其伦理学带有较浓厚的个人主义和相对主义色彩。

弗留耶林在波士顿大学毕业后，长期执教于南加利福尼亚大学。1920年，他主持创办了最早的人格主义哲学专业刊物《人格主义者》，对这一新生哲学的思想传播做出了很大贡献。主要著作有《人格主义与哲学问题》（1915年），该书主要是对鲍恩人格主义思想的阐释，以"献给鲍恩"为志；还有《信仰中的理性》（1924年）、《创造性人格》（1925年）、《神学中的人格主义》（1943年）、《西方文化的生存》（1943年）和《各种文化的冲突与和解》（1951年），等等。其伦理学思想集中于《创造性人格》等书。

和鲍恩一样，弗留耶林的哲学世界观是人格主义的。他认为，我们的世界是一个统一的关系性世界，其统一和关系基本表现为自然实在与精神观念的联系和统一，而统一的基础则在于具有内在目的性的"人格主体"（personal agent）。通过人格主体的"联系作用"（nexus），世界的存在、变化、关系和统一才能被理解，也只有通过人格，才能理解人类自身的生活、观念、信仰和行动。世界是一种统一而又不断变化着的人格的宇宙秩序。人格不单是世界秩序的基础，也是其存在和运动的目的。弗留耶林说："世界秩序是人格的，即是说是为人格而创造的……"① 因此，我们的生活概念、变化概念、相对性概念在形而上学的意义上只是与下列假设相一致的，这种假设是：在一切东西的背后都是创造性人格。② 换言之，人格是一切事物的本原和基础，因而也是哲学的最高本体和我们世界观的出发点。

什么是人格？弗留耶林指出，用最简单的术语来说："人格可以描述为自我意识和自我指向的能力，个人是这种自我意识和自我指向的核心。"③ 而"在更高的意义上说，人格是有效地按照任何可欲求的方向和对最高动机的充分意识来调转生活的能力。这最后一个方面必须补充一下，因为最完善的自我意识包括对生活的意义、对道德职责感和义务感的一种欣赏评价，……在这种意义上，人格意味着道德的自我控制，……这是一种符合最高可能性目的之利益的最完善的自我控制"④。人格即是一种以个人自我为核心的自我意识、自我定向和自我调节的能力。这种能力包括自我的意识和指向与自我的调节和控制两个方面。就前一方面而言，人格是一种主体的内在精神，弗留耶林将这种人格精神称为人的灵魂（soul）。他认为，人的自我意识是一个变化和升华的过程，它的最高状态是道德自我意识。"灵魂一词的通常意思与道德的自我意识和自我实现是同一的"，或者说，道德的自我意识"在灵魂中升华到它最高的自我实现"⑤。道德的自我意识意味着人的道德能动性，能动性是人的灵魂、价值和力量得以生长的基础，因而也是人格的本质力量所在。所以，健康的人格是一种"创造性人格"。人格即能力，即创造。能力和创造性之源在于人的道

---

① R. T. Flewelling, *Creative Personality* (New York: Paternoster House, 1926), p. 298.

② Ibid., p. 168.

③ Ibid., p. 283.

④ Ibid., pp. 284 – 285.

⑤ Ibid., p. 207.

德能动性，表现为道德意志，构成人格灵魂的本质。又说："灵魂的成长、价值和力量依赖于道德的能动性。道德意志是首要的能动性，也是灵魂的本质。"①

需要指出的是，弗留耶林的所谓灵魂并非传统神学中的灵魂实体，而是意指一种内在的人格精神和人格化行动力量。因此，它并不是一种宗教的先验存在或实体，而是一种道德力量的精神载体，一种动态的人格意识载体。在道德中，它充当着道德行为的主体，代表着一种人格经验的高级体现。弗留耶林如此写道："道德决定和道德自我实现的主体是灵魂。……唯有在灵魂中，这就是说唯有在更严格的道德行动中，一个人才能达到人格的最高意义。因为自由的实践具有道德的或精神的本质。我们宁愿把人格经验的这一阶段称之为灵魂。"② 可见，弗留耶林所说的"自我意识"即是一种人格精神的自觉，而所谓"自我指向"，则是一种精神人格的崇高价值追求。

如果说，人格之能力内涵的前一方面偏重于个人自我的主体自觉和自为的性质，那么，就后一个方面来说，人格包容的"自我调节能力"内涵则更偏重于人格价值关系的自觉和他为特性。在这一点上，弗留耶林吸收了鲍恩关于道德的特点在于为共同善服务这一普遍人格论观点。他甚至批判了尼采的"超人格理想"，指责尼采过分强调个人自我的独特性，把人格等同于"纯个体性"和"差异性"，因而导致出现所谓"超人"的反人道主义人格价值观。在弗留耶林看来，人格的核心确实是个人，但人格的最高价值实现却不在于个人自我，而在于个人对社会、对上帝的善的奉献。"最高的人格只有通过把各种能力完全奉献给社会、奉献给正当、奉献给上帝才能实现"。而且人格虽有不同，却并非相互孤立的"分隔间"，而是相互联系的。诚如

---

① R. T. Flewelling, *Creative Personality* (New York: Paternoster House, 1926), pp. 207–208.
② Ibid., p. 208.

世界本身就是一个关系性的世界一样，人格的世界原本就是关系的。①

由是，弗留耶林阐述了自己对个人与社会、自由（权利）与约束（义务）这两个重大伦理学问题的见解。

关于个人与社会。他认为，在一个具有理性精神和道德意识的人格世界里，最重要的问题之一，就是个人的人格理想和行为与社会的秩序和理想之间的和谐问题。他说："在一由具有反思能力的存在所组成的世界中，对于个体来说，最重要的问题之一，就是使各种需要、欲望、目的和习惯适应社会秩序的更大的需要。"② 人格的创造性绝不表现为对社会生活的不适或逃避，恰恰相反，它表现为个人对社会秩序的自觉意识和"与社会合作"的人生艺术。个人不能不生活在社会之中，他的创造、他的创造性人格价值只有在社会中才能表现出来。尽管这种"合作"也会与社会生活产生各种矛盾和冲突，但它却是个人必须经验的人生，也是其创造人格得以表现的场所。所以，"尽管如此，也恰恰只有通过社会，一个人才必须发现他自己、表现他自己，因为他必须生活在社会之中"③。

弗留耶林进而指出，从人格伦理的高度来看，个人对社会的贡献更能证明其人格价值的高尚。成功的人生和人格不是获取，而是给予。给予不是失却，它是人格力量丰富的表现，是渴望崇高价值人生的实际显示。他写道："对社会的最伟大的馈赠也就是伟大人格的馈赠，因为个体在实现他自己时，也给社会秩序带来了最伟大的进步。……成功人格的法则同成功生活乃至植物中的成功生命之法则一样，不是接受的能力，而是给予的能力。一株成功的树是一株结满最丰硕果实的树，而不一定是一株吸收最多水分和阳光的树。成功的人格是一种失去生活的人格，是为了最高利益而对生命及其回报的全部

---

① R. T. Flewelling, *Creative Personality* (New York: Paternoster House, 1926), p. 285.
② Ibid., p. 289.
③ Ibid., p. 290.

渴望……在忘却自我中，他实现了他最真实的自我。"① 显见，弗留耶林的观点既有近似于鲍恩之处，也有不同的地方。其相同在于，两者都把个人对社会共同善的"服务"或"奉献"当作人类道德生活的美德和人格高尚的见证，从而肯定了为他行为的积极的道德价值。不同在于，鲍恩对共同善的肯定基于个人的社会义务感，"为共同善服务"是每一个人具有健全道德人格的人所应尽的义务；而弗留耶林对社会价值或为他行为的肯定则主要基于个人人格自我完善的需要，个人对社会的奉献不只是一种道德义务；也是实现自我人格之必需。因此，鲍恩的观点更近于康德，具有理想主义和普遍主义的特点，而弗留耶林的观点则更近于法国生命伦理学家居友和柏格森的见解②，带有更明显的个人主体性色彩。

然而，弗留耶林的见解是有疑问的。他看到了"给予""奉献"所蕴含的人格之自我肯定价值和自我显示、自我确证力量的积极方面，但他忽视了这种主动的人格创造性行为所必须具有的道德意识和道德义务感之客观条件。生活中，并不是每一个人都能自觉到"给予""奉献"对人格完善的积极意义的。成功之树的标志固然不在其所吸收的阳光和水分，而在于最后的结果。但是，丰硕之果的产生无疑也需要丰沛充足的阳光雨露作为其资源基础，现实生活给人们更直接的经验是，给予即是付出。而要超脱这种当下的经验，从中洞见到给予亦是自我实现的方式这一层次意义，没有高度自觉的道德意识和道德义务感是不可能的。

关于自由与约束。弗留耶林认为，自由是人类生活的条件，是艺术、宗教和道德的前提，当然也是人格创造的前提。没有自由，人类就将一事无成，"也不可能有真正的理智成就"。当代社会的弊端之一

---

① R. T. Flewelling, *Creative Personality* (New York: Paternoster House, 1926), p. 291.

② 参见本书第三章第一节。

就是"教条性的偏见"，严重地阻碍了人格的创造性自由。同时，自由又是一种人的主体能力，或者说是一种"道德能动性"，而不是一种物质占有或任意主观状态。因之，真正的自由须有理智的指导，自由与自我控制相应。弗留耶林指出："和艺术中［的情形］一样，在宗教和生活中，自由和自我约束是相辅相成的。"① 在伦理学意义上，自由尤其需要克制和调节。表面看来，自由作为人的一种主体能力似乎越松懈越随意，其力量也就越大。但实质上，自由的能力不仅包括自由创造的能力，同时也包括自我约束和自我控制的能力，后一方面的减弱也同样意味着自由能力本身的减弱。所以，弗留耶林写道："在伦理行动中，约束的松懈不仅带来伦理能力的衰败和虚脱，而且也将带来伦理敏感性的衰败和虚脱，带来自由能力的丧失。……这是因为，自由不是一种物质的占有，而是一种道德能动性。这就是说，最高的自由只是与最高的成就一致的。任何缺少完善的善良意志、完善的神圣性和上帝的东西，都是某种不甚完全自由的东西。亦即只有存在完美的善，才能存在完全的自由。"② 弗留耶林还批评现代社会生活太过于随意扩展，缺乏自我控制能力，以致许多人都工于心计、随心所欲，造成社会秩序紊乱。

在弗留耶林看来，人类是不可能获得绝对自由的。这不仅是因为我们的世界永远是一个关系的世界，而且在于完全的自由之获得与完美的存在和成就相联系。个人是有限的，人类永远处于不断地创造和追求之中，这本身证明人类的存在和所获得的成就永远都是不完善的。因而，人的自由只能是有条件的。不过，人类必须有对无限和完善的追求和信念，这是人格创造性的源泉。对完善的信念也就是对上帝的信念。上帝是完美人格的象征，是唯一完美的存在。然而，对上

---

① R. T. Flewelling, *Creative Personality* (New York: Paternoster House, 1926), p. 255.

② Ibid., p. 257.

帝的信仰不是对某种神学教条的信仰，而是把他作为人生的理想人格和行为指南来信仰。信仰的目的不是为信仰而信仰，而是为实现生活的价值而信仰。因此，正如上帝本身是人格化的至上存在一样，宗教或上帝的信仰也应是生活的、以人为目的的。弗留耶林说："对上帝的信仰是把上帝作为生活指南来加以接受的积极行为，也是通过把上帝看作是他仿佛曾经存在过，并曾经是所有人的回报者而行动所展示出来的一种信任。……然而，对信仰来说，最重要的不是陈述它，而是按照它而行动。"[1] 这种基于人格理想所建立的信仰，首先以人的健全理智为先决前提。只有一个具备自我反省和自我批判能力的人，才有可能确立真正的信仰，才会为这种信念而努力追求，努力创造，最终实现其创造性人格价值。从这一意义上看，信仰既是创造性想象之源，也是创造性活动之源。

必须指出的是，弗留耶林强调宗教信仰对人格创造和完善的伦理学意义，并不意味着他的人格主义伦理学是信仰主义的或传统宗教式的。在这一点上，我们还需要澄清弗留耶林对宗教和信仰的基本态度，才能有较确切的判断。从形式上看，他无疑保留了上帝和整个基督教对人类生活和道德的优越地位。因为上帝是超越的最完善的人格理想，对上帝的信仰具有崇高的道德价值和意义。但从实质上看，他并没有偏离人格主义的基本立场，无论是信仰的主体，还是信仰的目的，抑或是信仰价值的体现者，都是人，即具有道德能动性和主体创造性的个人，而不是中世纪传统基督教所指的神的目标。因此，这种信仰本身不是神性的或以上帝为目的的，而是服从于创造人格要求的、以人自身的人格完善和价值为目的的。

最后，让我们简略地考察一下弗留耶林对现代文明的道德反省，这一内容反映了他对文化或文明与道德之关系的独到见解。

---

[1]　R. T. Flewelling, *Creative Personality* (New York: Paternoster House, 1926) , p. 243.

弗留耶林认为，文化或文明的根本目的如同宗教一样也只能是具体生活中的个人。个人是文化和宗教的主体，也是它们价值意义的体现者。一种文明的根本标志不只是其物质文化的进步程度，最重要的是它之于生活在文明之中的个人所表现的意义性质或精神价值。人必定生活于特定的文明之中，真正的文明必定是"最高的有教养的个人之自我表现"得以可能的文明。"它必须通过促进精神教养来培育理智。它必须培育和鼓励人们的美感，并给最高艺术之自我实现提供手段。它必须获得完全的生活艺术而又不致压抑任何民众更高尚的才能"。质言之，"任何文明的程度都要通过其在它所有成员中间培育有成就的个人之成功来加以衡量"。真正的文明"是一种可以为最高类型的个人成就和幸福提供合适环境并能鼓励之"① 的文明。这就是说，社会文明的标志在于它能否并在多大程度上促进个人的发展。文明的社会必须满足个人的精神文化需求，给人提供良好的教育，为其创造良好而自由的生长环境和社会条件。

在弗留耶林看来，这种文明社会应该是一个既有良好社会秩序，又有广泛自由的民主社会。但是，民主和自由一样不是绝对的。民主的基础是自由，而自由的基础则是一种基于理性自觉的自我创造和自我控制的行为能力。他说："民主并不意味着一种随心所欲的无约束的自由。民主的基本问题是自我约束。人们在一个有秩序的从内部支配着他们自己的社会中进行选择，或是在一个有秩序的从外部被支配的社会中进行选择。民主的背后是自由，但自由的背后是个人的自我控制。"② 在西方社会里，文明的基础是个人文化价值观。所以，西方的道德和其他文化因素都一直具有一种"个人主义的特征"，这是它进步的基础之一。依弗留耶林所见，个人主义也就是以个体人格为中

---

① R. T. Flewelling, *The Survival of Western Culture* (New York: Harper Brothers Publishers, 1943) , p. 10.

② Ibid., p. 11.

心，或叫作"自我中心论"（egotism）。这种观念是人类道德情感形成伊始就具有的，任何社会和文明的进步都有赖于这种观念的发展。因之，"个体伦理学的确信在任何地方都是首要的和基本的"①。换言之，个人是文明或文化进步的基础，同理，个人或人格也必须是伦理学的核心，道德必须首先研究个人或人格，然后才能扩及社会和人格关系。

弗留耶林同时也敏锐地看到，对个人的首先认肯，在不同的文化或同一文化的不同发展阶段是殊为不同的。在东方文化中，个人或人格常常湮没在种族或神灵下；而在西方，个人却始终站在文化视域的中心。在西方传统道德中，个人主义更多的是一种价值强调，而不是归属于种族的特殊性表现。个人具有独立的人格和存在，因而也总伴随着某种存在的孤独感，在无限之上帝的面前又具有某种原罪感。这种孤独感和原罪感遂使西方人意识到，个人"具有对自身行动的深刻的个体责任感"，具有与上帝或完美理想的遥远而深刻的内在联系。但在现代西方文化中，这种个人自我的人格意识往往表现出与完美理想和上帝观念相忤逆的特征。个人的责任感和义务感不再具有崇高的精神特征，更多的表现出实用主义的经验性。对此，弗留耶林针对美国现代文明的实际，批判了美国实用主义精神的狭隘性。他认为，实用主义虽然在生活实践中不无合理之处，但它缺乏必要的人格基础和有关上帝的形而上假设，无法为善的实现提供绝对可靠的理论基础。因为它缺少永恒的理想因素，也就无法满足人们深刻的内在精神需要。故实用主义必须以人格主义为基础。他写道："我们按照不断生长着的真理而生活，生活是一种持续不断地对不断生长着的真理的重新适应。……我们的善是一种实用型的善，但它也具有宇宙自身的本

---

① R. T. Flewelling, *The Survival of Western Culture* (New York: Harper Brothers Publishers, 1943), p. 35.

性。这是一种我们必须通过一种中介化的人格主义才能达到高级类型的道德实用主义。但是学术职业上的哲学实用主义却尚未创造出这种必需的形而上学假定。没有有神论的假定，实用主义就无法为善的定义提供任何可靠的基础。要使善满足人类精神的价值要求，善就必须包含永恒的因素。"①

显然，弗留耶林的上述批判是有合理因素的、切中要害的。虽然我们不能期待他对现代西方特别是美国文明的批判能够达到某种社会意识形态的彻底反省，但他毕竟运用自己的理论透视点，发现了其所处文明的弱点，特别是，他看到了作为美国文明之价值精神内核的实用主义的缺陷。这已经显示了他的理论所具有的高明之处。况且，从整体上看，弗留耶林的伦理学理论虽有失单薄，却仍含有不少合理见解。他关于人格即创造的道德能动性特征的论述、关于个人与社会之关系的肯定、关于人格创造与价值奉献的内在统一性等见解，都是值得人们认真思考的新课题，也是他对现代人格主义伦理学的理论贡献，因之也决定了他在整个人格主义伦理学派的发展中所应占有的理论地位。

第四节　布莱特曼的价值人格伦理学

埃德加·谢菲尔德·布莱特曼（Edgar Sheffield Brightman，1844～1953）是美国人格主义第二代中最具影响的代表人物。他是鲍恩学说的主要传播者和发展者，其突出的理论贡献是，他凭借自己对詹姆斯实用主义等美国世俗哲学的深入研究，使人格主义更加世俗化、美国化。他以个人的价值经验进一步限制了上帝的权威，强化了上帝人格化的价值意义，突出了个人的价值地位，从价值学的角度修正并扩展

---

① R. T. Flewelling, *Creative Personality* (New York: Paternoster House, 1926) , p. 235.

了鲍恩的人格理论，使其人格主义伦理学具有鲜明的现代价值学特点。

布莱特曼曾就学于波士顿大学鲍恩门下，早期受罗伊斯绝对唯心主义哲学和詹姆斯经验主义哲学的影响，最后皈依鲍恩的人格主义，并把宣传和解释鲍恩的哲学思想当作其学术使命。大学毕业后，他曾就教于内布拉斯加州的威士莱昂大学，1919 年转至波士顿大学任教，担任了母校设立的鲍恩哲学讲座首任主讲教授，直至逝世。他的主要哲学伦理学代表作有：《宗教的价值》（1925 年）、《关于理想的哲学》（1928 年）、《上帝问题》（1930 年）、《上帝是人格的吗?》（1932 年）、《道德法》（1933 年）、《人格与宗教》（1934 年）、《精神生活》（1942 年）、《自然与价值》（1945 年），以及死后出版的《人格与实在》（1958 年，与伯托西等人合编）。

一 宗教的价值基础

在现代人格主义阵营中，布莱特曼以其对价值人格的强烈关注而独具一格，价值或者说意义是他阐释宗教信仰、道德理论和人格理论等重大问题的基本视点。

与所有现代宗教思想家一样，布莱特曼也面临着一个重新确证宗教自身之现实合理性的重大难题。对此，大多数宗教哲学家、神学家或是从调和人神关系（人道主义与神学信仰）的角度出发，强化宗教的人性色彩，以求得其存在的合理性证明；或是从调和信仰与现实（宗教出世主义的超越倾向与世俗化倾向）的矛盾，强化宗教的现实社会功能，以证明其现实必要性；抑或偏重于调和宗教与科学的矛盾，给宗教披上理性的外衣，以论证其存在和发展的现实可能性。当然，这些选择并不是相互隔离的，它们常常相互交织，只是具体到某一思想家或某一学派而有侧重点的不同而已。相比之下，布莱特曼沿用了现代宗教哲学的一般方法，又特别强调了考察和证明宗教自身的价值和价值基础的重大意义。他早年的作品《宗教的价值》即是这一意向的充分反映。

在布莱特曼看来，要说明宗教在现代社会生活中的必要与合理，首先必须解释宗教之于人类自身生活的意义和它赖以存在的价值基础，这是现代宗教哲学和伦理学的基本任务之一。在现代宗教哲学中，有着两种不同的基本倾向，一种是"实证主义或人道主义"倾向；另一种是"形而上学的有神论或人格主义"倾向。前者偏向于科学、经验和人，后者偏向于上帝、信仰和精神人格。布莱特曼认为，两种倾向既不全真，亦不全假。前者坚信，宗教必须基于社会生活来加以解释，宗教是超人类的。后者坚信，宗教信仰依然是人类社会的最终基础或依托，精神人格的重要性远比其生活经验突出。但是，两者似乎都存在某种偏执。"如果说实证主义者忘记了上帝，那么有神论者则有忘记人的危险。"① 遗忘上帝，已经并将仍然使人类失却深刻的生活依据，困惑于无信仰的茫然之中，现代生活经验已经证明了这一点。因此，宗教信仰并不是非人的或不必要的。然而，更重要的是弄清楚宗教之于人类生活的必要性和重要意义所在。在现代生活背景下，宗教本身究竟应当处于怎样的位置？依布莱特曼所见，现代宗教似乎只存在两种选择：或者放弃传统的宗教观，即放弃那种认为宗教本身完全是自足自决之实体的观念；或者"承认其为种族之总体精神中的一分子，并因此给它自身强加一种对科学、哲学和艺术表示明智礼让的义务"。简言之，现代宗教或选择"孤立"，或选择"合作"②。选择"孤立"是传统宗教失信于民的根本原因；选择"合作"则是现代宗教赖以生存并进入人类生活战场的唯一道路。

所谓"合作"，布莱特曼认为并不是指依靠宗教传统或权威来干

---

① E. S. Brightman, *Religious Values* (New York: Abingdon Press, 1927), p. 10.

② Ibid., p. 18.

预人类精神生活，相反，它意味着使宗教落实并依赖于人类的生活经验，依赖于人类理智或理性精神，吸收现代科学的最优成就，以现代合理的方式参与人类的价值活动。他写道："如果宗教选择第二种抉择，即与人类的整个精神和理智生活合作的抉择，它就将给自身强加比它的辉煌孤立之使命更为艰难的使命。它将进入生活的战场，但不是依赖于传统或权威，而是依赖于人类经验和理智，依赖于与最佳的科学思维成就和哲学思维成就——注意！是最佳的成就——和谐一致。使它成为价值同盟中的一员，享有这种成员的所有特权，并承当其作为价值同盟之一员的责任。"① 这就是说，现代宗教要选择"合作"的发展道路，就必须改变独尊自身，从信仰权威的神坛上走向生活，与人类科学和理性携手，最终把自己视作整个人类精神生活王国里的一个组成部分，使自身成为人类价值同盟中的一员。这一要求是宗教在现代社会生活中的必然命运。而这一现代命运又意味着，宗教必须重新寻找并确认自身的价值基础和价值意义。宗教在人类生活中已经不再是唯一至上的价值，而只是人类价值系统中的一个组成部分。于此，它必须端正自己在人类文化和价值体系中的位置。布莱特曼以为，要做到这一点，至少需要认识到两个方面的问题。

第一，必须重新解释宗教与人类理性之间的关系。布莱特曼指出，从原始发生学意义来看，宗教的产生先于人类理性思维或观念的形成，但理性和宗教一样，都具有其特有的作用和局限。理性只能解释人类已知的经验，无法触及超经验的领域。同样，理性的产生为人类经验提供了科学的解释，如果宗教要确保对人类经验生活的意义和影响，就必须同样服从科学真理的要求。因此，"如果理性要超出直接经验的话，它当然得需要信仰，但作为当然的信仰又需要理性，如

---

① E. S. Brightman, *Religious Values* (New York: Abingdon Press, 1927) , p. 18.

果它不抛弃对真理和价值的全部要求的话"①。从这一关系中可以看出，现代宗教要确立自己的真理性价值，首先需要的是"用逻辑的思维来做出解释"。现代宗教需要理性。

第二，必须重新确认宗教与人类价值的关系，即信仰与价值的关系。如果我们确认了宗教与理性的相容和互补，也就确认了宗教与真理的相容和互补。通常说来，真理与价值的关系应当是："唯有足够明智的理解性地把握真理的人，才能体验到真正的价值。这种完善的真理知识与价值赞赏的理想目标的确应该永远吸引和激励人类的心灵。"② 布莱特曼认为，价值与真理的统一在于两者具有共同的经验基础。"一切价值都是个人的有意识的经验"，所以，"对宗教价值的研究也必须从经验事实开始"③。

所谓经验事实，也就是人类生活的价值经验。在布莱特曼看来，人类价值经验的根本是人类的道德价值，而从宗教与道德的关系来看，两者确乎有着共同的性质和要求。它们同属于人类精神生活领域，同样具有某种对人的义务要求，也同样具有理想的价值取向。但从根本上说，"道德价值是宗教价值的基础"④。布莱特曼指出，人们对此常常存在一种错误的认识。他们认为，宗教所指向的并不完全是人类完善，而是指向超验的或高于人类的上帝，它是作为一种"超出人类起源的力量"而存在着的。上帝至高无上，它是人类道德的制定者和设计者。这样一来，人类的道德就不可能是自律的或自主的。宗教非但与道德相矛盾，而且"宗教意味着道德的瘫痪"⑤。

于是，问题便出现了："将道德意识及其完善要求与一个完美的上帝存在调和起来如何可能呢？"换言之，道德与宗教的关系究竟如

---

① E. S. Brightman, *Religious Values* (New York: Abingdon Press, 1927), p. 21.

② Ibid., p. 75.

③ Ibid., p. 78.

④ Ibid., p. 10.

⑤ Ibid., p. 57.

何？是"道德依赖于宗教"？还是"宗教依赖于道德"？抑或是宗教与道德"各自相互独立"①？布莱特曼认为，这三种可能是我们回答宗教与道德之关系所必须做出决断的答案。首先，我们必须看到，宗教与道德具有不可分离的同一性。这种同一性基于两方面的基本事实：其一，人类对生活统一性的永久追求。历史证明，人类对生活理想的追求不仅始终存在，也具有理想性或超现实性的特征。宗教与道德同样表现着这种统一性追求的人类理想。"尽管人的本性中有着斗争和分化，但人的文化的历史始终是一种寻求统一的历史。"② 而"对统一性的寻求不仅支配着各个种族和各种文化，甚至还超越了它们"③。因而它常常为人类理智所难以包容。正是在这里，信仰和道德开始了它们崇高的使命。它们为人类指明了某种超验的未来领域和目标，成为人类寻求统一的基点。但是，这也意味着一个易于误解的事实，即它意味着人类的生活世界具有两重性，分化为现实与理想、"感觉（经验）世界"与"理想（超验）世界"、"现象世界"与"本体世界"。这种"两重性"认识传统源远流长，从古希腊的柏拉图到古代中国的道教（阴阳对立）都是如此。它不仅影响了人类对道德的理解，也影响着迄今为止的绝大多数宗教哲学。传统宗教哲学的失败教训之一，也在于它们偏执于这种双重世界的分裂而忽略其间的统一。其二，宗教和道德都具有对人类生活的义务性要求。也就是说，它们都认肯并强化着人类的义务感或责任感，为人类生活制定或提示着各种可能的或现实的责任要求，乃至义务命令，虽然两者各自的方式和所达程度互有差异。这是宗教与道德之同一性的主要方面。

确定了上述两方面的事实，我们才能在确认宗教与道德同一性关

---

① E. S. Brightman, *Religious Values* (New York: Abingdon Press, 1927), p. 57.

② E. S. Brightman, *Nature and Value* (New York: Abingdon – Cokesbourge Press, 1945), p. 13.

③ Ibid., p. 14.

系的前提下，进一步论证其具体规定。同一性表明两者间的相互统一，那么，究竟何者更为根本？布莱特曼认为，宗教与道德虽然同样具有超验理想性特征，但它们首先"都是人类经验的事实"，都必须从人类经验生活出发，这是最基本的。而从这一基本方面看来，道德经验要比宗教经验更为直接、更为根本。他写道："无疑，道德和宗教都是人类经验的事实。如果我们紧密地执着于经验事实，……我们就被迫承认，道德义务是一种比上帝经验更为直接的经验……我们可以进一步地说，我们的一般价值经验和特殊道德经验是一种不可否认的事实……无论我们是否相信上帝，都存在着价值和义务。也不论上帝是否对道德命令提出质疑，义务都是［人类］自我认识和自我强加的。道德自律的原则意味着有约束性的义务律，而这种所意含的现实价值的命令在逻辑上或心理学上都不依赖于对宗教的信仰，因而整个宗教领域都依赖于对道德义务的忠诚这一基础，而且无法宣称它独立于道德之外。"[①] 解释一下，人类一般价值和道德价值经验是最直接的和首先的，它们的存在并不依赖于宗教信仰。相反，后者必须以前者为基础。宗教信仰所意含的，只是人类普遍价值的一个方面，它对人类的要求首先是建立在人类的道德义务或道德价值命令的基础之上的。因而，宗教与道德的关系首先表现为宗教对道德的依赖，而不是相反。

布莱特曼的这一观点十分重要，甚至可以说具有某种历史变革意义。在宗教伦理学史上，宗教与道德的关系从来都是一种毋庸置疑的本末关系或主从关系。宗教神学历来是作为道德的当然前提和基础来看待的，不用说传统基督教伦理，即令是大多数现代宗教伦理学（如新托马斯主义等）也未能进至把宗教看作是有待于道德的程度。布氏的这种颠倒，已经大大超出了对世俗道德的一般性让步，可以说是对宗教的一次革命。颠倒宗教与道德的主次从属关系，意味着在根本上

---

① E. S. Brightman, *Religious Values* (New York: Abingdon Press, 1927), pp. 57–58.

动摇了宗教的绝对地位。诚然，布莱特曼的这种变革和颠倒并不是一般意义上的，而是就宗教和道德之于人类价值生活的联系之密切程度而言的，其中包含着前提限制。即便如此，提出宗教依赖于道德这一命题已足以使我们感受到布莱特曼对宗教的限制有多么严厉了。从道德价值和道德义务的角度，提出宗教与道德的统一性，并明确宗教对道德的依赖性，表明布莱特曼已经抛弃了传统宗教伦理的先验预制和习惯思维定式，而是着眼于从更广阔的一般价值学视境来检查宗教的现代意义，以及它与道德的关系问题。这一视境，使得他把宗教和道德同时置于一个更大的价值参照系（即人类"价值同盟"大框架）之中，从两者的价值学意味和规范性功能特征上寻找对它们相互关系的新解释，其所得的结论显然是全新的、革命性的。

由是，布莱特曼还指出，人类对道德义务的认识先于对信仰的认识，并且就人类生活本身而言，前者比后者更为基本。他说："对义务的认识，即道德律的正式部分的认识，先于我们对上帝的存在或我们的宗教经验的承认，并比后者更为基本。"又："如果宗教是真实的，则很显然，一种成为宗教的义务便是道德生活的一个本质的部分。……如果义务要求我们去实现最高的可能的人格理想，而且如果宗教为真，我们怎样才能逃避把宗教价值包括在理想和它的实现之中的义务呢？从这一观点来看，宗教是道德的一部分。"① 换言之，从人类理想和理想实现的过程与义务要求来看，道德义务比宗教义务更为根本，甚至于后者只是前者的一个组成部分。宗教是形而上的，它涉及人类的价值经验却又超出于此，它最终要求实现的价值具有一种"超人类的起源和意义"②。因此，就人类本身的目的来说，道德义务和道德价值是最基本、最直接的。宗教信仰是道德义务和价值的理想

---

① E. S. Brightman, *Religious Values* (New York: Abingdon Press, 1927), p. 60.

② Ibid., p. 136.

延伸，它反映着人类价值追求的终极本质。因此，布莱特曼总结道："宗教价值依赖于一种道德的基础，正如宗教信仰必须拥有一种逻辑基础一样。真正的宗教服从理性和义务的规律。"[1] 以理性改造传统宗教信仰，使后者具有理性的或逻辑的基础，从而求得宗教与理性的调和。同时，以道德价值来规定宗教信仰的价值，从两者的共同义务要求和价值经验基础上，论证宗教与道德的统一，从而把宗教信仰建立在人类现实的道德价值生活基础之上，以克服传统宗教的教条主义弊端。这就是布莱特曼改造并重新确认宗教自身的价值及价值基础的基本意图。

为此，他主要从"人类精神的内在需要"[2] 出发，主张依人类价值经验事实来重新解释宗教，以建立一种人格主义宗教哲学和价值伦理学。在这样一种价值伦理学中，基督教的上帝不再是斯宾诺莎所说的那种"无时间性的、不变的、包容一切的"上帝，更不是传统宗教所规定的那种绝对永恒的超人类生活的上帝，而是一个立足于人类价值生活经验的土壤、坚信事物的变化、坚信理想和不断改善着价值目标的上帝。如此，所谓人格主义也因此成为"一种宗教历史的功能性和目的论的哲学"[3]。它的基本目标就是给人类揭示一片丰富的价值世界，指明一条通达崇高人格价值理想的道路。

二　自然与价值

布莱特曼的伦理学主旨是建立一种价值学意义上的人格伦理学，因而，"价值"便成了他整个伦理学乃至哲学的核心范畴。如果说，对宗教之（道德）价值基础的重新论证，使布莱特曼获得了一种宗教价值伦理的新视境，那么，关于自然与价值的新解释则是这一视境的

---

① E. S. Brightman, *Religious Values* (New York: Abingdon Press, 1927), pp. 68 – 69.

② 布莱特曼将人类精神的内在需要概述为"统一的需要、目的的需要和持久的需要"三种。

③ Ibid., p. 131.

具体展现，它的中心是对价值和价值人格的具体阐释。

在布莱特曼的视野里，世界是双重的，它包括现象的经验世界和本体的理想世界。从价值人格伦理学的视角看来，它又分为自然的或物质的世界与价值的或人格的世界。为此，他首先从"自然"和"价值"两个概念的词源学考证入手，以表明两重世界的差别和联系。

他指出，依词源学的考证，"自然"一词意指一切生存物或有生命的东西。他在《自然与价值》一书中，对"自然"一词作了词源学考辨："'自然'（nature）一词是一个取自法文的英语词，它源出拉丁文 natura。在拉丁文（来自 nascor，'出生'——'to be born'）中，它最初意指诞生（birth），但是，人们曾在很早且更经常地在比喻的意义上，用它意指任何事物或任何人生来就有的东西（故'nature'一词亦可译为'本性'如'human nature'在中文中即译作'人的本性'——引者注）。然后又扩展到意指世界秩序。它所源出的词根是 gen-、gn-、gna-，而下述这些词，包括种（genus），天赋（genius）、孕育的（pregnant）、同源（cognate）、起源（genesis）、生育（generate）、天生的（native）和民族（nation），以及自然（nature）的整个词的家族都源自这一词根。按照该创造者的观点，自然是一个诞生现场（a scene of birth）；她是自然母亲（mother nature）。我们的'自然'（physics）所源自的希腊文φύσις，相当于 natura，它来自动词φύω，意指'产生'（to bring birth）、'生产'（to produce）或'生'（to beget）。在'生理学'（physiology）中，我们拥有了这个词与生命（life）的最初联想，都是进入存在之过程的概念，而随之也隐含着规律和永久性的观念。从词源学中，我们可以概括一下，自然（nature）即是持续生产着生命的东西，然而更准确的定义所需要的远不只是词源学所提供的。"[1] 经过

---

[1] E. S. Brightman, *Nature and Value* (New York: Abingdon – Cokesbourge Press, 1945), pp. 30 – 31.

千百年的演化，"自然"一词已经被用来指称除心灵和精神之外的"物质实在的总体"，或者说是"存在之所是"。这就是康德所谓的"头上的星空"或者我们通常所说的"是然"（what it is）。因此，"自然"词义的规定本身已经意味着另一个超自然的东西的存在，这就是与之相对照的价值的存在，或者说是精神的、理想的或"应然的"存在。

"价值"的本义是指"为人喜欢、欲求或赞同的东西"①，或者说是"某个人能找到快乐的事实"②。但这只是"价值"的简单本义。其实质内涵还在于它指称"某种内在的东西"，这种东西超出于自然世界之外，具有超越的永久性精神意义，因之才能获得人们永久的赞同。布莱特曼说："一种真正的价值可能是我们按照我们的整个经验和我们的最高理想——诸如逻辑理想、道德理想、美学理想和宗教理想——以及总的人格理想来喜欢、欲求和赞同的东西。"③ 价值的本质在于它作为人类内在追求目的之"应然"（ought to be）性质，这是它与实然之自然的根本区别所在。自然的存在只能通过自然科学来研究和把握。自然科学通过实验、发现、证实和预测等多种方法来认识和控制自然，获取知识和真理。但是，自然科学本身并不能给我们以价值，"我给予我们手段，但并不给予我们目的"④。长期以来，人们以科学来控制自然，既创造了奇迹，也造成了非价值甚至反价值的恶果。从某种意义上说，现代科学甚至已经"背叛了价值"，背叛了人性和人格的内在要求。

这就是自然世界与价值世界之间的矛盾。布莱特曼认为，不独如

---

① E. S. Brightman, *Religious Values* (New York: Abingdon Press, 1927) , p. 15.

② E. S. Brightman, *Nature and Value* (New York: Abingdon – Cokesbourge Press, 1945) , p. 72.

③ E. S. Brightman, *Religious Values* (New York: Abingdon Press, 1927) , p. 15.

④ E. S. Brightman, *Nature and Value* (New York: Abingdon – Cokesbourge Press, 1945) , p. 47.

此，甚至在这两个世界各自内部也存在着矛盾和冲突。人是这两个世界中的主人，因而也就承受着它们之间和它们各自内部的多种内外矛盾的冲撞，成为各种矛盾冲撞交锋的中心场所。他如是说："……存在着两个世界——自然的世界和价值的世界。在这两个王国之间以及在它们各自内部都存在着冲突。人格是所有这些冲突出现的古战场。人格的世界是一个冲突的世界，既有外部的冲突，也有内部的冲突。"① 就外部冲突而言，自然世界与价值世界的冲突表现为人与自然的冲突，因为人既是自然的存在，又是且更根本的是价值的存在。风暴、地震等自然灾害便是人与自然之冲突的实例。就内部冲突而言，价值世界内的冲突主要表现为个人与他人或社会以及个人人格或心灵内部的冲突。个人是价值的主体，价值的世界即是人格的世界，因而价值的冲突也就是人格的冲突。"灵魂由于其欲望与知识、无知与偏见、软弱与力量、雄心与胆怯、冷酷与良心而处于冲突之中。现代社会特别是我们的资本主义和战争化的社会最普遍的事实之一，便是在同一个灵魂内，一种高度精密化的技术理智和一种兽性般的道德共同存在着。专家对自然的知识，甚至是专家的心理学知识常常伴随着一种无良心的对他人权利的蔑视……"② 这是人格的冲突在现代资本主义文明下的典型表现。

人格的冲突发生于人格世界内部，具体表现为价值目的本身及其与价值手段的冲突。在布莱特曼看来，"人格的世界是一个不可见的世界"③。与自然的世界不同，人格的世界充满价值、理想和目的性意义，因而它也是一个理想的、精神的和目的的价值世界。正如詹姆斯所言，每一个人都是一个"目的的战斗者"（fighters for ends）。追求

---

① E. S. Brightman, *Nature and Value* (New York: Abingdon – Cokesbourge Press, 1945），pp. 65 – 66.

② Ibid., p. 66.

③ Ibid., p. 59.

目的和理想是人格的本质。然而每一个人的人格结构不同，决定了每个人的目的或价值追求不同。这就使人们常常发问，人格世界的目的究竟是什么？是否存在某种超个人的普遍价值目的？对此，布莱特曼的回答是：个人的目的互有差异，人的目的追求始于人的欲望，而欲望既可能是本能的、盲目的或自发的，也可能是"清醒的、小心计划的和合理引导的"。欲望指向目的，但它本身并不等同于价值目的。唯有合理的欲望才具有合理的目的性，才能导向价值的合理追求与实现。人类的具体目的虽互有差异，但从根本上说，人类仍然存在一种普遍的最终目的性的价值追求，这便是"真、善、美、崇拜和爱"。它们构成了人类共同追求的普遍价值系列或理想目标，正是在这种理想中，宗教和道德、价值与真理才能达到最终的统一。

然则，人类的目的并不是固定不变的。目的与手段的区别也不是绝对的。"手段可以成为目的，目的也可以成为手段。"① 目的本身亦具有工具性价值和目的性价值两个方面。人和人格的发展就是一个不断更新目的、不断创造手段，并以此去实现目的的过程。自然主义者强调现实经验和手段的价值，而人格主义者则强调理想人格和目的的价值。但是，只要我们承认目的与手段之间的相互转化，就可以相信，人格主义者与自然主义者是可以达到一致的。事实上，无论是人格主义者还是自然主义者，虽存在诸多差异，但"他们都一致认为，至少有两种基本不可改变的所有人类行为的目标，它们可以称作为理解和合作，或者称作对真理的尊重和对人格的尊重，或者说是理性与爱"②。在布莱特曼看来，自然主义者强调经验、科学、知识（理解）、理性和真理，人格主义者强调理想、价值、道德信念和爱，这实际反映着人类价值追求的不同方面。正如人类的价值追求目的最终

① E. S. Brightman, *Nature and Value* (New York: Abingdon – Cokesbourge Press, 1945),
p. 71.
② Ibid., p. 72.

必然是真、善、美和爱的统一一样，人格主义与自然主义的价值观最终也必然趋向统一。

但是，这种统一不是自然主义与人格主义的简单结合，而是从自然主义走向人格主义。布莱特曼认为，人格主义是对自然主义的超越，也是自然主义的最终归宿，因而它必然取代自然主义。这就是现代人格主义之所以向自然主义提出挑战并力求超越它的根本内因所在。它具体表现为两个方面。一方面是自然主义本身的"混乱"所致，这种"混乱"包括六个方面：（1）方法论上的不确定性或相对性；（2）科学方法之实际承诺与实际效果的不确定性；（3）理性与怀疑的矛盾；（4）实证主义与形而上学之间的选择矛盾；（5）关于意识之理解的混乱；（6）关于上帝的混乱（即上帝的不可证实与不可否认的矛盾）。另一方面，这些混乱和矛盾暴露了自然主义本身的缺陷和局限，因而必然受到人格主义的挑战。布莱特曼也将这种挑战概括为五个方面。（1）人格主义比自然主义更具有"经验性"，因为后者往往忽略甚至否认"经验的最本质的特质，即经验是一种人格意识"①。（2）人格主义比自然主义更具"包容性"，它避免了实证主义的狭隘的偏颇。（3）人格主义比自然主义更具"社会性"。对于后者来说，"社会和社会关系是一种非社会实在的表现、而对于前者来说，"实在完完全全是社会的，……社会范畴是最终的"②。（4）两者同样都是科学的。但自然主义认为科学即是一切，甚至把科学当作一种宗教。人格主义尊重科学，但反对唯科学主义。（5）人格主义比自然主义更具"宗教性"。它坚信自然、精神、人、社会和世界的最终统一性，坚信建立在这种统一性基础之上的对人格主义目的论上帝的信仰，而自然主义却无法达到这一境界，它既忘记了上帝，也忘记

---

① E. S. Brightman, *Nature and Value* (New York: Abingdon – Cokesbourge Press, 1945), p. 115.

② Ibid., p. 117.

了人。

显见，布莱特曼对自然主义内在缺陷的揭露与批判是有其合理意义的。他的本意在于批判现代自然主义的泛科学化或唯科学化倾向，揭露它隐含的非人性局限，力图以人格主义来修补自然主义，以求达到科学与人、科学与宗教、科学与价值的新综合。这便是他所谓"人格主义是比自然主义更高的综合"① 之结论的底蕴。但是，问题的提出还只是初步的，关键在于为现代人类建立完整的价值观念体系，真正达到这种"新的更高的综合"。这也是布莱特曼更为关心的。

他认为，建立人类的价值系统是最重要却又最困难的事情。因为"价值的建立比科学、发明、财富或战争更为困难"②。科学和发明的成功、财富的创造、战争的胜利，毕竟都是人类通过知识、经验和行动能够逐步实现的。科学已为人类创造了巨大的财富，使人类获得丰裕的报偿，但人类也为此付出了沉重的代价。现代科学的"客观性"态度确实必要，然而，它常常"忘记耶稣"，忘记人类最终的价值和人格理想，甚至不自觉地与之背道而驰。因此，人类需要科学和财富，也需要客观真理，但他们更需要健全的人格理想和价值。人类不是也不可能是只满足于物质快乐和金钱占有的存在，他们首先而且最根本的是一种价值的存在，因之，建立人类价值具有更崇高和更根本的意义，也比科学和财富的成就更为艰难。布莱特曼写道："关于伦理学和宗教的思想比关于科学的思想更为崇高，也更为艰难。它是一种困难而又不同的思想秩序。按照康德的观点，科学的唯一证明乃是其支持和表达善良意志的功利性。约翰·杜威也以与康德相似的口吻说'在某种意义上，所有的哲学都是道德的一个分支'。德国的海因里希·李凯尔特也表达了一个类似的观点，他说，甚至逻辑也是思想

---

① E. S. Brightman, *Nature and Value* (New York: Abingdon – Cokesbourge Press, 1945), pp. 122 – 123.

② Ibid., p. 76.

的伦理学。"① 在此，我们姑且不去细究布莱特曼对上述几位思想家的思想理解是否确切，但他对人类价值重要性的强调，以至于认为价值高于科学的观点，确实是沿着康德和新康德主义学说的人本价值观思路而展开的。这使得他一方面突出了建立人类价值的重要和艰难；另一方面又以其人格主义为哲学出发点，力图建立一种宗教人格主义目的论的价值伦理学，以履行其宗教哲学使命。前一个方面是其伦理学的理论奠基，后一个方面是其伦理学的最终目的。

三 价值人格伦理

前所备述，布莱特曼认为世界是自然与价值或人格、现实与理想或信仰的双重世界。但这并不是说价值、人格和理想是完全同一的。一种理想并不等于一种价值。唯有人格才是价值的主体。

按照上述见解，人格意义便成了价值世界的根本。何谓人格？让我们先拜读一下布莱特曼对人格的几种定义。其一曰："人格是我们所有知识的根本基础。它是科学、哲学、道德和宗教的唯一基础"②。这是对人格的原则性规定，它表明"人格"在其哲学、宗教和伦理学中的核心地位。其二曰："一种人格是一种复杂的而又是自我同一化的、积极能动的、有选择的、感觉着的、感受着的、发展着的经验，它牢记其过去，计划其未来，与其下意识的过程、其肉身有机体以及其自然环境与社会环境相互作用，并能够通过理性的和理想的标准来判断、引导它自身和它的对象。"③ 或者更明确地说："一种人格乃是多种复杂的意识变化、包括其所有经验——其各种记忆、各种目的、各种价值、各种能力、各种活动及其经验到的与其环境之各种相互作

---

① E. S. Brightman, *Nature and Value* (New York: Abingdon – Cokesbourge Press, 1945),
　　p. 82.
② Ibid., p. 51.
③ Ibid., p. 53. 着重点系引者所加。

用——的统一。"① 这是布莱特曼在考察历史上各种人格理论，特别是
洛采、阿尔波特（Gordon，W. Allport）等的人格理论后做出的新概括。
毋庸赘述，布莱特曼的人格定义明显是一种泛伦理学的或人学价值学的
一般定义，它实质上已经规定了个人的存在、生活经验、发展过程、活
动方式以及主体价值创造性和理想目的性等一系列作为价值存在的人的
特性，其内涵远较其他人格主义者的人格定义更为丰富和具体。

　　人格是价值世界的中心，也是最高的价值存在本体，这是布莱特
曼人格主义的基本信条。他说："人格主义是这样一种信念，即它坚
信有意识的人格既是宇宙中至上的价值，也是宇宙中至上的实在。在
此意义上，在实践方面所有的有神论者都是人格主义者"②。以人格作
为宇宙之最高的价值实在，意味着现代宗教的一个根本转变：从把宗教
信仰建立在先验神学的各种预设（上帝、神祇、天国等）的基础之上，
转向把宗教信仰建立在人格的价值经验和价值理想的基础上，从而使现
代宗教人性化、人格化，达到上帝与人、信仰与理性的真正统一。

　　然而，在布莱特曼看来，统一虽是最终的，但冲突却是现实的。
人格的冲突首先表现为人格之"是然"或"实然"与人格之"应然"
的冲突。"应然"是价值的根本特征之一，它是一种理想，一种规定
或命令，因而也能够成为一种价值。理想固然不一定等于价值，或者
更准确地说，它只是一种"潜在的价值"。"一种理想也不一定是一
种规范"，而只是某种"价值要求"（value-claims），但"一种规范却
是一种特殊的理想类型"。因为规范意味着"应当"，而"人们应当
实现的正是一种理想"。换言之，每一种价值都意味着一种理想、一
种规范，尽管它并不一定都是应当实现的。③ 所以，从宽泛的意义上

---

① E. S. Brightman, *Nature and Value* (New York: Abingdon – Cokesbourge Press, 1945),
　p. 56. 着重系引者所加。

② Ibid., p. 113.

③ E. S. Brightman, *Person and Reality* (New York: Ronald Publishers, 1958), p. 288.

说，价值理论或曰价值学包括"'应当'的理论"，亦即价值学包括伦理学。但价值学不单是规范性的，而且也是或者说首先必须是描述性的，它涉及"是然"与"应然"两个领域。没有前者，价值学就不可能容纳真价值理论；没有后者，它也无法发挥实际作用。布莱特曼说："价值学必须首先是描述性的，但如果它只是纯描述性的，它就无法发挥其作用。它也必须是规范性的，但如果它只是纯规范性的或'规定性的'，则它也无法发挥它的作用。只有当人们在价值的总体性形而上视境中来看它们时，才能成功地理解和证明它们"①。价值学的规范性意义是其区别于其他科学的主要标志之一，它主要体现在其所包容的伦理"应当"理论上。

"应当"意味着人格的理想和规范，因而也就意味着价值和义务两个方面的因素。在布莱特曼看来，价值和义务是一种"道德秩序"（moral order）的两个基本构成因素，也是伦理学中的两个基本范畴。他指出："在可以被称作道德秩序的东西中，至少已经发现了两个范畴——价值范畴和义务范畴。价值指称这样一种事实：道德选择是以一种将被选择的目的为先决前提的，这种目的是被欲求的或应当被欲求的。义务则指称可化约的义务经验——一个道德个人'应当'选择最有可能的价值。没有价值和义务，就不可能存在一种道德秩序。"②

于是，我们便从一般的价值世界和价值学进入道德价值世界和伦理学领域。道德价值世界是一个特殊的"规范"王国，但是，"每一种规范都是一种'应然'"③，而且任何规范都不只是个人的内在价值要求，它同时也是"公共的"和"客观的"。唯其"公共"，才使其具有"客观的"真实性，并因之而成为所有"应当价值判断"的真

---

① E. S. Brightman, *Person and Reality* (New York: Ronald Publishers, 1958), p. 285.
② Ibid., p. 106.
③ Ibid., p. 293.

实标准。① 而唯其客观价值本性和公共规范性，才使得义务成为人类建立道德世界的基础之一。所以，在《宗教的价值》一书中，布莱特曼曾经把有关人类价值生活的五个主要方面规定为：（1）"应当"；（2）"道德律"；（3）"人格理想"；（4）"实现理想的可能性"；（5）"境况的知识"。② "应当" 表征着人类价值生活的理想取向；"道德律" 是由 "应当" 的价值理想目标而产生的规定或规范。"应当的经验不是一种纯粹的感情，它也是一种调节。"③ "人格理想" 是价值的最高理想形式，也是最高的道德义务。"义务的意义是使理想成为现实的命令性要求。……人格的理想就其仅仅是一个尚未践行、甚至只在意向之中的行动纲领而论，它完全是无价值的。一种价值乃是一种类型的人格生活，是一种通过其与某种理想的一致而得到满足的实际经验形式。"④ 如前备述，理想并不等于价值，价值的最终意义乃在于其现实性。但理想是义务产生的前提，人格理想是道德义务具有崇高律令性质的基础。所谓 "实现理想的可能性"，就是道德和道德义务引导我们在现实生活中所能达到的价值可能性。按照康德的观点："应当意味着能够，道德律以自由为先决前提，义务则只扩展到我们由此发现我们自己的境况中的能力界限内。"⑤ 所以，价值生活的实现条件既在于价值目标和道德秩序的建立，也在于人格自我的自由能力，还在于我们对现实境况的认识。

从人格到人格的价值规定，又由人格价值切入道德价值和道德义务这两个 "道德秩序" 的构成因素，使布莱特曼初步完成了价值人格伦理学的基本理论构造，余下的工作便是向人们阐述这种伦理学的基本原则要求了。按照布莱特曼对宗教、科学、自然、价值、人格和道

① E. S. Brightman, *Person and Reality* (New York: Ronald Publishers, 1958), p. 291.
② E. S. Brightman, *Religious Values* (New York: Abingdon Press, 1927), pp. 47 – 50.
③ Ibid., p. 47.
④ Ibid., p. 49.
⑤ Ibid., p. 50.

德等一系列范畴的设置，作为一种宗教目的论哲学的人格主义，首先的伦理原则理所当然是对人格的尊重。因为人格既是价值的主体，也是道德的本体；既是自然的主人，也是信仰和理想的主人。布莱特曼说："让我们提出第一个原则：对人格的尊重。"① 对人格的尊重首先得有"自尊的基础"，"如果一个人不尊重他自身的人格，就很难看到他如何能够尊重他人的人格"②。同时，尊重人格的原则不仅适应于自我人格和他人的人格，而且也包括对"神圣人格"（上帝）的尊重。③ 布莱特曼还进一步解释，尊重人格的原则也就是理性和爱的原则的另一种表达。要尊重人格，特别是尊重他人的人格和神圣的人格（上帝亦是一种人格化的存在），首先必须了解人格、理解人格，这就需要理性和知识。另一方面，"理解"是"尊重"的条件，但还必须有对人、人格和上帝的爱，才能尊重自我、他人和上帝的人格。换言之，正如理性和真理的把握是获得价值的基本条件，但理解本身并不等于价值一样，理解人格是尊重人格的前提条件，但理解本身也不等于尊重。知识与情感（爱）的统一，才能最终达到对人格的尊重。

价值人格伦理学的第二原则是："自然是神圣人格的一种启示"④。这一原则的制定基于双重目的："一方面它指出了把宗教与科学统一起来的道路。科学所发现的一切自然规律都是上帝的规律……另一方面，这一原则打开了通向可以被称为人格主义的自然神秘主义的大门。"⑤ 在这里，布莱特曼清醒地恪守着自己作为宗教神学家的信条，把宗教凌驾于科学之上，使自然和科学神秘化。这一原则与其尊重人格的原则相互抵牾。对人格的尊重本身就意味着对作为人的理性

---

① E. S. Brightman, *Nature and Value* (New York: Abingdon – Cokesbourge Press, 1945), p. 149.

② Ibid.

③ Ibid., p. 152.

④ Ibid., p. 160.

⑤ Ibid.

力量之显示的科学的尊重，但出于调和宗教与科学矛盾的理论需要，布莱特曼不顾宗教与科学终相颉颃的事实，力图为宗教保留一席信仰地盘。这是其宗教人格主义本身难以摆脱的一种理论困局。

第三原则是："精神自由"。布莱特曼把精神自由视为人格主义人生哲学的第三大原则，他认为，精神自由更重要的是精神人格的自由。人类的"全部历史即是人为自由而斗争的历史"[①]。真正的人格是独立的精神人格。它不囿于物，不累于事，不受制于人。每一个人都有自己独立自主的人格。没有精神自由，就不可能拥有真正的人格。自由是上帝赋予每一个人的权利，也是其存在、发展和完善的根本。因此，布莱特曼强调，人格主义伦理学的崇高目的，就是使每一个人意识并拥有真正的精神自由，以完善其人格，实现其人格理想和价值。正是基于这一考虑，布莱特曼在很大程度上限制了鲍恩关于宗教信仰范围的观点，突出地强调了人格的精神自由价值和独立个性。这是他哲学和伦理学的显著特点之一。

布莱特曼的价值人格伦理学是对鲍恩人格主义伦理学的发展。从鲍恩到弗留耶林、布莱特曼，人格主义伦理学遵循着一条不断趋于调和的思维路线而发展着。他们都着眼于现代文明条件下科学与发展、科学与人、人与宗教之间错综复杂的矛盾联系，力图以个人或人格为基础，使宗教（上帝）、科学（自然）和人（人格或价值）达到一种综合或统一。从而一方面确保现代宗教神学之于现代文明生活的合理性和积极意义，另一方面又力图以宗教作为医治现代文明病特别是现代科学发展中的非人道主义异化因素的良药，以宗教化的人学或人格化的宗教来拯救现代西方文明。因此，作为一种现代宗教伦理，他们的理论意向和时代感受是明确而强烈的，这就是通过强调人格价值的

---

① E. S. Brightman, *Nature and Value* (New York: Abingdon – Cokesbourge Press, 1945)，p. 163.

精神需求和超越本性（理想性），证明以人格价值为道德本体的新宗教伦理，重建与这一道德本体相适应的道德原则和规范体系。由是，强调人格的完整（鲍恩）、个体人格的创造性本质（弗留耶林）和人格存在的价值意义（布莱特曼），便成了他们伦理学的中心主题。围绕这一主题，他们便逻辑地推出：（1）合理的或理性化的信仰学说；（2）个人人格至上；（3）人格的尊严、独立和自由等一系列具体的伦理原则。因此，这种伦理学的人本主义方法和个人主义价值取向是十分突出的，其中，布莱特曼又以其对人格的价值学解释而大大扩展了这一理论视域。

我们看到，布莱特曼的伦理学有着一套完整的逻辑系统。从论证宗教的价值基础入手，他进一步解释了人格价值与自然世界，乃至人与自然的关系，进而从价值学这一20世纪最新理论成果中汲取养分，把伦理学置于人格主义哲学和价值学的双重理论背景之中，从人格的价值推出道德的价值和道德秩序以及建立在人格价值理论之上的道德原则。显然，布莱特曼的价值人格伦理学已经具备了一种新的较为广阔的价值学视景，这不仅扩大了其伦理学理论的内涵，构成了其人格主义伦理学的独特个性，而且也在相当程度上深化了鲍恩、弗留耶林等的道德理论，使人格主义伦理学的宗教色彩更加淡化。应当特别指出的是，布莱特曼关于真理与价值的差异和同一的论述，关于人格之综合定义和作为道德本体之特性的论述，以及关于价值世界之外部冲突（科学、自然、人格与价值）和内部冲突（人格自身内部之灵肉冲突和个体人格之间的冲突）的分析，等等，都含有不少富有启迪的见解。至少，它们可以使人们对真理与价值的相互关系、科学主义与人道主义的矛盾及其理论本质、自我价值与他人或社会价值的相互关系等一系列复杂的理论问题获得某些新的思考。

当然，布莱特曼在构筑其价值人格伦理学时，并没有忘记作为一位宗教哲学家的神圣使命。在许多问题上，他甚至不遗余力地用各种中庸调和性解释，去弥合宗教与科学、宗教与人之间的裂缝，并在人格之上树立了一种"神圣的人格"，因而使其伦理学理论并未完全超出宗教信仰主义或宗教有神论的目的论栅栏，在突出个人或人格的同时，也为遥远无期的上帝影像布上了辉煌而神秘的光环。这是他伦理学的必然结果和天然局限，也是他作为宗教伦理学家所无法抗拒的理论命运。

第五节　霍金的自我人格伦理学

威廉·恩勒斯特·霍金（William Ernest Hocking, 1873～1966）是美国人格主义第二代中的另一位重要人物。他的理论倾向略异于鲍恩及其门徒，在突出个体意识和自我人格之有限实在性的同时，强调了作为无限实在之上帝的绝对性。在伦理学上，他比布莱特曼和弗留耶林更重视个人信仰和绝对理想的积极意义，将人格的价值统合于对无限理想（上帝）的信仰和追求之中。这一点是人们把他的伦理学称为绝对实在论的人格主义的主要理由，也是他区别于鲍恩及其弟子的重要理论特点。

霍金 1873 年 8 月 10 日出生于美国俄亥俄州的克利夫兰。1901 年至 1902 年，他先后在哈佛大学获得文学学士和硕士学位。随即以公费研究生资格赴德国哥廷根大学、柏林大学和海德堡大学短期进修，回国后在哈佛大学获哲学博士学位。1904 年秋，他应聘担任安多佛神学院宗教史和宗教哲学教师。1906 年转到加利福尼亚大学执教，两年后又转到耶鲁大学应聘为哲学副教授，不久升为哲学教授。1914 年起，霍金重返母校哈佛大学被聘为哲学系教授。1943 年退休，长期担任名誉教授。他还先后在美英其他大学讲学，其中包括英国的格拉斯哥、牛津、剑桥等著名学府。霍金一生以宗教哲学和伦理学为学术主旨，出版了大量学术著作，其中较有代表性的是：《上帝在人类经验中的意义》（1912 年）、《道德及其敌人》（1918 年）、《人的本性及其再造》（1918 年）、《人与国家》（1926 年）、《自我及其肉体和自由》（1928 年）、《哲学的类型》（1929 年）、《个人主义的永恒因素》（1937 年）、《死和生的断想》（1937 年）、《活的宗教和世界信仰》（1940 年）、《人能造就什么样的人》（1942 年）、《科学与上帝的观念》（1944 年）、《人类经验中的不朽意义》（1957 年）等。

一 自我和自我观

在美国人格主义者中，霍金是唯一极少使用"人格"这一概念的人。这是由于霍金本人的思想形成并不源于人格主义始祖鲍恩，而更多的是师承其导师、美国绝对唯心主义哲学家罗伊斯。但这并不是说霍金背离了人格主义，而毋宁表明了他的人格主义的独特性。这就是，以改造了的罗伊斯的"自我"和"自我意识"概念来替换"人格"概念，建立一种以"自我"为核心的人格伦理学。

从哲学或总体的意义上，我们可以把霍金对"自我"的规定分为三个层次或三个方面。第一，就整个世界而言，自我是一切存在的本原，是时间与空间的焦点。在空间上，世界的存在包括诸多领域，而"自我"则是这些"领域的领域"（the field of fields），或者说是诸多因果性秩序上的"领域关系"之本。多个领域相互分离，因为有了"自我"，它们才彼此相关，获得统一的意义。自我是世界万物存在的意义之源。从时间上看，世界的一切变化同样源于"自我"，自我的创造是一切新事物的源泉。

第二，就自我的存在本身而言，自我是一种"反省—散漫的系统"（reflective-excursive system），亦即精神（心灵）与肉体的统一体。作为反省性的自我，表明自我所特有的批判、反省、判断、选择和欲望特性，这即是精神人格的表现。作为散漫的自我，则是指肉体行为的自我。一切活动或行动都必须通过肉体的自我得以实现。因而肉体自我也是人作为特殊意志和特殊行为之存在的基本条件。"在这种意义上，没有作为其一部分的物质，就不可能有精神，没有肉身就不可能有精神。"①

如果说，肉体自我的存在使我们必须首先立足于人类生活的实在经验来认识一切，精神自我或心灵自我的存在则使我们有可能从人类生活的经验实在中进一步洞见到它所特有的"不朽意义"，这就是自我的精神意义，也即自我的第三个层次。在霍金看来，精神自我表现为无限的意义，而肉体自我则是有限的、暂时的，它只有现在而没有过去和未来。自我是"有限和无限的统一"②。精神自我是这种统一的基础和核心。正是这种精神自我的反省能力使自我具有一种内在的创造能力和追求意志。创造和追求使他趋向于某种希望和目标的实现，霍金将其称为一种"实在意志"（will to reality）。"实在意志"是自我基于对直接生活经验的感受并在一种"对存在的没有表述出来的信念"支配下所产生的创造意志。它的本质是求得意欲的实现。但它不是尼采的"强力意志"，因为它要求实现的并不是某种权力或强力，而是趋向某种实在。故而，实在意义亦是一种现实存在的意志，或者说，"我是"（I am）即"我意志"（I will）。

从"自我"的三种规定中，我们可以进一步发现"自我"本身的多重表现，如"直接表现的自我"（the self of immediate expression）、"市场技术性表现的自我"（the self of marketable technical expression）、"游戏的自我"（the self of play）、"艺术的自我"（the self of art）、"美体的自我"（the self of bodily beauty）、"风范和仪态的自我"（the self of manner and carriage）、"情绪的自我"（the self of emotion）、"具有远大抱负的自我"（the self of aspiration）、"宗教情感的自我"（the self of religious feeling），以及"经验的自我"和"神圣的自我"等。

---

① W. E. Hocking, *The Self: Its Body and Freedom* (New Haven: Yale University Press, 1928), p. 85.

② W. E. Hocking, *The Meaning of Immortality in Human Experience* (New Haven: Yale University Press, 1957), p. 52.

但是，自我的多重表现并不等于自我本质的多重分化，相反，从根本上来说，自我的存在最终可以归结为内在与外在两种形式的统一过程。霍金说："自我当然不是静止的本质，它是由一种主要的欲望、一种欲望所激发起来的活生生的过程，这种意志追求以各种行为方式给予被感觉为一种独一无二的主观冲动或感情的东西以客观的形式。去'认识'这个人，也就是去感觉他身上的这种追求，去看从这种追求中实现出来的东西和思想，去猜测尚未实现出来的潜在行为和思想。"[1] 自我不是静止的本质性概念，而是一种内在与外在的意志追求过程。因此，认识某个人的自我或人格就不能从不变的观念出发，而只能从他身上具体感受和认识其思想和行动。这种对自我的感受和认识，便是我们所形成的自我观。

霍金认为，由于自我存在的复杂性，人们往往有两种不尽相同的自我观。一种是"内在的"自我观；一种是"外在的"自我观。依前者来看，自我即是我们对自己内在存在或精神存在的"稳定意识"。依后者来看，我们的自我不仅仅是独立的主体自我，而是一种外在肉体的客体自我。更有甚者，在"我的世界"里，我的肉体自我或客体自我是诸多客体性自我的一种。在这个世界上，还有许多"为我视之为他自我（other selves）的东西"。因之，"我是我自己，但我也是此一阶层、此一人种的一员"[2]。从人类所形成的这两种自我观中，便自然地导出两个带根本性的伦理学问题：一个是对自我存在本身的内在与外在、精神与肉体、主体与客体的双重认识问题；另一个是由此延伸出来的人类自我之间的相互关系问题。

霍金将前一个问题视为人性的灵与肉存在的价值或意义之再造问题。他认为，伦理学的首要任务便是揭示自我之双重存在的价值内

---

① W. E. Hocking, *Man and the State* (New Haven: Yale University Press, 1926) , p. 258.

② W. E. Hocking, *The Self: Its Body and Freedom* (New Haven: Yale University Press, 1928) , p. 8.

幕，从而为自我或人格的完善探明道路。他将后一个问题视为人类之"私人秩序"与"公共秩序"、个人与国家或社会的价值关系问题。它构成了霍金伦理学的政治学展开，使他由此从伦理学走向社会政治学。而他最终的解释则是：重返自我的内在精神本性，并由此深入人类精神追求中道德与宗教的契合点和历史一致性。这大抵就是霍金自我人格伦理学的基本思路。

二　灵与肉：人性再造的人格方面

既然人的自我具有双重的存在，人们的自我观又有内外之分，那么，哲学和伦理学就必须首先探索这种分化的原因和使它们统一起来的可能性。内在的自我观与外在的自我观之间哪一种更为真实？如何将两者统一起来？这是霍金的伦理学首先思考的问题。

在他看来，外在的自我观是"把人的自我与活生生的人的肉体同一化的外在观点"，而内在的自我观是"原始的和自我本位的"[①]。历史上，外在的自我观似乎更具影响、更有道德理论有效性。人们常常倾向于把自我当作自然世界之一部分，或者像康德那样从种属的角度，"把我们自己认作是这包容一切的自然世界中的一个平等群体中的一员"，以此来规定道德的规则和义务。霍金认为，这种外在的自我观在道德上并不确切。他指出："如果这种外在的观点是完全真实的，那么种种推论就多少有些令人困惑了。如果人是自然的一部分，而又没有任何东西与自然相对照，那么，就推导出伯特兰·罗素最近所说的那种结论：支配人的行动的规律也就是支配量子和原子的规律。在我们的所有行动中，尽管我们有自由感，我们也只能做我们必须做的事情。"[②] 换句话说，单纯把人看作自然之一部分，实质上也就

[①] W. E. Hocking, *The Self: Its Body and Freedom* (New Haven: Yale University Press, 1928), p. 9.

[②] Ibid., p. 10.

只能是把人看作外在的肉体存在，对其行为的解释也只能囿于自然因果律，无法揭示人的内在自我及其行为的精神自由特质。依霍金所见，内在的自我或人的精神存在才是最根本的。他认为："事实上，以外在的东西为借口而抛弃内在的自我观是不可能的……任何对自我的物质性解释都无法改变这样一个事实：自我是它对它自身所显示的存在。"① 行为主义或唯物主义正确地强调了人的肉体，却错误地忽略了人的心灵和精神。现代心理学（如格式塔学派一类）重视人的心灵但又错误地把"心灵事件"（mind-events）降低为生理的"肉体事件"（body-events）。两者都没有解决内在自我和外在自我的统一问题，因之也无法真正找到人类道德的价值本源。

霍金认为，没有价值便没有道德。存在本身或者说纯客体性的物质存在本身（包括人的肉体）并无价值意义，只是一个"道德中性世界"。他写道："存在本身缺少意义，物质事件尤其缺乏我们称之为价值的那种内在意义"。"而缺乏价值，也就是缺少道德性质"。只看到人的肉体存在，也就是只看到了人作为自然的无价值意义的存在。但是，"对于一个人来说，道德中立性是一种不可能的态度"② 。人的本质存在并不是其肉体，而是其内在精神；后者才是他作为价值和道德存在的特殊人性所在。明乎此，我们才能脱出传统既定的"道德实在论"，才能建立真实的人性观，塑造我们的人性。

在《人的本性及其再造》一书中，霍金从人的肉体与精神、自我存在与自由的关系入手，集中阐释了"人性再造"的内涵。他如此解释道："再造在很大程度上是人对他自身的工作，即是主要的本能、意志对零碎特殊的冲动的逐步改变。自我意识的存在不可避免

① W. E. Hocking, *The Self: Its Body and Freedom* (New Haven: Yale University Press, 1928), p. 28.

② Ibid., pp. 43 – 44.

的是一种不断变化着的存在；而我们称之为原始本性的道德方面恰恰就是对这种自我建造（self-building）工作承担着一种广泛的宇宙性责任，并使其自身成为一个现存的与人更遥远之命运相伴的同伴之自我意志"①。人的再造也就是自我或人格的锻造，它的实质是人的主体意志对肉体自我之自然本性的改造，亦即心灵或精神对肉体或欲望的改造。

灵与肉的矛盾是自我人格的内在矛盾，但它们之间的关系却是必然的。灵与肉既非相互独立的存在，也非完全对立的存在，而是既相互差异，又"同属于一个单一的系统"的两个方面。它们确乎是互不相同的二元自我，但同时又是一元自我的不同方面。传统宗教认为，人必须为了拯救灵魂而抛弃肉体，或者以彼一肉体的存在取代此一肉体的存在，这是极为错误的。问题的关键不在于制造灵与肉的绝对对立或把人格自我二元化，而是寻求两者的统一和如何统一的方式。霍金强调，灵与肉不可截然分割，不存在无肉体的灵魂，也不存在无灵魂的肉体。我们肯定两者之间的差异，但并不意味着把它们截然分割开来。他说："肉体和心灵是不同的：我们没有任何否认这一命题的意图。但它们的不同何在？它不是两个多少有相互作用的不同实体，也不是两组相互平衡的现象，每一方都是完全自在的。它们毋宁是作为一个不同于整体的部分而互不相同的。肉体是自我的一个有机器官，一如大脑是肉体的一个有机器官。自我需要其肉体，以成为一个实际的、能动的、社会的和历史的自我。"②

总之，灵与肉只存在于它们作为整体之部分的差异上，而不意味着它们两者本身的独立存在或实存性对立。两者都是自我整体或人格

---

① W. E. Hocking, *Human Nature and Its Remaking* (New Haven: Yale University Press, 1923), p. 171.

② W. E. Hocking, *The Self: Its Body and Freedom* (New Haven: Yale University Press, 1928), p. 101.

整体之有机构成。因此，人性的再造和自我人格的再造，就不是一个以灵克肉或弃肉保灵的问题，而是一个锻炼灵魂和肉体，并使之和谐统一起来的意志行为之过程问题。自我的根本是自我意志，而意志只能靠意志本身来改变。① 它的中心是自我的主体意志或"中心意志"，其目标是人生希望的追求，其本质是人格的自由精神。

以霍金所见，道德既是一种"信念状态"，也是一种"意志状态"。因为它包含着对理想目标的追求和实现。人类的道德生活是一种特殊理想和意志的生活。② 作为意志主体的自我是一个行为系统。但自我的行为绝不是行为主义者所断定的因果性反应，而是一种合目的性的意志行为。行为的目即是它所包含的人的理想和希望。希望是人的一切道德价值行为最深刻的内在动机。"自我的确是一个行为系统，但它是从一种执着希望中突现出来的一个目的性行为系统。自我的核心是它的希望。人们在经验中所发现的一切善都有希望的色彩，而这种希望反过来又成为一切行动的目标。意义正是从这种单一的源泉中降临于具体行为之上的。"③

所谓希望，也就是人生的理想和信念。它是自我人格赖以独立并超越于万物之上的根本标志。"因为如果没有自我的希望，便不存在自我，也不存在自由的自我。"④ 希望、自我和自由是同一的人格本质。霍金反对传统伦理学把自由当作一种意志属性的做法，特别是那种认为人的心灵可以获得自由，而肉体则无法得到自由的古老观念。他认为，自由是人的自我性（self-hood）本质。人的自由是作为一个

---

① W. E. Hocking, *Human Nature and Its Remaking* (New Haven: Yale University Press, 1923), p. 172.

② W. E. Hocking, *Morale and Its Enemies* (New Haven: Yale University Press, 1918), p. 14, p. 23.

③ W. E. Hocking, *The Self: Its Body and Freedom* (New Haven: Yale University Press, 1928), p. 46.

④ Ibid., p. 147.

整体之自我的自由，而不只是纯粹心灵或精神的自由。他说："自由不是一种意志的属性，它是自我性的本质。由于这种意义渗入所有的各个部分，所以自由也渗透于整个行为自我。事情并不像心灵是有目的的那样，心灵是自由的，而肉体则如同因果性那样是被决定的。我是作为一个整个而自由的。"①

自由是整体自我的本质，没有自由便谈不上自我或人格。一如没有无希望的自我一样，也没有不自由的自我。因为自由始于人的"自我意识"，而"自我意识是从自我性的开始便出现的"②。更明确地说，当一个人开始意识到自己的自我身份时，他便有了人性的自觉，也就有了自由。所以，霍金提出了一个著名的命题："成为人类即是有自我意识。"③ 然而，正如人类的自我观有内在与外在之分一样，自由观也是如此。内在的自由观基于人的自我意识和反思。"反思是自由的一种开始"④。自我意识是一种内在的主体的自由意识，它意味着人对自我本性的认识已达到独立自觉的状态。霍金还指出，人的罪恶感是人内在自由的最深刻表现。罪恶本身意味着人的行动完全是在自我的控制下践行的，自然、环境和上帝都无法决定其产生的意义，一切都只能由自我承诺。人的自由选择产生了自由的价值（意义），也产生了选择的意义。罪恶感是对这一事实的深刻自觉。

与之相对，外在的自由观即是把人作为外在自然之一部分来看待时所意指的，肉体自我之于外在物质性或因果性规律的超脱程度。因此，相对于人的自由，不仅有一种内在的"意义规律"，而且也有一

① W. E. Hocking, *The Self: Its Body and Freedom* (New Haven: Yale University Press, 1928), p. 147.

② W. E. Hocking, *Man and the State* (New Haven: Yale University Press, 1926), p. 236.

③ W. E. Hocking, *Human Nature and Its Remaking* (New Haven: Yale University Press, 1923), p. 6.

④ W. E. Hocking, *The Self: Its Body and Freedom* (New Haven: Yale University Press, 1928), p. 150.

种外在的"物质自然规律"，它们决定着自由观之内在与外在的差异。但是，无论这种差异多么大，两种自由观之间并不是截然孤立或分离的。一如两种自我观不能截然分离一样，两种自由观也只是同一自由的两个不同方面，必须把它们统一起来，价值追求便是它们统一的基础。霍金说："外在的和内在的自由观都不是绝对孤立的，它们是对同一事物的观点，这便是对价值的追求和实现。"①

价值追求是自我的希望，它使自我得以超越。从这一意义上说，"我们的自由度也就是我们自己的实在程度"②。人总是在不断追求着某种希望，这是人类自由追求的内在动力。如果一种希望无法成为现实的价值，它也就不能继续存在于人的心中。上帝是人类无限希望之所在，因而对人类具有永恒的吸引力，它使我们每一个人都为之坚信，为之追求，为之努力。换言之，目标的延伸和信念的坚定，始终使人获得自由生活的力量。诚然，只有具备现实可能性的希望才能促进人的自由。"只有当希望能够找到其可能的善——一种真正的信仰对象时，自由才能壮大。因此，自由的生活最终依赖于神秘崇拜的有效性。"③

从自我到自由，从两种自我观到两种自由观，霍金基本完成了他的自我人格伦理学的道德本体论预制。这一理论预制的支撑点是自我，以灵与肉的矛盾为主线而展开的人性及其再造理论是这一理论的基础，而人性、希望和自由又构成其相互交错的内在线索。或者说，霍金的人性观是其自我人格理论的具体展开，希望是其内在骨骼，自由则是其整个理论构架的顶点。这一切恰恰是他人性之再造学说的主体内容。

---

① W. E. Hocking, *The Self : Its Body and Freedom* (New Haven: Yale University Press, 1928), p. 161.
② Ibid., p. 170.
③ Ibid., p. 173.

需要注意的是，霍金的这一理论并没有完全限于纯粹的理论伦理学范畴，它所触及的毋宁是人类道德背后更为深远的人学价值问题，关于自我及其灵肉矛盾的揭示与展开，显然是对一般人学的基本问题的阐释。而且，当他把传统基督教的主要德目之一的"希望"视作自我人格之核心，并把自由价值追求最终诉诸希望的信仰或信仰的希望时，实质上，他已经是在借助于一种自我学的人本主义逻辑，为其宗教人格伦理学建筑基底了。把内在精神自我置于外在肉体自我之上，并以内在的意义追求作为自我人格的根本，最终证明内在自由所蕴含的无限之精神价值，正是对上述理论意图的彻底贯彻。它带有明显的传统基督教伦理影响的痕迹。自我人格的两重化（灵与肉）、自我和自由观的两重化（内与外）以及价值的两重化（精神的与物质的、无限的与有限的），都使人想起传统基督教所制造的灵肉对立、天国来世与世俗现世的对立等做法。尽管霍金并不是传统基督教伦理的注释者，甚至强调指出了二元自我和二元自由价值的统一，但其间带有的传统宗教思维的影响痕迹却是依稀可辨的。

三　人与国家：人性再造的社会方面

如果说，霍金从灵与肉的关系中发现并阐述了人性的二元价值关系和价值本质，对人性的再造给予了一般构成性的理论说明，那么，从人与国家或自我与群体的关系中，霍金进一步发现了人性现实的社会性道德关系和社会本质，对人性再造进行了具体的社会历史说明。因此，我们从一种宽泛的意义上将他的前一种说明概括为自我人学的和价值学的，而将其后一种说明概括为道德社会学的或政治学的。两种说明各有所指，同时又共同构成霍金所谓人性再造理论的完整系统。

霍金指出，就单个自我而言，人是肉体与灵魂的统一存在，灵与肉的矛盾构成了自我（人格）的内在基本矛盾。就人类而言，人在根本上是一种"人为的产物"（artificial products），人的善恶都是他们自己造成的。"自然创造了我们，社会行动和我们自己的努力又必定不断地再造我们。"① 人类再造之可能根据，就在于人性是可以改变的，而且必然在社会中发生改变。关键在于："什么是原始的人的本性？我们希望把人的本性造成什么东西？创造我们所希望的人的本性之可能性程度又如何？"② 对此，霍金采取了近代法国启蒙思想家们的观点，认为："就结构而论，人的本性无疑是生活世界中最具可塑性的部分，也是最具适应性和最有培育可能的东西。"③ 从人的本性的结构中，我们可以发现两个基本的层次："主要本能的层次和较为特殊的本能与行为单位的层次"④。而从人性再造的外部环境来看，我们又可以发现人性所特有的"联系"或"社会性"。在经验的意义上，任何人都依赖于社会的交往，以保持自我人格的健全。在对"道德两难"和"罪恶（感）"进行的五种典型分析中，霍金曾以第二、三两种分析来说明人的社会联系和道德存在的社会特性。其述如次：

…………

（2）任何人都不能脱离社会及其各种各样的联盟而过一种道德生活；然而所有的联盟都是与不完善的东西的联盟……

（3）道德生活必须成为社会的……在这种社会性道德存在的必然事变中所使用的是各种道德权威，我们已经涉及作为一种自然的良心习惯。⑤

霍金的这两点分析显然是关于自我人格之道德社会性或道德社会

---

① W. E. Hocking, *Human Nature and Its Remaking* (New Haven: Yale University Press, 1923), p. 7.
② Ibid., p. 11.
③ Ibid., p. 15.
④ Ibid., p. 140.
⑤ Ibid., pp. 153 – 155.

性存在的结论性论断。他以为，人与国家的关系正好是这一结论性论断的最好注解。

人是自我独立的存在，也是社会关系的存在，因而人和人性的再造既是人自身的完善，也是在社会联系中进行的"人为的"再造。所谓"自然的良心习惯"，即是人自身之再造的内在表现。霍金认为，人的良心和社会性都或多或少带有一种"本能"的色彩，因为它们的作用形式类似于本能的功能发挥。但良心与社会性并不同一。社会性的本质是"寻求邻友"，寻求"交往"或"依赖"，而良心的本质则是"寻求权威"，寻求一个内心的和群体精神的权威（个人良心和社会良心）。从这一意义上说，良心又不是一种自然的本能，而毋宁是内在人格的一种自我意识，一种特殊的自我检省、自我控制的能力。因此，"良心是再造人的本性的主要的内在主体……它必须作为一种批判而超脱于一切将被再造的东西之上，并同样也要超脱于一切本能之上。它充当着审查员的角色。所以，它的大多数角色都是非现实的，因而也是沉默式的"①。霍金补充说："我的观点是：良心处于人的本能生活之外，但不是某种与之分离的东西，而是作为对生活在维持其特性和生长时成功与失败的一种意识。它是人们在任何时候所获力量的维护者……在这样一种意义上，良心原生于人的本性，这种意义是：正是在人的本性的能力容量之内，良心才因此成为一种领悟和控制其自身宇宙方向的自我意识。它不是一种本能。它是本能之自我整合的最新的一种最精致的工具。而且它也是使人类具有独特特征的工具。"② 这两段话集中反映了霍金良心观的基本内涵：他阐明了个体良心的一般本质特征——良心作为一种人格自觉的自我意识、自我检省、自我控制和自我整合。

---

① W. E. Hocking, *Human Nature and Its Remaking* (New Haven: Yale University Press, 1923), p. 122.

② Ibid., p. 123.

　　但是，就人性再造这一主题而言，良心的内在再造还只是一个方面，另一个更为复杂的方面是作为共同理性和共同良心之主体的国家或社会，以及与此相关的人的社会生活或社会道德生活。霍金指出："如果我们把理性和良心这两个术语应用于行动而不是应用于理论沉思之中的话，也就是作为反思性意志和自我意识的意志来使用的话，那么，国家就可以按照这种观点定义为它的成员的共同理性和良心。"① 只有明白国家的这一特质，我们才可以进一步理解国家或社会条件下的人的道德生活和人性再造的内涵。

　　在霍金看来，国家生活乃一种特殊的群体生活，它基于各小群体之间的联系。这种联系有两种形式，一种是"非人格的和抽象的"；另一种是"人格的和具体的"。前一种联系形式即是由群体活动所创造的共同生活，它关注的是群体成员之间的联系，而不是各成员自身的整体人格能力。后一种联系形式则是群体活动所创造的私人生活，它关注的不是成员间的外在联系，而是他内在的总体人格。霍金认为，后一种联系形式更为复杂和深厚，家庭的血缘联系便属于这种形式。而前一种则较为抽象和松散，人们的政治联系就是如此。正是这两种不同的联系形式产生了两种不同的人类社会生活秩序：公共秩序与私人秩序。在公共秩序中，占主导地位的不是"完整的个人"（the whole man），而只能是一种作为中心的"权力意志"。完整的个人或人格只能基于人格的具体联系之上才能理解。

　　霍金指出，国家是群体意志的主体，它"存在于其成员的意志实在之中"。因此，要理解作为国家之成员的每一个体的"外在性"（社会生活），就必须先理解国家的这种共同意志、共同理性和共同良心的本质。作为共同意志的主体，国家代表的是在这种共同意志基础上所确立起来的权力或力量。所以，权力意志是国家建立的基础，一

---

① W. E. Hocking, *Man and the State* (New Haven: Yale University Press, 1926), p. 44.

切政治的或社会的秩序、政治制度、组织形式等，都是围绕这一权力意志形成和运转的。"简言之，国家为在人类历史中建立权力意志的客观条件而存在。"① 这便是社会政治学的基点，而社会政治学的第一原理便是："没有所为的权力，便不可能有任何所主的权力（here can be no power-over without power-for）"②。即是说，在政治生活中，共同意志建立的基础首先是权力的"所为性"，只有当这种共同意志能够代表每一个人的意志并为着每一个人时，它才能形成，才能称为真正的共同意志，作为中心的权力意志也才能产生。从这种意义上说，个人的需要和正当意愿创造了共同意志和中心权力。进而言之，个人的需要创造并不断地创造着国家。

于是，在个人与国家之间便形成了如下特殊关系：首先是个人先于国家，因为正是他们的需要才产生了国家这一共同意志的代理者。其次是国家优于个人，因为个人的需要正好说明了个人尚未得到完善的发展和条件，国家的建立才是满足这一更高需要的手段和条件。霍金不乏深刻地指出："正是个体的各种需要和首创［精神］创造了国家，并继续创造着国家。这意味着个体先于国家；也意味着国家先于完善的个体。他需要国家成为他在自己身上并使之成为的那个个人。"③ 事实上，在霍金这里，正是通过"个体意志"的吻合和循环运动，才表明了众自我（selves）的联合，表明了这种联合是如何形成一种"群体自我"（group-self），即共同意志主体的。在谈到社会关系中的权力形式时，霍金就曾把权力分为"物质的""契约的""名誉的"三种类型。④ 他认为，国家的大部分权力都属于契约型的。各社会成员通过把自己的自我意志和自我权力按照共同的需求而联合

---

① W. E. Hocking, *Man and the State* (New Haven: Yale University Press, 1926), p. 325.

② W. E. Hocking, *Man and the State* (New Haven: Yale University Press, 1926), p. 334. 着重点系引者所加。

③ Ibid., p. 339.

④ Ibid., p. 176.

起来，组成一种最适合的或具有共同理性基础的中心权力，这才产生了人类的政治生活，使其社会关系和社会生活有了独特的政治学意义。

那么，在人类社会生活中，人性的再造所通过的社会关系之政治学意义背后又有何道德和价值意义呢？更确切地说，个人与社会的价值关系究竟如何？这种关系对人性的塑造产生着什么样的影响？对此，霍金并没有按常规方式来解释，而是给出了一个奇特的公式：

$$S = f(N, L)$$

在这个公式中，S 表示社会联系（Social bond）与其成员的价值；L 表示社会联系这种先决条件的层次（Level）；N 则表示群体中的各个体成员（Number）。该公式的释义为：社会联系与其成员的价值即是前者作为先决条件的层次和各联系成员的一种相互作用。若 N（成员数）发生改变（以 $N+n$ 表示），L（层次）也发生改变（以 $L-x$ 表示），则 S 的价值也会发生改变（以 S' 表示）。当 $S' > S$ 时，则意味着 N（成员）量的增大，L（层次）亦增多。反之，当 $S > S'$ 时，则 N（成员）量减少，社会群体便会产生一种排斥 n（新成员）的界限，这便是 $f(N+n, L-x) \gtrless f(N, L)$ 这一变化公式的具体意蕴。于是，我们在此就不难发现个人与社会、个人与社会关系之间的复杂价值内涵。

霍金指出，在这一古老而重要的问题上，人们历来众说纷纭，各执千秋。最具代表性的观点是所谓"个人主义"和"自由主义"。1937 年，霍金发表了一部题为《个人主义的永恒因素》的专著，该书的副标题是"献给约翰·杜威：多年争论中不断加深着友情的同志和对手"。在该书中，他一方面对杜威的实用主义哲学和伦理价值观提出了尖锐的批评，特别对杜威等的个人主义和自由主义价值观提出了质疑。他认为，作为西方最主要的价值观念，个人主义是自由主义理论的产物。后者把个人视为社会或团体的基础与力量源泉，而社会则是个人自由发展的手段或条件。他说："作为一种历史的事实，我们看到，个人主义是我们称之为'自由的'那些理论和性情的产儿。'自由主义'这个词意指一种对社会各单位的不可证明之力量的自信态度。它意指这样一种信念：任何社会的福利都可取得组成该社会的各个体的信赖。自由主义坚持主张，任何团体最伟大的自然资源便是它的成员之潜在理智和善良意志……"① 在此，姑且不究霍金有关自由主义的解释是否准确，但他把自由主义理论作为个人主义的理论基础这一见解是正确的。对于霍金的争论对手杜威之实用主义哲学来说，这一见解尤其深刻。在杜威那里，自由既是哲学文化精神的核心，也是一切道德价值观念的基础，更是现代民主社会的基石。因此，在杜威的哲学中，社会政治的自由民主与个人主义的文化价值观是相辅相成的。

　　然而，作为一位宗教哲学家和伦理学家，霍金的看法却不尽如此。一方面，自我人格是其哲学和伦理学的中心论题与逻辑出发点；另一方面，在这种自我人格之外，仍保留着某种作为绝对价值精神的神圣本体（上帝）之至尊地位。而在这两极之间，社会生活和社会联系又有着特殊的中介地位。霍金所注重的是人的精神人格（灵魂、理想）和作为人类整体的内在价值精神，而不是杜威等美国实用主义思想家所偏爱的现实功利价值。因此，他并没有一般地证明个人主义，而是从个人与国家之间的内在联系中，分析个人主义和自由主义价值观的得失，指出其永久因素和实际缺陷。他认为，个人主义的基本精神主要有三个方面："首先是人们之间的一种根本的平等……其次是一种根本的自由，因为每一个体作为其群体的选择者，自身必须在精

① W. E. Hocking, *The Lasting Elements of Individualism* (New Haven: Yale University Press, 1937), p. 5.

神上包含所有这些社会可能性。第三，一组产生于作为一个人的他之需要的权利。这些需要成为他选择他的许多可能性群体的基础，因而这些群体被设想为是为他而存在的，而不是他为这些群体而存在。"①

从平等、自由、权利这三个方面来看，个人主义显然有偏激的地方。如，它只强调了个体人格的实现和个人的利益与权利，忽视了国家的重要性。按霍金的见解来看，个人主义更多的只是一种信念，而不是问题的全部。他明确地说："正如我们将要研究所示的那样，个人主义只是一种对作为社会结构之最后单位（ultimate unit）的个体的信念。他们认为国家是一种高贵威严的实在……但个人主义则坚持认为，有某种东西比国家更为真实，这就是个体。各社会群体和制度都是由他所组成并为他而存在的，而不是他为它们而存在。而且它们具有的一切生命、所有理智和所有能量最终都源自他，他是它们由此诞生的生产力量。"② 霍金进而指出，个人主义的这种僭妄是建立在自由主义的理论之上的。但是，作为其理论基础的自由主义本身却不完善。霍金将这种不完善性概括为三个方面：（1）自由主义缺乏统一性；（2）它主张无义务的权利；（3）具有情绪性缺陷。③ 具体地说，自由主义过多地强调了个人的独立和自主，而没有注意到人的统一性（以国家为基本统一形式）的重要意义。同时，它强调了个人的权利而轻视了个人的义务和责任。事实上，"对于成熟的个人来说，不存在任何无条件的权利"④。最后，它重视人的行动和心理需要，而忽略了共同理性的必需。因此，建立在自由主义基础之上的个人主义也就很难摆脱这些缺陷而至于完善。

---

① W. E. Hocking, *The Lasting Elements of Individualism* (New Haven: Yale University Press, 1937), p. 35. 着重点系引者所加。

② W. E. Hocking, *The Lasting Elements of Individualism* (New Haven: Yale University Press, 1937), pp. 3 – 4.

③ Ibid., pp. 40 – 63.

④ Ibid., p. 53. 着重点系引者所加。

但霍金并不全然否认个人主义。他在强调国家之重要性的同时，也认肯了个人主义内在精神的永恒性和合理性。他认为，个人主义的永恒因素中最为深刻的因素，就在于它与某种人类终极目标所保持的内在联系。这种终极目标便是对作为价值本体的上帝的信仰和追随。每一个人与上帝之内在联系的本质，就是自由个人在对上帝的自由追寻中获得力量和勇气，以实现其人格理想。从这一意义上来理解，个人主义的内在精神即是它对未来社会生活中个人完善的要求。换言之，"个体保持在精神上先于国家，而每一个未来国家的原则必须是这样的：每个人都将是一个完整的人。……它是政治民主所一直赖以建立原则，……"① 可见，霍金对个人主义和自由主义的分析并不是否定性的，而毋宁是从一种内在性和目的性意义上证明其合理性和永恒性。因此，他的根本价值立场仍旧是个人主义或个人人格化的。所不同者只是他更侧重于个人主义价值观所包含的理想精神要求和人格目的性意义。正是基于这一前提，我们才可能较深刻地理解对道德的宗教学解释。

四　神圣与拯救：人性再造的宗教方面

人对自我完善的追求是一种理想的必然定向。人的本性可以并需要再造，说明现实的人并不完善。因而，人需要在人格之灵肉冲突和人自身与外部社会生活的联系中进行自我人性和人格的改造、完善，这是人性再造的内在与外在方面。除此之外，还有一个终极的方面，即人性最高改善的宗教方面。

霍金如此写道："在人的改变中，社会意在使他文明化，宗教则意在拯救他。在这些方面有一种看法，即认为社会的工作或多或少是

---

① W. E. Hocking, *The Lasting Elements of Individualism* (New Haven: Yale University Press, 1937), p. 133.

表面的，而宗教的工作则较为彻底和全面。人使其心灵和习惯与社会的要求相一致并认为'有教养的'（polite），而他使其灵魂服从于宗教并使他成为'神圣的'（holy）。"① 心灵使人格高尚，社会使人格文明，宗教则使人格神圣，从而使人获得最终的拯救。道德的事业"是自我意识内部的一种斗争"②。在灵与肉的斗争中，自我借助于灵魂和精神人格的力量克服肉体的自然盲动，使人格高尚起来。在人与国家的关系中，人通过与社会和群体的联系交往以及社会的政治、制度、风俗、习惯等形式使自身社会化、文明化。然而，这些都还不是最终的。彻底的人性再造还有待宗教的拯救。因为宗教不止于自我意志的努力，也不止于某种共同理性和意志的实现，而是对一种世界之终极力量的直接感悟，并通过这种感悟所激起的大胆努力而趋向完美无限的存在。霍金说："宗教是人对其与这个世界的终极力量进行交流之命运的直觉，和伴随这种直觉的冲动。它使人勇敢地进行将其思想与整个事物作相称较量的大胆努力，并且是把整个事物作为一种沉思享受的对象之大胆努力。"③ 所以，"雄心乃宗教之本质……若宗教消灭雄心，也就消灭了它自身"④。正是宗教的这种本质，反映了宗教所指向的无限而完美之理想，使神灵成为一个远远高于或优于国家或某种"中心意志"的崇拜对象。换句话说，宗教所及的领域是神圣的领域，神的实在是一种绝对的实在。相比之下，"国家最多也只是一个可怜的崇拜对象"⑤。

霍金还以肯定的口吻赞赏中世纪神学家安瑟伦。他认为，在安瑟

---

① W. E. Hocking, *Human Nature and Its Remaking* (New Haven: Yale University Press, 1923), p. 297.

② Ibid., p. 479.

③ W. E. Hocking, *The Self: Its Body and Freedom* (New Haven: Yale University Press, 1928), p. 5.

④ W. E. Hocking, *Human Nature and Its Remaking* (New Haven: Yale University Press, 1923), p. 398.

⑤ W. E. Hocking, *Man and the State* (New Haven: Yale University Press, 1926), p. 405.

伦关于上帝存在之证明的论点中至少有一种真理性因素，这就是：用神或神圣的眼光来看，"存在的属于完美的"①。现实的存在并不完美，它和现实中的人一样需要并有可能再造，唯神的存在或神圣的存在才不需要如此。因为它是绝对完美的存在，属于超验的世界。他写道："正如艺术成为世俗的并宣告其独立一样，正如法律成为市民性的并日益谨慎地对待监禁司法的残余一样，宗教把超自然的领域作为其特殊领地。它处理着世界背后、世界之外、世界之下和世界之内的事情，［这些事情］与一切表面的、有限的和可以由系统化思想所控制的东西相对立。"② 注意！霍金在此并没有像传统宗教神学家那样，只承认宗教的超越性，而是同时也指出了宗教的世俗作用。宗教不仅需要处理世界之外、之上或背后的事情，而且也需要处理世界之内的事情。这表现出现代宗教对社会现实生活的积极参与欲望，和它具有的强烈世俗化特征。

如果离开现实的生活，神圣的东西就只能是空洞的，一如自我人格离开了经验生活也只能是空洞的自我概念一样。事实上，宗教的存在也只是一种神圣的自我存在。从人格的意义上说，这种神圣的自我是一种作为一切有限事物、个人、对象艺术之主体的精神，也是许多其他的、为这些范畴所不包括的东西之主体的精神。

宗教的意义来自这样一种假定，即世界的全部力量都被吸引到我们称为人格或精神的核心上（in foci），而这些人格或精神又最终汇集于一点。它可以料理全部力量即至上的权力（the supreme power），正如只有当这种巨大的实在拥有其单纯的中心，即拥有其"我是"（I am）和"我意志"（I will）时，宗教才能料理它一样。在宗教中，人的意志寻求着与单纯的权力中心的联合，而这种单纯的权力中心是作

---

① W. E. Hocking, *Man and the State* (New Haven: Yale University Press, 1926), p. 410.

② W. E. Hocking, *Human Nature and Its Remaking* (New Haven: Yale University Press, 1923), p. 351.

为这个世界的意志而"超出于"这个世界之外和在这个世界"之内"的①。

那么，宗教又是如何实现它在"人的改变"或人性再造过程中的特殊作用的呢？换言之，宗教的道德学意义具体体现在什么地方呢？在霍金看来，这首先体现在宗教对国家和个人良心的影响上，其内涵包括以下三个方面。

"首先，宗教促进原始的人类团结，这种团结乃是政治的和一切其他社会群体的基础，甚至是在宗教团体不再与其他任何群体同一的时候也是如此。"② 即是说，宗教有助于奠定各种社会联合的原始情感基础，无论它是否与国家或某群体已经达到实际的同一或统一。

"其次，在维护这种团结时，宗教也维护着人类的非个人利益。"③ 亦即它具有维护人类共同利益的社会功能。

"第三，宗教使个体的良心更为敏感，并确认法律具体化或应当具体化的'更高理性'。"④ 宗教有助于强化个人的良心，也能为社会法律的制定提供更高的原则确认和观念基础，这是宗教之于人类道德、法制的重大意义。历史地看，教会或宗教"基本上是通过国家之个体成员的良心这一途径来影响国家的"⑤。崇拜是信仰的基础，但对上帝的崇拜不单是树立某种神圣的信仰，更重要的是加深人们内心的信念，强化个体自我的良心，从而通过提高个人美德来促进国家或社会的道德改善。对信念和良心的强化，是再造人格和人性的深刻途径。因此，宗教之于人格或人性完善的意义，既不是个人自我心灵对

---

① W. E. Hocking, *Human Nature and Its Remaking* (New Haven: Yale University Press, 1923), pp. 351 – 352.

② W. E. Hocking, *Man and the State* (New Haven: Yale University Press, 1926), pp. 426 – 427. 着重点系引者所加。

③ Ibid., pp. 427 – 428. 着重点系引者所加。

④ Ibid., p. 429. 着重点系引者所加。

⑤ Ibid., p. 434.

肉体的驯化（理性化、精神化），也不是社会联系对个人道德发展的外在促动，而是从根本上促使人们洞穿生命之有限和现实之不完美，确立其对绝对神圣存在的坚定信念，从而使他们努力追求崇高的理想和完美人格的实现。可见，宗教之于人性的再造意义已不再是相对的、部分的或表面性的，而是绝对的、根本的和深刻的，这就是宗教拯救人类的神圣意义所在，也是人格总体得以进入神圣完美的崇高境界之根本途径所在。

五　评价及其他

霍金的伦理学是一个以自我人格为原点、以人性之再造为轴心而展开的理想人格主义伦理学体系。心灵、人格、宗教神圣与肉体、社会（国家）或世界、道德经验构成了这一体系的纵向坐标和横向坐标。其纵向延伸方向是现实→绝对理想，希望是其延伸的主导线，绝对而神圣的实在是其导向的顶点。这一线索是内在的、历史性的和理想化的。而它的横向坐标则是一种共时性结构的扩展，它的指向是人格完善或人性再造的诸方面内涵构成，包括肉体人格或自然本性方面的自我塑造、个人发展和人性再造的社会生活条件、道德经验生活的基础以及现实世界（境域）的展开图景等。整个纵横坐标的交叉点或者说整个伦理学理论体系的中心原点则是人的自我人格。从总体上看，它更接近于一种人格主义的人学体系，而不是传统意义上的伦理学体系，甚至与鲍恩及其门徒的人格伦理学也殊为不同，因为他没有像后者那样提供哪怕是一个较为粗陋的道德原则或规范系统。从动态的逻辑发展来看，它又较接近于一种人格化、理想化的宗教伦理学。从人自身→人之社会生活→人之宗教生活的逻辑结构表明，霍金仍然是把宗教或绝对神圣的存在作为其最高伦理学目标的。因此，我们可以结论性地说，霍金的伦理学是以神学形式为外表的内在目的论人学，或者说是人学化的理想神学。

　　与鲍恩及其弟子不同，霍金虽然仍然把人格（他表述为"自我"）作为道德的本体，但他无意于构造道德本身，也较少着眼于道德生活现象的具体解释，而是刻意追求一种人类精神生活的内在本质，并由此打通一条贯达绝对理想价值的道路。因此，他比鲍恩等更关注人格的心灵构成，更关注人的内在精神追求，因之也就更关注作为绝对价值理想和完美实在的上帝之于人类精神生活的终极意味。这一理论动机，使得霍金思想中的宗教精神尤其深厚。与神圣的上帝比起来，甚至于道德本身也只是一种"条件"，一条使人的心灵得以向善和为善的途径。他简明地说："也许解释道德意义的最简单的方式便是说：'条件'之于运动员的身体，道德之于〔人的〕心灵。道德是条件，好的道德是内在人的好的条件……"① 同时，对绝对神圣价值的彻底追求，也使霍金比其他人格主义思想家更为注重人的内在崇高和理想追求。这种绝对主义的信念与理想主义的价值人学精神相融合，构成了霍金人格伦理学的基本特征。

　　但是，这并不意味着霍金忽视甚至忘却了人的生活现实。不！霍金是具有典型美国文化性格的思想家，他一刻也没有忘记眼前的一切。较为独特的是，他并不一般地泛论人格和人格发展的现实社会情景，而是密切注视着人类社会生活的实际，从现代美国的现实中，撷取了人的政治生活这一特殊方面，在人与国家之间寻找某种人格发展的现实轨迹。他深谙现代美国自由民主政治对整个社会价值观念的制约和影响，也深知这一社会条件下的政治生活之于道德和宗教的强大力量，不乏机智地切入这一重大思想主题，对国家的政治制度、权力、"中心意志"或"共同意志"以及群体结构与个人自我发展的重要联系等问题做出了自己的解释。

　　通过灵与肉的矛盾，霍金分析了人格的内在构成和发展，并把

---

①　W. E. Hocking, *Morale and Its Enemies* (New Haven: Yale University Press, 1918) , p. 14.

它融进人性再造的动态解释，具有一定的理论深刻性。灵与肉的解析是 2000 多年来西方伦理学家探究不止的思想主题之一。从智者派与柏拉图的互诘，到 17～18 世纪经验论与唯理论两派的争执，再到康德、黑格尔和费尔巴哈的对立，这一对矛盾都是伦理思想领域各种交锋的锋面之一。霍金的解释显然是倾向于理性主义一派，心灵优于肉体的古老命题再一次被他弘扬。在霍金这里，这一立场与其说是某种历史观念的延续，不如说是宗教伦理的逻辑需要。我们看到，霍金的灵肉观不仅限于人格自我的范畴，而且也被有意识地用来作为引证宗教神学之绝对主义价值理想的一个伏笔。尽管我们不能简单地斥之为唯心主义，但这一做法的宗教唯心实质却是显而易见的。

继之，霍金通过对人与国家的关系性分析，揭示了社会联系和社会政治生活对个人自我发展的外在制约性和作为"条件"之必要性。这一见解较为真实地反映了现代美国社会的政治生活与道德生活的一个侧面。值得注意的是，霍金不乏深刻地指出了个人主义和自由主义的三种缺陷，并力图证明统一性、义务感和理性精神对于人类生活的重大意义，企图以此克服自由主义的非统一性、无义务权利主张和情绪化倾向。他甚至明确提出了成熟个人绝无非义务性的权利这一命题。如此反诘不能不说是切中要害的、正确的。历史地看，霍金对人类生活之"公共秩序"的强调，在 20 世纪 30 年代前后的美国实有悖于社会潮流，但是，正是这种忤逆反映了他对美国 30 年代自由主义思潮过分泛滥所隐含的危机有着敏锐的洞察。人们看到，经过几十年风雨之后，美国社会终于出现了某种有节制的改变。自 20 世纪 70 年代起，秩序、公正、谨慎的观念开始在美国受到重视。历史的这一发展仿佛在某种程度上印证了霍金观点的合理预见性。当然，这并不是说霍金对人与国家的关系已经有了科学的见解。实际上，作为一位神学家，霍金的天职与使命都不允许他以真正现实的研究为最终目标，而只能通过现实分析来寻求现代宗教存在的合理依据。这决定他对人性再造之社会实践条件的分析既不可能超出美国资本主义的政治文化框架，也不可能超脱宗教神学的观念范畴。

从鲍恩及其弟子到霍金，构成了现代美国人格主义的基本阵营。从本章的系统考察分析中，我们不难得出这样几个结论：

首先，美国人格主义伦理学在根本上是西方基督教神学伦理传统的现代更新。它的首要特征是以抽象的人格或自我作为道德本体，使宗教伦理人格化、人道化，最终的目的则是确保宗教神学对现代人类道德生活的主导地位和积极干预作用。

其次，人格主义者在使宗教伦理人格化的同时，也使人格神圣化。人格不但是道德的本体和一切价值（意义）的核心，也是社会和宇宙的中心。这一观点包含着两个方面的内涵：其一是力图摆脱神道与人道之间历史对立的理论困境，使两者得以共融共存；其二是适应西方政治、经济和文化的现实要求，用神圣的外衣装饰个人主义价值观这一西方基本的伦理价值原则或精神。

最后，人格主义伦理学是与作为美国精神支柱的实用主义价值观相对照而兴起的，它是西方道德传统的双重特点在现代美国的特殊表现。众所周知，西方道德文化历来存在着两种相互平行而又相互交织的传统，即所谓希伯来道德传统和古希腊道德传统。从希腊化时期开始，这两大道德传统实际上随着基督教逐步走上正统社会意识形态的地位而趋于融合。但这种融合并不是彻底的，恰恰相反，两者间的矛盾始终存在。近代人道主义的反宗教神学态度以及现代宗教伦理学对一些世俗道德学派的反诘，都是这种矛盾的曲折反映。在现代美国，实际情形依旧是，一方面基督教道德的存在对处于不安定生活氛围中的人们具有强大的吸引力，另一方面是现代商品经济条件下的现实物质生活的真切感受，实用意义和功利价值观始终为现代美国人所深信不疑。人生现实与理想的差距和矛盾，促使许多美国人在追求功利幸福的同时，常常不由自主地走进教堂，聆听悠远飘扬的教堂钟声。这种状态决定了美国实用主义伦理学的局限，也给宗教伦理学的发展留下了一定空间。

我们看到，几乎所有的人格主义者都不同程度地对实用主义价值观提出了批评（如霍金之于杜威），这种批评恰恰是他们提出自己伦理学主张的一种凭借。然而，美国人格主义与实用主义的争执终究是有限的、次要的，它们的相互借鉴和吸收才是根本的、主要的。诚如我们从詹姆斯的信仰学说中可以感受到某种宗教道德精神的虔诚一样，我们也不难从人格主义伦理思想中看到某些实用主义的投影（如对个人人格价值的推崇）。正是这一基础，决定了它们能够同时共存于现代美国的文化舞台，尽管扮演着不尽相同的角色，可演出的仍然是同一主题的道德连续剧。也许，我们可以因此获得对美国多元文化价值观之实际运作的某些感悟和沉思。

第十五章

新托马斯主义伦理学

——马里坦

第一节　新托马斯主义伦理学的源与流

新托马斯主义（Neo-Thomism）是贯穿于现代西方宗教神学哲学，包括政治学和伦理学等诸学科在内的主要宗教理论之一，在现代西方哲学和文化中占有突出的地位。它不同于其他一般的宗教哲学和伦理学学派，而是直接受到梵蒂冈天主教会认可和保护的官方权威性哲学，具有正统神学哲学的品格。在 20 世纪西方宗教哲学的发展中充当着主要角色。这一前提，决定了新托马斯主义伦理学的影响和地位远远超过其他宗教伦理学派。

一　圣·托马斯·阿奎那伦理学的传统预制

所谓"新托马斯主义"是相对于中世纪圣·托马斯·阿奎那的哲学而言的。故而，了解圣·托马斯·阿奎那哲学的原本是我们认识新托马斯主义的历史前提。就伦理学而论，把握这种历史的联系尤其重要。美国当代著名伦理史家 V. J. 布尔克谈道："现代托马斯主义伦理学根源于 13 世纪多米尼克派修士托马斯·阿奎那的著作。"①

圣·托马斯·阿奎那（St. Thomas Aquinas，1225/1227～1274）出生于意大利罗卡塞卡（Roccasecca）的一个贵族之家，曾在那不勒斯大学执教，1243 年参加多米尼克僧团。尔后，他先后在法国巴黎和德国科隆大学学习神学，师从中世纪开明神学家大阿尔伯特（Albertus Magnus，1193～1280）等，后获神甫职位。不久，他又在巴黎、那不勒斯等地的大学以及教皇亚历山大四世、乌尔班四世和克里门四世的宫廷中讲授《圣经》和神学、哲学。他最大的功绩是接受了大阿尔伯特的哲学立场，对 13 世纪初经阿拉伯人之手再次传入欧洲的亚里士多德哲学采取了宽容态度，从天主教会原有的反亚里士多德哲学立场转向利用亚里士多德哲学为宗教神学服务，使之与宗教神学糅合起来，建立自己系统的宗教哲学体系。这一体系不仅为教会当权者所接受，而且也被给予极高评价，成为教会认可和推崇的新哲学。从此，托马斯的宗教哲学便逐步取代了奥古斯丁的教父哲学而成为神学正统，甚至被称为"中世纪哲学发展的新阶段"。托马斯本人也被教皇约翰二十二世于 1323 年追封为"圣者"（Saint）。1567 年教皇庇护五世授予他"天使博士"（一译"普世教会博士"）的雅号。

圣·托马斯·阿奎那的伦理学说主要是在亚里士多德的伦理学和基督教传统神学伦理的基础上建立起来的一种有神论的目的论体系，其代表作品有《尼各马可伦理学诠释》、《反异教徒大全》（主要见诸该书第三卷）、《神学大全》等。简要论之，其伦理思想集中表现在以下三个方面。

---

① 转引自〔美〕J. P. 德马科、R. M. 福克斯编《现代世界伦理学新趋向》，石毓彬等译，中国青年出版社，1990，第 69 页。

（1）借用亚里士多德关于形式与质料的学说，论证世界和人性的双重存在和双重本质。托马斯认为，世界的一切是形式与质料、共相与殊相（个别）的结合。可见，世界的本质是质料的、非形式的，它的背后是不可见世界、神的世界。不可见世界的本质是形式的，它高于可见世界。但是，不可见世界或曰形式的世界离不开可见的世界或现实的世界。相反，正是前者的作用使得后者得到发展。同时，纯粹的形式本身也有高低之分，最高者为神，天使次之，最低者是人的灵魂。作为存在者的人亦具有形式与质料的双重存在。灵魂（形式）使人具有人格，灵魂的拥有使人类处于可见的物质世界的顶峰。因此，人是形式的不可见世界与非形式的可见世界（亦即自然界与超自然界）之间的纽带，他因之也具有了灵与肉的双重本性。一方面，人的灵性使人分有神性；另一方面，人的肉体（质料）与灵魂（形式）相结合又使他具有自己的人性。这种双重的存在和本性使人既要过现世的生活，有着现实的幸福和德性，又有可能升入天国，享受天国的幸福和神学的德性。在现世的道德生活中，人靠理性或理解能力能够获得自行选择的自由意志，但他能否获得神学的德性则由神的意志决定。因此，人不仅要有获取现实幸福和德性的理性及自由意志能力，也要有求得救赎和天国幸福及神学德性所需要的信仰。

（2）托马斯·阿奎那部分地汲取了亚里士多德的政治哲学思想，特别是他有关"人是政治的动物"这一著名命题，提出人的现实生活必然具有合群性和社会政治学的特点。他说："人天然是个社会的和政治的动物，注定比其他一切动物要过更多的合群生活。"① 社会和政治的生活是人在尘世生活中获得德性与幸福的基本生活方式，它的现实目的是使人过一种有德性的生活。道德生活则是进一步通达天国幸

---

① 〔意〕托马斯·阿奎那：《阿奎那政治著作选》，马清槐译，商务印书馆，1963，第44页。

福和神学德性的基本途径。所以从根本上说，人的社会生活最终只是通过道德生活而达到天国来世的生活。人的社会生活的本质是道德生活，道德生活的本质则是来世的生活和神学的德性。故而来世高于现世，天国幸福高于现世幸福，最终是天国神学的德性高于现世的德性。

进而，托马斯将人的德性追求分为两种：一种是尘世的德性；另一种是神学的德性。他沿袭了亚里士多德的"四主德"理论，[①] 提出了以"审慎、公正、节制和刚毅"作为尘世道德的四个基本实践德目。审慎代表人的理性能力和实践理智，是人获得实践德性的基本条件；公正是对理性秩序的遵从；节制是理性对情欲或灵魂对肉体的控制；刚毅则是这种控制所达到的以理化情的意志表现。然而，尘世的德性只是人生追求的一个方面。由于人有灵魂而与神相通，所以，他在分有神性的同时就意味着他追求着神圣的德性。

关于神学的或神圣的德性，托马斯·阿奎那则承袭了奥古斯丁等人的传统基督教伦理观，把信念、希望和仁慈视为神学之主德。信念是人在上帝的指引下而趋向"超自然的善的理法"，并把这种"理法"作为信仰的对象而执着追求。希望是沿着上帝指引的道路转向超自然的神圣目的的理想和热情。仁慈则是仰沐上帝恩泽，使人的意志达到神意所要求的普遍仁爱境界。托马斯·阿奎那认为，神圣的德性与尘世的德性既相通又相异。其相通处在于：无论何种德性都能使人获得幸福，也都是人获得幸福的必要条件。其相异处则是，尘世的德性只能使人获得尘世的幸福，它更多的只是一种身体的快乐和物质的满足，这对于人和人性的至善追求来说是远远不够的。因此，尘世的德性如同尘世的生活和世界本身一样，只能是相对的，唯神圣的德性才能使人超脱尘世，有希望在天堂中享受幸福。这种幸福是"上帝的

---

① 亚里士多德认为，公正、友爱、勇敢、节制是人的四种基本德性。

最后幸福和快乐"，而不是眼见的物质满足和肉体快乐。

总之，托马斯·阿奎那在改装和利用亚里士多德的哲学和伦理学的基础上，修正了奥古斯丁等的传统教父哲学和伦理学观点，提出了新的伦理系统。一方面他适应了13世纪西欧中世纪哲学精神的转化趋势，较开明地汲取了世俗哲学的成果。人们知道，从11世纪至13世纪的200多年间，由教会发动的八次十字军东征不仅掠夺了东方世界的大量物质财富，也摄取了东方文化的不少精神营养。亚里士多德的哲学在古希腊晚期一度遭到冷落，却在东方阿拉伯国家得到生存和发展。经过十字军东征，使得它得以重返故土。面对这一状况，当时教会内部出现了两种截然不同的态度：或斥之为异端邪说，或纳之以新鲜血液。当时著名的神学家大阿尔伯特是后一种态度的代表，作为其门徒，托马斯·阿奎那也深受其影响，并自觉地洞察到了亚里士多德哲学中可供神学利用的因素。

另一方面，13世纪初，宗教内部矛盾激发，教派间纷争不断，给新思想、新观念的渗入留下了空隙。随西欧社会经济的发展和社会政治的初步松动，教会受到了越来越强大的外部压力。这种内外交困的状况，迫使教会对原有的正统学说进行相应的改造，教父哲学传统受到挑战。这是托马斯·阿奎那得以系统研究并采纳亚里士多德乃至斯多亚派的世俗哲学成果的外部环境。自公元5世纪基督教登上西欧社会意识形态宝座以来，终于出现了第一次内部的理论更新运动。它实际已经预示着正统宗教神学之不可动摇和更改的时代行将终结，甚至也预示着稍后更大规模更为深刻的宗教改革和文艺复兴运动的即将来临。

应当认识到，托马斯·阿奎那的新体系虽然还只是传统宗教伦理学内部的一次新尝试，但他所做的努力已经脱出了正统宗教神学的范畴。他对两重世界、两种德性和两种幸福的双重承认，显然脱出了安瑟伦式的上帝存在本体论证明。他对理性和自由意志的肯定，特别是其"先理解后信仰"的主张，不仅是对原有的"先信仰后理解"之正统教父哲学信条的简单颠倒，而且是对人类世俗要求和世俗伦理的重大让步。它使世俗道德生活和幸福追求相对合理化、合法化，大大增强了宗教神学伦理对人类道德生活和行为的干预能力和实际亲近感，客观上也维护了宗教神学的权威。

因此，他的哲学和伦理学才有可能成为而后西方宗教哲学的主导。历史地看，这一学说既是宗教神学的一次新的综合，也是一次新的传统改组和预制：它所取得的较为强烈的现实主义色彩使它更切近社会生活实际，而它所保持的宗教理想精神又使它得以保持超越现实、批判现实和干预现实的"理论特权"。正是这一点构成了托马斯主义在现代西方社会生活中仍有一定生命力的可能性前提，使它成为新时代条件下新托马斯主义伦理学的主要理论源头。

二 新托马斯主义伦理学的现代流变

13 世纪以后，托马斯·阿奎那的哲学被罗马天主教会奉为经院哲学的最高权威。但迨至 16 世纪，它一直受到教会内外的批判和冲击。以马丁·路德和加尔文为代表的宗教改革运动，从批判天主教会的暴行逆施开始，进至批判托马斯经院哲学的封闭守旧和僵化教条。肇始于文艺复兴时期的人道主义思潮则对这一正统神学展开了强烈的抨击。随之，代表欧洲新生社会力量的近代资产阶级哲学凭借着近代科学的兴起，向经院哲学提出了严峻的挑战。特别是近代法国唯物论和无神论思想的勃兴，和稍后马克思主义与无产阶级的革命风暴，使宗教神学陷入空前危机，几近灭顶之灾。1871 年著名的法国巴黎公社运动公开颁布了反宗教的法令，沉重地打击了宗教教会。可以说，从 16 世纪至 19 世纪初，以罗马教廷为中心的西欧教会从组织、政治和理论上都处于深刻的危机状态，这是托马斯主义的灾难性时代。

罗马教皇利奥十三世（Leo Ⅷ，1810~1903）继位后，为挽救宗教于日落将倾，在 1879 年发布了《天父神谕》（一译《永恒之父》），而此神谕的副标题便是："按照圣·托马斯·阿奎那的思想重建基督教哲学"。他号召一切天主教的组织机构大力展开宣传托马斯主义的运动，再一次肯定托马斯学说为天主教正统学说，规定在所有天主教会学校讲授其哲学。不久，他还下令成立专门委员会，负责重新出版托马斯全集。1880 年，他宣布托马斯·阿奎那为"所有天主教学校的守护者"。随后，他倡导在欧洲建立各种托马斯学说的研究宣传中心。罗马的"圣·托马斯学院"率先成立，随之在比利时卢汶大学开设"圣·托马斯高等哲学课程"（1882 年），并相继成立了"卢汶哲学协会"（1888 年）、"卢汶高等哲学研究所"（1889 年）、"梵蒂冈圣·托马斯学院"、"法国巴黎天主教神学院"等学术宣传机构。1894 年 1 月，卢汶高等哲学研究所创办了《新经院哲学评论》杂志（1946 年改名为《卢汶哲学评论》），并在该杂志第一期上刊登了比利时神父曼尔西埃（Desire Mercier，1851~1926）的《新经院哲学》一文，该文首次正式提出了"新经院哲学"和"新托马斯主义"这一概念，标志着新托马斯主义正式诞生。1924 年，一位法国新托马斯主义者撰写了《回到托马斯·阿奎那》一书，鲜明地反映出当时新托马斯主义的基本理论倾向和意图，用曼尔西埃的话说，就是"努力使托马斯的基本原理不断地体现在现代科学的研究成果上"①。

新托马斯主义自诞生起至今，大致经历了两个较为明显的发展阶段。从曼尔西埃神父首次提出"新托马斯主义"这一概念起到 20 世纪 60 年代中期为其复兴发展阶段；60 年代中期以后则是其当代多元发展阶段。

在其复兴发展时期，新托马斯主义的主要理论宗旨是为了应对现代西方世俗哲学和社会的政治、经济、文化的挑战，特别是战争与科学的严峻挑战，力图在新形势下光复托马斯主义。因此，这一

---

① 〔比利时〕D. 曼尔西埃：《19 世纪哲学的总结》，载车铭洲编著《现代西方哲学源流》，天津教育出版社，1988，第 216 页。

时期的新托马斯主义主要还属于"重建"范畴，它的变化与其说表现在理论本身，不如说更多地表现在它面对社会现实状况所进行的观念调整和时代性适应能力方面，其波及范围主要是法、德、比利时等欧洲国家，主要代表人物是法国的马里坦和吉尔松（Etienne Gilson，1884～1978），他们两人被称为"20世纪最著名的两个托马斯主义者"①。此外还有：德国的布鲁格（W. Brugger）、戴姆普夫（A. Dempf）、格拉布曼（M. Grabmann）和弗利斯（J. de Vries）；比利时的马利夏尔（J. Maréchal），董得涅（A. Dondeyne）；意大利的帕多凡尼（U. A. Padovani）、法布洛（C. Fabro）；瑞士的鲍亨斯基（J. Bochenski）。第二次世界大战前后，新托马斯主义开始扩及美国、加拿大等国家，成为20世纪最有影响的现代西方哲学流派之一。但由于第二次世界大战期间一些宗教势力再次受到不同程度的打击，新托马斯主义也一度不太景气。

1962年，梵蒂冈教会召开了第2届大公会议，为现代新托马斯主义的发展再一次注入强心剂。此后，新托马斯主义步入当代多元发展时期。如同许多其他现代西方哲学流派一样，这一时期的新托马斯主义思潮由于第二次世界大战等因素的影响，逐渐将发展的重心从欧洲移向美国，其理论旨趣也有所变化。一些新托马斯主义哲学家结合现代西方一些新哲学思潮（如语言哲学、分析哲学、存在主义、人格主义等），对托马斯主义进行了新的补充和改造，发展出一些新的分支。一般来讲，以马里坦和吉尔松为代表的学说被称为"存在的托马斯主义"（existential thomism），它是新托马斯主义最先产生的学术分支。不久又出现比利时的马利夏尔所创立的"超验的托马斯主义"（transcendental thomism）和弗利斯的"分析的托马斯主义"（analytical thomism）等分支。20

---

① 〔美〕J. P. 德马科、R. M. 福克斯编《现代世界伦理学新趋向》，石毓彬等译，中国青年出版社，1990，第70页。

世纪 60 年代以后，局面更为繁杂，先后出现了以拉勒尔（Karl Rahner）和朗勒冈（Bernard Lonergan）为代表的"超验的新托马斯主义"；美国的克拉克（William Norris Clarke）结合存在主义、人格主义、过程哲学和超验的托马斯主义，建立了以"人际经验"为出发点的"分有的和创造的"新托马斯主义形而上学；C. 柯伦和 P. J. 罗西等也力图建立一种"神爱论"新托马斯主义。此外，美国著名社会学家哈顿、曾任世界天主教哲学协会联盟主席和美国天主教哲学协会主席的著名伦理学史家布尔克（V. J. Bourke）等也是较为活跃的当代新托马斯主义者。

随着新托马斯主义在欧美的迅速发展，有关新托马斯主义的研究机构、杂志和学术研讨会也日渐增多。其中，美国华盛顿出版的《托马斯主义者》（The Thomist）较为著名，这份"神学和哲学评论季刊"尤以注重道德问题而著名。近百年来，新托马斯主义伦理学家们对一些重大道德或宗教伦理问题进行了重新讨论，依布尔克的概观，20 世纪内这种讨论至少涉及了以下五个方面的问题，他将其概述为"新托马斯主义伦理学的五次大论战"，这一概述基本反映了该派伦理学现代发展轨迹，兹转述如次。

布尔克认为，第一次争论是关于"严格的哲学伦理学的独立性"问题；第二次争论是关于"公益（bonum commune）之于个人利益的相对重要性"问题；第三次争论是关于"人的最终目的"的问题；第四次争论是关于"伦理判断的结果之作用"问题；第五次争论是关于"是否任何一般的道德规则都具有绝对强制性的问题"。布尔克还强调指出，这五次论战对于新托马斯主义伦理学的发展具有"决定性"的意义。①

---

① 〔美〕J. P. 德马科、R. M. 福克斯编《现代世界伦理学新趋向》，石毓彬等译，中国青年出版社，1990，第 79～85 页。

从新托马斯主义近百年来的争论重点来看，它的变换几乎涉及宗教伦理学的基本理论、现代社会实际生活、科学等各个方面。从综合的和伦理学的角度来看，马里坦的"存在的托马斯主义"在理论形式和观点上较为系统和典型。因此，我们在本章中将集中讨论马里坦的宗教伦理学，以期将现代新托马斯主义伦理学作为一个典型来解剖。

第二节　马里坦伦理学的预制：
存在形而上学

一　新托马斯主义的旗帜：马里坦其人其书

在现代新托马斯主义伦理学阵营里，马里坦无疑是一面旗帜。他所创立的存在伦理学体系，不单完整表达了新托马斯主义的伦理学主旨，而且在整个现代西方伦理学史上也堪称恢宏庞大。

雅克·马里坦（Jacques Maritain，1882~1973）出生于法国巴黎，从小在新教文化的环境中成长。不过，在最初就学于巴黎大学文理学院时，他的兴趣并不是宗教神学，而是科学。他一度信奉科学主义，崇拜科学的伟大力量，相信科学最终能解决人类的一切问题。不久，柏格森的生命哲学在法国盛极一时，马里坦又开始追随柏格森哲学。柏格森是一位充满非理性激情和宗教狂热的生命哲学家，其哲学和伦理学既具有现代非理性主义的一般特点，又带有浓厚的神秘直觉主义色彩。后一方面对青年马里坦的影响尤其明显。不久，马里坦开始专注于神秘哲学和天主教哲学。1906年，他受当时著名神秘主义诗人莱昂·布洛瓦（Leon Bloy）的影响改信天主教，放弃原有科学主义信仰。1907年，他前往德国海德堡大学学习生物学和宗教哲学，不久便对托马斯·阿奎那的哲学思想产生了兴趣。1914年，他就职于巴黎天主教神学院，讲授现代哲学，开始了他的哲学生涯。这期间，他陆续发表各种哲学和宗教伦理学作品。1945 年至 1948 年，马里坦出任法国驻梵蒂冈大使，使他与现代宗教王国和教会中心有了直接的接触。尔后，马里坦转到美国普林斯顿大学执教，讲授宗教和道德哲学，直到 1956 年退休。同时，他还先后在加拿大多伦多中世纪学术研究院、美国哥伦比亚大学、芝加哥大学等地讲学。执教美国的年代，是马里坦学术生涯的鼎盛年代，著述丰厚，声名鹊起，成为现代西方哲学和伦理学界的巨擘之一。1958 年，法国教会在著名的巴黎圣母院建立"雅克·马里坦研究中心"，标志着他在宗教哲学界崇高学术地位的确立。马里坦终生勤奋，退休后仍著述不辍。晚年，他隐居在法国图卢兹修道院，至 1973 年逝世。

马里坦的主要哲学和伦理学代表作有：《柏格森的哲学》（1914年）、《关于文化和自由的一些反思》（1933 年）、《笛卡尔之梦》、《形而上学序论：论存在》（1934 年）、《现代世界中的自由》（1935年）、《完整的人道主义》（1936 年）、《文明的黄昏》（1939 年）、《理性的范围》（1942 年）、《人的权利与自然法》（1943 年）、《宗教与文化》（1939 年）（载《论秩序》一书）、《存在与存在者》（1947年）、《个人与共同善》（1947 年）、《关于道德哲学最初观念的新教程》（1951 年）、《道德哲学》（1952 年）、《走近上帝》（1953 年）、《论历史哲学》（1957 年）等。

二　存在的形而上学

现代著名新托马斯主义哲学家、瑞士的鲍亨斯基曾经总结性地指出："形而上学构成了托马斯主义的核心，它与本体论紧密相联，并以'作为存在的存在'（being qua being）为其对象。"[1] "形而上学"

---

[1]　I. M. Bochenski, *Contemporary European Philosophy* (Cambridge University Press, 1956), p. 239.

（Metaphysics）是古希腊哲学大师亚里士多德创造的一个哲学概念，它指的是以在具体科学之上或之后的一般存在本身为研究本体的哲学学说，与哲学本体论密切相联，与物理学、生物学等具体自然科学相对。中世纪神学家托马斯·阿奎那沿袭亚里士多德的这一用意，力图通过对一般存在的哲学本体论研究，证明神学高于科学的形而上本体存在特征。这一宗教哲学传统也构成了现代新托马斯主义的主题，马里坦更是如此。

在他看来，人类所能拥有的知识或科学大致可分为两大类：一类是"人类科学"，另一类是神学。人类科学基于理性而言，哲学是所有人类科学中的最高科学。但在所有的人类科学之上还存在一种更高的科学，这便是神学。他说："哲学是人类科学即理性之自然照明来认识事物的科学中之最高者。但还有一种科学却在它之上，因为，如果有一种科学是人类对于天主本身所专有的知识之参与，那么这种科学就显然比最高的人类科学还要高级，而这样一种科学是存在的，这便是神学。"[1] 如果把哲学视为人类科学的科学，那么，神学便是哲学的科学。"神学是高于哲学的。哲学既不是在它的前提上，也不是在它的方法上，而是在它的结论上臣属于神学。神学对这些结论行使着一种控制，因此它自身便成为哲学的一种消极规律。"[2] 换句话说，神学高于哲学，并不意味着哲学的前提和方法受制于神学；相反，哲学本身有它自己的方法和前提规定，一如哲学高于其他具体科学而并不意味着后者的具体方法须得由哲学来规定一样。

科学凭着理性之光而认识实际的事物存在，哲学则是关于存在之存在的学问，而神学又是关于最高存在的学问。它们各自所涉及的存在层次互不相同，却又相互联系。在哲学与神学之间，这种联系的纽带是关

---

[1] 〔法〕J. 马里坦：《哲学概论》，戴明我译，上海：商务印书馆，1947，第135页。译文略有改动。

[2] 同上书，第142~143页。译文略有改动。

于存在的形而上学沉思，亦即关于一般或普遍存在的追寻。从存在中寻求人和事物本性的"终极基础"，是形而上学的神圣使命，这是亚里士多德创设形而上学的崇高动机之所在。托马斯·阿奎那也正是在这一理论动机所包含的对有限实在之超越和对无限终极存在的向往意向中，发现了哲学之于神学的重大价值。由是，他敏锐地从亚里士多德的"四动因说"中找到了神学成立的世俗哲学根据，从其"形式"与"质料"、"共相"与"殊相"的学说中，发现了解释最高存在者上帝作为一切事物之终极动因的绝好方式。因之，他大胆地撇开了柏拉图的"理念学说"，吸收了亚里士多德的形而上学理论，并使之与神学结合起来。这是托马斯主义得以创立和巩固的理论原因。

作为一个以"古托马斯主义者"自诩的现代神学家，① 马里坦忠实而又创造性地继承了托马斯主义的哲学原则，从"存在"的形而上学问题入手，构筑其哲学伦理学体系。

马里坦指出，从根本上说，哲学理性的本质是其形而上学的存在直觉。一个哲学家也就是一个形而上学家。对存在的直觉创造了哲学家，也"创造了形而上学家"。总的来说，"托马斯主义乃是一种存在主义的理智主义"②。作为一种存在主义，它保留着理智主义的特点，因为它以存在的形而上学为哲学基点，却又并不排斥人类理智和科学之于人类目的的操作性意义。而作为一种理智主义，它在重视理性和哲学的同时，也不忘记自己对存在意义和终极目的的关怀。因此，马里坦的托马斯主义是一种由存在直觉和理智趋向实践哲学或伦理学的直觉运动。它的最终目的不是一般的理智真理，而是存在真理，是从外在表面王国进入人的内在之深刻主体性王国，从自然宇宙

---

① 马里坦说："我不是一个新托马斯主义者。整个说来，我毋宁是一个古托马斯主义者（Paleo-Thomist），而不是一个新托马斯主义者（Neo-Thomist）。我是或者至少我希望是一个托马斯主义者。"J. Maritain, *Existence and Existent*（New York: Doubleday & Company Inc., 1956）, p. 11.

② Ibid., p. 56.

进入精神伦理宇宙，又从动物人（animal man）的伦理王国进入精神人（spiritual man）和圣灵（pneuma）的伦理王国的不断升华的目的性运动。因此，它的本质是存在的或伦理的，是价值目的论的或主体性的。① 他认为，克尔凯郭尔的存在伦理学的重大错误，就是把"两个异质的世界"，即自然的与精神的、法律的与信仰的、知识的与实践的两种世界，以及人的伦理王国与圣灵的伦理王国分离并对立起来，从而失去了神学与哲学和伦理学的内在联系。事实上，伦理存在的本质和价值目的性或主体性的本质，决定了托马斯主义全部学说的伦理倾向和价值目的论色彩。

就托马斯主义伦理的基本存在特点而言，马里坦认为主要可以从两种传统的学说来看："第一种学说与人生的完善相联系。圣·托马斯教导说，完善在于慈善，而我们每一个人都必定根据其条件并就其能力而趋向完善。因此，所有道德都必定沉迷于世界中最具存在性的东西。因为爱（这是托马斯主义的另一个主题）并不涉及可能者（possibles）或纯本质，而是涉及存在者。"② 托马斯主义伦理学的首要特征是它对人的完善的深刻关切，因而它强调爱。爱并不是某种纯本质或非实在的东西，而是对存在者（人）的直接存在体验。因之，爱最充分地体现着托马斯主义伦理学所特有的对存在者（人）存在意义的关注。

第二种说法是有关德性的理论。"它涉及道德良心的判断和方式，在具体存在的心脏，欲望以这种方式进入对道德行为的理性调节。在这里，圣·托马斯使理智的正直依赖于意志的正直，这是由于道德判断的实践存在性，而不是由于其思辨存在性。"③ 托马斯主义的伦理首

---

① J. Maritain, *Existence and Existent* (New York: Doubleday & Company Inc., 1956), p. 65.

② Ibid., p. 58.

③ Ibid.

先是一种价值伦理或目的论伦理学。① 它最关心的并不是道德价值的逻辑判断问题，而是道德价值的实践问题。正是德性、价值（判断）所包含的实践存在性意义，才使它显示出特有的价值之存在直觉的深刻性，从而为其道德打下形而上学的"存在主义"基础。所以，在马里坦这里，价值判断或道德判断并非一种普通的价值认知问题，而是一种有关人实存的存在性问题。在本质上，它的作用是一种"存在的作用"。他说："判断的作用是一种存在的作用，判断把本质（可理解者、思想对象）恢复给存在，或恢复给主体世界——恢复给这样一种存在，该存在或者必然是物质性的，或者仅仅是理想的，抑或（至少可能）是非物质的。"②

无论是从人的完善学说，还是从道德（良心）判断的德性学说来看，伦理学都是以存在的形而上学为先决前提的。在《现代世界中的自由》一书中，马里坦从"自由"与"自然"、自然科学（如数学）与伦理学的关联中，论证了这一必然性前提规定。他指出，从实践行为的意义上看，伦理学是"自由之使用的理性化——以作为其必要之先决要求的形而上学为先决条件。只有当伦理学作者首先能够回答——人是什么？为什么他是被创造的？人生的目的是什么？——这样一些问题时，他才可以构成一种伦理学体系"③。又说："伦理学也是自由的科学。尽管可能存在一种自由意志之本性的思辨科学，但也不可能存在一种思辨的自由意志之运用的思辨科学，倒是有一种自由意志之运用的实践科学：它便是伦理学。"④ 这是马里坦对伦理学自由性质的明确规定。在他看来，伦理学之所以是关于人之自由的理性化

---

① 参见〔瑞士〕I. M. 鲍亨斯基《当代欧洲哲学》，见洪谦主编《西方现代资产阶级哲学论著选辑》，商务印书馆，1982，第 443 ~ 444 页。

② J. Maritain, *Existence and Existent* (New York: Doubleday & Company Inc., 1956), pp. 25 – 26.

③ J. Maritain, *Freedom in the Modern World* (New York: Charles Scribner's Sons, 1936) , p. 14.

④ Ibid., p. 21.

实践科学，根本在于它必须涉及而且唯有它才能涉及人的行动目的，否则就不可能存在一种伦理科学，一如数学不涉及"数学原理"就不可能有一种"数的科学"一样。人的行为目的或人的目的性追求，决定"人是一种形而上学的存在"，一种给其生活提供超验之物的滋养的动物。① 人不同于蚂蚁，就在于他必须设计他人生的目的和道路，必须做出一种"目的选择"，而这种"目的选择"正是人类"道德生活的开始"②。

因此，人的目的性决定了他行动的自由实践特性和对自由行动的合理化要求，而后者又必须以理性或关于世界存在的知识为条件。换言之，自由和自由的秩序以自然和自然的秩序为先决条件，这一规定对人的行为的意义恰恰就是伦理学对存在之形而上学的预先要求。马里坦说："自由以自然为先决条件，这对我们意味着什么？它意味着伦理学以形而上学和思辨哲学为先决条件，意味着我们的自由之真正使用以对存在的认识和对存在之最高规律的认识为先决条件。形而上学是伦理学的一种必需的先决要求。"③ 从最根本的原因上来讲，伦理学之所以要以形而上学为先决前提，最终是因为人乃一种目的性存在。这种存在既决定了他行为的自由特性，也决定了他存在的形而上特性。人对其目的的追求必然使他求诸一般自然和世界存在的知识。所以我们可以提出结论："伦理学之所以依赖于形而上学，不仅仅因为［后者］决定着人的最终目的，而且也因为一种对规律的认识，这些规律支配着手段的选择，构成了伦理学的确切领域"④。

然而，有两个问题必须明白。第一，伦理学以自由选择为道德生

---

① J. Maritain, *Freedom in the Modern World* (New York: Charles Scribner's Sons, 1936) , p. 14.
② Ibid., p. 15.
③ Ibid., p. 13.
④ Ibid., p. 19.

活的开始，但"自由选择"只是"道德行为的一种预先要求"，它本身"并不构成道德行为"。道德行为的关键是以理性，甚至是"永恒理性"来控制调节行动。① 第二，进而言之，伦理学以形而上学为先决前提，但它并不是形而上学的一部分，也不是思辨科学的一部分。思辨科学为知识而求知识，寻求的是"第一原理"，而道德实践科学则是为行动而求知识，寻求的是"人生目的"。"人生目的在伦理学中所起的作用与第一原理在思辨科学所起的作用相对应"②。显然，马里坦已把人生目的问题置于伦理学的核心地位。

三 从存在的直觉到主体性直觉

如果说，关于存在的形而上学思考揭示了人的伦理存在特性，并通过由此所展示的伦理存在特征来反照"伦理宇宙"或"伦理宇宙秩序"的内在性意义的话，那么，人的"自我直觉"或"主体性直觉"便是这种内在性意义的根本和内核。

马里坦认为，唯有存在的直觉才能直觉到人的存在本身并最终接近绝对的存在。人的真正发现即是上帝的重新发现，对人的直觉也就是对上帝的直觉。因为这种直觉的本质是对存在的发现。上帝是绝对至上的存在，对上帝的直觉是一个逐步深化的直觉过程。马里坦将其概括为三步直觉。首先，存在的直觉是"原初的存在直觉"（the prime intuitive of being）。这种直觉最先是对"存在之坚固性和不屈性的直觉"，亦即直觉原始存在本身。其次，"它是我的存在所倾向于的死亡和虚无的直觉"，即对我之特殊存在的直觉。最后，存在的直觉也是"我对存在之可理解的价值的生成着的意识"，即对我存在的价值或意义的自我意识。三步直觉逐渐显示出不断强化着的存在直觉的

---

① J. Maritain, *Freedom in the Modern World* (New York: Charles Scribner's Sons, 1936), p. 33.
② Ibid., p. 20.

内在主体性，表征着人的理智的飞跃，一种由"纯客观的存在"向我的价值存在，从我的价值存在向"绝对存在"的飞跃。①

对存在的直觉亦是对存在价值的发现。它不但意味着上帝这一绝对存在之重新发现的可能，而且使我们终于能够深入自我主体性的价值王国。马里坦如此说："存在价值的重新发现不仅意味着上帝的重新发现，而且也意味着爱的重新发现。因为当存在（Being）和实存（Existence）的直觉在我身上发生之时，它便正常地沿着它自身而得出另一种直觉：一种对我自己的存在或我的自我的直觉，一种对作为主体性的主体性直觉。此刻，主体性在其是主体性的情况下，主体性不是一种向思想呈现的对象（客体），而毋宁是思想的泉源本身，一个深邃的、不可知的和活生生的具有无比丰富的知识和爱的中心，它只能通过爱才能达到其至上的存在层次，即作为给予着它自身的存在。"② 从存在的直觉到主体性的直觉是人类理智在自我认识历程中的一次飞跃。但是，主体性的直觉并不是一种简单的自我认识。人可以通过意识和反省把自身作为主体来认识，然则，第一，普通的自我意识并不能清楚地观照自我存在的实体，或者说难以深入自我存在的核心。第二，意识或理性的反省往往会把自我作为一种呈现给思想或观念的客体，这就显露出意识在认识自我时的局限。

马里坦认为，要使自我意识超脱上述两种局限，只有使它成为一种"本体论的意识"。一俟自我意识成为一种本体论意识，"这时候对自我的认识便发生了变化，它就意味着对存在的直觉和对主体性的实际深渊的发现。同时，这正是对存在之基本的慷慨发现。主体性在本质上是动态的、活生生的和开放的中心，它既接受，又给予……"③

---

① J. Maritain, *The Range of Reason* (New York: Charles Scribner's Sons Company Inc., 1942), p. 88.

② Ibid., p. 91. 着重点系引者所加。

③ Ibid.

即是说，自我意识并不等于存在直觉和主体性意识，只有当它成为一种本体论的意识时才能如此。主体性是自我存在最深刻的本性，它开放而又生动，既能容纳一切存在的可能，又能创造性地实践和给予这种可能。圣·托马斯·阿奎那曾把知识分为三种形式："实践知识""诗的知识""神秘的知识"。因为主体性直觉的特有深刻性和丰富性，所以不能把它混同于一般的理性知识，它是"不可概念化的"，对于观念或意识来说，它也是不可认识的。这样，我们就得以一种特殊的方式来把握它，这种方式便是类似于圣·托马斯·阿奎那所说的"诗的知识"和"神秘的知识"，它是一种"无意识的或前意识的知识"[1]。

但是，这种无意识或前意识的知识并不是现代心理主义的自我认识。马里坦批评萨特等存在主义者虽然看到了人的存在性意义，但仍未脱出传统的"自我中心主义的意识"。因为他们把人的前意识或无意识的自我意识混同于一种"表面的纯心理学分析的自我认识"；或是"作为一种想象和记忆而产生的惊奇的自我认识"。这种自我意识可能是有价值的，但仍然只是"自我中心的"。自我中心主义的自我意识与整个西方的自我中心论人道主义世俗思潮一样，是不彻底的、不可取的。只有把它擢升为"本体论的自我意识"时，才可能成为一种真正的存在直观，才可能发现人深刻的主体性内涵。

唯人的存在主体性才是活生生的、开放而动态的。它"既接受着，也给予着"。自我中心的自我意识则只意味着接受，而无法是"给予性的"。给予是人自我存在之最高境界，它可以洞穿物质性的个体存在和自我封闭，通达精神人格存在和爱之存在。这就是人的真正主体性，"它通过理智并依靠知识中的超存在而接受着，通过意志并依靠爱中的超存在而给予着。这就是说，依靠在它自身内把其他存在作为内在的吸引力而指向他们，并将自己给予他们，而且依靠馈赠式

---

① J. Maritain, *Existence and Existent* (New York: Doubleday & Company Inc., 1956), p. 77.

的精神存在指向他们，将自己给予他们。'给予比接受更好'。精神的
爱的存在是自为存在的最高显露。自我不仅是一种物质个体的存在，
而且也是一种精神人格的存在，只有在自我是精神的和自由的范围
内，自我才占有他自己并把握他自己"①。由于萨特等存在主义者囿于
自我中心的心理分析式自我认识，所以，他们看不到人的爱的存在，
始终把"他人"视作反主体性的客体，因而使人的存在关系只能是相
互否定的客体化关系。唯有基督教的爱，才能摆脱这一困难。马里坦
看到了萨特等存在主义者对人的存在关系的消极理解及其后果，并力
图凭借宗教神爱理论来克服之。因之，他把爱的存在视为"自为存在
的最高显露"，并以此作为从"存在直觉"到达"主体性直觉"的最
终途径。

为此，马里坦从两方面具体展开。一方面，他强调人的主体性的
精神内在意义。另一方面，他把上帝看作解决存在者之间主客体矛盾
的最终力量，是实现人类普遍主体性的唯一依靠。他指出："主体或
者说是代表者（suppositum，圣·托马斯·阿奎那用以指称主体的概
念——引者注）或个人拥有着一种本质，一种本质的结构。他是一个
具备诸种属性的实体，并受到其诸种属性之工具性影响，也通过其诸
种属性之工具性来行动。个人是这样一个实体，他的实质形式是一种
精神灵魂，这种实体不仅是过一种生物性本能的生活，而且也是过一
种理智的和意志的生活。"② 精神灵魂是人的本质，它才是个人主体性
的根本特征。按照托马斯的见解，也正是精神灵魂使主体性自我不会
成为一个非理性的自我。这是托马斯主义的存在主义与诸如萨特的非
理性主义的存在主义之间的重大区别之一。

---

① J. Maritain, *Existence and Existent* (New York: Doubleday & Company Inc., 1956), pp.
89 – 90. 另参见 J. Maritain, "Approaches to God," in R. N. Anshen (ed.), *Our Emergent
Civilization* (New York: Harper Brothers Publishers, 1947), pp. 285 – 286。

② J. Maritain, *Existence and Existent* (New York: Doubleday & Company Inc., 1956), p. 87.

另一方面，马里坦认为，在人与人的相互认识中，毕竟难以保证人们相互间的主体性存在。因为人们很难公正地看待"我"的主体性，"我"总是难免他人和周围的世界对我之主体性的客体化。客体化即普通化、工具化。被客体化即是被非个性化、被工具化。自我的目的性只能在主体性中得到保证和实现，被客体化也就意味着自我目的性的流产。在这个世界上，人要免于这种失败，只有依靠上帝。唯上帝把"我"作为真正的主体来看待，才能理解"我"存在的深处。他既没有必要将我客体化，也不会把我视为他的客体。相反，上帝不单赋予了我爱的存在和爱的力量，也能给予我和所有人以公正的理解和对待。马里坦说："我被上帝所认识。他知道我的一切，知道作为主体的我。我在我的主体性自身之中出现在他的面前，他没有任何必要把我客体化以了解我。这样，在这种奇特的情形中，人便不是作为客体而被认识，而是作为在主体性的所有深处和所有幽秘处的主体而被认识的。唯有上帝这样认识我，也只有面对着他，我才是赤裸裸全无遮蔽的。我对我自己并不是全部裸露的。我对我的主体性了解愈多，它对我就愈模糊不清。倘若我不被上帝所认识，就可能没有任何人会认识我，没有任何人会在我的真理和我自己的存在中认识我，也就没有任何人会认识我——认识作为主体的我。"① 上帝是唯一能够认识和保证人的主体性的终极存在。如果人不为上帝所知，他对其所拥有的他个人之存在与主体性的体验，就会同时使他拥有一种对他自身之绝望、孤独的深刻体验。进而产生对死的渴望、对存在总体之虚无的热望。因此，上帝又是人免于绝望和孤独的保证。最后，马里坦指出，上帝对人的认识并不是单一肯定的，既有肯定的称颂，也有否定的责备。但无论怎样，上帝的认识都是绝对必要的，它永远包含着对

---

① J. Maritain, *Existence and Existent* (New York: Doubleday & Company Inc., 1956), p. 84.

人的理解，"即令是上帝判决我，我也知道他理解了我"①。

从论证"存在的直觉"开始，马里坦引导我们逐步走近了人的主体性问题。通过解析"主体性的直觉"，他改造了传统基督教关于爱的道德论证，从主体性直觉中揭示爱的存在的崇高，揭示出个人存在实体中精神人格存在的超越，并把精神灵魂作为人的本质，使人的主体性存在具有一种神圣超验的高尚品位。马里坦也不乏深刻地看到了萨特等的存在主义给人的主体性所带来的灾难性判断，并巧妙地借用这一理论失误，论证了上帝存在对于确保人的主体性存在和关系的绝对必要性，给宗教神学找到了一种现代伦理学的证据。同时，他关于主体性的"存在性—宗教式解释"，也为其道德价值关系理论设置了一个预先的理论框架。

第三节　个体理论与人格理论

一　个体性与人格

关于自我存在和主体性理论的具体展开是马里坦的个体性理论和人格理论。

马里坦先解析了"个人"（person）、"个体"（individual）、"人格"（personality）等一系列关键性概念。他认为，"个人"是一个本体论存在意义上的概念，它的实质是单个人的人格或"人格实体"。"个体"则是相对于社会或团体而言的，它表明个人作为某一团体成员的身份，亦即作为"社会实体"（social body）的身份。个人的人格本质在于其精神存在，个体性的根基则在于物质。马里坦由是说："人格的形而上学根基是精神的生存，而在所有肉体存在之中，个体

---

① J. Maritain, *Existence and Existent* (New York: Doubleday & Company Inc., 1956), p. 85.

性的根基则在于物质。"① 相比之下，"自我"既不同于"个人"或"人格"，也不同于"个体"。因为它既包含着"质料"（身躯），也包含着"实质性形式"（理智或精神）。尽管理智是人的实体的本质部分，但它并不是一个完整的自我，不能构成完整的人。完整的人并不是一种"灵"与"肉"的集合，更不是两者的并列，而是"一个自然的整体，一个单个的存在，一个单个的实体"②。

马里坦把人或自我视为灵肉统一的存在实体，但他坚持认为，在人的存在构成中，灵魂才是最根本的。"人的灵魂——它是理智力量的根本原因——是人的肉体生活的第一原则，是实质性形式、圆满实现（the entelechy）或肉体的第一原则。而且人的灵魂不仅是一种实质性形式或圆满实现……人的灵魂既是一种灵魂，也是一种精神"③。在马里坦看来，从人的灵魂存在这一内在事实中，我们至少可以推出三点结论。

第一，人的灵魂是其理智的"实质性根基"，它具有永恒的精神性，内在地独立于而又支撑着人的"质料"（肉体）。换句话说："它并不靠肉体而活着，而肉体则靠它而活着。人的灵魂是一种精神实体，是一种通过其与物质的实质性统一，并给肉体以存在和面目的精神实体。"④ 进而言之，一个人是怎样的？或者他是怎样生存的？并不取决于他的肉体，而取决于他的灵魂。第二，人的灵魂使他能够为自己负责，使人能够自我选择并按照他自己的目的和命运来做决定。因

---

① J. Maritain, *Freedom in the Modern World* (New York: Charles Scribner's Sons, 1936) , p. 48.

② J. Maritain, *The Range of Reason* (New York: Charles Scribner's Sons Company Inc., 1942) , p. 57.

③ Ibid., p. 57. 附注："entelechy"一词由古希腊语而来，其本义与亚里士多德所说的"潜能"相对，指某种已由潜能转变成圆满实现了的东西，在中译中很难找到确切的词，姑且译为"圆满实现"，以区别于"现实"或"实在"等词。

④ Ibid., p. 58.

为人的灵魂使他"能够有精神的和超感觉的爱、欲望和快乐"①。第三，由人的灵魂之精神存在可以进一步推出，人的灵魂是不朽的。肉体会枯竭和死亡，灵魂却可以"在其本性和存在上内在地独立于质料之外，它无法停止存在"②。马里坦批判指出，现代实证主义和非理性主义已经使人的灵魂和精神破碎不堪，虽然它们（如实用主义）促使许多人思考人的某些现实生活基础和"知识社会学问题"，但作为一种人生哲学，它们都是失败的。因为它们抹杀了人的精神生活的不朽和崇高，使人丧失了永恒崇高的价值理想。

与之相反，托马斯主义关于人的理论是一种特殊的人格主义。这种人格主义"强调个体性（individuality）和人格（personality）之间的形而上学区别"③，强调人格的整体性，强调精神人格的超越性。

马里坦认为，所谓个体性，"与事物精神上的普遍性状态是相反的。它指称统一的和无区分的具体状态，为存在所需要，凭借它，每一实际的或可能的现存的自然才能在存在中安置它与其他存在不同的自身"④。这是对个体性的一般界定。具体就人而言，个体性是指个人的肉体相联系的"狭隘性"或非普遍性。个体性的"本体论根基"是构成人存在的质料（肉体）。单从个体性来看，人是一种特殊的"肉体存在物"（corporeal beings）。与之相比，人格则是一种更为深奥的存在。马里坦说："与肉体物的个体性概念不同，人格的概念不是与质料相联系的，而是与最深刻和最高的存在尺度相联系。由于精神本身的存在和丰富的存在，它的根基便植根于精神之中。从形而上学的意义上来考察，诚如托马斯主义学派断言的那样，人格是'生

① J. Maritain, *The Range of Reason* (New York: Charles Scribner's Sons Company Inc., 1942), p. 59.

② Ibid., p. 59.

③ J. Maritain, *Person and the Common Good* (New York: Charles Scribner's Sons Company Inc., 1947), p. 3.

④ Ibid., p. 24.

存，（subsistence），是最终的成就……人格是与人的合成体（human composite）相沟通的精神灵魂的生存……在我们的本体论结构的秘密深处，它是一种动态统一和内在统一化的源泉。"因此，"人格指称着自我的内在性"①。在这里，马里坦试图从形而上本体论层次上来规定人格的内涵，其要义在于：

（1）强调作为人的一种精神存在的人格与作为人的物质性特殊存在的个体性之间的根本区别；（2）给人格以最高的存在维度，这一维度便是人的内在性品质和灵魂；（3）由于人的精神的深刻和不朽，决定了人格作为人之存在核心的不可穷尽性；（4）以人格的内在性确证自我之精神存在的内在性和崇高感。

由此，马里坦赋予人格以内在超越的形而上意义，进而把人格作为与上帝相勾连的依据：一方面，由于人格的内在精神特性，使人具有某种超现存（super-existing）的存在特性。人格不仅能构成人的独立性和超越感，而且也使我们从人身上发现了"类似于上帝的属性"和"上帝的影响"。另一方面，人格也使我们从人身上发现了上帝，又从上帝身上发现了某种"至高无上的人格"。"因为上帝即是精神，人类个人也从他那里才开始拥有作为生活原则的精神灵魂，这种精神灵魂才能认识、爱，并为参与上帝生活本身这一荣耀而提高，以至于最终他可以像上帝认识和爱他本人那样来认识和爱上帝"②。以人格的精神超越性来证明人的神圣性，又从上帝的完美人格和精神性来反证人格的崇高，这一方法构成了马里坦的托马斯主义的人格主义理论的本质特征。

那么，强调个体性与人格的区别是否意味着马里坦执守于传统宗教伦理学的那种以灵斥肉的反人道立场吗？答案显然不会如此简单。

---

① J. Maritain, *Person and the Common Good* (New York: Charles Scribner's Sons Company Inc., 1947), pp. 30 – 31.

② Ibid., p. 32.

如前备述，马里坦坚持把人视作一种灵与肉、形式与质料的统一实体，这一出发点使他强调人格的精神超越性本质。但他仍然认为，个体性和人格都是人类存在的两个形而上学方面，两者是相互统一的。他写道："如果我们的描述是充分的，那么，人类的这两个形而上学方面即个体性和人格方面在其本体论特征上是相互统一的。……我们必须强调，它们不是两个相互分离的东西。……我们的整体存在是由于在我们身上它源自质料而是一个个体，而由于在我们身上它源于精神而是一个个人。与此相同，一幅画的整体因为创造它的颜料而是一种物理化学的混合物，而因为画家的艺术而是一件美的作品。"①从马里坦的断言和类比中可以看出，他仍然是凭借亚里士多德的形式质料说来解释人格和个体性之差异的。人格与作为人之本质和内核的灵魂相联系，灵魂是人的"形式"；而个体性则与作为人之构成实体的肉体相联系，肉体是人的"质料"。

然而，这种区分绝不意味着人的肉体或个体性是某种恶的东西，②灵与肉的区别是存在性的，而不是价值判断上的。马里坦批评一些人误解了个体与人格间的区分，认为"个体必死，人格永生"。这是不确切的。因为"他们在杀死个体的时候，也杀死了人格"③。人格精神固然可以不朽，但作为一种实体存在的人格却不能如此，唯有上帝才是不朽的实体存在，人格精神的不朽是在与无限上帝相联系的意义上来说的。

对个体性和人格、自我的区分，是马里坦对其存在理论和主体性理论的人格主义深化。它一方面给予自我存在和主体性存在的形而上观照以具体个体化和人格化的内涵规定，从而使人的灵

---

① J. Maritain, *Person and the Common Good* (New York: Charles Scribner's Sons Company Inc., 1947), p. 33.

② Ibid.

③ Ibid., p. 35.

与肉、内与外关系更加充实和丰富，因之不仅强化了人的精神存在的内在超越性和主体性，而且也由此更进一步地加强了人与神、人格与上帝之间的沟通。他巧妙地运用了古老的两分性哲学方式和托马斯式的神学理智主义，论证了一种具有神学色彩的人格主义。同时，从其宗教伦理学的整体来看，对个体性和人格的比较分析，还极大地充实了他的自我存在和主体性理论，更是为其道德价值关系理论，特别是个人与社会、个人善与共同善的关系理论奠定了解释基础。

二　个体善与共同善

马里坦认为，个人是一个整体的存在，但这个整体绝不是一个莱布尼茨"单子式的"封闭性整体，而是一个开放的整体。开放性使"他倾向于社会生活，倾向于共同交流"①。这表现出个人对社会或团体的需要。与个人一样，社会也是一个整体。它不是一个普通的物质有机体或生物有机体，而是一个"由自由所组成的有机体"。组成它的不但是各个物质性个体，也是各个拥有整体人格的个人。社会整体一旦形成，它就具有其不同于各个人的善。但无论其构成是多么特殊，它的本质必须是人性的或人道的，否则就难以生存。

马里坦说："社会是一个整体，而且它是一个由自由所组成的有机体，而不只是由营养细胞所组成的有机体。它有它自己的善和自己的工作，这种善和工作是不同于构成它的各个个体的善和工作的。但是，这种善和工作在本质上是而且必须在本质上是人性的，倘若它们不贡献于人类个人的发展和改善，就会最终成为颠倒扭曲的善和工作。"②

---

① J. Maritain, *The Rights of Man and Nature Law* (New York: Charles Scribner's Sons Company Inc., 1943), p. 5.

② Ibid., p. 7.

于是，我们遇到了一个十分重要而复杂的问题：既然个人和社会都具有整体的存在，这两个整体之间的关系究竟如何？作为具有其自身工作和善的社会整体是否具有不同于个人的自在目的？对此，马里坦一方面否定了西方近代伦理学（如法国唯物论者的伦理学）中的一种习惯性观点，即认为个人是构成社会整体之部分，社会的善是个体的善之纯粹总和。他认为，这种把社会善看作"个体善之纯粹集合"的观点"可能会导致一种'原子的无政府状态'"，因为它"把社会作为为了其部分的利益的东西而消解"，以致导向社会的无政府主义和不平等的个人主义。他说，这一公式"或者等于公开的无政府概念，或者等于那种老式的经过伪装了的资产阶级唯物主义的无政府概念，根据这种概念，社会的全部义务就在于看到，每一个人的自由得到尊重，因而使强者能够自由地压迫弱者"①。

另一方面，马里坦也反对把社会神圣化、非人性化。他承认："社会的目的是它自己的善，即社会实体（social body）的善。"但是，如果我们因此认为社会的目的高于或独立于组成该社会的各个个人的目的，那么，也可能导致另一种错误："集体主义类型的错误——或者说导致一种国家专制主义类型的错误"。正确的解释应当是对上述两种错误的超越，既不能否认社会善的整体性而倒向无政府主义，也不能否认社会善的人性本质而倒向专制主义。结论是：社会的善是"个人之综合的善"，"它必须使全体都从中获得利益"②。简言之，人格天性趋向社会生活，社会是人的社会，两者既有形式目的的差异，又有本质目的的一致。

故而，社会的共同善必须具有以下三个方面的普遍特征：（1）共同善首要的本质特征是："它意味着一种重新分配，它必须在诸个人

---

① J. Maritain, *The Rights of Man and Nature Law* (New York: Charles Scribner's Sons Company Inc., 1943), p. 8.

② Ibid., pp. 8 – 9.

中重新分配，必须有助于他们的发展。"① （2） 共同善乃社会权威的基础。② （3） 与内在道德有关，共同善在本质上是"生活的整合性，是这种综合的善和正当的人类生活"。因此，"对于共同善来说，公正与道德正当性是根本的"③。总之，共同善的本质在于有助于个体善的充分而公平的发展，有助于人们生活的完整；它的道德基础是公正和正当。

进而，马里坦又具体解释了个人与社会、个体善与共同善的关系。在《个人与共同善》这部名作的导论中，他开宗明义地指出："是社会对我们每一个人而存在？还是我们每一个人为社会而存在？……我们立刻感到这个问题包含两个方面，而每一个方面都必定有某些真理的因素。任何单方面的回答都只会使我们陷入错误。"④ 他认为，历史上，特别是19世纪以来，人类经历了两种极端的错误：一种是个人主义和无政府主义的错误，一种是极权主义的错误。在现时代，人类为了克服这两种错误提出了人格主义。人格主义是对历史上两个极端的综合和超越，但它本身又有多种形式。不同形式的人格主义虽然都力图克服两个极端的片面性，却也难免在两极之间摇摆。唯有托马斯主义的人格主义才能克服这种摇摆，达到更高的理论层次。马里坦说："一些当代人格主义有着尼采式的倾向，而另一些则又有蒲鲁东式的倾向；一些人格主义倾向于专制，而另一些则又倾向无政府状态。托马斯主义的人格主义的一个主要关切就是要避免这两种极端。"⑤

在马里坦看来，避免上述两种极端人格主义的关键，在于重新认识和理解个人和社会的内在目的之相容性或共通性，亦即正确理解这

---

① J. Maritain, *The Rights of Man and Nature Law* (New York: Charles Scribner's Sons Company Inc., 1943) , p. 9.

② Ibid., pp. 9 – 10.

③ Ibid., p. 10.

④ J. Maritain, *Person and the Common Good* (New York: Charles Scribner's Sons Company Inc., 1947) , p. 1.

⑤ Ibid., p. 3.

两个概念的内在关系。同时，从发展的实际过程中考察个人与社会相互作用的运动过程。这是最终达到合理解释个人与社会或个体善与共同善之相互关系的两个基本方面，也就是两者关系的理论逻辑方面和实践作用方面。

从理论逻辑方面来看，个人和社会两个概念的内在逻辑本质，表现在它们相互关联的目的性上。社会的目的是团体的善或共同的善，但它必须代表团体中每一个人的根本利益。共同善之所以是共同的，就在于它能够被理解为代表着各个体善之有机整合的价值目的。马里坦说："在这种作为社会单元的个人概念与作为社会整体之目的的共同善的概念之间，有一种相互关联，它们相互包含。共同善之所以是共同的，是因为它在诸个人中被接受，每一个人都是整体的一面镜子。在蜜蜂中间，有一种公共的善（public good），即营造蜂房的善的作用，但没有一种共同善（common good），这种善是一种被接受的和相互交流的善。因此，社会的目的既不是个体的善，也不是构成它的每一个人的个体善的集合。……社会的目的是团体的善，是社会实体的善。但是，如果社会实体的善不被理解为一种人类个人的共同善，正如不把社会实体本身理解为是人类个体的一个整体，则这个概念也会导致另一种极权主义的错误。"① 共同善基于各人类个人的共同目的性基础，但代表着共同善的社会目的并不等于每一个人的自我目的，这是两者的差异所在。然则，这一差异并非实质性对立，否则个人的目的之间就无法形成共同的基础。个人善基于个人目的，但真正的个人善并不等于个体的物质目的，而是个人人格的总体指向。正是在这种超个体性的人格共享的基础上，社会的共同善才成为可能，社会目的与个人目的才能沟通。所以说，人类社会的共同善绝不是蜜蜂

---

① J. Maritain, *Person and the Common Good* (New York: Charles Scribner's Sons Company Inc., 1947) , pp. 39 – 40.

般的个体集合，前者的共同目的性基础是内在的人性的和主体化的，而后者的共同目的性基础则只是外在的客观的和被动适应性的。可见，马里坦把社会目的的价值形式称为"共同善"，把蜜蜂的集合目的的价值形式称为"公共善"，这一见解耐人寻味。

共同的内在目的性基础，不仅决定了社会共同善的真实和必要，而且也决定了它具有普通的伦理意义。因之，"共同善是某种伦理学意义的善。它所包含的一种本质因素是此时此地个人之最大可能的发展，这些个人创造了以形成一个民族为目的的统一起来的大众，它不是靠武力组织起来的，而是靠公正组织起来的"①。以"个人最大可能的发展"为目的，决定了社会共同善的崇高的伦理义务和承诺，但正如每一个人具有其个体性与人格或物质性（肉体）与精神性（灵魂）一样，社会的共同善也不但具有一种"社会功利的价值"，而且是"有着一种精神灵魂"的生命实体（如"民族精神"）。社会本身也不但具有为个人目的服务的义务，而且也"拥有着一种它自己存在的权利"②。马里坦认为，这一点是近代资产阶级的物质性个人主义的倡导者们所忽略了的重要方面。因此，必须确认社会存在和社会目的的合理性。他反复强调，真正的社会及其共同善的确立，必须以公正和法为先决条件。没有公正和法的正当秩序，社会的生存和共同善的实现就难以成为可能。

然而，仅仅依靠公正和法是不够的。社会的合目的性和共同善的人性本质表明，社会进步的根本动力仍在于"人类个人对其扩展和自律之自由的自然渴望，以及他对一种政治解放和社会解放的自然渴望，这种解放将使他越来越多地摆脱物质自然的束缚"③。换言之，

---

① J. Maritain, *Person and the Common Good* (New York: Charles Scribner's Sons Company Inc., 1947), pp. 43 – 44.

② Ibid., p. 57.

③ J. Maritain, *The Rights of Man and Nature Law* (New York: Charles Scribner's Sons Company Inc., 1943), p. 34.

人类价值理想的实现不但要以社会的公正和法秩序提供外在的条件保证，而且要具有其内在的目的和动力。这种动力来源于人类的爱、团结、友谊和平等，它们更充分地反映着社会中人类个人之间道德关系的内在特点，反映着人类自身本性的要求。只有通过爱，各个个人才能相互理解，沟通各自的目的并趋于整体团结，从而超越物质的外在目的而趋向更崇高的内在精神目的。"人类个人的这种渴望趋向的理想和它的完善预先假定着人类历史已经达到了它的目的。换句话说，人类已经超越了历史。这种理想是一种将其本身引向人类历史的不断上升部分的最终目的，它要求有一种英雄式生活哲学的气候，并固定在绝对和精神的价值之上。"① 公正和法是社会的"统一化"力量，在此基础上进一步建立起来的爱、团结和友谊则是更深刻的社会道德力量或"内在力量"，是建立共同善所必需的道德原则和规范。

总之，在个人与社会、个体善与共同善之间不可有任何偏废。社会和共同善有其存在的理由和目的，因而社会也有着它特有的义务和权利，个人亦复如此。社会确保公正，合理的社会秩序应当得到尊重。个人是社会的基础，与个人相联系的权利和尊严也必须得到尊重，这是人类生活中的"一种神圣的权利"。个人与社会的共通性基础就在于它们共同的人性价值。由此，马里坦得出两个基本结论。

第一个结论是关于个人与社会关系的。其云："正如个人要求社会以既说明它的丰富或作为一个个人又说明其贫困或作为一个个体一样，共同善在其本质上也使它自身指向作为人格的个人……它以一种两面的方式来使自身指向个人：其一，在个人介入社会秩序的情况下，共同善在本质上必须返归个人或对他重新分配自身。其二，在个

---

① J. Maritain, *The Rights of Man and Nature Law* (New York: Charles Scribner's Sons Company Inc., 1943) , p. 35.

人超越社会秩序并直接从命于他们趋向超越政治社会的绝对之善物的进步。"① 这中间，第一种方式表明社会"共同善的重新分配规律"，即个人对社会既定秩序的超越。在马里坦这里，这种超越也就是向宗教上帝这一绝对善物的神圣超越，它甚至高于共同善的一般要求，爱是这一规律的伦理表达，人类由爱个人、社会，趋向于对上帝之无限的爱。

第二个结论是"关于人类社会所固有的紧张与冲突状态的"。马里坦把这一结论归于个人与社会关系的一个永久性不可避免的悖论：一方面，对于自由个人和个人善来说，社会和社会生活是"被给定的"，因而，社会往往有把个人视为"部分和一种纯物质性个体"的倾向，并以此来约束乃至奴役个人，以削弱个人的"自然倾向"，这是必然的；另一方面，对于社会和共同善来说，个人是其基础和目的，个人需要并服从于社会，却又总是力图超越社会，以削弱社会的力量，给社会发展以内在的制约。

马里坦认为，问题的关键并不在于忽略或否认这种悖论，而在于直面它、解决它。这种悖论本身是不可避免的，解决它需有合理的方法。这种方法不应是静止不变的，而应是"动态的"，即把它放在矛盾运动中来加以解决。他把这种矛盾运动概括为两种形式：一种是"平面的运动"或"水平运动"；另一种是"直线的运动"或"垂直运动"。

所谓"垂直运动"，即是从目的层次由低向高的递进运动。从这种目的运动中来解决上述悖论是首要的和可能的，它要求我们从人类的最终或最高目的来看个人或人格和社会生活或共同善。由此可见，人的最终目的并不是社会或物质性个体，而是神圣的上帝。人类所追

---

① J. Maritain, *Person and the Common Good* (New York: Charles Scribner's Sons Company Inc., 1947), p. 67.

求的一切最终并不是社会，而是上帝或要求进入"上帝的社会"。他写道："对于个人自身来说，在社会生活内部有一种可以称之为垂直运动的运动，因为人的人格之主根不是社会，而是上帝；因为人的最终目的不是社会而是上帝；因为个人使其成为一个个人的生活本身越来越完善的中心处在永恒事物的层次之上，而个人在其上被作为社会团结之部分的这个层次却是社会交往的层次。因此，个人渴望社会，却又总是容易僭越社会，直到人最终进入上帝的社会为止。"①

所谓"平面运动"，是指"一种各社会自身在时间内展开着的进步运动。这种运动依赖于一种伟大的规律，我们可以把它称为历史能量的衰落与复苏之双重规律，或者叫作历史运动所依赖的人类活动群（mass）的衰落与复苏之双重规律"②。马里坦认为，个人与社会之间的紧张所引起的这种活动规律证明："人类社会的生活以许多丧失为代价而进步。它的发展和进步多亏源自精神和自由的历史能量之生命活力的勃发或超升（super-elevation），多亏常常处于精神之前但却在本性上只要求作为精神之工具的技术改善。"③ 换言之，从社会生活内部的矛盾运动来看，其整体进步是以其部分的丧失为代价的。这种代价既有个人的，也有社会整体的。但运动的总趋势是前进的，其前进的动力有两个方面：一是来自人类精神自由的历史能量；二是来自作为精神实现之工具的技术进步。

最后，还需提及的是，马里坦对历史和当代的各种社会理论进行了批判性分析，提出了人格主义的"社会概念"的多重特点。他以为，历史上有关"社会概念"或"社会生活观"大致有三种：（1）"资产阶级的个人主义"（如法国唯物论者）；（2）"共产主义的

---

① J. Maritain, *The Rights of Man and Nature Law* (New York: Charles Scribner's Sons Company Inc., 1943), pp. 18 – 19.
② Ibid., p. 30.
③ Ibid.

反个人主义"（如苏联共产主义）；（3）"极权主义或专制式的反共产主义和反个人主义"（如希特勒的"国家社会主义"）。在第一种观点中，缺乏"共同善和共同工作"的观念，缺少超物质功利的人格精神和神圣感。第二种观点是对第一种观点的反动，但它忽视了个人和人格的尊严、价值、目的和权利。第三种观点是第二种观点的进一步极端化，它使社会和共同善蜕变为一种超个人的个人专制和特权。

这三种观点相互冲突又殊途同归，它们的共同错误是"都以一种或另一种方式忽视了人类个人，……它们都只考虑到了物质的个体"①。马里坦把它们称为"我们时代的三大悲剧"。在他看来，只有基督教的人格主义才能完全摆脱这三种悲剧和噩梦，使人类社会生活得到真正的合理解释。这种解释充分表明了"社会概念"的基本特点，这就是：（1）它应当是"人格主义的"；（2）它是"公共的"；（3）它是"多元的"；（4）它是"有神论的或基督教的"。一言以蔽之，具有上述四种特点的基督教或托马斯主义的人格主义"社会概念"，是对个人和社会或个体善与共同善之真实关系的本质概括，也是它对这一重大道德价值关系问题的基本答案之所在。

由上可见，马里坦的"个体性理论"和"人格理论"是一个十分复杂的理论系统，它包括了马里坦对人、个人、个体与社会、人格、个体善与共同善，以及历史上诸种典型社会伦理观的基本看法。应当承认，马里坦的这一学说内涵是富有个性的，也是十分庞大的。它秉承了托马斯主义的基本伦理精神——以灵化肉、灵肉统一的人格精神，以神观人、以人证神、神人相通的宗教伦理精神。同时，在批判的基础上吸收了人格主义伦理学的主要成分，提出了既反对尼采式的专制也反对蒲鲁东式的无政府主义的道德价值关系原则，主张在内

---

① J. Maritain, *Person and the Common Good* (New York: Charles Scribner's Sons Company Inc., 1947), pp. 81 – 85.

在人格目的性基础上求得个人与社会、个体善与共同善的相互统一，并提出了在开放动态的矛盾运动中来解释这一重大道德问题的方法论原则。这一切集中反映了马里坦在"个体性理论"和"人格理论"这一领域里所取得的理论成果，许多见解确乎值得我们深入思考和借鉴。此外，马里坦关于社会共同善的本质特点及其确立基础的分析，也在很大程度上揭示了问题的实质所在。例如，他认为社会共同善必须具备人性化的特征，必须建立在各成员的个体善相互共通和共享的基础上，必须以社会整体的目的与各成员个体的目的相统一或一致为前提，而且必须实行社会利益的"重新分配"，亦即必须具备公正和正当的德法秩序，等等；至少在形式上或理论上洞见了这一问题的一般本质，甚至在一定程度上超出了社会伦理分析的范畴，包含从社会政治、经济和道德等综合角度考虑社会共同价值问题的全面性和合理性。

然而，上述洞见并不能掩盖马里坦的理论失误，这最基本地表现在两个方面。其一，他关于个人与社会或个体善与共同善的解释最终仍然归结到宗教的伦理解释，神是最高目的，是一切社会和个人价值的源泉，教会或宗教社会理想才是人类最崇高、最完美的社会理想。上帝不仅是人类共同主体性的唯一担保者，而且是一切人类善的代表者和见证者，它是绝对公正和正当的化身。于是，一切活生生的道德伦理解释在付诸一系列似乎有力而合理的逻辑程序之后，又最终被推到了非逻辑化的宗教伦理学假设上，活脱脱的世俗伦理顿时失去了逻辑的和现实的力量而凝固于宗教伦理的教条之中。抽象的爱、友谊和团结成为先验无疑的普遍伦理原则，显得那样苍白无力。其二，马里坦并没有最后科学地解决他所承认的个人与社会之间长期存在的历史性悖论。他无疑发现了问题的症结所在，也明确意识到"资产阶级的个人主义"和"无政府主义"的错误，批判了专制主义和极权主义的极端片面性，甚至也提出了解决上述悖论的具体设想（如"重新分配规律"等）。但他终究找不到彻底解决这一悖论的有效方法，最后只能诉诸抽象的宗教伦理原则，更不能从社会现实实践的高度提出解决这一历史性疑难的科学方案。而且，从总体上看，马里坦仍然迷恋于现代宗教人格主义的解决方法，实质上还是偏向于西方传统的人道主义或者说人本主义。因而，它并没有真正否定个人主义价值观，更没有摒弃抽象人道主义和宗教伦理主义的信条，只不过是在不触动西方传统宗教伦理和世俗伦理之核心理念的前提下，提出某些修正而已。

第四节　完整的人道主义

一　两种人道主义

我们说马里坦没有摒弃抽象人道主义传统，这并不是说他原原本本地承袭了西方近代人道主义的基本伦理原则。事实是，他并不赞成西方近代人道主义学说，而是在批判性基础上提出了他的新人道主义主张，这就是他的所谓"完整的人道主义"。

人道主义问题本是现代西方宗教伦理学必须做出回答的一个敏感问题。这一方面是由于西方宗教神学和伦理学有过曾经遭受近代人道主义思潮猛烈冲击的沉重历史教训；另一方面是因为现代西方社会现实的矛盾状态促使宗教伦理寻找新的道德解释来确保它的人道性质和现实参与能力。马里坦对此有着充分的自觉。他指出，人道主义问题之所以成为现代宗教和文化伦理的主题之一，其原因有二：（1）人道主义思潮本身仍然保留着一种确定的与文艺复兴时期各种自然主义潮流的亲缘关系，这使它常常成为现代西方文化包括宗教伦理所不得不面临的一种传统氛围；（2）在许多人的观念里，基督教的观念又因为"詹生主义（Jansenism）或清教主义痕迹的玷污"，而背负着种种非人道或反人道的责难。人们以为，现代西方文化中的主要争论之一，便是人道主义与基督教之间的争论，这实际是一种严重的误解。

马里坦指出："这种争论并不是人道主义与基督教之间的争论。……它是两种人道主义概念之间的争论。""一种是以神为中心的或基督教的概念；一种是以人为中心的概念。文艺复兴的精神应对这两种人道主义概念负责"①。他认为，前一种概念可称为"真正的人道主义"（the true humanism）、"完整的人道主义"（the integral humanism）或"基督教的人道主义"（christian humanism）；而后者则是"非人的人道主义"（inhuman humanism），它源自文艺复兴的世俗文化精神，其非人性表现在它不仅无法消除宗教，而且也难以解决两个主要的困难："第一，它无法消除人类的灾难；第二，在没有与宗教达到统合的情况下，它不可能建立一种'完整的人道主义'"②。

在马里坦看来，西方人道主义历来就有着两种不同的历史渊源，一种是基督教的，另一种是非基督教的或世俗的。人道主义的原始本质就是给人以更真实的人性。它一开始就曾与非基督教的古老的人类智慧有着天然的联系，从荷马（Homer）、索福克勒斯（Sophocles）、苏格拉底（Socrates）、弗尔吉尔（Virgil）等"西方之父"那里，我们已经感受到了这种人道主义精神。然而，西方人道主义并不是与宗教相抵牾的，相反，它同样也源于各种宗教的和"超验的"来源，而且从人本身、人类文明或文化的发展和人的概念演化三个方面来看，基督教的人道主义要比文艺复兴以来所形成的那种"以人为中心的人道主义"（anthrocentric humanism）更为真实、更为彻底。

---

① J. Maritain, *Some Reflections on Culture and Liberty* (Chicago: Chicago University Press, 1933), p. 2.

② J. Maritain, *Freedom in the Modern World* (New York: Charles Scribner's Sons Company Inc. , 1936), pp. 89 – 90.

马里坦指出，就人本身而言，近代伊始，理性主义（首先是笛卡尔，然后是卢梭和康德）曾经"建立了一种值得自豪的和辉煌的人的人格图像、关于人的内在性和他的自律，最后是关于其本质善的神圣不可侵犯而又令人忌妒的图像"①。但是，一个多世纪后，这种以人为中心的人格图像便遭到了毁灭性打击，以致迅速消亡。这种打击来自两个方面或两次科学的冲击。第一次是19世纪生物学界所产生的达尔文的进化理论。这种理论认为，人起源于类人猿，因之人仅仅被视为动物类漫长进化的产物。于是，"人的精神从何而来"便成了问题，最后人们不得不归于一个"万物之主"（the author of all things）的创造，以人为中心的人格概念便不攻自破。第二次打击来自心理学方面，这便是19世纪末期以降弗洛伊德所发起的对人的伟大和精神尊严的无情打击。弗洛伊德的心理学使人的尊严降到了纯本能欲望和性"力比多"的最低点，人成了纯自然本能的存在而变得毫无人格和尊严。

不独如此，文艺复兴以来的人类现代文明发展也反映着以人为中心的人道主义历史发展的否定轨迹。现代文化或文明发展的辩证法也就是世俗人道主义发展的辩证法。它大致经历了三个阶段（moments）：第一个阶段（16～17世纪），可以"被看作是一种目的秩序的颠倒"阶段。在这一阶段里，现代文化或文明"不是指向其善本身——它是一种地球秩序的善，趋向于永恒的生活——而是追求其自身内部的最终目的，它所追求的这种目的即是人对自然的支配。上帝则成了这种支配的保护者"②。换言之，以人为中心的人道主义最初动机虽然是为了解脱人类的苦难——这种苦难被认为是

---

① J. Maritain, *True Humanism*, English trans. by M. R. Adamson (London: Century Press, 1938) , p. 20.

② J. Maritain, *Freedom in the Modern World* (New York: Charles Scribner's Sons Company Inc. , 1936) , pp. 94 – 95.

由于基督教的神圣化所致，但它所追求的真正目的并非一种永恒的幸福生活，而是"在人对物质的支配之中追求其至上目的"。人的目的被物化、实利化、狭隘世俗化，而人追求永恒幸福这一真正的目的则被颠覆，作为至上目的之化身的上帝反而成了世俗物质目的的手段。

第二个阶段（18~19世纪），现代文化或文明是"一种准神圣的帝国主义亦即超物质力量的帝国主义"。在此阶段，"文明不是通过一个本身为自然的并限制着人的内在生活的过程来接受各种自然条件并控制它们，……换句话说，文明不是通过首先趋向于内在完善和某种灵魂与生活智慧的过程来接受各种自然条件并控制它们，而是打算改变这些自然条件并通过技术的和人为的过程来统治它们。文明凭借数学和物理科学的支援来创造一个物质世界，以适应我们尘世生活的幸福。上帝成了一种观念"①。有时候马里坦也把这一阶段称为"一种对于物质力量的世界造物主式的帝国主义（demiurgic imperialism）"②。它的基本特征是，对外在自然的狂热支配欲代替了对人生智慧和内在精神完善理想的追求；对技术过程和科学的工具性利用使上帝连最初的工具性作用也丧失殆尽，剩下的只是一种观念的上帝。这就是以人为中心的人道主义在19世纪西方文化中所创造的"奇迹"，也是它走向人性反面的历史见证。

第三个阶段（20世纪），是"人在各种物质力量面前的一种进步的退却。为了统治自然，人作为仅次于神的世界造物者，事实上被迫越来越使它的理智和生活屈从于种种不是人类的而是技术性的必然，屈从于他围其转动并侵犯着我们人类生活的那种物质秩序的力量。——上帝死了：人这些现在的实利主义者以为，只有当上帝不是

---

① J. Maritain, *Freedom in the Modern World* (New York: Charles Scribner's Sons Company Inc. , 1936), p. 95.

② J. Maritain, *True Humanism*, English trans. by M. R. Adamson (London: Century Press, 1938), p. 24.

上帝时，他才能成为人或超人"①。实利主义和物质欲望的膨胀，以及对技术至上的崇拜，使人们越来越成为物质技术的奴隶，而物质技术又越来越成为主人而受到崇拜，以至于上帝不仅由一种工具变成了纯粹无用的观念，而且完全为技术至上所取代。上帝在现代人心中仿佛已经寿终正寝。结果，对于人类来说，死去的不单单是作为其理想崇拜的上帝，也是人性本身。今天，物质技术对人的统治正空前强化着，人的异化日益深刻，因而不单使"人生的条件日益非人化"，也使人本身日益非人化。马里坦忧虑地说："倘若事情长此以往，用亚里士多德的话来说，世界似乎将会成为只能是野兽或神居住的地方。"② 如果任凭人的物化，人将非人，世界也将变成非人的世界。这是以人为中心的人道主义的傲慢给当今人类所带来的灭顶之灾。

关于现代西方文明或文化历史发展的三阶段辩证法描述是马里坦政治哲学和伦理学的主要学说之一。他先后在《现代世界中的自由》《真正的人道主义》《文明的黄昏》等著作中多次阐述过这一学说。在《真正的人道主义》一书中，他对这三个阶段做了进一步的具体时间的限制，并把第一阶段（16～17世纪）称为西方文化的"古典阶段"和"基督教自然主义时代"；把第二阶段（18～19世纪）称为西方文化的"资产阶级时代"和"理性主义的乐观主义时代"；把第三阶段（20世纪）称为"对所有价值的唯物主义颠倒的时代"和"革命的时代"。他指出，从西方现代文化或文明发展的这三个阶段来看，我们都可以发现世俗的以人为中心的人道主义对西方文化的否定性影响。由于它固执于物质性人类个体而疏忽乃至否认人的整体性和个人的精神人格，致使它（1）颠倒了人的真正目的，用人的物质欲望满

①　J. Maritain, *Freedom in the Modern World* (New York: Charles Scribner's Sons Company Inc., 1936) , p. 95, p. 24.

②　J. Maritain, *True Humanism*, English trans. by M. R. Adamson (London: Century Press, 1938) , p. 24.

足代替他对人格完善的追求，作为至上目的和完善人格之化身的上帝成了手段；（2）歪曲了人与自然的关系，以对自然的无情的帝国主义式掠夺和对科学技术的外在崇拜取代了对人类内在生活的追求，上帝由一种工具蜕变为观念的假设；（3）神化了科学技术力量，使人类自我对自然的冒犯恶化为对物质技术的狂迷和对神圣的蔑视，人由自然和科学的主人变成了从属于它们的奴隶，上帝也因之而成为空无。总之，自16世纪以来，以人为中心的人道主义使人与物、人与自然、人与技术、人与神的关系都逐渐扭曲了、颠倒了、恶化了。从人与物之目的与手段关系的颠倒，到人与自然关系的对立，进而发展为人与物或技术之主奴关系的交换，以及使上帝（神）由绝对的目的蜕变为手段、观念乃至于空无。这一系列的退化，都是以人为中心的人道主义造的孽，它的实质是使人物化、使人格异化、使神虚无化。因此，马里坦把它斥为"非人的人道主义"。

马里坦认为，要拯救人类退化的败局，拯救神圣的上帝，就必须建立一种"新人道主义"，这就是他所谓的"基督教的""真正的"和"完整的"人道主义。它与"世俗的""以人为中心的"传统的人道主义的根本区别就在于，它认为，"人的中心是上帝"。上帝既代表着人的最高目的和希望，也是人类内在精神完善的象征。基督教虽然认为人是有罪的，但这种原始观念也预制了人的内在精神和人格完善追求这一真正具有人性和人道的价值目标。同时，它与基督教的"救赎"或"自我拯救"观念相联系而给人类以解放的希望。一方面，它揭示了人现实的不完善性和理想的完善性；人现实的不完善意味着完善理想的存在。另一方面，它又为人类指明了追求完善和救赎的必要与可能；不完善的人只有通过艰苦的自救和奋斗才能达于完善，这无疑是给人以充分主体性的价值意义。一方面，它揭示人类不完善性所包含的自由与尊严之丧失的可能，给人类以持久的忧患意识和反省动力；另一方面，它又给人指明了自由与尊严之所在，并力图引导人类不断超越现有、趋向更高精神生活和自由境界，以升华人格。这些正是基督教深刻的人性意义。因此，它的人的概念是一种充满真诚和希望的人道主义，是最终能还人以人性、目的、自由和尊严的人道主义。

因此，马里坦认为，完整的人道主义首先必须彻底地改变传统的以人为中心的人道主义，在人们的内心深处重新唤起三种基本的宗教伦理力量，即"信仰的力量、理性的力量和爱的力量"，以求"在精神实在的世界中获得一次进步"，唯其如此，才能让人类真正进入"人的本性的深层"①。信仰是人生目的的支柱，现代基督教伦理反对中世纪神学的神秘主义，但它坚持认为宗教信仰的力量是人类内在精神生活的基本条件之一。它所反对的是把人类理性精神狭隘地技术化和理智化，主张把理性变成人类产生深刻的爱的力量的认知前提。人类只有正确地认识生活和人生，才可能真正有对人的爱、对人格自我的爱；同时在爱自我的时候，开放地面对他人、社会和上帝，让爱的光芒普照四方。

其次，马里坦指出："完整的人道主义"是"人道主义"本义的真正体现。他认为，不论何种解释，人道主义都必须基于"人的本性"这一概念。"人道主义在本质上往往通过使人能够参与可使其不断丰富的自然与历史中的一切事物而使他更具真正的人性，并表现他的原始伟大。它既要求人发展他所拥有的各种潜在倾向、他的创造力量和理性生活，又要求他努力工作，将各种自然宇宙的力量改变成为他自由的工具。"② 即是说，人道主义要求人通过自然和社会历史的进步来实现自我人性。因此，它既不以物为鹄，也不盲动地主宰自然，

---

① J. Maritain, *True Humanism*, English trans. by M. R. Adamson (London: Century Press, 1938), p. 82.

② J. Maritain, *The Twilight of Civilization*, English trans. by L. Londy (New York: Sheed & Ward, 1943), p. 3.

更不背叛上帝。相反，它自由地利用一切自然物质条件来实现自己、丰富自己、完善人性，最终走近上帝。所以说，它应当是"以神为中心的人道主义"（theocentric humanism）。马里坦说："古典人道主义的不幸，并不在于它一直拥有人道主义，而在于它一直坚持以人为中心；并不在于它信赖理性，而在于它把理性孤立起来，并导致它干涸枯竭；不在于它寻求自由，而在于它趋向于作为一个自私上帝来建立的个体之城的虚幻神话，而不趋向于作为上帝影像来考虑的人类个人之城理想的这种倾向。"①

再次，完整的人道主义也要求着一种全新的社会哲学和政治哲学，要求有真正的民主秩序。马里坦指出，现代民主只是一种"流产的民主"，它是"流产的人道主义"的直接产物。这是"现代人道主义的危机"。他批判了包括资产阶级个人主义在内的一切已有的人道学说，把古典世俗人道主义、法西斯主义、共产主义都视为"反基督教的力量"，它们的共同倾向是无神论、非理性和教条化。而"一种完整的人道主义和一种有机的民主是以一种真实的方式尊重人的尊严，而不是以一种抽象的方式尊重非尘世的和不存在的个体。它不是以忽视一切历史的条件和差异为无政府的或国家专制主义的神话而牺牲人类实体来尊重人的尊严，而是在每一个具体的活生生的个人身上以他存在于他与团体的实际关系和存在于他生活历史情景之中的这一事实来尊重人的尊严。它们的目的是为个人扩大自由，……它们知道在价值的等级秩序中，精神生活的发展、智慧和爱是第一位的。对它们来说，政治工作中的原则性的东西既不在于满足贪婪，也不在于对物质自然的外部支配或对其他民族的外部支配，相反，它在于趋向在为至高幸福而造就出来的一个不幸物类的受伤儿童中间的博爱友谊这

---

① J. Maritain, *The Twilight of Civilization*, English trans. by L. Londy (New York: Sheed & Ward, 1943), p. 12.

一历史理想，而进行的缓慢而又艰难的进军之中。最后，这种民主和人道主义也认识到而且首先认识到家庭的权利和人类个人的权利，正如它们认识到政治团体的权利和政治共同善的权利一样"①。

最后，马里坦指出，完整的人道主义必须在资产阶级的以人为中心的人道主义废墟上"重建人学"，再造"新人"，这是全部问题的归结所在。他如是说："一种新人道主义必须承担古典时期的全部工作，并上升到一种纯化的氛围之中。它必须重建人学（anthropology）。它必须不再在一种孤立的因而将自身封闭于该物类内部的物类中，而是在一种使该物类面对神圣而又超理性的宇宙开放着的开放性中，来发现该物类的复兴与尊严。而事实上，这种使命也就是使一种世俗的和暂时的东西圣洁化的工作。它意味着发现一种人类个人之尊严的更深刻、更真实的意义。结果，人会在重新发现的上帝身上重新发现他自己，并可能将社会工作指向一种博爱的英雄式理想，但这种博爱理想不能设想为一种对某虚幻的原始状态的感情之自发复归，而只能设想为一种优雅而富有美德的工作。这样一种人道主义在人的自然存在和超自然存在中考察人，并且不给从神圣降到人的过程设置任何先验的限制，人们可以把它称为具体化的人道主义（the humanism of incarnation）。"② 简言之，新人道主义的首要使命是建立新人学，以引导人们重新发现自己的尊严和意义。人的重新发现以上帝的重新发现为先决条件。因为唯有上帝才能使人有可能重建博爱、趋向远大人生目标，从而在人生理想的"垂直运动"和人生现实创造的"水平运动"之间保持和谐统一，使人生理想与社会理想、现实创造与永恒超验的神圣追求臻于完美统一。换言之，"在这种完整的人道主义的视境中，趋向永恒生活的垂直运动与赖以在进步意义上显露人在历史中

---

① J. Maritain, *The Twilight of Civilization*, English trans. by L. Londy (New York: Sheed & Ward, 1943) , pp. 59 – 60.

② Ibid., pp. 12 – 13.

的实体和创造力的水平运动之间必须无任何冲动，相互间也不存在任何排斥，因为这两个方面必须同时追求。而且，后者即历史进步的水平运动只有在它有力地加入前者即趋向永恒生活的垂直运动时，才能很好地获得；或者说才能免于转向人的毁灭。因为当这种水平运动拥有其合宜和暂时目的，且自身倾向于人在人类历史内的更好状态——尽管它为上帝王国、为每个个人和所有人类准备了这条道路——时，它才是某种超出历史之外的东西"①。

于是，我们终于看到，马里坦的人学重建绝不止于以人的重新发现为其使命，而更多的是以上帝的重新发现为最终使命。因而，与其说这是一种人学重建，不如说是一种神学重建。历史多么富有戏剧性：当中世纪神学一步步脱离原始基督教所内含的那种被压迫民族和人民的反抗精神，疏远其固有的平等、自由和独立的内在革命性主题，并由此走向极端神秘主义和反人道主义时，自文艺复兴时期奋起的人道主义者们从基督教神学的反动和堕落中发现了致命的痼疾，喊出了"重新发现人"的时代强音，并欲置神学于死地。而今天，马里坦却以一位神学家的敏锐和犀利，又从世俗人道主义的历史演进中，发现了它一步步走向非人性、非人道深渊的恶果，喊出了"重新发现上帝"的口号。这种由神到人，又由人到神的历史反复与转换，奇妙地再现了西方近现代哲学和伦理学发展所隐含的起伏跌宕、往返交替的人学主题变奏。

然而，历史的转换终究已非历史的重复。如果说，当年文艺复兴时期的人道主义者们在致力于"人的发现"时，不可避免地疏远和冷落了上帝的话，那么，今天的马里坦及大批神学家则要高明得多。他们清醒地意识到，"人"业已成为西方乃至全人类观念世界里永远不

---

① J. Maritain, *The Twilight of Civilization*, English trans. by L. Londy (New York: Sheed & Ward, 1943), pp. 13 – 14.

落的太阳，任何疏远和冷落人的做法都将为时代所不容。因此，他们在承诺其神学天职的同时，并没有忘却保持这种承诺之现实有效性的世俗前提，提出了在重新发现的上帝身上重新发现人的主张，使人与上帝成为"人学重建"的统一主题。于是乎，我们在今天悠远的教堂钟声中，听到了人类动情的吟唱，它构成了现代西方文化中一部神人齐诵共鸣的和声。夕阳晚霞中那袅袅升腾的人间炊烟与挺拔高耸于苍茫天宇的教堂塔尖相互缠绕，交织成一幅天国人间共一体的美妙写意。因此，在马里坦这里，人的发现与上帝的发现、人学的重建与神学的重建、人的使命与上帝的工作，都是相互统一的。他意味深长地说道："我的新人道主义当然希望改变资产阶级的人。要这样做，也需要改变人本身。的确，归根结底这是所有问题的全部，也就是说，在这些词的基督教意义上，问题的全部就在于'旧人'应该死亡，应该让位于'新人'。在人类种族的生活中，如同在我们每个人的生活中一样，这种新人的成长正缓慢地趋于我们时代的丰富性，我们存在本身的最深刻的冲动将获得实现。但另一方面，这种改变又要求尊重人的本性和这种上帝图像的本质急迫性，尊重超验价值的至上性，这些超验的价值将能容纳这种更新，并为之做好准备。再一方面，它也要求我们意识到这种变化不仅仅是人的工作，而且首先是上帝的工作，是人与上帝之联合的工作，它不是外在手段和机械手段的结果，而是生命原则的结果。这是不可改变的基督教教义。"①

二　人的权利与自然法

如前所述，马里坦认为，完整的人道主义要求以一种新社会政治

---

① J. Maritain, *True Humanism*, English trans. by M. R. Adamson (London: Century Press, 1938), p. 86.

哲学为条件。这就意味着在基督教的视境里，人道主义不仅仅是一个道德问题或人学问题，同时也涉及广泛的社会政治哲学问题。德与法、人的权利与自然法这些传统观念的关系构成了这一问题的重要方面。

马里坦认为，人的权利问题总与自然法观念相联系，而"自然法的观念是一种基督教的和古典思想的遗产。它并不是复归到18世纪的哲学，18世纪的哲学或多或少扭曲了它，而是要返归到格劳修斯以及他以前的苏亚雷斯（Suarez）和维多利亚（Francisco de Vitoria），进而返归到托马斯·阿奎那；再返归到圣·奥古斯丁和教父们，以及圣·保罗；甚至返归到西塞罗、斯多亚派和远古时代的伟大道德学家及其伟大的诗人们，特别是索福克勒斯、安提戈涅，他们是自然法永恒的英雄。古代人将自然法称之为不成文法（unwritten law），这是最适合它的名称"①。马里坦的这种历史"返归"，本义是表明自然法这一概念渊源于基督教早期教义，乃至更早的古代政治文化传统，它的本质特征是以一种不成文形式所表达的人性之天然法则。

人的本性理论是自然法确立的根据。人人都有一种相同的本性，预定着"人是一种天生赋有理智才能的存在，他以对他所做的理解而行动，因此以其决定他自己所追求的目的的能力而行动。另一方面，由于拥有一种本性并在一种既定的决定方式中所构成，人显然拥有与其本性构成相应的种种目的……这意味着，凭借人的本性自身，便存在一种秩序或一种气质，它是以人的理性所能发现的，根据这种秩序或气质，人的意志必须行动，以便使它自己与人类的必然目的相协调。这不外乎就是不成文法或自然"②。这即是说，所谓自然法即是人的本性固有的法则，它的根基就是人性。

---

① J. Maritain, *The Rights of Man and Nature Law* (New York: Charles Scribner's Sons Company Inc., 1943), pp. 59 – 60.

② Ibid., pp. 60 – 61.

那么，按照自然法所赋予人应有的基本权利有哪些呢？马里坦认为，人的权利是一个广泛的概念，有多种形式。其中，它们各自由自然法、成文法（statute law）或国家法所赋予。比如说，财产私有权虽然植根于自然法，但却由成文法或国家法给予特殊的规定，而个人的生存权则是由自然法所规定的。依此，我们可将人的权利划分为三大类，每一类又包括若干具体内容。

第一类是"人类个人的权利"。这类权利基于自然法的要求，它包括：（1）存在的权利；（2）个人自由的权利或作为自己主人或自己行动之主人来处理自己生活的权利，以及在上帝和团体法律面前为这些行动负责的权利；（3）追求合理人生和道德人生之完善的权利；（4）沿着上帝指明的通过道德和良心认识到的道路而追求永恒生活的权利，教会或其他宗教家庭自由践履其精神活动的权利；（5）追求一种宗教使命的权利，追求宗教秩序和群体的自由之权利；（6）按自己的选择完婚和哺养家庭的权利；（7）家庭、社会尊重其构成的权利（这种构成基于自然法，而不是基于国家法，且根本上包含着人类的道德）；（8）保持自己身体完整的权利；（9）财产权利；（10）人类个人都被视作一个个人而不是作为一种东西来对待的权利。[①]

第二类是"市民个人的权利"。这类权利基于成文法的保护，它包括：（1）每个市民积极参与政治生活的权利，特别是人人共有的投票权利；（2）人民建立国家制度并决定他们的政府形式的权利；（3）联合的权利（这种联合只受法律上所认识到的共同善之必然性的限制），尤其是组成政治党派或政治学派的权利；（4）自由研究和讨论的权利（言论自由）；（5）政治平等和每个市民确保其在国家内

---

① J. Maritain, *The Rights of Man and Nature Law* (New York: Charles Scribner's Sons Company Inc., 1943), pp. 111 – 112.

的安全与自由的权利；（6）每个人保证其独立之司法权力的平等权利；（7）公共就业和自由选择各种职业的平等可能性；等等。[①]

第三类权利是"社会个人的权利"。它基于国家法的保护，具体包括：（1）自由选择其工作的权利；（2）自由组成职业群体或商贸联合的权利；（3）要求社会将劳动者作为成人来看待的权利；（4）经济群体（商贸联合和劳动团体）和其他社会群体的自由与自律的权利；（5）合理报酬的权利，劳动的权利，休息的权利，失业保障、医疗福利和社会保障等的权利；（6）参与文明、自由负责、依赖文明之团体的可能性，在基本物品（包括物质性的和精神性的物品）上的权利。[②]

马里坦的上述人权归类划分起因于两个深刻的理论动机：一方面，他力图把基督教宗教伦理学人性化、人道化，以使其恢复原有的参与社会政治生活和文化生活的世俗功能。为达到这一目标，他无情地批判了近代以来西方世俗人道主义的错误，指责后者把人的概念狭隘经验化和实物化，因之把人的权利片面地理解为以自我为中心的自私利己权和对物质、自然的占有权、支配权。另一方面，他又努力为基督教的人格理论寻找历史的根据，以表明它对这一现代人学、政治学、法学和伦理学中最敏感、最重要的问题具有无可争议的发言权。由此，他在探讨原始基督教的人权观念起源的同时，又为人的权利寻找神学的根据。他尖锐地指出，西方世俗人道主义对人权的理解是一种异化权利的理解。因为它建立在非人格无上帝的个体性基础之上，不仅使人成了一种缺乏内在精神人格的"非人"，而且也使人的权利成了一种非人的权利。因此，马里坦重新理解了人权的具体内容，并依据其"存在的形而上学"理解和完整人道主义原则，指出了人的权利的非异化本质，并以此作为衡量人权的真实性的标准。他从神学教

---

① J. Maritain, *The Rights of Man and Nature Law* (New York: Charles Scribner's Sons Company Inc., 1943), pp. 112 – 113.

② Ibid., pp. 113 – 114.

条中为这种非异化的人权寻找依据。他说："如果你问个体的这些非异化的权利是什么，我将给你摘引罗马教皇十一世（Pius XI）在《神圣救赎》通谕中的话：这就是'生活的权利，身体完整的权利，具有存在之必要手段的权利，在上帝指引的路上迈向人的最终目的的权利，联合的权利，占有和使用财产的权利……'"① 显而易见，这一神谕教条就是马里坦上述人权归类的基本依据之一。从内容上看，他的三类权利划分基本源于此，只是较为具体和全面些。

一方面，人的权利是人之为人的"特权"，它们是不可剥夺的，因而它们既是人的自由和尊严的体现，也是检验其所在社会、国家和团体是否公正人道或是否符合人性要求的重要尺度。另一方面，人的权利与人的义务是相应的，一如人的目的与实现其目的的手段是相应的一样。人所具有的各种权利表明，他不仅要对自我负责，而且也必须承担一定的社会义务或国家团体义务，为社会的共同善做出努力。更重要的是，他必须承诺对上帝的神圣义务，这种义务的基本要求是尊重上帝作为无限人格的存在，并按照上帝所指引的方向前行。就上帝而言，"权利的概念甚至比道德责任的概念更为深刻，因为上帝拥有着统辖各种创造物类的道德责任"②。这就是说，上帝是绝对的权利主体，而不是义务的主体，因为没有任何人或物能够对上帝提出任何道德要求。

与之相比，人则不然。每个人既是权利的主体，也是道德义务的承诺者，这就是为什么每一个人都必须尊重上帝的理由。然而，对于现代人类来说，他们只知道要求权利和尊严，却往往忘却自己的义务，忘记上帝。马里坦不无伤感地指出："现代人要求人的权利和尊

① J. Maritain, *The Twilight of Civilization*, English trans. by L. Londy (New York: Sheed & Ward, 1943), p. 60.

② J. Maritain, *The Rights of Man and Nature Law* (New York: Charles Scribner's Sons Company Inc., 1943), p. 65.

严，但没有上帝，因为他的意识形态把人的权利和人的尊严建立在一种类似上帝的无限的人的意志自律的基础之上。"① 这是人类中心论意识的反映，也是现代社会文明的缺陷之一。

所以，与人的权利与人的义务相应，必须有健全的社会历史条件，特别是社会政治条件。只有在健全的文明社会里，人的权利才能得到保障，也才能与其道德义务保持平衡和对应，从而保证不脱离上帝指引的道路而迈向真正人的境界。由是，我们可以看出，关于人的权利的道德解释还必须以相应的社会政治解释为条件，这便是马里坦伦理学的最后落脚点——关于健全社会秩序和道德情景的分析，它构成了马里坦"完整人道主义"的社会历史要求和理想的注脚。

三　新基督教世界：一种新的历史理想

人的本性、人的权利和自然法理论不单是真正人道主义的具体展开，也是一种健全社会政治概念和社会实体所赖以建立的理论基础。特定的社会历史条件和政治条件构成了人类道德的真实"情景"（contexts），因而也是基督教伦理学所必须研究的重要课题。依据这一理论考虑，马里坦花费了大量的笔墨来探讨道德情境和社会理想问题，这就是他通过道德和政治的联系而展开的社会历史哲学，即他所谓以"新基督教世界"（New Christendom）秩序概念为核心的"新的历史理想"学说。

马里坦认为，基督教伦理的主旨首先在于为人类生活确立最终理想和目的。"目的秩序"必须有与之相应的"手段秩序"，反之亦然。从伦理学意义上说，所谓手段的道德问题首先表现为实现道德目的的条件、环境和方式问题，也就是人类社会生活条件、政治文化环境，

---

① J. Maritain, *The Range of Reason* (New York: Charles Scribner's Sons Company Inc., 1942), p. 187.

以及人类如何适应这些环境、利用这些条件的问题。有时候马里坦也把它们表述为手段道德、情景道德和手段等级三个问题，它们共同构成了"手段之纯化"问题。① 这一问题的重要方面就是道德与社会政治的关系。对此，马里坦从其"完整的人道主义"宗教伦理观出发，认为社会政治从属于道德，或者说政治是一种实践的道德。他写道："我们看到，政治从属于道德，从属于真正的道德——准确地说是因为它即是道德——是某种人类的、实践的和可实践的道德。"②

政治之所以从属于道德或具有"实践道德"的属性，是因为任何政治或政治社会概念也都是建立在"人的本性"或"人类个人的实在"之基础上，"并以一种必然的方式而从其自身的原则中发展出来"。唯有这样的政治或政治社会概念才是一种"真正的政治哲学"，亦可称为"一种人道主义的政治哲学，或一种政治人道主义"③。在马里坦看来，"政会社会"或"政治工作"的目的即是人类社会的目的，这就是"群体的善的人类生活"和"人类生活本身条件的改善"④。换句话说，真正的政治哲学和社会哲学的本质依旧应当是人格主义的或人道主义的。马克思主义的社会历史哲学和"社会主义的人道主义"的悲剧，恰恰在于它们如实地发现了人类对完善生活的渴望却又因其无神论和唯物论的原则立场而忽略甚至伤害了人类内在精神人格的统一和终极追求，因而使它"力图把生活快乐和工作快乐还给人类的努力"最终也只能导致"甚至比古典人道主义的结果更具欺骗性的结果"⑤。只有建立在宗教基础上的"完整的人道主义"才能真

---

① J. Maritain, *True Humanism*, English trans. by M. R. Adamson (London: Century Press, 1938), pp. 240 –241.

② Ibid., p. 213.

③ J. Maritain, *The Rights of Man and Nature Law* (New York: Charles Scribner's Sons Company Inc., 1943), p. 50.

④ Ibid., p. 43.

⑤ J. Maritain, *True Humanism*, English trans. by M. R. Adamson (London: Century Press, 1938), p. 73.

正适合于人的本性要求，把握彻底的真理，在与宗教的统一中达到真正人道主义的"彻底重建"。在这里，马里坦显然是把马克思主义的人道主义与资产阶级古典人道主义相提并论，一概否定，这是人们不能苟同的。事实上，马克思主义的人道主义观念与资产阶级的人道主义有着完全不同的本质特征，前者并不诉诸一般的人性论，而是着眼于实现人性化社会理想所必需的社会历史条件和实践方式，并主张通过无产阶级的革命来求得全人类的彻底解放，因而它不但是理论的或逻辑的，而且根本上是社会历史的和实践的；其目的也不是个人的或理想化的，而是群体的、阶级的和现实的。

也许，马里坦将上述两者混为一谈的理由是它们有着共同的反宗教神学倾向，尤其是马克思主义的彻底无神论立场。所以，在他提出其社会理想观念时特别有针对性地强调其宗教性质。他指出，一种"健全的政治社会的要旨"，是"流向诸个体的共同善；引导自由的人们趋向这种共同善的政治权威；共同善和政治生活的内在道德；社会组织的人格主义的、公共的和多元的渴望；市民社会与宗教之间的有机联系；没有宗教压迫或教权主义。换言之，一种真正的不修饰伪装的基督教社会；一种自由和博爱之理想所激发起来的共同工作，并作为其最终目标而趋向一种兄弟般城邦的建立；在这里，人类将摆脱奴隶和悲惨的命运。"① 这就是马里坦为其"健全政治社会"理论设想的基础和目标。这种目标不但是人类世俗社会的理想，而且是人类的宗教社会理想，其本质是一种宗教化社会，即"基督教社会"。马里坦把它称为一种新秩序的"新基督教世界"。

马里坦坚信，"秩序"是新基督教社会生活观的基石。他认为，在现代西方已出现了三种不同的社会生活观：一种是"把生活建立在

---

① J. Maritain, *The Rights of Man and Nature Law* (New York: Charles Scribner's Sons Company Inc., 1943), pp. 54 – 55.

选择自由意义上的自由之基础上，并把这种自由作为一个自在的目的——我们可以把这种观念称为自由主义的或个人主义的，这种观念正在消退，但它披上了法国式的外衣而曾是 19 世纪占统治地位的形式"①。这种生活观的失误在于，它表面强调了个人的利益和自由要求，但实质上恰恰忽略了这一点。因为它把个人物质化、个体化或非人格化，使社会成了个体追逐物欲私利的场所。而事实是，"一个受到限制的成员只有通过压迫他的其他同伴才能够享受这种自由。这样，社会公正和共同善的根本价值就被遗忘了。而且如此一来，作为一种自在目的的自由便不可避免地导向一种悲剧：每一个人实现他的选择的绝对权利往往会自然地把整体消解于无政府状态，使人们在社会生活的秩序内部并通过社会生活的手段而实现自由或取得任何自律都成为不可能的事情"②。客观地说，马里坦的上述批判是可信的，它实际上是对 19 世纪西方资本主义社会里自由主义社会生活观的公允评判。

第二种社会生活观或政治哲学是，认为"社会生活应当建立在选择自由的基础上，我们把这种自由称为首创性自由，但它建立在最终的自由之上，并基于自律的自由。然而，这种哲学把自律的自由设想为一种过渡性行为，它本身表现于生产和控制之中，表现于物质的获得和权力的实现之中。……我们可以把这种自由概念称之为帝国主义式或专政式的自由概念，它在德国和俄国得到了稳步的发展"③。马里坦所指的是 20 世纪德国法西斯式的"国家社会主义"和苏联社会主义的社会政治哲学。他认为，这种社会生活观的实质并不是真正的人的自由，而是由极端个人自由所导致的专制和集权。"在这种情形

---

①　J. Maritain, *Freedom in the Modern World* (New York: Charles Scribner's Sons Company Inc. , 1936) , pp. 39 – 40.

②　Ibid. , p. 40.

③　Ibid. , p. 41.

下，个体的自由、选择自由和自律的自由在共同工作的庄严面前都被放弃了。"①

第三种生活观可以概括为建立在社会秩序之上的政治哲学。"根据这种哲学，市民社会不仅对每个市民的选择自由来说，而且也对于一种现世秩序的共同善来说，在根本上都是已制定了秩序的。这种现世的秩序给个人所提供的真正尘世的生活不仅仅是物质的，而且在其范围内也是道德的。且这种共同的善在内在的意义上服从于个体市民之永恒的善，服从于他们自由的自由获得。"② 换言之，"现世的秩序中，共同善乃是一种中间化的（而不是最终的）目的。它具有它自身的特点，这一特点使它不同于最后的目的和人类人格的永恒利益，但它自身的每一部分本身也要服从于这种最后的目的和这些永恒的利益，正是从这种目的和利益中，它取得其指导规范或标准。它具有它自身的整合性和合理的善，但只是在这样一种严格的条件下才具有的，这种严格的条件就是：它承认这种屈从，并且不能把它自身擢升到一种绝对善的层次之上"③。这就是说，一种基于秩序和规则的社会生活观，必须有益于社会市民个体的共同善，必须既能给每个市民个体以充分的自由和利益，又必须使之服从某种道德目的，从而建立起服从于最终目的和永恒利益的社会秩序、规范和标准。因之，个体的服从也是必需的。这种强调秩序的社会生活观正是马里坦所主张的。

在他看来，现代世界或文明只创造了一种物质文明，而失之于无序和非人性。就此而言，"基督教的观念与现代世界的观念是相对立的"。但同时，现代文明毕竟创造了某种历史的进步，为基督教文化观念的展开提供了许多条件。从这一点来说，两者又并非相互对立

---

① J. Maritain, *Freedom in the Modern World* (New York: Charles Scribner's Sons Company Inc. , 1936) , pp. 41 – 42.

② Ibid. , p. 42.

③ Ibid. , pp. 42 – 43.

的。从某种意义上看，基督教文化观念的使命恰恰在于"努力保存现代世界，为给现代世界所包含的丰富生活恢复一种精神秩序"①。马里坦认为，现代文明所缺少的是一种精神秩序，它自身无法建立之，必须求诸基督教文化才有可能。他进而强调："和存在一样，秩序本身就是一种善。"虽然它并不具备绝对善的价值，但却是一种必要的善。就秩序而论，又可分为"外在可见的秩序"和"内在不可见的秩序"两类，前者由后者规定。所以，"秩序的观念和统一的观念密切相连，这意味着它属于超验的领域"②。或者说，人类生活的内在精神秩序更为重要。马里坦将这种内在精神秩序称为"博爱的秩序"或"自由的秩序"，亦即"新基督教世界"的秩序。

新基督教世界的秩序是对现代世界旧秩序的一种变革和改造。它的实质是作为不可见的内在的道德秩序和精神秩序。它的根本目的是努力"将真正人道主义精神——福音精神——注入现世秩序或文化秩序"之中。历史证明，"精神秩序的变化总在社会秩序之前"③。因此，对现代世界秩序的改造首先是一种道德精神秩序的改造，这是 20 世纪基督教的社会历史使命。

然而，马里坦深刻地意识到，基督教自身在现代西方世界的发展进程中是艰难的。他坦率地承认，基督教在近代特别是 19 世纪遭遇到严峻的挑战乃至失败。这种失败诚然不能归结为基督教本身的失败，而只是由于一方面基督教内部缺乏统一和革新，因而不足以适应现代社会政治经济和文化秩序的变更；另一方面，则是现代西方文明自身的堕落，致使人们沉溺于非人性的物化状态而难以自拔。中世纪的基督教秩序显然已不适应现代生活，必须致力于建立"一种新基督

---

① J. Maritain, *Essays on Order* (New York: Sheed & Ward, 1939), p. 23.
② J. Maritain, *Freedom in the Modern World* (New York: Charles Scribner's Sons Company Inc., 1936), p. 77.
③ Ibid., p. 139.

教世界的历史理想，即一种新基督教的现世秩序的历史理想"①。在马里坦看来，这种"新基督教世界或秩序"至少具有以下五个特征。

"第一个特征是它将不再有像我们所曾看到的在中世纪典型表现出来的那种对统一倾向的支配优势，……它将会有一个向一种有机结构的转折，这种有机结构意味着比中世纪更为发达的多元论因素。"②我们可以把它概括为"新基督教世界秩序的多元论特征"，它与中世纪基督的统一论或一元论特征相对。

"第二个特征在于人们可能会称之为的基础或世俗国家的基督教概念：这种概念将会是对作为一种中介性的或基础价值的目的（intermediary or infravalent end）的现世秩序之自律的确认。"③换言之，新基督教世界秩序具有与世俗国家或生活相融合的特征。

第三个特征是"与这种对现世秩序之权威的坚决要求一道的，还有一种对于现世手段和政治手段来说个人的超区域性（extra-territoriality）要求与前一要求相结合着的坚决要求"④。所谓"个人的超区域性"是指个人对自由、爱、言论表达、婚姻以及法、道德、精神生活的私有生活领域的超越特性。使这些领域与社会国家的公共生活领域相统一，是"新基督教世界秩序"的又一特征。

第四个特征在于以下事实："即某种本质的平等（parity of essence）（领导者与被领导者之间）——我说的本质上的平等是意指人在共同的条件下劳动——将成为一切权威关系和现世作用之等级秩序的基础。"⑤ 即人与人之间的工作平等将成为"新基督教世界秩序"中一切关系的基础。

---

① J. Maritain, *True Humanism*, English trans. by M. R. Adamson (London: Century Press, 1938), p. 156.

② Ibid., p. 157.

③ Ibid., p. 169.

④ Ibid., p. 171.

⑤ Ibid., p. 193.

第五个特征是"基督教文明的目的不再像以前那样只是借助人们的手段在尘世中实现的目的；相反，它将变成通过某种神圣东西的传递而在尘世中实现一种人的使命，我们将它称之为爱。它是通过人的操作甚至是人的工作而得以实现的"①。即是说，未来理想的"新基督教世界秩序"将不再囿于尘世生活本身的目的，而是通过尘世生活的实际操作与实践而实现的真正人的崇高目的，这便是基督教的爱。它的本质是把人当作目的，而不只是手段。

总之，建立一种多元的世俗生活秩序与神圣秩序相和谐、私人生活领域与公共生活领域相融合、平等、博爱的新生活秩序，是"新基督教世界秩序"之历史性理想的基本特征。在马里坦的心里，这种理想虽尚未实现，但却是可以预期的。它并不意味着任何完美和封闭，而永远是动态发展、面向未来而开放着的。他如此结论道："由于这种理想属于文化哲学的广阔视域这一基本事实，它所关切的是一种相对未定的将来。但是，它植根于我们自己时代的沃土，因之，从今天起，它就应当实践其动态价值，并应该引导我们行动的取向，即令它的实现尚属遥远的将来，而且也或多或少有所缺陷，或者是在一种为今日所不可预见的崭新历史天幕之上它将让位于另一种具体的理想。"②

第五节　马里坦伦理学的基本评价

在现代西方宗教伦理学阵营里，马里坦的伦理学是最为著名的。这是因为：第一，他忠实地执行了罗马天主教会这一神学权威机构关于振兴圣·托马斯·阿奎那哲学的指令，成为现代正统的宗教伦理学

---

① J. Maritain, *True Humanism*, English trans. by M. R. Adamson (London: Century Press, 1938), p. 197.

② Ibid., p. 205.

派的主要领袖之一，因而他的伦理学理论不单构成了新托马斯主义伦理学的主脉，而且由于他所承诺的学术使命和所做的巨大努力，也使其道德理论成为现代西方宗教伦理学诸派诸家中最为完备的一家。第二，马里坦的伦理学本身较为成熟。他涉猎广泛，论述系统，不单构筑了自己伦理学的本体理论或形而上学基础，而且也深入各种现代西方社会实际生活的重大实践问题，从理论逻辑形式到实际道德生活内容都有较为丰富的论述分析和原则性见解，具有较为突出的理论和实际影响。第三，马里坦的伦理学在相当大的程度上承袭了亚里士多德、圣·托马斯·阿奎那等的传统，它既注重伦理学自身的理论建构，也注重伦理学与哲学、政治学等相关学科的外部理论联系。因而，马里坦不但给我们提出了一整套宗教道德理论，而且也对人类道德的社会理想及其模式设计、道德的社会学意蕴和政治哲学意蕴等都做了独特的分析和探讨，从而大大增强了他的伦理学的理论内涵和现实渗透力。第四，马里坦对现代宗教伦理学所面临的许多重大理论问题（如人道主义问题，人性和异化问题等）提出了自己独特而又系统的解释，构成了自己特有的理论风格。

正由于上述情形，使得有关马里坦伦理学的评价问题显得十分复杂。在此，我们拟从下述几个大的方面对这一问题做出初步的原则性回答，以求能够大致地了解马里坦伦理学的基本性质和特征。

马里坦的伦理学是一个十分庞大的系统。如上备述，他不仅深究了几乎所有的基本道德问题，而且也广泛触及道德与宗教、道德与政治、道德与法律、道德与社会等一系列宏观的外部联系问题。从逻辑视角来看，其道德理论的展开展示了一条由道德本体论（即关于道德存在、自我直觉、道德主体性和上帝绝对存在的预设等）到道德原则论（即围绕"个体性""个体善"与"人格""共同善"而展开的道德原则理论），再到道德社会学或道德政治学（即以人道主义问题为轴心而展开的"人学重建"理论、"人权"理论和社会理想学说等）

的逐步递进线索，由本及末层层展开，整个理论构架恢宏庞大，在现代西方宗教伦理学乃至整个理代西方伦理学界都堪称典范。历史上，我们只是在柏拉图、亚里士多德、康德、黑格尔等极少数几位伦理学大师那里见到过这种不遗余力构筑伦理学理论体系的非凡学术气魄和学术视野。仅就理论形式而言，马里坦足以执现代西方宗教伦理学界的牛耳，也无愧于"现代西方伦理学大家"的称号。

然而，马里坦和他效仿的导师圣·托马斯·阿奎那一样，他的伦理学的理论形式是亚里士多德式的，思想内容却是宗教的或宗教化的。这一点决定了他的伦理学本质上并没有超出宗教伦理的范畴，尽管他已经在很大程度上使之现代化、世俗化，这也是为什么他反复声明自己是"古托马斯主义"的真实原因。当然，马里坦绝不是一个地道的古托马斯，其伦理学也不是中世纪传统的基督教伦理，甚至也不同于近代初期所出现的各种改革式的新宗教伦理。他的道德理论是现代的。首先，他大量吸收了现代西方世俗哲学和伦理学的理论成果，在肯定接受与否定批判两个方面对一些现代哲学伦理学流派或思想家，特别是人本主义学派和思想家的理论成就进行了许多引进和综合。我们看到，从对萨特、克尔凯郭尔等存在主义者的批判中，马里坦有意地选择了人的存在和主体性作为其伦理学的哲学铺垫，从自我存在的形而上学反省切入人格、道德价值等伦理学的基本理论问题。而从各种人格主义和人道主义学说中，他又吸收了人学伦理学的方法，提出了神人统一、宗教神学与世俗人学（或曰神道与人道）、教会与社会国家共融的人格化宗教伦理思想。其次，马里坦的伦理学方法和风格也是现代的。他摒弃了传统宗教伦理的自封性绝对主义和先验主义的简单方法，主张尊重人类生活的经验事实，坚持要以动态的开放性的理论态度面对人类的道德现实和宗教现实；同时，他又力图调和神学与科学、道德目的性价值和技术工具性价值、理想与现实等多种矛盾，尽量避免传统宗教伦理的武断和片面。再次，马里坦和许多现代神学家一样，放弃了以神压人、以神学排斥科学、以天国贬抑现世的愚蠢做法，在不牺牲上帝作为一种完美的善型理想的前提下，尽力揭示和肯定人、科学和现实生活的价值。因而，他批判现代科学技术的消极危害，但不否认其所创造的物质文明之于人类生活的基础和条件意义；他反对狭隘的以人为中心的人道主义，却并不丢弃人道主义的口号，而是企图在宗教的框架内建立一种以神为中心的人道主义。更有甚者，还尝试着把现代西方民主社会的政治概念（如民主、自由、公正、法律等）与宗教的社会理想观念糅合起来，设置一种"新基督教世界"和"新基督教秩序"。

但是，马里坦的宗教伦理学是现代的，却不是科学的，它的合理性无论是在理论上还是在实践上都是有限的。而这一结果恰恰是因为其伦理学的全部理论基础仍然没有跳出宗教唯心主义的窠臼。他为其伦理学设置了一个"存在的形而上学"前提，但这种前提的预制首先只是对现代存在哲学伦理学基本理论的一种改装，且这种改装并不是实质性的革命变革，而只不过是按照宗教神学的要求进行某些方面的更新。因此，克尔凯郭尔、萨特视之为最高存在本体的"实在个人"被换成了上帝，唯有上帝才是唯一绝对的至上存在。同样，他为其伦理学设置的最高道德理想也是一种神学化了的基督教神学理想。在这里，虽然有尼采式的生命热情和英雄式的品格，甚至有索福克勒斯、苏格拉底等古代智圣的人格理想，但最终都得让位于神或神化的绝对人格。

需要特别指出的是，马里坦对个人与个体、人格与个体性，以及个体善与共同善的内涵及关系予以了充分的重视，对人的权利与义务及其人性和社会性（自然法与国家法）基础也有许多不乏精辟的论述。在这些问题上，马里坦的一些见解是可取的、值得珍视的。例如，他指出，在个人与社会或个体善与共同善的关系上，既要反对尼采式的极权主义，也要反对蒲鲁东式的无政府主义；既要反对国家专制主义，也要反对任意的个人主义。他甚至还公开批判资产阶级的个人主义及其实际危害，主张把尊重个人与尊重社会结合起来，而这种结合的基础是使个人的内在目的与社会的共同目的达到统一。应该说，这些见解是有一定合理性的，亦不乏理论的真诚和可信。此外，马里坦主张人的权利与义务的对应平衡，反对片面的权利论或义务论，也包含着积极可取的成分。他关于人格或精神人格高于个体性或物质性人格的见解，虽然与人格主义学派的基本主张并无特异之处，但在一般意义上也是有合理因素的，甚至是值得我们特别深思的。

问题在于，马里坦的许多合理洞见往往最后都被湮没于宗教神秘主义之中。最高的善既非个体善，也非共同善，而是上帝之善。因之，无论是个体善或个人主义的原则，还是共同善或社会整体主义的原则，最终都不得不屈从于上帝至善的宗教要求。道德退却了，宗教依然高高在上。这一状况致使马里坦非但无法科学地解释个人与社会、个体善与共同善两方面的有机关系，而且常常不得不为了维护宗教的最高旨意而对个人主义和集体主义采取各打五十板的做法（如他关于个人主义的批评和"集体主义错误"的批评）。同样，人的权利虽然有其人性和社会基础，但最终的根据还是人在上帝面前被授予的天职，对上帝的义务是最高尚、最神圣的道德义务。绝对的权利主体只有一个，那就是上帝。上帝万能而可能，且表征着人类最崇高的人格理想。个体的人只是物化的存在，人的价值不在其肉体，不在其物有，而在其灵魂，在其内在人格和内在精神。但是，即令是人的最纯粹的人格精神也只是有限的，唯上帝才是永恒至圣之人格精神的化身。于是，人不能不趋于永恒、希望永恒而又永远无法至于永恒；不能不信仰上帝、追求理想崇高而永远无法成为上帝、永远难以真正完善其理想目的。所以，在物质人面前，精神人是崇高的；在现实面前，理想和希望是高尚永恒的，这是人类道德价值生活的相对意义。一旦面对上帝，人类一切的一切都只能是相对的、有限的。无限和绝对只属于上帝。

由此不难看出，马里坦的伦理学又是一个矛盾的复合体，从这些矛盾中我们至少可以发现它具有这样几个比较鲜明的理论特征。

（1）调和基础上的宗教绝对主义。在马里坦的伦理学框架内，一切理论原则或观念的最终基础都是宗教神学，唯上帝才是绝对的价值存在，才是绝对的主体目的，才能充当绝对的权利主体，才能代表绝对至上的理想和目的。因而，完美至善的只有上帝。人是不完善的有限存在，社会是不完善的团体。正因为如此，人才需要完善，才有理想的追求，才有道德成长的可能；社会也同样需要宗教的改造，需要按照上帝的理念来构建新的社会秩序。故此，马里坦一方面注意调整宗教伦理学自身的方法和功能方式，大量地吸收现代文明特别是科学技术的成果，使其道德学说与科学和世俗人道主义达到某种契合；另一方面又始终坚持宗教绝对主义的原则立场，不以科学、人道而损伤神学本旨，竭力凭借现代西方社会的文化缺失现况为宗教及其价值观念系统的合理性和必要性提供辩护。这一点，马里坦的伦理学要比人格主义思想家们的伦理学表现得更为突出、更为坚定。

（2）带有浓厚宗教色彩的人学化特征。通观马里坦的全部道德哲学，我们不难发现，马里坦伦理学的重心有两个：一个是人性化的上帝，这是间接的也是最后的理论支撑点；另一个是神圣化的人，这是直接的或作为基本出发点的理论支撑点。在具体展开其伦理学理论的时候，后一个支撑点显得尤其重要。我们看到，马里坦首先从人的存在（直觉）和人的主体性着手，深入地解剖了人格的内在构成和价值意义，他辨析了"人""个人""个体""个体性""人格"等一系列重要范畴，提出了精神人（格）高于物质人（格）的基本主张，并由此批判了现代西方人的"物化"和"异化"等现代文明病，由此提出了"重建人学"的口号。随之，马里坦花数年精力，策多部论著，从各个不同的角度探讨了人道主义问题。尽管他的两种人道主义划分并不科学，甚至带有过于明显的神学功利目的，但他关于西方人道主义历史变化的动态考察；关于"完善人道主义"的具体论述；关于人性与异化问题的翔实分析不仅切中了近代西方人道主义的各种理论弊端，比较深刻地评判了人道主义思潮在西方近代文明不同时期的功过是非，为我们较为客观准确地认识西方人道主义及其历史发展提供了新的视角和参照。而且更有意义的是，马里坦第一次如此全面系统地探索了作为人类近代文明史上一种基本的也是最为重要的社会观念思潮的流变和本质，真正从历史和理论的结合部开始了一种人学的重建事业。他对真正人道主义的理论设想和重建原则也包含不少值得借鉴的成就。这一切都集中反映了马里坦力图使神人一统，从而追求宗教与人学的整合之勃勃雄心，也使其伦理学带有鲜明的人学色彩。

（3）使道德理想与社会政治理想融于一体的理想主义价值精神，也是马里坦伦理学的重大特色之一。马里坦的伦理学是一种典型的道德目的论理论。他以人的内在目的性来解释人格和人的精神理想，从而确立了以灵统肉、以内制外的人格完善模式。同样，他强调社会文化的内在价值和理想目的性，提出了以人性化改造物化、以人的价值存在统辖人的物质拥有、以精神自由和尊严规定人的品格和社会文明进步标准的社会价值理想模式。这中间固然不乏宗教精神和先验唯心的成分，但他所追求的道德理想目的却洋溢着一种现代理想主义精神。尤其是，马里坦并没有止于对道德理想的一般理论预设，而是通过具体的社会文化情景来展现之，并由此推出其社会理想学说。这一做法，秉承了西方古典伦理学中的理性主义传统，酷似柏拉图、亚里士多德、法国唯理派（笛卡尔、卢梭等）和德国理性主义学派（康德、歌德、黑格尔）等流派的伦理学风格，在现代西方宗教伦理学中也是不多见的。

第十六章

新正教派伦理学

第一节 新正教伦理学概观

在现代西方宗教伦理学的发展潮流中，还有一个虽不十分庞大却颇有特色的流派，这就是我们本章将要探讨的新正教神学伦理学派。

新正教神学即"新正统基督教"（new-orthodoxical christianity）神学，因其既不满意中世纪所谓"正统派"的宗教神学，又立意光复原始基督教正宗，以使它适应西方现代社会生活，故被称为"新正统基督教"。同时，由于该派神学家在批判中世纪正统基督教义的基础上，一定程度地沿袭了加尔文以来的西方宗教改革传统，又对激进的近现代自由派基督教提出了严厉的批评，也被称为"新新教"（new-protestantism）。它大体产生于第一次世界大战后的欧美国家，在形成时间上与新托马斯主义和人格主义相仿，但影响逊于新托马斯主义。

新正教教派的创始人是瑞士神学家卡尔·巴尔特。他批判性地继承了马丁·路德和加尔文以来的新基督教神学传统，同时吸收存在神学家先父克尔凯郭尔的某些观点，在重新理解基督教原义的基础上，对其基本教义、观念和观点做了新的解释，写出了大量神学作品，为后来不少神学家提出了一条理解基督教的新途径，并由之形成现代基督教神学阵营中一个新的分支。除巴尔特本人外，该派的主要代表人物还有瑞士神学家埃弥儿·布龙纳（Emil Heinrich Brunner，1889～1966）、美国神学家莱茵霍尔德·尼布尔及其弟弟理查德·赫尔缪特·尼布尔（Richard Helmut Niebuhr，1894～1962）。小尼布尔的影响不及其兄，曾出任过牧师，担任过美国耶鲁神学院的教授和神学与宗教伦理学斯特林讲座教授。大尼布尔受克尔凯郭尔存在主义思想的影响，与现代宗教存在主义学派的一些代表人物（如保尔·蒂利希等）有较密切的关系。此外，他还受马克思主义的影响，在很大程度上吸收了马克思的一些社会历史哲学观点，特别是马克思的社会批判理论。

新正统派基督教神学理论有着十分浓厚的伦理学色彩。其宗教伦理学的基本特点如下。首先，它执着于基督教的原始本义，特别是古犹太基督教先知的基本观念（如原罪、爱、公正等），力求从原始基督教的本色理解中，开掘出一条神（上帝）人直接对话和交流的道德文化通道，表现出一种较为强烈的基督教伦理正宗复归的倾向。其次，它和其他现代宗教伦理学相似，对宗教与现代文明的相互联系有着十分清醒的意识，因而，它对基督教原义的理解与它对现代西方社会文明的批判性认识往往是相互交织在一起的，这一点决定了它对现代文明采取了明确的宗教和伦理的批判态度。可以说，在新正教伦理学派这里，深厚的宗教之伦理理想主义精神与强烈的社会现实主义批判精神常常相互映衬，互为表里。再次，新正统派伦理学具有浓厚的宗教悲观气息。巴尔特对人生的有限、死亡与失败，R. 尼布尔对原罪、人性恶、人的宿命、宗教末世学等教义，都倾注了大量笔墨，有着十分独特的解释，这大抵与克尔凯郭尔的影响有关。当然，他们的伦理学所带有的悲观色彩并不是一种简单的宗教宿命论或道德失败主义，而往往是作为其宗教伦理的理想主义精神的映衬面而呈现的。最后，该派伦理学比新托马斯主义和人格主义更注重对人的伦理存在事实的本体论观照，有着明显的早期宗教存在主义影响的痕迹。但在这一点上，它与以马丁·布伯和蒂利希、怀尔德这些宗教存在主义哲学家又有所不同。或者毋宁说，他们对人的伦理存在的本体论观照更多的还是神学式的，甚至是原始基督教的，而不是哲学的。该派虽然注重道德领域的人，但不拘于人的某一方面的特性或本质，如"人格""意志""情绪"等，而是偏重于在人自身的价值存在和意义中观照人、论述人，而且这种人的观照和论述又总是统括于或内属于其基督教神学视境的。例如，巴尔特关于"上帝之语"与"人之语"的对白，R.尼布尔关于人存在的有限与上帝存在的无限、完善（上帝）与原罪（人）等观点都体现了这一风格。

第二节　巴尔特的神正伦理观

一　现代神学泰斗

卡尔·巴尔特（Karl Barth，1886～1968，一译"巴特"），现代西方最著名的神学家之一，新正统基督教派的开创者，享有"现代神学界的泰斗"之誉。

他1886年5月10日出生于瑞士的巴塞尔，先后在伯尔尼和德国的柏林、图宾根、马堡等地学习，曾师承德国著名神学家赫尔曼（Wilhelm Hermann）。学成后先在瑞士的日内瓦、阿尔高等地区出任副牧师和牧师，长达12年之久。牧师职业的经历使他深感已有的各种开明派基督教神学无力解决当代社会问题，决心研究和创立新的正统的基督教神学理论，并亲自参加当时的"宗教社会主义运动"。1919年，他发表其精心之作《罗马书注释》，重释

《圣经》教义，强调上帝存在的独特性和人与神之间的根本差异，批判自由派基督教神学中的理性主义、历史主义和心理主义倾向。

1921 年他受聘任德国哥廷根大学的名誉教授，1925 年出任德国明斯特大学的正式教授，与图尔尼森（Eduard Thurneysen）、戈加腾（Friederich Gogarten）、布龙纳等共同创办《时代之间》（*Zwischen den Zeiten*）杂志，后因杂志内部意见分歧和德国纳粹的高压，于 1933 年停刊。但随后他又与图尔尼森一起创办《今日神学的存在》（*Theologische Existenz heute*）杂志，不久转到波恩大学任教授。1934 年，他同马丁·尼穆勒等德国宗教界反纳粹人士共同发起召开巴门会议，通过《巴门宣言》，该文献成为后来德国宣信会的信仰基础。由于巴尔特拒绝无条件宣誓效忠希特勒而遭受德国法西斯的迫害，于 1935 年被迫离开德国波恩大学，返回故乡，在巴塞尔任神学教授，继续撰写《教会教义学》（*Die Kirchliche Dogmatik*）一书。这是一部三卷本十册集的神学巨著，从 1927 年起开始撰写，花费了他多年时间才得以完成。第二次世界大战期间，他曾在瑞士军队服役过一段时间。二战结束后，巴尔特一方面批判从近代德国的腓特烈大帝、俾斯麦政权到现代希特勒的法西斯军国主义传统，另一方面又主张同战败后的德国实行友好，倡导和平。冷战期间，他同情苏联，反对把苏联同法西斯德国相提并论，反对搞反共十字军，主张撤除东西方之间的铁幕，以求世界的和平共处。

巴尔特作品不少，其伦理思想的代表作主要集中于中后期的神学著作，除上面提到的《教会教义学》等作品外，主要还有《上帝之语与神学》（*Das Wort Gottes und die Theologie*，1924，英译者将书名改为《上帝之语与人之语》）。

二　伦理问题

巴尔特的伦理学是一种基于正统基督教信仰主义之上的神正伦

理。具体地讲，就是以上帝之绝对正当及其对这种绝对正当的信仰作为世俗伦理正当与否的基础或根据，以"上帝的正当性世界"作为世俗社会之正当与否的终极标准和追求目标，在信仰、爱、希望或绝对神圣理想等范畴网结中构造其基本伦理学说。

在巴尔特看来，伦理学乃神学的世俗应用，它所研究的是人的现世存在和行为的内在意义、人的行为价值及其法则，以及他对其存在、行为和行为法则所具有的自觉意识和责任。他说："伦理问题关乎人的行为，也就是说关乎他的整个现世存在。它从各种危机中产生。人发现他自己在追求着他行为的内在意义和法则，追求着他存在的真理，他意识到，他对这种意义、法则和真理负有责任。"① 那么，什么是人的存在真理？其行为的意义何在？人行为的法则又是什么？这是巴尔特的伦理学所要解答的主要问题，它们构成了巴尔特所谓"伦理问题"的基本内容。

在巴尔特看来，人的存在是一种充满意义的存在，他首先作为世界之一部分而存在着。然而，人在其世界所要做的和所能做的远不止于证实其作为世界之一部分的存在，他还必须寻求这种现实存在之外的许多东西，从其"是然"（what is）进抵其"能然"（might be）和"应然"（might-to-be）的可能性存在。"应然乃是关于真理的真理，是行为的终极支配者。"② 因之，"应然"也是我们认识行为之意义的关键。换言之，"伦理问题"首先是关乎人的存在与行为的理想可能性问题。它具体展开为以下几个方面。

首先，伦理问题是人的行为之"实际的和可能的形式"问题。巴尔特指出，在人的行为中，伦理问题的一般表现形式是"善恶问题"。在生活中，每一个人都必须关心的问题是："我应当做什么？""而这

---

① K. Barth, *The Word of God and the World of Man*, English trans. by D. Horton (New York: Harper Torchbooks, 1957) , p. 136.

② Ibid., p. 138. 着重点系引者所加。

个什么本身就渗透并渗入所有地方，冲击着我们昨天曾经做过的和我们明天将要做的一切事情。它权衡着一切，不断将我们多方面的活动分成善的和恶的……它不断在危机中爆发，不断引起我们检查我们现在认为是善的东西，也使我们检查我们现在认为是恶的东西。"行动之"什么"，既意味着对过去行为之意义的反躬自问，也意味着对未来行为意义的追询。"活着就意味着行动"（Living means doing），行动是人存在的动态形式。而行动的伦理问题就是使我们思考生活，思考生活的意义。这种思考的动机和起源乃在于人对完善生活的不懈追求。有追求才有思考，也才会产生问题。正是这种对完善生活的追求才使得每一个人被迫把自己置于完善理想的光芒照耀之下，从此与完善生活的理想结下不解之缘。巴尔特如此写道："当人们冒昧地问他们自己：我们应当做什么这样一个简单的问题时，他们便在这种完善之前出现并把他们自己置于完善的控制和照料（service）之中了。他们进入了与完善的关系之中——它是这样一种关系：与其相比，一切其他的与天国或超感觉世界之超凡权力的交往都成为无意义的关系。因为这一问题是问人们不仅是在这个世界上，而且是在一切可能的世界上应当怎样生活？怎样行动？怎样拥有其存在？"①

其次，伦理问题也是人的一种责任问题。人的生活是一个充满问题或疑难的领域，对生活的思考即是一种人生问题的思考。这种思考的基本后果就是人对生活的责任意识和承诺。所以，巴尔特意味深长地说："我说伦理问题乃是一种人们无法承受的责任：一种对人的致命攻击（aggression）。它或者给人提出一个问题，对于他来说，对这一问题却只有那种本身已成为问题的答案；或者它给他一种无法提问的答案。但他只能基于问题而生活，基于永远更新着的问题而生活。

---

① K. Barth, *The Word of God and the World of Man*, English trans. by D. Horton (New York: Harper Torchbooks, 1957), p. 139.

而且他无法依赖于一种如此终极以至于对他来说根本就没有回答任何
问题的答案而生活。"① 生活如同问题的海洋，永远没有确定的答案。
对生活的一种回答并不意味着对生活问题的解决，相反，这种回答本
身也是一种生活问题。在此意义上说，生活即是问题。而生活本身的
问题恰恰证明了作为生活主体的人的责任格外沉重和庄严。

如果说，人的行为和责任显露了伦理问题在人类个体身上的内在
伦理意义，那么，伦理问题绝不限于人类个体方面，尽管这是首先的
和基本的。事实是，伦理问题在人类个体身上的牵涉已经表明，它是
一个"关于人类普遍适用法则的问题"，也就是关于理想、目标和人
类社会的道德问题。就社会和历史而言，伦理问题的基本表现形式就
不再是"我应当做什么"，而是"我们应当做什么"，后者是一个更
大的伦理问题。它意味着人类共同存在和行为的理想目标，以及由此
而产生的普遍性价值要求，对于每一个人来说，这种要求就是其行为
所必须遵循的法则。在此情景中，人的意志并不自由。因为普遍的法
则必然保持着对他的某种强制或控制。这是个人作为社会历史主体的
必然结果，也增加了其道德责任的严肃性和强制性。巴尔特说："当
个体把他自己视为伦理问题的主体时，他便在与他的同类人的联想中
来设想他自己，他把他自己视为社会的主体；但这意味着他或多或少
已有意识地把他的所作所为、他的道德目标（moral objective）看成了
一种历史目标。"② 一俟人的伦理问题被置于社会和历史的背景之中，
便越显复杂和重大。一方面，它不仅关乎个人的行为和存在，而且关
乎他人和群体的行为和存在，因之，人所承诺的责任也越发沉重。另
一方面，在社会历史背景中，人的"存在真理"和"行为意义"被
纳入社会历史的广阔考量之中，人的追求和理想目标具有了历史的意

---

① K. Barth, *The Word of God and the World of Man*, English trans. by D. Horton (New York: Harper Torchbooks, 1957), p. 152.

② Ibid., pp. 157 – 158.

味。因此，伦理问题同时也是一个人类命运和人类历史的真理问题。

然而，在巴尔特的伦理思维中，伦理问题不仅涉及人的行为和责任，涉及超个人的社会和历史，而是一个带有根本性的人生终极意义的问题，它把我们带入了对有限的人的无限性思考。换言之，伦理问题的最深刻之处乃在于它的宗教神学方面，在于它所隐含的人与上帝的关系。巴尔特说："我们当然不怀疑伦理问题的权威性和急迫性，因为我们认为，我们比任何时候都懂得这一问题是多么迫切。的确，我们也不怀疑伦理问题同我们与上帝之关系间的联系。恰恰相反，正是这种关系使我们今天惊恐不安，且完全使我们怀疑起我们自己，怀疑人、怀疑人关于道德人格和道德目标的观念。""这就是我们的境况，又是一种问题，当这一简单的事实已使它成为伦理问题，我们又如何把伦理问题与这一境况分离开来呢?"①

回答是否定的。正如任何人都无法规避伦理问题一样，他也无法否认伦理问题所意蕴的人与上帝的密切关联。这就是伦理问题之于每一个人的开放性和宿命感。它的既定事实性根源在于："伦理问题包含着这样一个秘密：正如我们在生活中所知道的，人乃是一种不可能性。在上帝的视线中，这个人只能死亡。"② 伦理问题无所不在，昭示了一个人的真理：每一个人都只是一种有限的存在，他终生无法逃避的人生悖论是：他拥有的存在只具有有限和相对的可能，而他追求的却是无限和绝对的可能性。人终有一死，但他又执着于永恒和不朽的希望。由是，我们发现，在伦理问题中，各种纠缠不清的疑难症结不在别的，只在于人自身。从这个意义上说，伦理问题同时也是且实质上就是人的问题，只不过它所揭示的不是人生的阳光、鲜花和宁静美丽的春天，而是沉重、忧悯和令人焦虑的人生危机。正是通过这种危

---

① K. Barth, *The Word of God and the World of Man*, English trans. by D. Horton (New York: Harper Torchbooks, 1957) , p. 150.

② Ibid., p. 140.

机，它又把人引向黑暗外的光明，引向超越的理想人生，从而使人的存在和行为有了超现世的意义，分有了上帝的正当、神圣和善意。对此，巴尔特留下了这样一段耐人寻味的话："伦理问题不仅给我们在生活中的所作所为投下了一片黑暗的阴影，而且也正是在那最黑暗处给我们带来了一片光明。如果人与上帝的原初而又肯定的关系是通过一种最终完全是否定而虚无化着的危机而重生的话，那么很显明，因为人的整个行为是由这种死亡深谷的危机所决定、所瓦解的，所以人的整个行为便分有（participation）了正当理由（justification），分有了允诺和在此被隐藏了的有益的意义。"① 简言之，"伦理问题是开放的，而其严肃的要求和义务是不能懈怠的。任何人都无法规避人生问题，都无法希望昧着良心并使之沉睡。在这里没有安全，甚至连宗教的安全也没有"。② 这是伦理问题赋予人类特有的价值感、责任感和生命危机感，正是在这一意义上说，伦理问题即是人的问题和人的危机。

三　人生与信仰

"伦理问题支配一切"，这是巴尔特从伦理问题所隐含的人学意味中体悟出来的结论。因为伦理问题包容着人的存在真理和行为意义；牵涉人对自身存在和行为，对他人、社会和历史未来的沉重责任；牵涉人与世界、人与上帝的关系，所以，它才如此深刻，如此广泛，如此地压倒一切、支配一切，由人的存在、行为和责任的价值或意义问题深化为人本身的问题。

然而，巴尔特告诉我们，人是宿命的，其存在的有限性决定了他生活的暂时性。人生分分秒秒，时光无限绵延。人活着就意味着行动

---

① K. Barth, *The Word of God and the World of Man*, English trans. by D. Horton (New York: Harper Torchbooks, 1957) , p. 170.

② Ibid., pp. 170 – 171.

着，人生的有限亦决定着其行动的意义限制。当我们审视人的行为意义时，必然会发现它必须从属于某种真理、某种意义和某种法则。行为的真理是其正当的基础，人的行为总与某种理想目标相联才可能获得意义，而正当和意义的预制又决定了人的行动必须有其确定的法则。因为它既非无意的运动或动作，也不是简单的经验实在，而是具有超越性意义指向和普遍性牵涉的人生追求。这种追求不仅使人的有限性行为有了获得无限意义的可能，而且也使其"伦理问题"超出了现世的善恶问题而进抵超现世、超实在的善恶问题。巴尔特如是写道："一切行动、一切行为都从属于有关其真理的、有关其内在意义和法则的问题，因为它必须与其目标相联系。而当我们领悟使我们的行为与这样或那样的近似而有限之目标相联系的内在意义和法则时，我们的问题并未得到答复。因为这样或那样的目标都必须正视自己的目标——而且继续正视所有目标的终极目标——所以我们的问题也要达到一种超越于一切存在之外的善。"① 所谓"要达到一种超越于一切存在之外的善"，也就是说人类不仅需要沉思伦理问题本身，还必须从中彻悟到人的伦理问题中所包含的超伦理意义。由此，巴尔特便从伦理问题过渡到伦理的神学问题，或者说从伦理问题所隐含的人生问题扩展到人与上帝、人生与信仰的关系问题。

"伦理问题即是人的危机"。② 这表明解决伦理问题的方法并不在伦理生活本身或人本身。事实上，依巴尔特所见，人类无法最终解答伦理问题，他们的每一次解答或每一种答案本身也是一种问题，甚至连人本身也是如此。因为人只是一个永远难以自解的谜，他的世界、他的生活和他的行动都处在开放的问题中。唯一的解释只能求助于他以外的东西，或者求助于他自身不断更新延续的生长过程，而这一过

---

① K. Barth, *The Word of God and the World of Man*, English trans. by D. Horton (New York: Harper Torchbooks, 1957), p. 141.

② Ibid., p. 151.

程永远处于时间的流程之中没有终止。巴尔特说："人只不过是一个谜，而不是别的什么，他的宇宙乃是一个问题。人们总是如此生动真切地看到和感受到这一宇宙。上帝与人相对而立，犹如不可能之与可能相对、死亡之与生命相对、永恒之与时间相对。此谜之解、此问题之解答、我们的需要之满足，乃是绝对新鲜的事件，因之使不可能成为有可能本身，使死亡成为生命，使永恒成为时间，使上帝成为人。没有任何导向这一事件的道路，人身上也没有任何理解这一事件的能力，因为这道路和能力本身是崭新的，是由人分享的启示和信仰、认识和被认识。"[1] 依靠上帝的启示，人才能领悟人生的真谛；依靠对上帝的信仰，人才能洞悉自身的人生和问题。

那么，什么是启示？什么是信仰？在巴尔特看来，启示即是"上帝之语"，是上帝对人类的述说，而听从"上帝之语"即是信仰之本。他写道："在《圣经》中，这种谦卑和快乐就叫做信仰。信仰意即不追求喧哗而追求静谧，并让上帝在心中说话——它就是正当的上帝，因为我们心中没有别人。然后上帝便在我们身上发生作用（works in us），再后，上帝便在我们心中开始了，如同一粒种子在我们身上发芽，但它是一粒不会腐烂的种子，是克服不正当的新的基础。在战争、金钱和死亡的旧世界中间，哪里有信仰，哪里便诞生一种新精神，一个新世界便由这种新精神而生长，这就是上帝正当性的世界（the world of the righteousness of God）。当这种新的开始到来之际，我们生活于其间的需求和烦恼便随之消失。"[2] 启示是神语，信仰是静心聆听心中的神语。外部世界的喧哗和嘈杂是信仰的最大障碍，它们来自世俗的物欲和金钱的诱惑，来自人类战争的隆隆炮声和死亡的号啕。只有真正根绝这些噪声之源，人才能聆听到上帝在人心中的

---

[1]　K. Barth, *The Word of God and the World of Man*, English trans. by D. Horton (New York: Harper Torchbooks, 1957), p. 197.

[2]　Ibid., pp. 25 – 26.

诉说，也唯有信仰即唯有聆听心中的上帝之语，才能平静这喧闹的嘈杂，使和平之鸟在战火中新生，使纯洁与高尚战胜物欲和金钱，使良心战胜恶念和不当。因为"良心乃完美生活的解释者，它告诉我们的不是任何问题、谜语或疑问，而是一种事实——一种最深刻、最内在、最确实的生活事实：上帝是正当的。而我们唯一的问题是，我们应当对这一事实采取什么态度"①。

然而，人对上帝的信仰并不意味着上帝全然是一个超于人之上的存在，也不能把他视为我们追求的目标本身，更不能代替人对理想的追求，它是已经人化了的上帝。上帝存在于我们心中。巴尔特强调说："耶稣基督不是我们的思维拱门上辉煌荣耀的拱顶石。耶稣基督不是我们可以或不能视为真实的一种超自然的奇迹。耶稣基督不是我们希望在变换后所要在我们心灵和良心的历史之终点达到的目标。耶稣基督不是我们可以使我们自己与之'相联系'的我们历史的一个人物。耶稣基督最不是宗教经验和神秘经验的一个对象……他是已成为人的上帝，是躺在马槽（manger）中的婴儿般的万物之创造者。"② 那么，说耶稣基督已经成为人的上帝是否意味着神人同性呢？或者更具体地说，上帝可以成为人是否同时意味着人也可以成为上帝呢？

巴尔特的回答是否定的。在他看来，上帝可以成为人，是因为他代表着人类绝对至上的真理、理想和正当价值。而人却不能成为上帝，因为人永远都只能是有限的、暂时的和相对的，这是神人之间的原则性区别，也是为什么人必须信仰崇敬上帝而不是相反的根本理由。所以他说："信仰和启示明确地否认存在任何从人到上帝和从人到上帝之恩惠、爱和生活的道路。这两个词都表明，上帝与人之间唯

---

① K. Barth, *The Word of God and the World of Man*, English trans. by D. Horton (New York: Harper Torchbooks, 1957), p. 9.

② Ibid., p. 180.

一的道路是引导从上帝到人的道路。"① 巴尔特批判了现代自由派和开明派基督教混淆上帝与人之间的界限的根本性错误，竭力维护上帝的绝对权威性和至上性。但是，巴尔特在堵塞"从人到上帝"的通道的同时，另一方面他又竭力论证"从上帝到人"的真实性，以期证实"上帝就在你心中"这一近代宗教改革派（如马丁·路德）提出的新命题，使宗教对世俗、上帝对人（事）的参与和干预能力得以强化。

因此，他强调上帝的人性，强调天国与世俗的统一性："谁是上帝？天国之父！但天国之父也依于大地，依于大地才真正是天国之父。他不会让生活分裂为'此岸'与'彼岸'（'here' and 'beyond'），不会把使我们摆脱原罪和悲痛的工作留给死亡。他将祝福我们，但不是以教会的权力，而是以生命和复活的权力来祝福我们。他的目的不是空无，而是建立一个新的世界。"② 又说："谁是上帝？他是已经成为'我灵魂的耶稣基督'的儿子。但还不止如此：他已经成为整个世界的耶稣基督，这个正在救赎的世界的耶稣基督，他是万物之始，也为万物真诚地期待。他是我兄弟姐妹的救赎者。他是已误入歧途并受各种罪恶精神和罪恶力量支配的人类的救赎者。他是围绕着我们的那种呻吟痛苦之创造的救赎者。整个《圣经》都权威性地宣告，上帝必须是一切中的一切，而《圣经》的各种事件都是开始，都是一个新世界的光荣的开始。"③

上帝主宰一切，创始一切，又存在于一切之中，因而他是"一切中的一切"。不过，上帝在一切中的存在并不是说他只是作为某种灵魂式的东西而存在于"一切"之内。他是绝对的存在，也是人类所信

---

① K. Barth, *The Word of God and the World of Man*, English trans. by D. Horton (New York: Harper Torchbooks, 1957) , p. 179.

② Ibid., pp. 48 – 49.

③ Ibid., p. 49.

崇的一种精神，但他同样显现于人的心中。故而，巴尔特接着写道：
"谁是上帝？他是他的信仰者心中的精神。……但是，上帝也是这样
一种精神（这就是爱和善良意志），它将而且必须挣脱宁静的心灵而
进入外部世界，它将显现、可见、可以理解：支撑着上帝圣幕的人
们！圣神的精神创造着一片新天、一片新地，因而也创造着一批新
人、新家庭、新关系和新政治。它丝毫不因为它们是传统而去尊重传
统，也决不因为它们是庄严的而去尊重旧的庄严性，亦决不因为它们
是强有力的而去尊重旧的权力。这种圣神的精神只尊重真理，只尊重
它自身。这种圣神的精神在大地上的不正当性中建立起天国的正当
性，而且只要一切僵死的东西尚未获得生命，只要一个新的世界尚未
诞生，它就不会停止，不会滞留。"①

总而言之，上帝与人、信仰与人生、上帝与人类社会都是须臾不
可分离的，上帝离不开人，他永远是人的上帝；人更无法离开上帝，
没有上帝，人生将失去意义。这就是人类永远无法摆脱的"生活境
况"，也是人获取新生活的先决条件。巴尔特结论性地写道："我们境
况的意义是，上帝离不开我们，我们也无法离开上帝。正是因为上帝
本身且唯有上帝才给我们的生活以其可能性，……正是因为上帝对我
们说'是'，而在此存在的'否'却是如此基本而不可逃避。也正因
为我们对所有问题的回答就是上帝和上帝对待我们的行动，所以我们
能够按照我们自己的行动所发现的仅有的答案或者立即改变为问题，
或者相反对我们又过于巨大。也正是因为上帝不死的生命是我们真实
的一份，以致死亡的必然性使我们不可抗拒地想起我们生活意志
（will to live）的负有原罪的狭隘性。通过我们的厄运，我们因此而看
到超越于我们厄运的是什么，是上帝的爱；通过我们对原罪的意识，

---

① K. Barth, *The Word of God and the World of Man*, English trans. by D. Horton (New York: Harper Torchbooks, 1957), pp. 49 – 50.

我们因此而懂得宽容（forgiveness）；通过死亡和万物的终结，我们因此而看到了一种新的和原初的生活的开始。"[①] 这就是我们为什么必须无条件地信仰上帝的根本原因，也是上帝光辉的人性和不朽之生命的源泉。

令人遗憾的是，在现代西方文明中，人类的信仰已失去真诚，人性已处于深刻的危机和堕落之中，世俗的一切已丧失基本的正当性标准和准则。战争、恐怖、物欲横流和金钱与人格的交换……一切都会令人焦虑。因此，在巴尔特看来，西方文明及其生活于这种文明中的人比历史上任何时候都更需要上帝神圣的拯救，需要重建上帝的信仰，需要上帝与人之间的对话，需要光复被污染的人性。这便是现代西方的共同呼吁，它是一种对人性的共同呼喊。巴尔特说："西方人性的呼喊是同一种呼喊：让爱中的自由和自由中的爱成为社会生活的纯粹而直接的动机，让一种正当的团体成为它直接的目标！让家长式的统治休止，让人剥削人和人压迫人休止！让阶级差异、民族界限、战争，首先是让暴力和无节制的权力寿终正寝！让一种精神的文明取代一种物质的文明（a civilization of things），让人的价值取代财富的价值，让兄弟友爱取代敌对倾轧！"[②]

这是人类危机的呼救，也是人性的呼喊，更是人对上帝的呼唤。因为只有上帝才能帮助人类摆脱现代文明的困境，光复崇高而可能的理想及其信仰。一言以蔽之，唯有上帝才能拯救人类，拯救沉沦的人性。所以说："人作为人正呼喊着上帝。他不是为一种真理而呼喊，而是为真理而呼喊；不是为某种善的东西而呼喊，而是为此善而呼喊；不是为了一种回答而呼喊，而是为了此种回答而呼喊——这种回答与它自己的问题相一致。人本身就是真正的问题，如果他能在这个

---

① K. Barth, *The Word of God and the World of Man*, English trans. by D. Horton (New York: Harper Torchbooks, 1957), p. 169.

② Ibid., p. 160.

问题中找到答案，他就必须在自己身上寻找答案：他必须是这种答案。他也不是为了解决问题而呼喊，而是为了拯救呼喊；不是为了人类的事情而呼喊，而是为上帝而呼喊；因为上帝是使他从人性中得到拯救的救赎者。"①

总之，巴尔特的伦理学是一种以上帝为最高价值本体和目标的神学式道德理论。他以神学家特有的方式，揭示出人类伦理问题的实质在于人性和人的本质的危机，这种问题不仅弥漫于人类生活的一切领域，也伴随着人类命运的始终。因此，伦理问题即是人的宿命。这种从人类生存的高度来规定伦理问题的方式，实际上是把人类生活的意义完全伦理化，继而确定以上帝正当世界为人类生活世界的最高价值标准，又给它投上一层神圣的宗教光影。生活不仅被道德化了，而且也被宗教化、神秘化了。巴尔特的神正伦理学的神秘主义特征由此可见一斑。

另一方面，巴尔特在把人生宗教化的同时，又在人神之间画定了一道不可逾越的界线。人可以趋向上帝，但永远无法成为上帝。即令是成为上帝的意图本身也是一种罪恶。然而上帝却可以走进人心之中，在人的生活中无处不在。上帝与人之间的界限只是为人而设定的。巴尔特这种神人不可通约的关系理论，除了澄清现代宗教思想和世俗伦理中的某些混乱观念之需要外，还在于加强神正伦理的权威性和神圣感。这种做法仍多少带有中世纪传统基督神学的痕迹，尽管其间渗入了现代文明生活的特殊因素。这种神正道德论的倾向代表了巴尔特整个神学思想的主要立场，也是现代西方新正统派基督教伦理学的一个共同特点。

与马里坦、鲍恩、霍金等现代宗教伦理学家的思想相比，巴尔特

---

① K. Barth, *The Word of God and the World of Man*, English trans. by D. Horton (New York: Harper Torchbooks, 1957), p. 190.

的伦理思想并不丰富，但他却集中从神人关系中，揭示并突出了一个古老而深邃的神学伦理学问题，这就是由上帝与人的关系所引申出来的宗教与伦理学的关系问题。由于中世纪神学在近代西方文明启动之初便遭受失败，以理性、科学和人为中心的人道主义思潮成为西方社会文明进程中的核心价值观念，这一问题逐渐演化为宗教伦理与世俗伦理的关系（两者的地位、作用和实际命运）问题。这是中世纪以后历代西方神学家迫切需要予以重新解释的重大问题。应当说从马里坦到人格主义伦理学派都在以不同的方式对这一问题做出回答。但总体看来，他们解答问题的方式大多限于利用现代西方文明进程中所出现的各种矛盾和弊端，来论证神学伦理之必要或整个宗教存在的合理性，而不是或较少从宗教伦理理论本身来切入这一问题，因而缺乏足够的理论逻辑力量。更有甚者，一些诸如自由派基督教这样的新教派，在解释这一问题时，只注意到了宗教与世俗、上帝与人、宗教伦理与世俗伦理之间的相互同一性方面，为了解除宗教神学的现代孤立而有意或无意地掩饰了上帝与人或宗教伦理与世俗伦理之间的原则区别，因之使宗教和上帝的权威性和超越性受到威胁，产生了宗教内部的神学危机。

巴尔特正是面对这种新的宗教危机，清醒地认识到了问题的严重性，并决意在重新解释《圣经》这一基督教经典文本的基础上，重新阐述上帝与人、宗教伦理与世俗伦理的关系，并突出地强调了两者的区别。所谓从上帝到人之可能和从人到上帝之不可能的论述，正是这一意向的鲜明反映。然则，巴尔特似乎局限于如何辨析"上帝之语"与"人之语"的单向交流和上帝之于人性救赎的必要性论证，而未能进一步展开对宗教伦理与世俗伦理之异同关系的全面具体的解释。所以，他的神正伦理还只是一个原则性的论纲，而不是一个丰满的理论体系。后一种理论境界是另一位神学家、美国的莱茵霍尔德·尼布尔向我们展示出来的。

第三节　尼布尔的基督教应用伦理学

如果说，卡尔·巴尔特是现代新正统基督教伦理学的理论奠基人，那么，莱茵霍尔德·尼布尔则是这一伦理学理论最杰出的发挥者和应用家。他以其对新正统基督教伦理的社会政治学的广泛应用性研究和关于人性、原罪、信仰、基督教的爱、公正和希望等传统基督教道德的新解释，以及对现代西方社会文化的"基督教现实主义"批判，形成他系统而颇具现时代精神的基督教应用伦理学，对现代宗教伦理学的实际推广做出了独特的贡献。

一　基督教的革命家

莱茵霍尔德·尼布尔（Reinhold Niebuhr, 1892~1971）出生于美国密苏里州赖特城的一个具有基督教文化传统的家庭，祖籍德国的利佩-德特莫尔特，父母年轻时就迁至美国定居。青年时代的尼布尔立志效法其父投身宗教事业。他在美国伊利诺伊州埃耳姆赫斯特学院接受中等教育和大学预科教育，后入密苏里州圣路易附近的伊登神学院，1913 年毕业，随即转入耶鲁神学院，1914 年获神学士学位，次年又在该校获文学硕士学位，同年在北美福音会（原属德国路德派教会，现属福音改良教会）出任美国底特律伯特利福音会牧师，长达13 年之久。在此期间他教养了大批教友，积极投入"社会正义"事务，与劳工组织和一些社会主义团体关系密切，并对当时底特律这个世界著名的汽车工业城市的汽车制造商的劳动雇佣政策不时发表批判性言论，被称为有左翼倾向的"激进教士"。

1928 年，尼布尔离开底特律，据《时代》杂志报道，他的离开使这座汽车城市的企业家们"松了一口气"，足见他在该市期间的社会影响之大。同年，尼布尔来到纽约联合神学院任宗教哲学副教授，两年后晋升为道奇（William E. Dodge）讲座应用基督教教授，主讲基督教的人性观、历史观和伦理学等课程，宣扬"基督教的现实主义"，并以其讲课的逻辑严谨性和思想丰富性而著名，曾被邀请到耶鲁、哈佛、普林斯顿等美国著名高等学府讲课。1929 年，他还应邀赴英国爱丁堡大学做著名的吉福特（Gifford）讲座，成为走上该讲堂的第五位美国教授，他的《人的本性和命运》（*The Nature and Destiny of Man*）（1941 年和 1943 年分两部分别出版）就是在他此次演讲讲义的基础上写成的。1932 年，他发表了一部重要的政治伦理学代表作《道德的人与不道德的社会》（*Moral Man and Immoral Society*），分析批判了民族和阶级的自私、虚伪本质。后来在《人的本性和命运》一书中，他将这一本质归结为人的原罪和有限性存在本性。20 世纪 30 年代，尼布尔不独有大量理论著述问世，而且投身多种社会活动。他早期信仰社会主义，1935 年还曾参与创立社会主义基督教团契。在神学理论上，尼布尔充满理想精神，但在政治实践活动中，他信奉的却是十足的美国式"实验主义"。他反对社会历史观上的"乌托邦主义者"，主张基督教现实主义。他曾作为美国社会党候选人参加竞选，后因该党在第二次世界大战期间主张对外政策上的和平主义和不干涉主义而产生歧见，1940 年 6 月脱离该党。同年，他参加反共的左翼民主党，并与他人共创美国民主行动会，后又任纽约自由党副主席。翌年初，他创办并主编了《基督教与危机》双周刊，为反法西斯战争提供宗教支持，反驳宗教领域里的妥协论调。从第二次世界大战爆发后开始，尼布尔一直致力于对强权政治和极权主义的研究，并在 1940 年发表了《基督教与强权政治》（*Christianity and the Politics of Power*）一书。

第二次世界大战结束后，世界基督教协会进行了一系列国际和平活动，尼布尔成为其中的积极参与者。他参加了 1946 年 2 月该协会在瑞士日内瓦举行的世界宗教大会。1947 年 12 月他参与并签署了美国人争取民主行动协会发表的宣言。同时，他还参加了美国战后"流亡专家安置运动"的主要组织的活动，并任该组织的主席。从此后到20 世纪 60 年代，他一直主张以和平代替战争的国际关系政策；反对美国侵越战争；赞成美国承认新中国；同时也主张以冷战遏制苏联在欧洲的扩张。这些主张对美国上层社会的决策都产生过重要影响，尼布尔也因此成为第二次世界大战后最能对美国国务院的决策者产生重要影响的宗教学者和社会活动家之一。

尼布尔还是一位深受马克思主义影响的神学家。早在 20 世纪 30 年代初，他就开始阅读马克思的作品，如《资本论》等，对马克思倡导社会平等、正义，反对剥削压迫，追求社会完善理想等思想极感兴趣，并有相当的认同。但他认为，马克思的社会政治学说是专制主义的，并贬低马克思关于无产阶级革命和暴力等学说。简要地说，尼布尔对马克思主义的兴趣，主要源自他力图用马克思的有关社会历史的观点来论证其新正统基督教社会政治学说和道德学的倾向，以至于他常常把马克思及其有关学说与原始基督教"先知运动"中的宗教领袖或观点相提并论。

尼布尔不单是一位神学著作家和社会活动家，还是一位重要的神学宣传家。他先后担任过《明日世界》《基督教与世界》《基督教与危机》等刊物的主编，担任过《民族》周刊和《基督世纪》等报纸、杂志的特约编辑或撰稿人，也为著名的《纽约时报》等大量报纸、杂志撰写过不少文章，对基督教思想的现代传播做出过重大贡献。尼布尔一生著述丰厚，所涉甚广，除上述提及的几部作品外，其神学和伦理学的主要代表作还有《文明需要宗教吗？》（1927 年）、《关于一个时代终结的反思》（1934 年）、《基督教伦理学解释》（1935 年，该书是根据他 1934 年在科尔格特－罗彻斯特神学院发表的有关基督教伦理问题的演讲编辑而成的）。另有《超越悲剧》（*Beyond Tragedy*）（1938 年）、《认清时代的症候》（*Discerning the Signs of the Times*）（1946 年）、《信仰和历史》（*Faith and History*）（1949 年）等，其中最著名、最具有伦理学代表性的是《道德的人与不道德的社会》、《基督教伦理学解释》和《人的本性和命运》三部。由于尼布尔学术成就和影响较大，他先后被伊登神学院（1930 年）、格里纳尔学院（1936 年）、韦斯利安大学（1937 年）、宾夕法尼亚大学（1938 年）、阿姆斯特丹学院（1941 年）、耶鲁大学（1942 年）、牛津大学（1943 年）、哈佛大学（1944 年）、普林斯顿大学（1946 年）、格拉斯哥大学（1947 年）、纽约大学（1947 年）、霍巴特学院（1947 年）等多所大学院校授予神学博士学位。这种殊荣在西方神学界乃至整个哲学文化界都极为罕见。西方社会也对尼布尔给予了极高的赞扬，美国最有影响的《时代》杂志将他称为"现代美国耶稣教中首屈一指的神学家"。《全美名人百科全书》把他描述为一个杰出的"基督教的革命家"。这些盛赞虽有过颂之嫌，但从多方面证实了尼布尔终生的学术成就和人生事业的成就确不平常。他对基督教内部的自由派和老正统派的批判，对现代西方文化和文明的批判性分析，以及他对社会正义和国际和平事业的辩护等，确乎具有现代西方宗教范畴意义上的革命性质。

二　宗教伦理与理性伦理

作为一个以振兴原始基督教伦理为己任的现代神学家，尼布尔面临着两方面的使命：一方面是在宗教与世俗的紧张对峙中确保前者的合法地位，在伦理学上便是调和宗教伦理与世俗伦理之间的紧张关系；另一方面是澄清宗教内部的混乱，正本清源，恢复真正的"基督精神"，并使之在现代文明条件下发扬光大。这两个方面的使命构成了尼布尔整个思想尤其是伦理思想的基本内容。

调和宗教伦理与世俗伦理之间的紧张关系，也就是调和基督教伦理和理性伦理之间的矛盾冲突，澄清两者之间的性质、功能、适用范围等方面的异同，找到两者间的契合点与分歧点。在尼布尔看来，近代以来的世俗伦理主要是一种理性伦理，它是在文艺复兴以来反基督教神学和科学精神的凯歌声中逐渐形成和高昂起来的。但是，西方文明的发展越来越充分地表明，作为西方近代世俗伦理之对立面的基督教伦理并没有被摒弃，而且越来越有力地显示出它强劲的生命力，反之，近代理性伦理却越来越暴露出它的狭隘性和之于现实生活的无能性。这不啻对基督教伦理的重新召唤。

尼布尔指出："从本质说，宗教乃是一种绝对的意义。"① 但现代人却总是从自身的伦理渴望而不是从绝对的宗教视境来对待道德问题，因而，现代的一切道德成就都是不充分的。人类生活在任何时候、任何情况下都需要宗教，唯有宗教才能达到对人类生活的深刻理解，洞彻道德的绝对意义，真正揭示出人类道德生活的终极本质。尼布尔如此写道："宗教对道德的独特贡献在于它对生活的深刻理解……一种宗教的道德为其追溯各种力量的深度感所驱使，它追溯这些力量的某种终极起源，并将各种目的与某种终极目的联系起来。它不仅关注当下的价值和反价值，而且关注善恶问题，不仅关注直接的对象，而且关注终极的希望。它为原始的'从何处'（whence）和最终的'为何'（wherefore）而烦恼。它之所以为这些问题所烦恼，是因为宗教将生活和存在作为一种统一体和意义内聚力来加以研究。"②

在尼布尔看来，道德是人类生活的理想反映，它应当揭示人的道德生活的整体意义和终极目的意义，唯有宗教才能满足这两个基本条件。宗教对人类生活的深度理解表现在它对人类生活、存在、行为和关系的统一把握和对绝对理想意义的领悟。这种理解深度首先在于认识到宗教意识创造了道德领域中价值现实与价值理想的永久性紧张。

---

① R. Niebuhr, *Moral Man and Immoral Society* (New York: Charles Scribner's Sons Company Inc., 1960) , p. 52.

② R. Niebuhr, *An Interpretation of Christian Ethics* (New York: Harper Brothers, 1935) , pp. 5 – 6.

人类正是通过这种紧张而领悟到生活的意义、产生理想的追求并意识到自身所承诺的责任。换言之,"宗教意识中的深度创造了是然(what is)与应然(what ought to be)之间的张力。它使每一支道德行动之箭都张弓即发。每一种真正的道德行动都追求建立应然,因为行为主体感到必须对这种理想负责,尽管历史地看它并不能实现。因此,基督教相信爱的理想在上帝的意志和本性中是真实的。甚至尽管他知道历史上这种理想之纯形式的实现遥遥无期"①。

然而,并非所有的宗教都能达到这种对生活的深度理解。唯有高级宗教才能如此。原始人的宗教和现代一些过极的宗教流派都不具备这一功能,前者"满足于某种有限的宇宙",而后者又只"满足于一种表面的宇宙"。"对于原始人来说,部落或王权(the majesty)与某种自然力——太阳、月亮、山川或生殖过程——的神秘统一可能是一种有意义的存在之神圣中心。对于现代人来说,可观察的自然法则的结果或可以设想的日益增长着的人类合作的价值,就足以建立一种精神安全感,足以消除混沌的恐惧和世世代代困扰人类精神的无意义性。"② 前者失之于朴素和狭隘,后者失之于肤浅和天真。

尼布尔进而指出,宗教所产生的是然与应然之紧张不独具有价值存在的形式意味,还具有价值实现之动态内容展示的过程性意味。从后一种角度来看,是然与应然之间的紧张即表现为历史与超越之间的紧张。"任何类型的宗教的伦理有效性正是由它们在历史与超越之间的紧张性质所决定的。"这种性质有两个方面,即"这种超越真正超越各种历史价值或成就的程度"和"这种超越与历史所保持的联系的程度"。前一方面促使"任何相对的历史成就都不可能成为道德自满的基础",因为宗教的永恒超越性使得任何已有的历史性道德成就都

① R. Niebuhr, *An Interpretation of Christian Ethics* (New York: Harper Brothers, 1935), p. 8.
② Ibid., p. 6.

只具有相对的价值意义。后一方面使宗教的超越价值目标不至于脱离历史、否认道德发展的历史真实意义。如此，才能真正保证宗教所创造的"是然与应然"或"历史与超越"之紧张，成为人类道德生活的"牵引力"和"动力"。

就此，尼布尔批判了基督教宗教中的两个宗派。一个是传统的"正统基督教"，它的缺陷是"过早地把上帝的超越意志与教规性道德教条"同绝对的宗教超越本质（上帝）同一化，使宗教陷入无限超越与相对有限的自我矛盾之中。另一种是现代的所谓"自由派基督教"，它的失败是将"商业时代的各种相对的道德标准"与基督教绝对的"超越伦理"混同起来。于是，宗教的内在紧张感便逐渐消失，道德的内在紧迫感为一种伴随着现代文明成就的"道德自满"所代替。这就是现代宗教失败的根本原因所在。[①]

显然，导致现代宗教伦理过于世俗化的原因是人们误解了宗教伦理的本质。在尼布尔看来，宗教伦理之不同于世俗（理性）伦理，其根本在于它们各自不同的道德理想层次："一种理性的伦理以公正为目的，而一种宗教的伦理则以爱为理想。"具体地说，"一种理性的伦理追求把人的需要与自我的需要纳入平等的考虑之中。而宗教伦理（基督教更为特别，尽管不是唯一的）则坚持认为，在没有仔细计算（computation）之相对需要的情况下应该满足邻人的需要。这种对爱的强调是绝对的宗教意义的另一个结果。一方面，宗教把仁慈的情操绝对化并使之成为道德生活的规范和理想；另一方面，它给予邻人的生活以超越的和绝对的价值，因而鼓励对邻人的同情。……因此，它在伦理意义上要比那种由理性所促进的公正更为纯洁"[②]。很明显，尼

---

① R. Niebuhr, *An Interpretation of Christian Ethics* (New York: Harper Brothers, 1935), pp. 9 – 11.

② R. Niebuhr, *Moral Man and Immoral Society* (New York: Charles Scribner's Sons Company Inc., 1960), p. 57.

布尔从确定两种伦理的价值理想出发，给两者划分出不同的层次。他认为，爱的伦理高于公正的伦理，而其间高低层次的差别则在于它们各自所包含的功利算计的多寡轻重。基督教伦理以"爱邻如爱你自己"为基本道德原则，它不考虑道德行为的功利价值，而只关注其动机的纯洁，爱或仁慈感具有绝对的道德命令意味。反之，公正的伦理则首先以自我与他人之需要的平衡为基础，并不具备绝对的理想价值。两相比较，"爱的原则比公正的原则要求更高"①，自然，宗教伦理也就高于理性伦理。

那么，两种伦理的差异是否同时意味着两者的对立或无关呢？或者说，在道德实际生活中，特别是在现代文明条件下，两者的关系应该如何理解？这是尼布尔所要具体解释的问题，因为它直接关涉对宗教与理性乃至宗教在现代文明中的地位的认识。

尼布尔认为，理性伦理之所以是以公正为目标的伦理，是由它特有的历史使命所致。理性伦理和科学一样是现代西方文明的文化产物。当西方进入工业社会以后，物质的生产与交换、商品经济以及以自由平等为核心的人道主义伦理价值观念，要求道德建立一种合乎理性要求的公共秩序，以适应现代西方世俗生活的道德需要，这就注定它必须把公正作为自身最高的价值目标。与此不同，基督教伦理则忠实于它的原始本义，把爱视为与宗教完善之超越理想相一致的道德价值，它追求的不是任何相对的功利价值，而是绝对的理想和完善价值。但两者的差异并不意味着两者的截然对立。作为一名现代神学家，尼布尔清醒地认识到把宗教伦理与理性伦理对立起来的危险，这是近代西方文化动荡曾经留给宗教伦理的一个历史性教训。因此，他注重的不是两者的分歧，而是从它们的差异中探讨各自的作用和局

---

① R. Niebuhr, *Moral Man and Immoral Society* (New York: Charles Scribner's Sons Company Inc., 1960), p. 75.

限，以及两者在现代文明进程中相互共容的文化可能。

尼布尔指出，宗教伦理是一种"完善论"（perfectionism），它具有形式上的纯粹性和无限性，在内容上则保持着普遍主义（universalism）的理想追求。这种伦理的基本特征是偏重完善的动机、完善的道德理想和完善的社会目标。这些特征使宗教伦理具有特殊的长处，也使它具有客观的局限。这具体表现在三个方面。第一，"对动机的偏重是宗教生活的一种不可更改的特征，这有其优点，但也有偏向社会利益的危险"①。这就是说，宗教伦理可以保持和促进人类道德的高尚纯洁，却易于倒向忽视个人价值偏重于社会普遍价值的极端。例如，宗教伦理的普遍主义虽然不乏合理性，却易于倒向政治上的帝国主义或狭隘民族主义。历史上，斯多亚派的道德普遍主义与罗马帝国的帝国主义、法国大革命时期的道德普遍主义与拿破仑的帝国主义都是共生共长的。② 当然，道德普遍主义本身有两种不同的形式，一种是世俗理性伦理的，一种是基督教伦理的。前者以普遍理性为基础，后者则是对基督教伦理之完善论的具体表达；前者带有理解的同情，后者则基于普遍绝对的爱，或者说，"在耶稣的伦理中，爱的绝对主义本身是按照一种普遍主义来表达的"③。然而，尼布尔终究还是承认道德普遍主义往往偏重于社会整体，况且，基督教的普遍主义与斯多亚派的普遍主义之间曾有过某种历史的"亲缘关系"④。第二，它在解决人们实际生活中复杂的道德关系时常常显得不足。尼布尔说："当人们从个体与群体生活的日常关系开始时，爱的精神在解决较大较复杂的

---

① R. Niebuhr, *Moral Man and Immoral Society* (New York: Charles Scribner's Sons Company Inc., 1960), p. 74.

② R. Niebuhr, *An Interpretation of Christian Ethics* (New York: Harper Brothers, 1935), p. 86.

③ Ibid., p. 48.

④ Ibid., p. 49. 这里尼布尔所说的"亲缘关系"是指晚期斯多亚派对罗马帝国晚期的新柏拉图派和中世纪基督教神学家的影响。对此，可参见万俊人《斯多亚派伦理思想研究初步》，《外国哲学》第 8 辑。

问题上的缺陷就变得日见明显了。"① 造成这种缺陷的主要原因在于它所执着的爱的原则要求太高，为现实生活中的人们难以达到。第三，宗教伦理也有可能跌入一种因过分理想主义而带来的悲观失败论后果。尼布尔这里所指的是某些脱离"先知基督教"本义的基督教派别的伦理学。他认为，这些派别往往过执着上帝与世界、神与人、天国与尘世、理想与现实，以及人格自身之灵与肉的二元论。这种二元论固然有助于加强人类生活中的道德张力，促进道德的进步，但也因此会丧失对人类道德实际生活的干预能力。

　　然而，尽管宗教伦理有种种不足，甚至于因其"忽左忽右"的过极而使它成为某种社会政治过极主张（如帝国主义）的工具，但它是人类公正伦理得以实现的永恒基础。"每一种真正的社会公正激情内都将永远包含着一种宗教因素，宗教将永远以爱的理想来影响公正的影响。"② 尼布尔在确认宗教伦理高于理性伦理或爱的理想（原则）高于公正理想（原则）的基础上，具体论述了两者各自的内涵和相互关系。他认为，宗教之爱是绝对之爱，它不包括人的自爱，却体现在人际的互爱和牺牲性的爱之中。人的自爱乃基于"自然的生存意志"的偏私之爱，唯上帝之爱才是生命之爱。互爱是基于宽容之上的最高原则。上帝以其仁慈宽容了负有原罪的人类，人类就没有任何理由不相互宽容和互爱。所谓"爱邻人如爱自己"即是以宽容为怀的互爱之基本准则。而牺牲性的爱则最为高尚和典型，它包括为上帝崇高的信仰，为人类终极的理想而献身的爱情。"从历史的观点来看，互爱是最高的善。唯有在互爱中，历史存在的社会要求才能得到满足。在互爱中，一个人对另一个人利益的关切促使并引发一种相互性的友爱。历史的最高善必须符合在历史生命力的整个王国中保持凝聚一致和始

① R. Niebuhr, *Moral Man and Immoral Society* (New York: Charles Scribner's Sons Company Inc., 1960), p. 74.

② Ibid., p. 81.

终如一的标准。"① 但从宗教的规范来看，互爱与牺牲性的爱是统一的，都体现基督博爱的伟大理想精神。

与爱的理想相比，公正是我们现实的这个"不完善的世界"中的爱的原则之近似者（approximations），它虽然不属于"超越的完善世界"，但却是爱的原则在不完善的现实世界中的必备基础，只有通过它，爱的原则才能在现实世界中得到具体的（虽然是不完全的）体现。公正有不同的类型，其中包括所谓"矫正性公正"（corrective justice）和"分配性公正"（distributive justice）。公正以平等为基础，因为平等的理想和爱的理想一样都"处于一种超越存在事实的不断上升着的进阶之中"，两者的差异只在于，平等的理想"更直接地与社会问题和经济问题相关"②。传统的正统基督教的伦理学失误在于，"一方面基督教正统派没有能够把平等的原则与爱的原则联系起来，另一方面也没有把平等的原则与相对公正的问题联系起来"③。依尼布尔之见，平等原则是公正的"调节性原则"，有平等才能有公正，或者说，平等是公正的前提，一如爱是公正的前提一样。人和人类之所以既需要爱的原则，又需要公正的原则，只是因为人类的道德理想和社会理想并不只是追求其纯洁性的目标，而且也要将这种追求置于具体的过程之中。也就是说，"道德理想和社会理想不单按照它们的纯洁性，而且也按照它们的应用广度来看，总是一系列无限之可能性的一部分"④。纯粹爱的理想是不可能的，有限的人类永远无法企及绝对的理想目标。然则，这种爱的理想又是不可或缺的，失去它，人类将失去实现一切可能性的热情和希望，也缺少道德进步所必需的由现实

---

① R. Niebuhr, *The Nature and Destiny of Man, Vol. II : The Destiny of Man* (London: Westminster Publisher Co., 1943), p. 71.

② R. Niebuhr, *An Interpretation of Christian Ethics* (New York: Harper Brothers, 1935), p. 149.

③ Ibid., p. 150.

④ Ibid., p. 111.

与理想、实然与应然之间的张力而产生的动力和牵引力。这就是宗教之爱的伦理所呈现给人类的一个永恒而有意义的悖论。

明乎此，我们才能进一步认识公正与爱或理性伦理与公正伦理之间的关系。尼布尔指出，这种关系可以和"互爱与牺牲性的爱之辩证关系相互类比"，具体可以用两个尺度来规定之。第一个尺度是"公正规则和法则的尺度"；第二个尺度是"公正结构的尺度，社会组织、政治组织与兄弟关系（brotherhood）的尺度"。前者是抽象设想的，后者是在历史中具体化的。实际的社会组织和制度与兄弟关系之理想的矛盾显然要比爱与公正之间的矛盾大。抽象设想的原则仅仅依据于爱的理想，而社会组织和制度与兄弟关系之矛盾则在具体实际中表现出来。社会实际的公正从属于爱的理想，前者相对于具体的社会团体而言，是团体建立相互性关系的工具，后者则不属于任何相对的团体或社会，而是绝对普遍的理想要求；前者服从于某种"明显的需要"和职责，后者本身即是人类最高的需要；前者牵涉各种简单或复杂的自我与他人之关系，后者则要求超越一切矛盾而达于道德关系的纯洁性；前者受制于个人的自觉意识和公共团体所规定的各种习俗、规定和法律，后者则超越于任何具体相对的社会法规；前者具有现实的可能，后者则永远是一种必需而又无法完全实现的"不可能的可能性"（impossible possibility）。总之，爱之理想遥远无期而又永远呈现于人类的面前，吸引着他们不断前行，公正原则的现实可能总是在各种相对的境况中历史地实现着、变化着。两者既相互区别又互相联系，既相互融合又相互分离。这就是宗教伦理总高于理性伦理，而两者又能共存不敌的原因所在。

三　信仰与原罪

由上可知，尼布尔所说的宗教伦理，也就是以先知宗教为原型的基督教伦理。把爱的原则视为宗教伦理之最高原则，包含着尼布尔一个深刻的理论动机：光复基督教伦理的原始本义，澄清各种现代宗教流派对基督教伦理的曲解。在现代西方神学家中，尼布尔以其对原始基督教即先知基督教义的正宗解释和强调而著称，其中，他关于"原罪"（Sin）、"宽容"和信仰等基督教观念的阐释被视为对基督教及其伦理观念最本色、最出色的论述。

尼布尔认为，真正的基督教伦理也就是耶稣的爱的伦理，它是对先知宗教伦理最完善的发展。他写道："耶稣伦理是先知宗教完善的果实。它的爱之理想与人类经验的事实和必然性有着和先知信仰的上帝与这个世界具有的关系相同的关系。它从每一种道德经验中引出，也与每一种道德经验相关。它如同上帝内在于世界之中一样内在于人的生活之中。它在其最终的顶峰上超越人生的种种可能性，一如上帝超越世界。"① 这是尼布尔对耶稣伦理的原则性论述，其基本意图在于确立耶稣伦理的至上权威性。依他所见，耶稣伦理直接从先知宗教发展而来，而且已经至于先知宗教理想的顶峰，这表现在它不仅完善了先知宗教的原始信仰，而且也完善了先知宗教的爱的理想，因而获得了"爱之伦理的绝对主义和完善论"的超越性品格，对人的一切道德经验和道德生活都具有普遍相关性和适用性。

先知的宗教是一种理想的象征，唯有它才能赋予人类生活以真正的道德意义。道德生活是一种特殊的生活，它使生活与崇高的理想或终极的目的联系起来，从而获得一种永久的理想价值意义。尼布尔说："唯有在一种有意义的存在中，道德生活才根本可能。"② 而且，正是先知的信仰给人类创造了生活的意义之源："先知的信仰——即生活和存在的意义意味着一种超出它们自身之外的源泉和目的——产生了一种道德，这种道德意指：每一种道德价值和标准都是基于并指

---

① R. Niebuhr, *An Interpretation of Christian Ethics* (New York: Harper Brothers, 1935), p. 37.

② Ibid., p. 105.

向一种终极的与和谐的完善，在任何历史的境况中它都是不可能实现的。"① 先知的信仰产生了道德，即是赋予了人类道德生活以终极的理想目标，这一目标便是爱的理想。

爱使人类充满渴望，赋予生活以创造的动力。但先知宗教的爱绝不是一种浪漫式的冲动，它具有动态的指向而不失其超越绝对的品性，指向绝对终极的理想而又不拒斥人类爱的激情。前者使它区别于现代浪漫主义自由派，后者使它迥异于佛教伦理。"在佛教中，爱被作为一种统一的与和谐的原则来认肯，而作为一种动态性冲动来拒绝。因此，佛教在其爱的陈述中无法逃避一种不断衰弱的暧昧性。"②

如果说，耶稣伦理的爱的理想为人类道德生活呈现了意义之源，因而成为人类信仰的目标的话，那么，它关于人的原罪和道德恶的学说，则给予人类道德生活以深刻、内在而持久的紧迫感和责任感，因而为人类道德设定了坚实的内在主体基础。

尼布尔指出，"道德恶"和"原罪"（sin 或 original sin）是耶稣伦理中的核心概念，对它们的解释直接关系到对耶稣伦理的根本理解。在先知宗教的观念中，"道德恶存在于自然与精神的交界处"③。换句话说，道德恶产生于人永远无法依靠他自身的力量而根除自然力量的冲动，亚当和夏娃的失落便说明了这一点。这种自然力量的冲动不独是一种盲目的欲望或激情，也是（且更主要是）人自身所隐藏的自私自恃的本能要求。作为一种有限的存在，人自知有限而臣服于无限绝对的存在（上帝）。然而，他从来就不甘心如此，他总试图"将其有限存在改变成为一种更持久和绝对的存在。在理想的意义上说，人们都追求使其任意而偶然的存在服从于绝对实在的支配。但在实践

---

① R. Niebuhr, *An Interpretation of Christian Ethics* (New York: Harper Brothers, 1935), p. 106.

② Ibid., p. 84.

③ Ibid.

中，他们总是把有限的与外在的要求同使他们自己、他们的民族和他们的文化或他们的阶级成为存在中心的要求混同起来。这是人身上所有帝国主义的根源，它说明了为什么受到狭隘限制的动物世界的掠夺性冲动会变成无限制的人类生活之帝国野心的原因。因此，建立生活秩序的道德急迫性与使自身成为这种秩序之中心的野心是相互混同在一起的，而对每一种超越价值的奉献则由于把自我的利益插入这种价值的努力而至于堕落……人因为其知识的不完善和克服其有限之欲望的不完善而注定要对其片面有限的价值提出绝对的要求。简言之，他试图使他自己成为上帝"①。尼布尔的本意是，人类道德恶的主要根源在于人的满足私欲和自我扩张的野心。他甚至认为，自私自利是人类本性中无可克服的最顽固的动机。显然，尼布尔和巴尔特一样，只容忍上帝成为人而不允许人成为上帝，人与上帝，有限与无限之间的关系并不是双向的，因而上帝与人的差异或者说前者对后者的超越性和优越感必须坚定不移，似乎只有这样，才能最终凭借上帝之手来洗尽人类的道德恶性。

道德恶根源于人的本性的自私自恃之内在主观动机，它的客观根源则在于人类负有的原罪。在尼布尔看来，基督教伦理的成功在于它以双重尺度来衡量人生的道德价值。其一为爱的完善论理想尺度，用这一尺度衡量，一切都是不完善的。其二是基于现实主义和悲观主义基础所给定的原罪尺度，用这一尺度来衡量，每一个人都是有罪的，他必须为解脱这种原罪寻求救赎，上帝是唯一的救赎者，因而他必须屈服于上帝，信仰上帝。这种双重的尺度就是"爱的戒律与原罪的事实并列"②。

在对待原罪的态度上必须首先纠正一种错误的观念，这种观念认

---

① R. Niebuhr, *An Interpretation of Christian Ethics* (New York: Harper Brothers, 1935), pp. 84 – 85.

② Ibid., p. 65.

为，人的原罪是遗传性的，人类的祖先亚当和夏娃偷吃禁果，触犯天条，被上帝逐出伊甸园。从此，这种逆天之罪便成为人类世代负荷的一种无法规避的原罪。尼布尔认为，这一观念是极为有害的。因为把原罪看作遗传性的，实质上剥夺了人的自由和责任。既然原罪为祖先所犯所传，那么我们也就失去了创造更新的可能，自然也因此而无须承诺任何责任。奥古斯丁曾经意识到了这一问题，可惜在他的神学框架内无法解决之。按尼布尔的见解："原罪不是一种遗传性堕落，但它是人类存在的一种不可避免的事实，人的精神本性给予它这种不可避免性。它每时每刻都是真实的，但它没有任何历史。"①

不难看出，尼布尔在这里遇到了困难：原罪不是遗传的，因而它没有历史，但它却是"人类存在的一种不可避免的事实"，这种事实从何而来？其产生的原因又是什么？尼布尔殊感艰难，最后只得诉诸"人的精神本性"。所谓人的精神本性，无外乎又回到了尼布尔神学的基本出发点，即人作为一种精神的存在，是一种永远追求着无限这一不可能之可能性的有限存在，在有限与无限之间，人自觉到其罪恶或不完善。所以他又说："在无限面前，原罪感乃是一种有限感。"②

进而，尼布尔认为，原罪不仅显露于个人或人格的宗教方面，也显露于个人与集体的关系和公共团体的社会生活方面。就个人与集体的关系而言，个人总是把追求无限的希望寄托于某个集体或团体。在他的眼里，集体仿佛是一个绝对无限的存在场所，投入其中，便有可能获得无限。因之，他往往尽力在社会生活中施展意志权力，征服异己，使自己成为社会生活的力量中心。而就团体生活而论，团体的权力阶层也往往习惯于把自身装扮成绝对无限存在的化身，或者把自己

---

① R. Niebuhr, *An Interpretation of Christian Ethics* (New York: Harper Brothers, 1935), p. 90.

② Ibid., p. 70.

视为存在的中心而要求其他成员服从之。这些都是一种对无限的虚幻追求，是人类原罪表现的特殊方式，因而最终都将注定失败。总之，人的原罪有两个方面：一是人格的宗教方面，就此而言，原罪即是人对上帝的背叛或对上帝意志的僭越；二是人的生活的世俗方面，即人在社会生活中总是企图成为存在的中心，使他人臣服于己。所以，基督教伦理对待人的原罪是用两种尺度来衡量的。尼布尔说："《圣经》既用宗教术语也用道德术语来定义原罪。原罪的宗教尺度是人对上帝的背叛，是他篡夺上帝的位置。原罪的道德尺度和社会尺度是不公正。虚假地以傲慢和权力而使自身成为存在之中心的自我不可避免地会使他人的生活屈服于他的意志，因之而对他人的生活行以不公。"①

所以，要解脱原罪，不能靠世俗的力量，也不能靠人自己，而只能靠上帝，靠对上帝无限忠诚的信仰。先知宗教的"救世主义"本义就是基于上述事实而提出来的，耶稣的十字架给人类以救赎解脱的启示：靠上帝而获得拯救，这是唯一的出路。在上帝面前，负有原罪的人类只能信仰和忏悔，"忏悔是通向上帝王国的大门"②。而唯有自觉人生之罪并能忏悔的人，才懂得耶稣之爱。耶稣之爱是普世绝对的爱、理想的爱，也是宽容的爱。上帝并不因为人类负有罪恶而抛弃人类，相反，他爱他的儿女，爱他负有罪过的后代，他仁慈的胸怀和大度无可比拟。正是通过他的宽容，上帝之爱才如此富有力量和魅力。宽容是基督教伦理的最高概念。尼布尔如是说："基督教伦理学的皇冠是宽容的学说。在宽容中，表达了先知宗教的全部创造天才。作为宽容的爱是各种道德成就中最为困难、最不可能的。然则，如果人们认识到了爱的不可能并承认自己身上的原罪的话，它就是一种可能性。因此，一种在某一不可能的可能性达到顶点的伦理按照这种宽容

---

① R. Niebuhr, *The Nature and Destiny of Man*, Vol. Ⅰ: *The Nature of Man* (London: Westminster Publisher Co., 1943), p. 79.

② Ibid., p. 121.

学说而产生其最具选择性的成果。"①

最后，尼布尔还特别谈到现代人对于宗教原罪感的错误反应。他认为，现代人总是把宗教原罪感视为一种偶然的感觉，或是视作一种必然遗传的宿命感，因而完全否认它与道德责任感的必然联系。这一错误的反应源自现代文化的科学主义态度。现代文化得益并陶醉于科学的成就之中，以至于科学不仅支配着现代人生活的各个领域，而且支配了他们的思维方式。按照科学的思维方式和描述，人类无法发现任何自由的领地，一切都被纳入严密的逻辑或因果必然性之中，因而很自然地也就失去了选择，失去了责任感，剩下的只有毫无价值意义和超越的决定论。

应该说，尼布尔对现代西方文化中科学主义的片面性后果的分析是有合理之处的，对科学的盲目信奉乃至顶礼膜拜确实使现代西方文化染上了一种狭隘的经验主义痼疾，以致产生技术对人的异化和非人道主义恶果。但尼布尔并没有提供医治这一现代文明病的良方。相反，问题恰恰在于他的批判只是基于神学伦理立场的一种宗教指责，而非彻底的社会批判，所提供的解决方法更是软弱无力。重归耶稣伦理，甚至执信于其原罪、忏悔、宽容之爱和信仰的宗教伦理教条，不但无法解决现代西方文化中的唯科学主义的褊狭性，而且也不能还人类以任何自由，所谓道德选择和责任同样只能是天国幻想式的神话。如同现代西方文化的唯科学主义因其片面而必然带来非人性和非人道主义的消极后果一样，尼布尔以原罪和信仰为核心的耶稣伦理也只能走向人类真正自由的反面。

四　人的本性与命运

关于人的问题是尼布尔伦理学的重要课题。20 世纪 20 年代末，

---

① R. Niebuhr, *The Nature and Destiny of Man, Vol. I : The Nature of Man* (London: Westminster Publisher Co., 1943) , p. 223.

尼布尔在英国爱丁堡大学做吉福特伦理学系列讲座，对人的问题进行了系统阐述，并于40年代初发表其著名的作品《人的本性和命运》一书。概略讲来，尼布尔关于人的研究主要集中在两个问题上：第一，人的本性的宗教观，即基督教对于人的本性的基本解释；第二，人的历史命运的宗教解释。

尼布尔指出，基督教的人性观是在《圣经》中系统建立起来的，它构成了基督教神学和伦理学的基本理论内容。基督教人性观以"基督教信仰的终极预设"为先决条件，如同西方古典人性观以古希腊形而上学的预设为其理论前提一样。它具有两个基本特征：第一，它是神学一元论的。由于基督教对作为世界创造者的上帝的信仰超越了"理性准则和二律背反"，特别是超越了"精神与物质、意识与广延之间的二律背反"，因而使上帝具有了一种"既是生命，也是一切存在的形式和根源"之统一性意义，其人性观也超越了世俗理性哲学的那种以"灵与肉"相分离或对立为特征的二元人性论，杜绝了唯心主义和自然主义两种哲学的片面性。唯心主义哲学认为，人的灵魂或精神高于人的肉体，甚至在其伦理学中误"把精神视为本质上为善或本质上永恒，而把肉体视为本质上为恶"的本性存在方面，不仅使人性和人格二重化，而且也把人的精神本性与神的本性混为一谈了。与之相对，自然主义则犯了"在自然人（man-as-nature）身上追求善，在精神人（man-as-spirit）或理性人（man-as-reason）身上追求恶的浪漫主义错误"[1]。它认为，自然肉体的人才是最真实、最有意义的，而精神的人则无关轻重，甚至是实现自然人之价值的羁绊。这不仅同样把人性或人格两重化，而且丧失了人性起码的理性特征，使世俗理性伦理成为不可能的假设。按照《圣经》的观点，人性应当有完全不同于上述两种哲学的

---

[1] R. Niebuhr, *The Nature and Destiny of Man, Vol. Ⅰ: The Nature of Man* (London: Westminster Publisher Co., 1943), p. 12.

解释，这就是："人是被创造出来的、在肉体和精神上都是有限的存在。"[①] 因此，人的精神和肉体都不可能永恒，作为一种存在，其灵与肉的本性也不应分离，而必须被看成一种有限存在的统一体。

基督教人性观的第二个特征是，它从上帝的立场出发来看待人、理解人和解释人，"而不是从人的理性能力或他与自然的关系之独特唯一性来理解人"[②]。因此，它往往以"上帝的影像"来看待人，把人视为一种"仿上帝"（God-likeness）的存在或物类。

总之，基督教人性观的根本原则或意义在于："（1）它在其'上帝影像'的学说中强调人的精神发展状况（stature）之自我超越的高度。（2）它坚持认为人是有缺陷、具有依赖性和有限性的，坚持认为人与自然世界的必然性和偶然性相牵涉，然而它并不把这种有限性视为人的罪恶之源。用其最纯粹的形式来表述，基督教关于人的观点是把人视为一种仿上帝的存在与物类的统一体……（3）它肯定人之恶乃是他不可避免的结果，尽管不是他不愿意承认其依赖性的必然的非意志性（unwillingness），不是他接受其有限性，承认其不安全感的必然的非意志性……"[③] 即是说，强调人的精神发展、人的有限性和依赖性、人之恶的不可避免性，是基督教人性观的基本原则。它们的直接意义在于，既承认乃至强调人的精神本性的优越，又坚持其本性的有限和缺陷，因而确保基督教关于人的原罪和人对上帝的依赖与信仰之基本教义的真理。换言之，尼布尔所阐释的基督教人性观是一种神学意义上的性恶论。它与中国和印度佛学的性恶论人性观之不同在于，它既不是一种基于人自身经验的假设或推导（如中国的荀子），也不是一种根据对人性佛性的先天缺乏而做的先验假定，而是从上帝

---

① R. Niebuhr, *The Nature and Destiny of Man*, Vol. I : *The Nature of Man* (London: Westminster Publisher Co., 1943), p. 12.

② Ibid., p. 13.

③ Ibid., p. 150.

之无限的完善论前提出发，在神人互鉴中得出的一种比较性结论，它的假设前提当然是先验的、神学唯心论的。因为它假定了上帝的绝对无限，所以才认定人的相对和有限；因为假定了无限存在的绝对完善，所以才比较出有限存在的不完善或恶，这才是基督教性恶论人性观的古老逻辑。

人的有限决定了其本性的不完善，而这种不完善首先源于人的精神本性的固有矛盾。一方面，人的精神具有超越升华和自由创造的能力；另一方面，无论人的精神能力多么伟大，在至高无上的和全能的上帝面前，始终是有限的。因之，人的精神总是处于超越与无所超越、自由而又不自由的矛盾之中，最终使其处于一种"无家可归"的状态。这种"无家可归"并不是说人的精神无所附丽或缺乏定向，不是！因为无限的上帝永远是他精神星空的北斗，照亮着他前进的方向，这只是说他的精神有着永恒的追求，却又永无达到目标的归期。人永远无法达于无限，永远无法独立找到生活的意义。他不能把生活的意义诉诸自然因果法则，因为他是具有精神自由的存在；他也不能指望自身能独立发现生活的意义之源，因为人生有限而理想的王国无限遥远。他只能依赖上帝，依赖万能的耶稣之父。所以，尼布尔说："人的精神的这种本质的无家可归（homelessness）是一切宗教的基督，因为处于自身和世界之外的自我无法在自身或世界中发现生活的意义。"①

尼布尔由此认为，人的本性的这种缺陷证明了基督教信仰的真实和唯一。它说明"上帝作为意志和人格乃是真实个体性的唯一可能的基础，尽管不是自我意识唯一可能的预先条件"②。这种信仰同原罪的观念一样，都是对上帝无限存在的本质证明。进而，尼布尔又从人的原罪与人的本性之关系上来说明人性之恶。他以为，人的本性与人的

---

① R. Niebuhr, *The Nature and Destiny of Man, Vol. Ⅰ: The Nature of Man* (London: Westminster Publisher Co., 1943), p. 14.

② Ibid., p. 15.

罪恶之间是既相互联系又相互矛盾的。前一方面表现为两者相互牵涉，后一方面表现为两者并不同一。如前所说，人的罪恶是一种不可改变和无法逃避的事实，而人的本性则具有追求和变化的倾向，它有着内在的自由和变化的可能。因此，两者间便存在一种既定与未定或不定的矛盾。这一矛盾是人自身所无法解决的，同样只有求助于上帝。因为在这一矛盾状态中，人往往表现出三种不可能性的态度：" （1）人作为原罪者并不留心他作为自由精神的终极要求。他知道任何特殊的历史法则条例都是不够的。（2）他没有充分意识到这些终极要素的本性，以及（3）一旦这些要求被规定下来，他也并不准备去满足这些要求。这三个命题是作为对'原始正当'与作为原罪者的人的典型关系的一个准确说明。"① 换言之，上述三个命题确切地说明了神人关系的内在实质，也说明了人和人性原罪的根本原因。这些原因归根结底可以概述为"有限与无限之悖论关系"。

尼布尔指出："有限与无限之间的悖论关系以及由此引出的自由与必然的悖论关系，乃是人类精神在这个物类世界上的独特性标志。人是唯一知道他终有一死的动物，也是唯一知道他能够证明他在某种意义上可以不朽的动物。人是唯一陷入这种有限之流并知道这是他的命运的物类。因此，当人从生活的总体维度来看生活时，上帝感和原罪感就包含在相同的自觉行动之中了。因为自觉就是把自我看作是一种与本质实在分离开来却又与之相联系的有限客体，或者是毫不知晓分离的有限客体。如果把这种宗教感情转化成道德术语的话，它就成了爱的原则与利己主义之间的紧张；就成了肯定生活的终极统一性与建立和所有相互竞争的生活形式相反的自我之间的紧张。"② 于是，从人所处的有限与无限的悖论关系中，我们不单理解了人的独特本性，

---

① R. Niebuhr, *The Nature and Destiny of Man, Vol. I : The Nature of Man* (London: Westminster Publisher Co., 1943), p. 288.

② R. Niebuhr, *An Interpretation of Christian Ethics* (New York: Harper Brothers, 1935), p. 67.

也触及人命运的实质，即人的生活目的或结局之有限性与其追求目标的无限性的矛盾。这是一种历史的悖论，然而又有着（同样是在某种意义上）超历史的意味。在这种有限与无限、结局与追求、历史与超历史之间，展现着人的命运的悲壮和苦乐，映衬出人与上帝、世俗与天国之间休戚相关而又遥遥相离的迷离与神秘。

尼布尔从辨析"end"一词的双重含义开始，向我们叙述了人的命运这一重大主题。他指出："在人类生活和人类历史中，一切都向着一个'end'而运动。由于人屈从于自然和有限性，这个'end'便是该存在要停止存在的一点，这个'end'又有另一种意义，它是他的生活和工作的目的（purpose）和目标（goal），它是目的（telos）。'end'既作为终结又作为目的的这种双重含义，在某种意义上表达了人类历史的整个特点，揭示了人的存在的基本问题。历史中的一切事物都既趋向于实现，又趋向于结束，即趋向于它们本质特征的更充分的具体化，又趋向于死亡。"[①] 一方面，人类的一切都是有限的。有限的人生是一个有着终点的过程，这一过程有其开端，也有其终止，因而也是一个不断追求、不断实现而又终有一止的有限历程，这就是人的宿命、人的自然。另一方面，人作为理性和自由的精神存在，又超越了自然物类盲目运动状态，有其内在的目标和理想，并为之不断奋进着。因而，他的有限人生的终点同时又蕴含着目的意味，这种目的虽然不能至于无限永恒的终极，却是构成这一终极趋向的超越意义。是故，人有限而又"在某种意义上"趋于无限，其终结同时又具有目的的意义。然而，人终有一死，其人生的目的追求也就是他人生终结的追求。这种有限与无限、生与死、终结与目的的矛盾交织，构成了人之存在的基本问题，也是人的命运的历史性答案。

① R. Niebuhr, *The Nature and Destiny of Man, Vol. Ⅱ: The Destiny of Man* (London: Westminster Publisher Co., 1943), p. 297.

问题在于，人生的终结不单指含着人的命运的客观事实，也构成了人生的最大威胁，因为"终结"的直接启示便是人生的无意义性和虚幻性。人终有死，此生何求？在无限和永恒的光辉照耀下，一切有限的存在都如此地变幻莫测，如此地无足轻重。这就是人面对的境况，它促使活着的人时刻面临着死与无的威胁。尼布尔承认："问题是作为终结之 end 乃是作为目的之 end 的一种威胁。生活处于无意义的危险之中，因为终结乃是生活在达到其真正 end 或目的之前的一种表面看来突如其来的和变幻莫测的终止。从基督教信仰理解人的境况的这一方面来看，它和其他所有宗教一样，也有着一种对时间与永恒之紧张关系的理解。"① 人生有限的终止使人生卷入了不定的时间之流，产生了莫测不定的困惑和危机，在这生命的长河中，人仿佛一叶颠簸漂浮的小舟，随时都有沉没终了的危险，也永远不可能达到彼岸。他眩晕无措，因之铸成了人生无意义性的绝望心理。这是人类无法解脱的命运。在尼布尔看来，这种人生之有限与无限的矛盾是人类不应也不能解决的疑难，任何解决它的企图都注定是徒劳的，它只会滋生僭越有限人生的恶，而不会带来任何达到无限的希望。

唯一的希望在于忠实上帝的信仰，把人生的一切寄托于上帝的拯救。因为只有上帝才能代表永恒，才能通达无限和终极。"永恒是暂时的基础和源泉"②。暂时表征着过程和终结，它是相对于永恒而言的。没有永恒也就无所谓时间和终结，正如没有无限就无所谓有限一样。但永恒不能有任何终结或终止，它本身即是目的，即是永流不止的时间和终极的希望。永恒与时间或暂时的这种两维关系，规定了我们观察人类历史意义的两个视景："从一个视景来看，我们察觉到，

---

① R. Niebuhr, *The Nature and Destiny of Man*, Vol. Ⅱ: *The Destiny of Man* (London: Westminster Publisher Co., 1943), p. 297.

② Ibid., p. 310.

历史的这些性质和意义似乎都有绝对的意味而不涉及它们与历史之连续的关系。"这就是说，从永恒与时间的互依维度来看，历史事件的某些性质或意义具有超历史的意味。英烈之死可入天堂，其精神亦可赋予"永垂不朽"的意义。从另一个视景来看，"一种关于任何历史问题的'终结'判断，可能是按照其历史后果来理解历史中的一种特殊事件、行动或性质的判断"①。即以具体的历史尺度来判断历史的事件、行动和性质，使它无法越过历史和时间的栅栏。

总之，按照基督教信仰来解释，永恒与时间、无限与有限最终是不可通约的。所以，人不能从历史的角度来理解上帝或宗教，上帝和宗教是超历史的。反过来，上帝和宗教却可以而且应该理解人类及其历史。尼布尔认为，从基督教的信仰出发来理解历史的意义，必须包括三个方面："（1）正如我们在各种文明和文化的兴衰中所看到的部分不完全的完成和实现一样；（2）个体生活；（3）作为一个整体的历史过程。"② 换言之，在基督教信仰的基础上理解历史，首先是对历史发展中的人类文明之不完善性的理解，其次是对个人命运的理解，最后是对历史发展的全过程的理解。但这三个方面又相互交织，其交织点就是人的历史或历史中的人。

人的历史是一个不断追求生命实现又不断逼近生命死亡的历史。作为历史中的人，他又不断地追求生命的超越、不断创造生命的意义，这就是人与整个历史的两面性关系，即终结和创造、不完善与追求完善的关系，也是人所处的历史性困境。就个体的人来说，他生命的终点便是历史的终点，他的死亡宣告了他生命过程的终结。就人类而言，人又具有一种"与永恒的间接关系"，"在他严肃地承当历史责任的情况下，他必定从终极和终结的'end'之观点来观察这种圆

---

① R. Niebuhr, *The Nature and Destiny of Man, Vol. II : The Destiny of Man* (London: Westminster Publisher Co., 1943) , pp. 310 – 311.

② Ibid., p. 312.

满实现的问题"①。个人必须从人类发展的终极目标出发，来审视自我人生的终结以及自我人生与人类理想的圆满实现之关系，他必须严肃地对待自我人生，必须承诺自我的历史责任，超越个体生命的短暂，创造历史的意义。尼布尔说："人被卷入而又没有卷入自然与时间的流逝之中。他是一种动物，服从于自然的必然性和限制；但他也是一种自由精神，知道他岁月短促，并依靠这种认识和他自身内的某种能力而超越这种短促。"进而言之，"人超越自然流逝之能力给予他创造历史的能力。人的历史植根于自然过程之中，但它是某种既不同于既定的自然因果性的结果，也不同于这个自然世界的各种任意无常的变异和发生。它由自然必然性和人的自由所组成。人超越自然流逝的自由给予他在其意识中把握一种时间跨度的可能性，因之给予他认识历史的能力。它也使他能够改变、重新调整和转化自然的因果性后果，因之使他能够创造历史"②。

　　然则，人终究难免一死，死亡的恐惧永远悬临于人的眼前。但即使是在这种死亡的恐惧中，人也表现出他在自然万物中卓尔不群的本质。"它证明：人拥有'高于一切动物的卓越'，因为死亡的恐惧来自不能参与死亡却能想象死亡，并在死亡的另一面对实在的某一向度感到焦虑的能力。这两种形式的恐惧（指死之恐惧与死之焦虑——引者注）证明人超越于自然。……他对死亡这一面的一种意义的可能性王国的焦虑和沉思这一事实——用哈姆雷特的独白来说就是：'去死亡、去沉睡'可能意味着'偶尔地去做梦'——乃是人超越自然的自由之肯定的表示。因此，死亡的恐惧乃是人作为一历史创造者的能力的萌芽表现。"③

---

① R. Niebuhr, *The Nature and Destiny of Man, Vol. II: The Destiny of Man* (London: Westminster Publisher Co., 1943) , p. 319.

② Ibid., p. 1.

③ Ibid., pp. 8 – 9.

对死亡的恐惧是一种生命的自觉，是人承诺生命和历史责任并创造历史的动力之一，在证明人的有限超越的同时也证明着上帝的无限可能和人类需要上帝救赎的必然。由此，尼布尔从人的死亡事实中，又论证了基督教"救世主义"（messianism）的合理和必然。他认为，基督教的救世主义信念源于先知宗教，它最初是一种民族主义的救赎信仰，并逐步扩展为普遍的和宗教超越的救赎信仰。所以，救世主义的逻辑包含三个因素或三个层次："（1）利己主义—民族主义的因素；（2）伦理—普遍主义的因素；（3）在先知宗教中表现出来的超伦理的宗教因素。"① 在希伯来先知宗教中，我们可以找到这三种因素是共同存在着的。它表现了基督教崇高的救赎信仰，即拯救普遍人类，使之趋向永恒天国的信仰。依据这一信仰，终极的意义高于一切，历史被包含在这种终极的意义之中。因而，宗教高于历史，上帝高于人，一如无限和永恒高于有限和时间。

显而易见，尼布尔关于人的命运的思想同其人性学说一样，都是从宗教上帝出发，最终复归于宗教的。因此，以神性的完善证明人性的不完善和恶，以上帝的无限证明人的有限或必死，进而证明上帝信仰之于人性的完善、上帝的救赎之于人类命运的超脱，都是其必然的逻辑结论。当然，这种结论的逻辑不是一种理性的逻辑，而是一种先验的必然预制，一种信仰主义的假设。它的实质，并不是像中世纪正统基督教那样全然否定人性的自然方面和人的现实意义，而只是把人性和人的生命存在的现实有限性事实纳入神学的绝对主义观照之中，在神的完善存在和永恒性面前显露人性的缺失和人类生命的短暂，从而把人类对自我本性和生命价值的完善追求引向神学的终极目标，以神学的尺度取代人的历史尺度和伦理尺度，这才是最根本的。

---

① R. Niebuhr, *The Nature and Destiny of Man*, Vol. Ⅱ: *The Destiny of Man* (London: Westminster Publisher Co., 1943), p. 18.

五　社会道德问题：伦理、政治与宗教

在尼布尔的整个伦理思想中，政治道德问题占据着极为重要的地位，构成了他关于个人与社会、个人道德与社会群体道德，以及伦理与政治、政治与宗教等多方面应用伦理的基本内容。《道德的人与不道德的社会》一书是尼布尔关于政治道德问题的代表作，该书"导论"开宗明义地写道："本书详尽论证的论点是个体的道德行为与社会群体——国家的、种族的和经济的群体之道德行为和社会行为之间的区别，以及为各种政治上的政策辩护并使这些政治的政策成为必需的区别，乃是一种个人主义的伦理永远感到困惑难解的区别。"[①] 尼布尔的理论目标是在一种社会的文化、政治和经济等复杂结构中，弄清这些区别，并深入探究解除传统伦理在这些问题上产生困惑的政治伦理途径和宗教途径，为建立一种符合新人、新社会、新精神之理想的社会道德提供一份实践答案。

具体讲来，尼布尔的社会政治道德学说主要包括三个方面：关于个体与社会（群体）关系的道德分析；关于政治道德的基本分析；关于社会诸阶层或阶级之道德的具体分析。

尼布尔指出，个体（道德）与群体或社会（道德）的关系问题之所以长期困扰历代伦理学家，是因为这一疑难不仅仅限于道德领域，而且直接关涉对人的社会境况的政治学、经济学、文化和宗教等多方面解释。一般而言，个人与社会是相互联系的两个方面，每一个人都不可能脱离社会或群体而生存，他需要社会，一如他天性需要同情、理解和爱。不独如此，而且，"每个人生活于其中的社会既是他所追求的生活之丰富性的基础，也是每个人所祈求的生活之丰富性的报应"[②]。每一个人都必须接受这样一种具有两面性的事实：一面是他对社会生活的依赖性，这

[①] R. Niebuhr, *Moral Man and Immoral Society* (New York: Charles Scribner's Sons Company Inc., 1960), p. 11.

[②] Ibid., p. 1.

是肯定性的一面；另一面是社会生活对他的必然限制或他对社会制约的被动接受（"报应"），这是否定性的一面。依尼布尔所见，"社会"的含义主要是指人们的某种"集合存在""合作行为""共同生活"，它要求人们结成一种具有共同基础的"相互性"关系，以便在这种关系中丰富自己的生活。但同时，社会生活一经形成，就必定对个人产生一种超个人的约束，必定产生各种关系问题：物质的分配、情感的交往、社会权力和责任的分配与制约等。这些关系异常复杂，在不同的历史时期不断变化。所以，尽管人类社会生活的基础和内涵已越来越深厚丰富，但迄今为止人类在其共同生活方面仍"进展甚微"，他们似乎远远没有学会如何对待其"集合存在"和"共同生活"的艺术。

矛盾意味着冲突。"人类社会将永远无法逃避自然物和文化物的平等分配问题，而这些自然物和文化物又是人类生活之保存和实现的前提条件。"这一事实是人类社会生活的基本事实，也决定了人类社会生活的矛盾不可避免，它的集中表现就是社会不公。不公正就成了世俗社会伦理、社会政治和经济的主要问题。

按照尼布尔的观点，不公正的"终极根源"是人的自私。个体行为和群体行为都是以自私为基本动机或原始动机的。"人类天性赋有自私的冲动和非自私的冲动。"[①] 自私的冲动源于作为自然之一部分的"自然人"的"生存意志"，它顽强而难以改变，必须以强制性方式加以控制。非自私的冲动源于作为超自然存在的"精神人"的理性能力或"自我超越能力"，它促使个人从自我与他人的关系或者从社会共同生活的视角来看待自身的生活和行为，因而产生"同情"、"责任"和"良心"等道德感，促使个人尽可能使自己的行为与他人和

---

① R. Niebuhr, *Moral Man and Immoral Society* (New York: Charles Scribner's Sons Company Inc., 1960), p. 25.

社会的生活和谐一致。但理性并不是人类唯一或唯一可能的能力，"理性不是人的道德德性的唯一基础"①。这正是世俗理性伦理的局限。而且从更深层次来看，人的自私及其由此而引起的社会不公，也绝不是理性伦理本身所能独立控制或解决的，更何况社会不公不仅表现在人与人的关系中，还表现在诸群体或集团之间的关系上。要解决社会冲突或不公，必须要用强制性方式或政治权力的制衡方式。

尼布尔认为，强制和约束之于人类生活是必要的，这是从人性本恶的理论中推导出来的必然结论。② 实际上，人的本性中并不缺少某种解决社会问题的天赋，如理性和道德天赋等，但这远不足以真正解决社会的全部矛盾和冲突。因此，政治和法律便由此产生。强制性方式各有不同，其尺度或强度是同社会生活的样式大小和样式高低相辅相成的。一般而论，社会的存在既不能完全靠强制手段来维系，也不可没有强制手段。社会生活的规模越大，强制性越高，反之越低，但不论怎样，强制性因素都不会全然消失。法制的方式有文明与野蛮之分，社会生活的共同感较强或秩序较好，则强制的方式就较为文明，反之否然。尼布尔写道："所有在一个较大范围内的社会合作要比密切的社会群体更要求一种强制尺度。但任何国家既不单靠强制维持其统一，也不能在全无强制的情况下维持其自身。在相互认同的因素获得强大发展的地方，在规整（adjudicating）和解决一个有机群体内部之相互冲突利益的标准化方法和接近公平的方法业已建立起来的地方，社会生活中的强制因素常常是开明的，只有在危急时刻和群体政策面对不驯服的个体时，才变得明显起来，但它从来都不会消失。"③

---

①　R. Niebuhr, *Moral Man and Immoral Society* (New York: Charles Scribner's Sons Company Inc., 1960), p. 26.

②　这一思想类似于我国先秦时期的法家，如荀子、韩非子等。

③　R. Niebuhr, *Moral Man and Immoral Society* (New York: Charles Scribner's Sons Company Inc., 1960), pp. 3 - 4.

与此不同，在群体与群体之间，社会强制往往表现为各群体权力之间的相互均衡的制约，而不是单向的社会对个人的强制。所以，群体之间的关系更多的是政治的，而不是伦理道德的或宗教情感的。这种相互性强制取决于不同群体所占有的权力比重，其大者制约性力量较强，较小者则受制约的可能较大。[①] "在一种社会境况中，完全合理的客观性是不可能的"[②]，因而，社会权力的分配和相互制约也只能是相对的。

明乎个人与社会之间以及社会生活本身的矛盾关系，就可以使我们进一步地认识个体道德与社会道德之间的区别。尼布尔认为，这种区别表现为个体道德的伦理特性与社会道德的政治特性之间的冲突，可以最简单地规定为"伦理学与政治学之间的冲突"，它是由人类道德生活的"双重焦点"所产生的。"一个焦点在个人的内在生活之中；另一个则在人的社会生活之中。从社会的视角来看，最高的道德理想是公正。从个人的视角来看，最高的道德理想则是无私。"[③] 这两种视角和两种道德理想虽不绝对排斥，但也"很难轻易地协调一致"。这种差异和矛盾一方面增加了个体道德与社会道德达到统一的难度，另一方面也增加了人类道德生活的复杂性和丰富性。一般来讲，个体道德具有较为纯粹的伦理意义，也较为敏感和较易激发。同情、良心、无私和爱都是植根于人类自身的内在道德情感。而群体道德则较为迟钝并难以激发。对于个人来说，无私奉献和爱可以获得现实的意义，而"人类集体的道德迟钝（moral obtuseness）则使一种纯粹无私公平的道德成为不可能"。尼布尔甚至认为，"人类团体的自私性必须被视为一种不可避免性"[④]，在现代技术文明的条

---

① R. Niebuhr, *Moral Man and Immoral Society* (New York: Charles Scribner's Sons Company Inc., 1960), p. ⅩⅫ.

② Ibid., p. ⅩⅣ.

③ Ibid., p. 257.

④ Ibid., p. 272, p. 275.

件下更是如此。所以，从个人的道德角度来看，由无私的动机所激发的道德行为才具有最高的道德价值；而从社会方面来看，任何社会从来都是"把公正而不是无私作为最高的道德理想"，因为"它的目的必须是为所有人的生活寻求机会均等"。否则，它就难以维持其基本的存在。

尼布尔得出结论：从现实主义立场看，社会道德比个体道德更具强制性和约束性，更服从于社会政治经济的制约；而从理想的道德角度来看，个体道德比社会道德更为纯粹，要求层次或理想境界更高。或者说，个体道德更能趋近宗教道德的理想（爱），而社会的或政治的道德与宗教道德则更难以妥协一致。因为在政治道德的理想中没有爱的地位，反而是必须包含大量的"政治因素"。具体说，政治道德的公正原则不仅包含着利益和权力的分配平衡，而且还可能包含着强制和暴力。① 在政治的领域里，"良心与权力相遇，人类生活的伦理因素与强制因素相互渗透"②。在这里，并不存在一些浪漫主义者所想象的"伦理因素战胜强制性因素"的奇迹。"绝大多数之所以得到尊重，并非因为绝大多数人相信绝大多数是正当的，……而是因为绝大多数的选举是一种社会力量的象征。"③ 也就是说，在人类的社会生活中，起支配性作用的并不是道德的力量，而是权力或政治的力量。因此，社会道德或政治道德的最高准则也是最基本的准则就是公正，"平等公正是社会最合理的终极目标"④。人类在社会生活领域中所关

---

① 尼布尔认为，社会要达到公正的道德目标，不仅需要一般的强制手段，而且也需要暴力。暴力并不是像一些道德学家们所认为的那样，是内在恶性的。暴力虽不是最佳手段，但目前人类尚无法丢掉这一手段。他甚至提出，政治问题的解决并不能全靠议会式的社会主义变革，如考茨基等所主张的那样，在这一问题上，马克思主义要比和平主义更为真实和正确。参见 R. Niebuhr, *Moral Man and Immoral Society* (New York: Charles Scribner's Sons Company Inc., 1960), p. 170, pp. 232 – 235。

② Ibid., p. 4.

③ Ibid.

④ Ibid., p. 116.

注的不是一种超现实的爱，而是公正，或者说是如何把不公正限制在最低限度，使社会利益和权力的分配达到最近似公正的程度，以减轻社会矛盾。这才是最现实的社会道德理想和目标。

特别需要注意的是，尼布尔不仅从个人与社会之关系的道德分析深入政治道德这一特殊领地，而且还花费了大量笔力论述不同社会阶级的道德关系，使其社会政治道德理论更为充实。

依他所见，既然公正是社会政治道德的基本原则和最高理想，那么，社会利益和权力的分化与调节就是社会政治道德所必须具体解释的问题。他明确提出："各阶级和各既定阶级的成员之社会观和伦理观所不能达到的自觉程度，为每一阶级所拥有的作为一种共同占有的独特经济环境留下永恒的色彩，如果说不是为这种独特经济环境所决定的话。这一被经济学家们视为公理的事实仍未给绝大多数道德理论家和伦理理想主义者留下深刻的印象。"无疑，尼布尔从马克思主义的启示中，发现了人类经济生活因素对道德的关键影响和作用，虽然他也含蓄地暗示他并不完全苟同"经济决定论"的道德观，但他终究还是认同了经济环境给道德"留下了永恒的色彩"这一客观事实，并婉转地批判了"绝大多数道德理论家和伦理理想主义者"漠视这一事实的错误。

这一包含合理因素的理论起点，促使尼布尔认真分析了社会诸阶级的道德及其相互关系。他认为，社会中的阶级分化源于社会权力分配的失衡，使社会出现特权阶层。而造成这种特权或权力失衡的原因"虽不必然是经济的，但通常却是经济的"①。不同的阶级因其权力、地位和文化背景的差异，而导致各自的道德也相互殊异。社会的阶级或阶层大致可以分为"特权阶级"或"特权群体"、"中产阶级"和

---

① R. Niebuhr, *Moral Man and Immoral Society* (New York: Charles Scribner's Sons Company Inc., 1960), p. 114.

马克思主义所谓的"无产阶级"三大层。[1] 特权阶级占据着主要的社会权力，支配着社会生活的运行和方向。由于他们的权力往往来源于并建立在不公正的基础，因此他们的道德往往具有"自欺和虚伪"的特征，采取虚伪的普遍化形式，使其权力获得道德上的优越感和合理性。尼布尔指出："占支配地位的和赋有特权的群体之道德态度具有普遍的自欺和虚伪之特征。他们将其特殊利益与一般利益和普遍价值有意识和无意识地同一化"。而"赋有特权的阶级之所以比没有特权的阶级更为虚伪，其原因就在于，独特的特权只有按照平等公正的合理理想才能得到保护，也只有通过证明它对整体善有所贡献才能得到保护"[2]。特权阶级的道德虚伪性还在于，"他们常常通过宣称其道德优越性"[3] 来证明其优越地位的正当合理。所谓"大度"（generous）的美德便是一例。这个出自拉丁语的词，长期以来被用来表示一种"独特的贵族美德"，把特权者的某些施惠和宽恕美化为他们所特有的大度美德。"特权群体还有其他按照一般利益来证明其特殊利益之正当的固执的方法。其中独特的方法是假定他们拥有独一无二的理智天才和道德完善"[4]。总之，把自己的特殊利益与社会的普遍利益同一化，并将其道德合理化、理性化，是特权阶层道德虚伪本质的三种表现形式。

在这里，尼布尔一方面看到了社会特权阶级的道德虚伪性特征及其表现，其具体分析也不失深刻，这是合理正确的方面。另一方面，他又模糊地把特权阶级之道德虚伪性特征的具体表现形式与造成这种

---

[1]　此外还有农民阶层，对此，尼布尔接受托洛茨基在《俄国革命史》一书中关于农民两重性的划分法："农民总是具有两面性，一面是转向无产阶级，另一面则转向资产阶级。"参见 R. Niebuhr, *Moral Man and Immoral Society* (New York: Charles Scribner's Sons Company Inc., 1960), p. 182。

[2]　Ibid., p. 117. 尼布尔以日本现代军国主义阶层为例分析了这一特点。

[3]　Ibid., p. 123.

[4]　Ibid., p. 129.

虚伪性的原因混为一谈，并没有像马克思那样揭示深层的社会经济根源（"私人所有制"），因而，他的结论仍是不彻底的，以至于有时候他又含糊其词地说："任何复杂的社会都难免某些特权的不平等。其中有些不平等的特权对于某些社会作用的合理发挥来说乃是必要的；而另一些……则对于促进发挥各种重要作用的能力和勤奋来说可能是必需的。"① 这一见解显然又是一种倒退，它实质上在谴责社会特权阶级的道德虚伪性的同时，又认肯了其不合理特权的合理之处。

关于中产阶级道德，尼布尔是从无产阶级与中产阶级的比较中来分析其道德特征的。他认为："无产者的道德和中产阶级的道德之间的差异，在总体上也就是感觉到自己是某一社会群体之基本成员的人与把自己视为基本个体的人之间的差异。后者强调自由，尊重个人生活，尊重财产权利和相互信仰与无私的道德价值。而前者则强调对群体的忠诚和群体团结的必要，他们使财产权从属于总体的社会福利，废除为达到他们最怀有希望的社会目标的自由之价值，相信各群体之间的利益冲突是可以解决的，但不是靠提供［资源］供给来解决，而是通过斗争来解决。"② 这就是说，中产阶级的道德特征在于其个人本位，而无产阶级的道德特征则在于其集体主义，前者重个人的价值、权利、财产利益和自由，而后者则重集体或群体的利益、福利和斗争。

尼布尔还认为，不仅特权阶级与其他阶级之间存在着冲突和矛盾，中产阶级与无产阶级之间也同样如此。从道德上看，后两者之间的道德冲突表现为"虚伪和残忍的情感与犬儒主义之间的斗争"③。他把中产阶级（即资产阶级）的道德概述为利己个人主义和自由主义，而把无产阶级的道德概述为"道德犬儒主义和无限制的社会理想主义的结合"④。

---

① R. Niebuhr, *Moral Man and Immoral Society* (New York: Charles Scribner's Sons Company Inc., 1960), p. 128. 尼布尔以日本现代军国主义阶层为例分析了这一特点。

② Ibid., p. 176.

③ Ibid., p. 177.

④ Ibid., p. 144.

在他看来，前者具有一定的残忍性和自私性，在经济生活中人人为己，自私成了中产阶级道德的基本动机。而后者则是一种不近人性的道德犬儒主义和盲目理想主义，这种盲目无限制的乌托邦式理想束缚了无产者的个人感情、需求和幸福快乐，使他们忽视自我的存在和利益，把一切都寄托于社会共同事业和福利，寄托于遥遥无期的理想主义想象，因而它是不合人性的。尼布尔甚至还认为，这种"道德犬儒主义在哲学上是按照马克思对历史的唯物主义解释和决定论解释表达出来的"①。换言之，马克思的历史唯物主义和决定论是这种道德犬儒主义的哲学基础。虽然马克思在关于社会合理理想这一点上正确地认定了以平等公正为社会最高目标，但他在如何实现这一目标的手段问题上却错误地执信于一种历史决定论，致使无产阶级变成了轻视道德、偏好斗争的道德冷漠集团。

对于尼布尔的上述分析，我们显然不敢苟同。诚然，他关于中产阶级道德的个人主义特征的描述仍不失真实，但他并没有像他对特权阶级道德之虚伪性特征的批判那样，对中产阶级的个人主义道德做出足够的批判。这明显地反映了尼布尔阶级道德理论的阶级局限性，其间所表现出来的资产阶级倾向性不言自明。问题还在于，尼布尔没有深入了解无产阶级的阶级实质和道德本质。在对待无产阶级道德的态度上，他遵循着一条与马克思主义创始人殊异的原则。马克思、恩格斯等马克思主义创始人曾经以满腔的热情赞扬无产阶级大公无私、勇敢、富于同情和理想的高尚道德品质。而尼布尔却简单地把无产阶级的道德归结为一种道德犬儒主义和无限制的社会理想主义，并把它归咎于马克思主义哲学的失误，这是不能接受的。从这里使我们更清楚地看到了尼布尔关于阶级道德分析理论的严重局限。

---

① R. Niebuhr, *Moral Man and Immoral Society* (New York: Charles Scribner's Sons Company Inc., 1960) , p. 145.

六　爱国主义

在分析各种社会群体或团体的道德状况时，尼布尔还特别论及了超阶级群体的道德，这就是民族或国家与爱国主义的问题。

尼布尔认为，爱国主义是一种特殊的人类道德现象，它产生的基础是民族或国家所享有的某种共同情感。所谓民族即是诸"区域性社会（territorial societies），其凝聚力是由民族情感和国家权威所提供的"①。"民族"与"国家"是两个并不同一又互相包含的概念。"民族"的外延通常小于"国家"，"国家常常由好几个民族合并而成"。这一事实表明，国家的权威（具体体现为国家政府的权威）"乃是民族凝聚的最终力量"②。但是，"民族"与"国家"的外延也常有不确定性，有时相近，有时也有前者宽于后者的情况。而从内涵上看，两者也常常相同或近似，如共同语言、文化传统、道德、艺术等。这一事实反过来表明："若没有享有其共同语言和传统的民族感情，政府的权威通常就难以保持民族的统一。"③ 这就是说，国家和民族既相互区别，又相互依赖，两者之间很难截然分离开来。

同其他群体一样，民族的道德本性也是自私，或者说是一种更大的利己主义。尼布尔明确地指出："民族的自私性是公认的。乔治·华盛顿的一句名言是：'超出民族自身的利益，就不会得到人们的信任。'"④ 民族的自私性基础在于，由于它是一种主要靠情感和力量而形成的统一体，在民族关系之间，各民族的态度很难达到一种伦理态度而不得不处于相互竞争和自为的对立立场。尼布尔说："民族是一种合作统一，它更多的是靠力量和情绪而相处在一起，而不是靠精神

---

① R. Niebuhr, *Moral Man and Immoral Society* (New York: Charles Scribner's Sons Company Inc., 1960), p. 83.

② Ibid.

③ Ibid., pp. 83 – 84.

④ Ibid., p. 84.

相处在一起。因为没有自我批判，便没有伦理行动，而没有自我超越的理性能力，也就没有自我批判。很自然，民族态度很难达到伦理态度。"①

然而，这并不是说在民族团体中没有任何共同的道德观念存在。说民族态度难以达到伦理态度，意指它很难达到一种理想意义上的无私或者说超越民族自我的自我批判和自我反省的境界，因为民族之间的调和一致比任何人际和群际的调和一致更为艰难。

爱国主义是一种具有群体之共同精神形式的道德情感，但它本身还不是一种共同精神（common mind）。因为共同精神是一种内在的群体凝聚力，它很难在民族和国家这样一种超大型群体中形成。"群体愈大，其获得一种共同精神也就愈难，而它靠暂时的冲动和当下未经反省的目的而达到统一这一趋势也就愈发不可避免。群体不断增长的规模也增加着取得一种群体自我意识的困难，除非在它与其他群体发生冲突并通过战争的危险和激情而团结起来的时候。"② 所以，在更多的时候，尼布尔是把爱国主义作为一种激情的产物而不是内在之共同精神的表现来看待的。

从这一立场出发，尼布尔认为，爱国主义依旧难以超出自私利己和虚伪的本质。依他之见，"与多少带有地方狭隘性的忠诚相比，爱国主义是利他主义的一种高级形式，但从一种绝对的视角来看，它只是自私的另一种形式"③。于是，在爱国主义中便产生了一种道德悖论："爱国主义使个人的无私变为民族利己主义。当我们把对民族的忠诚与较低的忠诚和较狭隘的利益相比较时，对民族的忠诚是利他主义的一种高级形式。因此，它成了所有利他主义冲动的媒介，而且偶

---

① R. Niebuhr, *Moral Man and Immoral Society* (New York: Charles Scribner's Sons Company Inc., 1960), p. 88.

② Ibid., p. 48.

③ Ibid.

尔也通过这种热情表现出来，以至于个人对民族及其事业的批判态度几乎被完全消除。这种奉献的无限制的特点乃是民族力量的基础本身，也是它在无道德约束的情况下利用这种力量之自由的基础。因此，个人的无私是为民族的自私而创造的。这就是为什么说只靠扩张个人的社会同情来解决人类较大的社会问题这一希望如此渺茫虚幻的缘由所在。"① 以牺牲个人的无私奉献的道德来换取民族本位利己的不道德，这就是尼布尔所说的爱国主义的道德悖论，也是人类生活中"道德的人与不道德的社会"之主要矛盾的表现之一。它是个人利他主义与民族整体利己主义的悖论，是个人无私与民族自私的悖论，因而也是道德主义与民族主义的悖论。

在尼布尔看来，爱国主义的利他主义因素源于个人自我满足方式的局限和自我扩张目的的必然要求。由于社会生活中的个体无法独自满足自己对权力、利益、精神、情感和名誉等方面的需要，因而不得不将自己置身民族或国家这一更大的整体中。这样一来，个人不得不抑制自我利己的冲动而从属于民族和国家整体的需要；另一方面，由于个人把自我扩张和实现的愿望寄托于民族和国家的整体实现，因之也找到了自我扩张、自我实现之欲望和激情的"发泄口"，甚至在明知其愿望难以实现的情况下，为了表面的虚荣也会如此。所以，爱国主义的利他主义道德意味无外乎两个方面：一是对个人利己主义的自愿抑制或暂时放弃，二是寻找个人利己目的的高级发泄渠道。尼布尔写道："在爱国主义的利他主义中，有一种已被谋划的自我利益的融合。大街上行走的人们因其对权力和名誉的贪求为他自己的局限和社会生活之必然性所挫败，使得他将自我投向民族，以替代性地放纵他任意不羁的贪欲。所以，民族同时既是对个人利己主义表现的一种检

① R. Niebuhr, *Moral Man and Immoral Society* (New York: Charles Scribner's Sons Company Inc., 1960) , p. 91.

查和抑制，也是它最后的发泄口。有时它是经济上的利益，有时则纯粹是徒有虚荣而已，它正是这样在个体的爱国者身上表现出来的。"①

然而，民族的力量正是来源于这种道德悖论的作用，或者说，正是"个人身上的无私性和替代性的自私性之结合，给民族利己主义以一种巨大的力量"，这种力量之大，甚至连"宗教理想主义和理性理想主义都永远无法完全控制"②。从国家庞大的政府机构设置中，从各种豪华而盛大的国家典礼活动中，甚至从一些辉煌雄伟的宫殿建筑上，我们都可以找到这种巨大民族力量的象征。这些象征物或活动往往在臣民中激起对庄严和伟大的恐怖和敬畏。"而且，一个人对其故土，其所熟悉的场景、风景和经验的热爱与虔诚的依恋——青春的记忆给这一切抹上了一层神圣庄严的光环——这一切都流入了爱国主义的情感之中。因为一种简单的想象常把普遍的自然利益转变成为特殊福祉的象征，而这种特殊的福祉乃是一个仁慈的民族赐给它的臣民的。因之，爱国主义的情感便在现代灵魂中获得了一种效能。它由个人的奉献所组成，是如此的无限开阔，以至于民族被全权委任随心所欲地使用其权力。"③ 这就是爱国主义的文化政治，也是它有时被极端民族主义者所利用的深层文化原因。在我们赞赏爱国主义的强大道德力量创造出民族奇迹的同时，不应该忘却它也有被日本军国主义和德国法西斯主义用来作为民族侵略和压迫的工具那样一些不幸的历史性时刻。这是尼布尔独特而深刻的爱国主义道德分析所要警示我们的。

不幸的是，尼布尔太执迷于自己的理论分析逻辑，以至于只能得出有关爱国主义道德的否定性结论。他似在洞见爱国主义和民族情感的消极因素的同时，过多地抹杀了其间所蕴含的积极价值，甚至断

---

① R. Niebuhr, *Moral Man and Immoral Society* (New York: Charles Scribner's Sons Company Inc., 1960) , p. 93.

② Ibid., p. 94.

③ Ibid., p. 92.

言："也许一个民族最有意义的道德特征就是它的虚伪。……自欺和虚伪乃是全部人类道德生活中的一种不可改变的原因。它是道德对非道德的赞颂，或者毋宁说，它是较小自我赖以获得较大自我并认同其放纵冲动与冒险的诡计，……它的虚伪性既是对日益成长的人的理性的一种赞颂，也是理性要求借以得到节制的安逸之证据。"① 这就是尼布尔过于拘泥于爱国主义的消极面而得出的悲观结论，或许这也是他为什么把个人和一切群体的道德行为动机或道德本质特征都归结为自私虚伪的必然后果。

然则，正是在这里，显示出尼布尔作为宗教神学家的高明：证明人类道德的自私本质和道德失败的不可避免，恰恰是为了反证宗教伦理的必然合理和最终胜利。既然人类的自私本性决定了人类道德冲突和道德失败的不可避免性，也就表明人类没有足以获得自我拯救的能力，哪怕是以民族和国家的集体力量。只有依靠并通过上帝或宗教伦理，才能最终消除人类自身的道德冲突和失败，在恶的有限现实中求得善的永恒圆满。当然，尼布尔也深悉，宗教伦理也同样有过多次失败的历史厄运，但他以为，这并非真正的宗教失败，而只是那些受到浪漫主义和自由主义传统侵蚀的宗教道德的失败。真正的宗教伦理是一种坚信基督教真义的耶稣伦理，它具有真正的生命力。在文明和文化已然痼疾深重的现时代，唯有它"才能充分料理我们时代的道德问题和社会问题"②。也许，这是尼布尔和其他现代西方宗教伦理学家们真诚的共同期待，但在历史唯物主义的道德学家这里，它只是一种发生在遥远星空的梦幻奇想，而不是人类道德生活的现实，也不会成为人类道德生活的真正理想。

---

① R. Niebuhr, *Moral Man and Immoral Society* (New York: Charles Scribner's Sons Company Inc., 1960), p. 96.

② R. Niebuhr, *An Interpretation of Christian Ethics* (New York: Harper Brothers, 1935), p. 33.

第五部分

西方伦理学的当代发展

20 世纪 60 年代初期,西方伦理学渐渐进入一个新的发展阶段。其主要标志是传统规范伦理学的复兴和科技伦理学的勃发,前者以新功利主义伦理学和罗尔斯的政治道德哲学为代表,后者以斯金纳的"行为技术伦理"和弗莱彻尔等的医学伦理或生命伦理为代表。此外,马斯洛对人道主义传统心理学的弘扬和诺齐克对近代人权理论的复修,也都显示出一种近代回归的理论倾向。有鉴于此,我们大致地将20 世纪 60 年代以降的西方伦理学发展划为当代阶段。这种不十分准确的划分主要是为了突出新近几十年来西方伦理学发展的新变化、新特点和新趋势,以与 20 世纪前半叶的伦理学发展形成一种历史的和动态的比照。

无论如何,近几十年来西方伦理的发展已经十分明显地展示出一种新的格局、新的面貌和内容,复归传统而又力求超越或革新传统是其新动向的集中反映。除上述一些流派或类型之外,新进化论伦理学、社会学的伦理学以及人类学的道德理论等,都不同程度地从不同侧面展示出这种新的动向。它们不仅给西方伦理学界带来了一股足以驱散元伦理学之沉闷学术气氛的新鲜空气,而且也构成了一种前所未有的纷纭的理论局面。单一的风格被打破了,形式主义的学风隐退了,取而代之的是一种活跃而前沿的道德思索,一种直面新的生活、新的文明、新的技术和新的问题的伦理学探讨。因之,在宗教伦理学王国有了"新道德运动"的出现;在面对当今科学技术高度发展的新形势下,有了对"行为技术""基因""生命和医学"等崭新领域的伦理思考;有了对当代西方政治生活、社会秩序和经济政策的道德批判;有了对各种社会文化和古老道德传统的反思;……这一切汇成了一股巨大的浪潮,已经或正在盖过各种既定的伦理理论,随着时代的大潮向前涌动。

在本部分,我们从纷繁杂多的当代新道德学说中选取了弗莱彻尔的境遇伦理学,斯金纳的行为技术伦理,马斯洛的新人本主义伦理、新功利主义，当代美国的政治道德哲学四种类型，它们分别代表着当代西方宗教伦理学、心理学的伦理学、反元伦理学和政治伦理学等领域的最新理论成就，借以勾勒出最近几十年来西方伦理学发展前沿的基本内容和态势。对于一些应用伦理学理论（如生命伦理学、医学伦理学、生物伦理等），虽然我们予以了充分的关注和考虑，但限于本书的体例和篇幅，我们只能暂时存而不论。

由于这一阶段的西方伦理学发展过于纷繁杂乱、铺展过广，特别是时间性的局限使一些流派或思想家的思想发展尚不十分充分，风格特点也不太稳定和明显，因而很难对这一阶段的伦理学发展的一般特征做出准确的概括。也许，这是一种观念史研究所必然会产生的一种时间局限性或"现时代困惑"，它有待历史自身演讲的某种阶段性"定格"，但即令如此，我们将会对当代西方伦理学发展所显现的某些特点做一个初步的捕捉，多元化、技术化、相对主义和价值理想主义等理论倾向已初露端倪。这种多元格局的理论态势使我们有可能对近年来的西方伦理学发展做出某种预期。因而，对一些已经比较成熟的理论派别或思想家的理论做一种典型性的探究，也是极有理论价值的。

还应特别提及的是，当代西方伦理学所显示的某种传统复归倾向不仅为我们重溯整个现代西方伦理学的发展历史并对之做出更深刻的历史反省提供了新的参照系统和反证，而且也给我们科学地研究和评价整个西方伦理价值观念、探讨东西方伦理文化的相互遭遇和沟通提供了一些新的视境。

以下各章将着力从一些最新的西方伦理学理论的典型探讨中，摄取当代西方伦理学最新进展的概貌，并把我们引向其发展前沿。

第十七章

弗莱彻尔的境遇伦理学

第一节 境遇伦理学与"新道德运动"

20 世纪以来，美国一直是西方宗教伦理学发展的中心地带。继人格主义和新正教伦理学派之后，又相继出现了以蒂利希、巴雷特等为代表的宗教存在主义和以弗莱彻尔为代表的境遇伦理学。其中，境遇伦理学是 20 世纪六七十年代美国基督教"新道德运动"的产物，代表了美国和西方宗教伦理当代发展的最新趋势。

自 19 世纪末叶开始，基督教伦理开始其现代化改革历程。一方面它力求革新宗教内部的传统神学观念，达到与世俗人道主义和现代科学的和平共处；另一方面它紧紧把握两次世界大战后西方社会生活中的各种矛盾，为基督教伦理找到发挥其合法作用的空间。20世纪 60 年代的美国处于内外交困的动荡时期，印支战争的困境、国内的反战运动、黑人解放运动和各种人权运动此起彼伏，加之经济生活的不稳定，人们的不满情绪高涨，社会恶习泛起，人们的自我忧患加剧。这一社会境况为美国宗教伦理的新发展留下了广阔的空间，宗教存在主义和境遇伦理学正是在这种社会气候下生长起来的。

另一方面，第二次世界大战后西方一些主要国家在科学技术方面取得了长足发展，特别是生物学、人体科学、医学等尤有突破，给人们的生活观念特别是道德观念带来了深刻的影响。例如，生物基因工程的新成果不仅大大促进了生命科学的发展，也使人们对生命的价值、起源、性生活道德、家庭伦理等产生了许多新的认识（如堕胎、绝育、人工授精、器官移植、安乐死等）。这些变化也波及宗教伦理学领域，甚至最早在宗教伦理学内部引起关注和争议。① 由此形成了美国等地的一场所谓基督教"新道德"革命。境遇伦理学便是这场革命的重要理论产物。

应当指出，现代科技对伦理学的影响已经超出了纯理论方法的范畴，且对于当代宗教学来说有着特殊的意义。如果说，20 世纪初的现代科技（以数学、物理学和数理逻辑为先导）对西方世俗伦理学的影响后果主要是方法论上的逻辑语言分析，因之导致了元伦理学的崛起的话，那么，60 年代科技（以生物、医学、遗传工程、计算机等为主导）对当代宗教伦理学的影响，则不单是方法论上的，而且也是实质性道德观念上的。它不仅使宗教伦理学在方法论上由绝对主义倒向了相对主义，而且也在道德价值观念上发生了重大转变。例如，"爱""生命价值""性道德"等观念就出现了前所未有的新解释。一些宗教道学家（如弗莱彻尔）甚至直接步入一些新科学道德的研究领域，对医学伦理、生命伦理展开了宗教性的研究。

正是在这种情况下，美国基督教内部从 20 世纪 60 年代起出现了

---

① 弗莱彻尔在其自传中谈道："说来有趣，在医学伦理学领域认真开拓的第一批人士，都是宗教道德家。"参见〔美〕约瑟夫·弗莱彻《境遇伦理学》，程立显译，中国社会科学出版社，1989，第 169 页。

新道德的改革运动，它的最初表现形式就是境遇伦理学①，其实质是力图改变基督教伦理面对急剧变化的西方社会道德软弱无力的状况，重新审视基督教伦理的方法，用现代科技的最新成果武装神学伦理学，在理论观点上，尽量限制、放弃传统合法主义（一译"律法主义"）的宗教道德观，主张以爱为唯一的宗教道德原则，建立一种人格主义的、自由开放的相对主义宗教新道德。围绕这一中心，基督教神学家们各执己见，众说纷纭。其中，以拉姆色（P. Ramsey）为代表的保守派和以弗莱彻尔、罗宾逊（J. A. T. Robinson）为代表的革命派构成了这场争论的主要方面，弗莱彻尔的"境遇伦理学"在革新派中最为激进，影响最大。

拉姆色是美国普林斯顿大学的宗教教授，曾在其代表作《基督教伦理学的行为与规则》一书中提出"普遍规则的基督教伦理学"。他认为，基督教伦理诚然需要面对现实变化，对各种偶然或突变的道德现象做出合理的解释。但更重要的是，它必须维护和建立自己一贯有效的普遍道德原则，唯如此才能更大范围地适应社会道德观念的新变化。传统律法主义固然过于狭隘和呆板，可这并不意味着完全摒弃基督教的一般道德原则，更不能随境况变化而任意改变它们。基督教伦理原则的基础是爱，而不是境况。因此，拉姆色等反对境遇伦理学。

与之相对，弗莱彻尔等人则主张依实际境况的变化而不断修正基督教伦理原理，这是拯救现代宗教伦理之衰落命运的根本途径。不过，罗宾逊等的境遇伦理学观点较为温和。他们认为，作为基督教伦理的最高原则，爱应当是绝对不变的，它是我们在任何时候、任何特

---

① 据弗莱彻尔披露，"新道德"最早是在1956年2月2日的宗教法院最高红衣主教会议上提出来专指当时新出现的"境遇伦理学"的，这一新宗教伦理学的基本特征是把基督教道德与存在主义结合起来，使神学伦理转向对个人自由行动的境况解释。参见〔美〕约瑟夫·弗莱彻《境遇伦理学》，程立显译，中国社会科学出版社，1989，第24页。

定境况中寻求行为之正确答案的最终根据，也是我们评价一切道德行为的最高标准。所需要改变的不是爱的原则，而是基督教伦理的一些具体规则。但弗莱彻尔却主张，一切基督教伦理原则都应依实际境况的变化而不断修正。由此，他赞赏道德相对主义，甚至把自己的伦理学说称为以相对主义为战术、以实用主义为战略的道德观。

境遇伦理学的形成反映了 20 世纪 60 年代以来美国社会道德状况极不稳定的实际特点，也一定程度上受到现代相对主义、存在主义和实用主义哲学的多重影响。一些研究者就曾指出，作为一种伦理学类型，境遇伦理学早在 20 世纪 20 年代詹姆斯、杜威的实用工具主义道德观中便已见端倪。在神学阵营内部，40 年代的新正教伦理学家巴尔特、布龙纳，以及稍后的 R. 尼布尔和宗教存在主义者蒂利希也都有过类似的思想，弗莱彻尔的境遇伦理学只不过是这一倾向历史地发展或臻于完备公开的结果而已。

第二节 弗莱彻尔的境遇伦理学

一 非基督教的宗教道学家

约瑟夫·弗莱彻尔（Joseph Fletcher，1905～1991）是一位不坚定的或半途而废的基督教神学伦理学家。他始终对正统基督教抱有怀疑和批判态度，并在后期放弃宗教信仰而"从神学伦理学家的基督教立场转向了世俗的、科学定向的道德哲学观"[1]，故而最多也只能把他称为一位非基督教的宗教道德学家。

他出生于美国纽约附近，因父母在他早年分居、离异，9 岁的弗

---

① 〔美〕约瑟夫·弗莱彻《境遇伦理学》，程立显译，中国社会科学出版社，1989，"中译版序言"。

莱彻尔便随其母转到西弗吉尼亚外祖母家，两年后其父病逝。幼年丧父使他很小便表现出"很强的独立精神"，读书勤奋努力。他仅用三年时间便完成中学学业，进入西弗吉尼亚州立大学摩根登分校，并提前一年毕业，但因拒绝参加当时规定的军训而未被授予学士学位。

弗莱彻尔的独立性格使他培养了一种早熟的思考习惯。从中学时代起他便开始大量阅读杰克·伦敦、斯蒂芬斯、里德等的作品。大学时代对历史、哲学等产生广泛兴趣，喜欢阅读一些具有左派激进思想的著作。他很早就阅读过马克思的《共产党宣言》，同时还受到基督教和社会主义思想的影响。大学二年级时，他进入教会接受圣职，并立意通过教会来实现其民主社会的政治抱负。后转入康涅狄格州伯克利神学院，更醉心于哲学，尤其是实用主义。他还被抽调到美国圣公会总部工作过，在对教会与工业之联系的实际调查中，他与 S. 米勒合写过一部《教会与工业》（1931），从此开始对写作感兴趣。1947年，他独立完成《基督教及其特性》一书。在伯克利神学院获得神学学士后，他又进入耶鲁经济学院攻读经济史，并赴英国伦敦作访问研究，在 30 年代美国经济大萧条时期，他抱着"与自己的人民一道分担萧条、失业、饥饿和恐慌"的爱国之心携家返回美国。最初他在北卡罗来纳州的一个初级大学执教，3 年后转到辛辛那提的一个教区做神职人员。约 10 年后，他被辛辛那提大学聘用，主讲"劳工史"和"新约全书"两课。由于他一向思想激进，常惹怒社会当局，被称为"危险分子"。他积极参与各种实际调查和社会活动，敢于直言和批判权势者，自称长期信奉马克思"理论联系实际"的原则，自 30 年代至 50 年代都"紧握社会主义的枪"，政治倾向较为开明。

走上大学讲堂后，弗莱彻尔更为活跃，也更有名气。他多次深入美国的一些农场、工矿企业和学校演讲。1932 年、1939 年他先后被西弗吉尼亚大学和哈佛大学授予神学博士学位，并转任哈佛神学院社会伦理学教授。随后，他还先后到美国多所大学讲学，40 年代他在波士顿大学讲学时还亲自给著名黑人领袖马丁·路德·金上过好几门课。60 年代初他当选过"美国基督教伦理学学会"的第二任会长。1970 年，他从哈佛神学院退休，不久又被弗吉尼亚大学医学院聘请为医学伦理学教授，直到 1983 年辞职。

弗莱彻尔长期从事宗教和道德问题研究，先后有过几次重点转移：20 年代初步入伦理学领域，以社会经济和政治中的伦理问题为中心展开调查研究；30 年代转向"行为科学"，特别是心理学；40 年代至 50 年代"转向自然科学"，研究科学对人和价值的影响；70 年代初又转向生命科学和医学伦理。但他最富成就的学术时代是 60 年代。自 1954 年他发表《道德与医学》一书后，他的伦理学代表作《境遇伦理学：新道德论》（*Situation Ethics*：*The New Morality*）于 1966 年出版。此外，他在 70 年代先后发表过《遗传控制伦理学》（1974年）、《人性：生物医学伦理学论集》（1979 年）等作品。

严格地说，弗莱彻尔并不是一位地道的宗教伦理学家，这不仅是因为他晚年公开脱离了基督教伦理研究的队伍，更多的是基于他整个人生和思想的发展所得出的论断。他自白道："我的基本信念有三条。其一，美好的、合乎理性的世界与健全的社会是可能实现的；其二，民主原则对于一切经济、政治组织都是至关重要的；其三，我确信，热爱公正就意味着必须设法在个人自由与社会契约这两种价值取向之间求得平衡。"[1] 这些人生信念确实支撑着弗莱彻尔走过了半个多世纪的风雨人生，在伦理学领域坎坷求索。他始终关注社会政治和经济状况，深入社会，热爱民众事业。他因反对战争、反抗权势而被指责为"早熟的"自由主义者和平等主义者。作为一位神学家，他又常常背离常规。作为一名社会思想家，他同情下层民众的生活，富于正义

---

① 〔美〕约瑟夫·弗莱彻：《境遇伦理学》，程立显译，中国社会科学出版社，1989，第 166 页。

感，敢于冒犯传统教规，因之被斥为有明显左翼倾向的宗教极端分子。他不仅敢于反对神学教条，主张"新道德"，而且毅然放弃神学信仰而转入当代生命伦理学这一前沿研究。这种勇于探索进取和积极创新的精神构成了他鲜明的学术风格和学术人生。

二　作为行为方法的境遇伦理学

在《境遇伦理学》的序言中，弗莱彻尔明确宣布，他的"新道德理论"只是方法，"而不是任何体系"。"它是基于境遇或背景的决策方法，但决不企图构建体系。"① 他似乎以一种自豪的心情接受了当时一些批评家把他的道德理论斥为"非伦理学的基督教体系"或"非伦理学的非基督教体系"，乃至"是非伦理学的非基督教的非体系"一类的说法。他接受哲学家 F. D. 莫里斯关于"体系"与"方法"的见解，认为体系只是指出了"同生命、自由和多样性最不相容的东西"，而方法则指出了"生命、自由、多样化存在所离不开的东西"②。基于这一理解，他从方法论批判入手，检讨了传统基督教伦理学的两种相互对立的方法，提出了境遇论的新道德方法原则。

弗莱彻尔指出，就宗教伦理学而言，关于人们"道德决断"的方法或路线只有三种：一是所谓"律法主义"（"合法主义"）的方法；二是"反律法主义"的方法，即"无律法的或无原则的方法"；三是"境遇方法"③。

律法主义的方法是指以先定原则作为指导人们道德决断或道德选择的强制性宗教伦理学方法。弗莱彻尔认为，西方三大宗教传统（犹太教、天主教和新教）都是律法主义的，而传统的宗教道学家们几乎

① 〔美〕约瑟夫·弗莱彻：《境遇伦理学》，程立显译，中国社会科学出版社，1989，第3页。
② 同上书，第3~4页。
③ 同上书，第9页。

无一例外都是道德法律的"编织者"，他们依据甚至误解《圣经》或其他教义典籍，制定出各种不容置疑的行为规则。大致说来，基督教传统律法主义有两种形式：其一是天主教以"自然或自然法为基础"的理性律法主义；其二是新教道学家利用《圣经》的神启意义来制定道德规则的律法主义。前者是"理性主义的"；后者是"圣经主义的"[①]。但无论是运用理性的解释，还是凭借"神启律法"，两者都是"法道德学说"的表现。

反律法主义是律法主义的对立面，其基本主张是："人们进入决断境遇时，不凭借任何原则或准则"，甚至根本不涉及规则。因为处于决断时刻的人们都是依据他"当下存在的时刻"或"独特境遇"来提出解决其道德问题的方法的。[②] 弗莱彻尔指出，"反津法主义"这一术语是由宗教改革家马丁·路德在转述 J. 阿格里科拉的观点时首先使用的。但在《圣经·哥林多前书》的第 6 章第 12 ~ 20 节中，使徒保罗便提出过这一概念，并对古犹太基督教徒所表现出的反律法主义的两种原始形式进行了批判：一是"自由放荡"；二是诺斯替教以行为之特殊知识来排斥基督教原则之指导作用的极端做法。前者表现为行动上的直接抵触和违抗；后者通过人的道德本能及其偶然性和特殊性而表现为间接的否定和拒斥。从理论上说，后者比前者更为深刻和彻底。弗莱彻尔说："律法主义者专注于律法及其规定，而诺斯替教派信徒则断然反对律法，甚至反对原则性的律法。他们的道德决定是随意的、不可预言的、无规律的、十分不规则的、纯粹特定的和偶然的。"[③] 诺斯替教徒的这种做法是把"婴儿同脏水一齐泼掉"，因为他们不仅是反律法的，而且把基督教中的爱也抛弃了，实质上是一

---

① 〔美〕约瑟夫·弗莱彻：《境遇伦理学》，程立显译，中国社会科学出版社，1989，第 13 页。
② 同上书，第 13 页。
③ 同上书，第 14 页。

种"良心神启论"——完全凭主观情感而行动——的观点。迨至现在，这种以人的道德本能情感否定道德原则的做法仍存在于基督教徒或非基督教徒之中，其表现形式类似于"良心直觉论"或"本能论"。弗莱彻尔认为，在当今西方进入"道德重整"时代的形势下，这种反律法主义的典型形式便是存在主义伦理学。萨特揭示了世界存在的无条理性，认为人类在进行道德选择或决定的任何时刻都处于"前无托辞，后无庇护"之境。波伏瓦接受了萨特关于存在之"根本间断性的（荒谬偶然的）本体论"哲学，提出了一种"模棱两可的伦理学"，它的本质便是否定有任何可资凭借的道德原则或先定价值系统。

弗莱彻尔指出，唯一合理的方法是介于律法主义和反律法主义之间的境遇伦理学方法。他认定，古典反律法主义和现代存在主义在根本的一点上是正确的，这就是它们都看到了道德决定的特殊境况意义或特殊偶然性特征，因而否认存在任何普遍化或合法化的既定道德原则。但他们错误地从一个极端走向了另一个极端。境遇伦理学取上述两方法之长，为人们指出了真正合理实用的道德选择和道德决定的方法。他写道："境遇论者在其所在社会及其传统的道德准则的全副武装下，进入每个道德决断的境遇。他尊重这些准则，视之为解决难题的探照灯。他也随时准备在任何境遇中放弃这些准则，或者在某一境遇下把它们搁到一边，如果这样做看来能更好地实现爱的话。"[1] 因此，境遇伦理学的方法有时与自然法一致，因为它承认理性也是道德判断的工具；有时候它又同圣经主义方法相容，因为它承认并坚持"上帝之爱"是基督教伦理的最高准则。但是，它既否定任何把理性或原则本身作为目的的反人格主义做法，也否认除了爱还有任何其他

---

[1] 〔美〕约瑟夫·弗莱彻：《境遇伦理学》，程立显译，中国社会科学出版社，1989，第17页。

先定的神启真理或原则。

弗莱彻尔指出，境遇伦理学的基本要旨在于：它力求把一种绝对的规范与一种实际的"计算方法"统一起来，以"达到一定背景下的适当——不是'善'或'正当'，而是合适"①。按照这一宗旨，我们也可以把它称为一种"境遇论""情境主义""偶因论""环境论"或"现实主义"。它的伦理核心是"境遇决定实情"，或者说，在道德决定中，"境遇的变量应视为同规范的即'一般的'常量同等重要"②。在弗莱彻尔这里，绝对的规范只有一条，即"上帝之爱"，其他一切都是相对的。在实际境况中，一种原则或规范只有与爱相符才能合乎行为之决策需要，才是恰当有用的，否则不然。

但是，即令是爱也需要确定其正确含义。爱是"上帝之爱"，是通过世人对上帝的爱来爱世人，包括爱自己。"爱是为了人，而不是为了原则。"③归根结底，道德行为决断对爱之规范的信守终究要落实到人，因而也要落实到人做出道德选择时所处的境遇。故而，"境遇的因素十分重要，以至可以认为'境遇改变规则或原则'"④。从这一意义上说，境遇伦理学只能称为"原则相对论"，因为它不仅限定了道德原则的唯一内容（爱），而且也限制了它合理作用的范围和性质（一般原则只是"探照灯"，而非"导向器"），它也必须基于境遇才有意义。弗莱彻尔把这称为境遇伦理学的"爱的战略"，它的简要形式是："从（1）唯一的律法——上帝之爱出发，到（2）包含许多多少具有可靠性的'一般原则'的宗教和文化的教训，再到（3）决断时刻，具体境遇中应负责任的自我在其中判定教训能否服务于爱。"⑤

---

① 〔美〕约瑟夫·弗莱彻：《境遇伦理学》，程立显译，中国社会科学出版社，1989，第18页。
② 同上书，第19页。
③ 同上书，第21页。
④ 同上书，第20页。
⑤ 同上书，第23页。

总而言之，境遇伦理学是一种既不全然否定或抛弃原则，又始终立足于具体行为境遇的道德相对论方法。在反律法主义者看来，它是一种温和的律法主义，而在律法主义者看来，它又是一种"隐蔽的反律法主义"。它的根本特性就在于：它只是且仅仅是"一种方法，而不是一种实体道德"①，更不是什么"思想体系"。

那么，境遇伦理学究竟是一种什么样的方法？弗莱彻尔的回答是：它是一种摩尔意义上的道德"决疑法"，或者说是一种"新决疑法"。他说："境遇伦理学在非原教旨主义的新教伦理学中赢得了日益公开的地位。它是一种才智焕发、富有教化力量的新决疑法。"② 又说："境遇论是我们时代的实用主义和相对主义在基督教伦理学中的结晶。""这种'新道德'是一种新的决疑法。G. E 摩尔在《伦理学原理》中指出，'决疑法是伦理学研究的目标'。但如果你是真心实意的境遇论者，你会坚持认为，我们也以经验为根据，以事实为出发点。同传统决疑法一样，这种新决疑法也是注意事实的、具体的，它关心把基督教命令付诸实际应用。但与传统决疑法不同的是，这种决疑法根据存在的特殊性，反对提前做出实际生活决定的企图。"③ 这段陈述实际上规定了境遇伦理学的方法和性质。坚持从实际情况出发做出道德决断，以具体境遇和实际经验为道德评价标准，把实用主义与相对主义结合起来。新决疑法的突出特点是强调行为决定的重要性，"其中心点明显地集中于决定"④。

弗莱彻尔吸收了萨特和弗罗姆伦理学的自由理论，提出了"生活本身就是决定"⑤ 的命题。在他看来，萨特和弗罗姆的自由观是完全

---

① 〔美〕约瑟夫·弗莱彻：《境遇伦理学》，程立显译，中国社会科学出版社，1989，第24页。
② 同上书，第123页。
③ 同上书，第124页。
④ 同上书，第129页。
⑤ 同上书，第130页。

正确的。每个人都是自由选择的主体，他不能不直面生活做出各种各样的选择，不选择也是一种选择，不决定也是一种决定。他以萨特的口吻说："说到底，不选择任何方法也是选择一种方法。不做决定本身也是一种决定。他不能逃避自由。他必须是自由的。"这是个人之存在对自由和决定的必然要求。"存在不仅需要决定，它就是决定。活着需要决定，自杀也需要决定。人不能逃避自由，因之也不能逃避决定。我们大家无不如此。基督教境遇论者所做之事不是为决定而决定，为决定而决定不是开放的选择。境遇论者的真正选择是要为爱而决定，不是为律法而决定。"① 换言之，境遇伦理学要求的道德决定是以爱和境遇为基础的创造性行为，而不是以律法或原则为依据的被动遵从。弗莱彻尔还特别具体分析了"道德决定"的四要素（目的、手段、动机、结果——待后详述），强调决定之于行动的关键意义。他认为，正是在这一点上，境遇伦理学抓住了人类道德问题的核心，适应了自由社会的最新发展趋势。他总结性地写道："基督教伦理学或道德神学不是遵照法典生活的规则体系，而是通过遵奉爱的决疑法把爱同相对性的世界联系起来的不懈努力，其经常性任务是为了基督而制定的爱的战略战术。"② 这就是作为方法的境遇伦理学的最终目的。

弗莱彻尔将其境遇伦理学规定为一种方法而不是体系，其基本目的是反对传统基督教伦理学的绝对主义和律法主义，为他提出相对主义的伦理观开辟道路。他把传统律法主义斥为"普罗克拉斯提斯之床"③，而他反对的理由就是为了打破基督教伦理千百年来以神学道德

---

① 〔美〕约瑟夫·弗莱彻：《境遇伦理学》，程立显译，中国社会科学出版社，1989，第124页。
② 同上书，第133页。
③ "普罗克拉斯提斯之床"源出古希腊神话。普罗克拉斯提斯为神话传说中开黑店的强盗，传说他劫持行人后使高者睡短床，斩去其身体伸出床面的部分；又使矮者睡长床，强拉其身体使之与床相齐。此神话喻强求一律之意。

戒律或法典来强制人们的行动，任意剪裁人们的生活使之削足适履的传统，为人们创立一种自由发挥而又符合实际的"新道德"。显然，他追求的不是伦理学的体系建构，而是适用于"每时每刻"的"爱之战略"。这是一种以个人人格至上为根本，以实用主义为战略，以相对主义为战术的行动方法，也即其所谓"新道德"之"新决疑法"的基本内涵。

三　实用原理

然而，弗莱彻尔一方面反对以原则或体系作为伦理学的预制框架，另一方面却又提出了一套境遇伦理学的"实用原理"。他认为，境遇伦理学的方法论性质决定了它的基本原理和特殊性，这一基本原理具有强烈的人格主义和实用主义色彩，它由一系列基本命题构成。但这些命题并不是一种先验的原则系统，而是按照四条基本实用原理推导出来的行动方针。四条实用原理是：

第一，实用主义。弗莱彻尔毫不隐讳地说："首先本书自觉地吸收了美国实用主义的启示"[1]。在他看来，"实用主义的惯用语表达了美国文化和科技时代的思潮、精神气质或生活方式"[2]。詹姆斯把真理和善称之为便利；杜威则将其称为给人以满足的东西；而 F. C. S. 席勒则把它们视为有用的东西。这些表述反映了道德价值的实质，即以成功和实效作为道德价值的基本内涵。弗莱彻尔说："实用主义就是实用的或成功的态度。……实用主义把善、美和知识三者完全结合在一个大保护伞——价值之下，这就把伦理问题提到了首位。"[3] 但实用主义本身并不是独立的世界观，也非"实体信仰"，而是方法，一种

---

① 〔美〕约瑟夫·弗莱彻：《境遇伦理学》，程立显译，中国社会科学出版社，1989，第29页。
② 同上书，第31页。
③ 同上书，第30~31页。

给人以行动方针之启示的方法。正是在这一点上，境遇伦理学首先求诸它并把它作为自己的第一实用原理。

依弗莱彻尔之见，道德的基本问题是如何解决人们的价值行为的问题。传统伦理学大多拘泥于原则，满足于给人们发号施令，因而只关心"应当如何"一类的行为规范问题。相反，境遇伦理学关注的首先是"我想要什么？"亦即个人的目的需要之首要问题。他不关心"应当如何"，而只关心"何因""何如""何人""何时""何地""何事"这六个与首要问题密切相关的行为价值问题。换言之，它不关心超现实的理想目的（应当），只关心现实事实，它的成因、现状、与行为主体的联系及其发生这种联系的时间、地点等境遇因素，最终则是为了给行为者提供一套实用可靠的方法，使之求得行为的有效恰当的成功。

第二，相对主义。弗莱彻尔给自己的伦理学自贴了"相对主义"的标签。他如是说："我们的战略是实用主义的，而战术则是相对主义的。"① 又说："境遇论是我们时代的实用主义和相对主义在基督教伦理学中的结晶。"② 以实用主义为目的性方法、以相对主义为工具性方法的战略战术，构成了弗莱彻尔"爱的战略"的基本内容和核心原理。

在他看来，现时代是科技的时代，其"最反常的文化特点或许就是相对主义，相对主义被用来观察和理解一切事物"③。相对主义不仅支配着人们的思维方式，也支配着人们的行为方式。它使人们对任何事物的信仰都持"偶然的"或"不确定的"态度。境遇伦理学适应这种时代气候，它拒绝一切诸如"决不""完美""永远""完善"

---

① 〔美〕约瑟夫·弗莱彻：《境遇伦理学》，程立显译，中国社会科学出版社，1989，第32页。
② 同上书，第124页。
③ 同上书，第32页。

之类的词语，坚持一种"绝对的相对主义"。弗莱彻尔说："倘若要有什么真正的相对性，就一定要有某种绝对和标准，这就是境遇伦理学的规范相对主义的中心因素。"[1] 即是说，境遇伦理学的相对主义是一种相对于某绝对准则的规范相对主义。这种绝对的准则是"上帝之爱"，它的本质是对通过爱上帝来爱人。任何规范（如果存在）都必须相对于人而言才有意义。可见，即使是所谓"绝对准则"也被弗莱彻尔做了人格化的相对性解释。所以他解释说："基督教境遇论把绝对的东西做了相对主义的说明，但没有把相对的东西绝对化。"[2]

弗莱彻尔还吸收了现代各种哲学概念来补充其相对主义解释。他认为，"情景"（contexts）这一术语具有"文化揭示性"，它表现了现代人对相对性的敏感程度超过古典理性的传统，从中可以找到解释道德相对性的合理文化依据。在基督教伦理学中，律法与爱、权威与经验、稳定性与自由这三重矛盾，构成了"富有成果的紧张关系"。其中，律法与爱的矛盾又是境遇伦理学中最突出的矛盾，它反映着律法主义与反律法主义或非律法主义两种不同宗教伦理学（即法典论与境遇论）之间的根本对立。

第三，实在论。作为境遇伦理学之基本理论前提的第三条实用原理是"实在论"或"神学实证论"。弗莱彻尔指出，这是从神学知识论角度来讲的。在基督教关于"宗教知识"或信仰方法上，存在着两种神学认识论：一种是自然主义的；另一种是神学实证论的或实证神学的。前者"根据人类经验和自然现象而提出或推断出信仰判断"；而后者主张，"信仰判断是唯意志论地而不是唯理论地'论断'或'证实'的，它不反理性但却是非理性的"。

神学实证论对境遇伦理学的意义在于，它揭示了道德判断所具有

---

[1] 〔美〕约瑟夫·弗莱彻：《境遇伦理学》，程立显译，中国社会科学出版社，1989，第33页。

[2] 同上书，第33页。

的实际决定和选择的过程性质，从而排除了把这种判断仅仅当作逻辑推理之结果的可能性。弗莱彻尔说："任何伦理学的道德判断即价值判断，同神学家的信仰判断一样，是一种决定，而不是结论。它是一种选择，而不是借助于逻辑力量达到的结果。"[1] 正如人们无法通过理性在怀疑与信仰之间架起桥梁一样，也不能通过逻辑在事实与价值（即休谟所提出的"是然"与"应然"）之间架起桥梁。唯一的方法是从经验、事实和行动出发，尊重事实过程，而不是尊重结论和原则。

第四，人格至上论。弗莱彻尔曾借其对手拉姆色的话谈到，他的方法"既是个人人格至上论的，又是基于背景考虑的"[2]。后一方面是他主张相对主义、实用主义和神学实证论的基本立足点，而前一个方面则是其境遇伦理学的核心主题。他说："伦理学处理人的关系。境遇伦理学关注的中心是人而不是物。义务是对人的义务，而不是对物的义务；是对主体的义务，而不是对物体的义务。律法主义者问的是什么（律法说什么），而境遇论者问的是谁（谁要得到帮助）。这就是说，境遇论者是个人人格至上论者。"[3]

弗莱彻尔不仅对"上帝之爱"做了人格主义的解释——上帝之爱的本质是人之爱或爱人，而且也对"上帝""价值"等概念做了同样的解释。首先，他认为，作为一种价值研究，伦理学的"价值"是以人为本的。不存在什么"内在的价值"或"固有的价值"，某物之所以具有价值，是因为它对人具有某种意义。就道德价值（善）来说，某物之善意味着它对人具有某种好处。弗莱彻尔的解释有明显的功利目的论色彩，不同的是，他进一步把这种解释归结于人的需要。他认

---

[1] 〔美〕约瑟夫·弗莱彻：《境遇伦理学》，程立显译，中国社会科学出版社，1989，第 35 页。

[2] 同上书，第 5 页。

[3] 同上书，第 38 页。着重点系引者所加。

为，善的价值根本上是以能否满足人的需要为标准的，人是价值的源泉。

其次，他认为，境遇伦理学的人格至上论既有人道主义的一面，也有神学的一面。前一方面体现在它始终把人作为道德价值的中心；后一方面则表现为它把上帝视为"人格的"。上帝按照自己的形象创造了人，而人也以自己的爱去看待上帝。这种神人互爱代表了境遇伦理学的基本主张："在道德选择中，首先要关心的就是人格。"① 这同康德的"人是目的"的主张相吻合。

最后，他明确指出，境遇伦理学的人格至上论并不必然意味着它以个人主义为最终归宿，相反，真正的人格主义绝不存在任何个人主义的东西，因为单个人不是真正的人，只有相对于社会、世人或他人，个人才能成为真正的人。诚如马丁·布伯所认为的那样，人存在于"你—我"关系之中。弗莱彻尔写道："正如善来自人的需要，人来自社会。人格至上论中不存在任何个人主义的东西，境遇伦理学也是如此。单个人不成其为人。价值相对于人，而人则相对于社会，相对于世人。我，是相对于你的我；而你——能够成为一个我——是相对于我的你。"②

总之，实用主义、相对主义、实证论和人格至上论构成了弗莱彻尔境遇伦理学的四条基本原理或"理论前提"。"如果我们把这些实用原理……糅合在一起，那么，其合成体显然就是行为、存在、多样化事件的形态。境遇伦理学与其他某些伦理学不同，它是决定即做决定的道德，而不是在预定规则的手册中'查询决定'的道德。这使我想起歌德'行动在先'的话。J. A. 派克的书名'根据实际而行动'概括地表达了这一点。境遇伦理学比起东正教会成员和名词性思考

---

① 〔美〕约瑟夫·弗莱彻：《境遇伦理学》，程立显译，中国社会科学出版社，1989，第39页。

② 同上书，第38页，着重点系引者所加。

来，更合乎《圣经》要求，更重视动词性思考。它不是问'什么是善'，而是问'如何行善、为谁行善'；不是问'什么是爱'，而是问'在特定境遇下如何做可能表示最大爱心的事'。它注重实际（行动），而不是教义（某种原则）。它所关心的是按一定的信仰去行动。它是一种活动，而不是情感，是一种'活动分子'的道德。"[①] 从弗莱彻尔的这一概述中不难看出，他的境遇伦理学实质上是一种人格主义、相对主义、实用主义和行为主义的综合原理，但它绝不是一个简单的大拼盘，而是有其特殊目的和立意的新道德观念系统。这一系统的中心坐标或价值导向是个人人格，价值思考方式是实用主义和相对主义，行为方式则是以道德决断（选择、决定）为主题的道德行为主义，而它所指向的理论目标则是一种反先验原则的经验主义伦理学。所以，弗莱彻尔在顺便谈到良心概念时，还特别强调"良心"的词性应当是动词性的，而非传统伦理所以为的那样只是一种名词性概念。良心实质是人的"道德觉悟"，表示着人的一种道德作用，它"不过是指我们创造性地、建设性地、恰当地做决定的意图"[②]。所以，良心不单是行为的"检察官"，更是人们做道德决定（行动）的指导者。这种"良心"释义是上述实用原理的具体贯彻。

四 非准则的准则：境遇伦理学的基本命题

依据上述实用原理，弗莱彻尔制定出境遇伦理学的六个基本命题，组成其伦理学的行为准则系统。

命题一："爱是唯一的永恒善"。其意曰："只有一样'东西'是内在善的，这就是爱，此外无他。"[③]

---

① 〔美〕约瑟夫·弗莱彻：《境遇伦理学》，程立显译，中国社会科学出版社，1989，第40页。着重点系引者所加。
② 同上书，第44页。着重点系引者所加。
③ 同上书，第44页。

这一命题是陈述道德价值本性的。弗莱彻尔认为，"一切伦理学的基本问题是'价值'"[1]。围绕着价值这一主题产生了各种道德问题，也造成了各种不同的伦理学。中世纪唯实与唯名之争实际上是一场价值之争，前者认为，凡上帝所赞成的即为善，而后者则认为，凡符合上帝（爱）之需要和目的者才为善。境遇伦理学的观点是唯名论的。它主张，唯一具有内在性质的价值只有爱。因为只有以上帝之爱为目的，才能真正导向以人为中心而不是以原则为中心的道德价值观。马丁·布伯说，"价值永远是对于人的价值，而不是对于什么绝对的独立存在物的价值"，这就是境遇伦理学所主张的。作为一种内在价值，爱只是一种论断、一种形式原则，而不是某种原则存在或价值实体。弗莱彻尔指出，唯有在上帝那里，爱才具有独立存在的实体意义；在人这里，"爱是形式原则，是论断"[2]。除爱之外，任何其他价值都是外在的。境遇伦理学反对价值内在论或价值本体论，主张价值外在论。

命题二："爱是唯一的规范"。其意曰："基督教决定的主要规范是爱；此外无他。"[3] 这一命题的基本要求是把一切价值规范都浓缩为爱。爱是唯一的内在价值，也是境遇伦理学的主导规范和唯一原则。境遇伦理学主张以爱取代各种传统的宗教道德律法。弗莱彻尔仔细考察了《圣经》的有关传记（如摩西十诫等），提出唯有使其他规范服务于爱才有意义。基督教伦理学的本质"不是法典化行为的系统方案"，而是爱的精神。爱是唯一主宰性的基督教伦理规范。"境遇伦理学就是要把一切规则、原则和'德行'（即一切'普遍法则'）看作爱的仆从和下属，如果它们忘记自己的地位而有僭越之举，那就立即

---

① 〔美〕约瑟夫·弗莱彻：《境遇伦理学》，程立显译，中国社会科学出版社，1989，第44页。
② 同上书，第49页。着重点系引者所加。
③ 同上书，第54页。

把它们踢出家门。"① 然而，这里的爱乃上帝之爱。上帝之爱不同于普通的"友谊之爱"和"罗曼蒂克之爱"（性爱）。后两者是"选择性的、排他性的和情感性的"，而上帝之爱则是普遍的、意志的或态度性的。"基督爱的有力原则是意志、意向，它是态度，而不是感情。"②因而它具有更深刻的价值意义和责任性。

命题三："爱同公正是一码事"。其意曰："爱同公正是一码事，因为公正就是被分配了的爱，仅此而已。"③ 如果说命题一表明了爱的价值特性，命题二规定了爱作为唯一主导规范的地位，那么，命题三则规定了爱的实质内容。弗莱彻尔认为，爱在生活中的实际运用主要表现为爱的公正分配。公正即合理分配的爱。它首先要求人们慎重而富于同情。慎重不是自我中心的爱所要求的那种自我谨慎或小心算计，而是基于世人之爱的同情和积极给予。他说："爱的恩惠如何在如此众多的受益者中分配？我们每时每刻决不会只有一个邻人。我们又如何热爱公正、如何公正地对待爱？爱和公正的关系究竟如何？如果说爱就是为邻人追求幸福，而公正就是在邻人之间做到公正合理，那么，我们在行动中、在具体境遇中，该如何把两者结合起来？答案是：在基督教道德中，两者合而为一了。……应得的就是爱，只有爱（'除了爱，我们啥也不欠别人的'）！爱就是公正，公正就是爱。"④公正即合理分配的爱，是大家对上帝之爱的恩惠的共享。"作为'人'，我们都是社会中的个人。因此，爱之所及是多方面的、多目标的，而不是单向的；是多元的，而不是一元的；是多边的，而不是单边的。上帝之爱不是一对一的事。……爱用的是连发机关枪，而不是单发步枪！我们永远处于负有复杂责任的社会中，这就是要给予别人

① 〔美〕约瑟夫·弗莱彻：《境遇伦理学》，程立显译，中国社会科学出版社，1989，第62页。
② 同上书，第63页。
③ 同上书，第70页。
④ 同上书，第71页。

一切应得之物。在这种情况下，爱就不能不具有计算、小心、慎重和分配的属性。爱必须考虑一切方面，做一切能做之事。"①

爱如何达到这种公正合理？弗莱彻尔认为，这是一个如何把握爱之运作的实践问题，基本的是要把握6个要素，这就是：爱"什么"；"为何"要爱；"何时"去爱；爱得"何如"；爱在"何处"；所爱"何人"。此六要素也是爱之运作戒律。

此外，弗莱彻尔认为，爱不仅与公正同一，也与功利主义相容。上帝之爱要求人们必须"开动脑筋"，特别是在面对或陷入良心困境的时候。良心的困境常常不仅是两难困境，而且也是三难或多难困境。境遇伦理学就是要为人们解除困境，以求得最大价值的实现。所以，"由于爱的伦理学认真寻求一种社会政策，爱就要同功利主义结为一体。它从边沁和穆勒那里接过来'最大多数人的最大利益'这一战略原则"②。不过弗莱彻尔对功利主义做了新的解释，他以"上帝之爱"取代"快乐原则"，把功利主义的"幸福"解释为"按上帝的旨意行事"。但这种改变只是形式上的，而非实质的。

最后，弗莱彻尔还特别区分了"道德公正"与"法律公正"。他指出，"公正"（justice）的词根"jus"具有"法律"（成文法和不成文法）、"权利"、"标准或理想"等多重含义。所以，它不只限于法律意义上的规章和法则，也意味着爱之恩惠的公平分配，具有与爱的普遍多元性相一致的价值内涵。

命题四："爱不是喜欢"。其意曰："爱追求世人的利益，不管我们喜欢不喜欢它。"③ 如前备述，弗莱彻尔认为爱是一种态度，不是感情用事。爱是关心世人、友好待人，而不是自私自利。所以，爱的第

———————————

① 〔美〕约瑟夫·弗莱彻：《境遇伦理学》，程立显译，中国社会科学出版社，1989，第71~72页。

② 同上书，第77页。

③ 同上书，第84页。

一含义是"善行"。这就要求人们不能把它视作一种情感好恶，不仅要爱可爱者，而且也要爱不可爱者或不喜欢者。基督教的"爱邻人如爱你自己"的箴言指的是爱所有人。故而，这种爱绝非感情的冲动，而是一种"力量的奇迹"，它创造出人类普遍之爱的崇高价值。最后，它不同于性爱和友爱，不求回报或补偿，是无条件的、普遍的。所以，它体现了一种真正的上帝与人或人与人的关系要求。如果说，利己主义道德（性爱道德）的座右铭是"我考虑的一切就是我自己"；互助论道德（友爱道德）的座右铭为"只要我有所取，我就有所奉献"；那么，境遇伦理学就是一种利他主义的道德（上帝之爱的道德），它的座右铭是："我要奉献，不要任何回报。"质言之，在弗莱彻尔看来，性爱的本质是情感、是欲望、是剥削，友爱的本质是对等交换，而上帝之爱的本质则是无私奉献。当然，上帝之爱也包括个人的自爱，因为任何个人都是爱之主体，也都是爱之对象（客体）。

命题五："爱证明手段之正当性"。其意曰："唯有目的才能证明手段之正当性，此外无他。"① 这一命题主要陈述目的与手段之关系。弗莱彻尔认为，首先，目的与手段是相对的，目的离不开手段，否则就只是空洞的抽象；反过来，手段也离不开目的，离开目的的手段毫无意义。其次，手段的正当与否取决于目的。境遇伦理学认定的最高目的是上帝之爱，行动是否合理或有无价值，最终看它是否能达到这种爱的实现。再则，目的与手段的特性可相互转化。弗莱彻尔写道："我们不应忘记托马斯·阿奎那的告诫：手段是即将实现的目的，所以我们的手段将成为我们所追求并达成的目的的一部分，正如我们所用的面粉、牛奶和葡萄干成为我们所焙烤的面包的一部分一样。手段是（目的的）组成部分，而不仅仅是（实现目的的）中性工具。这

---

① 〔美〕约瑟夫·弗莱彻：《境遇伦理学》，程立显译，中国社会科学出版社，1989，第99页。

就要求我们极仔细地挑选手段。手段在道德上不是无关紧要的。"① 以
手段之于目的的必要性和两者的相互包含来证明手段的重要，是境遇
伦理学相对主义方法的具体运用，也是弗莱彻尔伦理学的特点之一。
问题是，他走向了相对主义的极端，故而复次：手段之正当性不独取
决于目的之证明，而且最终还取决于境遇之实证。"一切都取决于境
遇。"② 弗莱彻尔说："新道德论——境遇伦理学认为，任何事物的正
当与否，均依具体境况而定。这种坦率正直的方法实在是道德领域的
革命。"③ 究竟该如何权衡分析境遇，以明确真正的目的并采取适当之
手段？这就是第五，必须把握判断境遇的四个基本要素，它们是：
（1）行为目的，这是最重要的。（2）行为手段或与目的相应之手段。
（3）动机或行为背后的动力、需要。（4）可预见之结果（直接的和
间接的）。最后，弗莱彻尔认为，目的证明手段之正当性还包括，目
的的神圣性同时证明了手段的神圣性。凡有助于达到上帝之爱这一崇
高目的之运动或手段同该目的本身一样神圣崇高。行为之善在于其所
以为目的之善，同时也在于其所处境遇的恰当证明。某一行动之所以
为善，在于它"恰巧"在某特定境遇中实现了与上帝之爱的目的的契
合。弗莱彻尔的结论是："行为之善与恶、正当与不正当，不在行为
本身，而在于行为的境遇。"④ 同样，"爱的方法是根据特殊情境做出
判断，而不是根据什么律法和普遍原则。它不鼓吹漂亮的命题，而是
提出具体问题、境遇问题"⑤。这就是以上帝之爱的目的证明一切手段
（行为）之正当性的根本含义所在。

　　命题六："爱当时当地做决定"。其意曰："爱的决定是根据境遇

---

① 〔美〕约瑟夫·弗莱彻：《境遇伦理学》，程立显译，中国社会科学出版社，1989，
　　第 100 页。
② 同上书，第 102 页。
③ 同上书，第 102 ~ 103 页。
④ 同上书，第 111 页。
⑤ 同上书，第 111 页。

做出的，而不是根据命令做出的。"① 弗莱彻尔把这一命题简述为依境遇做决定，依境遇而行动。实际上这一命题是其境遇伦理学的最后归结：境遇决定道德。他批评人们总习惯于希望有某种"预先构想、预先特制的道德的伦理学体系"，总想依赖"僵硬不变的规则"。他们畏缩于律法的安全感中，使自己成为逃避自由、放弃自由创造的动物。境遇伦理学的目的就是使他们摆脱这一传统重负，从律法顺从走向爱的行动，哪怕这是一个"痛苦危险的步骤"。用路德的话来说，就是使人们"勇敢地犯罪"。

因此，境遇伦理学所关注的既不是过去和传统，也不是未定的将来，而是此时此刻的现在。这就是境遇伦理学所具有的"半影性"，亦即它对光明与黑暗、理想与过去之间的"灰色区域"的特殊关切性。它是对人之自由的关切，而非对既定秩序的关切。正是在这一点上，境遇伦理学与存在主义产生了共鸣：它们同样反对那种"文化遵奉论"的传统价值取向，反对"可敬"的传统道德文化的墨守成规，反对任何律法和原则的思想体系。境遇伦理学不是让现实去适应规则，而是让规则适应现实，或者说是让现实去修正规则、创造规则。弗莱彻尔写道："境遇伦理学赋予自由以极高的价值，赋予自由决定的责任以极高的价值，而自由决定的责任正是自由这枚硬币的正面。"② 显然，弗莱彻尔不仅接受了存在主义的自由价值观，而且直接运用它来证明自己的反律法传统的道德立场。

进而，他更具体地指出："对于真正的道德决断来说，自由是必要的，具体境遇中不受限制的方法是必要的。"③ 因为在他看来，道德价值的创造并不取决于人们是否遵从原则或具有何等真诚的信仰，而

---

① 〔美〕约瑟夫·弗莱彻：《境遇伦理学》，程立显译，中国社会科学出版社，1989，第112页。
② 同上书，第116页。
③ 同上书，第116页。

是取决于人的自由创造和决断。信仰只能回答人们生活中"七个经常性问题"中的三个，即使他们懂得"什么"（爱）、"为何"（为了上帝）和"何人"（邻人、世人）。还有四个问题必须由他们自己在具体境遇之中并通过境遇才能找到答案，它们是："何时？""何处？""何事？""何如？"这与前述爱之运作的境遇因素是相关的，它们都表明了境遇伦理学的最终结论："爱的决定是根据境况做出的，而不是根据命令做出的。"①

　　境遇伦理学的六个基本命题是其实用原则的进一步延伸，是对新道德论方法原则的具体解释和规定。虽然弗莱彻尔反对任何制定道德原则和规范的做法，但他的"新道德"所提供的仍然也只有一整套按照他的伦理学视点建立起来的准则或原则系统。六个命题所要表达的中心思想无外乎借"上帝之爱"这一宗教概念，推导出境遇伦理学的各种基本主张，即以爱为基本价值准绳、以爱为唯一原则、以爱而论公正、以爱来说明行动、以爱来解释目的与手段之关系、以爱之决定反证境遇对于行动验证的重要性。命题的形式是宗教伦理的，内容却是现实道德生活的。值得注意的是，弗莱彻尔运用了大量生活实例，包括医学道德实例来说明上述各命题的实际合理性，增加了其解释的现实感、时代感，也赋予其道德准则系统以新的经验内容。可见，他所反对的并非规则本身，而是规则的传统内容，而他的目的恰恰在于给宗教伦理原则以新的合乎时代的内容和解释。

第三节　评价与结论：兼及道德相对主义

　　综合考察弗莱彻尔的境遇伦理学，我们至少可以得出以下结论：

---

① 〔美〕约瑟夫·弗莱彻：《境遇伦理学》，程立显译，中国社会科学出版社，1989，第 122 页。

首先，弗莱彻尔的境遇伦理学是现代西方各种人本主义思想的一次综合性尝试。它的形式是一种不彻底的基督教神学伦理观，而实质内容却是地道的"非基督教伦理的"人道主义。如果说它的四条实用原理已经较为充分地反映出这一综合性特点，那么，诚如拉姆色所指出的，"境遇论与人格至上论"则是其两个最主要的特征所在。而如果说境遇论代表了其"新道德"在方法论上的基本特征，则人格至上论便是其本质内涵的主线。问题在于，弗莱彻尔的人格至上论并不同于现代宗教人格主义，这不仅表现在他比后者更彻底地抛开了正统神学的外衣而直接苟同于萨特这样激进的存在主义思想家的基本观点（"自由""以人为中心"等），而且表现在他以一种人格化的解释替换了一些关键性范畴的宗教解释（如"爱"）。这远比人格主义者们来得激进，甚至与非神学和反神学的人道主义者难分伯仲。这是弗莱彻尔的大胆过人之处，也是他最终背叛基督教神学的深层原因之一。

其次，道德相对主义是弗莱彻尔境遇伦理学的一大特色。相对主义是 20 世纪科学文化领域方法论革命的观念产物，爱因斯坦的"相对论"为这一方法论观念的形成奠定了科学理论基础。但科学领域的相对论与哲学和价值观念上的相对主义虽有联系，却并不是一码事。前者代表着一种科学方法模式的突破和超越，意味着人类观察和认识世界的新视角、新发现、新解释；而后者却不单意味着传统哲学模式的超越，意味着形而上本体论探索的破产和随之而出现的"形而上学拒斥""价值意义的悬搁"（用维特根斯坦的话说，价值是"不可言说的"），也意味着对一切传统观念、原则、秩序的蔑视和否定，因之带来了哲学特别是伦理学、美学等研究的失措和不确定。

道德相对主义是哲学相对主义最深刻的反映。它不仅反映出现代哲学方法论的危机和困境，而且在实质内容上反映出人类道德价值观念上的矛盾、困惑和无所适从。20 世纪初，道德社会学家威斯特马克最先提出了道德的相对性问题。随之，以詹姆斯、杜威为代表的美国实用主义从哲学和道德（真理和价值）两方面把相对主义推向高峰，它与稍后席卷欧美的存在主义一起，使道德相对主义或自由价值观风行一时。由是，西方传统价值观念系统陷入深刻的危机，传统被鄙弃，原则被否定，一切都被置于个人自由创造和主观意志、偶然、不定和荒谬性的冲刷之中，接受现实经验的洗礼。这一历史的过程无疑是痛苦的，人类也为之付出了巨大的代价。

弗莱彻尔的境遇伦理学是这一时代思潮的组成部分，不同的是，他不单接受了西方相对主义哲学大气候的影响，而且也在根本上动摇了基督教伦理学的传统。在他这里，基督教道德完全失去了原有的神圣与尊严，全然蜕变为一种追求时尚、迎合时情、讲究偶然巧合和实效的庸俗道德。尽管从马丁·路德、加尔文以来，基督教伦理便开始了自身改革的历程，但即令是现代托马斯主义、人格主义和其他较为激进的宗教道学家，也从未进至完全抛弃基督教神学伦理之绝对主义原则系统的境地。弗莱彻尔的道德相对主义之彻底在西方宗教伦理学阵营确乎绝无仅有。就此而论，一些西方神学家把他的境遇伦理学称为"非伦理学的非基督教的非体系"当属合情合理。

还必须指出，弗莱彻尔的境遇伦理学也是现代美国道德文化传统孕育的产物。我们在论及实用主义伦理学的社会文化基础时曾经谈过，作为一个新生的现代文明国度，美国道德文化传统自有其特殊性。在实用主义诞生之前，我们很难说它有其独立的哲学和文化。实用主义创立了"美国精神"和美国式的道德价值观念系统，这是现代美国道德文化的主体。作为一位不彻底的基督教神学伦理学家，弗莱彻尔无疑是这一传统的自觉接受者和继承者。我们不仅可以从其个人文化教养背景中确认这一点，而且从其思想言谈本身也强烈地感受到其境遇伦理学的实用主义气息。他坦率地承认，早年就接受了詹姆斯、杜威的哲学，也公开宣布境遇伦理学以实用主义为其战略。在一定意义上，我们甚至可以把弗莱彻尔的境遇伦理学看作美国实用主义在基督教伦理学中的一种新翻版。

从弗莱彻尔伦理学的人格主义、相对主义特征及其与美国实用主义的文化联系中，我们可以较为准确地找到评价其伦理思想的理论基点。从宗教伦理学角度来看，弗莱彻尔的境遇伦理学无疑有其积极意义。这表现在以下三方面。

（1）它本身侧面反映了当代宗教伦理学内部的危机。面对现代文明，西方基督教伦理学确实陷入了两难乃至多难困境：一方面，它面临着在新的社会条件下保持自身理论系统的稳定、抵御外部世俗道德观念冲击的双重任务；另一方面，它又必须承诺其济世救民的神圣使命，不能不面对社会开放改革自身。这种开放改革之必要与固定自身稳定的需要往往相互冲突，难于兼顾。"新道德"之争的形成是这一矛盾状况的尖锐反映。弗莱彻尔的境遇伦理学显然已经远远偏离了基督教伦理的正宗，不啻其内部混乱的佐证。

（2）它打破了宗教伦理学绝对权威主义的传统。境遇伦理学以相对具体的境况、偶然和自由行动选择作为道德决定的基础。境遇不仅限制了人的选择和决定，也限制了"上帝之爱"，最终也限制了上帝。因此，境遇的限制使一切既定的宗教法典都成了不合理的空洞虚设。绝对的道德权威没有了，绝对的道德原则系统没有了，一切都得诉诸具体、特殊、情景、偶然和"此时此刻"。

（3）境遇伦理学虽然在总体上滑向相对主义极端，但客观上提出了一些值得探讨的见解。例如，道德决定的"四因素说"；道德境遇的考虑之于道德行为及其评价的必要性；等等。从一般理论意义上说，道德境遇也就是道德环境或道德行为的具体环境。传统伦理学对此虽有所及，但各有所偏，且十分笼统。一些具有唯物论倾向的伦理学家（如爱尔维修、卢梭等）往往偏重道德的客观因素和外在宏观环境（如社会制度或社会政治、经济、文化的结构等），忽略了其主观因素和内在微观环境。而另一些带有唯心倾向的伦理学家又往往走向另一极端，只注重个人道德行为的主观内在状态（现代精神分析伦理学，如弗洛伊德等）。因此，人们总难免或偏于社会大背景，只重视一般的行为结果而忽略其发生发展的当下特殊环境和主体的内在精神状态（包括心理的、情感的、意志的和认识的等）；或偏于行为主体的内在动机而忽视其社会环境的制约因素；因之往往都只能是在行为的一般规律和普遍特点与行为的特殊表现和偶然性特点之间摇摆。境遇伦理学在这样一点上是正确的：必须把人们的道德行为及其评价置于具体的道德境遇之中来加以认识和理解。但它又似乎忽视了人类行为的一般特点和普遍共同性一面。然而，在当代文明条件下，它看到并提出道德境遇或境遇伦理这一问题，是有其时代意义和现实合理性的。

不幸的是，弗莱彻尔发现真理的地方同时也是他失去真理的所在。他过于强调了具体境遇和重要性，忽略了社会宏观环境对人们道德行为的决定性作用，进而过于重视行为之偶然、特殊和变化的因素，忽略了其一般规律和特点。因而不可避免地陷入道德相对主义的泥淖。一般说来，道德行为的具体境遇虽不可忽视，但不可能成为唯一的决定性的因素。相反，道德的具体境遇最终受客观的社会宏观环境的制约。大气候总是在更深刻、更广阔、更根本的方面影响和制约着小气候，尽管这种影响和制约不是绝对单向的。一方面，在整个大气候不佳的情况下，有可能创造出较好的小气候；但总体上，小气候毕竟无法超越大气候的影响。道德的大背景与小背景也是如此。这一解释是弗莱彻尔所未能看到的。

弗莱彻尔的境遇伦理学是当代西方宗教新道德论中的典型一例，它部分地反映出西方宗教伦理学最新发展的一般趋势。20 世纪 70 年代以来，西方宗教伦理学在总体上表现出日益明显的道德相对主义、人道主义和现实实用化、世俗化倾向，与世俗伦理学的联系日渐密切。特别是西方社会实际生活中"现代文明病"现象日趋复杂和突出，生命伦理问题、性道德问题（"艾滋病"是这一问题的最新表

现）、医学伦理问题（堕胎、安乐死、试管婴儿等）、家庭伦理问题
（"单亲家庭"、私生子等），以及民族道德问题等都使得西方宗教伦
理学（乃至整个西方和人类伦理观念）经历着一种新的考验和变化。
弗莱彻尔的境遇伦理学及其晚年学术生活的变化，给我们昭示了这一
最新发展动态，它是我们必须加以重视和研究的。

第十八章

当代心理学伦理的嬗变

——斯金纳与马斯洛

第一节　心理学伦理的最新发展格局

　　自德国心理学家冯特（Wilhelm Wandt，1832～1920）创立构造主义心理学以来，现代西方心理学的发展已经整整走过了一个世纪的历程，也给西方伦理学的发展做出了重大贡献。

　　20世纪五六十年代之交，西方心理学进入了一个新时期，出现了两个最有影响的派别和人物：一个是斯金纳及其所代表的"新行为主义"（The New Behavorism），代表着现代行为主义的最新发展形态；另一个是马斯洛和他代表的"人本主义心理学"（The Humanistic Psychology），该派自称是对现代西方两个最有影响力的心理学派——精神分析学与行为主义——的新综合和超越，被称为现代西方心理学思潮中的"第三力量"。斯金纳和马斯洛不仅是当代西方心理学中科学主义和人本主义两派的代表，而且是当代西方心理学伦理的主要代表。

在本书第三部分第十二章开篇，我们曾经谈到了现代心理学与伦理学之间的密切关系。从伦理学史的研究角度来看，精神分析、行为主义和人本主义三派心理学对西方伦理学的现代发展贡献最大，其道德理论最为完备。从时间上讲，精神分析学派略早一些。行为主义心理学起源虽早，但在伦理学上较有建树和影响的是其后期的新行为主义者，以斯金纳为最。人本主义心理学派形成最晚，而由于其理论旨趣所致，从一开始它便带有浓厚的道德色彩。因此，我们把斯金纳的新行为主义道德观和马斯洛的人本主义心理学作为西方心理学的伦理学之当代发展的两大典型来探讨。

无论是从心理学还是从伦理学上看，斯金纳的观点与马斯洛的观点都形成了鲜明的对照，构成了 20 世纪 60 年代以来西方（以美国为中心）两大心理学和心理伦理学流派分庭抗礼的局面。斯金纳的伦理学是一种建立在新行为主义心理学之上的"行为技术伦理"，它的基本特征是唯科学主义的规范主义和道德问题的非伦理化或科技化，它以社会环境决定论和科学决定论（尤其是物理学和生物学）的方法来解释一切人类道德现象。因此，它在方法上崇尚客观、经验、科学、技术和绝对，反对主观、情感、思辨、抽象和相对；而在结论上却又落入道德相对主义（矛盾，却是事实！），把价值与事实同一化，使伦理学完全成为一门以行为操作为目的的行为技术学。

与之相反，马斯洛既反对弗洛伊德式的"病态心理学"，也反对行为主义者的机械决定论。他坚信人类绝对价值观念和终极希望的存在与可能，坚持以人和人的价值实现为中心，崇尚内在价值、主体和人，反对把人及其价值行为纯客观外在化、技术化，偏重于探索人的内在行为动机、需要和价值追求的多层次、多样式和理想性特征。因而在马斯洛这里，伦理学不是一门行为操作技术，而毋宁是关于整体人的自我价值实现的人性或人生研究。它的方法不是机械或因果决定论的，而是主体人学的、人性化的，因之其结论也不是道德相对主义的，而是道德绝对主义的或道德完善论的。

第二节　斯金纳的行为技术伦理

一　行为主义的当代卫士斯金纳

伯尔斯·弗里德里克·斯金纳（Burrhus Frederick Skinner，1904 ~ 1990）生长于美国宾夕法尼亚州东北部的一个小城镇。在这里，他度过了"温暖而安定"的少年时代，读完了小学和中学。少年斯金纳热爱读书，喜欢机械玩具游戏和制造，传说他小时候曾花过几年时间建造一部永动机，但后来他进入汉密尔顿学院时却成了一位不安定分子。他加入兄弟会，因带领同学公开造反而受过警告。同时他又是一位胆怯的男子，惧怕体育运动，只善于读书，毕业时他获得英语科学士学位和"卡巴金钥匙"奖。[①]

大学毕业后，斯金纳专门从事写作，两年后赴哈佛大学读研究生。哈佛期间是他最为发奋的时光。除上课外，他给自己制订了严格的自修计划。他回忆说："我6时起床，学习到吃早点，然后到课堂、实验室和图书馆，一天内不列入作息时间表的不超过15分钟。一直学习到晚上9点整，然后去睡觉。我不看电影或比赛，很少去听演奏会，几乎没有任何约会，除了专攻心理学和生理学之外，什么也不读。"[②] 凭这种近乎苦行僧式的刻苦，他仅花了两年时间便获得哈佛哲学博士学位，时年仅27岁。1936年，斯金纳受聘于明尼苏达大学，

---

①　"卡巴金钥匙"奖（Phi Beta Kappa Key）为美国大学的一荣誉组织所颁发，以希腊文命名，每年奖给该年度的大学优等生。

②　转引自〔美〕杜·舒尔茨《现代心理学史》，沈德灿等译，人民教育出版社，1981，第269页。

不久出版他的第一部心理学著作《有机体的行为种———一种实验性分析》（*The Behavior of Organisms—An Experimental Analysis*，1931）。该书以鼠和鸽子的试验结果为基础，建立了一种"斯金纳箱理论"，充实和证明了他的博士论文所提出的行为反射之行为主义观点，即一种刺激和一种反应之间相倚联系。1945年，他转到印第安纳大学执教，1947年重返哈佛大学任心理学教授，直到退休。

斯金纳从小喜欢写作，进哈佛前他的作品还受到过著名作家弗罗斯特（Robert Frost）的赞许。重返哈佛的第二年（1948年），他发表了一部以行为主义思想为主题的小说《沃尔登第二》，想象性地描述了一个具有严格社会强化之控制的公社生活图景。该书受到广泛欢迎，一直畅销到20世纪70年代中期，一些人甚至按他的"沃尔登第二"模式建立公社。1966年，美国还举行过全国性的关于该公社模式的讨论会。1953年，斯金纳发表《科学与人类行为》。1971年发表《超越自由与尊严》，这是他"行为技术伦理"的代表作，一度引起强烈反响，1972年在加利福尼亚还举行过专门讨论会。随后，他较集中研究了新行为主义的社会应用及其价值，先后编写过《关于行为主义与社会的反思》（1978）、《行为主义与现象学》和《论行为主义》等书。

作为一位心理学家，斯金纳忠实地继承和发展了桑代克（E. L. Thorndike，1874～1949）、华生（J. B. Watson，1878～1958）和巴甫洛夫（Иван Петрович Павлов，1849～1936）等的"刺激—反应"（S－R）模式理论，从S－R的互动联系中发现了一种基于"相倚联系"的强化作用，从而建立了一种"刺激—反应—强化"的新模式，由此提出一种"行为技术学"，并力图将其贯彻到社会生活之中。他提出了一系列有关社会行为控制的实用理论，并运用行为技术来进行一种社会文化设计。这些新的尝试不仅较充分地发展了行为主义理论，而且使之有了更为广阔的应用前景和社会影响。因此，斯金纳的"行为技术学"被称为"新行为主义的完备形态"。

二　行为技术学：人性科学传统的反动

斯金纳的"行为技术学"或"行为科学"是在现代行为主义心理学基础上发展起来的，它的目标是否定并取代西方人文科学的方法，将人类行为完全纳入实证科学的描述和控制范围。它构成了斯金纳新行为主义道德观的理论前提。

自桑代克、巴甫洛夫起，关于动物行为的研究开始有了新的解释方法。华生运用这一方法首次揭示出人类行为可以在超内在动机因素（心理、意识、欲望、情感、理智等）的情况下发生。狗和猫对食物刺激的条件性反应表明，外在环境或条件的刺激作用完全可以诱发相应的动物行为反应（如狗对电铃声所指示的喂食反应）。这就是现代心理学著名的"刺激—反应"理论。1913 年，美国心理学家华生在《心理学评论》杂志上发表了《行为主义者眼中的心理学》一文，进一步推广了巴甫洛夫等的"刺激—反应"原理，认为人类行为也是外部条件作用的结果，是由后天的学习而得来的。这种后天行为学习有两条基本规律，即频因律与近因律。频因律指人的行为反应受某种刺激的次数越多，则对该反应越敏感，以至于最终形成某种习惯性反应动作。近因律是指一反应对一刺激在时间上发生得越近，该反应对该刺激的重复发生之可能性就越大。华生的学习原理对 20 世纪前半叶的行为研究影响极大，以至于西方大多数心理学家把他称为"现代行为主义心理学的真正开端者"。

然而，华生的理论尚留有许多尚待深入的问题，其中，他没有进一步探讨行为结果对行为的反作用。稍后的一些新行为主义解答了这一问题。以斯金纳为代表的强化论者发现，行为结果对行为的连续发生具有明显的强化作用，由此提出了强化理论来充实原有的"刺激—反应"模式。所谓强化，即反应行为之结果对该行为重复发生的影响或作用。这种强化既可使刺激与反应之间的联系得到加强，也可使之减弱甚至终止。强化论的主题便是研究反应行为结果对反应行为及其与刺激之间的联系所产生的影响，以及该影响的条件、方式、程度等，以便为找到对行为之最适宜、最严格的控制提供准确科学的依据。

斯金纳认为，"刺激—反应"的模式不能满足对人类行为的准确描述。事实上，人的行为有两类：一类是"和特定的引起反应的刺激相关联的行为"，他称之为"回答性行为"；另一类则是由环境或其他条件作用所引起的更为复杂的行为，他称之为"操作性行为"①。前者的发生过程和条件相对简单些，可用"刺激—反应"模式描述之。而后者则复杂得多，它至少包括刺激、反应、强化三种因素。更重要的是，人的行为不仅受环境条件的制约，而且也受强化作用的影响。强化作用包括正强化、负强化和惩罚三种形式。若某行为能带来使行为者感到满足愉悦的结果（物质、金钱、荣誉、赞扬、爱和尊敬等），则该行为就会更倾向于重复或趋向该行为（或类似行为）的重复发生，此谓正强化。反之，若某行为会产生使行为者不快或痛苦的效果（如缺乏、打击、责怪等），则该行为也会倾向于重复该行为或类似行为，此谓负强化。惩罚是正强化作用的否定方面。若某行为会产生使行为者痛苦或使其中止愉悦满足的效果，则该行为就会避免或中止重复该行为或类似行为。

强化之于行为有着复杂的联系，强化的时间、方式（正与负）及其与行为之比率的不同，强化作用的效果也不一样。斯金纳认为，强化的时间性本身也可分为两类：一是连续性强化，即让每一次重复性行为都受到强化；二是间断性强化，即使同类行为间歇地受到强化或部分受到强化。间断性强化又包括：（1）固定间歇性强化（如发固

---

① 〔美〕B. F. 斯金纳：《关于行为的一个体系》，见《新行为主义学习论》，章益辑译，山东教育出版社，1983，第284~285页。

定工资）；（2）变动间歇性强化（如不定期的奖励）；（3）固定比率的强化（如计件工资）；（4）变动比率的强化（如抽彩、赌博等）。其中，比率性强化的作用强于间歇性强化，而在前者中，变动比率的强化作用又比固定比率的强化作用更大。这就是为什么现代社会里人们对奖金的兴趣大于对工资的兴趣，多劳多得比"大锅饭"更能激发人们的劳动积极性，而赌博中奖比按劳取酬更能使人冒险的原因所在。

斯金纳还指出，外部环境的作用与行为反应之间的关系不但有决定与被决定的一面，而且还有主动的一面。他含蓄地批评行为主义原有的"刺激—反应"模式过于简单，是一种简单决定论。事实上，环境和条件（含遗传因素）对行为的影响只是一个方面。另一方面，人的环境在很大程度上也是由人造成的，人类甚至通过生物基因遗传工程的技术改变先天的遗传因素。他指出，环境之所以能影响人的行为，是因为它构成了满足人们基本需要的必要条件和活动条件。但人不仅倚赖环境、受制于环境，还能够利用环境。社会环境制约着我们，但正是人类自身创造了社会。同样，人类可以创造原子弹等核武器来制止战争，也可用它来发动战争，毁灭人类世界。因此，科学的决定论是一种复杂而间接的决定论。环境与人类行为的影响是双向多样的。他说："我们不单是关心反应，而且关心行为，因为它影响着环境，特别是社会环境。"① 不过，科学实证主义的立场最终使他坚信决定论而不是意志自由论，环境对人的行为之影响是决定性的和根本的。

上述行为理论是斯金纳"行为技术学"的基础。依据这一理论，他指出，环境刺激和强化作用之于人的行为的决定性意义和特有的作

---

① B. F. Skinner, *Contingencies of Reinforcement* (New York: Appleton – Century – Crafts, 1969), p. 105.

用方式，给我们指明了一条科学而严格地描述和控制人类行为的道路，它与千百年来人类所沉迷的那种内在人性论解释完全相对。他批判性地谈到，几千年的文明史已使我们今天的人类掌握了空前的科学技术，对世界的认识已相当深入，但我们对自身问题的认识却仍处于原始时代。约 2500 年前，人类对外部世界和自身的认识几乎相差无几，而时至今天，"物理学与生物学均已经历了漫长的发展过程，但人类行为科学的发展却根本无法与它们的发展相提并论。古希腊的物理学和生物学现在仅剩下了历史意义（当今的任何物理学家和生物学家都不会再求助于亚里士多德），然而，柏拉图的对话集迄今仍是学生的必读物……好像它们揭示了人类行为的奥赜。亚里士多德丝毫不懂现代物理学和生物学，但苏格拉底和他的朋友们却能不太困难地理解今天关于人的大部分讨论"①。

在斯金纳看来，造成自然科学与人文科学的历史发展如此悬殊的根本原因，在于人类自我认识长期陷于一种"心灵主义"的误区，没有建立真正的"行为科学"。所谓"心灵主义"，是指传统人文科学在研究人类现象（与物理现象相区别）时，总是忽略人的外在经验行为，偏执于人的内在主观因素（欲望、意识、情感、人格、内在目的、意志等），由此使人分离为内与外两重存在，并把内在人视为最终决定人之行为的"自主人"（autonomous man），仿佛只有这样，才能证明人之于其他存在物的高贵与尊严，才能保证人的绝对自由和创造，才能符合人自身充当世界主人的愿望。他尖锐地批判了传统人文科学的"自主人"概念。依他之见，人本主义思想家所设计的"自主人"，虽然对于反对政治专制、高扬人的价值尊严有过积极作用，但把一切都归诸"自主人"的决定和控制是不科学的。这一做法严重

---

① 〔美〕B. F. 斯金纳：《超越自由与尊严》，王映桥、栗爱平译，贵州人民出版社，1988，第 3~4 页。

妨碍了人文社会科学自身的进步。事实是，"自主人"非但不能决定和控制一切，甚至也无法控制和决定他自己的行为，他和他的行为在根本上是由外部环境决定和控制的。

因此，斯金纳认为，要根本改变社会科学和人文科学的停滞状态，特别是要使人自身的研究进入科学的范畴，必须改变传统人文科学的方法，取消"自主人"的概念，建立科学的行为技术。"在社会科学中仍然也还有对行为主义的需要。"[①] 斯金纳说："我们可以按照物理学和生物学的途径，直接探讨行为与环境的关系，而不必去理睬臆想的心理中介状态，物理学的进步并不是因为更直接地观察物之自由落地的喜悦，生物学也不是因为观察生命精神的本质取得进展。而且我们也不必试图通过发现什么是'自主人'的人格、心理状态、情感、个性特征、计划、目的、意图或别的特点，来推进一种新的科学的行为分析。"[②]

所谓科学的行为分析即行为技术学或行为科学。它主要包括两大方面："其中之一涉及基础分析：作用于环境而产生结果的行为（'操作行为'）可通过安排一定的环境条件进行研究。在这些环境中，特定的结果'相倚于'这一特定的行为。随着这种相倚联系变得越来越复杂，它们便可履行对行为的解释功能，从而逐一取代我们过去认为具备这些功能的人格、心理状态、情感、性格特点、目的和意图。"[③] 另一方面是"实践性的"，即人对环境的控制和由此实施的对行为的控制。简言之，行为科学的宗旨就在于通过科学分析人的行为与环境之复杂关系，达到对两者的严格控制。但是，斯金纳的行为技术学却面临着一个严重的问题：受制于环境决定和技术控制的人究竟是自由价值的主人，

---

① 〔美〕B. F. 斯金纳：《年适五十的行为主义》，见《西方心理学家文选》，张述祖等审校，人民教育出版社，1983，第272页。

② 〔美〕B. F. 斯金纳：《超越自由与尊严》，王映桥、栗爱平译，贵州人民出版社，1988，第13页。译文略有改动。

③ 同上书，第13页。译文略有改动。

还是其奴隶？其人性何在？又如何解释人的价值行为和道德行为？这是他不能不回答的问题，也是其行为技术伦理的中心问题。

三 超越自由与尊严

面对上述诘问，斯金纳写道："行为科学一方面对'自主人'实施的控制提出疑问，并揭示出环境所实施的控制；另一方面，它似乎对尊严或价值观也提出了疑问。一个人对自己的行为负责，并不是仅仅表现在他行为不端时会受到公正的谴责或惩罚，同时也表现在他获得成功时会受到奖赏和钦佩。科学分析将奖赏和惩罚都归于环境，这就使传统的做法再也站不住脚了。"① 这段陈述表明了斯金纳的基本立场：行为科学的解释及其目的，就是要使人们从自我欣赏的优越感中猛醒过来，正视其行为的条件和局限，超脱自由和尊严的幻想。

斯金纳认为，人及其行为并不能超脱社会环境的制约，因而也是不自由的、被决定的；所谓人的尊严并不是人类对自我超越价值的优越感觉，而毋宁是对自我行为之强化性事实的重视。按行为科学的解释，"自由不过是强化作用的相倚联系，而非这些相倚联系所产生的感受"② 。所以，人对自由的追求并不是因为他有所谓"自由意志"，而是因为他在行为过程中所表现出来的一种"逃避或逃脱环境中所谓的'不利的'［因素］"的倾向，"为自由的奋斗则是对付他人蓄意安排的刺激"③ 。如果说，"自由这一问题是因为行为的厌恶性后果而产生的"，那么，尊严则与之相对，它是由"正强化作用"而产生的。若某人行为具有正强化意义，人们便予以褒奖，该行为主体也因之而乐于重复该行为，这就是所谓尊严的事实。例如，某演员表演精彩，

---

① 〔美〕B. F. 斯金纳：《超越自由与尊严》，王映桥、栗爱平译，贵州人民出版社，1987，第20页。
② 同上书，第37页。
③ 同上书，第41页。

观众便会喝彩，演员也会在喝彩声中越演越来劲，我们可以说演员在观众的喝彩声中获得了尊严，所谓尊严之行为意义不过如此。

斯金纳进而指出，强化有益于我们的行为，乃人类之自然倾向。通过强化人们建立了各种"社会性的相倚联系"，而这些相倚联系又反过来强化行为。他说："我们有种自然倾向，去强化那些强化我们的人，正如我们会攻击要攻击我们的人，但相似的行为产生于许多不同的社会相倚联系。我们赞美那些为我们的利益而工作的人，因为他们继续那样做会使我们得到强化。我们为了某事而赞扬某人，这是因为我们得到了额外的强化后果。表彰一个比赛的优胜者，是要强调胜利依赖于他的行为，因而胜利对他来说更有强化作用。"① 在斯金纳看来，这种强化作用似乎是构成人类社会联系的基本方式。因而，他反对以意志自由和价值尊严这些内在臆想的因素来解释人的价值行为，坚持认为任何行为都是基于特定外在之行为规则而发生的。

斯金纳还认为，行为所获褒奖程度与其发生原因的可见性成反比关系。某行为的原因越明显，它可能得到的奖赏就越少越低。反之，某行为的原因越隐越深，则它可能得到的奖赏就越多越高。不求报答的爱情，不迎合时尚的艺术、音乐和文学作品，不唯名利的帮助，不追求出风头的竞技，等等，往往能博得人们更多更高的赞美。他如是说："行为不单纯是为了得奖时，才有可贵之处。如果那些为得奖而工作的人在其他方式下无法取得成就，我们的奖励就无谓地浪费了。这种情形可能影响其他行为效果。运动员若为喝彩而出风头，为哗众取宠而卖弄，他对比赛中的相倚情况就不会有敏感的反应。"② 在这里，斯金纳似乎犯了一个错误：一方面，他强调强化作用是促进强化性行为的原因，观众的喝彩会使演者更为卖劲；另一方面，他又以

---

① 〔美〕B. F. 斯金纳：《超越自由与尊严》，王映桥、栗爱平译，贵州人民出版社，1988，第44页。
② 同上书，第51页。

为，行为原因的可见性程度又与行为可能获得的奖赏成反比，运动员若为出风头而卖弄，则不会得到观众的赞赏。两方面相对而立，孰是孰非？斯金纳语焉不详。按照其行为技术理论，后一方面似乎难成立。若承认后一方面，斯金纳的行为观又似乎残留康德式（义务论或动机论）的痕迹。

实际上，斯金纳旨在以强化理论来描述人类价值行为或道德行为。在他看来，凡是褒奖意义的行为就是有价值的行为。但由于他有意回避传统目的论，又刻意提出行为原因与行为奖赏的反比关系解释，因之难免顾此失彼，陷入矛盾。然而，矛盾只是表面的，它的实质仍在于把人的行为纳入严格的科学决定论之中。行为科学的解释与传统人文科学的解释是背道而驰的。他以为前者是对后者的超越。换言之，前者是仰仗科学的力量和尊严剥夺了所谓人的自由与尊严的神话，还其以科学的控制和操作。斯金纳说："撇开科学分析的应用不谈，基础的科学分析本身就已降低了人的尊严或价值……科学的概念使人显得卑贱，因为'自主人'已是不值得羡慕的东西了。如果说'敬慕'是指因令人惊叹而博得赞美，那么我们所敬慕的行为就是我们尚无法解释的行为。"[①]

科学的行为是能为科学所描述、解释、操作和控制的行为。传统意义上的价值行为则是无法用科学解释，因之也无法操作和控制的行为。人们常常提出，物理学可以告诉人们如何制造原子弹，但无法告诉我们该不该制造原子弹。生物学能告诉我们如何控制生育，但却不能告诉我该不该这样做，如此等等。然而，这些疑问对行为科学来说并不存在，因为应该与否只是感觉问题，而行为科学只关注事实。从前述可知，行为之价值问题实质上不是感觉而是一种感觉事实。所谓

---

① 〔美〕B. F. 斯金纳：《超越自由与尊严》，王映桥、栗爱平译，贵州人民出版社，1988，第58页。

有价值的行为其实质无外乎是指有正强化作用的行为，并不是我们感觉它如何。所以说："好的东西是正强化物。味美的食物在我们吃起来时会强化我们的吃食行为。摸起来光滑的物品在我们抚摸时会强化我们的抚摸行为。看起来漂亮的东西会强化我们看的行为……我们称之为坏的东西同样也不具有共通属性，它们不过是些负强化物，一旦我们逃离或避免它们时，我们的行为就会受到强化。"① 即是说，行为或事物之好坏（善恶）价值并不取决于我们的感觉，而取决于它们能否强化人们行为这一可解释的感觉事实。

所以，斯金纳认为，价值判断本身并不是有关感觉的问题，而是关于"人们如何感觉的事实问题"。"事物本身受到物理学和生物学的研究，通常并不考虑它们的价值，但是，事物的强化效果属于行为科学研究的范围。由于行为科学涉及操作强化作用，因而它又是价值科学。"② 以"如何感觉的事实"取代"应该与否"的感觉，斯金纳自以为找到了综合或连接"是然"（事实）与"应该"（价值）之间的裂缝的途径，因而克服了科学解释与价值判断之间的分裂与对峙，最终用行为科学将价值科学与事实科学统一起来了。他不无自信地断言："称某物好或坏时所做出的价值判断，其实就是根据事实的强化效果将其加以区别。"③

遵循这一观点，斯金纳还对传统快乐主义道德观做了重大修正。首先，依据价值判断不基于感觉而基于如何感觉的事实这一论断，他指出，事物的价值性质并不是由其引起的苦乐感而决定的。有价值的或善的并不等于会引起快乐的感觉，反之亦然。他说："伊壁鸠鲁并不完全正确：愉快并不是至善，痛苦也不是极恶。唯一好的事物是正

---

① 〔美〕B. F. 斯金纳：《超越自由与尊严》，王映桥、栗爱平译，贵州人民出版社，1988，第103页。
② 同上书，第103页。着重点系引者所加。
③ 同上书，第104页。

强化物，唯一坏的事物是负强化物。所谓要尽可能增加或减少的，或所谓的至善或极恶，是指事物而言，而并非指感觉。人们努力去创造或避免它们，并不是因为人们对它们的感受方式，而是由于它们是正强化物或负强化物。"① 其次，他认为，行为的强化作用不仅仅是个人的，而且也涉及他人（社会）和文化（待后详述）。人们追求幸福，并不是追求感受，实际是追求正强化物。首先是追求那些"代表个人的强化物"，其强化作用来自"它们对于人生存的价值，而尊重则可以被看作是用来引导一个人为他人利益服务的条件性强化物"②。斯金纳认为，"条件性强化物"很重要。操作条件的作用产生直接的后果，但如果人们能顾及间接与长远的后果，则其行为所获就会更大，且在直接与长远两种后果之间总存在一定距离，条件性强化物恰恰可以弥补这段距离，使两者联系起来。不过，正如公众利益建立在个人利益的基础上一样，"一切条件性强化物都从个人强化物那儿获得力量"③。显然，斯金纳的道德价值观也未偏离西方传统的个人本位主义，在这一点上，他并未进行"彻底的变革"。

而且，由于斯金纳行为主义价值观也没有真正超脱目的论或唯效果论的传说，所以，他强调的还是行为的效果而不是其动机，是行为操作的外部环境、条件和经验结果，而非内在主观的动机。在他看来，"最重要的是他们对事实采取何种行动。并且，只有通过检查那些与行为密切相关的相倚联系，才能理解他们所采取的行动"④。进而，他指出，人们所奉行的行为准则规范也只是"相倚联系"的一种表征或陈述，所谓按一定规范而行动也就是在一定相倚联系中行动。他说："任何一条准则或法律都包括着对普遍相倚联系（自然的或社

---

① 〔美〕B. F. 斯金纳：《超越自由与尊严》，王映桥、栗爱平译，贵州人民出版社，1988，第107页。着重点系引者所加。
② 同上书，第109页。
③ 同上书，第109页。
④ 同上书，第113页。

会性的）的陈述。一个人之所以遵守一条准则或一条法律，只是因为准则或法律代表着相倚联系，而那些制定准则或法律的人通常还要提供附加的相倚联系。"① 例如，建筑工人必须戴安全帽上班，这一准则就代表了工人与其工作环境的特殊相倚联系。

总之，斯金纳认为，科学的行为解释与传统人文科学的观念是相对立的，它否定从内在"自主人"出发来分析人类行为的"心灵主义"做法，主张从行为外部环境和强化效应出发来解释行为。它剥夺了长期掩盖在人类及其行为之上的自由价值和尊严之虚幻表层，揭示出行为的事实本质和价值本质，这就是，行为的价值即强化物效果，它是事实性的而非感受性的，因而必须诉诸严格的科学分析。由是，行为科学不仅恢复了对人类行为的真实研究，而且也使价值判断与事实描述统一起来了。作为一种科学的价值观，行为技术学不承认行为主体的超越自由和尊严，只承认决定论意义上的行为操作事实。因此，它能使人类丢掉幻想，超越自由与尊严的臆想之梦，脚踏实地尊重科学的行为规律，获得更大的行为效果。于是，结论在于：为自由和尊严的斗争一直以捍卫自主人为目的，其着眼点并非修正人生存于其间的强化性相倚联系。我们完全能掌握一种行为技术，它能更成功地减少行为的不利后果……并能使人类取得自己所能取得的最大成就。② 无论自由论者是否接受行为技术学，只要人们正视几千年来人文科学和人性认识的无能与停滞不前这一事实，就有理由提出挑战。

四　惩罚与责任

要解释人类行为的可操作性并对其实施科学的控制，就不能不回答行为的限制和责任问题，对斯金纳的行为科学来说尤其如此。

---

① 〔美〕B. F. 斯金纳：《超越自由与尊严》，王映桥、栗爱平译，贵州人民出版社，1988，第 114 页。
② 同上书，第 125 页。

斯金纳指出，惩罚是传统道德观念中用以限制人们任意行为的基本方式，责任则是这种限制所产生的道德的和社会性后果。这种惩罚性限制与行为科学所主张的行为控制是完全不同的。用脚镣手铐、监狱牢房等惩罚形式确乎可以控制人们的某些行为，但它是不彻底的、不科学的，也使人真正的尊严和价值荡然无存。惩罚不是对人的行为的科学控制，它"通常指由他人蓄意安排的相倚联系。他们要安排这类相倚联系，那是因为其结果对他们有强化作用"①。但这种"蓄意安排的"惩罚性相倚联系也不是一种"厌恶性控制"。因为前者"被用来引导人们不要以一定的方式行事，而厌恶性控制则是要引导人们以一定的方式行事"②。惩罚即是强行禁止行为，而控制却不尽然。科学的行为控制是通过揭示行为的相倚联系和强化性效果来引导行为者以恰当合理的方式行动。这种引导的关键倒不是使人们从善弃恶，而是要人们"行为得当"③。

斯金纳批评了传统的道德善论。按传统观点来看，限制（惩罚）行为的目的在于使人们弃恶从善，善行即美德，而美德又被看作人的价值或尊严的组成部分。事实证明，这种观点是不成立的。在他看来，任何行为的控制都与人的价值尊严成反比关系，控制越严，表明人的自由度越小，尊严越低；反之，控制越弱，人的自由度就越大，尊严就越高。

与"惩罚"概念直接相关的是"责任"概念，后者直接引发有关惩罚控制的问题。按传统见解，"责任"是使人有别于其他动物的主要特性之一。所谓"负有责任"的人也即是"应得奖惩"的人。在传统道德中，责任还与自由直接相关，人们常说唯有意志自由的人

---

① 〔美〕B. F. 斯金纳：《超越自由与尊严》，王映桥、栗爱平译，贵州人民出版社，1988，第61页。
② 同上书，第61页。
③ 同上书，第67页。

才能对其行为负责。斯金纳认为，这种说法有两层意思：如果我们偏重于人的自由，那么，说某些人有责任就是指我们不得不干涉他们的自由。"因为如果他们没有自由，他们就没有责任"。如果我们偏重于人的责任，亦即要对他们保持一种"惩罚性相倚联系"，以促使他们对其行为负责。① 可见，这一传统论断是不确定的、或然的。

在斯金纳看来，问题的关键既不在于惩罚，也不在于责任（感），而在于对行为的有效控制。或者说，在于建立一种有效的行为控制技术。对行为者的惩罚本身并不能解决人们的行为问题，人们之所以会做出错误行为，绝非因为他们主观情感一类的动机使然，更主要的是行为环境的问题。人的行为受制于环境，特别是社会环境，因而应该对行为负责的主要是环境而不是行为者。要控制错误行为的发生，根本的问题是要控制和改造环境，使环境更适宜、更安全。事实证明："物理技术减少了人们受自然惩罚的机会，而社会环境改变之后则可减少操在别人手中的惩罚。"② 唯科学方能减少人们行为的误差，使之趋于合理。这才是解决行为问题的关键所在。斯金纳说："问题的实质在于控制技术的有效性。任凭加强责任感，我们无法解决酗酒和少年犯罪问题。该对错误行为'负责'的是环境，也正是环境需要改变，而不是个人的一些性质……我们只为一个目的：使环境更安全。"③

把行为控制的目标和行为责任的归属问题指向环境，意味着对传统道德观念的两个重要改变：一是超脱出那种始终纠缠于自由、价值和尊严与行为责任之因果关系的圈子；二是排除以行为者的主观内在特性或动机来解释行为责任并依此实施奖惩的传统做法。从而根本摆脱传统的自由、价值、尊严等人文价值观念的束缚，把行为的规范纳

① 〔美〕B. F. 斯金纳：《超越自由与尊严》，王映桥、栗爱平译，贵州人民出版社，1988，第 72～73 页。
② 同上书，第 64 页。
③ 同上书，第 74 页。

入科学的控制之中，把环境作为责任的主体，促使人们更加努力而科学地改造、控制和创造更安全、更合理的环境，更准确地操作自我行为，最终实现人类和社会的进步。斯金纳如此写道："开脱责任事实上是责任的反面，那些要对人类行为做些事的人，无论出自何种动机，都成了环境的一部分，责任也转嫁在他们身上，在陈旧的观念里，不成功的是学生，做错事的是孩子，违法的是平民，穷人之所以穷是因为他们懒惰。但现在人们普遍认为：没有愚笨的学生，只有不合格的教师；只有不好的父母，而没有坏孩子；少年犯罪是由执法机构造成的；没有懒惰的人，只有不当的奖励制度。但是，我们不禁反诘一句：为什么教师、父母、官员和企业家总是有错？……这种看法的错误在于，它总是想把责任推给谁，它假定存在责任的因果锁链，最终应负责任者就在锁链的起点。"[①] 斯金纳的诘问颇有意味，其实质在于，不应当把责任的主体归因于人或人的某些特性，而应归于环境，尤其是社会环境。科学的行为控制首先且根本是环境的控制。

由此，斯金纳还对几种传统的限制行为的方式提出了质疑。依他划分，传统的行为限制方式有五种，它们均是作为惩罚的替代品而被创造出来的：（1）自流放任法（permissiveness），即彻底地放任人的行为；（2）助产控制法（the controller as midwife），即苏格拉底式的引导法；（3）指导法（guidance）；（4）依赖事物法（building dependence on thing），即以物性指导代替人为指导（如用钟表指导孩子按时起床）；（5）改变思想法（changing mind），即以思想工作促使或引导人的行为，它是一种内在控制的方式。这五种方式构成了千百年来人类控制行为的基本方式，但都无法达到科学的层次。放任法是一种不用控制的控制方法，结果导致行为的灾难性后果，行为责任被转嫁到别的相倚联系

_____

① 〔美〕B. F. 斯金纳：《超越自由与尊严》，王映桥、栗爱平译，贵州人民出版社，1988，第76页。

之上。助产法似乎克服了无责任归属的毛病，但仍囿于人自身，指导法亦复如此。所谓改变思想的方法把一切都归咎于主体的内在品性改造，无法达到行为之科学控制。依赖事物法较之其他四种方式要严格得多，因为它已接近靠科学事实指导人的行为操作的途径。但它并不全面，尚未看到人的行为对事物环境的反作用因素。因此，斯金纳将上述传统方式归于错误的行为控制方式，决心建立严格而有效的现代行为技术控制方法。这种方法以行为科学为理论基础，以改变和控制环境为主要目标，最终求得行为控制与环境控制的协调。因而，在解释行为技术及其与传统人文科学的区别，以及行为控制与责任的关系之后，斯金纳最后将其行为技术伦理落实在社会环境的设计和改造之上，提出了他的"文化设计"理论。

五　文化设计：行为主义乌托邦

文化观是斯金纳行为技术伦理的扩展，也是其整个行为科学的社会理想图式。前已备述，斯金纳在阐释其行为技术之基本理论时，论及个体行为与他人行为或社会利益的关系问题。他认为，个人行为首先是为我的或自为的，但在相倚联系中，个体通过这种联系也可以使其行为产生有益于他人和社会文化的强化性效果。在阐述其文化观时，他又认为，文化是人类个体所置身于其中的"强化性相倚联系"①。或者干脆说，"社会环境即是文化"②。任何一种文化都处于不断变化的演进过程之中，如同某一物种一样，文化本身"是因其对环境的适应能力而受到选择的"。这就是说，文化的演进同人类行为一样受到环境的制约和影响。但文化一旦形成，便自有其特殊规律，它本身的存在及其演进过程构成了人类行为所倚赖的特殊环境。从某种

---

① 〔美〕B. F. 斯金纳：《超越自由与尊严》，王映桥、栗爱平译，贵州人民出版社，1988，第127页。
② 同上书，第143页。

意义上说，文化也就是特殊之社会环境。

文化的生存与文化主体（人）的生存相辅相成。一方面，它帮助其成员获得他们所需要的东西，使其成员得以生存发展；另一方面，文化成员也以其强化性行为维护和促进他们所倚赖的文化之生存与发展。文化既可以生存，也可能消亡，一如物种之进化。因此，文化之生存对其成员来说便是一种极为重要的价值。在斯金纳的行为技术伦理中，基本的价值有三种：一是个人利益，二是他人利益，三是"文化的利益"[①]。在这三种价值中，个人利益是首要的，但文化的利益更为普遍和长久。在某种意义上，维护文化的利益甚至超过个人利益的追求，因为这种维护行为"无法追溯到个人利益，甚至当其被利用来为他人利益服务时，也是如此；因为文化的生存超过了一个人的生命期，它无法起条件性强化物的作用"[②]。

所以，斯金纳指出，为了维护和发展我们的文化，必须要有一种对文化发展的长远设计。文化设计是行为科学的重要内容，而且，它同人类行为的控制和操作一样，必须建立在行为科学的基础之上。只有通过对行为的科学分析，"指出需要产生哪些行为，修正哪些行为，然后据此安排出相倚联系"，使人类行为的操作与文化的生存发展要求相互协调，才能设计出一种有生命力的文化体系。他说："明晰的设计可以通过加速文化演进的过程来促进这种利益（指文化利益——引者注）。由于科学行为与技术行为有助于更好的设计，因而它们是文化演进中的重要'变异。'"[③] 所以，科学的行为控制是科学的文化设计之重要条件。

在斯金纳看来，行为技术本身在道德上是中性的，"它可以被恶

---

① 〔美〕B. F. 斯金纳：《超越自由与尊严》，王映桥、栗爱平译，贵州人民出版社，1988，第 134 页。
② 同上书，第 144 页。
③ 同上书，第 144 页。

棍利用，也可以被圣人采纳。一门方法论并不能提供任何价值标准来指导人们正确运用这些方法"①。就文化的整体设计而言，人们对行为技术的运用也是两可的。有的人可以把自我个人利益当作文化的利益，以此来利用文化的作用为自己服务。另一些人则相反而行。因之，在文化设计中必须注意以下几个问题。

首先，由于文化设计包括三种不同层次的价值，因而文化设计者本身的价值观对整个文化设计将产生直接影响。若设计者是一个个人主义者，则他将把自我的个人利益作为文化设计的"终极价值"；如果他能顾及他人和社会的利益，他就会以他人和社会价值为文化设计的核心；如果他所关心的主要是文化本身的利益，则他会着重考虑整个文化的生存发展，更强调文化之整体价值的核心地位。

其次，文化的延续有赖于其成员的知识和行为。斯金纳认为，一种文化的维护与发展需要多种条件，它不仅需要那些"能维持富有成效的劳动的经济性相倚联系"，有赖于生产手段和自然资源的开放利用，而且也直接依赖于其成员的行为和科学知识，它们是文化发展的重要力量之源。同时，文化要赢得其成员的拥护，就必须尽量满足他们为追求和实现自己幸福所需的充分条件。否则，就会遭到拒斥和背叛。斯金纳这样写道："文化需要其成员的支持，如果它要杜绝其成员的不满和背叛，则必须为他追求和实现自己的幸福提供条件。"②

再次，文化的发展需要稳定，也需要变革，但不是"超速的文化"。斯金纳指出，人类文化必须世代更替，这种延续需要稳定，过急的改变会造成文化的紊乱；另一方面又需要创造和革新，特别是其成员不断地反思其习俗行为，勇于尝试新的行为，从而为文化的发展提供新的力量和手段。任何文化要保持健康，都必须避免对传统的过

---

① 〔美〕B. F. 斯金纳：《超越自由与尊严》，王映桥、栗爱平译，贵州人民出版社，1988，第150页。
② 同上书，第152～153页。

分迷恋和对新事物的恐惧，在创造中求得生存和发展。斯金纳说："文化必须保持适当的稳定，但它又必须有所改变。如果一种文化一方面能避免对传统的过分尊重和对新奇事物的惧怕，另一方面又能避免超速变化，那么，它可能成为最强盛的文化。最后，如果它能鼓励其成员认真反思自己的习俗行为，并勇于试验新的行为，那么它将拥有一种能特别有效地维护自身之生存的手段。"① 这种对传统的理智反省和批判、适度的创新和尝试，是文化发展的正确道路，是新文化取代旧文化的基本方式。"向新文化的过渡是通过与过去文化的某种形式的决裂来实现的"②。决裂意味着创造和新的尝试，它可能成功，也可能失败。但"失败并不总是错误，它可能是人们在一定情况下所能做出的最好努力。真正的错误是停止尝试"③。

复次，文化设计必须注意到文化的控制与反控制之相互制衡机制，以求健全而稳定的文化进步。一方面，既然文化在某种意义上就是一种特殊的相倚联系或社会环境，它对人的行为有着外在控制力，那么，"对文化的有意识设计意味着对行为的控制"④；另一方面，文化的改进和设计又是由人来完成的，文化的设计者可以对文化有不同性质的利用和操作。因之，在文化的整体设计中就需要有一种控制与反控制的相互作用机制。斯金纳认为，文化中的控制与反控制或控制者与被控制者之间的关系是相互依赖、相互决定的，这种相互控制是一切科学的特征，如同在科学研究中人与自然之间的关系一样。培根曾经谈到，人只有服从自然、认识自然，方能利用自然、支配自然，这就是科学所包含的人与自然之间相互控制的关系。在文化设计中，人们已经注意到了这种相互控制之关系的存在，问题在于如何对文化

---

① 〔美〕R. F. 斯金纳：《超越自由与尊严》，王映桥、栗爱平译，贵州人民出版社，1988，第 153 页。
② 同上书，第 154 页。
③ 同上书，第 156 页。
④ 同上书，第 173 页。

的设计者、控制者实施"有效的反控制"。斯金纳认为："如果安排有效的反控制，从而使一些重要的后果对控制者的行为施加影响，这乃是一个至关紧要的问题。"① 这一问题的解决包括两个方面：第一，建立有效的反控制系统，使设计者和控制者与被控制者都处于一种相互平衡的社会性相倚联系之中；第二，使设计者和控制者本身成为其所控制的群体中的一员，以避免他们享有超于被控制之群体以外的特权而逃避被控制，甚至滥用控制。现代民主社会的特征之一就是控制者与被控制者之间的相互平等，任何人都没有特权，人人既是控制者，又是被控制者。

所以，斯金纳认为，文化的控制与反控制与其说是人人之间的控制与反控制，不如说是群体文化对个人行为的控制。这种文化对人的行为的控制常常被人视为违反伦理道德的。因为，文化要求人们放弃或牺牲现实的利益，使他们置于长远利益或整体利益考虑的控制之下。然而，斯金纳强调，这种控制的实质并不是反道德的，它的目的同样是为了维护人的生存价值，只不过是要求人们更好地适应环境、求得群体或文化整体更大、更长远的生存性价值，而使他们置于更大的环境控制之下罢了，因而，它是使个人行为获得长远之社会伦理价值的必要途径。他说："没有任何帮助，个人很难在自然性或社会性相倚联系的作用下自发获得道德或伦理行为。群体用法典或法规来阐明其风俗习惯，它们告知个人应当如何行为；此外，群体还借助于补充性相倚联系来推行这些法律。群体通过这种方式提供了能促使个人做出良好行为的相倚联系。格言、谚语和其他形式的民俗智慧为人们提供了遵守法规的理由。政府和宗教明白无误地制定出它们力图维系的相倚联系；而教育则向人们传授这样的法规，遵循这些法规，受教

---

① 〔美〕R. F. 斯金纳：《超越自由与尊严》，王映桥、栗爱平译，贵州人民出版社，1988，第 171 页。

育者不用直接承受自然的或社会的相倚联系的作用便能自觉地满足它们的要求。"[1] 斯金纳把这些法规及其灌输和要求称为"文化的社会环境的全部内容"，并认为它们有助于弥补行为的心理控制和道德控制的严重不足。在他看来，科学的心理控制只限于个人行为，道德控制也只能在较小的群体范围内或在一定条件下产生效应。在整个社会范围内，则必须建立以行为科学为基础的文化控制。文化控制的完善是行为科学在更广阔社会层面上的实际运用，而文化设计的理想模式就是行为主义的社会乌托邦图式。

与传统乌托邦观念不同的是，行为主义的乌托邦既不像柏拉图的《理想国》那样求助于社会政治伦理的解决方式，也不像圣·奥古斯丁在《上帝之城》中所设想的那样求助于宗教的解决办法。它既不像培根、托马斯·莫尔那样依据于法律，也不像卢梭那样诉诸人的自然美德，亦不像 19 世纪的思想家们那样诉诸经济的解决办法，而是着手对整个社会的相倚联系进行科学的探讨，凭借现代行为技术学的优势，建立真正严密而科学的"行为乌托邦主义"。尽管行为技术学还不能解决目前人类的全部问题，特别是"终极价值"的判断问题，但在斯金纳看来，它是唯一科学合理的，而且在现代生活中已经创造了空前的奇迹，证明它是唯一可能的。我们已可以通过生物遗传工程改变人的遗传基因，达到合理调节和改变人的行为及其目的、方式等目标。行为科学已经且正在不断清除非科学的迷信、神话及其他臆想等人类自我认识的误区，为人类解决实际问题，这一切都预示着它在未来发展中的光明前景。

最后，斯金纳强调指出，科学的文化设计不是对人类行为的非法干预或对其自由的侵犯。滥用行为技术不是文化设计的本意。相反，

---

① 〔美〕R. F. 斯金纳：《超越自由与尊严》，王映桥、栗爱平译，贵州人民出版社，1988，第 173 页。

它正是基于对人类自身和环境之客观联系的科学解释，来描述人类行为及其实际操作的最佳模式。它强调环境之决定性作用，但不像早期环境论者那样把人当作一台僵死的机器，而是把人视为"一个按规律运行的复杂系统"，他"具有根据强化性相倚联系而进行自我调整的能力"①。它强调文化演进和设计对人的行为的客观制约作用，但它同时把这种演进和设计看成"人的一种规模宏大的自定控制行为。正如个人通过操纵他所生活于其间的世界来实行自定控制一样，人类创造了能使其成员在其间最有效地行为的社会环境"②。所以，行为技术的环境论是一种客观环境决定论与人的自定控制相结合的统一解释，而早期环境论者没有注意到后一方面，进而斯金纳指出，行为科学虽然用"环境决定"取代了传统人文观念中的"自主人"概念，但它并不否定人的特殊性。因为它肯定"个人的个体性是无可置疑的，……甚至在组织最严密的文化中，每一个体的生活史也是独特的、不可重复的。没有任何有意设计出的文化可以消除这种个体性"③。所以，行为技术伦理并不是像一些批评家们所指责的那样"取消了人"，如果它确实取消了什么，那就是取消了传统的"内在人"或"自主人"。而与其说这是一种过错，不如说是一种科学的进步。④

文化既是人类的创造，又是人类命运的界限。它的产生和进步与人类自身的进步同样不可避免，个人正是在种族进化和文化进化这两个不同的进程中生存和行动的。"如果'控制自己的命运'这种说法还能有什么意义的话，那么可以说人控制着自己的命运，因为人所创造的人乃是人所创设的文化的产物。"⑤"是个人而且仅仅是个人在进

① 〔美〕R. F. 斯金纳：《超越自由与尊严》，王映桥、栗爱平译，贵州人民出版社，1988，第204页。
② 同上书，第208页。
③ 同上书，第212页。
④ 同上书，第218页。
⑤ 同上书，第210页。

行行为、在作用环境并为这种活动后果所改变；是个人而且仅仅是个人在维持社会相倚联系，而这些相倚联系正是文化。个人既是人类的载体，也是文化的载体。"① 这便是行为主义关于人与文化之关系的最终解释：人创造文化，文化改变着人；环境决定着人，而环境又由人创造并可以为他所控制。因此，人及其行为必须且只能在文化环境中生存、发展和运作，并通过其自觉的行为操作和文化设计来改善自身所寄居的文化和环境。行为主义乌托邦把希望寄托于这种科学的创造与控制的严格协调之上。

六　行为科学的不科学性

从行为技术到行为主义文化设计，贯穿于一条新行为主义伦理学的主线是：用现代科学技术的纯客观方法粉碎传统人文科学，特别是形而上伦理学的"心灵主义"梦想，揭穿长期笼罩在人类心灵上的自由、价值和尊严的主体性幻象，使人及其行为完全纳入严格的科学控制之网，并赋予其复杂的因果决定论的纯科学主义解释。这是斯金纳行为技术伦理的基本目标。

应该说，斯金纳的尝试是大胆的。这种以科学说明价值、以环境规定行为、以经验技术解释道德现象的方式，不啻于对西方乃至人类几千年来长期流行的人本主义伦理学传统（乃至整个人文学传统）的一次严重挑战。无论他对"心灵主义"和"自主人"概念的批判是否真实可信，但他首先如此彻底地对人文学传统提出了全面挑战。这种挑战不只是方法论上的，而且也是实质内容和原则结论上的。近代以来，随着科学技术的日益进步，人类观念的发展本身曾先后出现过几次具有划时代意义的转变。哥白尼的"日心说"，首次冲决了近代

---

① 〔美〕R. F. 斯金纳：《超越自由与尊严》，王映桥、栗爱平译，贵州人民出版社，1988，第211～212页。

前夜封建神学的观念樊篱，产生了具有真正科学意义的宇宙观，并为哲学世界观由神向人的转变开辟了道路。19 世纪达尔文等提出的进化论，再一次引发人类观念的变革。如果说文艺复兴时期人文主义思潮和近代伊始的天文学、物理学等自然科学成果之新发现导致了神人主仆地位的倒置，使人类第一次享受到至上无比的尊严和独立的价值豪迈的话，那么，达尔文的发现（人由动物进化而来）则是对人类这种自我价值优越感的第一次"打击"。它以可靠的科学事实和证明教会人类懂得了自身存在的位置和局限；人不过是进化中的高级动物而已。20 世纪初，以弗洛伊德为代表的精神分析学又从人自身内部洞开了人性背后的"非人性"（原欲本能）秘密，揭穿了人类不健康的内在心理痼疾，使人类的自信心再次受挫。而如果说，弗洛伊德从人的微观揭示了人性的内在缺陷，以本能限制了人类自由价值行为的可能，因而披露了人类不自由的内在限制的话，那么，斯金纳则是在彻底贯彻现代行为主义心理学原则的基础上，从宏观的角度提出了人的不自由局限，以环境限制了人类自由和价值追求的可能，使人类再一次面对着内与外、主体自我与客观环境、自由选择与因果决定论的两难之境。

人类观念的历史嬗变反映出一个严肃的理论事实：近代以来的科学探究在实践上一次又一次地给予人类以推进文明进步的动力和杠杆，同时又在观念上给人类提出一道又一道难题。自然与人、事实与价值、科学与道德以及科学理性对人类自由行为领域的拓宽，同时带给人类行为操作的理性规范……常常构成思想家们对人类行为特别是道德（价值）行为思考的矛盾和摇摆：或因科学发展日益显示的强大力量而更加坚信人类自身的伟大与创造性价值，或由于科学发展不断揭示出的技术性、操作性之复杂与严密而怀疑人类自身的自主活动和自由行动的能力；或借科学以示人之伟大、高扬人性及其自由创造的主体面，或以科学表明人类道德和行为的局限，倒向唯科学主义或人的客体面。真可谓剪不断，理还乱。斯金纳的思考方式显然是唯科学技术论的。在他这里，人和人的行为并没有独立存在的意义，只不过是环境塑造的产物。因此，人及其行为的解释首先得诉诸环境的解释，即人的存在环境和人的行为发生的相倚联系，而这一切又必须求助于科学。行为主义之所以可以提供一种"科学的行为分析"，就在于它以科学实验作为其行为技术之唯一基础，排除了传统人文科学的"心灵主义"臆想。

由此，人的行为不再是意志的，而是有一定操作规定和程序的。行为的意义也不再是根据人的欲望、心理、意志和情感而判断的善与恶、美与丑、神圣高尚与卑劣低下，而是通过其"强化"效果或生物性反应来证实的合理性与不合理性、适应性与不适应性、有效性与无效性或有害性。人本身也不再是一种价值存在，而是一种生物有机体存在，他不再有那种靠哲学想象赋予的超越品格和价值尊严，而必须服从环境的制约和决定。人在社会环境中生存，在文化控制中实现其目的。或者说，他不再拥有不切实际的目的幻想，只有一种依赖于可实际操作手段的行为目的。质言之，所谓行为技术伦理，也就是一种以科学技术合理控制、调节和引导人的行为，使之趋向正强化效应、避免负强化效应的科技化伦理或伦理化科技。

必须指出，斯金纳的行为技术伦理集中反映了现代人类生活中的一个迫切而现实的问题。在现代科学技术条件下，人的地位正处于一种奇妙的境地：一方面，人作为现代科技的主人，其创造性和智慧得到了前所未有的凸显，他的伟大无疑是被强化了；另一方面，人支配和创造着科学技术，同时又被越来越精密系统的科学技术所统治着，人成了机器的奴隶。这种科学技术对人的制约和控制是一种人—自然或人—物关系的深刻异化。这一现象常常使人们在认识人与物、科学与道德、人的行为之自由与不自由等关系时产生困惑。斯金纳的行为技术理论只是现代唯科学论或科学崇拜倾向的一种典型反映而已，行为技术伦理无外乎是唯科学主义道德观的典型。

　　问题在于，斯金纳伦理观的唯科学主义立场与现代元伦理学的唯科学主义倾向（如情感主义学派）是不能同日而语的。第一，后者的唯科学主义主要是理论方法上的，不涉及或者干脆排除了对伦理学内容的"科学"解释。而前者则不只是方法上的，也是实质内容上的。第二，后者的基本出发点是非认知主义的，伦理学问题本身被完全排除在"科学"之外，是无法获得经验证明和逻辑证明的先验问题（维特根斯坦）。因而，事实与价值、逻辑判断与价值判断、"是然"与"应然"之间是不可通约、彼此隔离的领域（艾耶尔等）。相反，斯金纳的出发点不仅不是非认知主义的，而且是彻底认知主义（在元伦理学意义上说）的。因此，伦理学问题被狭隘地同化为行为技术问题。所谓"是然"与"应然"、事实与价值之间的分离与对立也成了无意义的问题。因为在斯金纳看来，两者不仅可以同一化，而且作为经验事实的行为科学本身就是一种"价值科学"。第三，两者虽然都属于道德经验主义范畴，但元伦理学是非自然主义的和逻辑经验主义的，而斯金纳的行为技术伦理则完全是自然主义的。这不但是由于他把人的行为与动物的试验性行为相提并论，而且表现在他把人及其行为的考察和解释整个设置在一种自然因果决定论框架之中。这三点差异一方面表现了斯金纳行为技术伦理的合理性所在，即他运用行为科学排除了事实与价值之间的分离和对立，另一方面也反映出他观点的狭隘性，即唯科学的、自然化的和机械化的局限。

　　机械的环境决定论是斯金纳伦理思想的一大特征。他完全否定了传统人文科学或人本主义的方法，从反主观主义（"心灵主义"和"自主人"）的一端走向了纯客观主义的另一极端。首先，他狭隘地把人及其行为现象实例化、自然化，以动物试验的结果作为解释人和人的行为的客观依据，忽视了人所特有的超动物属性和人的自觉意识、情感、意志、理智和想象等主体因素的巨大作用乃至存在事实。其次，他片面强调环境对人的制约作用，对人之于环境的反作用也已经有意识到，但缺乏足够的深度和辩证的分析。因而不能不陷入 18 世纪法国唯物论者（以爱尔维修为最）曾经无法摆脱的循环论证之中：人创造环境，环境又决定着人，两者的关系究竟如何？其互动机制是什么？斯金纳依旧没有也无法解释清楚。尽管他对老环境论者的失足不无微词，却终究只能重蹈覆辙。

人类历史证明：人不仅受制于环境，而且创造着自己的环境；同时，他不仅被动地适应环境、创造环境，而且积极主动地按照自己的目的创造着自己的环境。在某些情况下，人甚至可以超越既定的环境而获得超越性自由。因此，人既是环境的产物或作用客体，也是环境的主人和创造性主体。按照斯金纳的理论，战俘就只能成为叛徒而不能成为英雄，因为敌方完全可以按照行为强化训练的方式，创造使战俘投降归顺的"相倚联系"或必要环境，这显然是荒谬的。另一方面，斯金纳没有看到，人类的行为创造不仅是物质性的，也是精神性的，它不仅拥有其现实合理性的价值追求一面，而且也具有理想超越性的一面。"出污泥而不染""超凡脱俗"等名言形容的是勇于超脱逆境、追求崇高理想的行为，它是斯金纳的理论所无法解释的。

总之，斯金纳的环境决定论绝不是马克思历史辩证法意义上的决定论。依照马克思主义的基本解释，人及其行为（实践）是"合规律性"与"合目的性"的辩证统一。正是这种辩证统一，才使得人类的实践行为处于不断进取和创造中，因而在遵循客观规律的同时，又不断探索和深化对客观规律的认识，最终不断地从现实走向理想、从必然王国走向自由王国的历史进程之中。从终极的意义上看，斯金纳的环境决定论仍然没有摆脱机械论的局限，最终难免导致价值观念上的消极的机械宿命论，而马克思主义的历史决定论则必将指向一种积极能动的价值观或科学的历史主义。只有从这一理论视角来比较分析，才能发现斯金纳所谓行为科学的不科学性。

第三节 马斯洛的自我实现伦理学

斯金纳的新行为主义心理学和行为技术伦理观在欧美心理学和伦理学界引起强烈反响，其中，由于它带有严重的非人性和狭隘性，也受到严肃的挑战。马斯洛的人本主义心理学和依此建立起来的自我实现伦理观便是这一挑战的典型表现。

一 马斯洛：美丽人性的信徒

阿伯拉罕·马斯洛（Abraham H. Maslow，1908～1970）出生于美国纽约布鲁克林郊区一个非犹太区的犹太家庭。他是该地区唯一的犹太裔男孩，从小就十分孤独。在回忆童年生活时他感慨地写道："我十分孤独不幸。我是在图书馆的书籍中长大的，几乎没有任何朋友。"① 书籍是少年马斯洛唯一的伙伴，他很早便开始阅读柏拉图、斯宾诺莎、怀特海、柏格森、杰弗逊、林肯等的作品。同时又过早地投入生计劳动，他做过报童、木器厂的伙计。孤独、早读和艰苦的少年生活，培育了马斯洛早熟的性格。他20岁便结婚成家，随之携妻前往华盛顿求学深造。最初，他在其导师 H. 哈洛博士的指导下研究心理学，参与猴子的试验，不久以他对猴子的性特点和主导特征考察的研究完成了心理学博士论文。当时，正值华生等的行为主义心理学盛行欧美，年轻的马斯洛也成了这一学说的崇拜者。

随着他研究范围的不断扩大，德国人创立的格式塔心理学和弗洛伊德的精神分析学也开始影响他的学术信仰。特别值得一提的是，正是他的第一个孩子的降生最终改变了他对行为主义的信奉立场。他如

---

① 转引自〔美〕弗兰克·戈布尔《第三思潮：马斯洛心理学》，吕明、陈红雯译，上海译文出版社，1987，第9页。

此感叹道："我的第一个孩子改变了我的心理学生涯，他〔指孩子〕使我从前为之如痴如醉的行为主义显得十分愚蠢，我对这种学说再也无法忍受。它是不能成立的。""当我看到这神秘的小东西时，我都有些糊涂了。那种神秘的、不能自主的感觉使我惊奇万分……我觉得任何有过孩子的人都不会成为行为主义者。"①

在马斯洛对行为主义感到失望之时，他接触到了另一种与行为主义完全不同的心理学。20世纪30年代，马斯洛受聘担任布鲁克林学院的心理学教授，举家来到纽约这座当时的文化名人的会集之地。由于希特勒纳粹在欧洲甚嚣一时，欧洲（尤其是德国）大批文化精英纷纷来到美国，纽约是当时最重要的会集中心。在这里，马斯洛结识了弗罗姆、沃特海默、罗杰斯等著名心理学家，他们中大多数人都是具有鲜明人道主义倾向的心理学家，对马斯洛此期的学术思想产生了很大的影响。第二次世界大战特别是"珍珠港事件"后，马斯洛对人道主义心理学的信念更加坚定。除此之外，还有一件事也强化了他的新学术信念：他曾亲自赴加拿大阿尔伯特北部黑足的印第安部落考察体验，与当地部落民众生活了一个夏天。他的实地调查表明，这个800多人的小部落十多年里极少发生敌意行为，绝少体罚孩子，人们的生活中充满着和善友好。这一切更加深了马斯洛对人类本性的完善之崇高信念，促使他献身于人道主义心理学这一伟大事业。

从20世纪50年代中期开始，马斯洛开始陆续发表他自诩为"第三力量"的心理学作品，直到1970年逝世前夕为止。其中最有代表性的有《动机与人格》（1954年）、《存在心理学探索》（1962年）、《人性能达的境界》（1969年）；等等。这些作品是其伦理思想的主要代表作。马斯洛是一位充满人类自豪感和完美人性理想的心理学家和伦理学家。

---

① 转引自〔美〕弗兰克·戈布尔《第三思潮：马斯洛心理学》，吕明、陈红雯译，上海译文出版社，1987，第10页。

他终生致力于人性和人道主义的"积极心理学"探索，坚信人性的健康、善良和美丽，对人类发展前景充满希望，努力寻求一种适应于健康人性之潜能充分发展的心理图式和伦理学理论，甚至于孜孜不倦地为人类的未来设计一种"优美心灵管理"（eupsychian management）的社会理想模式。他为我们提供了一种虽然不尽完善但却洋溢着理想精神的乐观主义人性化伦理学。

二 第三选择：人本主义新心理与新伦理

马斯洛曾在他好几部作品中表达过这样一种共同的观点：面对弗洛伊德主义和机械的行为主义，心理学必须而且能够寻找到冲出这两道峡谷的新方向、新道路，这就是他为之努力并视之为"第三力量""第三选择"的人本主义心理学。1968 年，当其《存在心理学探索》第二版付梓时，他在该书第二版序言中不无自豪地写道："自本书第一版发行以来，心理学领域中发生了许多重大事情。人本主义心理学……作为客观主义、行为主义（机械形态）的心理学和传统的弗洛伊德主义心理学的一种可行的第三选择，现在已经完全牢固地建立起来了。""我应该承认，我终于不得不把心理学中的人本主义倾向看成革命，这是在'革命'这个词最纯粹、最古老的意义上说的，即在伽利略、达尔文、爱因斯坦、弗洛伊德、马克思那里已经做出的革命的意义上说的，它是理解和思考的新路线、人和社会的新形象、伦理和道德的新概念，以及运动的新方向。"①

在马斯洛看来，弗洛伊德主义和行为主义的共同缺陷是没有给人和人性以充分积极的尊重，或走向人性病理化的悲观主义，或走向环境决定论的机械形态。弗洛伊德只看到人性"黑暗的一半"，华生、

---

① 〔美〕A. H. 马斯洛：《存在心理学探索》，李文湉译，云南人民出版社，1987，第 5 页。着重点系引者所加。

斯金纳等只看到人与动物的相似性的一半，两者都没有或不愿意承认人性的完美与高尚，因而只能是停留在"消极伦理学"的水平上。

他首先批判了斯金纳等的唯科学主义方法，认为他们误解了科学的本性。因之只能拘泥于"科学方法中心论"，把科学当作一种技术手段，看不到它所包含的人性本质。事实上，"科学产生于人类的动机，它的目标是人类的目标。科学是由人类创造、更新以及发展的。它的规律、结构以及表达，不仅取决于它所发现的现实的性质，而且还取决于完成这些发现的人类本性的性质"①。和其他人类研究一样，科学也必须以人性为其基础和目标，科学的中心是发现问题和解决问题，而不是脱离人类的纯粹方法论探讨。马斯洛把对待科学的态度区分为"问题中心论"与"方法中心论"两种，行为主义属于后者，它的缺陷至少有9个方面：（1）它强调技术设备，忽略科学所包含的创造意义和生命意义；（2）方法中心论往往将技师、"设备操纵者"而不是"提问者"和解决问题的人推至科学的统帅地位；（3）它过高看重"数量关系"；（4）它往往使人（科学家）去适应技术，而不是使技术适应人；（5）将科学等级化，以至最终把物理学视为最严格的科学，把人文科学视为非科学；（6）使各种科学相互分离；（7）在科学家与其他寻求真理的人之间制造分裂和对立；（8）执信"正统"，易于把新的科学技术发展视为"异端"；（9）对科学本身的范围加以越来越多的限制。②

其次，马斯洛尖锐地反驳了斯金纳对"心灵主义"的批判。他认为，人类心灵的研究不仅不是非科学的，而且有助于人类价值问题的研究。狭隘的"科学"方法无法解释人类自身的问题。人不是老鼠和鸽子，也不是猿猴，人类的动物学和生物学都不能解释价值的终极本

---

① 〔美〕A. H. 马斯洛：《动机与人格》，许金声、程朝翔译，华夏出版社，1987，第1页。

② 同上书，第14～19页。

原。斯金纳强调人与动物、人类行为与动物反应性活动之间的连续性和相似性。马斯洛则恰恰相反，他坚定地主张人有其独一无二的特殊本性，人是超动物的存在。因此，我们只能从人的本性自身去寻找价值之源。

进而，马斯洛又指出，我们必须超越行为主义的环境决定论，反对环境顺应论，从人性和人格内部来探讨人与世界、人与科学，以及科学事实与价值意义的关系，关于人与世界的关系，不是斯金纳所谓的被决定（人）与决定（世界或环境）的关系，相反，从认知上看，两者的联系或沟通"主要依赖于双方的同型性（结构或形式的类似）"。人之于世界是中心，是目的。环境固然可以改变人，但从根本上说，"世界能传递给人的仅仅是他配得上的、应得的或'企望的'；在很大程度上，他能从世界接受的和能给予世界的，仅仅是他自身的存在"。"因此，对人格内部结构的研究是理解人能传递给世界什么和世界能传递给他什么的必要基础。"①这就是说，人与世界（环境）之关系的理解最终必须以人自身的内在本性和需要为基本出发点，这是马斯洛与行为主义者在有关心理学的"学习理论"上的原则分歧。

关于人与科学或事实与价值的关系，马斯洛一方面主张两者的相通或同一（与斯金纳相似），另一方面又做出了与斯金纳完全不同的解释。他认为，两者的统一或同一是不可否认的，但决不能建立在科学对人的统治或控制这一前提上，统一的基础不是科学本身，而是作为科学主体的人。唯有从人性需要出发，才能解释科学的价值，才能建立真正的价值科学。他写道："科学是建立在人类价值观基础上的，并且它本身也是一种价值系统。人类感情的、认识的、表达的以及审

---

① 〔美〕A. H. 马斯洛：《人性能达的境界》，林方译，云南人民出版社，1987，第155页。着重点系引者所加。

美的需要，给了科学以起因和目标。任何这样一种需要的满足都是一种'价值'。"① 就人本主义心理学来说，这种事实与价值的统一便是基于人性及其发展需要这一前提而建立起来的。人本主义心理学首先研究人类心理的基本事实，在此意义上它是描述性的。但这种事实陈述本身具有内在价值意味，它的目标不只是给人们以人性需要的事实信息，使其形成合理的认识和明智的选择，更重要的是，"它还提出行动建议并意味着能达到某些结果。它帮助人形成生活方式，这不仅仅是自身内部隐秘的精神生活方式，而且也是他作为社会存在、社会一员的生活方式"②。所以，"从根本上说，一个人要弄清楚他应该做什么，最好的办法是先找出他是谁，他是什么样的人，因为达到伦理的和价值的决定、达到聪明的选择、达到应该的途径是经过'是'、经过事实、真理、现实而发现的，是经过特定的人的本性而发现的。他越了解他的本性，他的深蕴愿望、他的气质、他的体质、他寻求和渴望什么以及什么能真正使他满足，他的价值选择也就变得越不费力、越自动、越成为一种副现象"③。这就是马斯洛谓之的"经由'确实性'寻求'应该'"的心理—伦理之综合性方式。因为在他看来，发现一个人的真实本性既是一种应该的探索，又是一种是的探索。这种价值探索，由于它是对知识、事实和信息的探索，即对真理的探索，因而也正好是处于明智的科学范围内的。

可见，马斯洛与斯金纳的解释是针锋相对的：事实与价值或科学与人的统一不是前者对后者的纯粹解释和控制，而是两者共同的人性基础。正是从人性的存在和实现中，我们才发现一个被认知的现实世

---

① 〔美〕A. H. 马斯洛：《动机与人格》，许金声、程朝翔译，华夏出版社，1987，第7页。

② 〔美〕A. H. 马斯洛：《存在心理学探索》，李文湉译，云南人民出版社，1987，第5~6页。

③ 〔美〕A. H. 马斯洛：《人性能达的境界》，林方译，云南人民出版社，1987，第112页。

界与一个被希望的应然（理想）世界统一起来。所以，描述事实的心理学方法同时也是一种发现价值的方法。

如果说，马斯洛与斯金纳在科学方法问题上的对立是一种人本主义与唯科学主义的对立，那么，他与弗洛伊德的分歧则是一种积极人本主义与消极人本主义的分歧。用马斯洛本人的话来说，是一种"积极的心理学"与"消极的心理学"的对立。

马斯洛指出，弗洛伊德的心理学是一种把人病理化的畸形心理学，他和历史上的汉密尔顿、霍布斯、叔本华等一样，只习惯于戴着黑色眼镜来观察人和人的行为，所能看到的也只是人类的缺陷、病态和不健康现象。这种囿于病态人或"人类渣滓"来研究人的心理学，必然导致对人性和道德的悲观和绝望。① 在他看来，弗洛伊德的心理学至多只是提供了人性的病态那一半，与之相对，人本主义心理学则关注关于人性的健康与美丽一面，立志"把人的健康的另一半补上去"②。但这并不意味着它忽略人类心理的病态方面。马斯洛同样以批评的口吻责备了一些极端的"成长心理学"思想家只会戴着玫瑰色的眼镜去看人。他如是说："成长学派（在极端的情况下）也同样并非无懈可击，因为他们倾向于透过玫瑰色眼镜看东西，而且他们总是回避病理问题、弱点问题和成长失败问题。"如果说弗洛伊德主义是一种"全部邪恶和罪孽的神学"，那么，这种极端的成长学派则是一种"根本没有邪恶的神学"，"因此两者都同样是不正确和不现实的"③。

在马斯洛看来，唯一正确的方式只能是研究人的"整体动机"和"整体人格"，又以人的健康成长或自我实现为最高目标的积极研究，

---

① 参见〔美〕A. H. 马斯洛：《存在心理学探索》，李文湉译，云南人民出版社，1987，第44页。

② 参见〔美〕弗兰克·戈布尔：《第三思潮：马斯洛心理学》，吕明、陈红雯译，上海译文出版社，1987，第18页。

③ 〔美〕A. H. 马斯洛：《存在心理学探索》，李文湉译，云南人民出版社，1987，第45页。

这就是所谓的"积极的心理学"。他总结写道："总之，如果我们对人类的心理学感兴趣，我们就应该使用自我实现的人、心理健康的人、成熟的人和基本需要已经满足的人作为研究对象。因为他们比通常符合一般标准或者正常的人更能真实地代表人类。与目前的消极心理学——由研究病人或普通人而产生的心理学相比，通过研究健康人而产生的心理学可以被称为积极的心理学。"① 然而，现代心理学似乎对人的消极方面更感兴趣，所取得的成果也似乎更大一些。但问题的根本却在于研究人类心理的积极方面，只有这样，心理学才能真正肩负起为人类的幸福和发展指引航向的神圣使命，才能为人类道德现象的科学解释和价值目标的充分实现提供科学的人性主体基础。

三 动机—需要理论

如何研究人性？如何研究健康人的成长？马斯洛认为这两个问题构成了人本主义心理学的基本课题，也构成了新心理学之新伦理观的基本内容。围绕这两个课题而展开的心理—伦理理论也分为两大部分：其一是关于人性和价值起源的基本动机理论或需要理论；其二是关于人和人性充分发展的自我成长或自我实现理论。两部分相辅相成，共同组成马斯洛心理学和伦理学的主体。

让我们先考察一下马斯洛的基本动机—需要理论。

马斯洛认为，人的基本动机和需要及其满足，"是构成一切健康人发展基础的、最重要的、唯一的原则"②。这一原则的基本含义是：人是一个复杂的生命有机整体，他有不同层次的需要，这些需要构成他行为最基本的内在动机。在高低不同的需要层次之间，低级的需要

---

① 〔美〕A. H. 马斯洛：《动机与人格》，许金声、程朝翔译，华夏出版社，1987，第340页。
② 〔美〕A. H. 马斯洛：《存在心理学探索》，李文湉译，云南人民出版社，1987，第51页。

是基本的，只有在较低级需要得到满足后，人们才会产生较高级的需要；反过来说，低级需要的满足必然促使人产生较高级的需要。需要永无终止，因而人的成长和自我实现也是一个无限升华的过程。马斯洛将这一原则称为把整体人的复杂动机结合在一起的"整体论原则"或"整体动机理论"。

依据这一原则，马斯洛首先阐释了关于动机的 16 个命题。简明起见，我们将其概括为：（1）作为一体化的整体个人；（2）作为非普遍性典型的饥饿；（3）手段与目的；（4）欲望与文化；（5）动机的复杂多样性；（6）动机之促动状态；（7）各动机之间的关系；（8）内驱力；（9）动机生活的分类；（10）人的动机与动物动机（"应以人为中心，而不是以动物为中心"）；（11）动机与环境（"应以有机体或性格结构为中心而不是以环境为中心"）；（12）整合作用；（13）无动机行为；（14）达到目的之可能性；（15）现实影响；（16）了解健康的动机（应以健康的人为中心，而不是以病态者为中心）。① 这 16 个命题实际是马斯洛动机—需要理论的前提论证，只有考虑并遵循这些要求，才能进一步弄清楚人的基本动机和需要的具体内容。

马斯洛指出，人的行为动机发自人的内在需要，这些需要有着高低不同的层次结构，最基本的需要可分为五个层次。

第一是人的生理需要（the physiological needs）或称基础需要，也就是作为有机生命体的个人对生存的需要。它是人的所有需要中最基本和最强烈的一种，只要人缺少衣食住行，他就无法欲求别的，其他一切需要都得推延。一般来说，各派心理学都较注重这一需要层次，但对此往往容易产生误解。行为主义把人的生理需要混同于动物

① 参见〔美〕A. H. 马斯洛《动机与人格》，许金声、程朝翔译，华夏出版社，1987，第 23～39 页。

式的生理冲动；霍布斯、叔本华等则只看到生理需要尚未满足时的表象，并以此来刻画整个人性（天性为恶）。马斯洛认为，强调人的生理需要的基础性质是对的，但我们不仅要看到它的产生和表现，还必须看到它得到满足后的人类行为的动机状态。特别是在当今人类生理需要基本达到满足程度的情况下，更要如此。

第二是安全需要（the safety needs）。它是在生理需要得到满足后继发的一种对生命有机体安全运转机制、作用和工具的追求。同生理需要一样，它也是客观的、必然的，是对生命存在和生长的基本要求，在未成年人（尤其是婴儿）或软弱的人身上表现得更为明显和强烈。

第三是归属和爱的需要（the love needs）。前两种需要满足后，人就会产生比单纯生存愿望更高的需要，首先表现在人的情感方面。人需要爱情、社交和友谊，需要理解和被理解，需要找到一种情感的归属和依托。马斯洛特别强调指出："爱和性并不是同义的。性可作为纯粹的生理需要来研究。爱的需要既包括给予别人的爱，也包括接受别人的爱。"[1] 现代心理学只偏重于性研究，而对真正的爱却缺少深入了解。他批评弗洛伊德把爱和性混为一谈，甚至把性本能夸大为人的唯一基本需要或行为的原动力，因而看不到人性高尚和友爱的方面。

第四是自尊的需要（the esteem needs）。马斯洛认为，自尊和受人尊敬是健康人所具有的一种更高层次的自我肯定性需要。他写道："除少数病态人之外，社会上所有的人都有一种对他们的稳定的、牢固不变的、通常较高的评价的需要，有一种对自尊、尊重和来自他人尊重的需要。这种需要可分为两类：其一，对于实力、成就、适当、

---

[1] 参见〔美〕A. H. 马斯洛《动机与人格》，许金声、程朝翔译，华夏出版社，1987，第51页。

优势、胜任、面对世界的自信、独立的自由等欲望。其二，对于名誉或威信（来自他人对自己尊敬或敬重）的欲望。"① 这就是说，自尊有两种，一种是个人对自我能力和成就的自信和自重，另一种是他人对自己权威或威信的敬重。但两者间并无截然的界限。一般说来，个人内在的自信不仅要有真实的自我实力和才能做基础，而且须通过他人的评价和敬重才能显现。从这一意义上讲，自尊的需要更主要是一种社会价值的需要。所以，马斯洛又说："最稳定和最健康的自尊是建立在当之无愧的来自他人的尊敬上，而不是建立在外在的名声、声望以及无根据的奉承之上。"② 他还谈到，一个人的自尊需要得到满足，将会极大地增强他奋斗的信心和动力，促使他向更高的人性层次奋进。反之，自尊需要受挫，将会严重伤害其追求动机和自信心，使人产生心理压抑和忧郁。顺便指出，马斯洛也谈到了人对自由的需要，但他认为，迄今为止我们尚未找到足够的证据证明，自由是不是人类基本需要或动机中的普遍因素之一。对于少数生来为奴隶的人来说，他们的自由是无从谈起的。

第五是自我实现的需要（the needs for the self-actualization）。马斯洛说："一个人能够成为什么，他就必须成为什么，他必须忠实于他自己的本性。这一需要我们就可以称之为自我实现的需要。"③ 按他的考证，"自我实现"这一术语是由戈尔德斯坦（K. Goldstein）首创的。但事实上，现代许多哲学家和伦理学家都用到过这一概念，如布拉德雷、石里克等。它的基本含义是发挥和实现人自身的潜能或才能，达到自我本性力量的圆满实现。依此意，可以说亚里士多德的"圆满实现"（entelechy）概念便包含了这种思想。

---

① 〔美〕A. H. 马斯洛：《动机与人格》，许金声、程朝翔译，华夏出版社，1987，第51~52页。
② 同上书，第52页。
③ 同上书，第53页。

在马斯洛这里，自我实现是指人在满足前四种层次的需要之后所产生的最高人性动机和欲望，它的本质就是人性的充分实现或人之为人的完成，也就是"一个人越来越成为独特的那个人，成为他所能够成为的一切"①。他还把前四种需要得到满足的人称为"基本满足的人"，把自我实现需要得到满足的人称为优越卓杰的人；甚至形象地谈到，在正常情况下，需要层次越高，能获得满足越少，可达自我实现境界者不过十分之一。

五层次需要理论是马斯洛动机理论的基础，围绕这一需要系统，马斯洛作了一系列的辅助性说明。

第一，他指出，除上述五种基本需要之外，还有认知和理解的需要、审美需要等也构成了人类行为动机系统的重要因素。在许多情况下，这两种需要也是促动人类心理活动和行为的内在原因，只不过不及上述五种需要普遍而已。

第二，他阐明了五种基本需要满足系统的联系或作用的规律、原理。他指出："人类动机生活组织的主要原理是根本需要按优势或力量的强弱排成等级。给这个组织以生命的主要动力原则是，健康人的优势需要一经满足，相对弱势的需要便会出现。生理需要在尚未得到满足时会主宰机体，同时迫使所有能力为其服务，并组织它们以使其达到最高效率。相对的满足平息了这些需要，使下一个层次的需要得以出现。后者继而主宰组织这个人……"②

第三，他客观地分析了超出上述原理的特殊的需要满足现象。这表现在三个方面。其一，人的需要满足一般是按照由低向高的层次递升运行的，但在特殊情况下，也有倒置或不规律的现象。一个饥饿的人未必就没有爱的需要，也未必不能获得爱的满足。其二，某些情况

---

① 〔美〕A. H. 马斯洛：《动机与人格》，许金声、程朝翔译，华夏出版社，1987，第53页。着重点系引者所加。
② 同上书，第69页。译文略有变动。

下，人的需要满足并不一定是顺序状态，而是相互交织，甚至是错杂重叠状态的。其三，在特殊情况下，"高级需要也许偶尔不是在低级基本需要的满足后出现的，而是在强迫、有意剥夺、放弃或压抑低级基本需要及其满足后出现的（如禁欲主义、理想化、排斥、约束、迫害、孤立等强化作用）"[①]。

第四，马斯洛还阐述了基本需要满足的先决条件或"直接前提"，"它们包括言论自由、在无损于他人的前提下的自由行动，表达自由、调查研究和寻求信息的自由、防卫的自由，以及集体中的正义、公平、诚实、秩序等等"[②]。这里的所谓先决条件，实际是指个人需要满足的社会条件，但马斯洛没有具体展开。

第五，马斯洛辨析了基本需要与本能的关系，提出了基本需要具有"似本能性质"（instinctoid quality）的见解。他反对把基本需要混同于先天本能的观点，同时也不赞同将其完全视为后天环境影响的结果。他指出："本能论者和他们的反对派的严重错误都在于用非此即彼的两分法而不是按照程度和差异来考察问题。"[③] 实际上，人的基本需要既有先天给定的成分，也有通过后天学习获得的因素。纯粹的遗传因素缺乏基本的意向性和意动性，不能作为基本动机理论的凭借。弗洛伊德的"本我"、达尔文的"生存欲望"和"自然竞争"、神学家们的"原罪"等都是一种本能性概念。真正对基本动机理论具有决定性意义的是人的基本需要，它在某种程度上是先天给定的，而与它们有关的行为、能力和情感却是后天获得的。因而它们不是纯本能的，而是先天因素与后天学习因素之综合的似本能系统。马斯洛说："我们主要的假说是：人的欲望或基本需要至少在某种可以察觉的程

---

① 〔美〕A. H. 马斯洛：《动机与人格》，第 69 页。译文略有变动。原译将"偶尔"一词置于系动词"不是"之后，有误原意。

② 同上书，第 54 页。

③ 同上书，第 92 页。

度上是先天给定的。那些与此有关的行为或能力、认识或情感则不一定是先天的，而可能是（按我们的观念）经过学习或引导而获得的，或者是表现性的。"①

第六，马斯洛具体论述了高级需要与低级需要的特征和关系。这一论述含 16 个论点。简明起见，我们将其概述如下：（1）从种系或进化上看，高级需要出现较晚，低级需要则较早；（2）就个体而论也是如此；（3）需要越高级，对纯生存维系就越不迫切；（4）生活水准越高，生命体的生物效能越佳；（5）从主观来讲，高级需要也不如低级需要迫切；（6）高级需要的满足能引起更合意的主观效果，即更深刻的幸福感、宁静感，以及内在生活的丰富感；（7）追求高级需要的满足代表了一种普遍的健康趋势；（8）高级需要的满足需更多的前提条件；（9）其实现亦需更好的外部条件；（10）经过高低级需要满足的人往往认肯前者的价值更高并愿为之忍受和牺牲低级需要；（11）"需要层次越高，爱的趋同范围就会越广"；（12）需要越高，就越少自私或越能产生有益于公众和社会的效果；（13）高级需要的满足比低级需要的满足更接近自我实现；（14）"高级需要的追求与满足导致更伟大、更坚强以及更真实的个性"；（15）需要层次越高，心理治疗就越容易、越有效；（16）"低级需要比高级需要更部位化、更可触知，也更有限度"②。

从动机的 16 个命题→基本需要五层次系统→基本需要之系统作用的基本规律和原理→满足需要的基本条件→基本需要的似本能性质及其与本能之区别→高低需要之间的关系等问题的论述，构成了马斯洛基本动机—需要理论的逻辑演绎图式。应该说，这不失为一种系统的理论范型，其中的许多论证有较充分的经验科学论据和材料证明，

---

① 〔美〕A. H. 马斯洛：《动机与人格》，许金声、程朝翔译，华夏出版社，1987。
② 关于这 16 个方面的详细论述，请详见同上书，第 115～116 页。

因而在一定范围内具有其合理性。问题在于，马斯洛对需要满足的社会方式的论述只限于一般心理学的界定，没有能更进一步对其做出具体历史的解释。在这一点上恰恰显示出马斯洛与马克思关于人类需要理论的重大区别。可以说，两人同样关注人类的基本需要及其满足的客观事实，但马克思从不泛谈人的需要，更不是把它简单地归结为人性之自我实现的概念范畴。相反，他更注重也更深入地探讨了人类基本需要获得具体满足的特殊社会历史条件，以及不同性质的社会条件下人的需要形成与满足的不同历史特征和社会文化特征，因而具备更科学的现实主义和历史唯物主义精神。而马斯洛关于人的基本需要的理论在根本上还只是限于心理学范畴的一种动机理论，缺乏广阔的社会文化透视。

而且，就马斯洛需要—动机理论本身来说，也还留有许多尚待充实的地方。例如，关于人的基本需要作为行为动机的内在转化机制，马斯洛还没有充分论述需要如何直接成为动机的。严格地说，需要本身还只是一种主观愿望，而动机虽属主观范畴，但是已进入行为过程（通常被视为行为发生的起点或起因）的一个阶段，两者关系密切，却并不是一码事。此外，人的需要是广泛的发展的，它不仅随个人的成长而变化，而且也随外部环境或条件的变化而变化。马斯洛自己在后来也意识到了这一点，在《存在心理学探索》等著作中又提出了一种"超需要"和"超动机理论"。尽管如此，以需要规定行为动机的做法仍有很大局限。

四　自我实现理论

"自我实现"是马斯洛人本主义心理学的理论标志，也是其伦理学的核心。从逻辑上看，它既是马斯洛基本需要—动机理论的最高层次，也是其整个心理学和伦理学的最高价值目标。

马斯洛对自我实现问题的探索肇始于他的研究生时代。据他本人讲，最初思考这一问题的动因是他的两位教师所表现出来的卓尔不群的优秀品格。他们为何如此优秀？马斯洛心底发出了这样的疑问。随着他渐次转向人本心理学研究，最终确立了这样一种信念：人类是一种拥有无限发展可能或潜能的存在，优秀个人的产生是最大限度地实现其自身潜能的结果。由此，他找到了与弗洛伊德的"病态人"完全不同的研究起点，这就是把优秀的个人作为心理学的研究对象。在他看来，既然我们把心理学作为消除人类缺陷并使人达到幸福的科学，就不应消极地研究人，或只把眼光盯在少数劣者的身上。相反，我们应当以积极的态度研究人，探索人最大的发展可能。比如说，如果我们要研究人究竟能跑多快，就该以获奥林匹克运动会金牌的运动员为研究对象，而不应以双腿残疾的人为研究对象。同理，假如我们想知道人类精神成长、价值成长和道德成长的最佳可能，则"只有研究我们最有德性、最懂伦理或最圣洁的人才能有最好的收获"[①]。这也就是探索"人性能达的境界"，为人的完善和发展指明道路。

什么是自我实现？马斯洛首先通过实例调查和归类总结出自我实现者的个人品质，包括优秀的和缺陷性的。他将历史上的伟人和名人归为完全类型（如林肯、爱因斯坦等人）、不完全类型（如伯特兰·罗素等人）和潜在性类型（如马丁·布伯等）三类，将他们的优秀品质概括为14个方面：（1）对自我、他人和自然的积极接受态度；（2）自发性、坦率、自然；（3）以问题为中心；（4）超越独立的特性；（5）自主性；对文化和环境的独特性；意志；积极的行动者；（6）欣赏的不断更新；（7）神秘经验，海洋般的感情；（8）社会感情；（9）自我实现的人际关系（更深厚、深刻、广泛、更融合崇高）；（10）民主的性格结构；（11）区分手段与目的、善与恶；（12）富于哲理的、善意的

---

① 〔美〕A. H. 马斯洛：《人性能达的境界》，林方译，云南人民出版社，1987，第12页。

幽默感；（13）创造力；（14）对文化适应的抵抗或曰超脱文化之习惯的力量。

然则，金无足赤，人无完人。自我实现者也不是完美无瑕，他们也有其固有的品格缺陷，这表现在：（1）"无情"，马斯洛又称之为"一种外科医生式的冷静"；（2）坚强的性格，即"不太为舆论所左右"；（3）社交的不适和不热衷；（4）过于仁慈、怜悯而失措（如误婚等情况）；（5）有时也有罪恶感、焦虑、悲伤、自责和内心冲突等情态发生。①

在上述实例归类分析的基础上，马斯洛对自我实现作了如下定义："'自我实现'这个术语……强调'完美人性'，强调发展人的生物学上的基础本性，因而这个术语对于整个人类是标准的（在经验上），而不只是对于特定时间和地点的人是标准的。也就是说，它与文化的相关是较少的。'自我实现'遵循生物学上的命运，而不是像'健康'和'疾病'通常那样遵循历史的专断和文化地域的价值模式。另外，它也具有经验的内容和操作的意义。"② 又说："我们可以把自我实现定义为一种插曲（episode）或一种迸发（spurt），在这种迸发中，这个人的能力以特别有效的和剧烈快乐的方式一起到来了，这时，便是更多整合而较少割裂的，对体验是更坦率的，更有特异性的，更完全表现或自我的，或充分运行的，更有创造性的，更幽默的，更超越自我的，更独立于他的低级需要的，等等。在这些插曲中，他更真正地成了他自己，更完善地实现了他的潜能，更接受他的存在核心，成了更完善的［人格］。"③ 按马斯洛的上述定义概而言之，所谓自我实现即是人的天赋、潜能、才能等人性力量的充分实

---

① 详见〔美〕A. H. 马斯洛：《动机与人格》，许金声、程朝翔译，华夏出版社，1987，第 182～207 页。

② 〔美〕A. H. 马斯洛：《存在心理学探索》，李文湉译，云南人民出版社，1987，第9 页。

③ 同上书，第 88 页。

现，也就是成为他所能成为的存在。

然则，马斯洛认为，按照自我实现的本义来理解，它似乎存在不少易于引起误解的地方。这表现在以下六个方面：其一，"似乎它含有利己的而不是利他的意味"，因为某人的自我实现似乎并不包括他人；其二，"似乎它忽视了对人的义务和贡献"，因为它强调的是自我目的的实现和所得，而不是对他人和社会的义务和贡献；其三，"似乎它忽略了与别人和社会的联系，忽略了个体的实现决定于'健康的社会'"；其四，"似乎它忽略了非人的现实所具有的需求特性及其固有的迷惑力和影响"，即忽略了其他存在的需要与满足；其五，"似乎它忽略了无私和超越的自我"，这是与第一、二、三点相联系的；其六，"似乎它强调的是能动性而不是被动性和接受性"[①]。不难看出，马斯洛提出这六种缺陷是似是而非的，他的目的并不是真的承认"自我实现"这一关键术语的固有局限，而是为了防止人们对它可能产生的误解而有意识预先设定的。因此，他最终否定了上述可能性，并指出："对'自我实现'术语产生的这些颠倒看法，是因为没有顾及我仔细描述过的那些经验事实，即自我实现的人是利他的、献身的、超超自我的、社会性的人。"[②] 为了消除上述可能的误解，马斯洛具体阐述了自我实现者的普遍特点。

第一，他认为自我实现的人是生理上成熟而健康的人。青少年谈不上自我实现，因为他们连基本的生理潜能都尚未完全实现。自我实现者大都是 60 岁左右或以上者，只有这一年龄区域的人才能达到人性充分实现的境界。马斯洛认为，自我实现者必须具有健康成熟的灵与肉之统一发展的生命存在，而健康的人至少具有 13 种特征，[③] 这些

---

① 〔美〕A. H. 马斯洛：《存在心理学探索》，李文湉译，云南人民出版社，1987，第 9～10 页。
② 同上书，第 10 页。
③ 同上书，第 21～22 页。

特征与前述自我实现者的 14 种优秀品质大体相近，故而他又把自我实现者称之为"健康成熟者"。

第二，自我实现者的生长动机不再是一种"缺乏性需要"的满足，而是"成长或自我实现的激发之满足"。马斯洛将前四种基本需要都称之为缺乏性需要，把自我实现的需要归为满足性或最高实现的需要。只有在缺乏性需要已得到全部满足后，人才能进入自我实现的需要。不同性质的需要产生不同的追求和动机，所以缺乏性需要与自我实现的需要具有 11 种差异。（1）对动机的态度不同：或抵制或认可。（2）满足的效应不同：或停止或继续追求。（3）愉快的种类不同：缺乏性需要的满足只能产生一般性愉快，而自我实现的满足则可达到"高峰体验"。（4）达到的境界不同：非目的状态或目的状态。（5）所产生的爱之目标不同：或种种广泛普遍的或特异奇妙的。（6）对环境的关系不同：或依赖或独立，或畏惧逃避或积极接受。（7）人际关系上的不同：自私的与无自私自利的。（8）自我显现不同：或自我中心或自我超越。（9）人格改善的不同：依赖性治疗与自我改善、反省、沉思和检查。（10）学习行为上的不同：作为手段的学习与作为人格完善之改变的学习。（11）知觉产生的原因不同：或由缺乏而激发或由成长而激发。从 11 个方面反映了两种不同性质类型的需要满足之本质特征，也从需要—动机理论方面证明了自我实现者的需要满足之特有性质。

第三，自我实现的人具有一种深刻的非需要性的爱之情感，马斯洛把它（与缺乏性的爱相对照）称为"存在爱"（Being-love）。这种爱不是占有性的，而是喜欢性的。它永远不会完全满足，但能带来无尽的内在欢乐。它本身即是目的，而非手段。同时，它还充满神秘和美感，纯真而有益健康，比任何爱都更丰富、深刻而令人满足。它还是给予性的，因为它更能深入别人的内心、知觉别人、体悟别人，直至全人类。①

第四，创造性是自我实现者的突出特征。马斯洛认为，自我实现的人最富于创造性，他们的创造性直接来自内在的"原初过程"与"二级过程"的融合，即生命原动力与理想追求的统一，而不是来自被控制的消极冲动。自我实现者的创造性首先是一种人格的完善和人性的充分实现，而不是它所带来的成就或效果。成就只是健康人格"放射出来的副现象"。再者，自我实现的创造性强调性格上的"品质"，包括大胆、勇敢、自由、自发性、明晰、整合、自我认可等"一切能够造成这种普遍化的自我实现创造性的东西"。它强调的是创造性的态度或创造性的"人"，所以，这是存在的品质，而不是手段性（即用以"解决问题或制造产品"）的品质。所以，马斯洛又形象地把自我实现的创造性比喻为阳光，它"放射到或散发到或投射到整个生活之中，……它像阳光照射一样，……使一切东西成长。"②

第五，马斯洛认为，自我实现只是少数杰出非凡者才可达到的卓越境界，百分之九十以上的大多数人则只能是可望而不可即。他明确地说："自我实现只有在为数很少的人那里才是相对完成的'事态'。但在大多数人那里，自我实现只是希望、向往和追求。"③ 虽然自我实现者为数不多，但他们代表着人类努力的方向，体现了人性能达到的境界。同样，虽然他们卓尔不群，有时难为普通人所理解，但他们对自己与整个人类的联系却有着深邃而敏感的理解。他们能与正常人保持友好关系，也能对不正常者持有深入的洞察和同情。他们理解人性的底蕴，能够充分地表现人性。因而，他们可以超越各种自然的和社会文化的界限（如肤色、人种、种族、国家、信仰、阶级、教育和政

---

① 参见〔美〕A. H. 马斯洛《存在心理学探索》，李文湉译，云南人民出版社，1987，第 37~39 页。马斯洛从 9 个方面论述了缺乏性爱与存在爱的区别，限于篇幅，不作赘述。
② 同上书，第 131 页。
③ 同上书，第 144 页。

治信念等），把真正的人性之情和人类之爱施诸广大的人类，从而赢得大多数人的景仰和崇拜。自我实现的人是人类应当普遍追求和效仿的楷模。

那么，人们又如何达到这种实现的境界呢？马斯洛在他晚年的著作中具体回答了这一问题。他以为，个人趋向自我实现的途径有8条。

（1）"自我实现意味着充分地、活跃地、无我地体验生活，全神贯注，忘怀一切。它意味着不带有青春期自我意识的那种体验。在这一体验时刻，个人完完全全成为一个人。"[1] 这是对自我实现境界之体验的特征描述，也是对人们趋向这一境界的主体状态的要求。

（2）"做出成长的选择而不是畏缩的选择就是趋向自我实现的运动"[2]。马斯洛深受萨特等人存在主义思想的影响，把人生视为一系列的"选择过程"。但选择本身有两种：一是前进的、趋向成长的积极选择；二是趋向防御、安全、萎缩的消极选择。唯前者才能趋向自我实现。

（3）抛弃传统的被动环境论观点，"要倾听内在冲动的呼唤"，"让自我显现出来"[3]。人不是一块待写的白板，也不是一堆待塑的泥土，而是一种内含无限潜能的主体性价值存在，因而要达到自我实现，关键不是求助或等待外在于人的其他因素，而在于首先求诸己，顺应人性的内在要求，聆听其吩咐，使自己充分显现出来。

（4）敢于直面问题，"反躬自问意味着承担责任，这本身就是迈向自我实现的一步"[4]。勇于探索，勇于反省，勇于承担责任，是趋向自我实现的必要条件。

---

① 〔美〕A. H. 马斯洛：《人性能达的境界》，林方译，云南人民出版社，1987，第52页。
② 同上书，第52页。
③ 同上书，第53页。
④ 同上书，第53页。

（5）上述四个方面的综合是迈向自我实现的基本步骤。

（6）要趋向自我实现，还必须不断进取。因为"自我实现不只是一种结局状态，而且是在任何时刻、在任何程度上实现个人潜能的过程"①。马斯洛把这种过程描述为一种既有"渐变"又有"突变"的过程，它永无终止。

（7）必须把自我实现带来的高峰体验视为"自我实现的短暂时刻"。何为"高峰体验"？马斯洛有如下界说："高峰体验仅仅是善和合乎需要的，而且从来没有被体验为恶的和不合乎需要的。这种体验本质就是正当的；……是完善的、全面的，而且不需要任何其他东西作为补充，它本身就是充分的。它被认为在本质上是必然的和不可避免的。它的善正像它应该成为的那样。"② 高峰体验的主要特征是，"这种对眼前问题的完全着迷，它沉湎于现在，超脱于时空"。这种特征的具体表现有 17 个方面，它们是：放弃过去；放弃未来；单纯；意识收缩；忘我或自我意识的丧失；自我意识的抑制；畏惧丧失；防御和抑制的减轻；接受之肯定态度；信赖与考验、控制、力争的对立；道家式的承受；存在认知者的整合；容纳探究始发过程（心理的）；审美式的观察代替抽象；最丰满的自发；对个体独特性最充分地表达；人与世界的融合（天人合一）。③ 显然，高峰体验代表着自我实现的辉煌时刻，而非全部过程，因之不能停留或迷惑于此，须不断进取超越。

（8）"帮助个人正确认识自己，正视自己的心理病，放弃心理防御"是引导人们摆脱精神心理病负担，走向健康成长并最终趋向自我实现的重要途径之一。心理学是帮助人们正确认识自我本性和人生的

---

① 〔美〕A. H. 马斯洛：《人性能达的境界》，林方译，云南人民出版社，1987，第55页。

② 〔美〕A. H. 马斯洛：《存在心理学探索》，李文湉译，云南人民出版社，1987，第73页。

③ 参见〔美〕A. H. 马斯洛《人性能达的境界》，林方译，云南人民出版社，1987，第66～74页。

科学，它不能像弗洛伊德的精神分析那样，满足于揭人性之短，给人以悲观和沉重。也不能像行为主义那样只关心人之外的世界和对人性的严格控制，使人成为环境的奴隶。它应该揭示整体人性，给人指明一条通向自我实现的光明道路，这才是人本主义心理学特有的神圣伦理意义所在。

然而，马斯洛认识到，自我实现的主题还有许多尚待解释的问题，特别是在他接触到存在主义哲学之后，更感到有进一步完善这一理论的必要。因此，他在提出了人本主义心理学和伦理学基本体系之后，又进一步提出了"走向存在心理学"的主张，并以"存在"和"存在价值"为中心，对需要—动机理论和自我实现理论展开了新的论述。

五　走向存在：超动机论和存在价值观

20 世纪 60 年代初，存在主义思潮席卷美国。由于存在主义（特别是萨特）带有强烈的人道主义色彩，直接影响到马斯洛等人的人本主义心理学。他一方面出于完善其理论的动机，接受了存在主义的许多观点；另一方面，他在认真分析存在主义对心理学的影响之后，[①]力图引入一些存在主义哲学观念来充实拓展其价值理论。

马斯洛认为："存在主义不仅能丰富心理学，而且它也是建立心理学的另一分支，即充分展开和可以依赖的自我及其存在方式心理学的附加推动力。"[②] 他接受了苏蒂奇的"本体心理学"（onto-psychology）概念，把他用存在主义改装后的人本主义心理学称之为"存在心理学"（being-psychology），或"本体心理学"、"超验心理

①　马斯洛从 15 个方面分析了这种影响。参见〔美〕A. H. 马斯洛《存在心理学探索》，李文湉译，云南人民出版社，1987，第 8 ~ 14 页。

②　同上书，第 15 页。

学"（transcendental-psychology）、"完善心理学"、"目的心理学"；等等。① 在他看来，存在心理学不仅要研究人的基本需要、动机和自我实现，而且也要研究人的"发展需要"或"超越需要"（metaneeds，亦译为"超需要"），以及基于这种需要所产生的"超越动机"（meta-motivations，亦译为"超动机"），研究作为价值存在的人的实现。它的基本内容至少包括以下 15 个方面。

（1）讨论目的（而不是手段或工具）；目的状态，目的体验（内在的满足和愉快）；人……使手段变成目的、使手段活动转化为目的活动的技术……

（2）讨论终结和末端状态，即完成、顶点、终局、结尾、全体、极限、完美……

2a）完成和终局的不愉快、悲剧状态，只要它们能产生存在认识……

（3）觉得完美、认为完美的状态。完美概念。理想、模式、极限、范例、抽象定义……

（4）无欲求、无目的状态，无缺失性需要，无激动、非竞争、非努力状态，享受奖赏、得到满足的状态。取得效益……

4a）无畏状态；无焦虑状态；勇气；无碍的、自由的流动，无抑制、无阻挡的人性。

（5）超越性动机……成长动机。"非激发的行为"表现；自发性。

5a）纯（始发的和/或整合的）创造的状态和过程。纯此时此地活动……即席创作。人与情境（问题）的相互吻合，以人—境融合作为一种理想限度的运动。

---

① 参见〔美〕A. H. 马斯洛《人性能达的境界》，林方译，云南人民出版社，1987，第128 页。

（6）关于希望（或注定的目标、使命、命运、天职），自我的完成的描述、实证以及临床上或人格学上或心理测量上说明的状态（自我实现，成熟、充分发展的人，心理健康……真正自我的得到，个体性的完成，创造性人格、自我同一性、潜在势能的领悟、确认或实现）。

（7）存在认知……

7a）存在认知发生的条件。高峰体验。最低点和孤寂体验。死前存在认知……

（8）超越时间和空间……

（9）神圣的东西……

（10）单纯状态……

（11）倾向降低整体的状态，即倾向宇宙、倾向全部实在，以一种统一的方式看实在……

（12）观察或推论出的存在特征（或价值）。存在王国（参见表18－1）。统一的意识……

（13）二歧（两极、对立、矛盾）已经得到解决（被超越、相合、相融合、整合）的一切状态……

（14）一切协同状态……

（15）能使人的困境（存在的两难处境）暂时得到解决、整合、被超越或被遗忘的状态，如高峰体验、存在幽默和笑，"愉快的结局"① ……

显然，马斯洛关于其存在心理学内容的冗长规定与其人本心理学有很大的不同。如果说，他前期的人本心理学的研究重心是人的基本需要、动机和人之潜能的实现，那么，他的存在心理学则主要是以人的超越动机和超越需要为主题，探索作为价值存在的人（而不只是心

---

① 参见〔美〕A. H. 马斯洛《人性能达的境界》，林方译，云南人民出版社，1987，第128~133页。

理的人）的发展需要或成长价值，因而更接近于一种价值哲学和伦理学探讨，具有浓厚的形而上色彩。换言之，马斯洛的存在心理学是其人本心理学的价值学延伸，虽然两者仍保持着人本主义这一内在主线，但已包含着一种从心理动机走向价值存在的超越动机、从心理人走向价值人、从心理学层次趋向心理—哲学层次的升华。因此，存在心理学的中心已不再是人的基本需要和基本动机，而是人趋向价值存在的超越需要和超越动机；它所关切的心理现象不再是需要匮乏而引起的各种心理、生理病症，而是人作为价值存在的超越性追求和自我实现的受挫所酿成的"超越性病状"（metapathology）或"灵魂病"。① 质言之，它的本旨不是需要的满足，而是存在的价值。

什么是"存在的价值"？马斯洛首先说明了"存在"的意义。在他晚年的作品中，他特别解释了《存在心理学探索》一书中所使用的"存在"一词的含义。他指出，他使用的"存在"术语有五个方面的含义。（1）它指代"整个'宇宙'、每一存在物、实在的一切"。（2）它指代"'内核'、个人的生物本性——他的基本需要、能力、爱好；他的不能再简化的本性；'真正的自我'（霍尼）；他的内在的、根本的、固有的本性；同一性。由于内核既是遍及全类的……又是个体的……这个说法能表示'成为丰满人性的'和/或'成为完全特异的'"。（3）"存在意味着'表现一个人的本性'，而不是竞争、努力、紧张、意愿、控制、干预、命令……"（4）"存在能指'人'、'马'等概念"。（5）"存在能表示发展、成长和变化的'结局'。它指代最终的产物或限度，或目标，或变化的末端，而不是变化的过程，……"② 由此看出，马斯洛对"存在"一词的解释并不同于存在主义哲学家们的理解。他不仅保留了"人性""需要满足"这样一些

① 参见〔美〕A. H. 马斯洛《人性能达的境界》，林方译，云南人民出版社，1987，第50～51页。
② 同上书，第134～135页。

心理学注释，而且也赋予它某种宇宙论和世界观的意味。"存在"既指宇宙间的一切实存，也指人性的实现或需要满足状态。从这里，我们不难理解马斯洛为什么把人本心理学和存在心理学只视为现代心理学的第三期发展（继精神分析、行为主义之后），并把它作为未来心理学的第四期发展——"宇宙心理学"的诞生前奏的良苦用心了。[①]然而，马斯洛借用"存在"这一术语的主要动机，是想用以表达人在基本需要获得满足之后所形成的对更高价值目标的超越性追求及其体现的更充分的人性和价值意义。

所以，马斯洛按照上述"存在"的界定，对存在的价值做了具体的分类。在他看来，"存在的特征也就是存在的价值"[②]。或者反过来说，存在的价值即是存在之特征的本质体现。它具体可分为 14 种。顺便说明，马斯洛对存在价值的分类有两种不完全一致的陈述，一种是在《存在心理学探索》一书中的分类陈述；[③]另一种是在《人性能达的境界》一书中的分类陈述。两相比较，我们认为后者更全面些。又由于马斯洛把这些存在价值归于人的发展需要的范畴，所以，就其内在特性而论，它们的解释应诉诸超越动机理论，比基本需要—动机理论具有更高的价值层次。简明起见，我们用表格概述马斯洛的整个理论——需要—价值理论（见表 18 - 1）。

表 18 - 1 只是对马斯洛需要—动机理论和存在价值理论的大致归类。应该说明以下几点。其一，马斯洛的超需要和超动机理论与其存在价值论的分类是大致吻合的。这是因为，在他看来，价值的特性即需要满足的特性，存在价值作为人的自我实现之最高体现，即是其超

---

① 参见〔美〕A. H. 马斯洛《存在心理学探索》，李文湉译，云南人民出版社，1987，第 6 页。

② 参见〔美〕A. H. 马斯洛《人性能达的境界》，林方译，云南人民出版社，1987，李文译，云南人民出版社，1987，第 135 页。

③ 参见〔美〕A. H. 马斯洛《存在心理学探索》，李文湉译，云南人民出版社，1987，第 74 ~ 75 页。

表 18－1 马斯洛的需要—价值理论

名称／类别	需要	价值	价值内涵解释	价值特性或层次
Ⅰ类基本需要（基本动机理论）	①生理需要	生存维持	生命。饮食男女或衣食住行。	最低价值
	②安全需要	生存保护	生存、安全保障、依赖性。	基本价值
	③爱与归属需要	情感归属	情感需要的满足，理解与被理解、社交、友谊、沟通。	基本价值
	④自尊与尊敬需要	自我评价与社会评价	人格、尊严、独立、自由、个性。	基本价值
	⑤自我实现需要	"成为所能成为者"充分人性实现	最高需要的满足、存在价值的显现、高峰体验。	最高价值
Ⅱ类发展需要或超越（超越动机理论）	①真：诚实、真实	坦率、单纯、丰富、本质、应该、美、纯等。	存在价值的具体种类无高低之分。（附注：此类需要和它的价值及其内涵解释之间只有大体的对应关系，所以所标明的号码之间的对应表明，而不宜以栏目表面对应来看。）
	②善	正直、合乎需要、公正、仁慈、我喜欢它、被它吸引、赞成它。	
	③美	正直、形态匀称、活泼、单纯、丰富、完整、完全、完善、独立无二、诚实等。	
	④完整	统一、整合、倾向单一、相互联结、单纯、组织、结构、秩序、不分离、协同等。	
	⑤个人风格	接受、坚决、二歧、两极、对立面、矛盾的整合或超越、协同（即对立转化为统一）等。	
	⑥完善	过程、不死气沉沉、自发、自我保持着原则、表现自身。	
	⑦独特	特有风格、个人特征、不能类比、新颖、可感受到的特性，就是那样，不像那样。	

续表

类别　名称	需要	价值	价值内涵解释	价值特性或层次
需要 （超越动机理论）	⑧完成	⑦完善	没有多余的也不缺少任何东西,一切都在合适的位置上无可改变,应该。格当,正是如此,适宜,正当,完全,无可超越,应该。	
	⑨正义	⑦a必需	不可避免,必须正像那样,任何一丁点儿也不改变,那样就很好。	
	⑩秩序	⑧完成	完结,结局,合法,事情已经完成,格式塔不再改变,目的实现,终点,顶点,成长和发展的终止和完成。没有缺点和末端,全体,命运的实现,终止,顶点,成长和发展的终止和完成。	
	⑪单纯	⑨公道	公平,应该,适宜,成体系的性质,必需,不可免,无偏私,不偏袒。	
	⑫丰富	⑨a秩序	合法则,正确,没有多余的东西,完善的安排。	
	⑬乐观诙谐	⑩单纯	忠实,坦率,本质,抽象,无误,基本骨架结构,问题的中心,不转弯抹角等。	
	⑭轻松	⑪丰富	分化,复杂,错综,全体,无缺失或隐藏,都在眼前,一切都顺其自然等。	
	⑮自我满足	⑫不费力	自如,不紧张,不力争,无困难,优雅,完善的运转。	
	⑯有意义	⑬欢乐娱	玩笑,欢乐,有趣,高兴,幽默,生气勃勃,不费力。	
		⑭自足	自主,独立,除自身之外不需要任何东西,自我决定,超越环境,分立,依据自己的法则生活,同一性。	

动机需要获得满足的意义。其二，如前所述，马斯洛的超动机和超需要理论是其基本需要—动机理论的延伸，因而其存在价值也是其基本价值的高度升华。这一逻辑递嬗与马斯洛从人本心理学走向存在心理学的整个学术趋向的演进是相一致的。其三，马斯洛的所谓"超动机"或"超需要"并不意味着"非需要"，而是相对于缺乏性的基本需要而言的。这里的"超"或"超越"（meta）即是"在……之外或之后"的意思，它是指人在满足各种基本需要之后所产生的对形而上价值存在的需要和追求。所以，马斯洛的超需要和超动机理论是一种哲学化的价值观命题。人们对存在价值的追求是一种超越基本需要的满足层次的更高价值追求。其四，马斯洛认为，在各种超（越）需要和存在价值之间并无优劣高下之分，它们都具有同样的特性和力量。[①]其五，在某种意义上，存在价值等同于内在价值，但它也有其生物学基础，因而也是人性之一部分（或内在部分）。其六，马斯洛认为，只有在人们的基本需要得到满足的情况下，超需要所激发的动机和超需要的满足才有可能。基本价值比存在价值更具基础性和广泛性，但超需要和存在价值比基本需要和基本价值更具超越性和理想性意义，它们更深刻地反映了当代人类对价值的渴望和思索。从这些方面可以看出，马斯洛的存在心理学实际上是人本主义心理学的伦理价值观之哲学表述，代表了当代欧美"第三力量"的心理学思潮正逐步逼近普遍价值问题的最新趋势。

六 人和价值：几点评论和比较

马斯洛的心理学无疑代表了当代西方心理学发展的最新成就，而它所反映和提出的伦理思想又不啻当代西方伦理学研究中日益凸显的

---

① 参见〔美〕A. H. 马斯洛《存在心理学探索》，李文湉译，云南人民出版社，1987，第319页。

主题，这就是：在现代人类社会文化背景下，特别是在现代科学技术文明空前发达的背景下，人及其存在意义（价值）的主题。这一主题直接关涉人与现代世界的关系、人自身的价值地位和发展命运等具体问题。由此，形成了当代心理学领域里两种截然不同风格的理论：行为主义和人本主义。

马斯洛选择了"以人为中心"的近代人本主义思路，并以心理学的方式重新解释了这一理论。他严厉地检讨了弗洛伊德主义和行为主义两个现代最重要的心理学派，指出它们或把人病理化或把人机械化而最终歪曲了人，忘却了真正健康的人和作为价值主体的人。因此，他立志改变现代心理学的这种非人性或非人化状况，使之成为一门真正的人学或人生之学。他以健康人为出发点，着眼于人性的光明面。他始终把人作为中心，把被行为主义颠倒了的人与环境的关系重新颠倒过来，从而建立起人本主义的新心理学和新伦理学体系，成为现代西方心理学发展史上"第三思潮"的中坚。这是马斯洛对西方心理学的主要贡献。

马斯洛的理论贡献是多方面的。首先，他提出并系统阐释了自己的行为动机理论。动机理论是现代心理学的主要课题之一，也与伦理学研究直接相关。弗洛伊德的性本能论、机能主义的意欲论、行为主义的"刺激—反应论"或"强化论"等，都是对行为动机这一心理学关键性问题的不同解释范型。客观地说，这些理论解释都具有它们独到的洞见，在某一方面或某种程度上揭示了行为动机产生、形成和激发的部分原因，用它们各自所寻求到的部分真理给人类行为的科学解释提供了不少值得重视的成果。但它们的缺陷和失误也同样明显。弗洛伊德的性本能论不仅具有狭隘的泛性主义局限，而且确确实实带有人性病理化的弱点。把视线仅仅盯在心理病者的身上是无法揭示人性的积极方面的。机能主义者同样是一种改装了的本能论，而行为主义者则又因其把人与动物同一化的视点和试验局限，最终倒向传统环境论或机械决定论。在此情况下，马斯洛提出了从人的需要出发来解释其行为动机的新观念，而且由于他对人的需要做了较为系统和全面的解释（从基本需要到超越需要），一定程度上避免了已有的几种动机理论的自然主义、本能主义和机械主义的狭隘局限，同时也为他的以人为中心的人本心理学体系寻找到了一个新的起点。

其次，马斯洛的"需要—动机理论"为伦理学的行为价值研究提供了一个值得参照的图式，一些具体见解甚至丰富了伦理学关于行为价值的解释。无论马斯洛的需要层次学说是否完全合理，他对人类需要的种类、层次、结构、内在关系和满足方式等方面的探讨都是较为全面和系统的，某些解释（如人对社会交往的需要、自尊需要所含的社会评价意义等）也是较有说服力的，特别是他关于超越性需要的价值解释实际上已经大大扩展了心理学研究的视境，在心理—伦理的综合意义上解释了人的内在需要的精神理想特性。这些都为伦理学的行为价值研究提供了可以借鉴的尝试性成果。

再次，马斯洛的自我实现理论也是有创新意义的。这表现在三个方面：第一，他赋予了自我实现以崇高的理想价值，把人的自我实现作为最高的人生价值目标无疑是他以人为中心之理论基点的必然逻辑结论。其间虽包含着一些重大的失误，但这一设想显然比行为主义的行为控制设想要高明得多，也更能反映人类价值行为（追求）的合目的性特征。第二，它扫除了弗洛伊德的人性本恶（攻击性）和由此导致的人生悲观主义气息，带有一种人生乐观主义的行为取向。第三，马斯洛总结了前人在自我实现问题上的某些理论教训，注意到这一概念可能导致的误解（自私性、非社会性和反义务性等），对它做了各种道德的限制（如指出只有为他的具有奉献精神的社会化的个人才能实现真正的自我），在一定程度上淡化了这一概念的主观为我色彩，尽管并不彻底。

最后，马斯洛关于两种不同类型和性质的需要、动机和价值（基本的、缺乏性的与超越的、存在的）的详尽分析和实证，表明他一定程度上看到了人类价值追求和行为的复杂多样性，防止了片面实利主义或抽象理想主义的极端化。这一点至少在形式上为我们科学地探讨人的价值及其内在构成、层次和丰富多样性提供了参照，是不应该被简单忽视的。

但是，我们应该看到，马斯洛的心理和伦理理论都是围绕着一个中心而展开的，这个中心就是人或人性。从这一点上看，马斯洛的原则立场仍旧是西方人道主义的。以人为中心，以人的需要为出发点，最终的归宿依然是人——人性的充分实现。所以，整个马斯洛的学说可以用一个简单的公式来表达：人→需要（动机）→行为→价值实现或人性实现（以自我实现为顶点）。这种理论逻辑并没有脱出近代人道主义思想家的思维框架，与马克思所遵循的历史唯物主义思路显然大相径庭。诚然，问题的根本并不在于逻辑，但逻辑的预制对于一个思想家的理论形成毕竟不是无足轻重的。我们看到，由于马斯洛执守于上述逻辑思路，使他不能不：（1）忽略社会历史条件特别是社会经济结构对人的需要（动机）的产生和满足所具有的决定性作用。马斯洛似乎并不关心人们在什么条件下才能满足他们的基本需要。一个毫无生命权利的奴隶又如何获得温饱、安全、尊严、爱和自我实现？一般地泛谈人的需要和满足不能说明问题的全部。（2）把自我实现局限于个人自身和理想观念层次。对此，虽然马斯洛有意杜绝主观唯我论的误解，也确实有许多新的限制设定，但是，他毕竟没能详尽地阐明自我实现与他我实现的关系，个人如何在社会生活中达到自我实现这样一些重大问题。况且，他对自我实现的界定明显地只限于个人潜能、才能或人性、人之存在范畴，只注意到自我实现所包含的肯定性方面，没有或较少注意到它所包含的否定性和关系性方面，因而也是不全面的。试问：英雄的自我牺牲是不是自我实现的一种方式？在一个人的自我实现背后是否可以包含另一个人的自我牺牲？或换句话说，当个人之间的自我实现追求发生矛盾和冲突时，该如何处理？这些都是马斯洛自我实现理论所未能解释的。而个人价值的实现所必然牵涉的自我与他人或社会之间的矛盾及其解决方法，恰恰是马克思主义伦理学所特别关注的。

此外，马斯洛的人本主义还有一个重大的缺陷：他没有对其所视为中心的"人"或"人性"做出具体的规定，因而同样落入了抽象人性论和人道主义的窠臼之中。马斯洛认为，没有抽象的人，因之也没有抽象的人性。以一个毫无具体规定的人或人性概念作为理论的起点，势必导致抽象的逻辑推论和逻辑结论，结果，不但难以真正达到科学地解释人、维护人的目的，而且最终会走向这一目的的反面，因为抽象的人和人性论只能导向无法说明人的结果。这是马斯洛人本主义心理学和伦理学的理论教训之一。

然而，指出马斯洛理论的失误并不是全然抹煞其理论的实际意义或某些合理性。实际上，我们客观地认定：马斯洛的理论至少在以下两个方面显示出它特有的合理价值。

一方面，从比较的角度来看，马斯洛的人本主义是对斯金纳等行为主义的理论革命和超越。前面说过，人自关系或人与世界的关系已成为当代哲学、伦理学和心理学的研究重点之一，更是心理学如何解释外在环境对人的内在心理之影响的中心课题。斯金纳等行为主义倒向了环境决定论一面，这种倾向忽视了人的主体能动性，容易把人机械化或实物化，因而是不科学的。马斯洛的人本心理学主张是对这一倾向的大胆反动，在理论上是积极的。不幸的是，马斯洛又忽视了问题的另一方面，特别是人的社会环境方面。

另一方面，从当代西方文明的总体上看，马斯洛的理论客观地反映了西方社会在现代科学技术迅速发展并由此而出现人的失落和人的危机的情况下，人们要求重新正视人、高扬人性，以消除技术化所带来的非人化、非人道化后果之心理愿望。现代技术的空前发展和对人们生活与行为制约的日益严密和加深，造成了人们对科学与自身关系的深切关注。这一现象也导致思想家们产生种种不同的看法，或主科学、唯科学乃至导致现代科技崇拜；或反科学、主人道、高扬人性的旗帜。如果说，人类曾在神人角逐的时刻（中世纪末叶的文艺复兴）把科学视为人性力量的象征而使两者组成了同一面旗帜的话，那么今天，当他们发现科学与人或人性不仅有着同一相依的联系，而且也有着深刻的矛盾和冲突时，他们对这两者的观念和态度也就开始产生分歧了。斯金纳走向了唯科学主义，而马斯洛则走向了人道主义，两者相互对峙，各执千秋。

也许，真理存在于一种新的科学综合之中。我们认为，关于人的研究，既不能采取弗洛伊德的方式，只关注病态人；也不能采取斯金纳的方式，只关注受环境制约的人；亦不能采取马斯洛的方式，只侈谈抽象的人，而应该是三者的合题：既要研究黑暗中的人（病态人），也要研究光明中的人（健康人）；既要研究受环境作用和影响的人，也要研究创造和作用于环境的人。这一问题的最终解答又必须求助于马克思的历史唯物主义，即把人置于具体的社会历史之中来考察、解释和说明。同样，关于人与科学的研究，我们也不能只听从斯金纳和唯科学主义者的，或者只接受马斯洛和人本主义者的，而应该是两者的综合和历史主义理解。唯其如此，我们才能科学地认识和把握人与科学、价值与真理的统一，并最终揭开人类价值世界的谜底。这是我们从行为主义和人本主义这两个当代心理学伦理派别的研究和比较中获得的基本认识。

第十九章

新功利主义伦理学

20 世纪 50 年代末 60 年代初，在英、美和澳大利亚等英语国家，形成了一股与元伦理学相抗衡的新规范伦理学思潮，其潮头便是"新功利主义"或"现代功利主义"。迄至今天，新功利主义伦理学又走过了近半个世纪的历程，并呈现出方兴未艾的发展趋势，成为当代西方最有影响的伦理学类型之一。

第一节　新功利主义的传统背景与形成

所谓"新功利主义"（new utilitarianism）是相对于英国近代古典功利主义传统而言的。因此，有必要先简要地回顾一下传统功利主义伦理学的历史背景。

大致地说，功利主义既是一种以人们行为的功利效果作为道德价值之基础或基本评价标准，同时又强调行为实际效果的价值普遍性和最大现实的伦理学说。按一般伦理学类型的划分标准，它属于道德目的论或价值论范畴，与道德义务论或道义论相对立。历史地看，功利主义正式形成于 18 世纪后期的英国，并成为近代英国道德文化传统的标志。国内外大多数学者都一致认为，英国古典功利主义的形成大致历经了三个发展阶段。

17世纪的经验论伦理学是其形成初期。以霍布斯为首的粗陋的经验利己主义和以"剑桥柏拉图学派"（昆布兰、沙甫慈伯利等）为代表的情感利他主义曾经发生了英国伦理学史上一场著名的"利己与利他"之争，其中经验派关于个人与社会之关系的"合理性"理论和情感派关于以"同感、同情和利他"（沙甫慈伯利的"第六感官"即"道德感"）为道德基础，以及昆布兰的"全体人的公共利益说"等观点，都为后来的功利主义准备了理论材料。18世纪中叶，以休谟和亚当·斯密为代表的道德情感主义，更直接地提出了以情感为基础求得个人自我利益与他人或社会利益之间的结合或"合宜"的主张，与当时法国盛行的"合理利己主义"（爱尔维修等人）形成了适合于当时西欧自由资本主义发展时期的伦理学理论，为功利主义伦理学的诞生提供了大量的理论经验和教训。18世纪后期，英国资本主义的发展开始进入大工业化生产时代，它要求有一种与之相适应的新道德观念。以边沁、葛德文和稍后的密尔（一译"穆勒"）为代表的功利主义伦理学应运而生。它总结了前两个阶段的诸种道德理论，结合大工业大商品经济发展的实际状况，提出了"最大多数人的最大幸福"这一著名的功利原则。

进入20世纪以后，由于功利主义不适应现代科学的发展和社会现实的急剧变化，逐渐走向衰落，受到强烈的冲击。1903年，G. E. 摩尔发表《伦理学原理》这一划时代性著作，明确提出了元伦理学与规范伦理学的分野，对传统功利主义乃至整个传统规范伦理学提出了严重的挑战。此后，伦理学的理论重心开始转移，以逻辑语言分析为基本方法的元伦理学理论迅速取代规范伦理学而成为西方伦理学的主流，功利主义受到冷落。

但是，历史的发展总是这样：一种理论类型对另一种理论类型的挑战和取代，往往由激进否定和尖锐对立走向逐渐缓和的共存互融。迨至 20 世纪中后期，元伦理学的局限性日益明显地暴露出来，规范伦理学重新受到人们的青睐。在美英及一些英联邦所属国，一些伦理学家在重新发掘功利主义这一传统理论的同时，运用现代哲学研究的方法对其进行重新论证和疏解，形成了新功利主义规范伦理学。由于各伦理学家所处的社会文化环境不尽相同，理论旨趣和学术信念上的偏差，在具体解释新功利主义的复兴路上，又出现了各种不尽一致的理论偏向，其中，以"行为功利主义"和"规则功利主义"两派影响最大。

行为功利主义（act-utilitarianism）以澳大利亚的斯马特为代表，其基本主张是：行为的道德价值（善与恶、正当与不当）必须根据其最后的实际效果来评价，道德判断应该是以具体境况下的个人行为之经验效果为标准，而不应以它是否符合某种道德准则为标准。与之相对，以美国伦理学家布兰特等为代表的"规则功利主义"（rule-utilitarianism）则认为，人类行为是具有某种共同特性和共同规定的行为，其道德价值以它与某相关的共同准则之一致性来判断，因之，道德判断不应以某一特殊行为的功利结果为标准，而应以相关准则的功利效果为标准。

相比之下，当代规则功利主义的阵营似乎较为强大，除布兰特以外，还有英国的图尔闵（S. E. Toulmin）、美国的福特（P. R. Foot）、辛格尔（M. G. Singer），英国当代著名的道德语言学家黑尔（R. M. Hare），美国当代著名的政治道德哲学家罗尔斯（J. Rawls）等有时也被归于规则功利主义之列。规则功利主义者比较注意吸收现代元伦理学和其他流派的理论成果，特别是逻辑和语言的分析、对道义论的重视等方面。从历史发展的逻辑来看，斯马特的行为功利主义与古典功利主义有着更直接的继承关系，而布兰特等的规则功利主义则与西季威克和稍后的罗斯等的直觉主义有较密切的关联。

第二节　斯马特的行为功利主义

斯马特（J. J. C. Smart，1920—2012）是一名颇有名气的道德学家。他出生于英格兰，先后在英国莱斯学院、剑桥大学、格拉斯哥大学、英国女王学院和牛津大学接受高等教育。1948 年至 1950 年为科普斯·克里斯蒂学院和牛津大学的助理研究员。1950 年起移居澳大利亚，受聘担任澳大利亚阿德莱德大学的"休斯哲学教授"，至 1972 年止。随后四年，他担任拉·特罗伯大学的高级哲学讲师。他游历广泛，先后在美国的普林斯顿、哈佛和耶鲁等大学做过访问研究或讲学，主要作品有《哲学与科学实证论》（1963 年）、《时空问题》（1964 年，主编），其伦理学代表作有：《功利主义伦理学体系纲要》，它最初于 1961 年由澳大利亚墨尔本大学出版社出版，后与威廉姆斯（Bernard Williams）的另一篇反驳功利主义的作品合编为《功利主义：辩护与反驳》（*Utilitarianism For and Against*）（1973 年）。此外还有《伦理学、劝说与真理》（1984 年）、《形而上学和道德论集——哲学论文选集》（1987 年）。其中，《伦理学、劝说与真理》一书是他研究元伦理学问题的专著，与其基本伦理学主张联系不大，他本人也申明该书不代表他的伦理学立场。

一　行为功利主义与规则功利主义

斯马特申明，他的理论目标是"陈述一种摆脱各种传统联系和神学联系的伦理学体系"，亦即布兰特所谓的"行为功利主义"体系。何为"行为功利主义"？他界定："粗略地说，行为功利主义是这样一种观点：它认为一行为的正当性或不当性仅依赖其结果的总体善性或恶性，即依赖于该行为对所有人类（或许是所有有感觉能力的存在）的福利之影响效果"①。这一定义有两层重要含义：第一，行为的义务应尽性质取决于其目的（结果）性价值，因而表明斯马特的行为功利主义首先是一种价值目的论；第二，作为道德判断之基础的目的（结果）价值是总体的而不是个别的，它的善恶性质是相对所有人类的。第二种含义基本上是边沁、密尔之古典功利论的"最大多数的最大幸福"原则的复述。

斯马特指出，行为功利主义是与规则功利主义相对立的。这种对立主要表现在以下方面：首先，两者价值判断的根据不同。"行为功利主义认为，一行为的正当性与不当性应由依据其行为本身的结果之善恶来判断。而规则功利主义则认为，一行为的正当性与不当性应依据每一个人都应在类似环境中履行该行为这一规则的结果之善性与恶性来判断。"② 进而，由于对"规则"本身的理解不同，规则功利主义又可以分为两种：一种是把规则解释为"实际规则"（actual rule），如图尔闵的功利论。另一种是把规则解释为"可能的规则"（possible rule），类似于康德的观点。

其次，斯马特认为，行为功利主义尊重的是行动事实本身而不是规则。与之相反，规则功利主义却含有一种"规则崇拜"（rule worship）的倾向，因为它把道德规则与德性、幸福等同视之，进而把遵守道德规则视作达到幸福之唯一可能。这是完全错误的。倘若按这种推理，只能导出两种结论：或者每个人都应该按某一道德规则行动；或者每一个人都不按某一规则行动。但实际上却存在某些人在某些情况下不遵守某一规则而行动且能导致较大善功和幸福的情形。规则功利主义无法解释这样的具体境况中的特殊道德行为，唯行为功利

① J. J. C. Smart, "An Outline of A System of Utilitarian Ethics," in J. J. C. Smart and B. Williams (ed.), *Utilitarianism: For and Against* (New York: Columbia University Press, 1973), p. 4.

② Ibid., p. 9.

主义才能承诺这一点。

最后，斯马特还认为，按照规则功利主义自身的逻辑推理，一种充分的规则功利主义最终必定要落入行为功利主义。因为规则功利主义把道德判断的根据建立在每一个人都应该遵守的共同规则之结果的善性之上，这就等于说任何特殊的规则都无法包容各种可能性行为，唯有一种普遍充分的共同规则才能如此。于是，规则功利主义的所谓规则最终必然归结为唯一的规则，所谓遵守规则也就是人人共同遵守的最高准则。而规则功利主义并不否认"结果之善性"，因此，"人人遵守规则之结果的善性"就等于"遵守唯一规则之结果的善性"，这种善性依旧是"最大功利"；"遵守唯一规则之结果的善性"也因此等于"遵守最大功利规则之结果的善性"。可见，一种规则功利主义的充分逻辑推理必定走向与行为功利主义相同的结论。斯马特如是说："我倾向于认为，一种充分的规则功利主义不仅可能在外延上等同于行为功利主义原则（即它可能责令同样的一组行为），而且事实上也是由唯一的规则所组成，这唯一的规则便是功利的规则：'最大限度地实现可能的利益'。这是因为任何可以系统阐述的规则都必定能够处理不定量的、不能预见到的各种偶然性。因此，没有行为功利规则，任何规则都无法被人们有把握地视为在外延上与行为功利原则相等同的规则，除非它就是功利原则本身……康德式的规则功利主义必定以一种更为强有力的方式崩溃而陷入行为功利主义之中；它必定成为一种'唯一规则'的规则功利主义，而这种唯一规则的规则功利主义与行为功利主义是同一的。"[1]

依斯马特所见，行为功利主义的道德判断包含着双重评价，其一是对行为之结果的评价，其二是对行为本身的评价。规则功利主义常

---

[1] J. J. C. Smart, "An Outline of A System of Utilitarian Ethics, " in J. J. C. Smart and B. Williams (ed.), *Utilitarianism: For and Against* (New York: Columbia University Press, 1973), pp. 11 – 12.

常只注重到"结果的评价"而忽略了"行为的评价"。双重评价不仅使行为功利主义防止了忽视行为事实本身的片面性，而且使它注意到了行为结果产生的"总体境况"（total situation），因而可以充分解释各种特殊行为和偶然性的道德事实，这是规则功利主义所无法企及的。他指出，在规则功利主义那里，行为不是具体的，而是类型化的。所以它才奢望人们的行动有某种共同遵守规则的类特性。如此一来，它就无法说明人的特殊行为，更无法解释特殊境况下所发生的道德冲突。例如，"不许说谎"这一规则非但无法说明一位英雄在敌人面前机智勇敢（说谎骗敌人）的行为，反而会因此把这位英雄的机智行为视为反道德（规则）的。遵守规则的情况同样也会陷入这种困境。在一些情况下，遵守某一规则实际上只能产生对部分人为善为福而对另一些人却为恶为祸的结果。因为强迫一些人（哪怕是极少数）遵守某一规则，意味着压制或牺牲他们的幸福。

那么，究竟如何认识规则在道德行为（生活）中的作用呢？斯马特的回答是：如果我们把追求幸福和善功作为人类道德的最高价值，那就必须运用两种方法。第一，"总体境况"的比较方法，即考虑到行为及其结果的现在与将来之可能性，看它是否有益于人类幸福总量的增长。第二，尽量达到客观的或然性而不是主观的或然性。也就是说，在顾及行为及其结果的客观必然性的前提下，尽可能顾及其客观可能性。在这两种方法中，所谓规则只能是唯一的功利标准或原则，它是行为功利主义所承认的唯一的因而也是最高的原则。

然而，斯马特也意识到了一个常识性的问题，在通常情况下，人们往往是按照一些习惯性规则而行动的，而且这些习惯性行为常常也是正当的、能带来快乐效果的。这是否说明，规则对人们行为的指导有着巨大作用呢？斯马特的解释是，这种常识性见解不能成立。诚然，人们按习惯性规则行动的事实大量可见，规则功利主义也常常以此证明规则比行为更重要。但是，在行为功利主义这里，习惯性规则只不过是纯粹的掰指头式规则。人们按照这些非唯一的规则行事，往往是在没有时间考虑各种情景和或然性结果的时候，而缺乏这种考虑和功利计算的行为只能是习惯性行为，不是道德思考的结果，因而也无从做出道德评价。斯马特说："简言之，他是在没有任何时间思考的时候按这些规则行动的。因为他不思考，所以他的习惯性行动就不是道德思考的结果。"① 依此论断，斯马特认为习惯性行为不是道德行为，因而不能证明规则功利主义主张的合理性。

二　规范功利论：仁慈与行为

通过对行为功利主义与规则功利主义在评价根据、行为界定、判断方法、规则理解等方面的差异和对立的分析，斯马特进一步阐述了他的行为功利理论。

首先，他进一步分析了"行为"与"规则"的关系及其由此形成的两种不同的功利理论。他说："如果我们以'行动'所指的意思是特殊的个体行为，则我们取边沁、西季威克和摩尔所主张的那种学说。根据这种学说，我们按照个体行为的结果来检验个体行为，而像'遵守诺言'这样的规则就只是纯粹的掰指头式的规则，我们只能用它们来避免评估我们每一步行动的或然性结果。"② 这就是说，如果"行为"只是指个人的特殊行为，那么评价其道德价值的根据就不能是规则，而只能是它的具体结果。以"遵守诺言"这一规则为例，若特殊行为的结果与之相符，固然可用它来评价该行为正当与否，但在许多特殊情况下并不如此，有时候，遵守这一规则的结果可能弊大于利。在此情况下，违背这一规则的行为就应该是正当的、善的。更具

① J. J. C. Smart, "An Outline of A System of Utilitarian Ethics," in J. J. C. Smart and B. Williams (ed.), *Utilitarianism: For and Against* (New York: Columbia University Press, 1973), pp. 42 – 43.

② J. J. C. Smart, *Essays: Metaphysical and Moral - Selected Philosophical Papers* (New York: Basil Blackwell, 1987), p. 259.

体地说："如果违背这一规则的结果之善性在总体上大于遵守这一规则的结果之善性，那么我们就必须违背这一规则，不管每一个人遵守这一规则的结果之善性比每一个人都违背这一规则的结果之善性是不是更大。简言之，当功利论者评价结果时，规则无足轻重，它只能作为掰手指式的规则而持有偶然的作用，或作为功利论者不得不藉以算计的社会制度的事实。"[①] 斯马特把这种功利论观点称为"极端功利主义"（extreme utilitarianism），即不管规则只问行为结果的彻底功利价值观，这也就是他所主张的行为功利主义，其核心是行为、结果高于规则。

另一种功利论则正好相反，它把规则视为是第一位的。斯马特把它称为"温和的"或"限制性的功利主义"（restricted utilitarianism）。在这种功利论看来，"道德规则远不只是一种掰手指式的规则。一行为的正当性一般说来不是通过评价其结果而得到检验的，而只能通过考虑它是否符合某种规则来检验"[②]。但是，依斯马特所见，这种功利论除上述问题外，还难免遇到这样两个难题。其一，当某一行为同时适合两个不同的规则指导，而这两个规则又相互矛盾时，如何做出规则选择？例如，一名被俘的战士在拷问面前是遵守"不说谎"的规则，还是遵守"讲真话"的规则？规则功利主义无法回答这一难题。其二，当不存在任何规则来指导某种行为时，人们又该如何行动？规则是既定的，但不是穷尽一切的，而人的行为却是不确定的、永远改变着的。规则无法解释一切、指导一切。

其次，斯马特具体阐释了行为功利主义的实质。他认为，行为功利主义在本质上是"一种规范功利论"（a normative utilitarian theory）。它强调行为及其结果的重要性，但并不完全排除规范或原则的作用。它

[①] J. J. C. Smart, *Essays: Metaphysical and Moral – Selected Philosophical Papers* (New York: Basil Blackwell, 1987), pp. 259 – 260.

[②] Ibid., p. 260.

与规则功利主义的分歧不在于是否承认规则本身的作用，而在于在何种程度、何种范围、何种条件下都承认其作用。按它的观点，规则或原则只能是唯一的，而不是重重叠叠的烦琐系统。这种唯一的规则式原则就是"功利原则"，即"最大限度地实现可能的善"的原则。除此之外，在处理人与人之间的关系时，它还主张一种"普遍化仁慈"（generalized benevolence）的规则——"一种对全人类之欲望，或者在某种意义上无论如何也是一种对全体人类之善的欲望，或者也许是对全体有感觉的存在之幸福或善的欲望。"①

对"普遍化仁慈"规则的认肯是斯马特对其"极端的"功利论的某种修缮。他接受了休谟的道德情感论观点，并以此作为功利原则的补充说明。在他看来，"普遍化仁慈"的规则设置有两种意义：其一，它反映了有情感、有理性的人类在功利幸福追求的行为中具有一种总体善的考虑或倾向，人们通过相互情感的感受而把他们共同的功利追求联系起来。其二，它与最高的功利原则非但不矛盾，而且是对后者的补充。功利原因的基本要求不仅仅是个人行为的当下结果，而且也包括"最大限度地"实现"可能之善"的总体行为境况和总体结果。也就是说，它关注幸福的总量。仁慈正是这种总量之幸福追求的充分体现。

斯马特还突出强调应该区分的两个问题。（1）普遍化仁慈与利他主义的关系问题。他反对把两者混为一谈，认为两者有着重大的区别。因为前者既包括对他人和人类的善的追求，也包括对自己之善的追求。而利他主义则不包括对自己幸福的追求。他写道："必须把普遍化仁慈与利他主义区别开来。因为前者不仅是一种宇宙意义上的对他人之善的广泛欲望，而且也包括对人自己的善的欲望。然而在这种

①　J. J. C. Smart, *Essays: Metaphysical and Moral – Selected Philosophical Papers* (New York: Basil Blackwell, 1987), p. 283.

欲望中，它并不给个人自己的善以任何优惠：如果我是从普遍化仁慈出发而行动的，我就要完全平等地对待我自己的幸福和汤姆、迪克或哈里的幸福。"① （2）要弄清自爱与功利原则的关系问题。斯马特认为，自爱是对个人自我之幸福的一种偏爱。除普遍化仁慈之外，自爱也是人类情感的普遍表现之一。不同的是，仁慈指向所有人类（包括自己），利他只指向他人，而自爱只指向自己。自爱是一种以自我幸福为特殊对象的道德情感。休谟曾经指出，凡出自人类自然本性的情感都可以达到美德，自爱也是如此。如果说，普遍化仁慈是人类特有的一种自然的乃至是"遗传性的"道德情感特性的话，那么，自爱具有同样的特性。因此，合理的自爱与功利原则并不矛盾，功利原则所表达的总体善或最大幸福不仅包括他人或人类之善，也包括个人自我之善。

最后，斯马特还专门论述了正义原则与功利原则的关系问题。20世纪60年代中期以后，罗尔斯的正义理论在欧美产生轰动性影响。由于罗尔斯把用正义原则取代传统功利主义作为其政治哲学和伦理学的基本目标（参阅本书第二十章第二节），因而有关正义问题的解释就成了当代功利主义者们不得不回答的重要课题。

从总体上说，斯马特对罗尔斯的正义论是持否定态度的。他集中分析了罗尔斯关于"正义分配"的原则理论与功利原则之间的分歧。在他看来，功利主义历来不关注正义问题，因为它只关心"幸福的最大限度的实现，而不关注幸福的分配"②。功利主义伦理学的根本目的是鼓励人们尽可能创造最大的善之总量，而不是指导他们如何去分配总量的善。诚然，作为达到大善的最大限度实现的手段，分配正义原则也许有其合理作用，善或功利的公平分配（如金钱、食物、房子

---

① J. J. C. Smart, *Essays: Metaphysical and Moral – Selected Philosophical Papers* (New York: Basil Blackwell, 1987), p. 283.

② Ibid., p. 293.

等）可以促进人们追求总体善功的积极性。但从根本上说，正义或分配正义的原则在功利主义伦理学中只能占有从属性地位。斯马特明确指出："作为一个功利论者，我不允许把正义概念作为一个基本的道德概念，但尽管如此，我仍在一种从属性方面对正义感兴趣，即对正义作为功利目的之手段而感兴趣。因此，即令我坚持主张幸福以什么方式在不同的人中间进行分配这无关紧要——假如幸福的总量是最大限度的，那么，我当然也坚持主张，达到幸福的手段应该以某种方式而不是以其他方式进行分配这一点可能具有致命的重要性。"① 显然，斯马特对罗尔斯正义论是持批评和保留态度的，其间的重大分歧在于：是把功利原则作为目的性原则，还是把正义原则作为目的性原则？斯马特坚持前者，因而正义原则就不具备作为"基本道德概念"的地位；而罗尔斯则坚持后者，因此他反对功利主义伦理学只关心善之总量的生产，不管其公正分配的片面做法。② 这种对立实质上反映了当代英美等国的伦理学家们在如何解决当代西方社会中各种利益及其关系问题上两种截然不同的态度，一种是主张实行社会公平分配以缓和社会利益矛盾，另一种是主张增加社会利益的总量以解决社会利益关系冲突或紧张。两者各执一端。

在斯马特的理论框架内，罗尔斯的正义论或正义分配原则是不合理的（反过来，在罗尔斯的理论框架内，功利原则也是不合理的），因为它不仅不符合最大幸福之最大实现这一功利原则，而且也难以解释具体的道德行为问题。斯马特举例析之，若将 1000 美元分配给两个需要者，正义的分配原则也许可以符合功利的目的，各给 500 美元，既公道又平均，两者皆大欢喜，因之可以促使他们都在满意的情况下继续工作。但是，假如我只有一剂救命药却有两个急需者，我又

① J. J. C. Smart, *Essays: Metaphysical and Moral - Selected Philosophical Papers* (New York: Basil Blackwell, 1987), p. 293.
② Ibid., pp. 294 - 296.

当如何分配？各给半剂？那会使两者都活不成，造成毫无效果的结局；若给其中的一个人，则又会违背分配正义的原则。显然，正义原则并无普遍适用性。按斯马特的理论，只能权衡利弊得失，择一而行。如果这两个人中一个年轻，另一个年迈，且其他条件相当，则应将此药给前者。若其他条件不同（比如说，年轻者是个残疾者，而年迈者是一个对社会极有作用的人），则应当做相应的选择变动。总的原则是求得此药之最大功效。但是，斯马特同样犯了一个重要的错误，假如这两个人有的情况和条件都相同，我们又该做出何种选择？斯马特回避了这一问题，其功利理论也不能解释之一难题。更为重要的是，斯马特的例证恰恰暴露出功利主义伦理学的一个致命弱点：以纯粹的物质性功效作为评价行为或事物（分药和药物本身）的善恶道德价值只能导致狭隘的目的论。从伦理学的本质上说，上述两个人无论其年龄、身体或才赋等方面的差异如何，都不能构成我们分配选择的依据。作为人，他们是平等的，他们的人格、生存权利、生命价值并无不同。因此，在此情形下（姑且认定这一极端的例子），问题的关键不是如何分配或如何计算分配之功效，而是这两个人之间的道德选择问题，他们各自（在这种非常情形下）都有做出选择和决断的权利，也有为其选择承诺责任的义务。只有当他们的选择发生矛盾或具有同一性（都选择要此剂药物或都不要此剂药物）的情况下，才产生分配问题和分配之实际价值问题。从这一意义上说，单纯强调善的公正分配或只强调善之总量的生产（公正原则或功利原则）都是片面的。

总而言之，斯马特的行为功利主义伦理学虽然在一些方面有了新的见解（如仁慈原则等），但在根本上仍然只是古典功利主义的一种新的阐释和辩护。其新意所在，突出地表现为他通过具体地比较分析"行为"与"规则"的差异，突出了行为及其结果在功利伦理学中的地位，对规则功利主义偏于道德规则的某种教条化倾向给予了认真的评析，从而捍卫了传统功利主义伦理学那种固有的道德经验主义和实利主义原则立场。不幸的是，这种做法既是斯马特对功利主义传统的一种新理论贡献，也是他坚持极端功利主义的狭隘性所在。

还应该肯定的是，斯马特的新功利主义伦理虽有囿于"特殊行为"和"结果"之缺陷，但在现代西方元伦理学日益滑向形式主义、远离社会现实生活的情形下，无疑又有反潮流的积极意义。他明确地把自己的行为功利主义称为"规范功利理论"，实际上是对西方元伦理学的大胆挑战。这种挑战促进了当代西方伦理学向规范伦理学复归的重大转折，其理论意义和时代意义都是值得肯定的。但与此同时，斯马特的伦理学理论毕竟还只是一个粗糙的理论纲要，激进而失之于简单，简明却缺乏系统。因而在总体上仍然只能重复古典功利主义的基本观点而缺乏创新，比之于规则功利主义来说，斯马特的理论显然逊色得多。也许可以说，他的主要贡献在于对传统规范伦理学的辩护和对元伦理学理论时尚的反抗，而不在于他的理论创造。

第三节　布兰特的多元论规则功利主义

规则功利主义是行为功利主义的对立面，它反对囿于行为当下效果的狭隘的道德价值论，主张合理吸收道德义务论和现代"元规范伦理学"的某些积极成果，以建立一种适应现代社会生活的道德行为规则系统。在当代规则功利主义的行列中，较有代表性的当推美国伦理学家布兰特。

理查德·布兰特（Richard B. Brandt，1910—1997）是美国芝加哥大学哲学系的伦理学教授，著有《伦理学理论》（1959 年）、《善与正当的理论》（1979 年）等伦理学著作，其中，后者代表了他较新、较系统的理论观点。

一 道德善论：一种行为的实践批判

善与正当是伦理学中两个最基本的核心范畴。对这两个范畴的不同偏重往往构成道德价值论或目的论与道德义务论或道义论两种不同的伦理学类型。布兰特采取了一种综合调和的方式，力图建立起自己独特的道德善论和道德正当论，并通过逻辑系统化的方式（即"重构定义"的方式）使两者结合起来，从而建立一种新的规则功利主义。这是布兰特伦理学的基本出发点。

布兰特认为，历史上关于善与正当的道德研究大致有两种基本方式，一种是"通过术语学（terminology）把这些问题重新描述得足够清楚和准确，使人们能够通过某种科学的或可观察的程序之样式来回答它们，或者至少是通过清楚陈述的和为人熟悉的推理样式来回答它们"①。这也就是现代元伦理学的道德语言和逻辑的分析方式。另一种传统方式是"直觉主义"，即假定人通过对道德观念的直觉领悟能力来回答善与正当的问题。布兰特坚决否定了这种传统方式，主张遵循第一种方式来讨论善与正当的问题。

但是，在布兰特看来，第一种方式（术语学方式）又可以分为两种：一种可称之为"诉诸语言学直觉的方法"，另一种为"重构定义的方法"（method of reforming definition）。布兰特采取的是第二种方法。为此，他解释了三点理由。首先，他认为，在分析规范语词时，依赖于语言学直觉的常识性方法，无法达到任何确定的结果。规范语言不仅是一个逻辑的或日常语言的问题，而且更重要的是一个实际的行为规范问题。其次，"即使语言学直觉比它们实际所能做的能更准确释义规范术语，人们也不想依赖它们来引导规范

---

① R. B. Brandt, *A Theory of The Good and The Right* (London: Oxford University Press, 1979), p. 2.

性反思"①。或者说，语言学直觉不足以引起人们对行为规范的思考，只能停留于术语辨析的逻辑层面。最后，语言学直觉根本无法成为"规范性探索"的一个步骤，因而无法依赖它达到某种实际规范的确证与确立。依布兰特所见，道德的善与正当主要是实践规范问题，而不是逻辑问题。伦理学研究首先是一种实践"规范性探索"，而不是语言学探索。这就从根本上划清了他与现代元伦理学之间的原则界限。另一方面，布兰特又不像斯马特那样，把道德规范问题简单地归结为行为或行为结果的问题。他指出："对于实践决定来说，第一重要的是知道做什么；要求什么在一种确定意义上是合理的；这就是说，如果相关适用的信息在决定过程的每一时刻都已生动地提供给了某一个人，而在这一决定过程中思想影响着行为，那就要知道他会做什么或需要什么。"②换言之，行为的认知问题（"知道做什么"的问题）和行为的发生问题（"需要什么"的问题）是我们探索实践规范性问题的两个基本前提。

布兰特将这两个方面称为道德的"行为理论"（theory of action）和"发生理论"（the genetic theory）。前者关注于人的需要与好恶；后者关注于人的快乐与不快乐之心理欲望。两者构成行为认知理论的两个基本阶段。所谓行为的认知理论，也就是关于人们选择和决定的理论。它的中心是回答"做什么最善？"具体地说，就是探讨"如果我的决定过程一直都最大限度地服从于事实和理性的批判，我现在会做什么？"或者说"对我而言，做什么才是合理的"。对合理行为的选择，即是一种道德行为的决定，而决定"既是一种认知因素的功能，也是一种欲望和厌恶的功能"。也就是说，它既包括认知的因素，也包括心理欲望的因素。因之，对"做什么才是合理的"这一问题的

---

① R. B. Brandt, *A Theory of The Good and The Right* (London: Oxford University Press, 1979), p. 7.

② Ibid., p. 24.

解答必须分两阶段进行。第一阶段是确定"合理"之认知基础，第二阶段是对欲望或厌恶心理进行理性的批判，以最终弄清有关行为选择和决定的合理性所在，这即是所谓"行为批判"的过程。

布兰特认为，依据行为的认知理论，我们可以得出有关行为选择或决定的五条法则。

（1）行为法则（the law of action）——"在一个人可能履行的各种行为中，他在该时间里所履行的那种行为乃是具有履行之最强有力倾向状态（strongest net tendency）的那种行为。"[1] 行为不仅是"有意向性的躯体运动和心理发生"，而且是一种实践意志和力量的现实表现。在某一既定的时刻里，人们总面临着做各种各样的行为之可能性，而他之所以选择做 A 而不是做 B、C……，乃是因为 A 行为是他此刻最倾向去做的行为。这一规律表明，人的行为选择是多样化的、可改变和调节的，因而也是需要规范的。

（2）效值和行为倾向期望的法则（the law of the effect of valence and expectancy on action-tendency）。该法则可表述为："如果某个体在 E 程度上期望他所做的 A 行为之结果将产生结果 O，那么，如果 O 对于他具有一种正值 V，则他履行 A 行为的 T 倾向 TA 将具有 EXV 的结果之积。如果 O 具有一种负值 V，则不去做 A 的 T 倾向 TA 将具有 $E \times V$（的绝对值）之积。"[2] 简明地说，该法则断言，某行为倾向等于该行为结果之效值（正或负）和该行为者的期望程度之积。于是，在其他因素不变的情况下，便有下列几种情况发生：行为者的期望程度愈高，则行为倾向愈大愈强；行为结果的效值不同直接影响到行为倾向的强弱；如果行为结果多种多样，那么该法则就不能表明其总体效果如何。由此，布兰特不主张仅仅以行为或其"总体效果"来判断

---

[1] R. B. Brandt, *A Theory of The Good and The Right* (London: Oxford University Press, 1979), p. 47.

[2] Ibid., p. 48.

行为之道德善恶的简单做法。

（3）效果对动机的依赖性法则（the law of dependence of valence on motive）。该法则可以简述为："在某些情况下，某事件的效值是一种肉体细胞状态的功能，或者是血液中某种实体的量的功能。这些生理状态本身受着摄取流食之机会的最新行动（recency）的影响。"①解释一下，布兰特的这一法则是指行为主体的生理肉欲或刺激对行为结果效值的影响或作用法则。但布兰特并不赞同以生理欲望论来解释行为的价值（稍后详述），而是在有限制的条件下承认主体生理欲望对行为倾向的内在影响。

（4）行为倾向对表象的依赖性法则（the law of dependence of action-tendency on representation）。这一法则是对第（2）条法则的进一步的规定，在 TA = E × V 的公式中，还没有注意到"意识表象"在行动中的作用。因此，有必要补充说明，行为倾向不仅受行为中结果之效值和行为者期望程度的影响，也受到行为意识表象的影响。

（5）行为倾向与所期望的结果之多元性法则（the law of action-tendency and plurality of expected outcomes）。依第（2）条法则，行为倾向等于行为结果之效值与行为主体期望的程度之积，那么，如果有各种不同的结果及其效值，行为主体又有多种不同的期望和期望程度，行为倾向的"积"该如何计算？规则（5）正是对这一问题的具体解释："如果好几种不同的结果又被期望从一种行为中产生，且（E × V）的结果全部为正值，则它会把最大的'结果'作为一种基础，……因为如果这些结果全都是负值的，该倾向就不会去做某事了。如果被期望的结果之效值是混合的，则我最有可能会提出，作为一种可能性，情况将是：如果每一种否定性结果与一种较大的肯定性

①　R. B. Brandt, *A Theory of The Good and The Right* (London: Oxford University Press, 1979), pp. 57 –58.

结果相配，则将有一种不履行该行为的保留性行为倾向（a residual action-tendency）。"[1] 布兰特认为，人的行为结果和期望是多样的或多元的。如果行为者的期望程度与行为结果效值之积为正，那么，最大的结果或结果之正值就是该行为倾向发生的基础。相反，如果 E×V 的积为负，则该行为倾向就不会发生。除此之外，第三种情况就是 E×V 之积是正负混合或难以绝对计算的，则行为倾向为保留性的，它有可能发生，也有可能不发生。

行为认知的五条法则是我们确定合理性行为的理论依据。在布兰特看来，所谓合理的行为，也就是"做最佳事情的行为"（the best thing to do），亦即最理想的行为。要选择决定这种行为，就必须使行为本身接受"事实和逻辑的批判鉴审"。唯如此，合理的行为才可能产生。[2] 事实和逻辑的批判鉴审可以使行为免于各种错误，达到"合理性的要求"。布兰特指出，常见的行为错误至少有六种：忽略选择；忽略结果；错误的期望程度；给行为倾向附加其他增值因素；轻视未来；忽略未来欲望。[3] 这些错误的实质，就在于缺少事实的判断依据和理性的逻辑推理。

布兰特特别批评了过于主观和急功近利的行为方式，强调要在行为选择中考虑时间因素（未来）。在他看来，无论是行为的倾向，还是行为结果的效值，抑或是行为主体的期望程度，都依赖于一种不断改变着的时间距离。所以，更准确地说，关于行为倾向的公式应该加上时间距离的因素才算全面，故有 $TA = f(E, V, R, \frac{1}{\text{time-distance}})$。解释为：行为倾向等于行为者的期望程度、行为结果的效值、合理性

---

[1] R. B. Brandt, *A Theory of The Good and The Right* (London: Oxford University Press, 1979), p. 65.

[2] Ibid., p. 70.

[3] Ibid., pp. 70 – 87.

与时间距离之某一时刻的积或函数。① 只有考虑到时间或未来的因素，才能做出最佳的行为选择，避免道德行为的相对主义。

行为的认知批判使我们有可能正确把握行为理论，从而为科学的道德善论奠定基础。而心理欲望的理性批判将使我们进一步具体把握行为的发生理论，使道德善论获得更圆满的解释。对后一方面，布兰特大量吸收了当代心理学的许多试验性成果和有关行为、心理、情感的心理理论，对人的欲望或厌恶、快乐或不幸等内在心理因素做了深入分析。他首先指出了"错误的"欲望或快乐类型，分析了它们对选择最佳行为的障碍和危害。其一，依赖于虚假信念的欲望、厌恶、快乐或不快乐，如基于低级满足的欲望、倚于权势的贪婪等。其二，文化传递中人为引起的错误欲望，如父母、老师对孩子们欲望的不当影响。其三，非典型例子的普遍化，最有说服力的例子是赌博。赌博是一种偶然机会的碰撞，但一些人却错误地以为偶尔赌胜的事实具有某种普遍必然性，结果执迷不悟，导致倾家荡产。其四，由早期失却所产生的夸大了的效值。例如，某些孩子早年缺少某种食物或乐趣，长大后便对这些食物或兴趣特别倚重，欲望尤其强烈，以致使一些欲望和行为结果的效值被故意夸大。

布兰特进而论证，要使行为的选择和决定至于合理，不仅需要科学的行为认知理论和行为法则，而且也必须对人的欲望、需要、情感进行理性的批判，使行为的发生基于合理动机。换言之，在他看来，合理行为的形成不仅要有合理的行为倾向，而且也需要有合理的行为动机。而克服上述各种错误的欲望类型，是保证后一方面的前提条件。

至此，布兰特终于提出了一套完整的关于合理行为的道德善论。这就是：第一，将道德的善规定为最佳行为或合理行为的结果（效

---

① R. B. Brandt, *A Theory of The Good and The Right* (London: Oxford University Press, 1979), p. 80.

值）；第二，以充分的行为认知理论作为合理行为选择的基础，亦即给行为以"事实和逻辑的批判鉴审"，并提出一切有关的信息；第三，对欲望、快乐、需要等行为主体心理和情感或动机进行理性批判或"认知心理疗法"（cognitive psychotherapy），使行为动机机制免于错误；第四，通过行为认知理论和发生理论两种标准尺度，使人们依行为法则而选择，践行合理的行动。不难看出，布兰特的道德善论由道德行为的动机发生理论和倾向选择理论两部分组成，其主题是探讨什么行为是合理的或最佳的，以及如何达到行为的合理性。他把行为的善性规定为行为的合理性，这与斯马特的观点不同。他所强调的不是人的个别行为和特殊效果，而是人类一般行为达到合理的认知心理条件和基本法则。人的行为是有法则可循的，这使得行为合理性的认知条件的探讨显得尤其重要。而有关行为的"信息"也就成为了一种充分必要的条件。在布兰特这里，行为的认知、心理和信息构成了善行为或合理行为的三个基本要素。这一点表明了他的伦理学鲜明的认知主义倾向。同时也说明他用一种认知逻辑和认知心理的方法来反驳行为功利主义、重构功利伦理之规则系统的努力，是带有明显时代特征的，也是有所创造的。

二　道德法典论：多元论规则功利主义系统

通过道德善论的批判性重构，布兰特想要建立一种什么样的功利主义呢？这是我们接下来要谈的另一个问题。

布兰特在道德善论的基础上，进一步展开了对道德正当性问题的探讨，提出并论证了一种多元论的规则功利主义道德系统。他认为，关于行为之合理性的探讨回答了道德善论的基本问题，而关于行为之正当性的探讨则构成了关于道德规则系统的基本问题。

社会的道德规则即是社会对道德行为的限制系统。布兰特将其称之为"道德法典"。他写道："……从本质上说，几乎所有的社会

（如果说不是全部的话）都有从立法约束的角度来看各不相同的行为之限制系统。……我把它叫做一个社会的'道德法典'（the moral code）。"① 道德法典构成了对群体道德行为的限制与调控体系，体现为确定的社会准则。就个人而言，我们可以把"个体的道德法典"称作他的良心，或者说，良心即是个人内在的道德法典。

一般说来，成年人都具有其确定的道德法典，或者说他已能达到道德法典的层次（当然也有例外）。对此，我们可以从人们身上所表现出来的六个特征中找到证明。布兰特将这些特征表述为：内在动机；罪恶和不赞同（反对）；坚信的重要性；钦慕和尊敬；特殊术语（special terminology）（指除"道德应当""正当""道德责任"等惯用术语之外人们各自所使用的具有道德表达意味的术语）；坚信的正当证明（believed justification）。任何具有上述这些特征的人，在布兰特看来都必定是已经进入道德法典层次的人。

与个人相比，社会的道德法典往往是一种社会文化结构的表现。在文化中，不仅存在道德法典，还存在着与之相关的社会礼仪法典、风俗习惯法典、荣誉法典等。依布兰特之见，社会的道德法典类似于一种社会"制度期待"（institutional expectations）或社会"角色期待"（role-expectations）。社会学家们常将其称为"角色规范"（role-norms）。一种道德法典的选择和建立，往往与一种社会制度期待相适应，否则就不可能，也无意义。人们之所以选择某一种道德法典或道德规范系统，是因为按照某特定的社会制度期待来看，该道德法典的实施会产生较好的效果。反过来说，一种道德法典要成为某一社会中行之有效的系统，"它就必须适合于该社会的理智和教育水平，所以它的应用就切莫要求有超越除潜在良好的科学家或哲学家以外所有人

---

① R. B. Brandt, *A Theory of The Good and The Right* (London: Oxford University Press, 1979), p. 164.

的能力的逻辑便利。它必须给该社会里经常发生的问题提供详细的解决办法……而这些方法又必须用来使道德原则内在化；所以，它本身大概限于社会中某些重要的问题上面"。① 这就是说，道德法典必须符合社会文化和教育的发展状况，以及人们的道德水平，既不空洞无实，又不繁杂琐碎，能切合社会的普遍实际，并为之提供有效的解决办法，它才能成为有效可行的。

但是，说道德法典不必过于烦琐并不意味着把它等同于某种道德原则，更不是唯一的原则。道德法典不是由道德原则构成的，"一种有效的道德法典只要原则能有区域性（local）的应用即可"②。问题的关键不在于强调道德原则的唯一普遍性，而在于如何使人们接受并支持道德法典或道德规则系统。

布兰特也认为，在社会生活中人们的行为并非千篇一律地按某一个原则而践行的，他们也不可能只接受某一个原则。相反，他们是在各种道德法典或规则系统中进行选择的，而道德法典又往往从这样几个方面来影响人们。首先，一个有理性的人必定会选择并支持一种道德法典，一如他会选择并支持某种合理的社会长远政策那样。其次，有理性的人不会疏远道德。再次，对于一个有理性的人，"在他的行为与其他个人的利益发生冲突的情况下，我们可以期待改变他的行为"③。最后，"我们可以期望他或多或少受到与他合理选择的道德系统之戒律相适应的东西的驱动，而不是让他成为假如他不相信若是他是完全有理性的人他会支持的那种道德法典时会发生的那种人"④。

可见，道德法典对人们的行为具有重大影响，这不仅因为"道德法典是一种工具"，因为行为本身（布兰特认为，在很大程度上说，

---

① R. B. Brandt, *A Theory of The Good and The Right* (London: Oxford University Press, 1979), pp. 180 – 181.

② Ibid., p. 181.

③ Ibid., p. 187.

④ Ibid.

人类行为也是一种工具）的重要性，而且更主要的是因为道德法典能够影响人的行为。正因为这样，有的伦理学家主张按照"道德法典"来定义"道德上的正当"；有的主张按"人的行为"来定义之；有的则主张按照"人类行为所产生的可欲状态的结果"来定义之。布兰特认为，康德、黑尔采取的是第二种方式，行为功利主义采取的是第三种方式，而他本人则采取第一种方式。

　　布兰特似乎对第三种方式予以蔑视，存而不论。他着重分析批判了康德、黑尔的方式。他认为，康德、黑尔虽然强调了道德规则的普遍性和合理性，但他们对规则的偏爱只是基于纯道德义务论的，不能解释道德正当性的价值（行为善）基础。他指出："按照道德法典规定的有理性的个人往往会支持选择任何他们可能公正妥协的那种规则，而这种规则与康德、黑尔的概念是无法吻合的。整个道德法典可能只是这样一种规则：勿做任何理性者不想要每个人或任何一个人去做的事情。"① 由此，我们可以对康德、黑尔的观点提出三条反驳：第一，"康德、黑尔的概念似乎忽略了对行为来说纯粹可欲求的东西与道德义务性的东西之间的差异"。例如，黑尔的普遍规定主义便把行为之可欲求的价值与行为之应当的义务混为一谈了。在布兰特看来，"知道理性的个人可能要求每个人去做或不要任何人去做某事是一码事，而知道理性的个人不可能要每个人被良心要求去做某事则是另一码事"②。前者是基于理性的行为要求，后者则是基于良心的义务感。第二，康德、黑尔虽然也突出了道德规则的必要和普遍理性基础，但他们没有注意到这些规则所包含的社会现实内容及其在行为中的功能，只注意到它们的普遍形式。布兰特说："因为社会需要这种由道德法典所构成的对行为的内在性社会控制，因为它是一种善生活的条

---

① R. B. Brandt, *A Theory of The Good and The Right* (London: Oxford University Press, 1979), p. 197.

② Ibid.

件，而我提出，所有有理性的人都会因为这一原因而要求社会中有某种道德法典……我的定义实际上提出了给行为以道德名义的问题：即如此行动属于'道德不当'或'道德应尽'这些术语所规定的范围。因此，我提出的这种概念图式在一种可欲的文化系统内具有一种功能，而康德、黑尔的选择则没有触及这种社会实在。"[1] 第三，康德、黑尔把"人们应当做某事"归诸人的良心的作用，而布兰特认为这只是人们在理性认知基础上选择的结果。

应该指出，布兰特对康德、黑尔的上述批评虽不乏中肯之处，却带有明显的牵强之意。的确，康德的伦理学过于强调道德主体的道德自觉，甚至提出"为义务而义务"的极端道义论主张。但他同时也强调作为"理性存在"的道德主体的基础性地位。在他那里，人的理性本质是他产生义务感的先决前提。就此而论，他与布兰特强调理性认知的主张并无根本分歧。至于黑尔，布兰特的责备似乎更难成立。这并不是因为一些西方学者把黑尔也归为规则功利主义之列，而是因为黑尔的"普遍规定主义"恰恰是基于对人的行为的合理性之逻辑认知而提出来的（参见本书第九章）。当然，从更广阔的理论背景来看，布兰特对康德、黑尔的批评，实质上是对一种道德义务论的批评，目的只在于捍卫功利主义。一方面，他需要强调对道德法典的理性选择，以确证其规则功利主义之于行为功利主义的理论优越性；另一方面，他又唯恐偏离功利价值论的基本路线而滑向道德义务论，因而不得不采取两面反驳的态度。结果是既在一定程度上获得了理论探索的突破，又导致两面为难的窘境。

所以，在进一步考察道德正当性时，布兰特突出提出了"欲望论"与"幸福论"两种常见的道德观。他认为，所谓欲望论，即是

---

[1] R. B. Brandt, *A Theory of The Good and The Right* (London: Oxford University Press, 1979), p. 198.

一种"把幸福与欲望满足同一化的理论"①；所谓幸福论，则是在强调"最大福利"的基础上主张通过对他人的关心和仁慈来达到最大多数人的幸福道德观。布兰特明确地选择了后者，进而提出建立"一种多元论的最大限度地实现福利的道德系统"，即多元论规则功利主义。

在他看来，多元论的道德法典系统是唯一正确的理论选择。历史上，曾经有过三种"一元论的道德法典"理论，它们是：（1）利己主义的（包括"为我的"、为任何一个人的和"合理为我的"三种具体形式）；（2）行为功利主义；（3）功利主义的普遍化（黑尔等人）。布兰特认为，三者都是"效果论"类型的，它们都只主张某种"单一原则"（one-principle）或一元论的道德。利己主义以个人自我的利益为唯一道德原则；行为功利主义主张"功利原则"是唯一最高的原则；而黑尔则把一种"可普遍化的"功利原则看作最具适用性的原则。三者的错误都在于没有看到人们行为之合理性要素的多样性、行为动机的可变性和行为选择与结果的多种可能性，因而忽视了多元道德规则系统的可能性和必要性。

布兰特说："一种具有多条道德规则并经过合理选择的系统才是可能的，它以最大限度地实现福利，因而是完全有理性的人可能支持的那种道德体系。"② 这一道德体系的基本特征是：其一，它是由多种道德规则而不是由唯一原则所组成的道德法典系统；其二，它的目标是"最大限度地实现福利"，但不是所谓"总体福利"；其三，虽然它的最终目标是功利的，但它强调的不是功利本身，而是达到功利目的的行为规则系统。在布兰特看来，这种多元论的规则功利主义道德体系至少有以下几个优越性：其一，它将重新考察道德法典可能产生差别的各种方式或各个方面。道德规则是可变的、多元的，它的每一

---

① R. B. Brandt, *A Theory of The Good and The Right* (London: Oxford University Press, 1979), p. 247.

② Ibid., p. 286.

部分或每一条规则都具有指导人们"最大限度地实现福利"之目的的功能，而不把这一功能仅仅归结于某种单一的原则。其二，它可以更详细地探索一种"理想的戒律系统"如何获得人们的认同，以及各规则发挥调节作用的多样层次。因此，多元论的规则道德系统或体系既不是唯一的，也不是抽象不变的，它具有灵活多变的特点。这种特点又具体体现在四个方面。其一，它可以适应人们行为的内在动机之可变性。布兰特指出，人们行为的内在动机常常是多种因素并存交错的，有的是相互冲突的，因而需要有适应这一状况的可变规则系统。其二，它能提供全面的道德正当性证明。其三，它能反映和适应人们道德情感（罪恶感、不赞同他人、谅解和关心他人等）的复杂性。其四，它可以解释诸如钦慕、赞赏、自豪这类多样化道德情感倾向。

那么，这种多元论道德系统如何指导人们最大限度地实现福利呢？布兰特认为，如果一种道德法典要想指导人们行为达到最大限度的福利实现，"它就不仅必须适合于普通人的理智能力，而且也必须适合于他自私、冲动等因素的程度"①。即是说，它必须兼顾众人和个人的能力、需要，甚至也要顾及个人的自私欲望。而且，它应该且能够发挥像行为功利主义的"最大限度地实现可能的幸福"之戒律所发挥的相同作用。"它之所以应该，是因为如果一种最大限度地实现功利的法典被设置用来防止伤害他人，则一种可期待的最大限度地实现功利的法典也将以恰当的方式禁止人们采取伤害他人的冒险行动。它之所以应该，是因为如果这一种法典被设置用来完成诺言的执行（如归还借书），它就应该直接指出借书者是否必须亲自还书，或是否可以通过邮寄还书。这种道德系统可以使同样一种特征一体化，且是用

---

① R. B. Brandt, *A Theory of The Good and The Right* (London: Oxford University Press, 1979), p. 291.

一种十分简洁的方式。"① 通俗地说，布兰特认为，多元论的道德规则系统不仅能够发挥一元论的行为主义功利原则的作用，而且比后者更为广泛、更为简便。所以，他主张用多元论的道德规则或法典系统来取代行为功利主义的"单一原则"的理论模式，进而反对行为功利主义，主张多元论的规则功利主义。

然而，布兰特的多元论道德规则系统也同其道德善论一样，是一种利弊相掺、两面犯难的混合性主张。从积极的方面来看，它极大地限制了斯马特等人的极端功利主义理论，用规则的多元系统设置淡化了行为功利主义只为特殊行为不顾人类行为的一般同质化特征、只讲效果价值忽略动机和义务、只注意行为的最终状态而轻视行为过程及其复杂多变性特点等的实利主义色彩。同时，也借用现代元伦理学的逻辑分析等方法，弥补了功利主义自身理论的简单性，使之具有某种系统的逻辑推导和证明形式。更值得注意的是，布兰特从某种社会文化的结构背景着手来建构其道德法典理论，并从个人内在主体性（表现为个人对道德法典系统的选择、认同和支持）和社会外在的客观性（表现为社会道德法典系统对人们理智能力、教育水平等状况的适应）两个方面来论证道德法典系统的功能和实际应用，这不仅大大丰富了功利主义的当代理论形态，而且一定程度上把握了社会道德实践之运作规律和内在机制，具有积极的理论价值。

布兰特的规则功利主义是多元论的，他把自己的这种规则功利主张与黑尔等的普遍规定主义区别开来。这从侧面反映出，在当代西方新功利主义伦理学阵营内部，不仅有行为功利主义与规则功利主义派别之争，而且即使在规则功利主义一派内部，也还有所谓"多元论的"与"一元论的"规则功利主义之不同主张。这种分歧真实地反映了当代新

---

① R. B. Brandt, *A Theory of The Good and The Right* (London: Oxford University Press, 1979), p. 291.

功利主义的理论实际，也说明这一当代新型伦理学理论仍处于分化、矛盾的过程当中，还是一种处于生长阶段的不完全成熟的伦理学类型。

不过，从斯马特与布兰特两人的理论中，我们已经能够窥见新功利主义发展的内在图景和大致轨迹了。斯马特与布兰特代表着这一伦理学类型内部两种主要的理论倾向，他们的理论差异主要表现在以下几方面。第一，两者的基本理论观点不同。斯马特从个体的特殊行为出发，而布兰特则是从某种具有共同特点（合理性）的行为类型出发。因之产生第二，两者的理论中心不同。斯马特强调行为与效果，而布兰特则强调用以规范合理行为的规则系统。这种行为与规则的对峙又反映了他们各自的理论目的互有差别，这就是第三种差异所在：斯马特的主要目的是要光复和捍卫传统功利主义，而布兰特则是力图修正传统，创立新的功利伦理学体系。

导致上述差异的原因是多方面的，其中最根本的有两点。第一，斯马特和布兰特两人所处的理论背景不尽相同。前者接受的是地地道道的英国式教育，承袭的是英国道德文化（即古典功利主义）的熏陶。而布兰特则不然，他是在美国元伦理学正值盛时的背景下走向伦理学论坛的，对于元伦理学的影响有着切身的感受，且他本人又深受罗尔斯、弗兰肯纳等人的思想影响。[①] 罗尔斯是一个反古典功利主义的伦理学家，他对原则、规范的强调在当代欧美伦理学界是为数不多的。弗兰肯纳是一位以圆通和综合闻名的伦理学家，其基本伦理学立场是"混合义务论"。罗尔斯和弗兰肯纳都是布兰特经常与之交流、恳谈的学术朋友，其间的相互影响是不言而喻的。比如说，在对待罗尔斯的正义论的态度上，布兰特就远不像斯马特那样激烈，他虽然也不赞同用正义原则取代功利原则，但他的批判是极为缓和的，在一些

---

① R. B. Brandt, *A Theory of The Good and The Right* (London: Oxford University Press, 1979), p. 291.

方面，他甚至还认肯了罗尔斯的主张。第二，两人所面临的社会现实也有差异。斯马特所面对的是澳大利亚这一新生且年轻的资本主义国家，它一方面与其盟主英国有着深厚的文化血缘联系，另一方面又是一个仍处于开发之中的文明国度。它承袭了英国近代文明的成果，包括道德文化传统，又需要有适应其社会经济生活的现代道德观念。从某种意义上说，澳大利亚至今尚未形成其独特的道德文化传统。因此，现实生活对道德观念的左右和制约尤其直接。这些特点都是斯马特行为功利主义特征的客观注解。但对于布兰特来说，影响更多的是理论的现实而非生活的现实，从其理论观点中我们已经能明显地看出这一特点。

然而，无论斯马特与布兰特之间的观点差异多么深刻和复杂，都只是同一理论类型内部的纷争，其功利主义的理论性质是相同的、一致的，维护和发展一种功利主义的伦理学是他们共同的宗旨。从这一终极意义上来说，他们的分歧只是理论形式或风格上的，而不是实质立场上的。殊途亦能同归。

第二十章

当代美国政治伦理学[*]

——罗尔斯与诺齐克

　　前面曾经谈到，现代西方伦理学进入当代最新发展的重要理论标志之一，是伦理学从元分析理论向规范理论的复归或转型。复归不是历史的重复，转型意味着超越。当代伦理学规范性的转型，不仅使伦理学最终跨出了纯理论分析或逻辑辨析的学院式樊篱，而且也从形式和内容上创造性地推进了西方规范伦理学的传统理论图式。大致说来，当代西方规范伦理学可以分为两大类型四种主要形式：一种类型是行为规范型，它包括传统规范伦理的形式（如新功利主义）和现代科学规范的形式（如生命伦理学或医学伦理学、生物伦理学、生态伦理学等）；另一种类型是社会规范型，它包括道德社会学、道德人类学（如马克斯·韦伯和杜克海姆等人的道德理论以及新进化论伦理学

---

[*] "政治伦理学"是一个需要限定的概念。笔者在此启用这一概念的含义是指一种把道德问题与社会政治问题（制度、结构、法律、行政管理程序，权力、权利和义务、组织程序等）结合起来进行综合研究的社会政治伦理学理论。在此意义上，它形式上可以和"政治哲学"或"社会伦理学"一类的概念相类比，而不能与"道德政治化"或"政治道德化"这样的定性评价性概念同日而语。

等）和社会政治伦理学（如罗尔斯的正义论，诺齐克的人权论，哈特的公平论、斯坎伦的新契约主义等）。

如果说，我们在前面所讨论的新行为主义和新功利主义伦理学代表了当代规范伦理学第一种类型的理论发展的话，那么，本章将要讨论的政治伦理学则是其第二种类型理论的典型范例。为了更准确地把握当代西方的政治伦理学发展，了解其特殊的理论背景或传统和现实社会基础是很有必要的。

第一节　当代政治伦理学发展的基本背景

政治与道德是人类生活中两个密切相关的价值领域。人类社会的政治理想和实践与其道德价值的追求和实际运作历来都是相互渗透、相互制约着的。因而，政治学或政治哲学与伦理学或道德哲学在许多思想家的理论系统中也就常常实行联姻，这就是政治伦理学形成的学术基础。

在人类价值观念的发展历程中，政治伦理学一直占据着重要的位置。中国古代的儒法伦理学，常常以政治伦理或政治与道德的一体化为基本取向。所谓"德治"与"法治"或"威猛相济""德法兼融"的主张正是这一特征的具体体现。就西方而论，政治伦理学有着深厚而独特的传统，从柏拉图到罗尔斯，这一传统一直预制着西方伦理观念的发展。

古希腊道德文化是西方伦理学的原始母体之一。柏拉图和亚里士多德作为古希腊两位最杰出的伦理学家，最早建立了较为系统的政治伦理学理论。虽然由"公正（正义）、理性（智慧）、勇敢（意志）和节制"之"希腊四主德"构成的古希腊道德系统早在德谟克利特、苏格拉底那里已始见端倪，但它的系统化是由柏拉图完成的。在柏拉图这里，公正是最具综合性的道德概念，个人善的追求和实现最终必须诉诸城邦（国家）的共同善，社会的公正秩序是首要的善。这是以个人道德与社会道德的整合为基本特征的古典政治伦理学范型之一。对于亚里士多德来说，虽然柏拉图的绝对理性和总体主义政治道德倾向必须受到合理原则的限制，但是，政治学和道德学依旧统合在一个共同的基础上。对善的目的追求构成了以城邦（国家）为研究对象的政治学和以个人完善为研究本体的伦理学的共同基础。甚至就善的实现价值而论，政治学高于伦理学。"政治科学""属于最高主宰的科学、最有权威的科学"。"它的目的自身就包含着其他科学的目的。所以，人自身的善也就是政治科学的目的。这种善对于个人和城邦可能是同一的。然而，获得和保持城邦的善显然更为重要、更为完满。一个人获得善不过是受到夸奖，一个城邦获得善却要名扬四海，更为神圣……以最高善为对象的科学就是政治学。"① 这一见解表明了亚里士多德对政治学与伦理学之关系的基本解释，也预制了他的伦理学鲜明的政治伦理倾向。

中世纪的西方伦理学和哲学、自然科学一样都是神学化的。与教会既是神权之最高机构又是世俗社会之最高权力机构这一特殊历史状况相应，与哲学成为"神学的婢女"、科学被斥之为异端这一文化背景相关，伦理学本身没有其特殊地位。因此，所谓政治伦理学实质上只是一种神政伦理学而已。直到文艺复兴的人道主义运动，才开始动摇这一结构，使伦理学从神权的统辖下挣脱出来，走向世俗社会生活，其转变的根本意义之一就是，世俗人道主义观念日益成为时代道德精神的主题，并预期了近代新政治伦理学的诞生。

近代西方伦理学的重大转型或道德重建，首先是以政治和道德的相辅相成和最终联盟为基本动力的。以"自由、平等、博爱"为

---

① 〔古希腊〕亚里士多德：《尼各马科伦理学》，苗力田译，中国社会科学出版社，1990，第 1094a、1094b 页。

价值核心的近代人道主义伦理学，既是近代西方资产阶级革命的理论先导和价值观基础，也随着这场历史性的革命运动而不断丰富和成熟。这一社会背景孕育了代表近代西方文明的伦理价值观系统，近代西方政治伦理学也在这一文化氛围中发育成长起来。以格劳修斯、霍布斯、洛克、卢梭、康德及大批启蒙思想家为代表的近代思想先驱，不仅创造了崭新的时代哲学，也创造了各具特色的政治伦理学，并成为近代西方社会政治革命和建设的理论基石。格劳修斯的政治道德理论，霍布斯、洛克的"自然状态说"和"社会契约论"，洛克的国家（政府）和人权学说，都对英国的资产阶级革命和政治道德建设起到过奠基性作用。卢梭的"自然状态"学说和人道主义，以及启蒙思想家们的理性与科学的主张和"自由、平等、博爱"理论，不仅直接成为罗伯斯庇尔革命实践的理论纲领，而且也成为整个法国大革命的理论旗帜（法国《人权宣言》的基本思想说明了这一点），甚至影响到康德的道德学说和政治学说（以卢梭的理论影响为最）。[①]

　　如果说，17、18 世纪的思想家们的政治伦理学主要是为近代西欧资产阶级革命开辟理论道路，因而带有鲜明的反封建、反神学的革命性、战斗性（否定的破坏性方面）和建立资产阶级民主、自由、平等之新价值观念的奠基性、创造性（肯定的建设性方面）这一双重时代特征的话，那么，18 世纪中后期和 19 世纪初期的思想家们的政治伦理学理论则是作为西方资本主义自由发展时代的理论产物而形成的，因之，随着西方资产阶级由革命转向自我维护、自我发展这一历史角色的转换和资本主义社会政治、经济、文化状况由创立到巩固发展这一总体背景的改变，它自身的特性也已发生了重大变化。革命性、战

---

① 详见章海山著《西方伦理思想史》，辽宁人民出版社，1984，第三编第一章、第二章，第五编第二章，第六编第一章。关于"法国大革命"和"罗伯斯庇尔"的有关史实，详见〔法〕米涅《法国革命史》，北京编译社译，商务印书馆，1977。

斗性的否定性特点消失了，取而代之的是自我维护、自我满足的保守性。以边沁、葛德文、密尔等为代表的近代功利主义伦理学便是这一时期政治伦理学的典型形态。功利主义既是一种伦理价值观，也是自由主义政治经济学的理论基础。"最大多数人的最大幸福"不仅被功利主义思想家们奉为最高的道德原则，也是他们论证其自由主义经济原则和政治原则的基本出发点。

然而，上述的原则性概观并不表明近代西方的政治伦理学传统是完全同一的整体。事实上，从 17 世纪到 19 世纪的西方政治伦理观念的发展也是极富变化、极不平衡的。首先，在理论上，思想家们具体的政治伦理学主张并不统一，有时是相互颉颃甚至相互对立的。例如，关于"社会契约论"和"自然人权"（一译"天赋人权"）观念这样一些基础性理论，便出现了霍布斯的"绝对主权主义"与"粗陋（公开）利己主义"和洛克的"自由民主主义与平等个人主义"两种颇为不同的政治主张和道德原则结论。而卢梭的"社会契约论"则陷于绝对自由主义（无政府主义）和绝对权威主义的两极矛盾之中，以至于有人评论："斯大林与托洛茨基的关系如同拿破仑与卢梭的关系"①。甚至认为："希特勒是卢梭的结果，而罗斯福和丘吉尔是洛克的结果"②。其次，从实践上看，思想家的政治伦理学说所起的社会历史作用也大不相同，或作为革命的旗帜和社会政治改革的理论先导；或作为维护阶级统治的工具和自由资本主义的价值辩护。最后，这一时期的政治伦理学的发展主要集中于英法两国，这与 17、18 世纪西欧资产阶级革命的进程相适应。它表明，政治伦理学之发达与否同社会政治经济的发展状况直接相关。从 19 世纪中叶开始，德国的政治哲学和伦理学开始呈现出繁荣局面。从黑格尔、施蒂纳到

---

① R. Niebuhr, *An Interpretation of Christain Ethics* (New York: Harper Brothers, 1935), p. 20.
② 〔英〕B. 罗素：《西方哲学史》，马元德译，商务印书馆，1976，第 225 页。

马克思、恩格斯等。马克思、恩格斯的政治哲学和社会道德理论是近代无产阶级革命的科学成果，具有与资产阶级政治伦理学完全不同的性质和作用。

20世纪初是西方资本主义高度垄断和曲折发展的时期，但资本主义发展的重心已开始转移。欧洲大陆不再是资本主义的唯一中心，后来居上的美国在美洲大陆上开拓出又一片资本主义新地。两次世界大战的爆发标志着欧洲资本主义的衰落和矛盾加剧，也为美国资本主义的发展提供了经验教训。但是，直到20世纪上半叶，欧洲大陆特别是法德两国的政治哲学和伦理学仍很发达，产生了诸如萨特和存在主义、"法兰克福学派"和"社会批判理论"这样一些具有世界性影响的政治哲学家和理论流派，而在政治和文化价值观念上比较接近的英美却未能有这样的学术繁荣。特别是美国，在这一方面乃至整个哲学都未能像它在政治、经济、军事和科学方面那样进至西方政治哲学和政治伦理学的领先地位。

第二次世界大战是美国大获财富的幸运时期，它不仅趁机提升了政治、经济、军事等能力，也趁机得到了大量宝贵的文化艺术、科学技术人才。战争期间和战后，大量欧洲哲学学者移居美国，带来了大批杰出的哲学家和哲学新观念，使美国哲学开始走向繁荣。但总体来看，这种繁荣局面基本上是以分析哲学和科学哲学为主角而支撑起来的，即使像现象学一存在主义这样在欧洲大陆曾风行一时的国际性哲学伦理学思潮也难以在美国生根开花。实用主义这一本土哲学依旧是美国道德价值观念的主体。除此之外，在伦理学方面最富影响力的流派便是功利主义或"新功利主义"和"直觉主义"。

这一理论状况显然与美国的社会生活发展状况不相称。特别是从20世纪50年代到60年代，由于朝鲜战争和印度支那（特别是越南）战争的深刻影响，使美国社会的各种矛盾加剧，人民的不满情绪空前高涨，已有的社会政治哲学和道德价值观念难以适应这一新的局面。

于是，不仅是美国现代文化的发展，而且是美国社会的实际情势的急剧变化，都提出了一种新的理论要求，都迫切需要一种新的社会政治哲学和价值观念。这就是社会形势的重大变化所产生的哲学和道德价值观念转型或重建的历史必然性。

正是在这一理论发展和社会历史需要的双重背景下，新的政治哲学和政治伦理观念开始在20世纪60年代初期的美国形成，并于20世纪七八十年代进入成熟发达的盛期，从而不仅开创了美国政治哲学和伦理学史上的一个新阶段，而且也确立了美国政治伦理学在当代西方世界的领先地位。约翰·罗尔斯无疑是这一转型时期的首创者和美国当代政治哲学、政治伦理学的理论领袖，罗伯特·诺齐克则堪称这一运动的主将。

需要注意的是，以罗尔斯为代表的当代美国政治伦理学派形成和发展的背景是多方面的。首先是西方政治伦理学的传统预制。事实上，罗尔斯等人依据的理论前提正是自亚里士多德到近代洛克、卢梭和康德所建立起来的西方古典政治伦理学的基本原理。从罗尔斯关于"原初状况""正义原则""正当合理性与善价值的一致性"等理论中，我们不难发现亚里士多德、洛克、康德等关于这些学说的理论原型；同样，从卢梭、洛克和诺齐克的绝对自由主义和自然人权学说的对比中，也不难发现他们之间的相似性和历史联系。当然，无论是罗尔斯还是诺齐克，其政治伦理学说都远非昔日的洛克、卢梭和康德所能等同，其理论影响应当更多地诉诸他们对传统理论的新贡献和对当代社会实际生活的承诺。

其次，当代美国的政治伦理学是在双重理论氛围中形成的，这一特点使它具有特殊的变革意义。20世纪前半叶，西方伦理学的总体趋势是由元伦理学所预定的。重形式而轻内容，主逻辑语言分析而疏价值规范和价值本体，是元伦理学的基本特征。就美国本土而言，实用主义精神的长期垄断和元伦理学日益强烈的冲击，使得美国现代伦理学的发展常常处于实用功利主义和直觉主义的两面摇摆之中，新功利主义阵营内部的所谓"行为功利主义"与"规则功利主义"之争，间接地反映出这一矛盾特征。在这种双重理论背景下，罗尔斯最先意识到变革的重大意义和理论必要。他大胆地脱出分析伦理学的樊篱和狭隘的实用或功利伦理的框架，在西方伦理学传统中重新寻找理论生长点，这便是对传统规范伦理学的复归。更确切地说，是对传统政治伦理学的复归。他在批判扬弃功利主义和直觉主义的基础上，面对美国社会生活的实际，创立了新的政治哲学和伦理学，在元伦理学缺乏真实生活而又枯燥空洞的经院式学园之外，开拓规范伦理学的新领域。从这一意义上说，罗尔斯及其后来者们的伦理学研究，的确是一种理论转型和重建，一种从元伦理学向规范伦理学的转型，一种在复归传统、重构传统的基础上面向生活实际的伦理重建。无怪乎西方学术界把罗尔斯视为使当代伦理学从元理论向规范理论转折的先锋。

最后还应该指出，当代美国政治伦理学并不能看作严格意义上的统一流派。相反，在这一相同的学术领域里，一些思想家的政治伦理主张大相径庭。罗尔斯和诺齐克被视为当代美国两种政治哲学和伦理学模式的代表，[①] 前者偏重于社会整体的公正秩序和合理性，后者偏重于个人自我的权利和价值实现。历史地看，前者的伦理思想更接近于康德；后者则更接近于洛克。但从根本上说，两者之间并无本质的冲突，忠实美国社会现实生活是两者的共同特点，只不过是所关注的具体时代背景互有差异，理论方法和观点各有偏向而已。

---

① 参见赵敦华《劳斯的〈正义论〉解说》，三联书店（香港）有限公司，1988，第160页。赵敦华此对罗尔斯（其译为"劳斯"，笔者考虑到国内现已通行的译法，取"罗尔斯"通译为好）的正义理论有相当精当的论述。

第二节 罗尔斯的正义论

一 罗尔斯及其《正义论》

约翰·罗尔斯（John Rawls，1921～2002）是美国当代最杰出的伦理学和政治哲学家之一。他出生于美国马里兰州的巴尔的摩城，青少年时代就读于该城的肯特学校，1939 年毕业。随后进入了美国著名的普林斯顿大学，1943 年毕业。1950 年，他以《伦理学知识基础研究》（*A Study of the Ground of Ethical Knowledge*）一文获哲学博士学位。随后留该校执教，1952 年至 1953 年，他担任该校的讲师，期间获英国牛津大学奖学金，在牛津大学作短期访问研究。回国后被聘为康奈尔大学的助教、副教授，至 1959 年止。1960 年至 1962 年，罗尔斯转到麻省理工学院任教。从 1962 年起，他又转到哈佛大学任哲学教授，并一度任该校哲学系主任。

罗尔斯的著作构思严谨，观点富于创见。他最早的伦理学作品是1951 年发表的《用于伦理学的一种决定程序的纲要》，最著名的代表作是《正义论》（1971 年），该书是他集 20 余年的潜心研究成果而完成的一部政治伦理学巨著。它以社会政治道德问题为研究主体，兼及政治学、哲学、法学、经济学等诸多领域，自成系统，独树一帜，被当代西方学术界誉为哲学和伦理学的经典。早在 20 世纪 50 年代中叶，罗尔斯便开始注意和研究社会正义问题，1958 年，他发表《作为公平的正义》（*Justice as Fairness*）一文，提出了自己的正义论。然后，他先后在 1963 年发表了《正义感》（*The Sense of Justice*）、《宪政自由》（*Constitutional Liberty*）两篇论文，对人们正义感的产生、形成和宪法规定的自由权利之理论基础等问题做了具体阐释。1966 年发表《公民的不从》（*Civil Disobedience*）；1967 年和 1968 年发表《分配正义的证明》（*The Justification of Distributive Justice*）和《分配正义：若干补充》（*Distributive Justice：Some Addenda*）两文。这些论文对公民权利平等及其维护、社会利益、地位、权利和义务的分配及其正义原则基础等问题做了预备性探讨。在上述诸论及其反应的研究、充实和修改基础上，罗尔斯三易其稿，终于完成了准备 20 余年之久、长达 600 多页的《正义论》一书。由于该书观点新颖、论证严谨、切中重大社会主题，适应当时美国特殊社会历史状况。因此，刚刚出版便在美国乃至整个西方备受关注，产生轰动性影响。据有关学者验证，仅 1982 年编辑的有关《正义论》一书的文献目录就集有 2512 条之多。最近 10 年，每年都有数以百计的有关论文发表，其影响波及除哲学、政治学、伦理学之外的法学、经济学、心理学、社会学、教育学、宗教、公共管理、公共政策、公共福利、环境管理及犯罪学等广阔领域。许多大学的哲学、政治、法律、经济等学科部门都将此书列为最重要的基础读本。美国和世界许多重要报刊都为此发表书评、介绍或专论。在 1978 年的杜塞尔多夫的国际哲学代表大会上，该书被列为主要讨论书目。一些专家认为，《正义论》是第二次世界大战后伦理学、政治哲学领域中最重要的理论著作，是"当代的哲学经典"。美国当代著名的社会学家贝尔（D. Bell）甚至把罗尔斯比作 20 世纪的洛克，认为他的《正义论》将决定 20 世纪后期的发展，如同洛克和亚当·斯密的理论决定了 19 世纪的欧美社会进程一样。另一位美国政治哲学家巴里（Brain Darry）认为，《正义论》的问世带来了美国政治哲学和伦理学的繁荣，他把这种繁荣和影响称之为"罗尔斯产业"（Rawls' Industry）。迄今为止，《正义论》已先后有德、法、日、中、意大利、西班牙、葡萄牙、朝鲜等多种文字的译本，并分别荣获 Coif Triennial 图书奖和"金钥匙"（Rhi Beta Kappa）图书奖。不难看出，《正义论》一书在当代美国和西方学术界、社会生活界的影响之深。

二 正义原则的确立与确证

在《正义论》一书的"前言"和结尾处，罗尔斯写下了这样两段宣言式的话：

"我一直努力而为的就是要使由洛克、卢梭和康德所代表的传统社会契约论进一步普遍化，并使之擢升到一个更高的抽象层次。借此方式，我冀望发展这一理论，使之不再易于受到一些明显而又通常被认为是致命的反对意见的攻击。而且，这种理论似乎如我所证明的那样，可以提供另一种正义的系统解释，它不仅可以替换而且优于占支配地位的传统功利主义解释。"①

"哲学家们一般都以下述两种方式中的一种论证伦理学理论。有时，他们试图找到自明的原则，进而从这些自明原则中推导出一个充分的标准和准则系统，以说明我们所考虑的判断。这种证明我们可以称之为笛卡尔式的。它假定的第一原则是自明为真的，甚至也必然是真的；然后演绎推理便使这一确信从前提到结论。第二种方式（由于一种语言的滥用而被称之为自然主义）按照假定性的非道德概念来引导出道德概念的定义，然后，通过已为人们接受的常识和科学程序来表明与所断定的道德判断相应的各种陈述是真实的。……而我没有采取这两种证明概念。"②

这两段话表明罗尔斯建立其政治伦理学的基本意图和方法论原则，即在完善传统社会契约论的基础上建立一种道德正义论（道义论），以取代传统功利主义伦理，而建立这种正义论的基本方法论原则，既非传统理性直觉主义的，亦非传统自然主义的。用摩尔的话来

---

① J. Rawls, *A Theory of Justice* (Mass. : Harvard University Press, 1971), p. 8.
② Ibid., p. 565.

说，就是既不是非自然主义的，也不是自然主义的，[①] 而是新契约论的，或者说是一种以社会基本结构的正义为最高理想而不是以最大利益或最大限度的幸福为最高理想，以正义的合理性为基本视角（perspective）而不是以自明的直觉原则或完善论的目的论为基本视角的义务论伦理学。在罗尔斯看来，无论是功利主义，还是直觉主义，抑或是完善论的目的论，都无法满足对人类道德生活的合理解释。前者只注重利益和它的总量或单个人的满足，但"它并不重视这种满足的总量如何在个人之间进行分配"[②]。后两者或者"不是建设性的"，或者"不能为人接受"，因为直觉主义沉迷于形式定义分析，完善论又忽略了道德概念的"实质性内容"，以至于这两种理论给道德理论的合理建立撕开了一条裂缝。

因此，必须有一种新的道德理论来克服上述各种理论的缺失。罗尔斯的目的就是"创造出一种代替一般功利思想并因之也能代替它所有不同翻版之学说的正义论"[③]。"正义论只是一种理论、一种道德情感的理论（它重复了一个 18 世纪的课题），这种理论旨在设定支配我们的道德力量，或者更具体地说是支配我们的正义感的原则。"[④] 显然，这是一种原则规范性的道德理论。在这种理论中，"定义和意义的分析并无特殊地位"，它仅仅是一种理论建构装置（device）。而作为一种规范原则，它又与功利主义有着本质的不同，这种异质表现为三个方面。第一，正义论以"作为公平之正义"（justice as fairness）为前提，确信正义在社会政治（制度）和道德生活中的优先地位或首要价值，它是以人们进入契约关系后的合理选择和原初（自然）平等为基础而被选择和确立起来的。而在功利论那里，正义原则在道德生

---

① J. Rawls, *A Theory of Justice* (Mass. : Harvard University Press, 1971), p. 8. 第二编第五章第二节。

② Ibid., p. 23.

③ Ibid., p. 19.

④ Ibid., p. 47.

活中只有从属地位，是"次要的规则"，相反，在缺乏合理选择基础和操作程序的情况下所设定的"最大限度地满足"原则却成了最高道德原则。第二，"功利主义者把一个人的选择原则扩展到社会，而作为一种契约观的公平之正义则假定，社会选择原则因而也是正义的原则本身，却是一种原始协议的目标……如果我们假定任何事物的正确调节原则依赖于该事物的本性，且不同个人的多元性及其相互分离的目的系统是人类社会的一个本质特征的话，我们就不应该期待社会选择的原则是功利主义的原则"。第三，"功利主义是一种目的论理论，而作为公平之正义却不是。这样，按定义后者就是一种义务论，一种不把善特殊化为独立于正当之外的东西，或者是不把正当解释为最大限度的善的义务论……作为公平之正义是第二种方式意义上的义务论"。①

从上述三种对比中可以结论，无论是作为一种道德原则，还是作为一种社会选择原则，正义论都优于功利主义，前者确立的"作为公平之正义"能够比后者所坚持的最大限度的善的原则更普遍地反映人类社会的"本质特征"，即"个人的多元性及其目的的分离性"。它不仅具有实践可操作性，更是人类社会生活最高的价值原则。罗尔斯说："正义是社会各种制度的首要美德，如同真理是思想体系中的首要美德一样。"② 社会制度是社会基本结构的主体，正义理论的基本主题是社会基本结构。罗尔斯说："社会正义原则的基本主题是社会的基本结构，是一种合作图式中的主要社会制度的安排。"③ 因此，社会制度的正义性不仅是社会基本结构性质的最高规定，也是其最高价值目标。而有关这种社会正义原则的系统研究就是正义理论，它基本可分为两个部分的内容："（1）一种对原初状况的解释和一种应用于这

---

① J. Rawls, *A Theory of Justice* (Mass. : Harvard University Press, 1971), pp. 25 – 27.

② Ibid., p. 1.

③ Ibid., p. 50.

种状况中选择的各种原则的系统阐述；（2）论证确立在应用中采用哪一个原则。"① 这两方面的内容实际上可以表述为三个方面：第一，正义原则的产生基础或条件；第二，正义原则本身内容的具体系统阐述；第三，正义原则的实际应用和选择的操作程序。就罗尔斯的《正义论》一书的内容展开来看，前两个方面构成了第一编的主题，第二方面的部分内容和第三方面构成了第二编的主题，第三编则为了进一步论证正义原则得以实践的主体道德机制（条件）和客观社会条件。下面，我们就循着这一逻辑线索先探询一下罗尔斯关于正义及其产生的社会基础的理论。

罗尔斯首先确定正义观念的基本前提是"作为公平之正义"，其基本内核是指社会的每一个公民所享有的自由权利的平等性和不可侵犯性。他指出："每一个人都拥有一种以正义为基础的，即使以社会整体福利的名义也不能侵犯的不可侵犯性。因此，正义否认为了一些人的更大利益而损害另一些人的自由的正当性。正义不允许为了大多数人的更大利益而牺牲少数。在一个正义的社会里，公民的平等自由权利不容置疑，正义所保障的权利决不屈从于政治交易或社会利益的算计。"②

人的这种权利源自社会生活的正义秩序。社会是人类必需的合作形式。由于每一个人都意识到，通过一种社会合作远比单靠孤身一人更能过上一种较好的生活，因之产生了利益认同。但是，对于在社会合作中的利益分配，每个人都有一个自我的小算盘，都想从社会整体中获得较大利益的分配。一方面，每个人希望并要求社会合作，另一方面在利益认同的情况下又产生个体利益要求的差异。于是，利益冲突由之而生，这就需要有一系列的原则或规范来指导他们进行利益选

---

① J. Rawls, *A Theory of Justice* (Mass. : Harvard University Press, 1971), p. 50.

② Ibid., pp. 1 – 2.

择。这些指导原则便是社会正义原则，它们首先是通过特定的社会安排（social arrangements）或社会制度而产生的，而且必须诉诸对"恰当分配"的一致认同。这就给我们提出了一个问题，即确立社会正义原则的社会基础问题。换言之，要确立正义的社会选择原则，必须首先建立起正义的社会合作图式（scheme）。这种图式不单单包含正义的共同尺度，还涉及合作、效率、稳定或秩序等诸方面因素。要达到公正的社会合作，首先，各个体的计划需要"共同适应"和"相互共容"，否则就谈不上合作。其次，社会合作的目的应该以公正一致和行之有效的方式来实现，没有效率的合作如同缺乏正义的合作一样是不可能长久保持的。最后，这种社会合作的图式"必须是稳定的"，缺少稳定就说明该合作图式本身缺乏正义和效率，或是没有得到合作各方的共同认可和自觉维护，抑或是没有足够的力量防止违反社会正义原则的现象发生。

具备上述三种条件，社会合作才有可能，人们用以指导利益分配选择的社会正义原则才得以建立。这些原则"提供了共享社会基本结构中的各种权利和义务的方式，并规定了社会合作的利益与职责的适当分配"①。罗尔斯没有明确区分利益和义务、利益与职责的界限。在他看来，社会合作本身要求每一个公民享有的权利和利益必须与其承诺的义务和职责一致。他常常把社会公民所承担的义务、职责，和他所享有的权利和利益统称为公民的"基本利益"（primary goods）。社会正义原则的规范和指导包括所有这些基本利益方面的分配，而不只是其中的某些方面。

人类如何能保证这种社会正义原则的自然确立呢？罗尔斯承认，他对这种社会正义原则的设置首先是从理想的社会环境出发的。这不一定与某一特定的现实的社会结构相吻合，但却是一种理想社会的合

①　J. Rawls, *A Theory of Justice* (Mass. : Harvard University Press, 1971), p. 2.

理假定。这种社会正义原则所需的理想社会环境，罗尔斯称为"正义的环境"，它包括正义的主观环境和社会客观环境。前者指社会中的个人所具有的欲望、需要以及理性和正义自觉，后者指人类所面临的自然客观环境和条件，包括人们相似的智力和体能，以及相互合作需要的依赖性等。但这些主客观条件还只是为社会正义原则的建立提供了可能而必要的条件或可能性，而不能决定正义原则的实质内容。为此，罗尔斯改造了洛克、卢梭、康德等人的"社会契约论"，在此基础上提出了一种重要的理论预想——"原初状况"（the original position）①，以此说明正义原则是人类在原初状况中理性选择的结果。

在这里，需要解释两个问题。第一是"原初状况"。罗尔斯变通了近代社会契约论者的"自然状态"概念，做了新的解释。一方面，他认为"原初状况"只是一种纯粹的假设状态，而不是一种历史事实或文化的原始因素；因之又有另一方面的解释，即"原初状况"中所产生的社会契约或协商并不仅仅限于以建立某一特定社会组织或政府为目标，而是以建立一种抽象的公平之正义的原则为最后目标，这一解释与近代社会契约论者的解释恰恰相反。依罗尔斯看来，原则先于具体组织和政体，或者说，只有在首先建立正义原则的前提下，才能建立合理的社会制度和政府，这更合乎逻辑。

第二是关于理性选择。罗尔斯大胆地吸收了康德关于理想人性的假设，认为理性是人的本质。正是通过理性，人们才会认识到社会合作的必要，才可能选择正义的原则。在原初状况下，人在选择正义原则的过程中所表现的理性具有三个特点：一是处于"无知之幕"（the veil of ignorance）的背后；二是对"最低的最大限度规则"（the

---

① 在《正义论》一书中，罗尔斯还使用了"原始状态"（the primitive state）、"原初境况"（the original situation）等好几个类似概念，在大多数情况下，它们与"原初状况"的含义相当或相同，基本上是对近代社会契约论者的"自然状态"（the state of nature）概念的变用，形式相似，内容解释有所不同。

maximin rule）的确认；三是"无利益偏涉的理性"（the disinterested rationality）。

所谓"无知之幕"，是指原初状况下，人们对社会约定的选择是在一种对自我的社会特性（地位、阶级、出身等）和自然特性（天赋、智力、体能等）、自我的善或合理之生活计划的特殊性，以及社会客观状况（政治、经济、文化）和文明程度及其有关信息缺乏自觉的情况下进行理性选择的。① 简单地说，人们在原初状况下对社会基本结构和正义原则的选择是在尚无有关主客观条件或状况的特殊性知识下进行的。罗尔斯把这一特点称为原初状况的"本质特征之一"。在他看来，"无知之幕"的假设并不是对人的原初理性的贬低，它所表明的只是指原初状况下的人们尚缺乏对某些特殊事实的知识，而不是说他们缺乏健全的理性。它恰好证明了原初状态下的人们对建立社会契约（合作）和正义原则拥有一种共同的视点（perspective point）。

关于"最低的最大限度"，是罗尔斯在批判地否定了功利主义伦理学的所谓"最大多数人的最大幸福原则"的基础上提出来的一个新概念。它由"最大限度"（maximum）和"最小限度"（maximin）两个词折合而成，本义是在最低限度的基础所能达到的最大限度，也就是指人们在优先考虑到最劣环境或最差条件下最大限度地实现自己的利益。② 这一规则反映出原初状况下人们选择社会正义原则时所具有的三个方面的特征：（1）由于"无知之幕"的蔽障，原初状况下的人们对有关可能性的知识极其有限，因而对"最低的最大限度"的认识只能是直觉的，但却是必要的；（2）它反映了人们在原初选择中的

---

① J. Rawls, *A Theory of Justice* (Mass. : Harvard University Press, 1971), p. 131.

② 罗尔斯运用决策与环境之关系表列（详见《正义论》，第147页）和"囚犯的两难"（prisoner's dilemma）（详见同上书，第260页脚注②）对此做了形象具体的解释，限于篇幅，恕不引述。

共同心理，即在明确了最低的最大限度之选择可以产生大家满足的结果而无须冒昧尝试其他时，人们会选择这一规则；（3）它反映了人们对所选择的原则或社会基本结构是否具有容忍性的一种认识，是人们在原初状况中的一种明智的选择规则。就社会而论，"最低的最大限度规则"主要表现为对社会中最少受惠者的兼顾。在此意义上，诸规则与正义第二原则中的两个原则（机会均等和差异原则）相联系。罗尔斯反对功利主义者只追求"最大多数人的最大限度的善"，而忽视社会中的少数人的基本利益满足的错误做法。他认为，这种功利原则既具有或然的性质，又损害了人的平等自由权利。偏重"最大多数"而忽视少数，实际上是认肯为最大多数而牺牲少数人的利益，这违背了正义原则的本质要求。

最后是所谓"无利益偏涉的理性"。"无利益偏涉"一词在英文中有两种基本含义：一指不关心，冷漠；二是指无私无偏。有时，罗尔斯也用"indifferent"一词表达类似的意思。罗尔斯指出："无利益偏涉的理论之假设是这样的：在原初状况中，人们都力图认可那些尽可能实现其目的系统的原则，这体现在他们为争得最高指数的基本社会利益所做的努力之中，因为无论他们产生何种善的概念，这种努力都能使他们最有效地促进他们的善。各方并不寻求与他人计较利益，也不有意伤害他人；既不为爱憎所动，也不想和他人认亲拜戚；既不忌妒，也不自负。用一种游戏来作比喻，我们可以说，他们都为尽可能高的绝对比分而奋斗，而不关心对手比分的高低，也不寻求尽可能地扩大或缩小他们与其他人之间的差距。当然，游戏观念实际上并不适用于该情景，因为各方关心的不是取胜，而是在各自的目标系统中尽可能地得高分。"① 可见，罗尔斯所说的"无利益偏涉"不是指人们之间通常意义上的相互冷漠，而是指在原初状况中，人们进行原则

----

① J. Rawls, *A Theory of Justice* (Mass. : Harvard University Press, 1971), pp. 138 – 139.

认可和选择的基本推理是基于互不忌妒、各尽可能的无偏忌心态。[①]
它是原初状况中人们谋求独立发展的思维和行动方式。罗尔斯并不赞
同霍布斯等人把"自然状态"下的人与人关系都描绘成自私贪婪的
"豺狼关系"或"战争关系"，也不认为人天性利己自私，因为每一
个人的自为并不必然以损伤他人为前提或结果。理性使他们懂得，任
何人最终都别想从损伤他人的行为中获得好处。同时，罗尔斯也并不
像卢梭那样，相信人天性仁爱为他，人生来平等。相反，他认为人生
来并不必然平等，某些偶然因素——先天的种族差异、心智体能的遗
传差异和后天的社会地位、机遇、环境、出身背景、文化教育等差
异——常常决定人与人最初是不平等的。人的本性既非自私利己，也
非无私利他，而是"无利益偏涉"。然而，最初事实上的不平等往往
会引起人们对社会利益和权利的要求产生偏重和冲突，要限制这种不
平等只有通过：（1）取消不平等的差异；（2）消除不平等的意识。
第一种方式既不现实，也不可能，唯第二种方式才有可能。"无知之
幕"正是为此而设计的，只有这样才能确保原初状况中人们选择社会
正义原则的必然性。

三　正义原则的系统与解释

通过对"原初状况""理性选择"等一系列设定预制，罗尔斯为
其正义原则的确立奠定了一个颇为复杂而周密的理论前提，从而也具
有了一种逻辑上的必然合理性。

如前备述，人类最初是不平等的，确立正义原则的目的是为了限
制或尽可能地消除人们实际的不平等，要达到这一目的，最基本的就
是使社会的基本权利和利益分配臻于公平合理。罗尔斯认为，人类的

---

① 赵敦华博士用中国俗语将其表述为"各人自扫门前雪，休管他人瓦上霜"，颇为贴
切。参见赵敦华《劳斯的〈正义论〉解说》，三联书店（香港）有限公司，1988，
第53页。

基本权利或利益有三种——自由平等权利、公平竞争的机会和财产，三者都具有不可侵犯和不可剥夺的性质，但第三种权利或利益却可以合法地转让。人本来的不平等状况必定会使他们在社会生活中处于不同的位置，优者有利，劣者受损，因此必须有适当的限制。限制不是消灭或简单否定，而是合理地调节，它的基本方式只能是：（1）首先确定人平等的自由权利，以保证每个人在人格和尊严上的平等，这是绝对的；（2）给每个人以公平竞争机会，促进人们通过自身的努力减少不平等差别，这也是绝对的；（3）使社会的不平等限定在这样一种程度上，即一种不平等的后果必须对每个社会成员，尤其对那些处于社会劣势地位上的人们有利，而且不平等的分配要比简单人为的平等分配能给所有的人带来更大的利益。换言之，完全取消不平等是不可能的，除非人为地强行制造这种可能。但这种不平等必须首先能为大家所容忍，这就要求它能给每一个人，特别是处于社会劣势地位的人带来利益。同时，如果这种不平等能够比人为强制性平等给人们带来更大利益，那么，人们也会选择这种可容忍的不平等，而不愿选择那种强制的但于大家都不利的人为平等。

罗尔斯将上述观点概括为正义原则的最初形式，它的"最初表述"是："第一原则：每个人都拥有一种与其他人的类似自由相容的具有最广泛之基本自由的平等权利。第二原则：社会的和经济的不平等应这样安排，以使（1）人们有理由期望它们对每一个人都有利，（2）它们所附属的岗位和职务对所有人开放。"[①]

对此，罗尔斯做了具体的解释。他指出，这两条正义原则主要是应用于社会的基本结构，它们将（1）"支配权利和义务的分派"；

[①] 参见赵敦华《劳斯的〈正义论〉解说》，三联书店（香港）有限公司，1988，第56页。

（2）"调节社会利益和经济利益的分配"①。前者可概括为"平等原则"，后者为"差异原则"。两个原则预定着社会基本结构的两个部分，一部分是"规定和保障公民的平等自由"；另一部分是"特别指定和确立社会和经济的不平等"，并对此进行合理调节，它"首先大致适用于收入和财产的分配，以及对那些在利用权利、责任或要求链条上产生的种种差异的组织机构的设计"②。公民的平等自由权利之基本内容，包括"政治上的自由（选择的权利和有资格担任公职的权利），以及言论和集会的自由、良心的自由和思想的自由、个人的自由及保障（个人的）财产的权利，依法不受任意拘捕的自由和不被任意剥夺财产的自由"。而且，"按照第一原则，这些自由一律平等。因为一个正义社会中的公民拥有同样的基本权利"③。显然，罗尔斯的正义第一原则的内容基本上是美国《人权宣言》乃至西方近代政治哲学之基本观念的重述。他的创新更多地表现在正义的第二原则上，这就是要求以普遍可接受性或可容忍性的利益结果和机会均等来限定社会的不平等，用罗尔斯的话来说，就是"坚持每个人都要从社会基本结构允许的不平等中获利"④。两个原则的基本宗旨是在确保社会每一个成员的基本权利、义务机会的绝对平等基础上，求得对经济利益分配之不平等的普遍有利的合理性调节和再分配。故而，在更一般的形式上，我们又可将正义的两个原则陈述为："所有社会价值——自由和机会、收入和财富、自尊之基础———律都要平等分配，除非对其中一种价值或所有价值的一种不平等分配对每一个人都有利。"⑤

还必须做进一步的规定和解释。首先，正义的两个原则"是按先

---

①　参见赵敦华《劳斯的〈正义论〉解说》，三联书店（香港）有限公司，1988，第57页。

②　同上书，第57页。

③　同上书，第57页。

④　同上书，第60页。

⑤　同上书，第58页。

后秩序安排的，第一原则优先于第二原则。这一秩序意味着：脱离第一原则所要求的平等自由的制度，是无法通过较大的社会利益和经济利益来进行正当辩护和补偿的。而财富和收入的分配以及权力的等级制，必须同时既与公民的平等自由相符，又与机会的平等性相一致"①。这就是说，人的平等自由是第一位的、绝对的和不可补偿的。正义的社会必须无条件地保障每个公民之自由平等权利的社会。第二原则（差异原则）中的第二点（机会均等）也是绝对的，它是基于公民自由平等权利所产生的必然要求，而它的第一点（财富和收入的不平等分配的合理限制）必须同时服从或趋于自由平等原则和机会均等原则，否则就是不合理的。

不过，就人类社会实际发展来看，关于第二原则的解释更为复杂。罗尔斯认为，正义的第一原则一般可达到统一的意义解释，但正义第二原则的两部分各有两种可能的意义，其中第二部分（机会均等原则）既可表示（1）凡有才干者均应担任重要职位，又表示（2）每个人都有平等的机会担任社会重要职务。它的第二部分则既可表示（1）最有效率的分配（效率原则），又可表示（2）维持贫富差别（差别原则）。这四种不同意义中，有的可以相互组合，反映出不同社会制度的特征或性质；有的则不能相互组合，因为它们彼此不能调和，如第一部分的第（1）种意义和第二部分的第（2）种意义就是如此。可相融者之间的组合会产生不同的原则意义。由两部分的第（1）种意义组合而产生的原则为"天赋自由制"（system of natural liberty）；由第一部分的第（1）种意义与第二部分的第（2）种意义组合而产生的是"天赋贵族制"（natural aristocracy）；由第一部分的第（2）种意义与第二部分的第（1）种意义组合而产生的是"自由

---

① 参见赵敦华《劳斯的〈正义论〉解说》，三联书店（香港）有限公司，1988，第57页。

的平等"（liberal equality）；由两部分的第（2）种意义组合所产生的则是"民主的平等"（democratic equality）。具体可见表 20 - 1①：

表 20 - 1   "平等自由原则"

平等地开放	每一个人的利益	
	效率原则	差别原则
作为向各种才干开放之前途的平等	天赋自由制	天赋贵族制
作为公平机会之平等的平等	自由的平等	民主的平等

罗尔斯宣称，在如何对待"每一个人的利益"的问题上，他宁愿选择"差别原则"（the principle of difference），而不是"效率原则"（the principle of efficiency）②，而在这两种原则所蕴含的四种社会体制中，他主张"民主的平等"而不是其他三者。因为在他看来，"效率原则"只注重要求增加社会财富或福利的绝对量，而没注意到财富总量的相对合理分配，也没有对这种分配做任何限定，因而不能作为正义社会之公平分配制度的原则基础，效率原则"本身不能当作一个正义的观点来运用"③。

---

① 参见赵敦华《劳斯的〈正义论〉解说》，三联书店（香港）有限公司，1988，第61页。

② "效率原则"由法国政治经济学家帕累托（Vilfredo Pareto）在 1909 年首次提出。这一原则的基本主张是：如果群体的任何变动使构成它的一部分个体的状况发生改善，而另一部分个体的状况却相应恶化，则这一群体的活动便是缺乏效率的。只有在群体内部的个体状况都处于平衡状态，且无人变得更差，它才是有效的。但这一原则同时主张，提高社会成员的经济状况的措施不能基于对现有固定社会财富的再分配。相反，只有维持现存的分配方式的平衡，才能有效地运用社会力量创造更多的财富，以相应提高每个社会成员的分配份额。也就是说，它要求以增加社会财富的绝对总量来改善各社会成员的所得份额量，而不是通过改变社会财富的相对分配份额比例，来改善社会各成员的经济状况。一些经济学家也把这一原则称之为"最适宜原则"（the principle of optimality）。参见赵敦华《劳斯的〈正义论〉解说》，三联书店（香港）有限公司，1988，第 66~67 页。

③ 罗尔斯在《正义论》中辟专节讨论了这一点，并以两个坐标图示具体阐释了效率原则与公正原则的关系和差异，该书英文版第 68~71 页的两个图示及其解析参见中译本，第 63~66 页。

但是，这并不意味着效率原则与正义原则是完全不相容的。罗尔斯在《正义论》卷首便把"合作、效率、稳定"三者视为与社会正义密切相关的三个重要方面。他并不是一般地否定效率原则，而只是认为，效率原则必须以公正原则为前提。在社会财富或利益的分配中，必须首先求得公平，在公正平等的基础上再求得效率。这就要求我们必须寻找一种既合乎正义原则又有效率的分配原则，这种原则就是"最低的最大限度论证"（maximin argument），它是原初状况下人们理性选择的原则之一，也同样适用于正义社会的财富分配。它的基本要求是：一种正义合理的社会分配制度，不是以牺牲一部分人的利益来增加另一部分人的利益，而是在社会竞争和分配中首先保护弱者的利益。社会公平分配的基点不是社会的大多数或平均值，也不是少数优越者，而是处于社会最不利地位的人的最大利益。它不仅能满足"对所有人都有利"的要求，而且在满足优越者的同时，也给最劣者带来较大利益。所以，正义第二原则中的"对所有人都有利"的本义是"对处于最不利地位上的人最有利"。罗尔斯在比较分析了"效率原则"与民主平等基础上的差异原则后，又将正义的第二原则改述为："社会和经济的不平等应该这样安排，以便（1）对处于最不利地位的人最为有利；（2）依附于机会公平平等条件下的职务和位置向所有人开放。"①

如果说正义原则对效率原则的优先意义反映出正义论与功利论的本质差别，那么，它对机会公平均等的程序规定则反映出社会民主平等制与其他社会体制的根本不同。罗尔斯认为，对机会均等的原则规定直接牵涉到正义的程序设置，或者说涉及程序上的正义问题。程序上的正义分完善的与不完善的两种。"完善程序上的正义"（perfect procedural justice）是指依据某种已有的独立标准来设置并可依此标准

---

① J. Rawls, *A Theory of Justice* (Mass.: Harvard University Press, 1971), p. 79.

设计之相应程序来达到预期结果的正义过程。"不完善程序上的正义"则是指虽有某种预先确定的标准但却不能设计一个相应的程序来达到预期的或与该标准完全相符的结果。前者如分蛋糕，为使蛋糕的分配臻于公平，我们可以设计出让主持分蛋糕的人取最后一份，那么他所能取的最大份额最多也只能是平均份额，如其分配不均，则他最后只能取不足平均数的份额。后者如司法审判的实例，虽有既定法律或法规，但司法部门并不能设计出一种程序使审判结果完全符合法则，而只能相对而言。此外，还有一种"纯粹程序上的正义"（pure procedural justice），它是指在没有既定的"关于正确结果之独立标准的情况下"，单靠一种公正的程序而实现的正义过程。① 例如，赌博即是如此。这种正义不仅具有形式上的正义性，而且也具备实质上的正义性。机会均等或对社会职务与岗位的分配所体现的正义是纯粹程序上的正义特征的体现，而不是形式上的正义。这就是说，它不应该有一种先定的标准。罗尔斯的分析否定了一种老式的传统观点，这种观点是"唯才是举"。对此，罗尔斯提出疑问："能力上的差别是由种种偶然因素造成的。如果以能力作为分配职务和财富的标准，那么对财富的初步分配在各阶段都会受到自然和社会偶然性的强烈影响"②。这就是说，以能力为机会分配标准，没能排除自然和社会偶然因素，因而它只是形式上的程序正义，而不是实质上的。此外，这种做法还会导致"精英统治"和群众受制的后果，并使实际上的机会不平等越来越严重。能者越富，富者越能，贫者越庸，庸者越贫，最终只能是能者、富者步步青云，而贫者、庸者则日落西山。

罗尔斯认为，社会正义的分配体制由机会公平和合理的差异原则所构成。前面所讲的四种社会体制除民主平等体制外，其余三者均是

① J. Rawls, *A Theory of Justice* (Mass.: Harvard University Press, 1971), p. 81.

② Ibid., p. 68.

完善或不完善程序上的正义之体现。天赋贵族制以既定门第和权贵地位来规定社会机会和财富的分配；天赋自由制以人的自然禀赋为标准；自由的平等制虽然首先预定了人天生自由平等，排除了后天社会偶然性因素的影响，但仍没有排除自然偶然性因素的影响，以能力或才干为社会机会公平分配的标准最终无法减少或限制实际的不平等。三者的共同点均在于以一种先定的标准作为机会公平分配的前提。唯民主的平等制才真正消除了它们的失误。因为它主张，社会机会应对所有人开放，不论其社会地位、出身、种族、天赋和才干如何。差别原则承认人的能力和才干差别所造成的经济财富分配的不平等，但不能由此承认这些偶然因素所造成的机会分配上的不平等。在正义第二原则中，机会均等原则优先于财富分配的差异原则。民主的平等承认人的先天能力的差异，但它要求解除各种约束人们能力发展的社会限制，使人们享受教育的平等机会，并且尽力消除造成人们才能差异的社会根源和环境。换言之，它所坚持的机会公平的正义性，不是人的先天能力的优越性和偶然性，而是人的才能之后天培养的社会重要性和必要性；不是形式的正义公平，而是形式和实质、标准和程序相互统一的正义。可见，罗尔斯对机会公平的正义性和民主平等制的阐释与他对正义原则的秩序规定是相互一致的，由于他洞察到实现机会均等的社会基础和条件，因而对社会正义做了更深刻、更严格的探讨。在理论深度上，比近代西方的"天赋人权"观念更进一步，在社会要求上，比传统自由主义者更严格、更彻底。

但是，从根本上来说，罗尔斯并没有脱离西方传统的政治原则和伦理精神，这就是以"自由、平等、博爱"为核心的价值观念体系。他虽然提出了正义原则对社会基本结构在自由平等权利、财产和机会分配等基本方面的具体要求，并做了更严格、更激进的规定，但他并没有从社会经济基础和所有制这一根基上做出更深刻彻底的反省，因而其进步性仍是有限的。当他追溯其正义原则的理论依据时，仍不得不落实于"自由、平等、博爱"这一西方近代资产阶级的正统价值观念之上。在解释正义原则的可接受性时，他说："一旦我们接受这一点，我们就可以把传统的自由、平等、博爱观念与两个正义原则的解释如此联系起来：自由相应于第一原则；平等相应于与机会公平平等联系在一起的第一原则中的平等观念；而博爱则相应于差别原则。"①正义的第一原则中的自由平等体现了传统西方的自由精神，它的平等要求和正义第二原则中的机会均等要求则体现了传统平等观念精神。至于正义第二原则中的差异原则与传统博爱观念的对应性、一致性理解，罗尔斯做了更具体的解释，大致说来，表现为三点：（1）差异原则虽不同于补偿原则（the principle of redress），但它却达到了补偿原则的目的②，即它的要求有助于弥补弱者的利益，从而体现博爱精神；（2）更深刻的一点是，差异原则表达了一种相互性（reciprocity）概念，它是一种互利原则（the principle of mutual benefit）；③（3）差异原则的另一个优点是，它对博爱原则（the principle of fraternity）提供了一种解释④。尽管在民主社会中，博爱观念的地位次于自由和平等的地位，但它恰好体现了正义第一原则对第二原则以及第二原则中的机会公平原则对差异原则的优先特性。

四　正义原则的应用与操作

我们已经了解了罗尔斯正义论的基本原则，接下来，我们将进一步考察其正义理论的实用与操作设计，这是罗尔斯在其《正义论》一书第二编的基本内容。

---

① J. Rawls, *A Theory of Justice* (Mass. : Harvard University Press, 1971), p. 101.
② Ibid., p. 96.
③ Ibid., p. 98.
④ Ibid., p. 100.

如前备述，罗尔斯通过在新契约论基础上设想的"原初状况"，构想了一整套正义原则系统，但这一系统还只是"理想意义上的"，它必须最终诉诸社会实际的具体运作和检验。罗尔斯为这种从正义原则理论到正义原则应用的过渡设置了一个"四阶段序列"的理论程序。他认为，正义的实质问题是社会基本结构或社会制度的正义问题。对这一问题的解释根本上取决于社会公民对社会制度性质的判断和决定。在某一社会里，一个公民必须做出三种判断：第一，"他必须判断立法和社会政策的正义"；第二，"为了调和关于正义的相互冲突的意见，他必须决定哪一种制度安排是正义的"；第三，"他必须能够决定政治义务和职责的根据和界限"。换言之，"一种正义论必须至少要处理三种类型的问题"①。亦即对社会正义性质的判断、选择或决定和具体确立正义之职责、权利和义务的具体根据与界限。

这种问题的复杂性，决定了正义原则应用的过程性或多阶段性。由"原初状况"的理论我们可以推知，人们在最初的阶段，是处于"无知之幕"的背后理性地选择正义原则的。这就是正义原则应用的第一阶段，正义程序的理想（理性）设计阶段。由于此阶段人们只具有关于社会合作的"一般概念"而缺乏对自身社会特殊性的知识，因而可以达到理想的正义程序设计。

但是，正义基本原则的设计和确立只标志着正义社会得以形成的理想可能性。实质上，任何一种完善的正义原则或程序理想在现实生活中都是不可能的。社会实际所产生的社会组织和政府以及制度法规等，并不全等于正义原则的理想。由于人们所知所处的社会实际状况殊为不同，他们就必须根据第一阶段设置的正义原则，从正义的程序设计中挑选出哪些是实际可行的，哪些最可能导致一种正义而有效的"立法程序"，由此，便使正义原则的程序设置过渡到适合于自身特殊

---

① J. Rawls, *A Theory of Justice* (Mass. : Harvard University Press, 1971), pp. 185 – 186.

情况的社会之正义的宪法制度的具体制定阶段，这就是正义原则进一步实践化、具体化的第二阶段。在这一阶段，"无知之幕"仍需保留，虽然它容许人们有了解建立宪法制度所必需的一些知识，但阻止人们产生对自我特殊利益的明确意识，以使立宪或制度的建立达到公正无私。

进入立法阶段，也就可能达到正义原则发展序列的第三步，即从正义的立法角度来"评价法律和政策的正义"，使正义原则体现在社会制定的各种具体规章、政策之中，尤其是使正义的第二原则落实于社会分工组织及其政策之中。这时候，人们对社会整体制度的认识逐渐具体化，并对一些社会特殊方面或阶层之间，个人之间的利益分配关系有了比较深入的了解。"无知之幕"渐渐拉开。罗尔斯认为，在第二、第三两个阶段之间，存在着一种既相互联系又相互不同的分工关系。每一阶段各处理不同的社会正义问题，体现着正义原则不同层次的要求，并与社会基本结构的两大部分相对应。具体内容是："平等自由的第一原则是立宪会议的首要标准。该标准的主要要求是：个人的基本自由、良心和思想的自由都应得到保护，而政治过程总体上应是一个正义的程序。因此，宪法确立了平等公民共同可靠的地位，实现了政治上的正义。第二原则在立法阶段发生作用，它表明社会政治和经济政策的目的是在机会公平和维护自由平等的条件下，最大限度地满足最少获利者的长远期望。在这里，一般经济事实和社会事实的各方面都须承诺这一点。社会基本结构的第二部分包括那些有效而互利的社会合作所必需的政治、经济和社会形式方面的差异与等级秩序。因此，第一正义原则对第二正义原则的优先性就反映在立宪会议优先于立法阶段这一点上"①。罗尔斯清楚地将两个正义原则与第二阶段、第三阶段分别联系起来，不仅规定了这两个阶段不尽相同的性质

---

① J. Rawls, *A Theory of Justice* (Mass. : Harvard University Press, 1971), p. 189.

或功能，而且也从第二阶段先于第三阶段的实践程序设置中，进一步反证了正义第一原则对第二原则的优先性。

如果说，正义原则之实践发展的第一阶段是这序列的前提预制，第二阶段是正义第一原则的实际体现，第三阶段是正义第二原则的具体规范化，那么，它的第四阶段即最后阶段便是公民把这些体现于立法和制度之中的正义原则及其具体规范，运用于各自的特殊情形和行为之中，并使大家普遍遵守这些原则和规范的具体操作问题了。罗尔斯说："最后一个阶段是，法官和行政官员把已定的各种规则运用于特殊情况之中，公民们则应普遍遵守这些规则。"① 在这一阶段里，"无知之幕"终于完全拉开，人们不仅有了关于社会事实（合作）的一般知识和特殊知识，也有了关于自我个人事实（社会地位、自然属性、才能差异、条件和特殊利益要求等）的特殊知识。这种特殊知识分别表现在操作（官员）和履行（公民）这样两个具体对应的方面，两方面缺一则不足以实现公正原则。

上述四阶段序列的理论，是罗尔斯对正义原则从理论设置到实际操作之运行过程的宏观描述，他把这一过程表述为一种正义原则的运用方法，也是正义知识的不断深化（由一般到具体）、"无知之幕"不断被揭开（从抽象的无差别到具体差异）的展开过程。他总结性地写道："在这四个阶段中，人们对［正义的］知识大致是这样获得的。我们可以区分为三类事实：关于社会理论以及其他相关理论的重要原则及其结果；关于社会的一般事实，例如它的大小和经济发展层次，它的组织结构和自然环境，等等；最后是关于个人的特殊事实，例如他们的社会地位、自然天赋和特殊利益。"② 在阐述了这一宏观过程后，罗尔斯进一步就正义原则的实际应用做了更具体的分析，并进

---

① J. Rawls, *A Theory of Justice* (Mass. : Harvard University Press, 1971), p. 189.

② Ibid., p. 190.

一步确立了正义原则的优先性原理。

首先，他解释了平等自由的确切内涵。他指出，自由的解释必须诉诸三种基本的因素："这就是自由的行动主体（agent），他们所摆脱的种种约束和限制，以及他们自由地做或不做的事情。"如果用更确切的语言形式来描述，便可以表述为："这个或那个人（或一些人）自由地（或不自由地）摆脱这样或那样的约束（或一些约束），而做（或不做），如此等等。"① 自由内涵的三要素是：自由行动主体、自由行动方式和自由行动的目的或对象。第一要素可以是个人，也可以是某种联合体或群体；可以是自然人，也可以是文明化的人。他（或他们）的存在方式可能是自由的，也可能不是自由的。第二种要素涉及自由受约的范围或界限，它们由法律所规定的各种义务和禁令，以及来自社会舆论和压力等的强制性影响，这些影响则直接关涉自由行动的目的或对象及其性质。由此可见，自由并不是绝对任意的，而是相互受约束的，无限制的自由不可能是真正的自由。问题在于：（1）自由的限制也不能是任意的，自由的限制只能是正义的原则规定。也就是说，只有通过以正义的原则本身为标准来限制自由，才是对自由的合理约束，否则就是对自由的侵犯或不正义。（2）限制自由的目的必须是为了维护自由权利本身。或者说，限制自由是为了更充分地实现自由，否则，就是对自由权利的不正义。这就是罗尔斯所谓的自由之"自我限制"。

自由包括信仰、思想、良心和政治上的平等自由等。信仰是自由的，人们有宗教信仰的自由，也有不信仰宗教的自由，两者不能相互排斥，而应当相互宽容。思想和良心的自由也是如此。政治上的自由较为复杂，它与政治上的正义直接相关。罗尔斯指出，政治上的正义包括两个方面："第一，宪法应是一种可满足平等自由之要求的正义

① J. Rawls, *A Theory of Justice* (Mass.: Harvard University Press, 1971), p. 192.

程序；第二，它应该这样构成，以便在所有可行的正义安排中，它是一种比其他任何宪法更有可能产生一种正义而有效的立法制度。"① 政治正义之所以包括这两个方面，是由于正义宪法的确立属于不完善的程序正义之列。当我们把自由原则应用于政治正义的这一程序之中时，它首先表现为人的平等参与或平等的政治权利。罗尔斯把这称为（平等的）参与原则。"参与原则要求所有的公民都有平等的权利来参加和制定确立他们将要遵守的法律之立宪过程的结果。"②

总之，公民的平等自由原则是第一位的，人的自由权利必须是平等的，只有这样，才能保证社会制度的正义性质，也才能：（1）使正义原则成为人的自由约束的标准；（2）使自由的限制本身始终以维护和发展人的自由权利为目的。这是正义理论中自由优先性原则的根据。具体地说，平等参与体现着正义第一原则之于第二原则的优先性。而且，人的自由权利的相对性表明，它不仅要符合正义原则的首要要求，也要符合平等自由原则的优先性秩序。在优先确保公民的平等和自由之前提下，对其实行正义的"自我限制"。为了保证这一程序得以完成，罗尔斯还借用康德理性主义伦理学的"绝对命令"理论作为佐证。在他看来，理想的（原初状况下的）正义原则如同康德的"绝对命令"一样毋庸置疑。因此，人们才能自觉地从正义原则出发来对待自身的平等自由，自觉地对它实施正义合理的"自我限制"。

满足平等自由的原则要求规定了正义第一原则在实际运用中的社会制度安排，而平等分配的要求则规定了满足正义第二原则之合理应用的社会政治经济条件。后一方面是对社会利益分配之正义性的实践检验。罗尔斯认为，正义原则应用所要求的社会政治经济条件并不等于社会政治经济制度或社会生产资料所有制形式。因为它并不

---

① J. Rawls, *A Theory of Justice* (Mass.: Harvard University Press, 1971), p. 211.
② Ibid.

指向生产资料的所有制，而是指向生产资料的运作所产生的社会财富和利益分配。社会之正义性质在罗尔斯看来并不取决于生产资料所有制，而是取决于社会财富的分配方式。所以，正义原则既适用于生产资料私有制的资本主义社会，也适用于生产资料公有制的社会主义社会。罗尔斯强调，自由的市场经济并不是资本主义或近代私有制经济的独有特征，它同样可以在社会主义公有制框架内生存。"从理论上说，一种自由的社会主义政体也可以满足正义的两个原则。"① 他甚至说，在社会主义和资本主义两种所有制之间，"正义论本身并不偏爱这两种制度中的某一种，正如我们所看到的那样，要决定哪一种制度对某一特定民族最佳，得以该民族的环境、制度和历史传统为根据"②。

由此可见，罗尔斯认为，社会正义，具体地说就是社会利益分配的正义并不取决于社会生产资料的所有制形式，③ 而是取决于社会经济的运行体系。在他看来，正义原则在社会经济生活中的应用所需要的经济运行体系是自由的市场经济体系，他称之为"财产所有的民主制"（property-owning democracy）。之所以如此，是因为：第一，自由的市场经济首先符合正义原则关于平等自由和机会均等的基本要求；第二，它也能够产生较大的效率，符合依附于正义要求的效率原则。这种自由的市场经济构成了分配正义的具体经济制度背景。罗尔斯把这种"背景"设计为由四个基本职能部门所组成的政府形式，它们是调拨部门、稳定部门、转让部门和分配部门。调拨部门的职能是运用税收和财政手段来保证价格体系的竞争性，防止市场运行的盲目紊乱。稳定部门的职能是依据价格浮动所表现出来的商品供求关系，利用经济刺激手段来调动和安排社会人力和财政，以稳定市场，并保证

---

① J. Rawls, *A Theory of Justice* (Mass. : Harvard University Press, 1971), p. 271.

② Ibid.

③ Ibid., p. 261.

高效率的生产。转让部门的主要职能是通过合理地预测计算，确定社会的不同层次的获利水平，特别是最低贫困线，并运用合理的方式照顾社会的最少受益者，以确保社会的基本公正和稳定。但上述三个部门并不直接负责社会财富的分配，只有分配部门才能行使这一最终分配的职能。

罗尔斯特别详尽地探讨了分配部门和分配正义的问题。首先，他认为，社会财富的分配由于种种原因客观上不可能达到绝对公平，但根据正义原则（第二原则的第二点），一个正义的社会或政府应当优先考虑并尽量满足"处于社会最不利地位的人们的最大利益"。所以，分配部门的职能是在确定一个基本符合正义原则的分配比例的前提下，采取累进税制、储蓄率调整财产和财富的归属与分配等手段，尽可能缩小差别，防止贫富悬殊、两极分化。为了更全面地解释分配正义的问题，罗尔斯还针对西方财产继承和社会财富积累分配等复杂经济现象，对代际之间的分配正义和储存（saving）问题做了深入的分析。首先，他既反对为了未来而轻视现在，也反对只顾现在而轻视未来的两极片面，主张代际之间的公平（财产继承的合理），否定功利主义者偏向于高积累的价值方针。其次，罗尔斯针对"按贡献分配"和"按劳分配"等常识性社会分配准则，分析了它们各自所内含的矛盾和局限，指出不能把这些准则当作社会财富分配的最高标准。相反，它们都必须依据正义原则的基本要求进行调整或修改。最后，罗尔斯严格地区分了"合法期待"与"道德应得"（moral desert）这两个概念，反对把分配正义的标准混同于"道德应得"的要求。在他看来，正义原则并不意味着把分配正义混同于道德应得的理想要求。"合法的期望"是可以理解的，但分配正义与道德应当并不是一码事。他如此写道："一个正义的图式回答了人们有权要求什么的问题，也满足了他们基于社会制度的合理期望。但是，他们有权要求的与他们之内在价值并不成比例，也不依赖于他们的内在价值。调节社会基本结构和特定个体义务与职责的正义原则并不涉及道德应得，也不存在任何使分配份额与道德应得相对应的倾向。"①

从立法程序到经济体系的设置，罗尔斯从法律、经济和道德等多种角度探讨了正义原则实施过程的各种可操作性机制。接下来，他专门讨论了正义原则的操作程序的第四阶段，也就是最后一个阶段，即关于正义原则的运用与遵守问题，具体地说，就是公民维护正义原则的职责和义务。

"职责"（obligations）是指人们在社会合作中所公平承担的份额或负担。在原初状况下，人们选择正义原则基础上的社会合作，同时意味着他选择了合乎正当要求的社会份额和负担，这就是履行自己的职责。罗尔斯认为，个人履行职责的前提有两个：一是正义的背景制度，在不正义的社会制度下，人们不可能履行职责；二是个人自愿接受这一制度的利益和机会，职责与利益和机会直接相关，无利益则无职责承诺，无机会也不能履行职责。与职责不同，义务则不涉及个人的自愿行为，它是自然的义务。自然义务也包括两部分："第一，当正义制度业已存在并应用于我们时，我们要服从这些制度并承担我们应尽的份额；第二，当正义的制度并不存在时，我们要为其建立助一臂之力，至少是在这样做并不需付出多少代价时应该如此。"② 所以，只要社会的基本结构是正义的，无论人们愿意与否，都应自觉履行其自然义务，"最重要的自然义务就是支持并推进正义制度"③。由此可见，自然义务比职责更为广泛和基本，后者带有某种道德的强制性和社会制约性，且要求范围较窄。只有少数担任社会职务的人才需要履行或承诺其职责，而自然义务则是每个社会公民都要承诺的。对职责和自然义务的承诺产生了两个相关的问题，这就是对职责和义务的允

---

① J. Rawls, *A Theory of Justice* (Mass. : Harvard University Press, 1971), p. 300.

② Ibid., pp. 322 – 323.

③ Ibid.

诺与忠诚问题。罗尔斯认为，允诺只是一种基本常规，如同在游戏中遵守规则，而忠诚则是"一个道德原则"，在履行职责和义务的过程中，忠诚原则与"公平原则"相联系。

然而，罗尔斯看到，对职责或义务既有忠诚和自愿的态度，也有违抗或抵制的现象发生。由于社会无法达到绝对的正义，自然义务仅仅建立在人们自愿与否的意志基础上，因而带来很大的偶然性和不确定性。罗尔斯把这种对职责或义务的违抗或抵制概述为"非暴力违抗"（civil disobedience）和"良心的拒斥"（conscientious refusal）。所谓"非暴力违抗"即指"一种公开的、非暴力的、由良心而发出但却是政治性的反抗法律的行动，其目的通常是为了改变政府的法律或政策"①。关于非暴力违抗的宪法理论包括三个部分：（1）非暴力违抗的方式和范围；（2）其正当性证明；（3）它在"一个合乎宪法的制度中的作用"或"在一个自由社会中的恰当性"说明。因此，关于非暴力违抗的具体解释至少包括四个方面：其一，它并不是对其所违抗的法律的违反，其形式也有直接与间接之分；其二，在某种情形下它又确实是违反法律的，且这种违抗行为的合法性也常常是不确定的，它既可能被法律机构所否定，也可能被法律机构最终肯定；其三，它是一种政治性行为，因而对它的解释和证明不能诉诸个人的道德原则或宗教理论；其四，非暴力违抗也是一种公开的行为，因而是和平而非武力的。从某种意义上说，"非暴力违抗是在忠于法律的范围内——尽管已犯至法律允许范围的边缘——表达对法律的违抗的。虽然违抗者犯了某条法律，但这种行动的公开与非暴力性质及其承担行动之合法后果的意愿却表达了对法律的忠诚。这种对法律的忠诚有助于向大多数人证实非暴力违抗行为在政治上确实是忠诚的，证实它

---

① J. Rawls, *A Theory of Justice* (Mass. : Harvard University Press, 1971), p. 353.

确实想诉诸公共正义感。"① 由此之故，罗尔斯认为非暴力违抗具有其社会合理性和促进社会正义的积极作用。

另一种违抗或拒绝职责与义务的形式是良心的拒斥。所谓良心的拒斥，"就是或多或少不服从直接的法令或行政命令"②。罗尔斯通过与非暴力违抗的比较说明了良心的拒斥所具有的不同特征。首先，"良心的拒斥不是一种诉诸大多数人的正义感的自愿形式"③，因此，它不诉诸"共同体的信念"，而只基于个人的内心意愿。其次，与非暴力违抗不同，"良心的拒斥并不必然建立在政治原则之上，而可能建立在那些与宪法秩序不符的宗教原则或其他原则之上"④。非暴力违抗诉诸人们共同享有的正义观，而良心的拒斥则依据其他理由。例如，因宗教信仰或道德情感不同而产生良心的拒斥。当然，在某些条件下，良心的拒斥也有可能成为政治性行为。一个人可以因为自己对战争的厌恶而拒绝服役，这种行为也可能导向反政府、反法律的行为。

为了严格限定非暴力违抗与良心拒斥各自的界限、方式和正当合理性证明，罗尔斯还对它们做了具体的解释。他指出，非暴力违抗的正当性必须得到三个方面的证明或具备三个条件：（1）指向反抗对象的错误性质；（2）在正常请求方式不能取得明显效果的情况下；（3）在上述两个条件已经证明其充分正当的情况下，还必须考虑到因自然义务所需的某种限制和其他复杂因素的影响，来调节反抗行为的层次、规模和目标。关于良心拒斥的证明，罗尔斯通过宗教拒斥和对战争的态度等具体事例的分析，得出了良心的拒斥必须最终诉诸正义原则的结论。

---

① J. Rawls, *A Theory of Justice* (Mass. : Harvard University Press, 1971), p. 355.
② Ibid., p. 357.
③ Ibid., p. 358.
④ Ibid.

　　至此，罗尔斯通过对自由、分配、职责与义务三个方面的实际考察，初步建立了他关于正义原则的应用与操作程序的正义应用理论。在这里，他不仅具体考察了人的平等自由权在实际社会制度或基本结构下的运用、规则、范围、界限或约束，以及政治参与等实际问题，为正义伦理在社会实际中的应用提供了一个社会政治学的确定的具体图式，而且通过对政府职能设置、社会财富分配正义的方式、效率、代际正义、储存等社会实际运作机制的政治经济学研究，为正义伦理提供了一种经济学和社会学的视角，使其正义原则的操作应用理论更为丰富。而他关于社会职责和自然义务的分配或安排的考察，也一反传统政治伦理学的抽象论证方式，大胆引入政治的、经济的和社会的许多具体方法论成果，使其论证大大充实了正义原则的操作应用理论。尤其值得注意的是，罗尔斯正是凭借这些实际考察所得的成果，反过来论证了他最初所设置的正义原则及其优先性序列的理论，使平等自由原则的优先性、正义原则对效率和福利的优先性两条基本原则获得了更具体、更全面的证明。所以，在正义论的应用理论部分，罗尔斯在分析代际正义和优先性"词典式序列"后，将其正义原则系统具体化为下述详细规定。

　　第一原则
　　第一个人对那种与所有人都拥有的类似的自由系统相容的具有最广泛的平等之基本自由体系都应拥有一种平等的权利。
　　第二原则
　　社会和经济的不平等应这样安排，以便它们：
　　（1）在与正义的储存原则相一致的情况下，适合于最少受益者的最大利益；
　　（2）依附于机会公平条件下的职务和地位应对所有人有效。
　　第一优先原则（自由的优先性）

正义诸原则应以词典式秩序排列，因此，自由只能为自由本身的缘故而受到限制。

这里有两种情形：

（1）一种不够广泛的自由必须强化所有人分享的自由之总系统；

（2）一种不够平等的自由必须可以为那些拥有较少自由的公民所接受。

第二优先原则（正义对效率和福利的优先）

正义的第二原则在词典式意义上优先于效率原则和最大限度追求利益总额的原则；而公平的机会则优先于差别原则。这里又有两种情形：

（1）一种机会的不平等必须扩展那些机会较少者的机会；

（2）一种过高的储存率必须平衡地减轻那些承受这一重负的人们的负担……①

五　正义原则的道德基础（正义与善）

概观前所备述，不难发现罗尔斯已经基本完成了其正义理论的设置、确证和应用等总体框架的构建。我们看到，这一正义论体系的基点是"作为公平之正义"命题，而它的原则设置、论证和操作应用理论都是围绕这一核心命题逐步展开的。而且在这一逻辑展开的过程中，我们还发现罗尔斯的正义论始终贯彻着两个基本的论证原则，这就是：（1）平等自由对差异原则的优先性；（2）正义对效率和福利的优先性。但是，就罗尔斯创建正义论的最终目标来说，如此构建还不是完善的。具体地说，迄今为止的正义理论还不足以取代作为西方传统伦理理论的功利主义学说，因为后者首先是作为一种目的论伦理

①　J. Rawls, *A Theory of Justice* (Mass. : Harvard University Press, 1971) , p. 292.

学而存在的。

于是，摆在罗尔斯面前的还有一个必须解释的重大理论问题：作为一种新型社会政治伦理学说的正义论如何证实自身的道德价值？也就是说，它如何解释正义与善的关系问题？对此，罗尔斯在《正义论》第三编中，又提出了一个新的命题："作为合理性的善"（goodness as rationality）与其"作为公平之正义"的命题相辅相成，是罗尔斯集中回答上述问题，并进一步论证正义的稳定性基础及正义与善的一致性关系的基本起点。由此，罗尔斯依次论述了三个方面的问题，即：（1）两种善理论对正义之道德基础的解释与互补；（2）正义感形成的道德心理机制与发生过程；（3）正义与善的一致。

罗尔斯认为，基于"作为公平之正义"命题所建立的关于原初状况下以"确保达到正义原则所必需的基本善的前提"为目的的正义原则理论，还只是一种"善的弱理论"或"不充分理论"（the thin theory of good），它对于人们在原初状况中合理选择正义的两个原则来说是必要的，但对于解释作为公平之正义的理论稳定性基础和人们道德价值之内在性来说却是不充分的。要满足后一种要求，必须建立一种更充分圆满的善理论，即"善的充分理论"或"强理论"（the full theory of good），这种充分的善理论以证明作为合理性的善及其与正义原则的关系为基本目的，为正义原则的稳定性寻找到合理的道德基础。①

依罗尔斯所见，围绕着"作为合理性的善"这一命题的充分的善理论是这样逐步展开的。首先，它需要解释"善"这一概念所内蕴的道德意义和功利意义，以期为证明正义原则与道德原则的一致性确立严格的定义基础。"good"一词有两种基本的含义：一是指"好处""利益"等实质性的价值对象；二是指"善""好"等属性或价值性

---

① J. Rawls, *A Theory of Justice* (Mass.: Harvard University Press, 1971), p. 382.

质。准确地定义这一概念，是为了探讨并认清以社会利益之正义分配为目标的合理性如何过渡到并趋同于以善为目的的道德价值合理性的，亦即探讨"good"一词的正当合理性意义与价值意义的沟通和统一。罗尔斯将这种善的定义程序分为三个阶段。"（1）当且仅当 A（在一种比平均标准或标准 X 更高的程度上）具有这样一些属性时，A 才是一种善 X，这些属性是人们在一种 X 中所要求的，是人们在使用 X 时所给定的，或者是为人们所期望付诸行动的诸如此类的属性（无论何种恰当的附加规定都可包含在内）；（2）当且仅当 A 具有这样一些属性时，A 对于 K① 才是一种善 X，这些属性是为 K 在一种 X 中所合理要求的，是 K 的环境、能力和生活计划（他的目的系统）所给定的。因此是考虑到他想使 X 的行动或任何其他因素所具有的属性；（3）与（2）相同，但得补充一个条件，即 K 的生活计划或该计划与目前状况相关的部分本身是合理的。在生活计划中，合理性意味着仍有待决定……"② 简释一下：（1）指目的性善；（2）指手段性善；（3）则是手段善本身的时间境况限制。具备上述三个条件之一，即可为善或具有善性质。按照这一阶段性定义，"good"一词的价值意义涵盖了主体（人）与客体（社会、环境）两个方面，其实质是以满足人的合理需要为标准来衡量某物或某行为的正当与善。因此，罗尔斯把某物或某行为（用 A 表示）具备善 X 性质的充分条件规定为人（用 K 表示）根据其环境、能力和生活计划（目的系统）而对 X 的需要之合理性。其中，人的生活计划尤其重要，它本身决定着人的需要是否合理。

所以，"作为合理性的善"理论的进一步展开便是对人的生活计划之合理性的说明。罗尔斯指出，合理的生活计划意指人生的目的系统，

---

① 此处的 K 指人。——引者注。
② J. Rawls, *A Theory of Justice* (Mass. : Harvard University Press, 1971)，p. 385.

它应该具备两个基本特征：（1）与合理选择的原则一致；（2）建立在审慎的合理性（deliberative rationality）基础之上。在他看来，合理选择的原则主要有三条。第一是有效手段的原则。"这一原则主张，我们应采用以最佳方式来实现目的的选择，如果目标既定，一个人就应以最少损耗的手段（无论是什么手段）来达到该目标；或者，如果手段既定，一个人就应在最充分可能的范围内实现这一目标"。这是合理选择的"最自然的标准"①。第二是"包容性原则"（the principle of inclusiveness）。罗尔斯吸收了美国现代新自然主义伦理学的代表人物培里的有关理论，将此原则解释为："例如一个（短期的）计划实施可以在实现另一个计划所达到的所有目标之外，还能实现更多更远的目标，那么，它就比另一个计划更为有效。"② 第三是"较大可能性原则"（the principle of the greater likelihood），即"假设可以由两个计划实现的诸目的是大致相同的，那么，就可能发生这种情况：某些目的由一个计划比由另一个计划实现的机会更大，而同时，后一计划实现其他目的的可能也不比第一个计划实现它们的可能更小"③，则应选择更有可能实现目的的计划。

如果说，合理选择是根据人们的一般需求、环境、能力和条件来决定生活计划的话，那么，审慎合理性则是人们根据自身的特殊需求和兴趣来做出这种选择。与这种审慎合理性相关的是"亚里士多德原则"。该原则认为，"若其他条件相同，人类均以实践他们已实现的各种能力（天赋的或由教养而获得的能力）为快乐之享受，而这种快乐享受又使这种实现的能力不断提高，或使其更为复杂丰富"④。亚里士

---

① J. Rawls, *A Theory of Justice* (Mass. : Harvard University Press, 1971)，p. 398.

② Ibid., p. 398. 中译本将"包容性原则"译为"蕴含原则"，有失准确。

③ Ibid.

④ Ibid., p. 413. 关于"亚里士多德原则"，是罗尔斯依据亚氏在《尼各马科伦理学》一书中有关幸福、活动和快乐的论述概括出来。详见该书第七卷第11~14章和第十卷第1~5章。

多德原则表明了人类追求自我完善的基本事实，是传统"完善论"伦理的典型。但它也说明了人类"深思熟虑的价值判断"与其合理生活计划密切相联的心理事实。①

合理选择与审慎合理性构成了个人合理生活计划的基本条件，同时也引导我们深入到个体善生活的重要领域。作为个人的基本善，合理生活计划是最重要的、基础性的，但不是最高的。最高的个人之基本善是人的自尊（self-esteem）或自珍（self-regard）。罗尔斯说："也许最重要的基本善是自尊之善……我们可以把自尊（或自珍）定义为两个方面：首先……自尊包括一个人对他自己的价值感，他对善之概念的可靠的确信，他对其生活计划的可靠确信，即确信它是值得实现的。其次，自尊意味着对自己能力的信心。在此范围内，它是属于人的力量范围内的能力，这种能力就是实现其范围内的能力。"② 自尊即是人对自我的价值感和自我实现能力的确信。按罗尔斯的见解，要实现这一最高的基本善如同实现社会正义的善一样，需要合宜的环境，实现这种自尊之善的环境包括两个方面："（1）拥有一个合理的生活计划，尤其是一个能满足亚里士多德原则的计划；（2）感到我们的人格和行为受到同样为人尊敬的他人及他们共享的那些社会团体的赞赏和肯定。"③ 这实际上说明了人的自尊之善的实现，需要主客或内外两方面的基本条件。一方面是主体内在的自我实现动机和追求；另一方面是客观外在的社会条件即社会交往中的互相尊重、合作和肯定。自尊所需的种种环境说明，人的价值感不仅是自我的也是社会的。亚里士多德原则所表明的不仅是个人自我的完善追求，而且也意味着人与人之间的相互尊重和合作。诚如亚里士多德所说的，人在根本上是"政治的动物""社会的动物"。所以，在具体解析自尊情感的表现方

---

① J. Rawls, *A Theory of Justice* (Mass. : Harvard University Press, 1971), p. 418.

② Ibid., p. 427.

③ Ibid.

式时，罗尔斯特别分析了"悔恨"和"羞耻"所内蕴的不同情感意义，及其所反映出的自我与他人关系的密合性。他指出，悔恨是由善的缺乏或丧失所引起的"一般情感"；"羞耻"是由各种对自尊这一特殊善的打击所引起的道德情感。两者都是自珍的表现。但羞耻与人的自我人格及其他赖以获得认肯的他人之关系尤为密切，因而常常表现为一种"道德情感"。

从"合理的生活计划"到"自尊之善"，罗尔斯着重论述了个人道德善的基本内容，同时也是为了给正义原则的稳定性寻求主体道德基础。因此，在完成个人善的基本内容后，他便综合性地比较了"正义概念"与"善概念"之间的异同，以期使两者沟通并统一起来。

罗尔斯认为，正义与善是解释道德价值理论的两个基本概念，"一种伦理学说的结构依赖于它如何将这两个概念联系起来并如何规定它们的差异"①。联系这两个基本概念是任何伦理学都必须要做的工作，但联系的方式及对两者的差异的规定却各有不同，因而出现各种不同的伦理学说。以契约论为基础的正义论伦理学与以目的论为特征的功利主义伦理学在这一点上堪称典型。罗尔斯通过对正义与善这两个概念的三点比照，揭示了它们的区别和对立。首先，正义原则即一般意义上的正当原则，是人们处于原初状况下所选择的原则，而善的原则却不是被选择的。因此，两者虽然都以理性为基础，但前者的理性基础是追求自身利益的"无利益偏涉的理性"，而后者则是人的自尊与价值；前者是片面的、初级的、不充分的，后者是全面的、充分的。这种区别恰恰是构成两者不同善理论的基本原因。其次，善的概念所表达的是个人特殊的价值原则要求，善的概念因人而异，复杂多样。在一个秩序良好的社会里，每个人都可以自由地选择和安排自己的生活，由此产生了善概念的特殊多样性。对于一个秩序良好的合理

---

① J. Rawls, *A Theory of Justice* (Mass. : Harvard University Press, 1971), pp. 433 – 434.

的社会来说，这种个人善概念的差异性和多样性本身就是一种善。正义概念却恰恰相反，它基于人们的共同选择和一致认同，因之具有共同一致性和稳定性。诚如正义观念的形式制约所表明的，正义观念在形式上具有"一般性、普遍性、公开性、有序性和终极性"五个特征。① 所以，它不允许多样和分歧。最后，正义原则的选择和应用是在"无知之幕"背后进行的，人们尚缺乏对自身特殊利益和各种社会环境、条件的充分知识，这种"原初状况"下的"无知之幕"确保了正义原则的公正和一致。但对于善的概念来说，情形则大相径庭。人们对自身善的估价依赖于他对各种事实一生活环境、能力、兴趣、需要、条件等——的充分认识，要求有对合理生活计划的严格选择和审慎合理性考虑。总之，正义概念的初级性、共同一致性和普遍性与善概念的复杂性、多样性和特殊性的对比特征，构成了两者的基本差异，也反映出契约伦理观与功利伦理观的基本分野。

罗尔斯论证正义原则之道德基础的最后一个步骤是探讨建立正义稳定性的道德心理基础，亦即人的正义感发生和形成的主体心理过程。为此，罗尔斯集中阐述了两个问题：人类一般道德情感发生学；正义感的形成及其道德意义。

关于道德情感的发生，罗尔斯批判性地考察了两种传统理论。"一种是从经验主义学说中历史地发生而来的"，其理论原型是休谟的经验主义哲学和西季威克的功利主义伦理学，其最新形式是"社会学习理论"。按照这种理论的观点，人天性缺乏善感而多存恶欲，只有通过后天的社会学习和教育，才能培养其道德情感。另一种理论是心理发生学，特别是弗洛伊德的精神分析学。它认为，人的道德情感（如道德认同感）形成于人的早期生活，特别是通过对父母长辈的"道德学习"而逐步发展起来的。与这种道德学习论观点相对立的是

---

① J. Rawls, *A Theory of Justice* (Mass. : Harvard University Press, 1971), pp. 124 – 130.

"从卢梭、康德，乃至密尔等人的理性主义传统"发展而来的理性的道德学习论，皮亚杰的发生学即是其最新的表现形式。它认为，"人的道德意识是人天赋理性和情感自由发展的必然结果"①。罗尔斯把前两种传统理论统归为道德情感的培养学说，把由理性主义传统发展而来的学说称为道德学习论，并综合了这两类学说的含义特点，提出了自己的道德心理学。一方面，他承认人的道德意识和情感的培养确需某些外在的社会条件和环境，教育是其重要手段；另一方面，他又反对把道德感视为外部强加的结果，认为它只能是人自身属性（理性）在正义和谐的社会环境中逐步生长起来的。这一生长过程分为三个道德发展阶段。

第一阶段是"权威道德"（the morality of authority）。权威道德的"原始形式"是"儿童道德"。在一个组织良好的家庭里，父母对孩子的爱和关怀是首要的，这种爱使孩子逐步从信任、服从父母发展到爱父母，形成互爱，从而使孩子逐步形成他们的自尊和人格意识，形成服从、谦逊和忠诚的品德。

第二阶段是社团道德（the morality of association），它包括超家庭以外的各种联合群体，直至国家共同体的各种广泛合法社团的道德发展。"如果说，儿童的权威道德在很大程度上是由各种标准的集合所构成的话，那么，社团道德的内容则是由那些适合于个体在他所属的各种不同社团中的角色之道德标准所给定的。这些标准包括常识性的道德规则及其使它们适合于个人特殊状况所要求的调整规则。"② 这是罗尔斯对社团道德与权威道德之实质差别的阐述。他认为，社团道德是人们体智发展到独立生活时在社会合作团体及各种社会关系中形成的。因此，它要求人们在社交和社会生活（如师生关系、邻里关系、

---

① J. Rawls, *A Theory of Justice* (Mass. : Harvard University Press, 1971), p. 69.
② Ibid., p. 449.

健康的社交游戏、同事关系和工作等）中学会用多种观点来观察、认识、理解自己和他人，推己及人，关心公益，尊重社会交往的各种道德规则。

第三阶段是"原则道德"（the morality of principle）。由于社交团体生活的条件和经验，使人们从合作交往的道德情感体验和理解中，进一步获得了对更高普遍道德原则的理解和认同。于是，人们便有了"一种正义原则的理解"，就"发展了一种对许多特殊个体和共同体的依恋感（attachment）。进而，他便倾向于遵循那些在他的各种地位中都适合于他并由社会的赞同与非议所建立起来的各种道德标准"①。这就是原则道德。如果说，儿童的权威道德内容包括了爱、信任、服从和忠诚，社团道德包括了公正、忠诚、信任、平等和正直等社会交往道德规则的话，那么，原则道德则是将这些内容进一步以最高形式加以升华，达到人类道德表达的最高境界。它不再拘泥于特殊环境下形成的情感观念或规则，而是追求一种共同普遍的道德感和政治原则。由此，对父母儿女的爱进一步升华为人类理想的普遍之爱，对同事朋友和交往伙伴的诚实、正直和平等，被擢升到对人类正义原则的崇高追求层次；而简单的服从和认同则发展为一种自觉的自我约束和规范。所以，罗尔斯把对人类的爱、对正义原则的执著和对自我的自觉约束称之为原则道德的基本特征。他又说："原则道德有两种形式：一种形式与正当感和正义感相应；另一种与人类之爱和自制（self-command）相应。后者是额外的，而前者则不然。"②

人类道德情感的发展过程也就人类共同正义感的形成过程。正义感是人类共同而持久的道德倾向。一俟道德发展进入原则道德阶段，我们就会触及共同感的形成问题。这是罗尔斯在《正义论》中最后探

---

① J. Rawls, *A Theory of Justice* (Mass. : Harvard University Press, 1971), p. 459.

② Ibid., p. 465.

讨的。道德原则究竟是如何进入人们的情感之中的呢？罗尔斯认为，要解答这一问题，先必须弄清楚道德原则的性质。他指出，第一，道德原则不是空洞的抽象，它是有实质内容的普遍形式。因为它们是有理性的人们为调节相互竞争的要求而选择的，所以，它们规定了发展人们利益的一致性方式。第二，人们的正义感与人类之爱密切相联，缺少人类之爱，道德原则不可能得到人们的共同遵守，正义感也就不可能建立起来。第三，道德原则或正义感的形成是人类存在本性的表现。按照康德的解释："按正义原则行动，表现了人们作为自由而平等的理性存在之本性。"因为这样做不仅符合人们的善目的，而且本身就属于他们的善。① 在罗尔斯看来，人们共同的正义感一般以两种方式表现出来：其一是引导人们接受那些适合于他们并能使他们从中得益的那些正义制度，从而使他们自觉维护这种制度；其二，正义感不仅促使人们产生为建立正义制度而工作的愿望，而且也使他们在社会制度需要改革时积极参与制度的改革和完善，以期追求更大的共同善。这种改革参与并不是为了反对正义制度，而是为了正义制度的进一步完善。

通过对道德情感的发展三阶段和共同正义感形成的系统阐述，罗尔斯总结出自己独特的道德心理学法则系统，它与道德发展三阶段相应，包括三条基本法则（或规律）。我们不妨摘述如次。

第一法则：假定家庭制度是正义的，且父母爱孩子并明显地通过对孩子的善的关心表现出他们的爱，那么，孩子通过不断认识父母对他们的爱，就会渐渐地爱自己的父母。

第二法则：假定一个人通过获得与第一法则相符的依恋情感而实现了他的同类感情的能力，且假定一种社会安排是正义的，并为所有的人们公开承认是正义的，那么，随着他人明确地打算履行其义务和

①　J. Rawls, *A Theory of Justice* (Mass.: Harvard University Press, 1971), p.465.

职责，并实践其职位理想，这个人也会发展他与他人的友好情感联系和在社团中对他人的信任之联系。

第三法则：假定一个人通过形成与前两条法则相符的依恋感而实现了他的同类情感的能力，而且假定某一社会的制度是正义的且为所有的人公认，那么，随着这个人认识到他和他所关心的那些人都是这些社会安排的受益者，他就获得了相应的正义感。①

显然，按照罗尔斯所总结的上述三条法则，人类正义感的获得必须具备这样四个基本前提：第一，人类道德情感的正常发展；第二，社会制度或安排的正义性质；第三，人们在社会正义环境中对自身职责与义务的忠实践行；第四，人们在正义的社会环境中对正义原则的进一步地共同认可和践履。为了具备这些前提，罗尔斯还特别在论证正义原则与道德原则（正当与善）的一致性的同时，吸收了大量康德伦理学的理论成分，反驳了一些人把正义原则关于平等优先和现代平等主张思想混同于社会忌妒心理或认为它们没有超脱个人主义价值观的论调。他认为，正义原则之所以可能获得人们的共同认可，并不是我们的强制性设想，也不是人的主观情绪反应。依据康德的理论，在正义论中，自律与客观性是统一的。一方面，人们在理性的基础上选择了正义原则作为其社会生活和行为的基本行为准则，这种选择的合理性在于它本身符合人的存在本性和发展理想。另一方面，一俟人们合理选择并认同了正义的原则，它本身便具有了客观普遍性和约束力，而不容任何损害它或正义制度的行为发生。

诚然，以公平之正义为核心的正义原则强调自由平等的绝对优先，但这并不是一种社会妒忌心理的反映，现代平等运动也不是如此。正义原则所强调的自由平等，决不是指物质收入份额的平均，而且根本是人的基本权利和自由、平等。罗尔斯指出，在现时代，一些

① J. Rawls, *A Theory of Justice* (Mass. : Harvard University Press, 1971), p. 477.

人已经意识到并实际上已经把平等分为两种：一是"善物之分配"的平等；二是"应用于自尊的平等"。前者为正义第二原则所包含，后者为正义第一原则所规定。在正义论中，后者才是"根本性的"①。因为，"在一个正义的社会里，自尊的基础不是一个人的收入份额，而是公开认肯的对基本权利和自由的分配"②。所以，能够真正享有自尊、自由和平等权利并能自觉认同和践履正义原则的，只能是有道德的人。③这就是为什么说正义原则与道德原则、正义感与道德感相辅相成的缘由之一。

关于正义原则的个人主义特征问题，罗尔斯并不否认"作为公平之正义"在强调人的自由平等权利优先问题对个人价值的偏重，但他认为，正义的两个原则实际上有助于我们理解和选择社会的共同善，它为我们评价现存社会制度提供了一个"阿基米德点"，为我们"理解共同体价值和选择实现这些价值的社会安排提供了一种令人满意的框架"④。如果说，一种成功的伦理学说在于它能够较好地使正当与善这两个基本道德概念达到一致或统一，那么，正义论所强调的恰恰是把这种一致或统一的程度归诸秩序良好的社会所能获得的共同善的程度，因而不能把它混同于个人主义的道德哲学。况且，它从亚里士多德原则的引鉴中，已经强调指出了人类社会交往（sodality）的重要性和相互性。

六　简短评价

罗尔斯的正义论是一个非常庞大而缜密的理论体系。与其思想内容所表现出来的古典复归倾向相联系，罗尔斯在理论形式的追求上也

---

①　J. Rawls, *A Theory of Justice* (Mass.: Harvard University Press, 1971), pp. 497 – 498.

②　Ibid., p. 531.

③　Ibid., p. 492.

④　Ibid., p. 507.

表现出一种古典风格。他曾以"反思平衡"来表达其研究方法的特殊追求，而实际上他精心构筑起来的正义论道德哲学系统，也颇具西方古典理性主义伦理学的一般逻辑特征，甚至带有明显的康德主义色彩。

罗尔斯的正义论是综合性的，也是分析性的。从一种完整理论前提的预设出发，以一种理想的预期而告终结，前后呼应，始为一体。"原初状况"的假设是其全部理论的逻辑起点，而追求正义原则和善理论的最终统一是其理论逻辑发展的归宿。尽管整个理论的中介推理十分复杂，但这一宏观格式却是十分明显的。同样，罗尔斯的逻辑分析和演绎并不是现代元伦理学式的，它绝不拘泥于纯概念逻辑的形式分析，而是立足于经验事实的基础，以其理论框架去透视、解析社会政治伦理的实际经验，以求得实际可操作的应用和检验。我们看到，从正义原则的确立和确证，到正义原则的实际操作程序和具体运作过程的探讨，无不反映出罗尔斯这一良苦动机：以理论原则规范实践，以实践反证理论原则，充分显示出罗尔斯正义论体系的分析综合性特点，使之既区别于现代西方伦理学的总体学术倾向，又超越了古典理性主义伦理学的一般层次。从某种意义上说，罗尔斯的正义论伦理学开创了一种兼融古今、贯通"理""气"、融会体用的新风尚。

从内容上看，罗尔斯正义论伦理学的综合性主要体现在，他力图用康德式的方法来论证近代契约主义政治学和功利主义伦理学，并使两者达到一种新的融合。无疑，罗尔斯创立正义论的主要目的之一，是以此取代功利主义目的论伦理学，但这种取代与其说是一种否定性的理论革命，不如说是一种创造性的重构。事实表明，罗尔斯既批判了功利主义的目的论，也批判了直觉主义的道义论；既建立了一种以"作为公平之正义"为核心理念的正义原则义务论，又确认了这一义务论与建立在"作为合理性的善"这一基本原理之上的目的论伦理学的一致和统一。所以，我们有理由断定，罗尔斯的正义论伦理学并不是纯义务论的，而是义务论与目的论的选择性综合，其主旨是义务论的、原则理想式的，而其内容表达又是目的论的、现实实践性的。无怪乎一些西方伦理学家把罗尔斯视为"当代的康德"，而另一些学者却把他归于当代"规则功利主义"之列。

罗尔斯正义论所表现出来的综合性特点还体现在其内容的包容性上。严格地说，罗尔斯的正义论是一种政治道德哲学，它的构成风格基本上是洛克—卢梭式的，更早一些甚至可以追溯到亚里士多德。这不仅突出地反映在罗尔斯明确地把自己归类于契约论者的行列之中，坚持以社会政治、经济的宏观基本结构这一视角点，来解析人类社会生活中的道德现象，而且也表现在他始终认为，人类的道德问题首先是一个社会正义问题。缺乏基本的社会正义（正义的环境、正义的基本结构或制度、正义的程序和正义的原则系统），人类的道德问题就无从获得最基本的解释。但是，罗尔斯并不是一个纯正的洛克式或卢梭式信徒，在其《正义论》一书中，我们甚至更强烈地感受到他身上所散发的康德式理论气息。他虽然沿袭了契约论者关于"自然状态"的理论思路，并以此预设了"原初状况"这一基本理论前提，但他的设置方式却是康德主义的。"原初状况"的基本特征之一就是人们的"原初理性选择"，这一特征保证了人们最终选择正义原则的理想性和合理性。他关于正义原则的"康德式解释"和对理想人性的分析更为明显地反映了对康德理论的偏爱，更不用说其论证正义两原则本身所表现出来的康德式倾向了。因此，从这一点来看，罗尔斯的正义论既是洛克式的，也是卢梭式的，亦是康德式的。或者毋宁说，它是一种近代经验主义（洛克）、理想主义（卢梭）和理性主义（康德）之政治伦理学的全面综合。

如果说上述分析为我们把握罗尔斯正义论伦理的特性提供了一种宏观视境，那么，从这一视境去透视其理论的微观内容就有了进一步准确评价其理论得失的宏观凭借。

应当承认，罗尔斯的正义论是西方规范伦理学发展的当代高峰，其不仅在许多理论观点上把西方传统规范伦理学（特别是政治伦理学）推进到了一个新的阶段，而且在实践应用上具有较大的合理性，甚至可以为我国社会主义伦理学的建设提供不少可资借鉴的理论成果。如前所述，罗尔斯正义论伦理学是西方"社会型规范伦理"的当代典型范例之一。社会型规范伦理既具有规范伦理学的一般特点，也具有其特有品格。它遵循从普遍原则（系统）出发来构造伦理学体系的一般规范伦理学的建构规律，但偏重于从社会宏观方面来建立其普遍原则系统，而不是从一般概念论证或个人本性等方面来预设。这正是罗尔斯正义论伦理学的基本特征之一。罗尔斯对传统社会型规范伦理学的特殊贡献或新发展表现如下。（1）他创造性地改造了传统社会契约论的基本理论原则，使之更趋合理和充分。如关于"自然状态"的传统解释模式，关于原初选择的理性基础（"无利益偏涉的理性"）等。（2）罗尔斯对正义原则的解释不是一次性地假定或论证，而是多层次地反复性论证，从其正义论的"最初表达"与"详细表述"的多环节推导中可以看出这一点。这一方面是由于罗尔斯在方法论上综合了传统经验论和理性主义的长处，力求保证原则论证程序的充分完备和合理严格。另一方面，也由于他把强烈的理想主义精神和现实主义态度较好地统一起来，既重视原则的制定和论证，也重视原则的应用和操作。后者或许得益于罗尔斯本人所具有的美国哲学文化素质，这使他的规范伦理学大大超过了近代古典的社会政治伦理学传统。（3）罗尔斯充分吸收了包括现代经济学（如"福利经济学"）、政治学（"新自由主义"）、社会学、哲学（分析哲学等）和心理学（精神分析、皮亚杰的儿童道德分析等）在内的现代各种哲学社会科学新成果，使其正义理论更加丰富、充实和严密，也更富于跨学科特征和现代前沿理论色彩。

因此，罗尔斯提出的一些见解不仅较为严格，而且较有现实合理性。例如，在关于分配正义和差异原则的见解中，罗尔斯提出了在不侵犯个人基本权利（自由平等）的前提下，力求兼顾社会大多数人，特别是处于社会最不利地位的人的利益，甚至主张以处于社会最低贫困线的人的经济状况为分配原则的参照起点。这一见解虽然是以保证社会秩序的稳定为目的而提出来的，却反映了罗尔斯正义原则所包含的社会合理性因素。而且，他还以此论证了社会共同善分配的公正合理性，主张保证社会机会均等和地位（职业）选择的公开性、普遍性。这些主张固然有它们特殊的时代文化内涵，但对于我们认识和调节现代商品经济条件的各种利益关系或价值关系也不无意义。

此外，罗尔斯既反对以人的天赋因素（才能、门第出身等）作为分配标准的自然主义，也反对以人的"道德应得"或"内在价值特性"作为分配准则的理想主义，主张尽可能缩小社会分配的差异或将其限制在"可容忍可接受"的范围内。这显然是罗尔斯基于对社会贫富差异的界限与社会秩序的公正稳定之密切关系的深刻洞见而得出的经验性总结。从某种意义上说，这些洞见揭示了人类社会稳定发展的基本条件和普遍规律。历史事实证明，分配不公、贫富过于悬殊，往往是导致社会不安定的主要因素。现代西方资本主义发展的经验教训也从正反两个方面验证了这一点。20 世纪 70 年代以来，为了保持社会结构的稳定，西方许多发达资本主义国家先后实行福利经济政策和有限国有化经济措施，其动机之一也在于此。可以说，罗尔斯的上述见解正是基于历史经验的严肃反省而总结出来的理论成果。

但是，罗尔斯正义论的成果在根本上仍然只是历史的、有限的，它在根本上仍然没有超出其所处的历史时代和文化背景。

首先，罗尔斯的正义论本质上只是近代西方资产阶级价值观念的当代改造，它的核心仍然是"自由、平等、博爱"这一传统价值观。从他对两个正义原则的解释中，我们不仅已经清楚地看到了这一点，而且我们还注意到，在罗尔斯这里，个人的自由平等仍然是第一的，博爱只具有从属或引申的含义。在他看来，正如正义的第一原则优先于第二原则，而第二原则中"机会均等"的要求优先于"效率"和"差异"原则一样，个人的自由平等权利之于其社会义务也具有优先性意味。这就明显地反映出罗尔斯的正义原则并不是全面的和普遍的。差异的缩小和公平的实施不是基于社会普遍意志的内在要求和根本目的，而是出于维护社会安定的需要所规定的一种策略性手段。

其次，罗尔斯的正义论伦理学带有某种理想的平均主义和政治保守主义的色彩。尽管他强调差异原则只是从属性的，且正义分配的主张也极为有限，罗尔斯却在有限的范围内为人们提出了一种理想而又可求的平等分配原则。他努力寻求一种既能确保个人平等自由，又尽可能减少差别和贫富悬殊的政治道德途径。这种图式也许在某些特定的社会历史条件下能够获得相对范围内的现实性，但从根本上来说，它内含的矛盾仍难以解决：个人的绝对自由与完全平等在社会生活中是不可能同时达到的。相反，个人的绝对自由不仅会破坏个人之间的平等关系，而且也会造成实际不平等的扩大。这是政治学和伦理学中一个永恒的悖论。马克思主义认为，正如没有绝对的权利和绝对的义务一样，也不可能有绝对的自由和平等。人类的自由平等是相对的、历史的，它实现的条件、主体和程度决定了这一点。罗尔斯正义论的合理性在于，他看到了社会政治制度（"基本结构"）和经济基础（利益分配）与正义和自由平等的客观联系，并对这些因素予以了足够的重视，而它的不足则在于他过于理想化和抽象化，在于罗尔斯对社会基本结构（制度和经济基础）有保留的不彻底性认识。他认为，实现社会正义和人的自由平等的基本条件，不是改变不平等的社会基本结构（私有制），而是实现充分的"自由经济"，甚至认为，自由经济乃至他的社会正义理论不仅适用于以私有制为基础的资本主义，而且也适用于以公有制为基础的社会主义。这就在根本上抹煞了社会经济基础和上层建筑对建立社会公正的决定性制约作用，混淆了不同性质的社会条件下，正义原则的不同性质，具有一定的保守性。因而，他所追求的平等正义最多也只能是一种理想的平均主义设想，而不可能最终成为社会现实。

最后，罗尔斯的正义论诚如他自己所承认的那样，还只是一种不完善的政治道德理论。历史地看，这种理论适应了西方特别是美国 20 世纪 60～70 年代社会发展的社会需要，填补了因功利主义和实用主义的过时而造成的政治哲学和社会伦理的历史空白，确乎有其历史合理性，但它并没有完全摆脱功利主义和实用主义的影响，甚至在许多方面常常不自觉地退回到功利主义传统之中。在《正义论》中，罗尔斯立志要建立一种足以取代功利主义的新理论模式，但实际上，他对正义原则（特别是分配正义）的解释，又不时流露出一种功利主义倾向。例如，他对社会总体善的分析，仅仅限于如何分配这一最终结果，带有明显的价值目的论和功利论色彩，以至于稍后的另一位美国政治哲学家诺齐克批评他只关注结果的分配，而不注意结果的由来，因之其正义论也是一种非历史的"目的—状态"原则（详见本书 20.3）。这一批评不仅揭示了罗尔斯正义论的内在局限，而且也预示着它将要受到新的理论挑战。

第三节　诺齐克的人权论

一　引言

在当代美国政治哲学和政治伦理学发展图景中，最先对罗尔斯正义论模式提出严肃挑战的是诺齐克的人权论模式。

罗伯特·诺齐克（Robert Nozick，1936～2002）是美国哈佛大学哲学系教授，主要从事政治哲学研究。1974 年，他发表了成名作《无政府、国家和乌托邦》一书，并在美国学术界引起强烈反响，被认为是继罗尔斯的《正义论》一书之后又一部杰出的政治哲学代表作，曾荣获美国"国家图书奖"。随后，诺齐克将研究范围扩展到分析哲学和价值学的广泛领域，于 1981 年又发表另一部重要哲学著作《哲学解释》。该书使他跻身"20 世纪最主要的哲学家"行列。前书是诺齐克伦理思想的代表作，基本主题是政治伦理问题。从诺齐克伦理思想的典型性上看，它比后一部著作更能反映其伦理学的独特个性。

《无政府、国家和乌托邦》一书共三部分 10 章。第一部分 6 章，是全书的主要组成部分，集中探讨国家的起源和形成过程及其正当合法性的证明问题。就此，诺齐克与罗尔斯不同，虽然同样是从考察"自然状态"理论入手，但他的结论或基本理论原则不是基于契约论之上的正义论，而是基于人权论之上的"资格理论"和"最低限度的国家"理论。第二部分 3 章，主要是通过对各种政治道德理论和经济理论的批判性分析，特别是通过对罗尔斯正义理论的主要观点的批判，论证如何才能证明国家之正当合法性这一问题。诺齐克反驳了罗尔斯关于"原初状态""差异原则"及个人生活善（生活合理性、自尊、忌妒等）的基本论证，进一步论证了资格原则与正义原则的区别和最低限度国家的合理性。第三部分即全书最后一章，主要是通过考察传统政治哲学中的乌托邦理论，在比较中论证最低限度国家现实的可能性、构成模式和远景等。

由于诺齐克的政治道德哲学被视为当代美国与罗尔斯正义论相互颉颃的两种模式之一，而且他本人集中分析反驳了罗尔斯的正义论。因此，我们将主要通过比较分析的方法来探讨诺齐克的人权论政治伦理思想。

二　个人权利和最低限度国家

在《无政府、国家和乌托邦》一书的前言中，诺齐克开宗明义地宣称："国家的本性、它的合法作用和正当性证明（如果有的话）乃是本书关切的中心。"① 而解释这些问题的唯一基础不是别的，只能是个人的权利。因此，他既反对哈特（Herbert A. C. Hart）的所谓"公平原则"，也反对罗尔斯的"正义理论"，主张从绝对的个人权利出发来检验和证明国家的合法性和正当性。

在诺齐克看来，政治和道德的首要问题不是权利分配的正义问题，而是个人权利的保障问题。或者说正义的首要主题不是权利的社会分配，而是个人权利的社会保障。人权正义的实质就是个人权利的神圣不可侵犯本质。诺齐克遵循了近代洛克以来政治哲学的传统思路，从考察"自然状态"入手，探讨国家的起源和形成过程，从中论证个人权利的正当合法性和国家的正当合法性之间的联系。因此，他的人权理论是与其国家理论直接联系在一起的。

"自然状态"学说是西方近代以来几乎所有社会契约论者的理论前提预设，从洛克、卢梭到罗尔斯、诺齐克莫不如此。不同的是，各思想家的具体解释不尽一致。在诺齐克这里，有政府主义者和无政府主义者都可达到一种默契，即主张"以自然状态理论作为政治哲学主题的开始具有一种解释性的目的"②。依他所见，人类发展的自然状态是一种"非国家境况"下的发展状态，它类似于美国人最初开拓西部疆域的那一历史性阶段。在这种状态下，人们的行动没有国家或政府的指令约束，他们"一般都满足于道德约束并普遍按照他们应当的那样行动"，这种状况使人们"有理由希望一种最好的无政府境况"。然而，事实上人们并不是都能够准确地按照他们应该的那样行动，而往往按一种"最低限度的最大可能"（minimax）标准来行动。因此，他们的行动虽然不会像霍布斯的自然状态下的人们那样如狼似虎，但

---

① R. Nozick, *Anarchy, State, and Utopia* (New York: Basic Books Inc., 1974), p. 9.

② Ibid., p. 4.

也确实存在着基本权利的冲突和摩擦。换句话说，这种状态下的人们存在着保护基本权利的需要。

诺齐克承袭了洛克的财产起源理论，认为人们最基本的权利即是财产占有权。洛克曾经认为，财产权起源于人的劳动。在没有社会法律规定的自然状态下，谁通过劳动直接或间接地改造了自然状态中的事物，谁就具有了占有这些事物的权利或资格。对某事物的占有权是以最早体现在该事物身上的物化劳动为基础的。诺齐克大体接受了这一解释，但做了某些限制。他认为，不能笼统地说某人的劳动所影响到的东西都属于该个人。一个人通过其行动而在地球上刻上了他的活动印迹，我们不能因此而认为他对地球拥有特殊的占有权。财产权基于劳动（诺齐克也常常用"活动"一词）所意指的，是那些由劳动直接产生或导源于劳动的实际成果，这种实际成果才是劳动主体有权占有的财产。

财产的占有产生了财产保护的需要。在自然状态下，人们最初所采取的行为方针是自我性的道德约束和"互不干预政策"（policy of nonintervention）。但由于财产占有的冲突不可避免，所以必须有财产保护性机构。这种保护性机构的出现是国家或政府产生的最初雏形。诺齐克认为，由保护性机构的产生到国家的形成历经了漫长复杂的演变过程，而且保护性机构本身也是一个不断演变的过程。最初的保护性机构是一种"私人性的保护代理"（private protective agency），它的职能主要是保护当事人的财产在保存、交换等活动中不受侵犯，保护代理者只有保护个人财产权的作用，不能干涉当事者的个人权利。然而，由于存在个人权利之间的冲突，有时候这种冲突甚至会危害他人的权利，引起他人的恐惧。在此情况下，在私人性保护代理之外便产生了群体性质的"保护性联合体"（protective association）。保护性联合体的职能是调解、仲裁个人之间财产权利的冲突。它必须恪守一个基本原则：不管某个人的实际意图如何，只要他的行动尚未造成对他人利益的损害，就不得禁止该人做他自己愿意做的事情，不得妨碍当事人的个人权利。不过，这种保护性联合体还只是"简单相互性的"，它面临着两个不便：（1）联合体中的每个人总是各取保护倾向；（2）任何一个成员都可以通过说他的权利正遭受或已经遭受侵犯而要求其联合体的保护，[①] 于是，联合体内部仍难免冲突。而且，在各简单的保护性联合体之间也存在着冲突和斗争。这一状况，便孕育了"支配性保护联合体"（the dominant protective association）。

诺齐克认为，支配性保护联合体的产生是经过战争、区域争夺、权力垄断而建立起来的。在这种联合体的产生过程中存在着三种可能性："（1）在这种境况下，两个代理者（指简单保护性联合体——引者注）会发生武力战斗，其中一方总会赢得这场战斗……（2）一代理者在一地理区域内拥有其集中权力，另一方则在另一区域内拥有其集中权力。而每一次赢得这场战斗的一方都会通过已确立的胜势将其权力集中封闭起来……（3）两代理者战成平手，并经常开战。他们胜败相等，而他们周围的成员也常常相互争斗和抗议……但无论如何，为避免经常性的代价巨大而消耗过大的战斗，两方代理者也许会通过他们的执法权力，一致达到和平解决并遵守某个第三判断者或法庭的决定，……因之便出现了一个裁判系统"。[②]

从私人性保护代理者（机构）到简单保护性联合体，再到支配性保护联合体这一逐步扩展的过程中，我们发现了某些国家因素的萌芽和生长。保护性联合体的功能已经反映出国家的一般性功能特征：第一，它表明，政治机构或部门的管理调节或约束仲裁作用仅仅以保护人的合法权利为基本目的，并不是对人们权利本身的限制甚至侵犯。只要人们的行动不危及或尚未危及他人的利益，任何权力机构或政治

---

① R. Nozick, *Anarchy, State, and Utopia* (New York: Basic Books Inc., 1974), pp. 22 – 23.
② Ibid., p. 16.

组织就无法干涉。第二，任何保护性联合体或机构虽可以通过将个人财产纳入"再分配"的过程这一形式来实施调解，但它本身无权挪用个人财产。保护代理者与当事人的关系形式上是权利代理，而实质上则是权利保护。然而，诺齐克认为，任何保护性联合体都还不足以成为国家，即令是支配性保护联合体也是如此。因为"一区域中的支配性保护代理者不仅缺乏把握权力使用的必要垄断，而且也无法在其区域里给所有的人提供保护；所以支配性代理者也似乎还不足以成为一个国家"①。这就是说，国家产生的基本条件是权力的集中垄断和对其所有公民的普遍保护。诺齐克说："……区域内的支配性保护联合体要成为一个国家，须满足两个关键的必要条件：它拥有对该区域中权力使用的必要垄断，它要保护该区域中的每一个人的权利"②。注意，诺齐克这里所说的权力垄断，更多的是指权力的集中统一，而不包含侵犯个人权利的特权。

在诺齐克看来，支配性保护联合体的扩大和强化便是国家，反过来说，国家也就是一种扩大了的保护性联合体。在古典自由主义理论中，曾经有过"守夜者式国家"（the night-watchman state）的概念，它的职责"只限于保护其所有的公民免受暴力、盗窃和欺诈，只限于契约的实施等等"，如同守夜者只负责保护户主生命财产的安全一样。③ 除此以外，再没有其他特权。诺齐克认为，这正是他所主张的"最低限度国家"（the minimal state）模式。不过，他指出，人们也常常把这种守夜者式国家称为最低限度国家，所以，为了区别这一旧的概念，他把由支配性保护联合体演变而来的最初国家形式称为"超最低限度国家"（the ultra-minimal state or the-more-than-minimal state）。"超最低限度国家"是"支配性保护联合体"的高级发展，但它往往

---

① R. Nozick, *Anarchy, State, and Utopia* (New York: Basic Books Inc., 1974), p. 25.

② Ibid., p. 113.

③ Ibid., p. 26.

容易封闭自己的权力系统，在权力操作中触犯个人的权利。因此，他所主张的国家模式是从这种"超最低限度国家"发展而来的"最低限度国家"，它的根本职能或合法作用在于："除了在直接自卫的行动中有必要的权力之外，一种超最低限度的国家还得维持一种支配所有权利利用的垄断。所以它排除了私人性（或代理者）对错误行为的报复和对补偿的强求，但它仅仅给那些寻求其保护和实施政策的人们提供保卫和实施的服务。"① 总之，"我们的主要结论是：被证明是正当合理的国家是一种最低限度的国家，它只限于发挥防止暴力、盗窃、欺诈、限于契约实施等等这样一些狭隘的作用；任何较为广泛的国家都会侵犯人的不可强迫的权利，因而被证明是不正当的；而最低限度的国家才是令人鼓舞的、正当的"②。这一结论是诺齐克对所谓"最低限度国家"的集中规定，它无疑近似于传统自由主义理论的"守夜者式国家"概念。其基本要点有两个：第一，国家不可为达到使某些公民帮助他人的目的而使用其强迫性机制；第二，"或者是为了一些人自己的利益或自我保存而禁止另一些人的活动来使用其强迫性机制"③。即是说，国家不得利用其权力机构强迫一些公民成为另一些公民的工具，也不能以同样方式为部分公民的利益而强行对另一些公民进行不合法的约束。为了具体说明这两个要点，诺齐克详细地分析了对行动的"单方约束"和"道德约束"问题。

所谓"单方约束"（side constraints）也就是非普遍的、非公正的非相互性约束。依诺齐克所见，这种约束是康德式目的原则的典型反映。康德认为，"人是目的，而不仅仅是手段"。它的基本要求是：人们不能在没有他人同意的情况下为实现其目的而牺牲或利用他人。但康德的目的原则是不彻底的，人"不仅仅是手段"意味着人可以作为

---

① R. Nozick, *Anarchy, State, and Utopia* (New York: Basic Books Inc., 1974), p. 26.
② Ibid., p. 9.
③ Ibid.

手段，隐含了为某人目的而把另一些人作为手段来利用的危险。这实质上是对部分人实施原则约束，而不是对所有人实施原则约束。诺齐克说："个人是不可侵犯的"。这一原则适用于任何一个个人而不是某些个人。而"对于我们如何利用工具来说，不存在任何单方的约束，只存在对我们为何可以对他们利用这一工具的道德约束"①。他把康德式的目的原则归为一种"目的状态的原则"（an end-state principle），而他的观点与这种目的状态原则的根本区别就在于后者关于"人是目的，而不仅仅是手段"的实际禁令表达是："最低限度地用特殊化的方式把人作为手段来利用"。而他关于"任何个人都不可侵犯"的观点所表达的则是："不可用特殊化的方式利用他人"②。更简明地说，在任何合法的情况下，都不可侵犯任何个人的权利，哪怕是在某些特殊方面或场合下也不能如此。

从单方约束所反证的他人也不可侵犯这一事实中，必然会产生一个问题：为什么一个人不可以为了更大的社会善来侵犯他人呢？或者说，为什么为了更大的社会善一些人不能作为手段而做出部分的或特殊的牺牲呢？诺齐克的回答是否定的。基本理由在于：社会与个人不同，它不是一个存在实体（existing entity）。一个人的确需要在某些时候为了获得较大的利益或避免较大的痛苦而选择做出某些痛苦的牺牲。例如，他可以为了免于牙病产生的更大的痛苦而去看牙医，可以为了达到某些结果而做一些不愉快的工作，或者为了美容和苗条而节食等。但是，人们没有理由为某种非实体性的社会善而牺牲自己。因为"不存在任何为其自身善而历经某种牺牲的具有一种善的社会实体。所有存在的只有个体的人、不同个体的人，他们都有他们自己的个体生活……高谈一种总体的社会善以掩盖这一事实（有意图的？），

---

① R. Nozick, *Anarchy, State, and Utopia* (New York: Basic Books Inc., 1974), p. 31.
② Ibid., p. 32.

以此方式来利用一个人，这并不足以尊重和说明这样一个事实：他是一个分离的个人（seperate individual），他是他所拥有的唯一生命。他不想以其牺牲去换取某种失去平衡的善，而任何人都没有资格把这一点强加于他——一个国家或政府最不应该的就是强求他的效忠，因而，国家或政府在公民之间必须严格地保持中立"①。社会不是实体性存在，因而既无权要求个人为它做出牺牲（效忠），也无权要求一些人为另一些人做出牺牲（保持中立）。诺齐克的这一观点表达了个人权利至上的极端个人主义观点。把社会视为一种非实体存在即是18世纪法国合理利己主义伦理学家（如爱尔维修）把社会视为个人之总和的传统观念的翻新，也与萨特等现代存在主义者把个人视为唯一真实的存在或认为社会共在永远不可能的观点有相通之处。它的实质是个人权利绝对至上，个人是唯一的目的，社会只能是手段。

如果说"单方约束"反证了个人的不可侵犯性，那么，"道德约束"则反映了我们相互分离存在这一事实。因为我们是相互分离的个体存在，才具有道德约束的必要。但在诺齐克看来，道德约束证明的同样是这样一个事实："在我们中间不可能发生任何道德平衡行动（moral balancing act），不存在任何为了导向一种较大的总体社会性善而把人的价值看得比我们生活中的某一个人的价值更重。不存在任何为他人而牺牲我们中的一些人的正当牺牲。这是一个根本性的观念（root idea），即不同的个人有着相互分离的生活，所以任何人都不可能为他人而遭受牺牲，这一根本性观念奠定了道德方面约束之存在的基础，而且我以为它也导向了一种自由主义方面的约束，即禁止侵犯他人。"②

---

① R. Nozick, *Anarchy, State, and Utopia* (New York: Basic Books Inc., 1974), pp. 32 – 33.
② Ibid., p. 33.

道德约束的实质不是个人为他人的自我否定性约束，不是基于自我牺牲的要求，相反，它同样证明着他人的不可侵犯性。简言之，与其说它是一种义务约束，不如说它是一种权利肯定。这就是为什么诺齐克又把它称为"自由主义约束"的真实内涵。

可见，诺齐克对个人权利的绝对肯定，不仅客观上否定了义务的必然性，而且也因此漠视了权利与义务之间的相互关联。不独如此，他还通过对人与动物之间的关系阐述，强调独立生命存在的绝对权利。他反对那种轻视动物生命（权利）、轻视个人权利而偏重社会或人的共同权利的做法，将前者称之为"对动物的功利主义"，将后者称之为"对人的康德主义"①。

概而言之，诺齐克的国家起源论大致由三个基本方面构成。其一，以个人权利为基础，提出以"个人权利不可侵犯"的核心命题作为考察国家形成的基本出发点和标准。其二，通过三种具体形式的保护性机制（私人性、相互性和支配性三种保护代理）的演变过程，沟通从"自然状态"到"国家状态"（"超最低限度国家"）的转变。诺齐克认为，这一转变是"以一种不侵犯任何人的权利的道德上可允许的方式，通过一种看不见的手的过程而发生的"②。也即是说，这一转变过程（1）以始终不侵犯人权来确保其道德上的合法性和容忍性；（2）基于一种客观必要的（权利保护）发展逻辑而发生发展。其三，进一步论证从"超最低限度国家"到"最低限度国家"的第二次转变，以及与此相伴的两种约束形式的解释。诺齐克认为，这一转变"在道德上是必定要发生的"。因为"单方约束"和"道德约束"的实质已经表明，国家的合法性必须以不侵犯任何一个个人的权利为准绳，所以，"超最低限度国家的操作者在道德上有责任产生最低限度

---

① R. Nozick, *Anarchy, State, and Utopia* (New York: Basic Books Inc., 1974), p. 39.

② Ibid., p. 52.

的国家"①。除上述三个方面之外，诺齐克还通过考察历史上的各种社会乌托邦理论，论证了其"最低限度国家"与乌托邦国家理想的本质不同，并在《无政府、国家和乌托邦》一书最后对前者做了如下总结性预期："最低限度国家把我们视为不可侵犯的个人，任何他人都不可用某种方式把他作为手段、工具、器具或资源而加以利用。它把我们视为有着尊严这一人格构成的拥有个人权利的人。它通过尊重我们的权利来尊重我们，它允许我们在我们力所能及的范围内——个体性地与我们所选择的人一起——去选择我们的生活，去实现我们的目的和我们关于我们自己的概念，它使我们通过我们与拥有着同样尊严的其他个人的自愿合作而得到支援。"②

不难看出，诺齐克的国家学说是以其人权学说为基础的。个人权利既是国家产生的基础——人权的保护需要是国家产生的最终根源，也是衡量国家是否合法、是否具有道德可接受性的唯一尺度。因此，"根本性的观念"是个人权利不可侵犯，个人或个人权利是唯一至上的目的，国家和社会只是纯粹的手段。如果借用康德命题的形式来表述诺齐克的这一思想，那么，命题的表述就不再是局限于人和人关系的"人是目的，而不仅仅是手段"，而应当是："个人是唯一的目的，国家是纯粹的手段"。它表现了诺齐克人权理论十足的个人至上主义和无政府主义倾向。这与19世纪俄国著名的无政府主义道德学家克鲁泡特金（P. A. Kropotkin, 1842~1921）相比，诺齐克的思想来得更为直接，因为在他的个人权利论中连个人之间的互助关系也没有任何可接受的余地。③ 对此，我们可以从他关于"补偿原则"等问题的论述中，找到更具体化的佐证。

---

① R. Nozick, *Anarchy, State, and Utopia* (New York: Basic Books Inc., 1974), p. 52.

② R. Nozick, *Anarchy, State, and Utopia* (New York: Basic Books Inc., 1974), pp. 333 – 334.

③ 参见〔俄〕克鲁泡特金《互助论》，李平沤译，商务印书馆，1984。

三　补偿原则：行动及其禁止

前已备述，人类从自然状态到国家状态的转变过程是受"看不见的手"支配的过程。这种"看不见的手"曾是 18 世纪英国自由主义经济学家亚当·斯密提出来用以解释商品经济的客观运行的重要概念，后来被许多自由主义政治思想家们用来解释社会和国家的起源或形成。诺齐克沿用这一概念，意指人类在从自然状态进入国家状态这一过程中所产生的自我权利（以财产权为核心）维护与冲突的必然事实。个人权利之间的冲突产生了权利保护的必要，正是这种必要性驱动了人类脱离非国家境况，逐步建立和完善各种保护性联合体，进而走入国家状态的漫长过程。

在这一过程中，权利冲突的存在同时产生了对权利主体（个人）的行动予以禁止或允许（赞同）、损害与补偿的客观要求。诺齐克强调个人权利不可侵犯，反对家长式的国家统治而主张"最低限度国家"模式。即令如此，也存有如何解决个人权利受到侵犯，如何解释"最低限度国家"的合法职能的问题。对此，诺齐克又提出了两个重要的原则：其一是"补偿原则"（the principle of compensation）；其二是"行为禁止原则"（the principle of prohibition）。这两个原则是"个人不可侵犯"这一核心原则的具体展开。

所谓"行为禁止原则"实际是指个人权利实施的界限，即一个人的行动在何种情况下应被禁止？在何种情况下又应被允许？按诺齐克的见解，关于行动的禁止和允许有两个基本的问题。（1）为什么任何行动随时都会遭到禁止，而不总是获得允许，假如其受害者得到了补偿的话？（2）为什么不禁止第三方触犯最初没有得到认同的所有道德界限？为什么总是允许任何一个人在没有预先获得认同的情况下去僭越另一个人的边界线？① 诺齐克以反诘的口吻提出这两个问题，是为

① R. Nozick, *Anarchy, State, and Utopia* (New York: Basic Books Inc., 1974), p. 59.

了寻求行为禁止原则的合理性基础。事实上，任何一个人的行动都意味着一种冒险。因为每个人都是一个独立者，都是一个自由的权利主体。他有权做任何事情，但同时又不得不面临冒犯另一个独立者主权的危险。诺齐克认为，冒险行动是不应该被笼统禁止的，无冒险便无所得。只要一个人的行动尚未给他人造成实际危害或恐惧，任何个人或组织就无权禁止或干涉这种行动。对某一行动的禁止只能在它已危及他人的情况下才是合法的。事实上，对于人们"僭越界限"的冒险行动都会出现三种不同的可能性：（1）即使对任何遭到触犯的人的损失已有补偿，该触犯界限的行动也会遭到禁止或应该受到惩罚，否则就得证明它没有僭越任何界限；（2）如果实际受到侵犯的人已获得相应的补偿，则这种僭越行动是可以允许的；（3）假如所有历经僭越界限之冒险的人都得到了补偿，无论他们的界限是否被证明已实际受到过僭越，该行动都是可允许的。①

在诺齐克看来，第一种可能性是不可取的，因为受到冒犯的人已得到补偿，那么，冒犯行动就不应该受到禁止，更不应受到惩罚。第二种和第三种可能是可取的，因为它们符合公正原则。值得注意的是，诺齐克所说的"补偿"包含着两种含义：一种是指对受损者的补偿；另一种是指对冒险行动者本身的补偿。他认为，实施冒险行动的人本身就付出了代价，他们经历了未冒险的人所没有经受过的痛苦和危险。

因此，诺齐克对"补偿原则"的规定是这样的："补偿原则要求：人们应该因为做了某些禁止他们做的冒险行动而得到补偿。"② 也许会有人反驳这一原则，似乎我们必须面临这样一种选择：或者你有权利禁止这些人的冒险活动，或者你没有权利禁止他们。如果你有权

① R. Nozick, *Anarchy, State, and Utopia* (New York: Basic Books Inc., 1974), pp. 75－76.
② Ibid., p. 83.

利禁止他们，则你就不必因为对他们做了你有权做的事情而需要补偿；如果你无权禁止他们，那么，与系统制定的一种因为你无权禁止而补偿人们的政策不同，你所应当做的只是停止这种补偿政策。① 诺齐克认为这种两难推理似乎过于简单。事实是，在正常的情况下，任何人都无权禁止他人做他愿意做的事情。如果你要禁止，你就得为此对被禁止者做出补偿。因为"只有在你补偿那些被禁止的人的情况下，你才有权利去禁止他们"②。

诺齐克认为，冒险或任何独立者的行动乃是一种创造性或"生产性"（productive）的活动，只要它们不危害他人利益或者只要它们补偿了受损者，它们就应该是可允许的，不应受到禁止或惩罚。而且，凡是生产性的活动最终都会给他人带来好处而不是伤害。试举一例，如果你对我不做任何事情，我也仅仅是为了让你别伤害我而付给你钱（补偿？），我实际上就一无所获。反之，如果我向你购买一种商品，或要求你给我提供一种服务，哪怕我付出了代价，我也是有所收获的，这对于我总比你什么也不做来得更为实惠。很显然，诺齐克的本意在于：鼓励人们独立创造（冒险），甚至认为那些虽然会产生伤害但却可以产生效益的冒险行动也是应该允许的。这一思想表明了他的个人权利不可侵犯的原则具有明显的极端冒险性。试想，如果按照诺齐克的这种行为原则和补偿原则而行动，势必会产生一个无法调解的矛盾：一个人如何在维护其自身行动自由和绝对权利的前提下，确保他不触犯"个人不可侵犯"的原则？在社会生活中，一个人的行动和权利绝对不可能是唯一至上的。既然每一个人都拥有神圣不可侵犯的权利和行动自由，那么，对于社会中的某一个人来说，就不可能有绝对的行动自由和无约束无义务的权利，这是确保个人权利的普遍实现

---

① R. Nozick, *Anarchy, State, and Utopia* (New York: Basic Books Inc., 1974), p. 83.

② Ibid., p. 398.

和个人行动的普遍自由所必需的前提。没有超个人的社会，同样也不可能有超社会的个人。诺齐克的错误就在于，他只是片面地强调个人一己的权利和行动自由，却没有能够解释保证个人权利和行动自由的普遍实现的社会条件。这一片面性正是由于他对社会和人们社会关系的漠视或误解所产生的必然后果。在他这里，社会只是个人的集合形式，社会的权利只是个人权利的总和，而"决不会产生任何新的权利和权力。甚至认为，任何个人的结合或在群体的层次上，也没有任何超出个人的权利或产生新的权利"①。正确的结论应当是：社会并非个人的机械总和，作为这种生活的组织形式或管理机构，国家也绝不是一个简单的保护性代理者或个人权利的托管者，而是代表所有社会成员的"普遍意志"的有机构成体。因此，不能用个人权利的总和来替代国家的权利。如果说国家没有超个人的权利这一结论是真实的，那么也只能在这样一种意义上才能成立，即国家没有超出其所有公民之普遍权利之上的特权，但却有超某一个人之上的权利或权力。否则，它就无法代表人民的"普遍意志"，而只能成为某些人甚至某一个人的权利代表，因之也只能是不正义的甚至是独裁式的国家。如果说诺齐克强调个人权利的重要性旨在克服他所谓的"家长式国家"的话，那么，由于他对个人权利的片面解释，最终只能导致一种无政府主义或绝对自由主义，而绝不会导向一种健康合理的国家解释，这一点同样是十分明显的。

四　资格理论：财产占有的三个原则

entitlement 在英语中，有"资格""责任""权利"等含义。诺齐克使用这一概念主要是指"资格"和"权利"。the entitlement theory 可译为"资格理论"或"权利理论"。为了概念上的明晰性起见，

---

① R. Nozick, *Anarchy, State, and Utopia* (New York: Basic Books Inc., 1974), pp. 89 – 91.

使 entitlement 与 rights（权利）有所区别，我们把前者译为"资格"。但在诺齐克这里，"资格"与"权利"是同一的，个人的资格也就是个人的权利。一个人对其财产占有的资格与其财产占有权是一码事。

诺齐克提出其"资格理论"的目的，主要是为了系统论证其个人权利思想，并以此作为取代罗尔斯和哈特等人的正义理论的新模式。从根本上说，资格理论仍然是为了论证个人的权利，它的焦点是关于个人财产的所有权和分配正义问题。

在诺齐克看来，围绕财产和财富分配问题而展开的种种讨论构成了西方政治哲学和政治伦理学的重要主题，而分配主义（distributism）和再分配主义（redistributism）则是 20 世纪以来西方政治哲学和伦理学的一个显著特征。社会福利主义和国有化经济倾向是这种特征在西方经济生活中的具体表现，而它在伦理学中的突出反映就是以罗尔斯、哈特等人为代表的正义理论。诺齐克指出，无论人们怎样强调分配的正义性要求，都不能背离人权至上这一西方自由主义的传统精神，都不得以损伤个人权利为代价而追求财富均等或缩小差别。的确，财富的分配存在着正义与否的问题，但分配的正义实质不是基于均等前提下的再分配，而只能是基于人权神圣不可侵犯这一原则的自由分配。因为人们对财产或财富的占有资格与其个人权利是根本一致的。

他指出，所谓分配问题也就是财产的占有问题。财产占有的正义（justice in holdings）主题包括三个基本具体的论题（topics）：第一是"财产的原始获取，即对尚未持有的物质的挪占"。它包括人们是怎样逐渐将尚未持有的东西据为己有的。与此论题相应，便存在着一种"获取的正义原则"（the principle of justice in acquis-tion）①。第二是"财产的转移"（the transfer of holdings），它包括人们应怎样从另一个

---

① R. Nozick, *Anarchy, State, and Utopia* (New York: Basic Books Inc., 1974), p. 150.

财产占有者手中获取该财产，因此涉及人们之间的自愿交换、馈赠或与之相反的欺诈、拐骗等具体"转移"方式。与这一过程相应的正义要求就是"转让的正义原则"（the principle of justice in transfer）①。第三是关于"对财产占有的不正义的校正"（the rectification of injustice in holdings），它主要关注于如何纠正财产占有上的不正义，特别是纠正因过去历史的原因所造成的既定占有状况，因而它要求我们拥有关于不正义事实的充分的历史性信息和准确的判断估价，并使用合理的校正原则，即"校正的正义原则"（the principle of justice in rectification）②。

分配正义主题的三个具体论题与三个具体的正义原则相对应，而前两个论题或原则更为基本，在某种意义上，它们规定了第三个论题和第三个具体原则。诺齐克认为，关于财产占有的正义原则，又可以概括为三种具体规定：（1）一个按照获取正义原则而获得某种财产的人有资格占有该物；（2）一个按照转让原则而从另一个有资格占有该物的人那里获取该物的人有资格占有该物；（3）除了通过反复运用规定（1）和规定（2）之外，任何人都没有资格占有该物。③ 总之，"财产占有的正义理论之一般纲要是：如果一个人按照获取正义原则和转让正义原则或按照不正义之校正原则（由前两个原则指定）而有资格占有这些财产，则他的财产占有就是正义的。如果每一个人的财产占有都是正义的，那么整个占有趋势（set）（分配）便是正义的。要将这些一般的纲要变成特殊的理论，我们就必须对财产的三条正义原则的每一条作具体详细的规定，这三条原则是：财产占有的获取原则、转让原则和对侵犯前两条原则的校正原则"④。

与财产占有之正义主题直接相关的是财产分配的正义问题。诺齐

---

① R. Nozick, *Anarchy, State, and Utopia* (New York: Basic Books Inc., 1974), p. 150.
② Ibid., p. 152.
③ Ibid., p. 151.
④ Ibid., p. 153.

克指出，一种完善合理的分配正义原则只能是这样的："如果每一个人都有资格占有他在分配条件下所拥有的财产，则该分配就是正义的。"① 也就是说，如果一种财产或财富的分配符合每个人的资格占有（权利）原则，则它就是正义的。由此看来，分配的正义首先得依据于财产占有的正义，正如财产的分配首先必须依赖于财产的生产和创造一样。在诺齐克看来，分配的正义集中表现在分配的手段或方式上，这种手段和方式直接由转让正义原则所指定，而任何最初的"转移"又是由获取原则所指定的。他如是说："如果一种分配通过合法的手段从另一种正义分配中产生，则该分配就是正义的。从一种分配到另一种分配的转移之合法手段是由转让的正义原则指定的。而合法的最初'转移'（moves）则是由获取的正义原则指定的。任何从正义境况中通过正义的步骤而产生的东西本身就是正义的。由转让的正义原则所指定的交换手段保持着正义。正如正确的推理规则仍保持着真理性，而通过反复运用这种规则从唯一真实的前提中所推演出来的任何结论本身就是真实的一样，由转让之正义原则所指定的从一种境况到另一种境况的转变手段也保持着正义性，而任何按照这一原则从一种正义境况中转变为实际源自重复性的转变之境况本身就是正义的。"②

由财产占有的三个论题和三个正义原则以及与之直接相关的分配正义观所共同构成的理论系统，就是诺齐克的"资格理论"或"权利理论"。从这一框架中，我们可以发现这样几个特点：首先，它是诺齐克个人权利理论的直接展开，这种展开既是政治的，也是道德的。它以其对财产占有和分配的原则性规定，使诺齐克的个人权利原则进一步演化为社会行为和境况的原则规定，又通过这种原则规定提

① R. Nozick, *Anarchy, State, and Utopia* (New York: Basic Books Inc., 1974), p. 151.
② Ibid., p. 151.

出关于社会行为和境况的正义价值标准，从而使其资格理论或权利理论具有社会政治和社会伦理的双重价值旨意。其次，它全部构筑的基石仍然是个人权利不可侵犯的原则。个人占有财产的资格即是个人的权利和实施这种权利的唯一根据，任何资格的享有同时也就是个人权利的合法实现。再次，资格理论的原则系统是以财产占有之正义为第一原则的，这反映出诺齐克政治哲学和伦理学鲜明的"实利主义"（materialism）倾向。与罗尔斯以平等自由为第一优先原则的正义论原则系统相比，它更实际些、具体些，因之也更狭义些（从下面将要论述的有关诺齐克对罗尔斯正义论批判中可以更进一步地看到这一点）。最后，诺齐克的资格理论是直接针对罗尔斯的正义理论而提出的，因而，它的首要目的就是为系统检讨和反驳罗尔斯正义理论的基本观点奠定理论基础。

五　两种原则：罗尔斯正义论批判

诺齐克明确地说："资格理论的一般纲要使我们明白了其他分配正义概念的本性和缺陷。分配正义的资格理论是历史的，一种分配是否正义依赖于它如何产生。相反，现时代流行一时（current time-slice）的正义却坚持认为，一种分配的正义取决于物质如何分配（谁拥有什么），而这种分配又是按某些正义分配的结构性原则（structural principles）来判断的。一位功利论者通过看两种分配中何者具有较大的功利总量而在两者之间做出判断，而且如果总量固定，他便运用某些固定性质的标准来选择较为平等的分配，这位功利论者会主张一种现时代流行一时的正义原则。……而这样的正义原则的结果恰恰是，任何两种在结构上同一的分配同样都是正义的。"[1] 诺齐克所指的现行正义原则显然就是罗尔斯的正义论，特别是他关于分配正

---

[1]　R. Nozick, *Anarchy, State, and Utopia* (New York: Basic Books Inc., 1974), pp. 153－154.

义的原则理论。因为罗尔斯的基本主张是，"社会基本结构"（制度）的正义性质是保证分配正义的社会前提。在诺齐克看来，他的资格理论与罗尔斯的正义论是根本不同甚至是相反的。两者的根本不同在于：前者是"历史性的"，"它依赖于实际发生的情况"；而后者则是"非历史性的"，只指向一种"目的－结果"（end-result）或"目的—状态"（end-state）。所以，他又把两者区分为"历史的正义原则"（the historical principles of justice）和"非历史的正义原则"（the unhistorical principles of justice）或"模式化的正义原则"（the patterned principles of justice）。

"历史的正义原则主张，人们过去的环境或行动能够创造出对物质的各种不同的资格或对物质的各种不同的应得（deserts）。而一种不正义则可能通过从一种分配向另一种结构上与之同一的分配的转移而产生出来，因为第二种分配在同样的侧面也可能侵犯人们的资格或应得，它可能不适合于实际的历史。"① 可见，诺齐克的观点与罗尔斯的观点恰恰相反，基于"结构同一"前提下的分配（转移）非但不能保证分配的正义性，反倒是产生不正义分配的根源。所以仅仅基于社会基本结构（制度）而进行的分配并不能保证参与分配的个人之权利免受侵犯。

在集中批判罗尔斯的正义论之前，诺齐克还针对当代几种有代表性的理论进行了综合性分析，他把这些理论统括为"准历史性的原则"。实质上仍是一种模式化原则。具体包括三种观点：第一是根据道德优点来考虑分配。"这种原则要求，总体的分配份额要直接依道德优点而改变，任何人都不应该拥有大于那些道德优点较为显著的人的份额"② 。罗尔斯也曾经批评过"以道德应得"作为分配正义标准

① R. Nozick, *Anarchy, State, and Utopia* (New York: Basic Books Inc., 1974), p. 155.

② R. Nozick, *Anarchy, State, and Utopia* (New York: Basic Books Inc., 1974), p. 156.

的做法。在这一点上，诺齐克与罗尔斯之间并无分歧。第二是按"对社会的有用性"原则来分配。这即是社会功利主义的分配原则。诺齐克认为，这实际是把社会凌驾于个人之上，把社会当作绝对权利的主体，而个人则只是其工具。因之，这一原则违背了"个人权利不可侵犯"的基本原则。第三是综合前两者，"按道德优点、对社会的有用性和需要之总量的权衡来分配"①。诺齐克说，这是一种典型的"模式化分配原则"。如果前两种观点不能成立，那么它们的任何形式的综合也同样不能成立。此外，诺齐克还批评了哈耶克（F. A. Hayek）的价值分配原则。哈耶克认为，在自由社会里，应"按照一个人对他人的行动和对他人的服务之可见价值来分配"。这一主张虽然否认了上述种种模式化分配原则，但却又提出了另一种模式，即"按已给予他人的可见利益来分配"。无疑，这一模式同样不符合诺齐克的个人权利不可侵犯的原则，具有某种功利主义的色彩。

总而言之，在诺齐克来看，无论是按道德优点、对社会的有用性或需要，还是按边际生产效应、价值给予进行分配，都是模式化的或非历史的分配正义原则。它们的一个共同错误，是把分配原则简化为"按每个人的……来分配"这样一种格式填空，因而"把生产和分配当作两个相互分离和相互独立的问题来处理"。与之相反，历史的资格理论或分配正义原则却把两者视为同一个问题的两个方面，它的主张是："按每一个人选择去做的而获取，按每一个人为自己所创造的而分配（也许可以通过契约来支援他人），而他选择为他而做的和选择给予他的，便是他们以前已被给予的（在这一格言中），然则却没有花费或转让……将其概而略之就是……'各人取其所选择者，分其所被选择者'（From each as they choose, to each as they are chosen）"②。生

---

① R. Nozick, *Anarchy, State, and Utopia* (New York: Basic Books Inc., 1974), p. 156.
② Ibid., p. 160.

产和分配的本质都是个人权利，不同的只是生产表征着个人权利的创造和获取，而分配则意味着个人权利的转让或出卖。事实证明，无论是创造还是转让都是权利主体（个人）的事情，都是他自由选择和决定的结果，任何他人或组织都无权干预。一个正常的人可以为获得更大的利益而出卖部分权利，也可以因其慷慨大方而转让（馈赠或援助）部分权利给他人或社会。但任何人都不会不顾自己的基本要求而全部出卖其基本权利，成为他人的奴隶。在自由的社会里，这最多也只是一种罕见的偶然。换言之，个人权利的转让或利益的分配都必须基于个人的自愿选择，在不断实现人的权利的历史过程中，分配将是不断变化着的，但谁在此过程中能够更充分地实现自己的权利，谁就有资格占有更大的利益，这是历史变化过程中的一条客观规律，任何个人或国家都不会违反之。

为证明这一点，诺齐克做了一个实例分析。试设想，美国著名篮球运动员张伯伦（Wilt Chamberlain）在一个平均主义的国家里表演球技，他与有关组织部门达成协议：门票收入的 25% 归他所有。这样，由于他的名声和球技颇具吸引力，一年里就有上百万人观看比赛，若每张门票售价为 1 美元，则他的年收入就可达 25 万美元，这一数字显然大大超过该国家的人均收入。张伯伦的所得是否正义呢？他与其他人之间的不平等分配是否合理呢？诺齐克认为，回答无疑是肯定的。因为张伯伦与观众之间的财富分配（转让）是自愿的。一方愿打，一方愿看。且它反映出张伯伦本身有超人的球技，能更充分地实现其个人权利，他应该有更多的获取，任何人或组织都无权干预。政府固然可能对张伯伦的高收入征税，但却不能以不合理的重税来压减他的收入，使之与其他社会成员的收入持平，否则，他就不会再去表演，观众也就因此失去了一项欣赏和娱乐的权利。这一例子在道德上说明："任何正义的目的状态原则或正义的分配之模式化原则都不可能在不干涉人们生活的情况下被持续地实施。"① 反过来说，任何分配的模式化原则或非历史的目的状态原则都必定会干涉和侵犯个人的权利，因而是不合理的。

总之，模式化的或非历史的分配原则与资格理论的历史性分配原则的分野集中表现在对待个人权利的态度上。由于前者偏重于社会分配总量的平衡、偏重于最终的结果、偏重于物质利益的再分配，因而，它所关注的只是如何分配，而不是分配物如何产生或从何而来的历史原因；只是如何接受分配的方式，而不是如何给予的方式；只是再分配之于公平的社会需要，而不是再分配所必须保持的原则前提。一言以蔽之，它只关注权利的社会前提和这种分配的社会形式（结构），而不关注权利的获得和拥有的个人资格。在诺齐克看来，这些片面性是一般非历史的或模式化的分配原则理论的共同错误，更是罗尔斯正义理论的重大缺陷。

首先，罗尔斯的正义论基础是非历史的，因而他的解释"不能产生一种分配正义的资格概念或历史性概念"②。在罗尔斯那里，正义原则的产生首先是以"原初状况"的假设为前提的。他认为，"原初状况"下的人们会选择遵循一种"最低的最大限度原则"。可是，（1）这一设想本身并无根据。"为什么原始状况下的个人会选择一种集中于群体而不是集中于个体的原则？"③ 对此，罗尔斯没有解释。在诺齐克看来，人们最初选择的更应该是自我权利的实现和保护。（2）罗尔斯的这一设想意在证明原始状况下人们理性地选择平等分配或最低限度的最大可能原则的必然性，但事实上这是不可能的。试设想，有一个班的学生面临期终考试，他们都面临着获得从零分到一百分的不同成绩的多种可能性。在此情形下可能会出现两种情况：一是如果他们

---

① R. Nozick, *Anarchy, State, and Utopia* (New York: Basic Books Inc., 1974), p. 163.

② Ibid., p. 202.

③ Ibid., p. 190.

已知全班成绩的总分，他们选择应让每个人都得到总分的平均分数。二是若他们不知道总分，他们可以同意使最低成绩达到尽可能高的分数，以缩小相互间分数的差异。按罗尔斯的逻辑分析，在前一情况下，他们会对谁有获得最高分的资格这一点产生争议，而避免争议的唯一办法只能是大家都得平均分。后一种情况会更为复杂，因为它不仅涉及内部争议，而且也涉及该班级与其他班级的竞争。这两种情况都反映了所谓原初状况下人们理性选择的一般特点：只把利益的获得当作分配的结果，而不把它当作一个取得资格的过程。真理在于：谁要得高分，都应取决于他的能力和勤奋学习的程度。孩子们的天赋不同，努力的程度不同，所得的分数就自然不同。而每个人的实际所得都与其取得获取资格的过程相吻合。因而，合理的原则不是去调节最终利益之结果应如何分配，而是去弄清楚谁有什么样的资格就应获得什么样的分配份额。所以，在罗尔斯假设的状况下所选择的原则只是"目的状态的"、最终的，而不是具体的、历史的。

其次，诺齐克批评罗尔斯的正义论只关注"社会基本结构"、"宏观制度"或"宏观原则"（macro-principle）和"整体"，而忽略"社会的部分"、"微观境况"（micro-situation）或"微观原则"（micro-principle）和"个人"①。这一理论倾向，不仅使罗尔斯的正义论流于抽象而无法说明各种历史性现象的复杂性，而且使他更偏向于从社会宏观的视角来审视财富的分配、个人关系和社会共同善或总体善，强调社会的结构和形式，忽视个人的权利和实际生活。在政治上偏向国家和政府的结构、运行及其稳定，经济上亲近福利主义经济学所主张的再分配理论，甚至带有平均主义（egalitarianism/equalitarianism）的倾向；而在道德上则偏向康德主义的原则，轻视个人权利的神圣

---

① R. Nozick, *Anarchy, State, and Utopia* (New York: Basic Books Inc., 1974), pp. 204 – 205.

价值。

最后，诺齐克特别集中地批评了罗尔斯的分配正义理论，尤其是罗尔斯关于分配中"自然的和社会的偶然因素"的分析。罗尔斯认为，即令是公平正义的分配原则，也难以避免自然和社会偶然因素（如天赋、才能、家庭出身、教育状况和社会地位的获得等）的影响。从道德的观点来看，这些偶然因素具有任意性特征，不能根除，只能通过后天的正义安排和增加处于不利地位的人接受教育的机会等方式来逐步减轻。对此，诺齐克大不以为然。他根据其资格理论针锋相对地指出以下两点。第一，人们的天赋才能不同是不可更改的事实，而人们运用其才能去创造财富，是一个将其生产能力付诸自然资源的逐步获取过程。贡献大者有资格获得较多财富，多劳多得，天经地义。符合资格理论中"获取之正义"这一首要原则。第二，如果最初的财产获取是合法的，那么，分配也只能按转让正义原则进行，只能建立在人们自愿交换、合法转移（如通过契约、馈赠或援助等方式）的基础之上。只要这种转让的过程是合法的，即使是财产过于集中或可能为少数人所占有，也无可厚非。因此，分配的正义不是体现在人为的强制性平等或平均化结果之上，而是体现在分配过程的合法性上。

对此，诺齐克还将罗尔斯的有关论点概括为"肯定性论证"，并逐一地分解为四种逻辑推理，针锋相对地提出了他的"否定性论证"程序。现摘引如次：

肯定性论证［罗尔斯的论证］

论证 A：

1. 任何人都应该在道德上应得他所拥有的财产，而不应该是个人拥有他们不应得的财产。

2. 人们在道德上不应得他们的自然资产（natural assets）。

3. 如果一个人的 X 不公平地决定着他的 Y，而他的 X 又不是应得的，则他的 Y 也是不应得的。

因此：

4. 人们的财产不应该由他们的自然资产来不公平地决定。

论证 B：

1. 应该按照某种从道德观来看不是任意性的模式来分配财产。

2. 从一种道德观来看，人们拥有不同的天赋是任意性的。

因此：

3. 不应当按照自然资产来分配财产。

论证 C：

1. 应当按照某种从道德观来看不是任意性的模式来分配财产。

2. 从一种道德观来看，人们拥有不同的天赋是任意性的。

3. 如果关于为什么一种包含着财产差异的模式的解释之一部分就是产生这些财产差异的其他人格差异，且如若从道德观来看这些差异是任意性的，则，从道德观来看，这种模式也是任意性的。

因此：

4. 天赋资产的差异不应该产生个人间财产的差异。

论证 D：

1. 财产应当平等，除非存在一种（有分量的）关于它们应当不平等的道德理由。

2. 人们在这样一些方面，即他们因之而在天赋资产上不同于其他人的那些方面，不应得什么，但不存在关于为什么人们应当在天赋资产上相互不同的道德理由。

3. 如果不存在任何关于为什么人们在某些特征上相互不同的道德理由，那么，他们在这些特征上的实际不同就没有也不能产生一种关于为什么他们应该在其他特性（例如，财产占有）上互不相同的道德理由。

因此：

4. 人们在天赋资产上的差异不是关于为什么财产应当不平等的一个理由。

5. 人们的财产应当平等，除非存在关于为什么他们的财产应当不平等的某种其他道德理由（例如，诸如提高那些不利者的地位一类）。①

否定性论证〔对罗尔斯的反论证〕

反论证 E：

1. 人们应该得他们的自然资产。

2. 如果人们应该得到 X，他们就应该得到从 X 中产生出来的任何 y。

3. 人们的财产由他们的天赋资产产生而来。

因此：

4. 人们应该得到他们的财产。

5. 如果人们应该得到某种东西，那么他们就应当拥有它（而这一点是压倒任何可能有关该物的平等假设的）。

反论证 F：

1. 如果人们拥有 X，而他们对 X 的拥有（无论他们是否应该拥有它）并不侵犯任何其他人的 X 的（洛克式）权利或资格，且 Y 是通过一种本身并不侵犯任何人的（洛克式）权利或资格的过程而从 X 中产生的（或由 X 所产生的，等等），则该个人就有对于 Y 的资格。

2. 人们对他们具备的自然资产的拥有，并不侵犯任何其他人的（洛克式）资格或权利。

反论证 G：

1. 人们对他们的自然资产有资格拥有。

2. 如果人们对某物有资格拥有，他们便对任何由该物而产生出来

---

① R. Nozick, *Anarchy, State, and Utopia* (New York: Basic Books Inc., 1974), pp. 216 – 222.

的东西（通过特别指定的过程类型）拥有资格。

3. 人们的财产是由他们的自然资产产生的。

因此：

4. 人们对他们的财产有资格拥有。

5. 如果人们对某物有资格，则他们应当拥有它（且这一点压倒任何可能存在的关于财产的平等假设）。①

从上述详尽的逻辑论证与反论证中，诺齐克通过对财产占有的反复推理，鲜明地陈述了他的资格理论与罗尔斯的正义理论在分配正义原则这一基本问题上的尖锐对立，我们可以将这种对立简述为：社会道德的与个人道德的、强调社会必然和合理性的与强调个人天赋资格神圣性的、社会公平的与人人权利的、具有平等倾向的和确认不平等之合法性的、公平平等的自由主义与天赋人权的自由主义的对立。而从这些对立中，我们不仅可以看出诺齐克资格理论的基本特征和根本立场，而且也为我们全面评价其整个政治道德理论提供了一个比较性框架。

第四节　正义与人权：两种模式的比较

罗尔斯的正义论和诺齐克的资格论或权利论被称为当代美国政治哲学中"并驾齐驱的两种模式"②。这一见解同样适用于两者的伦理学。虽然他们都是当代美国政治伦理学阵营的主要代表人物，但由于他们政治哲学的基点和方法互有差异，其所面临并关注的具体时代背景各有不同，也使各自的政治伦理学具有明显不同的风格。笔者把它

---

① R. Nozick, *Anarchy, State, and Utopia* (New York: Basic Books Inc., 1974), pp. 224 – 226.

② 赵敦华：《劳斯的〈正义论〉解说》，三联书店（香港）有限公司，1988，第160页。

们分别称为正义—秩序的模式和人权—自由的模式。

这两种模式代表着当代美国乃至西方政治伦理学发展前沿的两种典型。因此，对两者做一番哪怕是初步的比较分析，将不仅加深我们对其伦理思想的认识，更准确、更全面地把握他们相互交错又相互区别的复杂特点，而且也可以使我们由此达到对当代美国和西方政治伦理学发展之最新动态的前沿了解，并为我们在一定程度上较为准确地预期整个西方伦理学的最新发展趋向提供一个有价值的视点。

客观地说，罗尔斯和诺齐克是同一领域里的理论盟友，他们的哲学和伦理学享有相同的学术传统、主题和目标。首先，两者都是新契约论者，其理论都源自 17～18 世纪近代西方的古典政治哲学传统，甚至可以说，洛克和卢梭是他们共同的老师。有所不同的是，罗尔斯的思想还受惠于康德良多，因而更具综合性和理性主义色彩。其次，两者都是以传统的"自然状态"学说为理论入口而切进政治哲学和政治伦理领域的，不同在于各自对这一学说的理解和从中引出的结论。罗尔斯通过对自然状态的理想设置，创立了"原初状况"理论，以此作为其正义原则确立的前提。而诺齐克则由此推出了自己关于各种"保护性联合体"的假设，并以此作为人类由自由状态进入国家状态的中介桥梁，从而为其权利理论准备了必要的逻辑论证前提。再次，两者都是正义论者，诺齐克把自己的"资格理论"称之为"新正义论"，表明了对正义这一政治哲学和政治伦理学主题的高度关注。事实上，无论是罗尔斯对正义原则的直接阐释，还是诺尔克对个人权利或资格的辩护，都有一个共同的目标，即通过不同的方式寻求对人类社会生活的正义性和合法性解释。不同的是，罗尔斯对正义的理解更偏重于社会基本结构（制度）和权利（利益）分配的宏观机制，而诺齐克对正义的理解更注重个人基本权利的拥有资格和这种资格的维护。复次，两者都是典型的人权论者。罗尔斯首先认定了个人权利不可侵犯这一古老原则，并坚持个人的自由平等原则之于差异原则的优先地位，这一点与诺齐克的基本立场并无区别。两者的分歧只在于，罗尔斯更关心社会权利的公正分配和这种社会分配制度的正义合理性，而诺齐克的权利论则完全是个人主义的，他所关心的只是个人权利的保护和充分实现，而不是这种保护和实现的社会条件或环境。最后，两者都是西方自由主义价值精神的忠实信奉者。罗尔斯把其正义原则的最终理论基础归诸近代西方"自由、平等、博爱"这一传统的核心价值观，主张人的自由、平等和尊严是"最基本的善"或"最主要的善"，以此表明自己的政治哲学和政治伦理学的最高价值理想。而诺齐克则更明确地自诩为"自由主义者"，把个人的绝对自由权利作为最高的政治价值和道德价值，同样表达了对自由主义精神的执着。但罗尔斯的自由观是与其社会平等观和正义观联系在一起的，这使他在强调个人自由权利的同时，也注意到了人与人之间的平等和社会秩序的公正，看到了权利与义务、自由与限制的相互性关系，因而他并不主张个人的绝对自由，甚至明确指出了自由的相对性局限，而诺齐克的自由观却与其人权理论一样是绝对个人主义的，自由与人权在他那里都是绝对唯一的，这一点导致了他政治哲学的无政府主义倾向。所谓"最低限度国家"理论正是他轻视社会或国家的客观制约作用，抬高个人自由的理论产物。

总之，罗尔斯与诺齐克的政治道德哲学在根本上是同一主题和同一本质的两种理论模式，共同的传统和共同的主题使他们的理论有着许多基本一致的地方。然而，他们的理论毕竟是两种不同的模式、不同的理论旨趣、不同的方法、不同的历史背景和不同的理论结论，又导致了他们思想的巨大差异，有时甚至是互不相容的。在我们探究其相似性的同时，已经提示出这些差异或分歧方面。现在，让我们进一步分析一下这些差异在伦理学上的具体表现。

首先，两者的政治伦理学表现出殊为不同的风格或特征：罗尔斯的正义论是一种社会协调型的正义伦理，它所追求的是如何安排和调节社会权利（利益）或义务，使之达到公正合理，从而为社会寻找到一个稳固的政治与道德基础。而诺齐克的人权论伦理则是人际竞争型的，它不关心权利的社会分配结果（所谓"目的状态"或"最终状态"），只关心个人权利的产生、获取和维护（所谓"历史的"状态）；不关心社会秩序的稳定和协调，只关心如何使人们所处的社会保持个人自由竞争的活力；不关心如何调节人们之间的各种利益关系和增进社会普遍善或总体善的合理增长，只关心如何维护个人权利或利益的安全和最大限度地实现。因此，罗尔斯的正义论具有明显的社会倾向和民主性质，而诺齐克的人权论却更偏重于个人本位和无政府的自由主义。在理论上，前者显示出较为缓和、耐心和谨慎的学术风格，而后者则流露出较为激进、急躁和武断的极端情绪。

其次，罗尔斯的正义论比较富于社会道德感和整体观，因而也更强调社会行为（政府或执法机构、立法程序及其实施等）的正义规范，而诺齐克的人权论则更富于个人价值感和自我实现感，因之尤其强调个人行动（占有、获取、转让、选择、创造性或生产性等）的自由权利。如前所述，罗尔斯所提出和思考的正义问题首先且主要是社会的。"正义是社会各种制度的首要美德，如同真理是思想体系中的首要美德一样。"① 因此，他把社会基本结构置于其正义理论的基础性位置，使其政治伦理具有一种社会宏观伦理的特征。同时，罗尔斯虽然站在一种社会伦理的角度强调正义原则对社会公民的道德要求，比较倾向于建立一种正义义务论伦理，但他不走极端，尽力调和义务论与目的论或正义论与善论之间的矛盾，试图以两种善理论（即所谓善的"弱理论"和"强理论"）的相通与联系来说明两者的一致性。因此，他的政治伦理既是社会的，整体观的，又是个人价值目的的。反观诺齐克的人权论，在根本上只是一种纯个人的自由价值观。他反对以社会宏观来掩盖个体

---

① J. Rawls, *A Theory of Justice* (Mass.: Harvard University Press, 1971), p. 1.

微观，反对罗尔斯用"差异原则"作为正义分配的准则之一，认为它不可避免地会侵犯个人的神圣权利，甚至认为，社会仅仅是个人目的实现的外在条件，其重要性不应优于个人自由。因此，罗尔斯的伦理观在很大程度上是整体主义的（相比较而言），而诺齐克的伦理观是纯个人主义的，这是两者在理论结构上的重大分歧之一。

最后，由于两者在整个政治哲学和伦理学确定的出发点和结论大相径庭，导致他们在社会政治理想上迥然有别。罗尔斯追求的是一种建立在正义的社会基本结构之上的"秩序良好的社会"，它不仅能充分体现个人的平等自由，而且也能使每一个社会成员树立自觉的义务观（在罗尔斯这里，权利与义务是统一不可分割的，而在诺齐克那里则是多讲权利少谈义务）；不仅能保持社会权利和义务的正义合理分配，而且也使每一个人建立自觉的"自尊"感和正义感。正义或正当与善或价值、客观性与自律性、权利与义务、社会秩序与个人自由都达到了（至少是在其理论框架内）统一和"对称"。相反，诺齐克所追求的社会是在其理论一种仅限于保护个人自由权利的充分实现和绝对安全的"最低限度国家"，它只是个人权利和财产的"看守者"、"守夜者"，能给个人以充分的自由和选择创造余地，而不干预个人"做他愿意做的一切"。它不似"乌托邦"，却又胜似"乌托邦"，因为它既适应了个人要求保护其自由和权利的需要，又不是一种抽象原则的臆想。显见，诺齐克的"最低限度国家"的社会理想，无异于一种现代无政府主义。它与传统无政府主义（如卢梭、18 世纪空想社会主义者、19 世纪的克鲁泡特金等）的不同，在于它并不把这种社会理想视为一种没有剥削的绝对平等的国家模式，而是相反地把不平等视为天经地义的社会事实，"最低限度国家"甚至不能也不必去管这种不平等的现实，而只须履行其保护个人权利和自由的职能。从这一点上说，诺齐克的无政府主义并不是传统的、道义理想上的，而是现代垄断政治的或贵族等级式的。

做出上述这些判断并不意味着我们完全肯定罗尔斯的正义论或否定诺齐克的正义论。我们的目的不是在这两种政治伦理模式之间进行两者择一或非此即彼的抉择，而是就这两者的实际比较而论。事实上，无论是罗尔斯的正义论，还是诺齐克的人权论，都只是一种在特殊历史条件下产生的理论范式，各自反映了不尽相同的社会历史状况。罗尔斯的《正义论》发表于 20 世纪 70 年代伊始，但它是罗尔斯 20 余年研究的成果，反映的是西方和美国 20 世纪 60 年代社会政治经济和文化的实际。20 世纪 60 年代的美国正处于现代资本主义发展的困难阶段，政治上面临着此起彼伏的"民权运动""黑人解放运动"和"反越战争"潮流的重重冲击，经济上也危机四伏。在欧洲大陆，"左派学生运动"和各种抗议游行活动来势汹汹，欧美资本主义制度经受着第二次世界大战后最剧烈的激荡和不安。为了缓和这些社会矛盾，确保社会秩序的稳定，西欧许多国家先后开始吸收北欧乃至东欧一些社会主义国家的某些经验，推行福利经济政策，采取了许多仿效社会主义的措施，实行私人企业国营化、高累进税制、社会医疗、保险和教育，以及增加社会救济慈善事业等，一定程度上缩小了自由垄断资本主义时代所产生的贫富差距。政治上也开始强化各种社会机制，突出稳定和秩序的重要性，进行各种形式的民主改革。这一社会现实已大大超出了传统资本主义政治哲学和道德理论的框架，需要有新的理论论证和指导，罗尔斯正是以其敏锐的社会洞察力把握了这一时代主题。他提出正义论的现实目的，就是要总结西方自由民主政治和功利主义道德理论的经验教训，重新构筑一种新的价值观念系统，以论证西方民主制度的正义性和福利经济的合理性，并从哲学和伦理价值的高度为其寻找根据、探索方法、指明前景，在客观上促进社会的安定并建立新的秩序。

但是，进入 20 世纪 70 年代后，西方社会的活力得到一定的恢复，社会政治和文化转入相对稳定发展。越战后，美国国内经济开始转入平衡发展。在这种情况下，西方的一些经济学家（如弗里德曼）又开始鼓吹减少国家干预的自由放任主义经济政策。一些政治上的保守势力重新得势。福利经济在美国受到批评和削弱，对社会秩序和稳定的主张受到为个人自由竞争权利的辩护的挑战。这一社会状况的转变，就是诺齐克人权理论得以形成并引起强烈反响的"大气候"。因此，诺齐克的人权论对罗尔斯的正义论所提出的挑战，与其说是一种学术之争，不如说是西方社会形势发生新转折的一种理论反射。所以，我们同意一些研究者对这两位思想家及其理论的比较结论，他们认为，罗尔斯是一位"社会慈善家"，而诺齐克则是一位"冷酷精悍的商人"。"就理论本身"而言，罗尔斯的理论适用于西欧式的福利型资本主义，诺齐克的理论适用于美国式的竞争型资本主义。两人都同属于自由主义阵营，但罗尔斯鼓吹的是"福利资本主义"，诺齐克则主张"天赋自由主义"①。

罗尔斯的正义论和诺齐克的人权论代表了20世纪70年代以来欧美政治哲学和政治伦理学发展的基本格局和趋势，在一定程度上也代表着当代西方政治伦理学发展的方向。可以预言，正像罗尔斯和诺齐克的理论各自反映着不同的时代需要并在传统改造的基础上创立了新的模式一样，他们的理论模式也不可能是一劳永逸的，随着西方社会行进的历程不断推移，还将会有新的理论模式产生，更会有新的传统突破。同样，它们也不可能是普遍适用的。我们必须一方面科学地研究它们，以求正确的评价，并在理性批判的基础上吸收其合理成分，另一方面要更自觉地反映社会现实生活的需要，创立适合于中国国情的科学的政治道德理论，这才是我们的研究所要达到的目的。

---

① 赵敦华：《劳斯的〈正义论〉解说》，三联书店（香港）有限公司，1988，第173页。

参考文献

一 一般文献

(1) 总论

Vernon J. Bourke, *History of Ethics*, New York, 1968.（V. J. 布尔克:《伦理学史》）

Crane Brinton, *A History of Western Morals*, London, 1959.（C. 布林顿:《西方道德史》）

G. J. Warnock, *Contemporary Moral Philosophy*, New York, 1967.（G. J·瓦尔诺克:《现代道德哲学》）

Marry Warnock, *Ethics Since 1900*, Oxford University Press, 1978.（M. 瓦尔诺克:《1900 年以来的伦理学》）

Roger N. Hancock, *Twentieth Century Ethics*, Columbia University Press, 1974.（R. N. 汉科克:《二十世纪伦理学》）

Alasdair Macintyre, *A Short History of Ethics*, London, 1967.（A·麦金太尔:《伦理学简史》）

C. D. Broad, *Five Types of Ethical Theory*, New York, 1930.（C. D.

布洛德：《伦理学理论的五种类型》，有商务中译本）

T. E. Hill, *Contemporary Ethical Theories*, New York, 1950. （T. E. 希尔：《当代道德理论种种》）

C. E. M. Joad, *A Guide to the Philosophy of Morals and Politics*, New York, 1938. （C. E. M. 乔德：《道德哲学与政治哲学指南》）

Henry Sidgwick, *Outlines of the History of Ethics*, London, 1892. （H. 西季威克：《伦理学史纲》）

Vergilius Ferm, *Encyclopedia of Morals*, New York, 1969. （V. 弗尔姆：《道德百科全书》）

Luther Binkley, *Contemporary Ethical Theories*, New York, 1961. （L. J. 宾克莱：《当代伦理学理论》）

Luther Binkley, *Conflict of Ideals*, New York, 1969. （L. J. 宾克莱：《理想的冲突》，有商务中译本）

〔美〕M. 怀特著《分析的时代》，商务印书馆，1981。

〔苏〕K. A. 施瓦茨曼著《现代资产阶级伦理学》，上海译文出版社，1986。

〔德〕施太格缪勒著《当代哲学主流》 （上卷），商务印书馆，1986。

贺麟著《现代西方哲学讲演集》，上海人民出版社，1984。

刘放桐等编著《现代西方哲学》，人民出版社，1981。

侯鸿勋、郑涌编《西方著名哲学家评传》，第七卷，山东人民出版社，1985。

侯鸿勋、郑涌编《西方著名哲学家评传》，第八卷，山东人民出版社，1985。

杜任之主编《现代西方著名哲学家述评》，生活·读书·新知三联书店，1980。

《现代西方著名哲学家述评》（续集），生活·读书·新知三联书店，1983。

周辅成主编《西方著名伦理学家评传》，上海人民出版社，1987。

章海山著《西方伦理思想史》，辽宁人民出版社，1984。

石毓彬、杨远著《二十世纪西方伦理学》，湖北人民出版社，1986。

（2）综合史料

Wilfrid Sellars and John Hospers, *Readings in Ethical Theory*, Prentice-Hall, Inc, 1970.（W. 塞拉斯、J. 霍斯皮尔斯编《伦理学理论读本》）

A. J. Ayer, *Logical Positivism*, 1959.（A. J. 艾耶尔编《逻辑实证主义》）

C. E. M. Joad（ed.）, *Classics in Philosophy and Ethics——A Course of Selected Reading by Authorities*, Washington, New York：Kennikat Press, 1960.（《哲学伦理学经典——权威选读教程》）

James A. Gould, *Classic Philosophical Questions*, Part Fourth.（J. A. 哥尔德编《经典哲学问题》）

Walter Kaufmann, *Existentialism from Dostoevsky to Sartre*, The New American Library, 1975.（W. 考夫曼编《存在主义——从陀斯妥也夫斯基到萨特》）

Ralph R Winn, *A Concise Dictionary of Existentialism*.（R. B. 温编《简明存在主义辞典》）

A. I. Melden, *Ethical Theories*, New York：The Philosophical Library Inc., 1960. 2nd ed., 1950.（A. I. 麦尔登：《伦理学理论种种》）

周辅成主编《西方伦理学名著选辑》下卷，商务印书馆，1987。

洪谦主编《西方现代资产阶级哲学论著选辑》，商务印书馆，1982。

洪谦主编《逻辑经验主义》上下卷，商务印书馆，1984。

二　基本文献

叔本华（Schopenhauer, Arthur）

《作为意志和表象的世界》，（商务印书馆，中译本）

《伦理学的两个基本问题》（包括《论人的意志自由》《道德的基础》）（*Two Basical Questions in Ethics*）

《论人生》（*On Human Nature*）

《生活的智慧》（*The Wisdom of Life*）

尼采（Nietzsche, Friedrich Wilhelm）

《悲剧的诞生》（*Die Geburt der Tragödie*，有多种中译本）

《不合时宜的看法》（*Unzeitgemässen Betrachtungen*）

《人性的、太人性的》（*Menschliches allzumenschliches*）

《朝霞》（*Morgenröte*，有商务印书馆中译本）

《快乐的智慧》（*Die fröhliche Wissenschaft*）

《扎拉图士特拉如此说》（*Also Sprach Zarathustra: Ein Buch für Alle und Keinen*）

《善恶的彼岸》（*Jenseits von Gut und Böse*）

《论道德谱系》（*Genealogie der Moral*）

《强力意志》（*Der Wille zur Macht: Versuch einer Umwertung aller Werte*）

《偶像的黄昏》（*Götzendämmerung, oder wie Man mit dem Hammer Philosophiert*）

《反基督教徒》（*Der Antichrist*）

《请观斯人!》（*Ecce Homo*，有中译本《瞧！这个人》）

斯宾塞（Spencer, Herbert）

《社会静力学》（*Social Statics*）

《论德育与体育》（*On Moral and Physical Education*）

《心理学原理》（*Principles of Psychology*）

《伦理学原理》（*Principles of Ethics*）（共分六部分，各部分多有单行本）

赫胥黎（Huxley, Thomas Henry）

《进化论与伦理学》（*Evolution and Ethics*，有中译本）

《论文选集》（*Collected Essays*）

居友（Guyau, Jean-Marie）

《功利主义伦理学研究——从伊壁鸠鲁到英国学派》（*Mémoire sur la morale utilitaire, depuis Epicure jusqúà L'Ecole anglaise*）

《当代英国伦理学》（*La Morale anglaise contemporaine*）

《无义务无制裁的道德概论》（*Esquisse d'une morale sans obligation ni sanction*，有中译本）

柏格森（Bergson, Henry）

《创造进化论》（*L'Evolution créatrice*）

《道德与宗教的两个来源》（*Les deux sources de la morale et de la religion*）

格林（Green, Thomas Hill）

《政治义务原则演讲集》（*Lectures on The Principles of Political Obligation*）

《伦理学绪论》（*Prolegomena to Ethics*）

布拉德雷（Bradley, Francis Herbert）

《伦理学研究》（*Ethical Studies*）

《西季威克先生的快乐主义》（*Mr. Sidgwick's Hedonism*）

《表象与实在》（*Appearance and Reality*）

《真理与实在论集》（*Essays on Truth and Reality*）

摩尔（Moore, George Edward）

《伦理学原理》（*Principia Ethica*，有中译本）

《伦理学》（*Ethics*，有中译本）

《哲学研究》（*Philosophical Studies*）

《哲学论文集》（*Philosophical Papers*）

普里查德（Prichard, Harold Arthur）

《道德哲学建立在错误之上吗?》（*Does Moral Philosophy Rest on a Mistake?*）

罗斯（Sir Ross, William David）

《正当与善》（*The Right and Good*）

《伦理学基础》（*Foundations of Ethics*）

《康德的伦理学理论》（*Kant's Theory of Ethics*）

罗素（Russell, Bertrand Arthur William）

《伦理学要素》（*The Elements of Ethics*）

《我的信仰》（*What I Believe*）

《社会重建原理》（*Principles of Social Reconstruction*，一译《社会改造原理》）

《为什么我不是基督教徒》（*Why I Am Not a Christian*，有中译本）

《婚姻与道德》（*Marriage and Morals*，有中译本）

《宗教与科学》（*Religion and Science*）

《权力：新的社会分析》（*Power：A New Social Analysis*）

《伦理学与政治学中的人类社会》（*Human Society in Ethics and Politics*，有中译本）

维特根斯坦（Wittgenstein, Ludwig）

《伦理学演讲》（*Lecture on Ethics*）

《逻辑哲学论》（*Tractatus Logico-Philosophicus*，有中译本）

《哲学研究》（*Philosophical Investigations*，有中译本）

石里克（Schlick, Friederch Albert Moritz）

《哲学论文集》（*Philosophical Papers*，Volume I，II）

《伦理学问题》（*Fragen der Ethik*，有中译本）

卡尔纳普（Carnap, Rudolf）

《统一科学》（*The Unity of Science*）

《哲学与逻辑句法》（*Logische Syntax der Sprache*，有中译本）

艾耶尔（Ayer, Alfred Jules）

《语言、真理与逻辑》（*Language, Truth and Logic*，有中译本）

《哲学论文集》（*Philosophical Essays*）

《个人的概念》（*The Concepts of Person*）

《自由与道德——及其他论文》（*Freedom and Moral—and Other Essays*）

史蒂文森（Stevenson, Charles Leslie）

《伦理学和语言》（*Ethics and Language*，有中译本）

《事实与价值》（*Facts and Values: Studies in Ethical Analysis*，有中译本）

图尔闵（Toulmin, Stephen Edelston）

《推理在伦理学中的地位之考察》（*An Examination of The Place of Reason in Ethics*）

黑尔（Hare, Richard Mervyn）

《道德语言》（*The Language of Moral*，有中译本）

《自由与理性》（*Freedom and Reason*）

《道德概念论文集》（*Essays on The Moral concepts*）

《道德思维》（*Moral Thinking: It's Levels, Method and Point*）

诺维尔－史密斯（Nowell-Smith, P. H.）

《伦理学》（*Ethics*）

洛采（Lotze, Rudolf Hermann, 1817～1881）

《形而上学》（*Metaphysik*）（*1841*）

《微观世界》（三卷）（*Mikrokosmos*）（1856～1864）

文德尔班（Windelband, Wilhelm, 1848～1915）

《哲学史教程》（*Lehrbuch der Geschichte der Philosophie*）（1892）

《论意志自由》（*Über Willensfreiheit*）（1904）

《历史哲学》（*Geschichtsphilosophie*）（1916）

李凯尔特（Rikert, Heinrich, 1863～1936）

《自然科学概念构成的界限》（*Die Grenzen der naturwissenschaftlichen Begriffsbildung*）（1896）

《哲学体系》（*System der Philosophie*）（1921）

布伦坦诺（Brentano, Franz, 1838～1917）

《从经验立场出发的心理学》（*Psychologie vom empirischen Standpunkte*）（1878）

《我们的正当与错误之知识起源》（*Vom Ursprung sittlicher Erkenntnis*）（*1889*）

《伦理学的基础与结构》（*Grundlegung und Aufbau der Ethik*）（遗著）

胡塞尔（Husserl, Edmund, 1859～1938）

《现象学的观念》（*Die Idee der Phänomenologie*）（1907）

《纯粹现象学和现象学哲学的观念》（*Ideen zur Einer reinen Phänomenologie und phänomenologischen Philosophie*）（1950）

《欧洲科学危机和超验现象学》（*Die Krisis der europäische Wissenschaften und die transzendentale Phänomenologie*）（1936）

《笛卡尔沉思》（*Cartesian Meditations: An Introduction to Phenomenology*）（1960）

门农（Meinong, Alexius, 1853～1920）

《价值论的心理学—伦理学研究》（*Psychologische-ethische Untersuchungen zur Werttheorie*）（1894）

《论情感表现》（*Uber emotionale Präsentation*）（1917）

《一般价值论基础》（*Zur Grundlegung der allgemeinen Werttheorie*）（1932）

埃伦弗尔斯（Ehrenfels, Christian von, 1859~1936）

《价值论系统》（二卷）（*System der Werttheorie*）（1897~1898）

舍勒（Scheler, Max, 1874~1928）

《伦理学中的形式主义与非形式的价值伦理学》（*Der Formalismus in der Ethik und die materiale Wertethik*）（1913）

《论人之永恒的东西》（*Vom Ewigen im Menschen: Religiöse Erneuerung*）（1921）

《同情的本性》（*Die Sinngesetze des emotionalen Lebens: Wesen und Formen der Sympathie*）（1923）

《人在宇宙中的位置》（*Die Stellung des Menschen im Kosmos*）（1928）

哈特曼（Hartmann, Nicola, 1882~1950）

《伦理学》（*Ethik*）（1926）

克尔凯郭尔（Kierkegaard, Soren Aabye, 1813~1855）

《非此即彼》（*Either/Or*）（*1843*）

《恐惧与颤栗》（*Fear and Trembling*）（1843）

《恐惧的概念》（*The Concept of Anxiety*）（*1844*）

《哲学残篇》（*Philosophical Fragments*）（1844）

《人生道路诸阶段》（*Stages on Life's Way*）（1845）

《总结性的非科学性跋》（*Concluding Nonscientific Postscript*）（1846）

《致死的痼疾》（*The Sickness unto Death*）（1849）

《基督教的实践》（*The Practice in Christianity*）（1850）

《日记》（*The Journals*）（1938）

海德格尔（Heidegger, Martin, 1898~1976）

《存在与时间》（*Sein und Zeit*）（1927）

萨特（Sartre, Jean-Paul, 1905~1980）

《自我的超越性》（*La Transcendance de l'ego*）（1936）

《情绪理论解说》（*Esquisse d'une théorie des émotions*）（1936）

《存在与虚无》（*L'Etre et le Néant*）（1943）

《存在主义是一种人道主义》（*L'existentialisme est un humanisme*）（1946）

《辩证理性批判》（*Critique de la Raison Dialectique*）（1960）

弗洛伊德（Freud, Sigmund, 1856～1939）

《释梦》（*The Interpretation of Dream*）（1900）

《日常生活的心理病学》（*The Psychopathology of Everyday Life*）（1904）

《性学三论》（*Three Contributions to the Theory of Sex*）（1905）

《图腾与禁忌》（*Totem and Taboo*）（1912～1913）

《超越快乐原则》（*Beyond the Pleasure Principle*）（1920）

《集体心理学和自我的分析》（*Group Psychology and the Analysis of the Ego*）（1921）

《自我与本我》（*The Ego and the Id*）（1923）

《精神分析引论》（*Introductory Lectures on Psycho-Analysis*）（1922）

《文明及其不满》（*Civilization and Its Discontent*）（1930）

《精神分析引论新编》（*New Introductory Lectures on Psycho-Analysis*）（1933）

弗罗姆（Fromm, Erich, 1900～1980）

《逃避自由》（*Escape from Freedom*）（1941）

《自为的人》（*Man for Himself*）（1947）

《精神分析与宗教》（*Psychoanalysis and Religion*）（1951）

《健全社会》（*The Sane Society*）（1955）

《爱的艺术》（*The Art of Love*）（1956）

《在幻想锁链的彼岸》（*Beyond the Chains of Illusion: My Encounter with Marx and Freud*）（1962）

《马克思的人的概念》（*Marx's Conception of Man*）（1963）

《人心》（*The Heart of Man*）（1964）

《希望的革命：趋向一种人性化的技术学》（*The Revolution of Hope*: *Toward a Humanized Technology*）（*1968*）

《人的毁灭性剖析》（*Anatomy of Human Destructiveness*）（1973）

《拥有还是存在》（*To Have or to Be*）（1976）

詹姆斯（James，William，1842～1910）

《心理学原理》（*The Principles of psychology*）（1890）

《信仰意志》（*The Will to Believe*）（1897）

《宗教经验的多样性——人的本性研究》（*The Varieties of Religious Experiences——A Study in Human Nature*）（1902）

《实用主义》（*Pragmatism*）（1907）

《彻底经验主义文集》（*Essays in Radical Empiricism*）（1912）

杜威（Dewey，John，1859～1952）

《伦理学批判理论纲要》（*Outlines of A Critical Theory of Ethics*）（*1891*）

《伦理学研究》（*The Study of Ethics*）（1894）

《科学的道德研究之逻辑条件》（*Logical Conditions of A Scientific Treatment of Morality*）（1903）

《伦理学》（*Ethics*）（1908）（与塔夫茨合著）

《教育中的道德原则》（*Moral Principles in Education*）（*1909*）

《哲学的改造》（*Reconstruction in Philosophy*）（1920）

《人的本性与行为》（*Human Nature and Conduct*）（1922）

《民主与教育》（*Democracy and Education*）（1927）

《确定性的寻求》（*The Quest for Certainty*）（1929）

《个人主义，旧的与新的》（*Individualism，Old and New*）（1930）

《评价理论》（*Theory of Valuation*）（1939）

《自由与文化》（*Freedom and Culture*）（1939）

《人的问题》（*Problems of Men*）（1946）

鲍恩（Bowne, Borden Parker, 1847~1910）

《心理学理论导论》（*Introduction to Psychological Theory*）（1880）

《形而上学》（*Metaphysics*）（1882）

《有神论哲学》（*Philosophy of Theism*）（1887）

《伦理学原理》（*The Principles of Ethics*）（1892）

《上帝之内在性》（*The Immanences of God*）（1905）

《人格主义》（*Personalism*）（1908）

弗留耶林（Flewelling, Ralph Tyler, 1871~1960）

《人格主义与哲学问题》（*Personalism and the Problems of Philosophy*）（1915）

《创造性人格》（*Creative Personality*）（1925）

《神学中的人格主义》（*Personalism in Theology*）（1943）

《西方文化的生存》（*The Survival of Western Culture*）（1945）

布莱特曼（Brightman, Edgar Sheffield, 1884~1953）

《宗教的价值》（*Religious Values*）（1925）

《自然与价值》（*Nature and Values*）（1945）

《人格与实在》（*Person and Reality*）（1958）

霍金（Hocking, William Ernest, 1873~1966）

《上帝在人类经验中的意义》（*The Meaning of God in Human Experiences*）（1912）

《道德及其敌人》（*Moral and Its Enemies*）（1918）

《人的本性及其再造》（*Human Nature and Its Remaking*）（1918）

《人与国家》（*Man and the State*）（1926）

《自我及其肉体和自由》（*The Self and Its Body and Freedom*）（1928）

《哲学类型》（*Types of Philosophy*）（1929）

《个人主义的永恒因素》（*The Lasting Elements of Individualism*）（1937）

《人类经验中的不朽意义》（*The Meaning of Immortality in Human*

Experience)（1957）

马里坦（Maritain, Jacques, 1882～1973）

《关于文化和自由的一些反思》（*Some Reflections on Culture and Liberty*）（1933）

《现代世界中的自由》（*Freedom in the Modern World*）（1935）

《完整的人道主义》（*Humanisme intégral*）（1936）（其英文版名为"*True Humanism*"，又译为《真正的人道主义》）

《文明的黄昏》（*The Twilight of Civilization*）（1939）

《人的权利与自然法》（*The Rights of Man and Nature Law*）（1943）

《存在与存在者》（*Existence and the Existent*）（1947）

《个人与共同善》（*The Person and the Common Good*）（1947）

《道德哲学》（*La Philosophie Morale*）（1952）

《社会哲学与政治哲学》（*Social and Political Philosophy*）（1955）

《论历史哲学》（*On the Philosophy of History*）（1957）

巴尔特（Barth, Karl, 1886～1968）

《上帝之语与神学》（*Das Wort Gottes und die Theologie*）（1924）

《教会教义学》（三卷）（*Die Kirchliche Dogmatik*）（1927～?）

尼布尔（Niebuhr, Reinhold, 1892～1971）

《文明需要宗教吗?》（*Does Civilization Need Religion?*）（1927）

《道德的人与不道德的社会》（*Moral Man and Immoral Society*）（1932）

《关于一个时代终结的反思》（*Reflection on the End of An Era*）（*1934*）

《基督教伦理学解释》（*An Interpretation of Christian Ethics*）（1935）

《人的本性和命运》（*The Nature and Destiny of Man*）（1941，1943）

《认清时代的症候》（*Discerning the Signs of the Times*）（1946）

《信仰和历史》（*Faith and History*）（*1949*）

弗莱彻尔（Fletcher, Joseph, 1905～1991）

《境遇伦理学：新道德论》（*Situation Ethics：The New Morality*）（1966）

斯金纳（Skinner, Burrhus Frederick, 1904～?）

《沃尔登第二》（*Waldon Two*）（1948）

《科学与人类行为》（*Science and Human Behavior*）（1953）

《超越自由与尊严》（*Beyond Freedom and Dignity*）（1971）

《关于行为主义与社会的反思》（*Reflection on Behaviorism and Society*）（1978）

马斯洛（Maslow, Abraham H., 1908～1970）

《动机与人格》（*Motivation and Personality*）（1954）

《存在心理学探索》（*Toward a Psychology of Being*）（1962）

《人性能达的境界》（*The Farther Reaches of Human Nature*）（1969）

斯马特（Smart, J. J. C., 1920～2012）

《功利主义伦理学体系纲要》（*An Outline of A System of Utilitarian Ethics*）（1961）

《伦理学、劝说与真理》（*Ethics, Persuasion and Truth*）（1984）

《形而上学和道德论集》（*Essays Metaphysical and Moral*）（1987）

布兰特（Brandt, Richard B. 1910～1997）

《伦理学理论》（*Ethical Theory*）（*1959*）

《善与正当的理论》（*A Theory of the Good and the Right*）（1979）

罗尔斯（Rawls, John, 1921～2002）

《正义论》（*A Theory of Justice*）（1972）

诺齐克（Nozick, Robert, 1936～2000）

《无政府、国家和乌托邦》（*Anarchy, State and Utopia*）（1974）

《哲学解释》（*Philosophical Explanations*）（1981）

跋

　　时逝如水。这部两卷本的著作竟历五个春秋，终于付梓。掩卷立笔，不禁感慨万千；凭窗静首，唯闻阵阵劲风和鸣。

　　然则，能功至如此，亦使我数载困惑略有所释。自研究生时代起，我便立意此书，并开始披阅群籍，搜集经典，可自诩为滴水之工。1988 年底，我完成《萨特伦理思想研究》一书后，即于翌年投笔拓垦。居斗室一统，不问日月春秋。朝仰暮伏，以夜继昼，终于在 1989 年底完成此书上卷。1990 年，怯怯问世。不期，上卷付梓须臾，因事多有碍，或强应迻译之约；或奔于他事未果；或苦于纷纭日杂。体恙神伤，遂使下卷写作时续时辍。有友人敬告：万不可步胡适博士之后尘，遗半部于世。诸多先生前贤、同人同窗，亦多关切，友询善催，不绝于耳。幸得心境渐宽，精力聚活。于是乎，一鼓作气，抖擞精神。拒喧闹于寒窗之外，尽神思于薄笺之间，春秋两巡，事毕有终。喜耶？悲耶？乐哉！苦哉！

　　乐者，耕夫有秋之谓也。于贫儒逸士，仅此而已，岂有他哉？至于秋之寡硕，收之丰欠，自不待我言。上卷始出，已有评头品足。或指点迷津，或雅扶生机；或直言其短，或既往不咎而望于后来。凡此种种，深期厚望，励言秉正，吾所获者良多。是以功毕，如释重负，窃为乐矣。

苦者，妇之愚拙、米之不丰所谓也。下卷撰作，常有缺"衣"少"食"之难。或碍于史料不足而措手难及；或困于迷津而无以解惑；且耽于篇幅框架之既定，不能不有所割舍、有所不济、有所自失。其中，有关宗教伦理一编，尤其遗憾。马丁·布伯、蒂利希诸位，当为必述之列。然苦于框架已定，又惮于繁芜之累，只得忍心暂搁。另，有关现代人类学、社会学各家之道德见解，更难为本书构思图式所纳，如此遗珠漏玑，唯待另册。

在下卷写作之每时每刻，我充分考虑到有关上卷的评议意见，广纳善言，慎思己过。在此，我还得向一些国内外专家、学者、朋友以及北京大学各有关部门的领导和同志们致以特别谢意。原美国西北大学教授、《马克斯·舍勒全集》主编曼弗雷德·S. 弗林斯（Manfred S. Frings）教授为我提供了几乎全部有关哈勒和哈特曼的原著及有关材料。尤其令我感动的是，他不顾年迈体弱，亲自帮我与西北大学联系，并嘱该校的有关部门给我寄来近十部原著复印件。对于一名素昧平生的中国青年学者，弗林斯教授能如此倾心扶携，令我永生难忘。加拿大 Calgary 大学哲学系的波布·威尔（Bob Ware）教授也在百忙之中捐资给我购寄不少急需材料，使我深感学者友谊之珍贵。我的导师周辅成老先生和同系的朱德生教授、叶朗教授、哲学系各位领导、我大学时代的母校中山大学哲学系的章海山教授、冯达文教授、中国当代出版社副总编辑唐合俭先生等前辈，都对本书的写作和完成给予了宝贵的指导、关怀和帮助。我的挚友朱国钧、耿刘从在美国为我搜集了有关现代宗教伦理学的大部分珍贵资料，没有他们的帮助，本书第四部分的相当一部分内容将不得不暂付阙如。还有我的同事和朋友孙永平、赵敦华、张学智、余涌等，也为本书的写作提供了许多帮助、建议，表示关切。张永同志和中国青年出版社的李丕光同志热情地帮我誊抄了部分原稿。很难想象，若没有上述这些帮助，我将在何时、何种程度上才能完成本卷的写作。

我还要特别感谢学校有关部门的深切关怀和大力扶持。鉴于目前出版业艰难之时，学校将本书列为"重点教材建设"的资助项目之一，拨款援其印事。北京大学出版社对此更是扶之若哺，令我感动。燕园读教数载，尽沐雨露阳光，愈感学力疏浅，无桃李以报春风，惭疚不已。本卷的耕作，虽广得提携，仍因笔力不逮，学识孤陋，既殚精竭虑，亦难免纰漏重重，不能尽如人意。自知当有自力。吾须努力培业，奋发图强，以不辱黉门尊严，有补于中华道德，善功于学术人生。是为使命，志言谨此。

万俊人

1992 年春节

于北京大学中关村宿舍

图书在版编目（CIP）数据

现代西方伦理学史：上下卷／万俊人著．－－北京：
社会科学文献出版社，2023.5
　（社科文献学术文库）
　ISBN 978－7－5228－1045－4

　Ⅰ.①现…　Ⅱ.①万…　Ⅲ.①伦理学－思想史－西方
国家－现代　Ⅳ.①B82－095

中国版本图书馆 CIP 数据核字（2022）第 214134 号

社科文献学术文库

现代西方伦理学史（上下卷）

著　　者／万俊人

出 版 人／王利民
责任编辑／周　琼
责任印制／王京美

出　　版／社会科学文献出版社·政法传媒分社（010）59367126
　　　　　地址：北京市北三环中路甲 29 号院华龙大厦　邮编：100029
　　　　　网址：www. ssap. com. cn
发　　行／社会科学文献出版社（010）59367028
印　　装／三河市东方印刷有限公司

规　　格／开本：787mm×1092mm　1/16
　　　　　印张：81.25　字数：1081 千字
版　　次／2023 年 5 月第 1 版　2023 年 5 月第 1 次印刷
书　　号／ISBN 978－7－5228－1045－4
定　　价／398.00 元（上下卷）

读者服务电话：4008918866